2026 소방시설관리사 마지막 골든타임
기회는 지금뿐! 2027년 개편 전에 끝내자!

2026년 시험이 특별한 이유!

1. 출제 경향이 익숙한 기출 위주
2. 경쟁률이 시험제도 개편 후보다 낮음
3. 2027년 시험 제도 개편에 따른 합격률 하락 예상

오래 준비해온 수험생에겐 가장 익숙한 기회,
초시생에겐 난이도와 경쟁자가 적은 기회입니다.

지금이 바로, 합격할 때입니다.

NEXT 모아 합격자 FESTIVAL

기술자격증은
모아바 에서 시작하세요!

수강상담
&
학습문의

모아바 고객센터
02.2068.2852

평일 10:00~19:00
(점심 12:00~13:00)
(주말/공휴일 휴무)

모아소방전기학원 × 모아바

그 영광의 주인공은 바로 당신입니다!

업계 최대 규모 합격자 모임 실제 현장
(서울 마곡 코엑스)

기록적인 성장
1648%
*2017년 vs 2024년 매출 기준

경이로운 수강생 증가
760%
*2018년 vs 2025년 1, 2월 수강인원 기준

강의 만족도
99%
*2024년, 2025년 모아바 합격수기 평가 점수 변환 기준

압도적인 합격률
79%
*2024년 소방시설관리사 2차 합격률

"합격을 넘어 실무까지, 모아가 만듭니다!"
모아소방전기학원
모아직업기술교육원

소방기술사 강의

과정평가형

국가기간전략산업직종훈련

전기기능장 / 기능사 작업형

소방분야 소방기술사 / 소방시설관리사 / 소방설비기사(전기 / 기계) / 소방설비산업기사(전기 / 기계)

전기분야 전기안전기술사 / 전기응용기술사 / 발송배전기술사 / 건축전기설비기술사 / 전기기능장 / 전기기능사 / 전기기사·산업기사

안전분야 화공안전기술사 / 건축기사·산업기사 / 건축설비기사·산업기사 / 건설안전기술사 / 건설안전기사·산업기사
산업안전기사·산업기사 / 산업안전지도사 / 승강기기능사 / 공조냉동기계기사

통신분야 정보통신기술사

실무분야 소방감리실무 / 현장에서 통하는 소방설비 찐 실무

과정평가형 소방설비산업기사(전기 / 기계) / 산업안전산업기사 / 산업안전기사 / 건설안전기사 / 전기공사산업기사

국가기간전략훈련 [국기] 전기기능사 취득과정

위탁기관 위탁교육 서울시노동자복지관 / 제대군인지원센터 / 기아 AutoLand 조합원 단체 교육

모아소방전기학원

| 자격증 취득 & 과정 상담 | 모아소방전기학원 02.2068.2851 | 모아직업기술교육원 02.2068.2854 |

평일 09:00~19:00 / 토·일 08:00~17:00 (공휴일 휴무)

모아소방전기학원 × 모아직업기술교육원

2026 엔드 업 END UP
소방시설관리사
기본서 점검실무행정

소방기술사·소방시설관리사
윤연호

모아북스

❶ Systematic Learning Method

광범위한 점검실무의 소방법을 출제확률에 따른 내용의 양(量)과 정리요약으로 End up

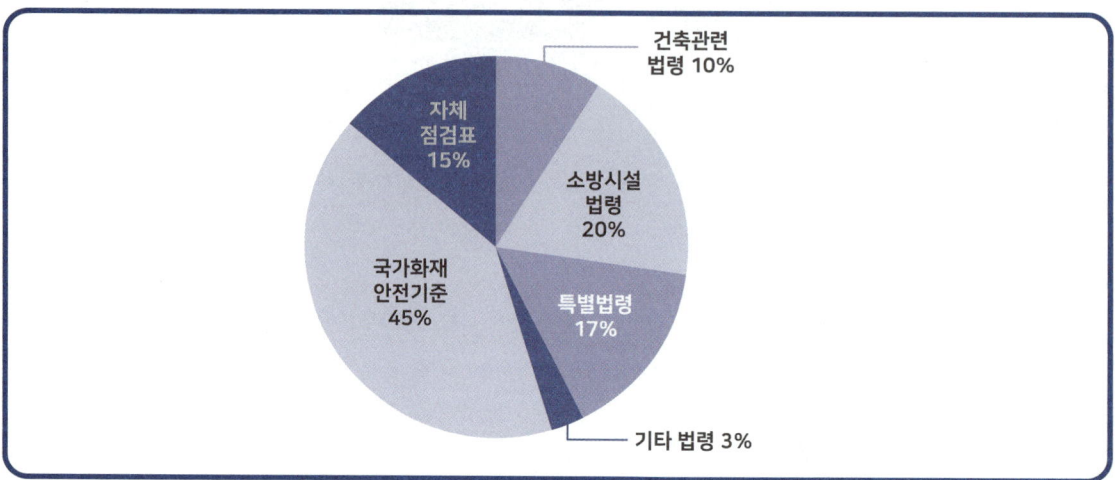

❷ Summary of associated contents

점검실무의 상호 연관성 있는 출제문제와 내용을 정리하여 공부시간을 줄여서 End up

> [문제] 화재조기진압용 스프링클러설비의 화재안전기술기준(NFSC 103B)에서 화재조기진압용 스프링클러설비를 설치할 장소의 구조 중 해당 층의 높이와 천장의 기울기 기준을 구하시오. 관설 21

❸ Recent Amendment

최근 개정된 법령 및 Recent trend theorem로 End up

> 14) 성능확인
>   ⑴ 제연설비는 설계목적에 적합한지 검토하고 제연설비의 성능과 관련된 건물의 모든 부분(건축설비를 포함한다)이 완성되는 시점에 맞추어 시험·측정 및 조정(이하 "시험 등"이라 한다)을 해야 한다. 〈신설 2024.10.1.〉

❹ Understanding pictures

어려운 내용을 그림과 현장사진으로 쉽게 이해해서 End up

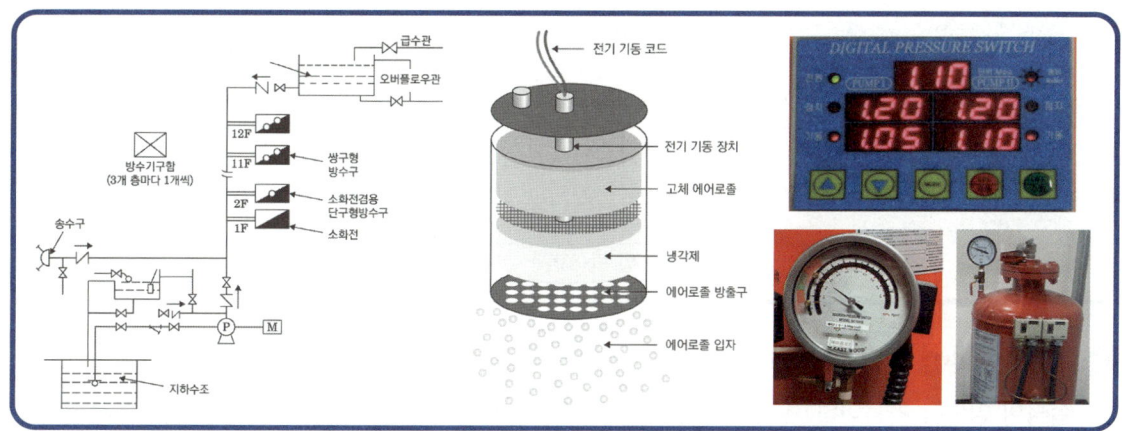

❺ Item Association Learning

화재안전기준 등의 Item 연관성을 고려한 출제빈도에 따른 체계적 분류로 End up

청정소화약제방출헤드 (입면도)		동체크밸브	
체크밸브 – 관점18, 19		앵글밸브 – 관점16, 18	
가스체크밸브 – 관점16		FOOT밸브 – 관점16	
게이트밸브(상시개방) – 관점18		볼밸브 – 관점18	
게이트밸브(상시폐쇄)		배수밸브 – 관점24	

밸브류

❻ Summary of practice

최근 출제경향인 점검실무의 실무적 내용으로 End up

❶ Systematic Learning Method

검증된 교재를 통한 수준별 & 단계별 교재의 선택이 중요하다.

단계	과정	교재	교재구분	
1 step	1차 시험 기본	버닝 업 1차	상권	하권
2 step	1차 시험 심화	버닝 업 10년 과년도	단권	
3 step	2차 시험 예비	그로우 업 1차	수리계산기초	화재안전기준
4 step	2차 시험 기본	엔드 업 기본서	점검실무행정	설계 및 시공
5 step	2차 시험 심화	엔드 업 심화서	점검실무행정	설계 및 시공
6 step	2차 시험 심화	엔드 업 만(萬)제	점검실무행정	설계 및 시공

❷ Verified Institution

실력이 검증된 기관이며, 꾸준히 다수의 합격생들을 배출하고 합격생들이 극찬한 기관에서 출판한 교재인지 확인을 해야 한다.

❸ Acceptance ratio is only one indicator

구분		2020	2021	2022	2023	2024	2025
1차	대상(명)	7,151	8,487	6,701	7,701	7,725	8,204
	응시(명)	5,765	6,874	5,311	6,327	6,296	6,730
	합격(명)	1,085	3,375	2,131	2,404	2,063	3,973
	합격률(%)	18%	49%	40.1%	37.9%	32.8%	59.0%
2차	대상(명)	2,576	3,348	3,591	3,053	3,017	-
	응시(명)	2,307	2,802	2,992	2,668	2,642	-
	합격(명)	65	104	172	39	403	-
	합격률(%)	2.8%	3.7%	5.7%	1.4%	15.3%	-

※ 2025년 2차 합격률은 교재 발간 이후 발표되어 본 자료에는 반영되지 않았습니다.

❹ Average score of 60 or higher will pass

구분		시험 과목	시험 시간
2차 시험 (논술형)	1교시	소방시설의 점검실무행정 (3문항)	90분 (09:30~11:00)
	2교시	소방시설의 설계 및 시공 (3문항)	90분 (11:50~13:20)
합격기준		시험과목별 5인의 채점위원이 각각 채점하는 독립 5심제이며, 최고점수와 최저점수를 제외한 점수가 채점위원 1명당 100점을 만점으로 하여 매 과목 평균 40점 이상 전 과목 평균 60점 이상 득점한 자	

점검실무 공부의 Guide

Five-Step Guide

✓ **STEP 1 한 과목 면제받자.**

대부분의 분들이 2차 과목의 면제대상 자격증(위험물기능장 등)을 취득하고 설계시공을 면제받아 점검실무 한 과목만을 공부하여 합격하기를 원하고 있지만, 여기에 대하여 많은 고민을 해야 한다.

✓ **STEP 2 난이도가 높은 점검실무**

점검실무행정의 시험 난이도가 시험회차에 따라 편차가 크기 때문에 반드시 쉽다라고 할 수 없다.

✓ **STEP 3 관리사 2차 공부의 바른 시작**

합격을 위한 올바른 공부방법은 처음부터 시작할 때에는 점검실무와 설계시공 2과목을 모두 공부하는 것이 올바른 공부방법이라고 할 수 있다.

✓ **STEP 4 마지막까지 고민하자.**

단, 2차를 접수할 때 현재 상황을 고민하여 두 과목 또는 한 과목을 선택해서 도전하는 방법이 합격을 위한 전략이라고 할 수 있다.

✓ **STEP 5 점검실무행정의 공부범주**

점검실무는 소방관련법령과 화재안전기준 등에 맞게 시공된 소방시설을 올바르게 점검하는 것으로 점검행위 자체에 주안점을 두는 것이 아니라, 올바른 설계에 따른 성능안전의 확보를 검증하는 것으로 설계 및 시공과 점검실무는 상호 보완적인 관계라 할 수 있다. 이에 점검실무만의 공부는 편향적인 방법으로 최근 출제 경향인 특정소방대상물에서의 실제적 소방시설의 점검과 관련된 시험문제에 대처하기에는 부족한 면이 있다고 할 수 있다.

Determination of MOA

우리의 공부와 노력의 선택은 자유입니다.

하지만, 합격은 우리의 엉덩이로 흘린 '땀 방울'의 양이 결정합니다.

'모아'는 우리가 합격을 위해서 흘리는 '땀 방울'을 담아내는 그릇이 되고 싶습니다.

'모아'는 여러분의 소방시설관리사 공부에 End Up이 되고 싶습니다.

END UP CONTENTS

PART 05 과년도 기출문제 *2008년 이전 기출[1~9회]은 법령개정 등의 문제로 해설이 첨부되지 않았습니다.

UP END 점검실무행정 기출문제 분석

회차	문제
1회	1. 도시기호(비상경보설비의 중계기, 포말소화전, 이산화탄소의 저장용기 등) 2. 유도등의 2, 3선식 배선 / 점멸기 설치 시 점등이 되는 경우 3. 옥외소화전설비의 점검기구 4. 위험물 안전관리자의 선임대상 5. 연결살수설비의 살수헤드 점검항목 6. 소방시설 자체점검 기록부의 작성항목 7. 누전경보기에서 수신부의 설치 제외 장소 8. 스프링클러설비에서 말단시험밸브의 확인 사항 9. 스프링클러설비에서 헤드수별 급수관의 구경기준 10. 고정포소화설비에서 종합점검의 점검방법
2회	1. 준비작동식 스프링클러설비에서 경보장치의 작동시험방법 2. 콘덴서의 품질시험방법 3. 자동화재탐지설비의 수신기 작동시험방법 및 판정기준 4. 옥내소화전설비에서 압력챔버의 공기치환방법 5. 소방시설점검 후 점검결과보고서 / 점검결과 지적서 등의 작성
3회	1. 습식 유수검지장치의 작동시험방법 2. 소방시설별의 점검기구 3. 공기관식 감지기의 공기주입시험기 사용방법 및 주의사항 4. 소화펌프의 성능시험방법 5. 이산화탄소소화설비에서 분사헤드의 설치 제외장소 6. 이산화탄소소화설비의 Block Diagram
4회	1. 건식 밸브의 작동시험방법(밸브의 명칭, 기능, 유지상태) 2. 준비작동식 밸브의 작동방법(오작동 원인) 3. 불연성가스계소화설비의 오작동 방출 시 대책 4. 열감지기시험기의 시험방법 5. 봉인과 검인의 정의(표시위치 포함)

회차	문제
5회	1. 이산화탄소의 방출 시 농도별 인체영향 2. 피난기구의 점검착안 사항 3. 소화펌프의 성능시험방법 4. 부속실제연설비의 종합점검항목 5. 옥내외소화전설비에서 방수압력에 따른 방수량 계산
6회	1. 가스계소화설비에서 가스량의 점검방법 2. 스프링클러설비에서 준비작동식 밸브의 작동방법 3. P형 1급수신기의 시험방법 4. 이산화탄소소화설비에서 기동장치의 설치기준 5. 소방용수시설의 수원기준과 종합점검 항목
7회	1. 준비작동식 밸브의 작동방법 및 복구방법 2. 비상콘센트의 비상전원종류 / 공급용량 / 전원회로 / 콘센트 설치높이 / 보호함 3. 종합점검 및 작동점검의 대상/자격/횟수
8회	1. 방화구획의 높이별 / 층별 / 용도별 기준 2. 유도등의 배선 및 예비전원감시등 점등 원인 3. 옥내소화전설비에서 수조의 종합점검 항목 4. 스프링클러설비에서 가압송수장치의 종합점검 항목 5. 할로겐화합물 및 불활성기체소화설비에서 저장용기의 종합점검 항목 6. 지하 3층 / 지상 5층 / 연면적 5,000 m^2에서 경보방식
9회	1. 부속실제연설비의 종합점검 항목 2. 다중이용업소에서 안전시설등의 종류 3. 차동식 분포형 공기관식 감지기의 작동시험방법(작동이상의 경우) 4. 소화펌프의 주변장치 계통도 5. 충압펌프의 잦은 기동원인 6. 방수시험 시 소화펌프의 미기동 원인

회차	문제
13회	1. 연소방지도료의 도포장소
	2. 거실제연설비에서 제어반 종합점검 항목
	3. 폐쇄형 스프링클러설비에서 유수검지장치의 설치기준
	4. 공공기관의 종합점검에 대한 점검인력의 배치기준
	5. 초고층건축물의 정의 / 피난안전구역 설치대상 / 면적산정 기준
	6. 위험물안전관리 세부기준에서 이산화탄소소화설비의 배관기준
	7. 위험물안전관리 세부기준에서 Ⅱ형, Ⅳ형 고정포방출구의 정의
	8. 다수인 피난장비의 설치기준
14회	1. 일시적으로 발생한 열·연기 또는 먼지 등의 적응성 감지기의 구분 장소 7가지
	2. 정온식 감지선형 감지기의 설치기준
	3. 호스릴이산화탄소소화설비의 설치기준
	4. 옥외소화전설비에서 표지 설치장소 및 표기 명칭
	5. 무선통신보조설비에서 분배기, 분파기, 혼합기의 종합점검 항목
	6. 무선통신보조설비에서 누설동축케이블의 점검항목
	7. 바닥면적이 400 m^2 미만인 예상제연구역에서 배출구의 설치기준
	8. 제연설비에서 배연기의 작동점검 항목
	9. 특정소방대상물이 복합건축물에 해당하지 않는 경우
	10. 형식승인의 품목(소화설비, 경보설비, 피난설비)
	11. 비상전원수전설비에서 인입선 및 인입구 배선의 설치기준
	12. 큐비클방식의 비상전원수전설비에서 환기장치의 설치기준
15회	1. 기존 다중이용업소 건축물의 구조상 비상구를 설치할 수 없는 경우에 관한 고시
	2. 보일러 사용 시 지켜야 하는 사항
	3. 임시소방시설을 설치한 것으로 보는 소방시설
	4. 다중이용업소에서 밀폐구조의 영업장
	5. 기타사항 확인표의 피난, 방화시설 종합점검표 항목
	6. 자동화재탐지설비 및 시각경보기의 수신기 작동점검 항목
	7. 릴리프밸브 / 회로시험기 / 연결살수헤드 / 화재댐퍼의 도시기호

회차	문제
17회	11. 피난용 승강기의 예비전원기준
	12. 다중이용업소에 대한 화재위험 평가대상
	13. 방화구획을 완화할 수 있는 경우
	14. 부속실 제연설비에서 개방력의 계산
	15. 연결송수관설비에서 방수압력에 따른 방수량의 계산
	16. 화재조기진압용 스프링클러설비의 설치 제외 기준
	17. 미분무소화설비의 압력수조 종합점검 항목
	18. 고층건축물에서 통신 신호배선의 설치기준
	19. 포소화약제의 약제보충 방법
	20. 할로겐화합물 및 불활성기체소화약제 비상정지스위치의 명칭 및 기능
	21. 소방시설의 폐쇄 등에 관한 규정 및 벌칙
18회	1. R형 복합형 수신기의 조작·시험 시 표시창 성능시험항목
	2. R형 복합형 수신기의 중계기 통신램프 불량 원인 및 확인 절차
	3. 화재 신호 정상 출력 후 소방펌프의 자동기동 불량원인
	4. 소방펌프용 농형유도전동기에서 Y결선과 △결선의 피상전력이 $\sqrt{3}\,VI$ 증명
	5. 아날로그방식 감지기의 동작특성 / 시공방법 / 회로수 산정
	6. 감지기 동작 시 중계기의 입력신호 불량 확인절차
	7. 물계통 소화설비의 등가길이에 따른 도시기호
	8. 스프링클러, 물분무, 포소화설비의 소방시설외관점검표
	9. 고시원의 종합점검, 작동점검표 점검내용
	10. 부속실제연설비에서 제연설비 시험 등의 실시기준
	11. 피난안전구역에서 제연설비 및 휴대용 비상조명등의 설치기준
	12. 연소방지도료와 난연테이프의 용어 정의
	13. 방화벽의 용어 정의와 설치기준
	14. 인명구조 기구 중 공기호흡기의 설치대상 및 설치기준
	15. LCX 케이블(LCX-FR-SS-42D-146)의 표시사항
	16. 위험물 안전관리법 시행규칙에 따른 적응성 있는 제5류 위험물 대형, 소형소화기

회차	문제
20회	1. 화재예방, 소방시설 설치 · 유지 및 안전관리에 관한 법령에 따른 소방시설의 종류
	2. 연결송수관설비에서 방수구의 제외기준
	3. 2층 노인의료복지시설에 설치해야 하는 소방시설의 종류
	4. 용접 · 용단기구로서 용접 또는 용단하는 작업장에서 지켜야 하는 사항
	5. 다중이용업소에서 부속실의 출입문 추락 등의 방지를 위한 시설
	6. 세부점검표의 점검사항 중 피난설비 작동점검 및 외관점검에 관한 확인사항
	7. 부속실 제연설비의 화재안전기준상 방연풍속 측정 및 부적합 시 조치방법
	8. 성능시험조사표에서 송풍기풍량 측정의 일반사항 중 측정점 및 풍속 · 풍량 계산식
	9. 수신기의 기록장치에 저장하여야 하는 데이터 종류
	10. 미분무의 정의 및 미분무소화설비의 사용압력에 따른 분류
	11. 가감계수의 대상용도 및 가감계수
	12. 지하구의 실제 점검면적 및 터널의 실제 점검면적
	13. 통합감시시설 종합점검 시 주 · 보조수신기 점검항목
	14. 거실제연설비 종합점검 시 송풍기 점검사항
	15. 건조실 · 살균실 · 보일러실 · 주조실 · 영사실 등에 적응 열감지기의 종류
	16. 종단저항의 설치기준
	17. 내진설비 성능시험조사표 중 가압송수장치 / 지진분리이음 / 수평배관 흔들림 방지 버팀대의 점검항목
	18. 성능시험 조사표 중 미분무소화설비의 설계도서 등의 점검항목
	19. 다중이용업소의 비상구 구조 / 문이 열리는 방향 / 문의 재질
	20. 내화전선 및 내열전선의 성능기준
21회	1. 비상경보설비 및 단독경보형 감지기에서 발신기의 설치기준
	2. 옥내소화전설비에서 소방용 합성수지배관을 설치할 수 있는 장소기준
	3. 옥내소화전설비의 노즐선단 절대압이 2,760 mmHg일 때, 방수량 및 유속의 계산
	4. 소방시설외관점검표 중 소화기의 점검내용, 스프링클러설비의 점검내용
	5. 아날로그감지기 통신선로의 단선표시등 점등 원인 및 조치방법
	6. 습식 스프링클러설비에서 충압펌프의 잦은 기동과 정지 원인 / 조치방법

회차	문제
22회	14. 옥내소화전설비에서 가압송수장치의 압력수조에 설치해야 하는 것
	15. 비상경보설비 및 단독경보형 감지기 점검표상의 비상경보설비의 점검항목
	16. 가스누설경보기에서 분리형 경보기의 탐지부 및 단독형 경보기 설치 제외 장소
23회	1. 소방시설 폐쇄·차단 시 행동요령 등에 관한 고시에서 관계인의 행동요령
	2. NFTC 101에서 자동확산소화기의 종류
	3. NFPC 303에서 유도등 및 유도표지를 설치하지 않을 수 있는 경우
	4. NFTC 607에서 전기저장장치의 설치장소
	5. NFTC 607에서 배출설비의 설치기준
	6. 소방시설 자체점검사항 등에 관한 고시에서 소방서의 담당자 승인 후에 평가기관이 수정할 수 있는 사항
	7. 소방시설 자체점검사항 등에 관한 고시에서 표본조사를 실시하여야 하는 특정소방대상물
	8. 소방시설등(작동점검·종합점검) 점검표의 작성 및 유의사항
	9. 소방시설등(작동점검·종합점검) 점검표에서 연결살수설비의 송수구 점검항목
	10. 스프링클러설비 성능시험조사표의 성능 및 점검항목에서 수압시험 점검항목
	11. 스프링클러설비 성능시험조사표의 성능 및 점검항목에서 수압시험방법
	12. 도로터널 성능시험조사표의 성능 및 점검항목에서 제연설비 점검항목
	13. 스프링클러설비 성능시험조사표의 성능 및 점검항목에서 감시제어반의 전용실 점검항목
	14. 자체점검 결과의 조치 중 중대위반사항에 해당하는 경우
	15. 자체점검 결과 공개에 관한 내용
	16. 차동식 분포형공기관식 감지기의 화재작동시험을 했을 경우 동작시간이 느린 경우
	17. 소방시설등(작동·종합) 점검표에서 분말소화설비 점검표의 저장용기 점검항목
	18. NFPC 605(지하구)에서 방화벽 설치기준
	19. 화재조기진압용 스프링클러설비에서 수원의 양
	20. NFTC 105에서 프로포셔너방식의 정의
	21. NFTC 604에서 피난안전구역에 설치하는 소방시설 중 인명구조기구의 설치기준
	22. NFPC 501A에서 제연설비의 시험기준

회차	문제
24회	1. 스프링클러설비의 펌프 주변의 도시기호(흡입 측 배관, 성능시험배관,압력챔버)
	2. 스프링클러설비의 펌프 흡입 측 배관 점검항목과 설치기준, 성능시험배관 점검항목과 설치기준, 순환배관 점검항목
	3. 스프링클러설비의 가압송수장치 펌프방식의 작동점검항목 3가지
	4. 스프링클러설비의 가압송수장치 펌프방식과 비교 시 옥내소화전설비의 가압송수장치 펌프방식에만 있는 점검항목 4가지(표지 부착 여부는 제외)
	5. 기타사항 점검표의 피난, 방화시설 점검항목 2가지
	6. 조건의 지하2층, 지상8층인 특정소방대사율에 설치되어야 하는 경보설비 4가지와 소화활동설비 2가지
	7. 이산화탄소소화설비의 솔레노이드밸브 작동시험방법 4가지
	8. 이산화탄소소화설비의 안전시설 등 점검항목 3가지
	9. 소화수조 및 저수조에서 채수구 점검항목 4가지
	10. 스프링클러설비의 준비작동식, 일제개방밸브에서 교차회로방식으로 하지 않아도 되는 경우 괄호 넣기
	11. 기존부분에 대하여 증축당시의 대통령령 또는 화재안전기준을 적용하지 않는 경우
	12. 간이스프링클러설비를 설치해야 하는 다중이용업소 영업장 3가지
	13. 부속실제연설비 화재안전성능기준에서 배출댐퍼 및 수동기동장치로 작동 또는 개방하는 4가지
	14. 부속실 제연설비 화재안전성능기준에서 차압 등에 대한 기준 관련 괄호 넣기
	15. 자체점검에 관한 내용에 관해 괄호 넣기
	16. 아파트에 대한 종합점검 일수 산출하기
	17. 공장에 대한 작동점검 일수 산출하기
	18. 침대가 없는 숙박시설에 대한 수용인원 산정하기
	19. 휴게실 용도로 사용하는 특정소방대상물의 수용인원 산정하기
	20. 소방시설을 설치하지 않을 수 있는 특정소방대상물 및 소방시설의 범위 괄호 넣기
	21. 강화된 기준을 적용할 수 있는 소방시설 중 의료시설에 설치하는 것 4가지

회차	문제
25회	1. 이산화탄소소화설비의 기동용 조작동관 누설 여부 확인을 위한 사전준비사항 및 점검방법, 확인사항, 복구방법
	2. 방수압력측정계(피토게이지) 측정방법 및 측정 시 주의사항
	3. 관계인이 관리업자에게 대행하게 할 수 있는 소방안전관리업무 2가지
	4. 소방안전관리등급 및 설치된 소방시설에 따른 대행인력의 배치등급 괄호 넣기
	5. 소화펌프의 성능부족(미달) 현상에 대한 기계적 원인과 전기적 원인
	6. 공동주택(아파트등으로 한정)의 세대별 점검방법 괄호 넣기
	7. 둘 이상의 특정소방대상물을 하나의 특정소방대상물로 볼 수 있는 경우
	8. 할로겐화합물 및 불활성기체소화설비의 화재안전기술기준상 분사헤드의 설치기준
	9. 성능시험배관의 유량측정장치의 최소호칭지름과 그 선정이유, 개폐밸브와 유량측정장치의 직관부 최소거리 및 유량측정장치와 유량조절밸브의 직관부 최소거리(mm)
	10. 스프링클러설비의 화재안전기술기준상 습식 또는 건식 유수검지장치와 부압식 스프링클러설비의 시험장치 설치기준
	11. 준비작동식 스프링클러설비의 감지기 2회로 동작 시 수신기 확인사항 3가지
	12. 스프링클러설비의 화재안전기술기준상 보의 수평거리에 따른 헤드의 수직거리 단서조항 및 박스 괄호 넣기
	13. 이산화탄소소화설비 점검표의 기동장치 중 "자동식 기동장치" 점검항목
	14. 스프링클러설비 점검표의 음향장치 및 기동장치 중 "펌프 작동" 점검항목
	15. 스프링클러설비를 설치해야 하는 특정소방대상물에 대한 괄호 넣기
	16. 옥내소화전설비의 방수압력 0.21 MPa일 때 방수량(L/min) 및 방수압력 0.7 MPa 초과 시 감압방식 4가지
	17. 초고층 및 지하연계복합건축물 재난관리에 관한 특별법령상 피난안전구역의 면적 산정기준과 소방시설의 종류
	18. 자동화재탐지설비 및 시각경보장치의 점검표에서 "수신기"의 점검항목 중 종합점검의 경우에만 해당하는 점검항목 5가지
	19. 가스누설경보기 점검표에서 "수신부" 점검항목 3가지
	20. 공동주택의 화재안전기술기준상 옥내소화전설비 설치기준 3가지
	21. 전기저장시설의 화재안전기술기준상 자동화재탐지설비의 감지기에 관한 괄호 넣기

END UP

소방시설관리사 기본서
점검실무행정

PART 01

기초 용어 정리

CHAPTER

01 | 기초 용어 정리

1 주요구조부, 내화구조, 방화구조

구분	정의
주요구조부	내력벽, 기둥, 바닥, 보, 지붕틀 및 주계단을 말한다. 다만 사이 기둥, 최하층 바닥, 작은 보, 차양, 옥외 계단, 그 밖에 이와 유사한 것으로 건축물의 구조상 중요하지 아니한 부분은 제외한다.
내화구조	화재에 견딜 수 있는 성능을 가진 구조
방화구조	화염의 확산을 막을 수 있는 성능을 가진 구조

2 불연재료, 준불연재료, 난연재료

구분	정의
불연재료	① 정의 : 불에 타지 아니하는 성질을 가진 재료 ② 종류 : 콘크리트, 석재, 벽돌, 철강, 유리, **알루미늄**, 글라스울(유리섬유), 회(두께 **24 mm** 이상), 시멘트판, 섬유시멘트판, 석고시멘트판, 압출시멘트판
준불연재료	① 정의 : 불연재료에 준하는 성질을 가진 재료 ② 종류 : 석고보드, 목모시멘트판, 펄프시멘트판, 미네랄텍스
난연재료	① 정의 : 불에 잘 타지 아니하는 성질을 가진 재료 ② 종류 : 난연합판, 난연섬유판, 난연플라스틱판

3 「건축법 시행령」에서 방화문의 구분기준

60분+방화문	연기 및 불꽃을 차단할 수 있는 시간이 60분 이상이고, 열을 차단할 수 있는 시간이 30분 이상인 방화문
60분방화문	연기 및 불꽃을 차단할 수 있는 시간이 60분 이상인 방화문
30분방화문	연기 및 불꽃을 차단할 수 있는 시간이 30분 이상 60분 미만인 방화문

4 초고층, 준초고층, 고층 건축물

구분	정의
초고층 건축물	층수가 50층 이상이거나 높이가 200 m 이상인 건축물
준초고층 건축물	① 고층 건축물 중 초고층 건축물이 아닌 것 ② 30층 이상 50층 미만이거나 높이가 120 m 이상 200 m 미만인 건축물
고층 건축물	층수가 30층 이상 또는 높이가 120 m 이상인 건축물

5 공동주택 [소방시설법 시행령 (별표 2) 특정소방대상물]

구분	정의
아파트등	**주택으로 쓰는 층수가 5층 이상인 주택**
연립주택	주택으로 쓰는 1개 동의 바닥면적 합계가 660 m² 를 초과하고, 층수가 4개 층 이하인 주택
다세대주택	주택으로 쓰는 1개 동의 바닥면적 합계가 660 m² 이하이고, 층수가 4개 층 이하인 주택
기숙사	학교 또는 공장 등의 학생 또는 종업원 등을 위하여 쓰는 것으로서 1개 동의 공동취사시설 이용 세대 수가 전체의 50퍼센트 이상인 것

6 연소할 우려가 있는 부분 / 구조 / 개구부 / 드렌처설비

암기 부35 구610 개콘 드렌처 제수 방가혜

구분	정의
연소할 우려가 있는 부분 (건피방)	"연소할 우려가 있는 **부분**"이라 인접대지경계선·도로중심선 또는 동일한 대지 안에 있는 2동 이상의 건축물(연면적 합계가 500제곱미터 이하인 건축물은 이를 하나의 건축물로 본다) 상호의 외벽 간의 중심선으로부터 1층에 있어서는 **3 m** 이내, 2층 이상에 있어서는 **5 m** 이내의 거리에 있는 건축물의 각 부분을 말한다. 다만 공원·광장·하천의 공지나 수면 또는 내화구조의 벽 기타 이와 유사한 것에 접하는 부분을 제외한다.
연소할 우려가 있는 구조 (소방시설법 시행규칙)	"연소할 우려가 있는 **구조**"란 ① 건축물대장의 건축물 현황도에 표시된 대지경계선 안에 둘 이상의 건축물이 있는 경우 ② 각각의 건축물이 다른 건축물의 외벽으로부터 수평거리가 1층의 경우에는 **6 m** 이하, 2층 이상의 층의 경우에는 **10 m** 이하인 경우 ③ 개구부가 다른 건축물을 향하여 설치되어 있는 경우

구분	정의
연소할 우려가 있는 개구부 (화재안전기술기준)	1. 연소할 우려가 있는 **개구부** 정의 　각 방화구획을 관통하는 **콘**베이어·에스컬레이터 또는 이와 유사한 시설의 주위로서 방화구획을 할 수 없는 부분 2. 헤드 설치기준 　연소할 우려가 있는 개구부에는 그 상하좌우에 2.5 m 간격으로(개구부의 폭이 2.5 m 이하인 경우에는 그 중앙에) 헤드를 설치하되, 스프링클러헤드와 개구부의 내측면으로부터 직선거리는 15 cm 이하가 되도록 할 것. 이 경우 사람이 상시 출입하는 개구부로서 통행에 지장이 있는 때에는 개구부의 상부 또는 측면(개구부의 폭이 9 m 이하인 경우)에 설치하되, 헤드 상호 간의 간격은 1.2 m 이하로 설치할 것 3. **드렌처**설비 설치기준　　　　　　　　　　　　　**암기** 제수 방가헤 　① 드렌처**헤**드는 개구부 위 측에 2.5 m 이내마다 1개를 설치할 것 　② **제**어밸브(일제개방밸브·개폐표시형 밸브 및 수동조작부를 합한 것)는 특정소방대상물 층마다에 바닥 면으로부터 0.8 m 이상 1.5 m 이하의 위치에 설치할 것 　③ **수**원의 수량은 드렌처헤드가 가장 많이 설치된 제어밸브의 드렌처헤드의 설치개수에 1.6 m³를 곱하여 얻은 수치 이상이 되도록 할 것 　④ 드렌처설비는 드렌처헤드가 가장 많이 설치된 제어밸브에 설치된 드렌처헤드를 동시에 사용하는 경우에 각각의 헤드선단에 **방**수압력이 0.1 MPa 이상, **방**수량이 80 L/min 이상이 되도록 할 것 　⑤ 수원에 연결하는 **가**압송수장치는 점검이 쉽고 화재 등의 재해로 인한 피해우려가 없는 장소에 설치할 것

7 방염의 선처리와 후처리

선처리	제조 또는 가공 과정에서 방염처리하는 것
후처리	현장에서 스프레이나 붓을 이용하여 뿌리거나 바르는 방법으로 방염제를 도포하여 방염처리하는 것

8 소방시설등

구분	정의	비고
소방시설등	소방시설과 비상구, 그 밖에 소방 관련 시설로서 대통령령으로 정하는 것(방화문, 자동방화셔터)	소방시설 및 설치에 관한 법률 제2조 정의
스프링클러설비등	sp, 간이sp, 화재조기진압용sp	소방시설 설치 및 관리에 관한 법률 시행령 [별표 1] 소방시설

구분	정의	비고
물분무등소화설비 (9가지)	① 이산화탄소소화설비 ② 분말소화설비 ③ 할론소화설비 ④ 할로겐화합물 및 불활성기체소화설비**(다른 원소와 화학반응을 일으키기 어려운 기체)** ⑤ 포소화설비 ⑥ 강화액소화설비 ⑦ 물분무소화설비 ⑧ 미분무소화설비 ⑨ 고체에어로졸소화설비	소방시설 설치 및 관리에 관한 법률 시행령 [별표 1] 소방시설
관리업자등	관리업자 또는 소방안전관리자로 선임된 소방시설관리사 및 소방기술사	소방시설법
안전시설등	소방시설, 비상구, 영업장 내부피난통로, 그 밖의 안전시설로서 대통령령(영상음향차단장치, 누전차단기, 창문)으로 정하는 것	다중이용업소 특별법
아파트등	주택으로 쓰는 층수가 5층 이상인 주택	소방시설법 시행령 [별표 2] 특정소방대상물
제조소등	제조소, 저장소, 취급소	위험물안전관리법

9 「소방시설 설치 및 관리에 관한 법률 시행령」에서의 무창층

구분	내용
무창층 정의	지상층 중 개구부(건축물에서 채광·환기·통풍 또는 출입 등을 위하여 만든 창·출입구 그 밖에 이와 비슷한 것)의 면적의 합계가 해당 층의 바닥면적의 30분의 1 이하가 되는 층
무창층의 개구부 요건	① 크기는 지름 50 cm 이상의 원이 **통과**할 수 있는 크기일 것 ② 해당 층의 바닥면으로부터 개구부 밑 부분까지의 높이가 1.2 m 이내일 것 ③ 도로 또는 차량이 진입할 수 있는 빈터를 향할 것 ④ 화재 시 건축물로부터 쉽게 피난할 수 있도록 창살이나 그 밖의 장애물이 설치되지 아니할 것 ⑤ 내부 또는 외부에서 쉽게 부수거나 열 수 있을 것

10 소화기구 및 자동소화장치의 화재 종류에 대한 정의

구분	정의
일반화재 (A급 화재)	나무, 섬유, 종이, 고무, 플라스틱류와 같은 일반 가연물이 타고 나서 재가 남는 화재를 말한다. 일반화재에 대한 소화기의 적응 화재별 표시는 'A'로 표시한다.

구분	정의
유류화재 (B급 화재)	인화성액체, 가연성액체, 석유 그리스, 타르, 오일, 유성도료, 솔벤트, 래커, 알코올 및 인화성가스와 같은 유류가 타고 나서 재가 남지 않는 화재를 말한다. 유류화재에 대한 소화기의 적응 화재별 표시는 'B'로 표시한다.
전기화재 (C급 화재)	전류가 흐르고 있는 전기기기, 배선과 관련된 화재를 말한다. 전기화재에 대한 소화기의 적응 화재별 표시는 'C'로 표시한다.
주방화재 (K급 화재)	주방에서 동식물유를 취급하는 조리기구에서 일어나는 화재를 말한다. 주방화재에 대한 소화기의 적응 화재별 표시는 'K'로 표시한다.
금속화재 (D급 화재)	마그네슘 합금 등 가연성금속에서 일어나는 화재를 말한다. 금속화재에 대한 소화기의 적응 화재별 표시는 'D'로 표시한다.

11 자동확산소화기의 분류

구분	정의
일반화재용 자동확산소화기	보일러실, 건조실, 세탁소, 대량화기취급소 등에 설치되는 자동확산소화기
주방화재용 자동확산소화기	음식점, 다중이용업소, 호텔, 기숙사, 의료시설, 업무시설, 공장 등의 주방에 설치되는 자동확산소화기
전기설비용 자동확산소화기	변전실, 송전실, 변압기실, 배전반실, 제어반, 분전반등에 설치되는 자동확산소화기

12 스프링클러설비의 분류

구분	정의
습식 스프링클러설비	가압송수장치에서 폐쇄형 스프링클러헤드까지 배관 내에 항상 물이 가압되어 있다가 화재로 인한 열로 폐쇄형 스프링클러헤드가 개방되면 배관 내에 유수가 발생하여 습식 유수검지장치가 작동하게 되는 스프링클러설비
부압식 스프링클러설비	가압송수장치에서 준비작동식 유수검지장치의 1차 측까지는 항상 정압의 물이 가압되고, 2차 측 폐쇄형 스프링클러헤드까지는 소화수가 부압으로 되어 있다가 화재 시 감지기의 작동에 의해 정압으로 변하여 유수가 발생하면 작동하는 스프링클러설비
준비작동식 스프링클러설비	가압송수장치에서 준비작동식 유수검지장치 1차 측까지 배관 내에 항상 물이 가압되어 있고, 2차 측에서 폐쇄형 스프링클러헤드까지 대기압 또는 저압으로 있다가 화재 발생 시 감지기의 작동으로 준비작동식 밸브가 개방되면 폐쇄형 스프링클러헤드까지 소화수가 송수되고, 폐쇄형 스프링클러헤드가 열에 의해 개방되면 방수가 되는 방식의 스프링클러설비

구분	정의
건식 스프링클러설비	건식 유수검지장치 2차 측에 압축공기 또는 질소 등의 기체로 충전된 배관에 폐쇄형 스프링클러 헤드가 부착된 스프링클러설비로서, 폐쇄형 스프링클러헤드가 개방되어 배관 내의 압축공기 등이 방출되면 건식 유수검지장치 1차 측의 수압에 의하여 건식 유수검지장치가 작동하게 되는 스프링클러설비
일제살수식 스프링클러설비	가압송수장치에서 일제개방밸브 1차 측까지 배관 내에 항상 물이 가압되어 있고 2차 측에서 개방형 스프링클러헤드까지 대기압으로 있다가 화재 시 자동감지장치 또는 수동식 기동장치의 작동으로 일제개방밸브가 개방되면 스프링클러헤드까지 소화수가 송수되는 방식의 스프링클러설비

13 스프링클러설비에서의 배관의 분류

구분	정의
가지배관	헤드가 설치되어 있는 배관
교차배관	가지배관에 급수하는 배관
주배관	가압송수장치 또는 송수구 등과 직접 연결되어 소화수를 이송하는 주된 배관
신축배관	가지배관과 스프링클러헤드를 연결하는 구부림이 용이하고 유연성을 가진 배관
급수배관	수원 또는 송수구 등으로부터 소화설비에 급수하는 배관
분기배관	배관 측면에 구멍을 뚫어 둘 이상의 관로가 생기도록 가공한 배관으로서 다음 각 분기배관을 말한다. ① "확관형 분기배관"이란 배관의 측면에 조그만 구멍을 뚫고 소성가공으로 확관시켜 배관 용접이음자리를 만들거나 배관 용접이음자리에 배관이음쇠를 용접이음한 배관 ② "비확관형 분기배관"이란 배관의 측면에 분기호칭내경 이상의 구멍을 뚫고 배관이음쇠를 용접이음한 배관

14 미분무소화설비

구분	정의
미분무소화설비	가압된 물이 헤드 통과 후 미세한 입자로 분무됨으로써 소화성능을 가지는 설비로서, 소화력을 증가시키기 위해 강화액 등을 첨가할 수 있다.
미분무	물만을 사용하여 소화하는 방식으로 최소설계압력에서 헤드로부터 방출되는 물입자 중 99%의 누적체적분포가 400 μm 이하로 분무되고 A, B, C급 화재에 적응성을 갖는 것
압력에 따른 분류	① 저압 미분무소화설비의 정의 　　최고사용압력이 1.2 MPa 이하인 미분무소화설비 ② 중압 미분무소화설비 　　사용압력이 1.2 MPa을 초과하고 3.5 MPa 이하인 미분무소화설비 ③ 고압 미분무소화설비 　　최저사용압력이 3.5 MPa을 초과하는 미분무소화설비

15 할로겐화합물 및 불활성기체소화약제

구분	정의
할로겐화합물 및 불활성기체소화약제	할로겐화합물(할론 1301, 할론 2402, 할론 1211 제외) 및 불활성기체로서 전기적으로 비전도성이며 휘발성이 있거나 증발 후 잔여물을 남기지 않는 소화약제
할로겐화합물소화약제	"할로겐화합물소화약제"란 불소, 염소, 브롬 또는 요오드 중 하나 이상의 원소를 포함하고 있는 유기화합물을 기본성분으로 하는 소화약제
불활성기체소화약제	헬륨, 네온, 아르곤 또는 질소가스 중 하나 이상의 원소를 기본성분으로 하는 소화약제

16 가스계에서의 NOAEL / LOAEL / NEL / LEL

구분	정의
NOAEL(No Observed Adverse Effect Level)	아무런 악영향도 관찰되지 않는 최대농도(화재안전기준상 최대 허용설계농도)
LOAEL(Lowest Observed Adverse Effect Level)	악영향이 관찰되는 최소농도
NEL(No Effect Level)	저산소 분위기에서 인체에 생리학적 영향을 주지 않는 최대농도
LEL(Low Effect Level)	저산소 분위기에서 인체에 생리학적 영향을 주는 최소농도

17 고체에어로졸소화설비

구분	정의
고체에어로졸소화설비	설계밀도 이상의 고체에어로졸을 방호구역 전체에 균일하게 방출하는 설비로서 분산(Dispersed)방식이 아닌 압축(Condensed)방식
고체에어로졸화합물	과산화물질, 가연성물질 등의 혼합물로서 화재를 소화하는 비전도성의 미세입자인 에어로졸을 만드는 고체화합물
고체에어로졸	고체에어로졸화합물의 연소과정에 의해 생성된 직경 $10\ \mu m$ 이하의 고체입자와 기체 상태의 물질로 구성된 혼합물

18 비상경보설비

구분	정의
비상벨설비	화재 발생 상황을 경종으로 경보하는 설비
자동식 사이렌설비	화재 발생 상황을 사이렌으로 경보하는 설비
발신기	화재 발생 신호를 수신기에 수동으로 발신하는 장치
유선식	화재 신호 등을 배선으로 송·수신하는 방식
무선식	화재 신호 등을 전파에 의해 송·수신하는 방식
유·무선식	유선식과 무선식을 겸용으로 사용하는 방식

19 비상방송설비

구분	정의
확성기	소리를 크게 하여 멀리까지 전달될 수 있도록 하는 장치로써 일명 스피커
음량조절기	가변저항을 이용하여 전류를 변화시켜 음량을 크게 하거나 작게 조절할 수 있는 장치
증폭기	전압전류의 진폭을 늘려 감도를 좋게 하고 미약한 음성전류를 커다란 음성전류로 변화시켜 소리를 크게 하는 장치

20 자동화재탐지설비 및 시각경보장치

구분	정의
감지기	화재 시 발생하는 열, 연기, 불꽃 또는 연소생성물을 자동적으로 감지하여 수신기에 화재 신호 등을 발신하는 장치
중계기	감지기·발신기 또는 전기적인 접점 등의 작동에 따른 신호를 받아 이를 수신기에 전송하는 장치
수신기	감지기나 발신기에서 발하는 화재 신호를 직접 수신하거나 중계기를 통하여 수신하여 화재의 발생을 표시 및 경보하여 주는 장치
경계구역	특정소방대상물 중 화재 신호를 발신하고 그 신호를 수신 및 유효하게 제어할 수 있는 구역

21 「수신기의 형식승인 및 제품검사의 기술기준」에서 수신기의 종류 및 정의

구분	정의
P형 수신기	감지기 또는 발신기로부터 발하여지는 신호를 직접 또는 중계기를 통하여 공통신호로서 수신하여 화재의 발생을 당해 소방대상물의 관계자에게 경보하여 주는 것
R형 수신기	감지기 또는 발신기로부터 발하여지는 신호를 직접 또는 중계기를 통하여 고유신호로서 수신하여 화재의 발생을 당해 소방대상물의 관계자에게 경보하여 주는 것
P형 복합식 수신기	감지기 또는 발신기로부터 발하여지는 신호를 직접 또는 중계기를 통하여 공통신호로서 수신하여 화재의 발생을 당해 소방대상물의 관계자에게 경보하여 주고 자동 또는 수동으로 옥내·외소화전설비, 스프링클러설비, 물분무소화설비, 포소화설비, 이산화탄소소화설비, 할로겐화물소화설비, 분말소화설비, 배연설비 등의 가압송수장치 또는 기동장치 등을 제어하는 것
R형 복합식 수신기	감지기 또는 발신기로부터 발하여지는 신호를 직접 또는 중계기를 통하여 고유신호로서 수신하여 화재의 발생을 당해 소방대상물의 관계자에게 경보하여 주고 제어기능을 수행하는 것

22 자동화재속보설비

구분	정의
속보기	화재 신호를 통신망을 통하여 음성 등의 방법으로 소방관서에 통보하는 장치
통신망	유선이나 무선 또는 유무선 겸용 방식을 구성하여 음성 또는 데이터 등을 전송할 수 있는 집합체
데이터전송방식	전기·통신매체를 통해서 전송되는 신호에 의하여 어떤 지점에서 다른 수신 지점에 데이터를 보내는 방식
코드전송방식	신호를 표본화하고 양자화하여, 코드화한 후에 펄스 혹은 주파수의 조합으로 전송하는 방식

23 누전경보기

구분	정의
누전경보기	내화구조가 아닌 건축물로서 벽, 바닥 또는 천장의 전부나 일부를 불연재료 또는 준불연재료가 아닌 재료에 철망을 넣어 만든 건물의 전기설비로부터 누설전류를 탐지하여 경보를 발하는 기기로서, 변류기와 수신부로 구성된 것
수신부	변류기로부터 검출된 신호를 수신하여 누전의 발생을 해당 특정소방대상물의 관계인에게 경보하여 주는 것(차단기구를 갖는 것을 포함)
변류기	경계전로의 누설전류를 자동적으로 검출하여 이를 누전경보기의 수신부에 송신하는 것

24 가스누설경보기

구분	정의
가스누설경보기	보일러 등 가스연소기에서 액화석유가스(LPG), 액화천연가스(LNG) 등의 가연성 가스가 새는 것을 탐지하여 관계자나 이용자에게 경보하여 주는 것을 말한다. 다만 탐지소자 외의 방법에 의하여 가스가 새는 것을 탐지하는 것, 점검용으로 만들어진 휴대용 탐지기 또는 연동기기에 의하여 경보를 발하는 것은 제외한다.
일산화탄소경보기	일산화탄소가 새는 것을 탐지하여 관계자나 이용자에게 경보하여 주는 것을 말한다. 다만 탐지소자 외의 방법에 의하여 가스가 새는 것을 탐지하는 것, 점검용으로 만들어진 휴대용 탐지기 또는 연동기기에 의하여 경보를 발하는 것은 제외한다.
탐지부	가스누설경보기(경보기) 중 가스누설을 탐지하여 중계기 또는 수신부에 가스누설 신호를 발신하는 부분
수신부	경보기 중 탐지부에서 발하여진 가스누설 신호를 직접 또는 중계기를 통하여 수신하고 이를 관계자에게 음향으로서 경보하여 주는 것

25 인명구조기구

구분	정의
방열복	고온의 복사열에 가까이 접근하여 소방활동을 수행할 수 있는 내열피복
공기호흡기	소화활동 시에 화재로 인하여 발생하는 각종 유독가스 중에서 일정시간 사용할 수 있도록 제조된 압축공기식 개인호흡장비(보조마스크를 포함)
인공소생기	호흡 부전 상태인 사람에게 인공호흡을 시켜 환자를 보호하거나 구급하는 기구
방화복	화재진압 등의 소방활동을 수행할 수 있는 피복

26 비상조명등

구분	정의
비상조명등	화재 발생 등에 따른 정전 시에 안전하고 원활한 피난활동을 할 수 있도록 거실 및 피난통로 등에 설치되어 자동 점등되는 조명등
휴대용 비상조명등	화재 발생 등으로 정전 시 안전하고 원활한 피난을 위하여 피난자가 휴대할 수 있는 조명등

27 제연설비

구분	정의
제연구역	화재 시 연기의 제어가 요구되는 제연구역
예상제연구역	연기를 예상제연구역 내에 가두거나 이동을 억제하기 위한 보 또는 제연경계벽 등
제연경계	연기를 예상제연구역 내에 가두거나 이동을 억제하기 위한 보 또는 제연경계벽 등
제연경계의 폭	제연경계가 면한 천장 또는 반자로부터 그 제연경계의 수직하단 끝부분까지의 거리
수직거리	제연경계의 하단 끝으로부터 그 수직한 하부 바닥면까지의 거리
제연설비	화재가 발생한 거실의 연기를 배출함과 동시에 옥외의 신선한 공기를 공급하여 거주자들이 안전하게 피난하고, 소방대가 원활한 소화활동을 할 수 있도록 연기를 제어하는 설비 〈신설 2024.9.13.〉
풍도	풍도 내부의 연기 또는 공기의 흐름을 조절하기 위해 설치하는 장치 〈신설 2024.9.13.〉
풍량조절댐퍼	송풍기(또는 공기조화기) 토출 측에 설치하여 유입풍도로 공급되는 공기의 유량을 조절하는 장치 〈신설 2024.9.13.〉

28 특별피난계단 및 부속실제연설비

구분	정의
방연풍속	옥내로부터 제연구역 내로 연기의 유입을 유효하게 방지할 수 있는 풍속
급기량	제연구역에 공급해야 할 공기의 양
누설량	틈새를 통하여 제연구역으로부터 흘러나가는 공기량
보충량	방연풍속을 유지하기 위하여 제연구역에 보충해야 할 공기량
유입공기	제연구역으로부터 옥내로 유입하는 공기로서 차압에 따라 누설하는 것과 출입문의 개방에 따라 유입하는 것

29 연결송수관설비

구분	정의
연결송수관설비	건축물의 옥외에 설치된 송수구에 소방차로부터 가압수를 송수하고 소방관이 건축물 내에 설치된 방수기구함에 비치된 호스를 방수구에 연결하여 화재를 진압하는 소화활동설비
송수구	소화설비에 소화용수를 보급하기 위하여 건물 외벽 또는 구조물의 외벽에 설치하는 관
방수구	소화설비로부터 소화용수를 방수하기 위하여 건물 내벽 또는 구조물의 외벽에 설치하는 관

30 비상콘센트설비에서 전압의 분류

구분	정의
저압	직류는 1.5 kV 이하, 교류는 1 kV 이하인 것
고압	직류는 1.5 kV를, 교류는 1 kV를 초과하고, 7 kV 이하인 것
특고압	7 kV를 초과하는 것

31 무선통신보조설비

구분	정의
누설동축케이블	동축케이블의 외부도체에 가느다란 홈을 만들어서 전파가 외부로 새어나 갈 수 있도록 한 케이블
분배기	신호의 전송로가 분기되는 장소에 설치하는 것으로 임피던스 매칭(Matching)과 신호 균등분배를 위해 사용하는 장치
분파기	서로 다른 주파수의 합성된 신호를 분리하기 위해서 사용하는 장치
혼합기	2 이상의 입력신호를 원하는 비율로 조합한 출력이 발생하도록 하는 장치
증폭기	전압·전류의 진폭을 늘려 감도 등을 개선하는 장치
무선중계기	안테나를 통하여 수신된 무전기 신호를 증폭한 후 음영지역에 재방사하여 무전기 상호 간 송수신이 가능하도록 하는 장치
옥외안테나	감시제어반 등에 설치된 무선중계기의 입력과 출력포트에 연결되어 송수신 신호를 원활하게 방사·수신하기 위해 옥외에 설치하는 장치
임피던스	교류회로에 전압이 가해졌을 때 전류의 흐름을 방해하는 값으로서 교류회로에서의 전류에 대한 전압의 비

32 비상전원수전설비에서 특별고압 또는 고압으로 수전하는 수전형식 및 정의

구분	정의
방화구획형	수전설비를 다른 부분과 건축법상 방화구획을 하여 화재 시 이를 보호하도록 조치하는 방식
옥외개방형	건물의 옥외 또는 건물의 옥상에 울타리를 설치하고 그 내부에 수전설비를 설치하는 방식
큐비클형	수전설비를 큐비클 내에 수납하여 설치하는 방식

33 도로터널의 환기방식

구분	정의
종류식 환기방식	터널 안의 배기가스와 연기 등을 배출하는 환기방식으로서 기류를 종방향(출입구 방향)으로 흐르게 하여 환기하는 방식
횡류식 환기방식	터널 안의 배기가스와 연기 등을 배출하는 환기방식으로서 기류를 횡방향(바닥에서 천장)으로 흐르게 하여 환기하는 방식
반횡류식 환기방식	터널 안의 배기가스와 연기 등을 배출하는 환기방식으로서 터널에 수직배기구를 설치해서 횡방향과 종방향으로 기류를 흐르게 하여 환기하는 방식
대배기구방식	횡류환기방식의 일종으로 배기구에 개방/폐쇄가 가능한 전동댐퍼를 설치하여 화재 시 화재지점 부근의 배기구를 개방하여 집중적으로 배연할 수 있는 제연방식
설계화재강도(MW)	터널 화재 시 소화설비 및 제연설비 등의 용량산정을 위해 적용하는 차종별 최대열방출률(MW)

34 고층건축물

구분	정의
고층건축물	층수가 30층 이상이거나 높이가 120 m 이상인 건축물
초고층건축물	층수가 50층 이상 또는 높이가 200 m 이상인 건축물

35 지하구의 방화벽

구분	정의
방화벽	화재 시 발생한 열, 연기 등의 확산을 방지하기 위하여 설치하는 벽
환기구	지하구의 온도, 습도의 조절 및 유해가스를 배출하기 위해 설치되는 것으로 자연환기구와 강제환기구로 구분된다.
작업구	지하구의 유지관리를 위하여 자재, 기계기구의 반·출입 및 작업자의 출입을 위하여 만들어진 출입구
케이블 접속부	케이블이 지하구 내에 포설되면서 발생하는 직선 접속 부분을 전용의 접속재로 접속한 부분
특고압 케이블	사용전압이 7,000 V를 초과하는 전로에 사용하는 케이블

36 건설현장

구분	정의
소화기	소화약제를 압력에 따라 방사하는 기구로서 사람이 수동으로 조작하여 소화하는 것
간이소화장치	공사현장에서 화재위험작업 시 신속한 화재 진압이 가능하도록 물을 방수하는 이동식 또는 고정식 형태의 소화장치
비상경보장치	화재위험작업 공간 등에서 수동조작에 의해서 화재경보상황을 알려줄 수 있는 설비(비상벨, 사이렌, 휴대용 확성기 등)
간이피난유도선	화재위험작업 시 작업자의 피난을 유도할 수 있는 케이블 형태의 장치
가스누설경보기	건설현장에서 발생하는 가연성가스를 탐지하여 경보하는 장치
비상조명등	화재 발생 시 안전하고 원활한 피난활동을 할 수 있도록 계단실 내부에 설치되어 자동 점등되는 조명등
방화포	건설현장 내 용접·용단 등의 작업 시 발생하는 금속성 불티로부터 가연물이 점화되는 것을 방지해주는 차단막

37 전기저장시설

구분	정의
전기저장장치	생산된 전기를 전력 계통에 저장했다가 전기가 가장 필요한 시기에 공급해 에너지 효율을 높이는 것으로 배터리(이차전지에 한정), 배터리 관리시스템, 전력 변환 장치 및 에너지 관리시스템 등으로 구성되어 발전·송배전·일반 건축물에서 목적에 따라 단계별 저장이 가능한 장치
옥외형 전기저장장치 설비	컨테이너, 패널 등 전기저장장치 설비 전용 건축물의 형태로 옥외의 구획된 실에 설치된 전기저장장치
옥내형 전기저장장치 설비	전기저장장치 설비 전용 건축물이 아닌 건축물의 내부에 설치되는 전기저장장치로 '옥외형 전기저장장치 설비'가 아닌 설비

END UP
소방시설관리사 기본서
점검실무행정

국가화재안전기준

화재안전기술기준(NFTC)과 화재안전성능기준(NFPC)의 목차

1. 소화기구 및 자동소화장치(101)
2. 옥내소화전설비(102)
3. 스프링클러설비(103)
4. 간이스프링클러설비(103A)
5. 화재조기진압용 스프링클러설비(103B)
6. 물분무소화설비(104)
7. 미분무소화설비(104A)
8. 포소화설비(105)
9. 이산화탄소소화설비(106)
10. 할로겐화합물 및 불활성기체소화설비(107A)
11. 분말소화설비(108)
12. 옥외소화전설비(109)
13. 고체에어로졸설비(110)
14. 비상경보설비 및 단독경보형 감지기(201)
15. 비상방송설비(202)
16. 자탐설비 및 시각경보장치(203)
17. 자동화재속보설비(204)
18. 누전경보기(205)
19. 가스누설경보기(206)
20. 화재알림설비(207)
21. 피난기구(301)
22. 인명구조기구(302)
23. 유도등 및 유도표지(303)
24. 비상조명등(304)
25. 상수도소화용수설비(401)
26. 소화수조 및 저수조(402)
27. 제연설비(NFTC 501)
28. 특별피난계단의 계단실 및 부속실 제연설비(501A)
29. 연결송수관설비(502)
30. 연결살수설비(503)
31. 비상콘센트설비(504)
32. 무선통신보조설비(505)
33. 소방시설용 비상전원수전설비(602)
34. 도로터널(603)
35. 고층건축물(604)
36. 지하구(605)
37. 건설현장(606)
38. 전기저장시설(607)
39. 공동주택(608)
40. 창고시설(609)

1 소화기구

1) 소화기구의 종류

(1) 소화기

(2) 간이소화용구

(3) 자동확산소화기

2) 소화기의 구조원리

(1) 소화기의 정의

구분	정의
소화기	소화약제를 압력에 따라 방사하는 기구로서 사람이 수동으로 조작하여 소화하는 것
소형소화기	능력단위가 1단위 이상이고, 대형소화기의 능력단위 미만인 소화기
대형소화기	화재 시 사람이 운반할 수 있도록 운반대와 바퀴가 설치되어 있고, 능력 단위가 A급 10단위 이상, B급 20단위 이상인 소화기

(2) 소화기구의 소화약제별 적응성

소화약제 구분 / 적응대상	가스			분말		액체				기타			
	이산화탄소소화약제	할론소화약제	할로겐화합물및불활성기체소화약제	인산염류소화약제	중탄산염류소화약제	산알칼리소화약제	강화액소화약제	포소화약제	물·침윤소화약제	고체에어로졸화합물	마른모래	팽창질석·팽창진주암	그 밖의 것
일반화재(A급 화재)	-	○	○	○	-	○	○	○	○	○	○	○	-
유류화재(B급 화재)	○	○	○	○	○	○	○	○	○	○	○	○	-
전기화재(C급 화재)	○	○	○	○	○	*	*	*	*	○	-	-	-
주방화재(K급 화재)	-	-	-	-	*	-	*	*	*	-	-	-	*
금속화재(D급 화재)	-	-	-	-	*	-	-	-	-	-	○	○	*

[비고]
"*"의 소화약제별 적응성은 「소방시설 설치 및 관리에 관한 법률」 제37조에 의한 형식승인 및 제품검사의 기술기준에 따라 화재 종류별 적응성에 적합한 것으로 인정되는 경우에 한한다.

(3) 화재의 종류에 대한 정의

구분	정의
일반화재(A급 화재)	나무, 섬유, 종이, 고무, 플라스틱류와 같은 일반 가연물이 타고 나서 재가 남는 화재를 말한다. 일반화재에 대한 소화기의 적응 화재별 표시는 'A'로 표시한다.
유류화재(B급 화재)	인화성액체, 가연성액체, 석유 그리스, 타르, 오일, 유성도료, 솔벤트, 래커, 알코올 및 인화성가스와 같은 유류가 타고 나서 재가 남지 않는 화재를 말한다. 유류화재에 대한 소화기의 적응 화재별 표시는 'B'로 표시한다.
전기화재(C급 화재)	전류가 흐르고 있는 전기기기, 배선과 관련된 화재를 말한다. 전기화재에 대한 소화기의 적응 화재별 표시는 'C'로 표시한다.
주방화재(K급 화재)	주방에서 동식물유를 취급하는 조리기구에서 일어나는 화재를 말한다. 주방화재에 대한 소화기의 적응 화재별 표시는 'K'로 표시한다.
금속화재(D급 화재)	마그네슘 합금 등 가연성금속에서 일어나는 화재를 말한다. 금속화재에 대한 소화기의 적응 화재별 표시는 'D'로 표시한다.

[문제 01] 금속화재와 관련하여 다음 물음에 답하시오.

(1) 금속화재의 정의를 쓰시오.

(2) 금속화재에 적응성 있는 소화약제를 쓰시오.

— 해 설 —

(1) 금속화재의 정의

마그네슘 합금 등 가연성금속에서 일어나는 화재를 말한다. 금속화재에 대한 소화기의 적응화재별 표시는 'D'로 표시한다.

(2) 금속화재에 적응성 있는 소화약제

① 마른 모래

② 팽창질석·팽창진주암

[문제 02] 금속마그네슘 화재에 대하여 다음 소화설비가 적응성이 없는 이유를 기술하고, 반응식을 쓰시오.

(1) 이산화탄소소화설비

(2) 물분무소화설비

— 해 설 —

(1) 이산화탄소소화설비

① 적응성이 없는 이유

금속마그네슘이 반응하여 가연성탄소가 생성되므로 적응성이 없다.

② 화학식 : $2Mg + CO_2 \rightarrow 2MgO + C$

(2) 물분무소화설비

① 적응성이 없는 이유

금속마그네슘이 물과 반응하여 H_2가 발생하므로 적응성이 없다.

② 화학식 : $Mg + 2H_2O \rightarrow Mg(OH)_2 + H_2$

(4) 특정소방대상물별 소화기구의 능력단위

특정소방대상물	소화기구의 능력단위
1. 위락시설	해당 용도의 바닥면적 30 m²마다 능력단위 1단위 이상
2. 공연장·관람장·장례식장·집회장 및 의료시설·문화재	해당 용도의 바닥면적 50 m²마다 능력단위 1단위 이상
3. 근린생활시설·방송통신시설·운수시설·전시장·공장·창고시설·숙박시설·노유자시설·판매시설·업무시설·관광휴게시설·공동주택·항공기 및 자동차 관련 시설	해당 용도의 바닥면적 100 m²마다 능력단위 1단위 이상
4. 그 밖의 것	해당 용도의 바닥면적 200 m²마다 능력단위 1단위 이상

[비고]
소화기구의 능력단위를 산출함에 있어서 건축물의 주요구조부가 내화구조이고, 벽 및 반자의 실내에 면하는 부분이 불연재료·준불연재료 또는 난연재료로 된 특정소방대상물에 있어서는 위 표에서 바닥면적의 2배를 해당 특정소방대상물의 기준면적으로 한다.

(5) 부속용도별로 추가해야 할 소화기구 및 자동소화장치

용도별	소화기구의 능력단위
1. 다음 각 목의 시설. 다만 스프링클러설비·간이스프링클러설비·물분무등소화설비 또는 상업용 주방자동소화장치가 설치된 경우에는 자동확산소화기를 설치하지 않을 수 있다. 가. 보일러실(아파트의 경우 방화구획 된 것을 제외)·건조실·세탁소·대량화기취급소 나. 음식점(지하가의 음식점을 포함한다)·다중이용업소·호텔·기숙사·노유자시설·의료시설·업무시설·공장·장례식장·교육연구시설·교정 및 군사시설의 주방. 다만 의료시설·업무시설 및 공장의 주방은 공동취사를 위한 것에 한한다. 다. 관리자의 출입이 곤란한 변전실·송전실·변압기실 및 배전반실(불연재료로 된 상자 안에 장치된 것을 제외)	1. 해당 용도의 바닥면적 25 m²마다 능력단위 1단위 이상의 소화기로 할 것. 이 경우 나목의 주방에 설치하는 소화기 중 1개 이상은 주방화재용 소화기(K급)로 설치해야 한다. 2. 자동확산소화기는 해당 용도의 바닥면적을 기준으로 10 m² 이하는 1개, 10 m² 초과는 2개 이상을 설치하되, 보일러, 가스레인지 등 방호대상에 유효하게 분사될 수 있는 위치에 배치될 수 있는 수량으로 설치할 것

용도별			소화기구의 능력단위	
2. 발전실·변전실·송전실·변압기실·배전반실·통신기기실, 전산기기실·기타 이와 유사한 시설이 있는 장소. 다만 제1호 다목의 장소를 제외			해당 용도의 바닥면적 50 m²마다 적응성이 있는 소화기 1개 이상 또는 유효설치 방호체적 이내의 가스·분말·고체에어로졸자동소화장치, 캐비닛형 자동소화장치(다만 통신기기실·전자기기실을 제외한 장소에 있어서는 교류 600 V 또는 직류 750 V 이상의 것에 한한다)	
3. 위험물안전관리법시행령 별표 1에 따른 지정수량의 1/5 이상 지정수량 미만의 위험물을 저장 또는 취급하는 장소			능력단위 2단위 이상 또는 유효설치방호체적 이내의 가스·분말·고체에어로졸 자동소화장치, 캐비닛형 자동소화장치	
4. 화재의 예방 및 안전관리에 관한 법률시행령 별표 2에 따른 특수 가연물을 저장 또는 취급하는 장소			지정수량 이상	지정수량의 50배 이상마다 능력단위 1단위 이상
			지정수량의 500배 이상	대형소화기 1개 이상
5. 고압가스안전관리법·액화 석유가스의 안전관리 및 사업법 또는 도시가스사업법에서 규정하는 가연성가스를 연료로 사용하는 장소			액화석유가스 기타 가연성가스를 연료로 사용하는 연소기기가 있는 장소	각 연소기로부터 보행거리 10 m 이내에 능력단위 3단위 이상의 소화기 1개 이상. 다만 상업용 주방자동소화장치가 설치된 장소는 제외한다.
5. 고압가스안전관리법·액화 석유가스의 안전관리 및 사업법 또는 도시가스사업법에서 규정하는 가연성가스를 연료로 사용하는 장소			액화석유가스 기타 가연성가스를 연료로 사용하기 위하여 저장하는 저장실 (저장량 300 kg 미만은 제외한다)	능력단위 5단위 이상의 소화기 2개 이상 및 대형소화기 1개 이상
6. 고압가스안전관리법·액화석유가스의 안전관리 및 사업법 또는 도시가스사업법에서 규정하는 가연성가스를 제조하거나 연료 외의 용도로 저장·사용하는 장소	저장하고 있는 양 또는 1개월 동안 제조·사용하는 양	200 kg 미만	저장하는 장소	능력단위 3단위 이상의 소화기 2개 이상
			제조·사용하는 장소	능력단위 3단위 이상의 소화기 2개 이상
		200 kg 이상 300 kg 미만	저장하는 장소	능력단위 5단위 이상의 소화기 2개 이상
			제조·사용하는 장소	바닥면적 50 m²마다 능력단위 5단위 이상의 소화기 1개 이상
		300 kg 이상	저장하는 장소	대형소화기 2개 이상
			제조·사용하는 장소	바닥면적 50 m²마다 능력단위 5단위 이상의 소화기 1개 이상
7. 마그네슘 합금칩을 저장 또는 취급하는 장소			금속화재용 소화기(D급) 1개 이상을 금속재료로부터 보행거리 20 m 이내로 설치할 것	

(6) 소화기의 설치기준

① 특정소방대상물의 각 층마다 설치하되, 각 층이 2 이상의 거실로 구획된 경우에는 각 층마다 설치하는 것 외에 바닥면적이 33 m² 이상으로 구획된 각 거실(아파트의 경우에는 각 세대)에도 배치할 것

② 특정소방대상물의 각 부분으로부터 1개의 소화기까지의 보행거리가 소형소화기의 경우에는 20 m 이내, 대형소화기의 경우에는 30 m 이내가 되도록 배치할 것. 다만 가연성물질이 없는 작업장의 경우에는 작업장의 실정에 맞게 보행거리를 완화하여 배치할 수 있다.

구분	보행거리
소형소화기	20 m 이내
대형소화기	30 m 이내

(7) 소화기 수량산출에서 소형소화기를 감소할 수 있는 경우

구분	내용 및 소방시설
소화설비가 설치된 경우	① 소화기의 3분의 2를 감소(옥내, 옥외, 스프링클러설비, 물분무 등소화설비)
대형소화기가 설치된 경우	② 소화기의 2분의 1을 감소

(8) 소화기 수량산출에서 소형소화기를 감소할 수 없는 특정소방대상물

암기 판교 근방의 노숙업 11층위 항문운동관광

층수가 **11층** 이상인 부분, **근**린생활시설, **위**락시설, **문**화 및 집회시설, 운**동**시설, **판**매시설, **운**수시설, **숙**박시설, **노**유자시설, **의**료시설, **업**무시설(무인변전소를 제외), **방**송통신시설, **교**육연구시설, **항**공기 및 자동차 관련 시설, **관광**휴게시설

(9) **이**산화탄소 또는 **할**로겐화합물을 방출하는 소화기구(자동확산소화기를 제외)는 **지**하층이나 **무**창층 또는 **밀**폐된 거실로서 그 바닥면적이 **20** m² 미만의 장소에는 설치할 수 없다. 다만 배기를 위한 유효한 개구부가 있는 장소의 경우에는 그렇지 않다.

암기 이할 지무밀 20 ×

(10) 「소화기의 형식승인 및 제품검사의 기술기준」에서 대형소화기별 소화약제의 용량

암기 포강물 분할이 268 235

종별	포소화기	강화액 소화기	물소화기	분말 소화기	할로겐화물 소화기	이산화탄소 소화기
용량	20 L 이상	60 L 이상	80 L 이상	20 kg 이상	30 kg 이상	50 kg 이상

[문제 03] 다음 조건을 참조하여 특정소방대상물에서 각 층에 설치해야 하는 소화기의 개수를 산출하시오.

〈조 건〉

○ 특정소방대상물의 각 층 바닥면적은 500 m²이고, 소형소화기 1개의 능력단위 2단위이다.

○ 주요구조부는 내화구조이다.

○ 지하 1층은 관람장이며, 벽 및 반자의 실내에 면하는 부분의 마감은 난연재료이다.

○ 1층은 운동시설이며, 벽 및 반자의 실내에 면하는 부분의 마감은 불연재료이다.

○ 특정소방대상물에는 스프링클러설비가 설치되어 있다.

해 설

(1) 특정소방대상물별 소화기구의 능력단위기준

특정소방대상물	소화기구의 능력단위
1. 위락시설	해당 용도의 바닥면적 30 m²마다 능력단위 1단위 이상
2. 공연장 · 관람장 · 장례식장 · 집회장 및 의료시설 · 문화재	해당 용도의 바닥면적 50 m²마다 능력단위 1단위 이상
3. 근린생활시설 · 방송통신시설 · 운수시설 · 전시장 · 공장 · 창고시설 · 숙박시설 · 노유자시설 · 판매시설 · 업무시설 · 관광휴게시설 · 공동주택 · 항공기 및 자동차 관련 시설	해당 용도의 바닥면적 100 m²마다 능력단위 1단위 이상
4. 그 밖의 것	해당 용도의 바닥면적 200 m²마다 능력답위 1단위 이상

(2) 특정소방대상물(내화구조)의 바닥면적/기준면적에 따른 능력단위 계산

① 지하 1층(관람장) = $\dfrac{500\text{m}^2}{100\text{m}^2/\text{단위}}$ = 5단위

② 1층(운동시설) = $\dfrac{500\text{m}^2}{400\text{m}^2/\text{단위}}$ = 1.25단위

(3) 소화기의 감소 여부

소형소화기를 설치해야 할 특정소방대상물 또는 그 부분에 옥내소화전설비 · 스프링클러설비 · 물분무등소화설비 · 옥외소화전설비 또는 대형소화기를 설치한 경우에는 해당 설비의 유효범위의 부분에 대하여는 소형소화기의 3분의 2(대형소화기를 둔 경우에는 2분의 1)를 감소할 수 있다.

① 문화 및 집회시설, 판매시설, 운동시설에는 스프링클러설비가 있으므로 2/3 감소

② 소형소화기를 감소할 수 없는 특정소방대상물의 종류

층수가 11층 이상인 부분, 근린생활시설, 위락시설, <u>문화 및 집회시설</u>, <u>운동시설</u>, 판매시설, 운수시설, 숙박시설, 노유자시설, 의료시설, 업무시설(무인변전소는 제외), 방송통신시설, 교육연구시설, 항공기 및 자동차 관련 시설, 관광휴게시설

③ 공연장, 판매시설, 운동시설은 능력단위 감소조건에 해당되지 않음

(4) 각 층별 설치해야 하는 소화기의 개수

① 지하 1층(관람장) $= \dfrac{5단위}{2단위/1개} = 2.5개$ ∴ 3개

② 1층(운동시설) $= \dfrac{1.25단위}{2단위/1개} = 0.625개$ ∴ 1개

※ 관람장은 문화 및 집회시설에 해당[소방시설법 시행령 별표 2 특정소방대상물]

3) 간이소화용구의 구조원리

(1) 간이소화용구의 정의

에어로졸식 소화용구, 투척용 소화용구, 소공간용 소화용구 및 소화약제 외의 것을 이용한 간이소화용구

(2) 에어로졸식 소화용구 : 사람이 조작하여 압력에 의하여 방사하는 기구로서 능력단위가 1미만이고 한번 사용한 후에는 다시 사용할 수 없는 형의 것

(3) 투척용소화용구 : 용기에 축압가스를 제외한 소화약제만을 충전한 것으로 4개 이하의 소화용구를 1세트로 구성하여 화재가 발생한 곳에 던져서 소화하는 것

(4) 소화약제 외의 것을 이용한 간이소화용구의 능력단위

간이소화용구		능력단위
1. 마른모래	삽을 상비한 50 L 이상의 것 1포	0.5 단위
2. 팽창질석 또는 팽창진주암	삽을 상비한 80 L 이상의 것 1포	

4) 자동확산소화기의 구조원리

(1) 자동확산소화기의 정의

화재를 감지하여 자동으로 소화약제를 방출 확산시켜 국소적으로 소화하는 소화기

① 일반화재용 자동확산소화기 : 보일러실, 건조실, 세탁소, 대량화기취급소 등에 설치되는 자동확산소화기

② 주방화재용 자동확산소화기 : 음식점, 다중이용업소, 호텔, 기숙사, 의료시설, 업무시설, 공장 등의 주방에 설치되는 자동확산소화기

③ 전기설비용 자동확산소화기 : 변전실, 송전실, 변압기실, 배전반실, 제어반, 분전반등에 설치되는 자동확산소화기

(2) **자동확산소화기의 부속용도별 설치장소**

① 보일러실(아파트의 경우 방화구획된 것을 제외)·건조실·세탁소·대량화기취급소

② 음식점(지하가의 음식점을 포함)·다중이용업소·호텔·기숙사·노유자시설·의료시설·업무시설·공장·장례식장·교육연구시설·교정 및 군사시설의 주방. 다만 의료시설·업무시설 및 공장의 주방은 공동취사를 위한 것에 한한다.

③ 관리자의 출입이 곤란한 변전실·송전실·변압기실 및 배전반실(불연재료로 된 상자 안에 장치된 것을 제외)

(3) **자동확산소화기의 설치수량기준**

자동확산소화기는 해당 용도의 바닥면적을 기준으로 $10\ \mathrm{m^2}$ 이하는 1개, $10\ \mathrm{m^2}$ 초과는 2개 이상을 설치하되, 보일러, 조리기구, 변전설비 등 방호대상에 유효하게 분사될 수 있는 위치에 배치될 수 있는 수량으로 설치할 것

(4) **자동확산소화기를 부속용도에 설치하지 않을 수 있는 경우**　　　암기 스간물상

스프링클러설비·**간**이스프링클러설비·**물**분무등소화설비 또는 **상**업용 주방자동소화장치가 설치된 경우에는 자동확산소화기를 설치하지 않을 수 있다.

2 자동소화장치

1) 자동소화장치의 종류　　　　　　　　　　　　　　　　암기 주상캐 가분고

(1) **주**거용 주방자동소화장치

(2) **상**업용 주방자동소화장치

(3) **캐**비닛형 자동소화장치

(4) **가**스자동소화장치

(5) **분**말자동소화장치

(6) **고**체에어로졸자동소화장치

2) 주거용 주방자동소화장치의 구조원리

(1) 주거용 주방자동소화장치의 정의

주거용 주방에 설치된 열발생 조리기구의 사용으로 인한 화재 발생 시 열원(전기 또는 가스)을 자동으로 차단하며 소화약제를 방출하는 소화장치

(2) 주거용 주방자동소화장치의 설치기준 　암기 방감차탐수

① 소화약제 **방**출구는 환기구(주방에서 발생하는 열기류 등을 밖으로 배출하는 장치)의 청소부분과 분리되어 있어야 하며, 형식승인 받은 유효설치높이 및 방호면적에 따라 설치할 것

② **감**지부는 형식승인 받은 유효한 높이 및 위치에 설치할 것

③ **차**단장치(전기 또는 가스)는 상시 확인 및 점검이 가능하도록 설치할 것

④ 가스용 주방자동소화장치를 사용하는 경우 **탐**지부는 수신부와 분리하여 설치하되, 공기보다 가벼운 가스를 사용하는 경우에는 천장 면으로 부터 30 cm 이하의 위치에 설치하고, 공기보다 무거운 가스를 사용하는 장소에는 바닥 면으로부터 30 cm 이하의 위치에 설치할 것

⑤ **수**신부는 주위의 열기류 또는 습기 등과 주위온도에 영향을 받지 않고 사용자가 상시 볼 수 있는 장소에 설치할 것

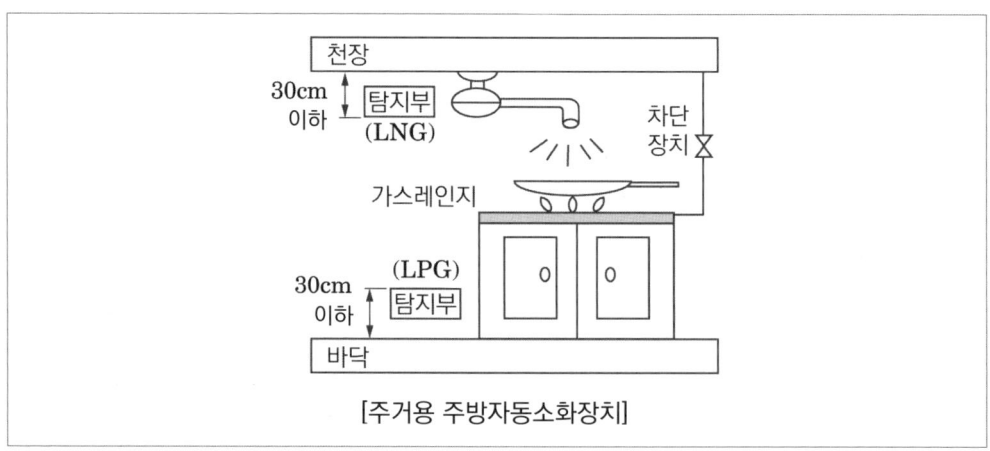

[주거용 주방자동소화장치]

3) 상업용 주방자동소화장치의 구조원리

(1) 상업용 주방자동소화장치의 정의

상업용 주방에 설치된 열발생 조리기구의 사용으로 인한 화재 발생 시 열원(전기 또는 가스)을 자동으로 차단하며 소화약제를 방출하는 소화장치

(2) **상업용 주방자동소화장치의 설치기준** **암기** 소감차후덕

① **소**화장치는 조리기구의 종류 별로 성능인증 받은 설계 매뉴얼에 적합하게 설치할 것

② **감**지부는 성능인증을 받은 유효높이 및 위치에 설치할 것

③ **차**단장치(전기 또는 가스)는 상시 확인 및 점검이 가능하도록 설치할 것

④ **후**드에 설치되는 분사헤드는 후드의 가장 긴 변의 길이까지 방출될 수 있도록 소화약제의 방출 방향 및 거리를 고려하여 설치할 것

⑤ **덕**트에 설치되는 분사헤드는 성능인증을 받은 길이 이내로 설치할 것

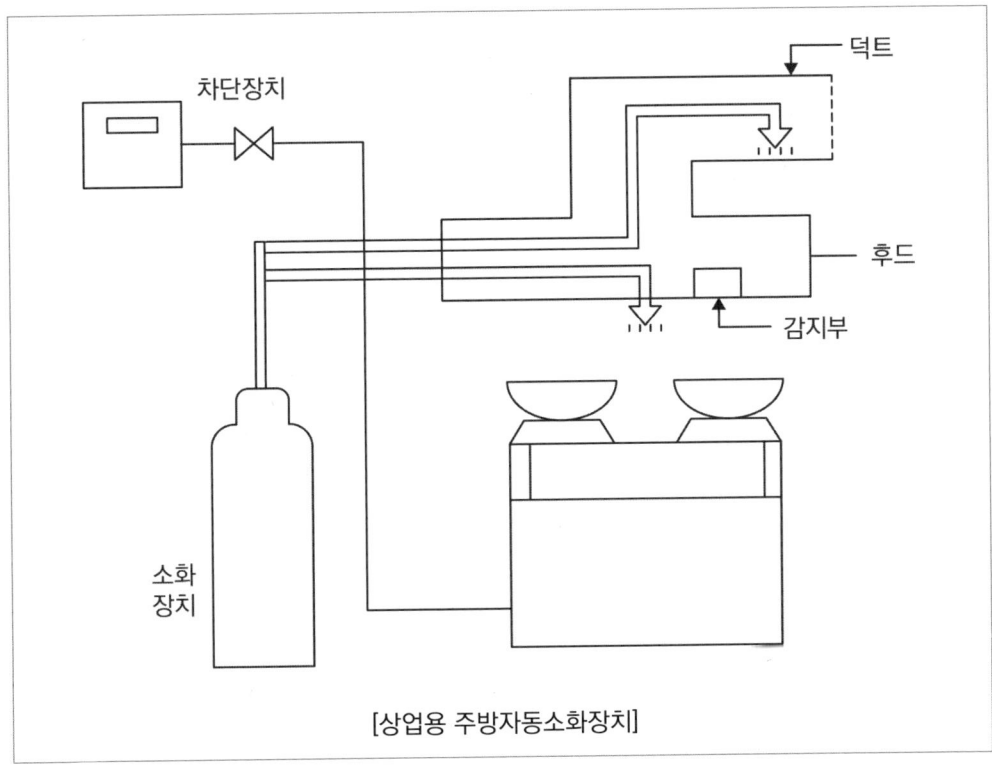

[상업용 주방자동소화장치]

4) 캐비닛형 자동소화장치의 구조원리

(1) 캐비닛형 자동소화장치의 정의

열, 연기 또는 불꽃 등을 감지하여 소화약제를 방사하여 소화하는 캐비닛 형태의 소화장치

(2) 캐비닛형 자동소화장치의 설치기준 **암기** 분화방교면 개통작구

① **분**사헤드(방출구)의 설치높이는 방호구역의 바닥으로부터 형식승인을 받은 범위 내에서 유효하게 소화약제를 방출시킬 수 있는 높이에 설치할 것

② **화**재감지기는 방호구역 내의 천장 또는 옥내에 면하는 부분에 설치하되 「자동화재탐지설비 및 시각경보장치의 화재안전기술기준(NFTC 203)」에 적합하도록 설치할 것

③ **방**호구역 내의 화재감지기의 감지에 따라 작동되도록 할 것

④ 화재감지기의 회로는 **교**차회로방식으로 설치할 것. 다만 화재감지기를 「자동화재탐지설비 및 시각경보장치의 화재안전기술기준(NFTC 203)」의 특수형 감지기로 설치하는 경우에는 그렇지 않다.

⑤ 교차회로 내의 각 화재감지기회로별로 설치된 화재감지기 1개가 담당하는 바닥**면**적은 「자동화재탐지설비 및 시각경보장치의 화재안전기술기준(NFTC 203)」에 따른 바닥면적으로 할 것

⑥ **개**구부 및 **통**기구(환기장치를 포함)를 설치한 것에 있어서는 소화약제가 방출되기 전에 해당 개구부 및 통기구를 자동으로 폐쇄할 수 있도록 할 것. 다만 가스압에 의하여 폐쇄되는 것은 소화약제 방출과 동시에 폐쇄할 수 있다.

⑦ **작**동에 지장이 없도록 견고하게 고정할 것

⑧ **구**획된 장소의 방호체적 이상을 방호할 수 있는 소화성능이 있을 것

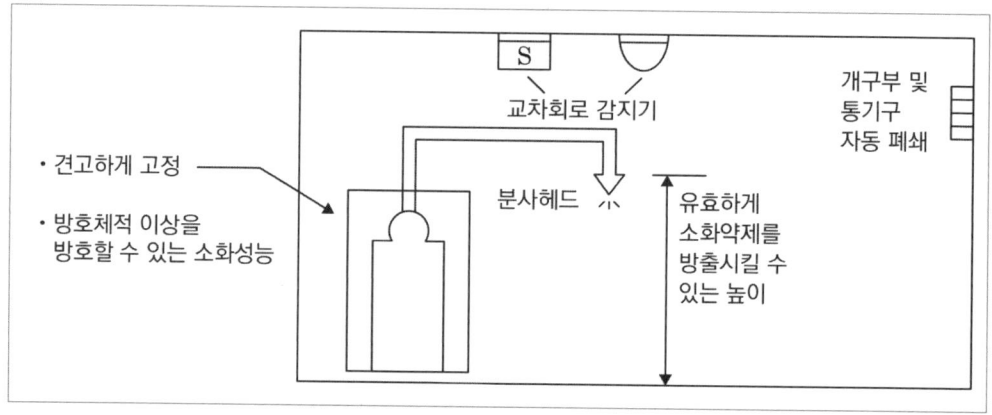

5) 가스, 분말, 고체에어로졸 자동소화장치의 구조원리

(1) 가스, 분말, 고체에어로졸 자동소화장치의 정의

① 가스자동소화장치 : 열, 연기 또는 불꽃 등을 감지하여 가스계 소화약제를 방사하여 소화하는 소화장치

② 분말자동소화장치 : 열, 연기 또는 불꽃 등을 감지하여 분말의 소화약제를 방사하여 소화하는 소화장치

③ 고체에어로졸자동소화장치 : 열, 연기 또는 불꽃 등을 감지하여 에어로졸의 소화약제를 방사하여 소화하는 소화장치

(2) 가스, 분말, 고체에어로졸 자동소화장치의 설치기준

① 소화약제 방출구는 형식승인 받은 유효설치 범위 내에 설치할 것

② 자동소화장치는 방호구역 내에 형식승인 된 1개의 제품을 설치할 것. 이 경우 연동방식으로서 하나의 형식을 받은 경우에는 1개의 제품으로 본다.

③ 감지부는 형식승인 된 유효설치범위 내에 설치해야 하며 설치장소의 평상시 **최고주위온도**에 따라 다음 표 2.1.2.4.3에 따른 **표시온도**의 것으로 설치할 것. 다만 열감지선의 감지부는 형식승인 받은 최고주위온도범위 내에 설치해야 한다.

설치장소의 최고주위온도	표시온도
39 ℃ 미만	79 ℃ 미만
39 ℃ 이상 64 ℃ 미만	79 ℃ 이상 121 ℃ 미만
64 ℃ 이상 106 ℃ 미만	121 ℃ 이상 162 ℃ 미만
106 ℃ 이상	162 ℃ 이상

④ 화재감지기를 감지부로 사용하는 경우에는 다음 설치방법에 따를 것

㉠ 화재감지기는 방호구역 내의 천장 또는 옥내에 면하는 부분에 설치하되 「자동화재탐지설비 및 시각경보장치의 화재안전기술기준(NFTC 203)」에 적합하도록 설치할 것

㉡ 방호구역 내의 화재감지기의 감지에 따라 작동되도록 할 것

㉢ 화재감지기의 회로는 교차회로방식으로 설치할 것. 다만 화재감지기를 「자동화재탐지설비 및 시각경보장치의 화재안전기술기준(NFTC 203)」의 특수형 감지기로 설치하는 경우에는 그렇지 않다.

㉣ 교차회로 내의 각 화재감지기회로별로 설치된 화재감지기 1개가 담당하는 바닥면적은 「자동화재탐지설비 및 시각경보장치의 화재안전기술기준(NFTC 203)」에 따른 바닥면적으로 할 것

1 옥내소화전설비의 계통도

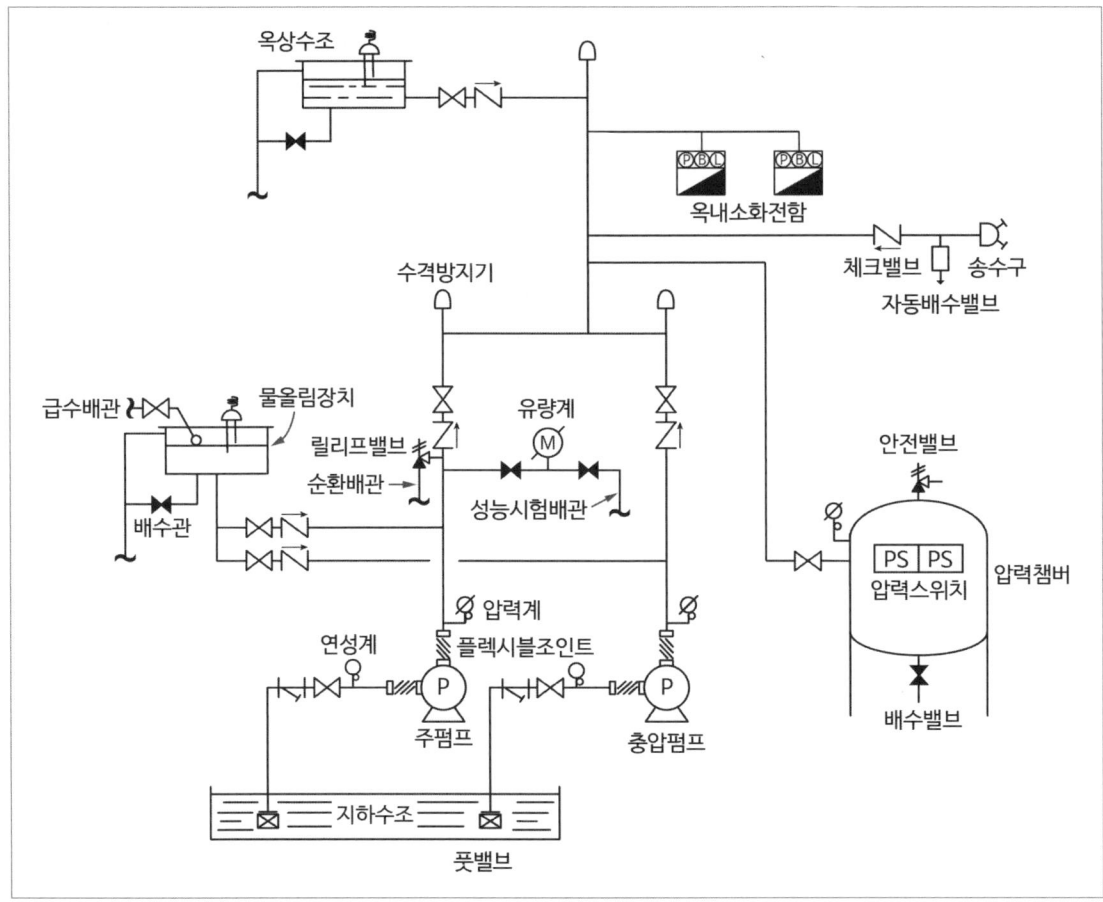

2 옥내소화전설비의 구조원리

1) 수원량(유효수량)의 산정기준

(1) 옥내소화전설비의 수원은 그 저수량이 옥내소화전의 설치개수가 가장 많은 층의 설치개수(2개 이상 설치된 경우에는 2개)에 2.6 m³(호스릴옥내소화전설비를 포함)를 곱한 양 이상이 되도록 해야 한다.

(2) 유효수량의 3분의 1 이상을 옥상에 설치하지 않을 수 있는 경우

암기 고가수건지주 학공창

① **지**하층만 있는 건축물

② **고**가수조를 가압송수장치로 설치한 경우

③ **수**원이 **건**축물의 최상층에 설치된 방수구보다 높은 위치에 설치된 경우

④ **건**축물의 높이가 지표면으로부터 10 m 이하인 경우

⑤ **주**펌프와 동등 이상의 성능이 있는 별도의 펌프로서 내연기관의 기동과 연동하여 작동되거나 비상전원을 연결하여 설치한 경우

⑥ **학**교·**공**장·**창**고시설로서 동결의 우려가 있는 장소에 있어서는 기동스위치에 보호판을 부착하여 옥내소화전함 내에 설치한 경우

⑦ **가**압수조를 가압송수장치로 설치한 경우

2) 수조의 설치기준

(1) 점검에 편리한 곳에 설치할 것

(2) 동결방지조치를 하거나 동결의 우려가 없는 장소에 설치할 것

(3) 수조의 외측에 수위계를 설치할 것. 다만 구조상 불가피한 경우에는 수조의 맨홀 등을 통하여 수조 안의 물의 양을 쉽게 확인할 수 있도록 해야 한다.

(4) 수조의 상단이 바닥보다 높은 때에는 수조의 외측에 고정식 사다리를 설치할 것

(5) 수조가 실내에 설치된 때에는 그 실내에 조명설비를 설치할 것

(6) 수조의 밑 부분에는 청소용 배수밸브 또는 배수관을 설치할 것

(7) 수조 외측의 보기 쉬운 곳에 "옥내소화전소화설비용 수조"라고 표시한 표지를 할 것. 이 경우 그 수조를 다른 설비와 겸용하는 때에는 ⏌ 겸용되는 설비의 이름을 표시한 표지를 함께 해야 한다.

(8) 소화설비용 펌프의 흡수배관 또는 소화설비의 수직배관과 수조의 접속부분에는 "옥내소화전소화설비용 배관"이라고 표시한 표지를 할 것. 다만 수조와 가까운 장소에 소화설비용 펌프가 설치되고 해당 펌프에 따른 표지를 설치한 때에는 그렇지 않다.

3) 수조방식

(1) 부압흡입방식 : 수조가 펌프보다 낮은 위치에 있는 방식

(2) 정압흡입방식 : 수조가 펌프보다 높은 위치에 있는 방식

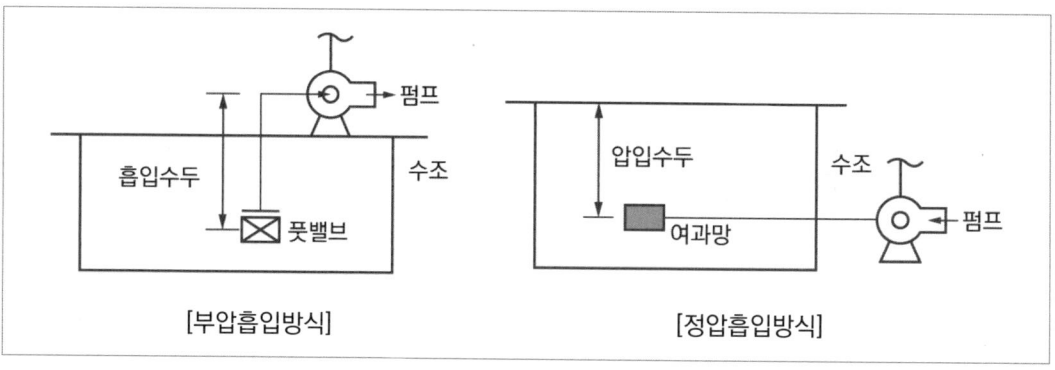

[부압흡입방식]   [정압흡입방식]

4) 가압송수장치

(1) 가압송수장치의 정의

옥내소화전설비에서 소화수에 압력을 가해 방수구에 규정된 방수압과 방수량을 송수하는 장치

(2) 가압송수장치의 종류

구분	정의
펌프방식	전동기 또는 내연기관에 의한 원심력을 이용하여 펌프의 토출압력을 이용한 가압송수장치
고가수조방식	건축물의 옥상에 설치된 고가수조로부터 자연낙차압을 이용하는 방식으로 최고층의 방수구에 규정 방수압을 얻을 수 있는 낙차를 이용하는 가압송수장치
압력수조방식	소화용수와 공기를 채우고 일정 압력 이상으로 가압하여 그 압력으로 송수하는 가압송수장치
가압수조방식	수조에 있는 소화수를 고압의 공기 또는 불연성기체, 즉 가압가스로 가압시켜 송수하는 가압송수장치

(3) 부식 등으로 인한 펌프의 고착을 방지할 수 있는 적합한 기준(단, 충압펌프는 제외)

① 임펠러는 청동 또는 스테인리스 등 부식에 강한 재질을 사용할 것

② 펌프축은 스테인리스 등 부식에 강한 재질을 사용할 것

(4) 옥내소화전설비의 가압송수장치 성능

① 특정소방대상물의 어느 층에 있어서도 해당 층의 옥내소화전(2개 이상 설치된 경우에는 2개의 옥내소화전)을 동시에 사용할 경우 각 소화전의 노즐선단에서의 방수압력이 0.17 MPa(호스릴옥내소화전설비를 포함) 이상, 방수량이 130 L/min(호스릴옥내소화전설비를 포함) 이상일 것

② 다만 하나의 옥내소화전을 사용하는 노즐선단에서의 방수압력이 0.7 MPa을 초과할 경우에는 호스접결구의 인입 측에 감압장치를 설치할 것

(5) 주펌프가 기동되지 않는 원인

구분	원인
감시제어반의 원인	① 상용전원의 정전 또는 차단된 경우 ② 감시제어반의 Relay 등이 고장 난 경우 ③ 감시제어반 내부의 선로가 단선된 경우 ④ 감시제어반과 기동용 압력스위치 사이의 배선이 단선된 경우
동력제어반의 원인	① 펌프의 셀렉터 스위치가 수동위치인 경우 ② 전자접촉기(MC)가 고장 난 경우 ③ 배선용차단기(MCCB)가 Off된 경우 ④ 조작회로의 오결선 또는 단자가 풀린 경우 ⑤ 열동계전기가 차단 또는 Trip된 경우 ⑥ 다이제트퓨즈(Diazed Fuse)가 단선된 경우
기동용 수압개폐장치의 원인	① 압력스위치가 고장 난 경우 ② 압력챔버의 급수밸브가 폐쇄된 경우 ③ 조작회로의 오결선, 전선이탈 등 결선불량인 경우

5) 충압펌프

(1) **충압펌프의 정의**

배관 내 압력손실에 따른 주펌프의 빈번한 기동을 방지하기 위하여 충압역할을 하는 펌프

(2) **충압펌프의 설치목적 : 주펌프의 빈번한 기동 방지**

(3) **충압펌프의 설치기준**

① 펌프의 토출압력은 그 설비의 최고위 호스접결구의 자연압보다 적어도 0.2 MPa이 더 크도록 하거나 가압송수장치의 정격토출압력과 같게 할 것

② 펌프의 정격토출량은 정상적인 누설량보다 적어서는 안 되며, 옥내소화전설비가 자동적으로 작동할 수 있도록 충분한 토출량을 유지할 것

옥내소화전설비 충압펌프	스프링클러설비 충압펌프
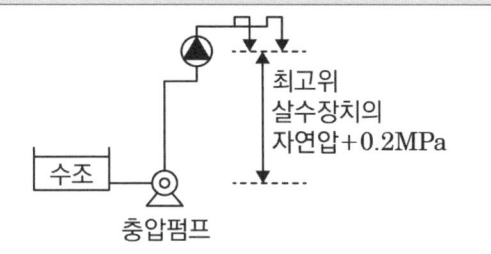 최고위 호스접결구의 자연압+0.2MPa	최고위 살수장치의 자연압+0.2MPa

⑷ 충압펌프가 5분마다 작동될 때 예상되는 원인

① 주배관의 2차 측 배관에 누수가 발생한 경우

② 방수구가 개방된 경우

③ 옥상수조에 연결된 체크밸브(Swing Check Valve)의 고장으로 역류하는 경우

④ 압력챔버 하단의 배수밸브가 개방된 경우

⑤ 펌프 토출 측 체크밸브(스모렌스키)가 고장으로 역류하는 경우

⑥ 송수구와 연결된 체크밸브(스모렌스키)의 고장으로 역류하는 경우

6) 기동용 수압개폐장치(압력챔버)

[압력챔버]

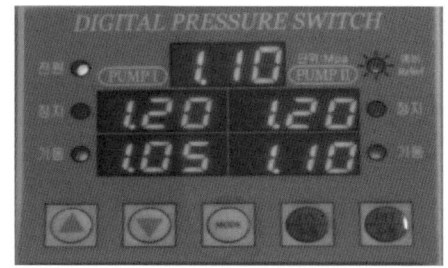

[전자식 압력스위치]

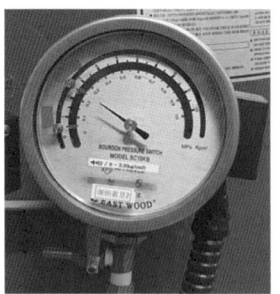

[부르동관식 압력스위치]

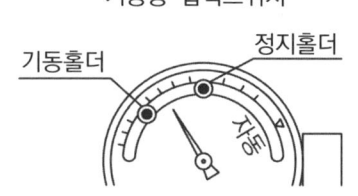

[부르동관식 압력스위치]

(1) **압력챔버의 정의**

① 압력변동을 검지할 수 있는 원통형 탱크

② 원통형 탱크에 압력스위치를 부착한 기동용 수압개폐장치

(2) **압력챔버의 역할 3가지**

① 펌프의 자동기동 및 정지 : 압력스위치를 통해서 압력변동을 감지하여 펌프를 자동 기동 및 정지시킨다.

② 압력변화의 완충작용 : 압력챔버 상부의 공기가 완충작용을 하여 급격한 압력변화를 방지한다

③ 압력변동에 따른 설비의 보호 : 펌프 기동 시 압력챔버가 완충역할을 하여 기기의 충격과 손상을 방지한다.

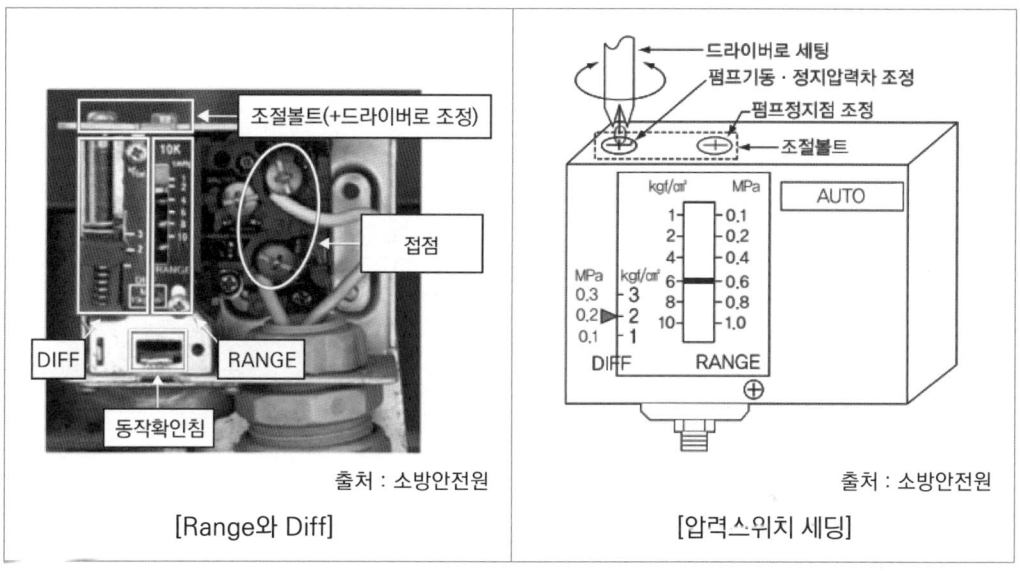

| [Range와 Diff] | [압력스위치 세딩] |

(3) **압력스위치 Range와 Diff의 기능**

① 압력스위치의 기능

기동용 수압개폐장치 내 압력변동에 따라 압력스위치 내 접점을 붙여주는 기능

② Range의 기능

펌프의 정지점이며, 펌프가 기동되어 배관 내 압력이 설정 압력 범위에 도달되면 펌프가 정지되는 점이다.

③ Diff의 기능

Range에 설정된 압력에서 Diff에서 설정된 압력만큼 떨어지면 펌프가 기동되는 압력의 차이를 말한다. 즉, 기동점 = Range - Diff이다.

[문제 01] 옥내소화전설비의 펌프일람표를 참조하여 기동용 수압개폐장치의 압력설정(다만 10 m = 0.1 MPa로 하고, 주펌프, 충압펌프의 자동정지는 정격치로 하되 기동 ~ 정지 압력차는 0.1 MPa로 설정하며, 압력강하 시 자동기동은 충압 – 주펌프 순으로 한다)

〈조 건〉

장비명	수량	유량(L/min)	양정(m)	비고
주펌프	1	2,400	100	전자식 압력스위치 적용
충압펌프	1	60	100	

─ 해 설 ─

(1) 정지점의 설정

　① 펌프의 성능기준

　　펌프의 성능은 체절운전 시 정격토출압력의 140 %를 초과하지 않고, 정격토출량의 150 %로 운전 시 정격토출압력의 65 % 이상이 되어야 한다.

　② 체절운전 시 140 % 이하까지 운전이 가능하므로

　　정지점 = 정격점 × 140 % = 1.0 MPa × 1.4 = 1.4 MPa 초과

(2) 충압펌프와 주펌프의 기동점 및 정지점

주펌프		충압펌프	
기동점	정지점	기동점	정지점
0.8 MPa	수동정지 (1.4 MPa 초과)	0.9 MPa	1.0 MPa

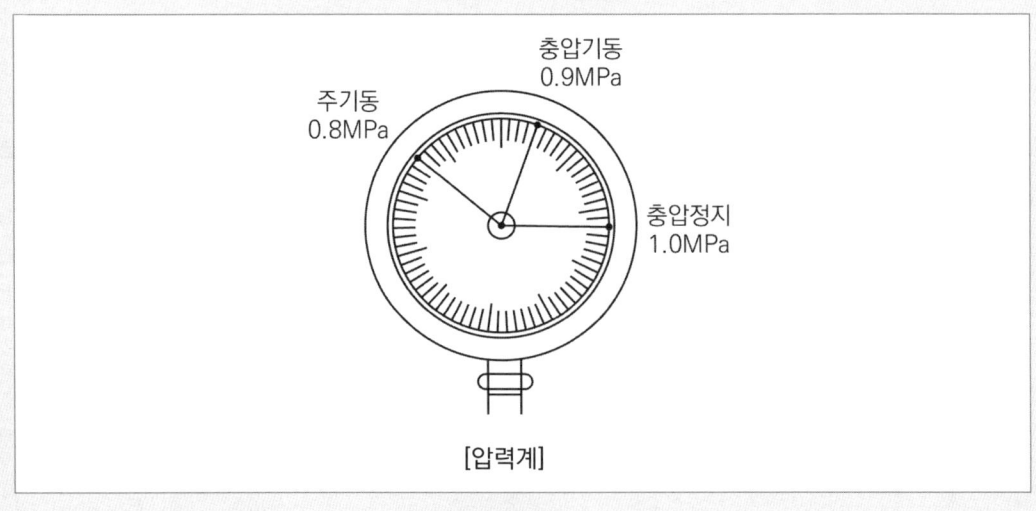

[압력계]

7) 압력챔버의 공기치환

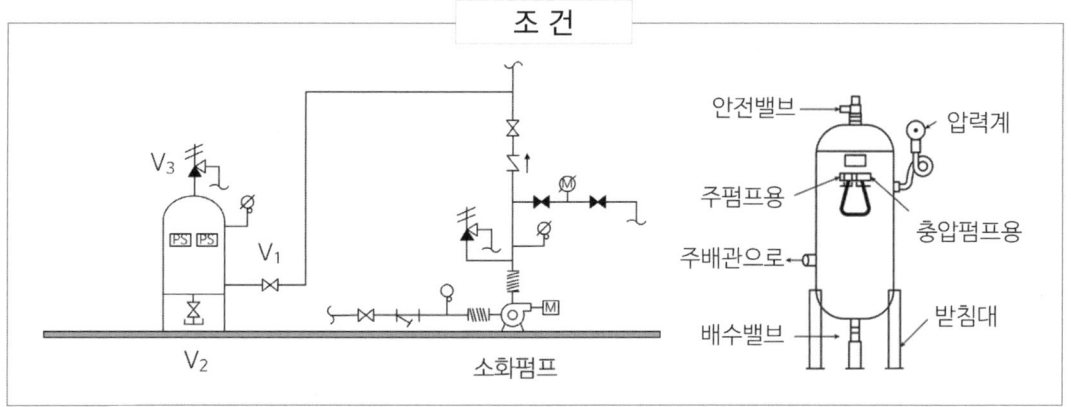

(1) MCC(동력제어반)에서 주펌프, 충압펌프의 "선택스위치"를 수동으로 한다.

(2) "V_1"개폐밸브를 폐쇄한다.

(3) "V_2" 배수밸브 개방하고 "V_3"를 개방하면 물이 배수된다.

(4) "V_2"를 통하여 물이 완전히 배수된 후 "V_2, V_3"를 폐쇄시킨다.

(5) "V_1"을 서서히 개방하여 압력챔버 내에 물을 채운다.

(6) MCC에서 충압펌프를 자동으로 하면 압력챔버가 가압되면서 일정압력에 도달하면 충압펌프가 정지된다.

(7) MCC에서 주펌프의 "선택스위치"를 자동으로 한다.

8) 물올림장치

(1) 물올림장치의 설치대상

수원의 수위가 펌프보다 낮은 경우 흡입 측 배관 내에 마중물이 없어 펌프 흡입 측으로 물이 유입되어 양수 불능현상을 방지하기 위해 마중물을 넣을 수 있는 물올림장치를 설치

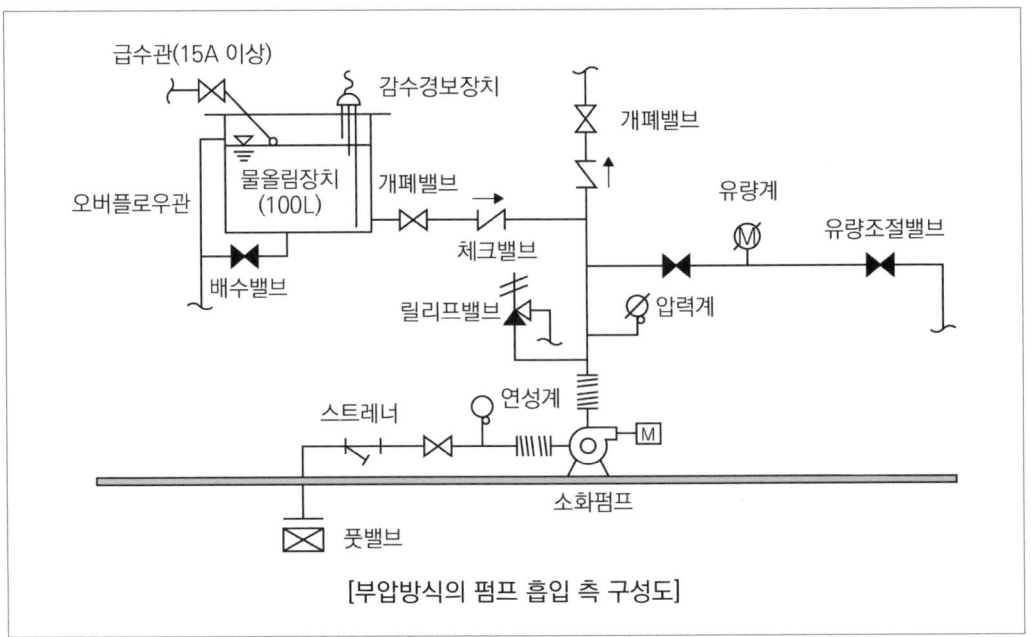

[부압방식의 펌프 흡입 측 구성도]

(2) 물올림장치의 설치기준

① 물올림장치에는 전용의 수조를 설치할 것

② 수조의 유효수량은 100L 이상으로 하되, 구경 15 mm 이상의 급수배관에 따라 해당 수조에 물이 계속 보급되도록 할 것

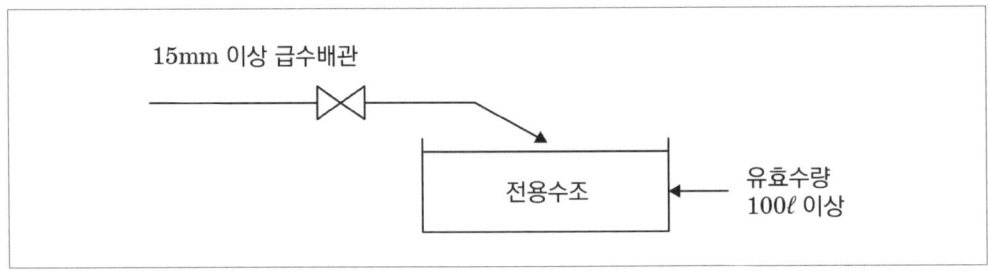

9) 배관과 배관이음쇠

(1) 배관 내 사용압력이 1.2 MPa 미만일 경우에는 다음의 어느 하나에 해당하는 것

① 배관용 탄소 강관(KS D 3507)

② 이음매 없는 구리 및 구리합금관(KS D 5301). 다만 습식의 배관에 한한다.

③ 배관용 스테인리스 강관(KS D 3576) 또는 일반배관용 스테인리스 강관 (KS D 3595)

④ 덕타일 주철관(KS D 4311)

(2) 배관 내 사용압력이 1.2 MPa 이상일 경우에는 다음의 어느 하나에 해당하는 것

  ① 압력 배관용 탄소 강관(KS D 3562)

  ② 배관용 아크용접 탄소강 강관(KS D 3583)

(3) 소방용 합성수지배관으로 설치할 수 있는 장소

  ① 배관을 지하에 매설하는 경우

  ② 다른 부분과 내화구조로 구획된 덕트 또는 피트의 내부에 설치하는 경우

  ③ 천장(상층이 있는 경우에는 상층바닥의 하단을 포함)과 반자를 불연재료 또는 준불연 재료로 설치하고 소화배관 내부에 항상 소화수가 채워진 상태로 설치하는 경우

10) 펌프의 성능시험배관

(1) 소화펌프의 성능기준

체절운전 시 정격토출압력의 140 %를 초과하지 않고, 정격토출량의 150 %로 운전 시 정격토출압력의 65 % 이상이 될 것

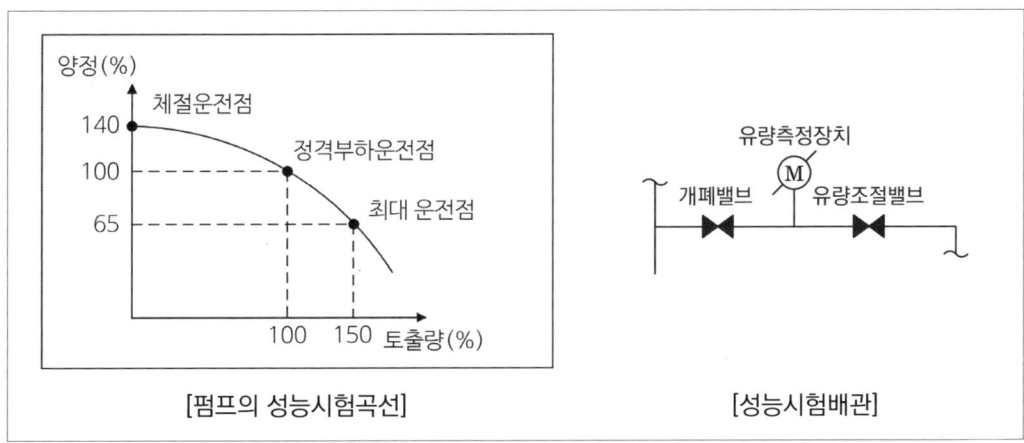

[펌프의 성능시험곡선]　　　　　　　[성능시험배관]

(2) 성능시험배관의 적합기준

  ① 성능시험배관은 펌프의 토출 측에 설치된 개폐밸브 이전에서 분기하여 직선으로 설치하고, 유량측정장치를 기준으로 전단 직관부에는 개폐밸브를 후단 직관부에는 유량조절밸브를 설치할 것. 이 경우 개폐밸브와 유량측정장치 사이의 직관부 거리 및 유량측정장치와 유량조절밸브 사이의 직관부 거리는 해당 유량측정장치 제조사의 설치사양에 따르고, 성능시험배관의 호칭지름은 유량측정장치의 호칭지름에 따른다.

  ② 유량측정장치는 펌프의 정격토출량의 175 % 이상까지 측정할 수 있는 성능이 있을 것

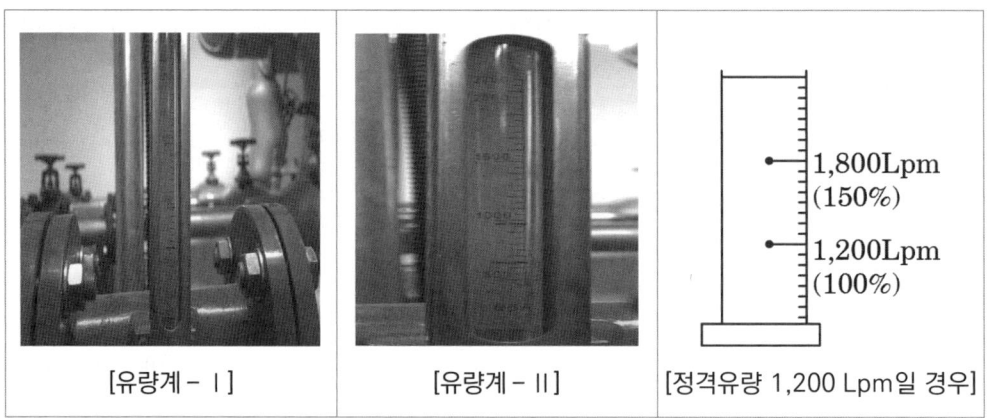

| [유량계 - Ⅰ] | [유량계 - Ⅱ] | [정격유량 1,200 Lpm일 경우] |

11) 11층 규모의 업무시설에 옥내소화전설비와 스프링클러설비를 겸용으로 설치하는 경우에 유량계를 고려한 성능시험배관의 최소구경(A)

조 건

○ 옥내소화전이 층당 1개가 설치되어 있으며 그 외 조건은 화재안전기준을 따른다.

○ 업무시설에 따른 소화펌프의 전양정은 65 m이다.

○ 유량계(L/min)의 규격(Orifice Type)은 다음과 같다.

규격	50A	65A	80A	100A	125A	150A
유량범위 (L/min)	220 ~ 1,100	450 ~ 2,200	700 ~ 3,300	900 ~ 4,500	1,200 ~ 6,000	2,000 ~ 10,000

(1) 가압송수장치의 정격토출량(L/min)

소화설비	설비별 정격토출량	정격토출량
옥내소화전	1개 × 130 L/min = 130 L/min	2,530 L/min
스프링클러설비	30개 × 80 L/min = 2,400 L/min	

(2) 유량계의 정격유량(L/min)

① 유량계의 정격유량 : 2,530 L/min

② 유량계의 최대유량 : 2,530 L/min × 1.75 = 4,427.5 L/min

(3) 유량계를 고려하여 성능시험배관의 최소구경(A)

2,530 ~ 4,427.5 L/min까지 측정할 수 있는 배관의 구경은 100 A

[문제 02] 다음 물음에 답하시오. 관점 25

물음 1) 조건을 참고하여 다음 물음에 답하시오.

<조 건>

○ 특정소방대상물에 옥내소화전설비와 스프링클러설비가 설치되어 있음
○ 주펌프의 정격토출량은 1,450 L/min, 정격토출압력은 1.1 MPa임
○ 충압펌프의 정격토출량은 60 L/min, 정격토출압력은 1.1 MPa임
○ 주펌프의 체절압력은 정격토출압력의 130 %임
○ 유량측정장치 제조사의 설치 사양은 다음과 같음

- 오리피스 타입(Orifice Type) 유량측정장치의 호칭지름별 유량범위(L/min)

호칭지름	32A	40A	50A	65A	80A	100A	125A
유량범위	70 ~360	100 ~550	220 ~1,100	450 ~2,200	700 ~3,300	900 ~4,500	1,200 ~6,000

- 개폐밸브와 유량측정장치 사이의 직관부의 거리는 8D 이상으로 하고, 유량측정장치와 유량조절밸브 사이의 직관부의 거리는 5D 이상이 되도록 설치할 것. 여기서 D는 성능시험배관의 호칭지름임

○ 유량측정장치의 성능기준을 고려할 것
○ 기타 사항은 옥내소화전설비와 스프링클러설비의 화재안전기술기준을 따름

(1) 특정소화대상물의 점검 중 성능시험배관의 유량측정장치 불량을 발견하여 교체를 의뢰받았다. 위 조건을 참고하여 교체하려는 유량측정장치의 최소호칭지름을 선정하고 그 이유를 설명하시오. (4점)
　　○ 유량측정장치의 최소호칭지름 (ㄱ)　　○ 선정이유 (ㄴ)

(2) 성능시험배관의 최소호칭지름을 선정한 이유를 설명하고, 성능시험배관의 개폐밸브와 유량측정장치 사이의 직관부의 최소거리(mm) 및 유량측정장치와 유량조절밸브 사이의 직관부의 최소거리(mm)를 쓰시오. (2점)
　　○ 성능시험배관의 최소호칭지름 (ㄱ)　　○ 선정이유 (ㄴ)
　　○ (ㄷ) mm　　　　　　　　　　　　　○ (ㄹ) mm

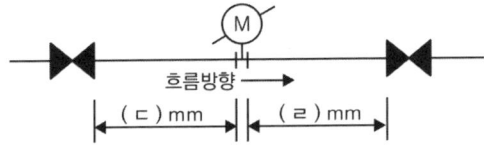

(1) ㄱ. 80 A

    ① 주펌프의 정격토출량이 1,450 L/min

    ② 1,450 L/min × 1.75 = 2,537.5 L/min

    ③ 2,537.5 L/min은 위 표의 유량범위 700 ~ 3,300L/min에 해당하므로 80 A 선정

  ㄴ. 선정이유 : 화재안전기술기준상 성능시험배관의 유량측정장치는 펌프의 정격토출량의

    175 % 이상 측정할 수 있는 성능을 요구하므로

(2) ㄱ. 80 A

  ㄴ. 선정이유 : 화재안전기술기준상 성능시험배관의 호칭지름은 유량측정장치 호칭지름에

    따라야 하므로

  ㄷ. 640 mm

  ㄹ. 400 mm

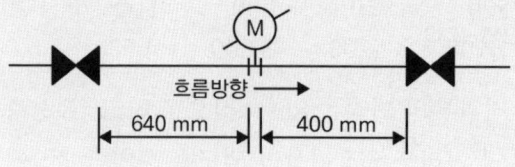

12) 성능시험배관의 성능시험

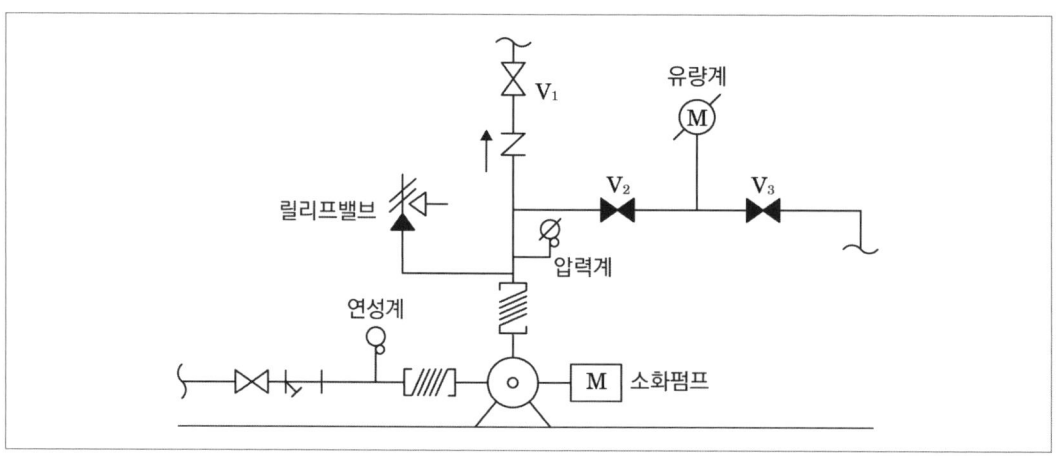

(1) 성능시험의 준비

    ① 동력제어반(MCC)에서 주, 충압펌프 "선택스위치"를 수동위치로 전환

    ② 펌프 토출 측 주밸브 "V_1" 폐쇄

③ 릴리프밸브 캡을 제거 후 상단부의 조절볼트를 오른쪽으로 완전히 돌림

    ㉠ 조절볼트를 조이면(우측으로 돌리면) → 릴리프밸브 작동압력↑

    ㉡ 조절볼트를 풀면(좌측으로 돌리면) → 릴리프밸브 작동압력 ↓

(2) 체절운전점 측정

① MCC에서 선택스위치로 주펌프 수동기동

② 펌프 토출 측 압력계의 눈금으로 체절압력 측정

③ 주펌프 정지

(3) 정격부하운전점 측정

① 성능시험배관의 개폐밸브 "V_2" 완전개방

② MCC에서 주펌프 수동기동

③ 유량조절밸브 "V_3"를 서서히 개방하여 정격토출량(100 % 유량)일 때의 토출압력을 측정

(4) 최대운전점 측정

① 유량조절밸브 "V_3"를 개방, 정격토출량 150 %일 때의 압력계의 압력을 측정

② MCC에서 주펌프 정지

(5) 펌프의 성능시험에 따른 판정

펌프의 성능시험조건에 따른 적합 여부 판정

(6) 성능시험 후 릴리프밸브의 작동압력 설정방법

[릴리프밸브 - I]

[릴리프밸브 - II]

① 펌프의 체절압력을 기준으로 릴리프밸브의 개방 압력 계산

② 주밸브 "V_1"은 폐쇄, 개폐밸브 "V_2"는 개방된 상태에서 펌프의 수동기동

③ 유량조절밸브 "V₃"를 서서히 폐쇄하여 압력이 체절압력 이하가 되도록 한다.

④ 릴리프밸브의 캡을 개방한 후 조절나사를 조절하여(반시계방향으로 개방) 릴리프밸브에서 소화수가 방수될 때까지 개방

⑤ MCC에서 펌프 정지 후 다시 수동 기동하여 릴리프밸브의 작동압력 재확인

⑥ 펌프 정지 후 "V₁"개방, MCC의 선택스위치 자동 위치 확인

13) 방수구의 방수량 측정

(1) 피토게이지를 이용한 방수압 측정방법

① 가압송수장치로부터 가장 먼 옥내소화전을 개방하여 측정(옥상으로 호스연결)

② 방사시험 전 기준층의 최대개수(2개)를 동시에 개방 후 실시

③ 직사형 관창을 이용하여 피토게이지로 측정하며, 관창 끝 구경의 1/2이 되는 거리에서 관창과 일직선상의 방향으로 피토게이지를 놓고 측정

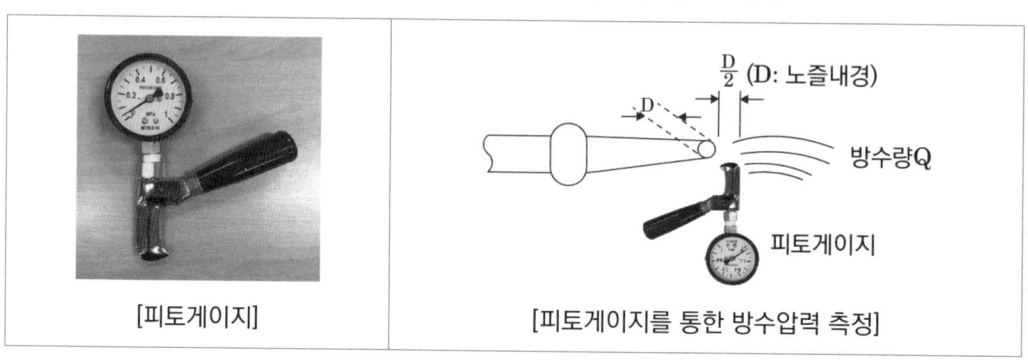

[피토게이지] | [피토게이지를 통한 방수압력 측정]

(2) 방수압력이 0.23 MPa일 때 방수량(L/min)

① 방수량(L/min)의 공식

$$Q(\text{L/min}) = 2.107 \times D^2 \sqrt{P}$$

여기서, D : 관경(mm)
P : 방수압력(MPa)

② 방수량(L/min) $= 2.107 \times 13^2 \sqrt{0.23\text{MPa}} = 170.77 \text{ L/min}$

14) 송수구

(1) 소방차가 쉽게 접근할 수 있고 잘 보이는 장소에 설치하고, 화재층으로부터 지면으로 떨어지는 유리창 등이 송수 및 그 밖의 소화작업에 지장을 주지 않는 장소에 설치할 것

(2) 송수구로부터 옥내소화전설비의 주배관에 이르는 연결배관에는 개폐밸브를 설치하지 않을 것. 다만 스프링클러설비·물분무소화설비·포소화설비 또는 연결송수관설비의 배관과 겸용하는 경우에는 그렇지 않다.

(3) 지면으로부터 높이가 0.5 m 이상 1 m 이하의 위치에 설치할 것

(4) 송수구는 구경 65 mm의 쌍구형 또는 단구형으로 할 것

(5) 송수구에는 이물질을 막기 위한 마개를 씌울 것

(6) 송수구의 부근에는 자동배수밸브(또는 직경 5 mm의 배수공) 및 체크밸브를 설치할 것. 이 경우 자동배수밸브는 배관 안의 물이 잘 빠질 수 있는 위치에 설치하되, 배수로 인하여 다른 물건이나 장소에 피해를 주지 않아야 한다.

[소방시설의 송수구]

[송수구 마개]

15) 함 및 방수구 등

(1) 방수구의 설치기준   **암기** 특정25 바닥1.5 호스40 릴노즐

① **특정**소방대상물의 층마다 설치하되, 해당 특정소방대상물의 각 부분으로부터 하나의 옥내소화전 방수구까지의 수평거리가 **25** m(호스릴옥내소화전설비를 포함) 이하가 되도록 할 것. 다만 복층형 구조의 공동주택의 경우에는 세대의 출입구가 설치된 층에만 설치할 수 있다.

② **바닥**으로부터의 높이가 **1.5** m 이하가 되도록 할 것

③ **호스**는 구경 **40** mm(호스릴옥내소화전설비의 경우에는 25 mm) 이상의 것으로서 특정소방대상물의 각 부분에 물이 유효하게 뿌려질 수 있는 길이로 설치할 것

④ 호스**릴**옥내소화전설비의 경우 그 **노즐**에는 노즐을 쉽게 개폐할 수 있는 장치를 부착할 것

[옥내소화전함]

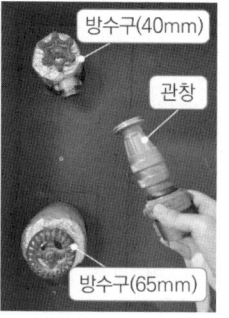
[방수구 및 관창]

[On – Off방식]

(2) 방수구의 설치 제외 장소   암기 냉고발야식

① **냉**장창고 중 온도가 영하인 냉장실 또는 냉동창고의 냉동실

② **고**온의 노가 설치된 장소 또는 물과 격렬하게 반응하는 물품의 저장 또는 취급 장소

③ **발**전소·변전소 등으로서 전기시설이 설치된 장소

④ **야**외음악당·야외극장 또는 그 밖의 이와 비슷한 장소

⑤ **식**물원·수족관·목욕실·수영장(관람석 부분을 제외) 또는 그 밖의 이와 비슷한 장소

16) 상용전원

(1) 상용전원회로의 배선

① 저압수전인 경우에는 인입개폐기의 직후에서 분기하여 전용배선으로 해야 하며, 전용의 전선관에 보호되도록 할 것

② 특별고압수전 또는 고압수전일 경우에는 전력용 변압기 2차 측의 주차단기 1차 측에서 분기하여 전용배선으로 하되, 상용전원의 상시공급에 지장이 없을 경우에는 주차단기 2차 측에서 분기하여 전용배선으로 할 것. 다만 가압송수장치의 정격입력전압이 수전전압과 같은 경우에는 "⑴"의 기준에 따른다.

(2) 비상전원의 설치대상

① 층수가 7층 이상으로서 연면적 2,000 m^2 이상인 것

② 지하층의 바닥면적 합계가 3,000 m^2 이상인 것

(3) 비상전원을 설치하지 않을 수 있는 경우　　　　　**암기** 2하가

   ① **2** 이상의 변전소(「전기사업법」 및 「전기설비기술기준」에 따른 변전소)에서 전력을 동시에 공급받을 수 있는 경우

   ② **하**나의 변전소로부터 전력의 공급이 중단되는 때에는 자동으로 다른 변전소로부터 전원을 공급받을 수 있도록 상용전원을 설치한 경우

   ③ **가**압수조방식의 경우

(4) 비상전원의 설치기준　　　　　**암기** 점20 상비조

   ① **점**검에 편리하고 화재 및 침수 등의 재해로 인한 피해를 받을 우려가 없는 곳에 설치할 것

   ② 옥내소화전설비를 유효하게 **20**분 이상 작동할 수 있어야 할 것

   ③ **상**용전원으로부터 전력의 공급이 중단된 때에는 자동으로 비상전원으로부터 전력을 공급받을 수 있도록 할 것

   ④ **비**상전원(내연기관의 기동 및 제어용 축전기를 제외)의 설치장소는 다른 장소와 방화구획할 것. 이 경우 그 장소에는 비상전원의 공급에 필요한 기구나 설비외의 것(열병합발전설비에 필요한 기구나 설비는 제외)을 두어서는 아니 된다.

   ⑤ 비상전원을 실내에 설치하는 때에는 그 실내에 비상**조**명등을 설치할 것

17) 제어반

(1) 감시제어반과 동력제어반을 구분하여 설치하지 않아도 되는 경우　　　　　**암기** 않내고가

   ① 다음 각 기준의 어느 하나에 해당하지 **않**는 특정소방대상물에 설치되는 옥내소화전설비

      ㉠ 층수가 7층 이상으로서 연면적 2,000 m² 이상인 것

      ㉡ 지하층의 바닥면적 합계가 3,000 m² 이상인 것

   ② **내**연기관에 따른 가압송수장치를 사용하는 옥내소화전설비

   ③ **고**가수조에 따른 가압송수장치를 사용하는 옥내소화전설비

   ④ **가**압수조에 따른 가압송수장치를 사용하는 옥내소화전설비

(2) 감시제어반의 기능

   ① 각 펌프의 작동 여부를 확인할 수 있는 표시등 및 음향경보기능이 있어야 할 것

   ② 각 펌프를 자동 및 수동으로 작동시키거나 중단시킬 수 있어야 할 것

③ 비상전원을 설치한 경우에는 상용전원 및 비상전원의 공급 여부를 확인할 수 있어야 할 것

④ 수조 또는 물올림수조가 저수위로 될 때 표시등 및 음향으로 경보할 것

⑤ 다음의 각 확인회로마다 도통시험 및 작동시험을 할 수 있도록 할 것

　　㉠ 기동용 수압개폐장치의 압력스위치회로

　　㉡ 수조 또는 물올림수조의 저수위감시회로

　　㉢ 개폐밸브의 폐쇄상태 확인회로

　　㉣ 그 밖의 이와 비슷한 회로

⑥ 예비전원이 확보되고 예비전원의 적합 여부를 시험할 수 있어야 할 것

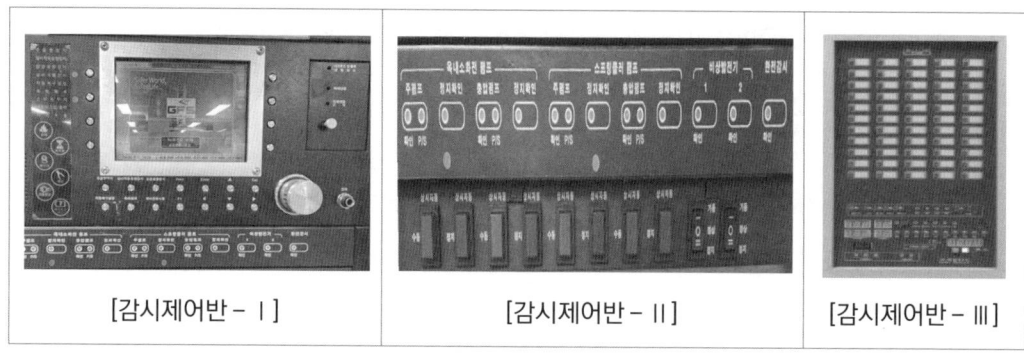

[감시제어반 - Ⅰ]　　　　[감시제어반 - Ⅱ]　　　　[감시제어반 - Ⅲ]

(3) 감시제어반의 설치기준

① 화재 및 침수 등의 재해로 인한 피해를 받을 우려가 없는 곳에 설치할 것

② 감시제어반은 옥내소화전설비의 전용으로 할 것. 다만 옥내소화전설비의 제어에 지장이 없는 경우에는 다른 설비와 겸용할 수 있다.

③ 감시제어반은 다음의 기준에 따른 전용실 안에 설치할 것. 다만 (1)의 단서에 따른 각 기준의 어느 하나에 해당하는 경우와 공장, 발전소 등에서 설비를 집중제어·운전할 목적으로 설치하는 중앙제어실 내에 감시제어반을 설치하는 경우에는 그렇지 않다.

　　㉠ 다른 부분과 방화구획을 할 것. 이 경우 전용실의 벽에는 기계실 또는 전기실 등의 감시를 위하여 두께 7 mm 이상의 망입유리(두께 16.3 mm 이상의 접합유리 또는 두께 28 mm 이상의 복층유리를 포함)로 된 4 m² 미만의 붙박이창을 설치할 수 있다.

ⓛ 피난층 또는 지하 1층에 설치할 것. 다만 다음의 어느 하나에 해당하는 경우에는 지상 2층에 설치하거나 지하 1층 외의 지하층에 설치할 수 있다.
- 「건축법시행령」에 따라 특별피난계단이 설치되고 그 계단(부속실을 포함) 출입구로부터 보행거리 5 m 이내에 전용실의 출입구가 있는 경우
- 아파트의 관리동(관리동이 없는 경우에는 경비실)에 설치하는 경우

ⓒ 비상조명등 및 급·배기설비를 설치할 것

ⓐ 「무선통신보조설비의 화재안전기술기준(NFTC 505)」에 따라 유효하게 통신이 가능할 것(무선통신보조설비가 설치된 특정소방대상물에 한한다)

ⓜ 바닥면적은 감시제어반의 설치에 필요한 면적 외에 화재 시 소방대원이 그 감시제어반의 조작에 필요한 최소면적 이상으로 할 것

④ 전용실에는 특정소방대상물의 기계·기구 또는 시설 등의 제어 및 감시설비 외의 것을 두지 않을 것

⑷ **동력제어반의 설치기준**

① 앞면은 적색으로 하고 "옥내소화전설비용 동력제어반"이라고 표시한 표지를 설치할 것

② 외함은 두께 1.5 mm 이상의 강판 또는 이와 동등 이상의 강도 및 내열성능이 있는 것으로 할 것

③ 화재 및 침수 등의 재해로 인한 피해를 받을 우려가 없는 곳에 설치할 것

④ 동력제어반은 옥내소화전설비의 전용으로 할 것. 다만 옥내소화전설비의 제어에 지장이 없는 경우에는 다른 설비와 겸용할 수 있다.

[동력제어반]

[동력제어반 내부]

18) 소방용 배선

(1) 소방용 배선의 적용대상

① 비상전원을 설치한 경우에는 비상전원으로부터 동력제어반 및 가압송수장치에 이르는 전원회로의 배선은 내화배선으로 할 것. 다만 자가발전설비와 동력제어반이 동일한 실에 설치된 경우에는 자가발전기로부터 그 제어반에 이르는 전원회로의 배선은 그렇지 않다.

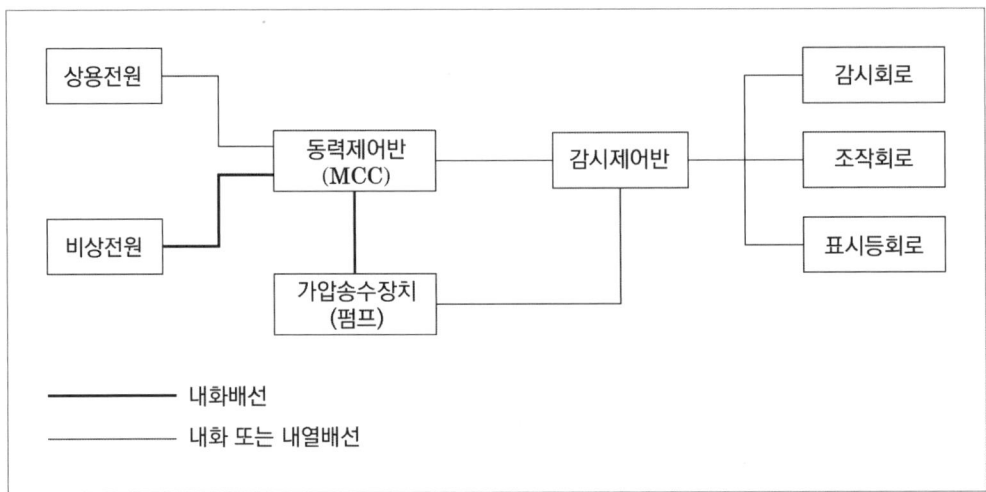

② 상용전원으로부터 동력제어반에 이르는 배선, 그 밖의 옥내소화전설비의 감시·조작 또는 표시등회로의 배선은 내화배선 또는 내열배선으로 할 것. 다만 감시제어반 또는 동력제어반 안의 감시·조작 또는 표시등회로의 배선은 그렇지 않다.

(2) 내화배선 및 내열배선의 공사방법

① 내화배선의 공사방법

금속관·2종 금속제 가요전선관 또는 합성수지관에 수납하여 내화구조로 된 벽 또는 바닥 등에 벽 또는 바닥의 표면으로부터 25 mm 이상의 깊이로 매설해야 한다. 다만 다음의 기준에 적합하게 설치하는 경우에는 그렇지 않다.

ㄱ 배선을 내화성능을 갖는 배선전용실 또는 배선용 샤프트·피트·덕트 등에 설치하는 경우

ㄴ 배선전용실 또는 배선용 샤프트·피트·덕트 등에 다른 설비의 배선이 있는 경우에는 이로부터 15 cm 이상 떨어지게 하거나 소화설비의 배선과 이웃하는 다른 설비의 배선 사이에 배선지름(배선의 지름이 다른 경우에는 가장 **큰** 것을 기준)의 1.5배 이상의 높이의 불연성 격벽을 설치하는 경우

② 내화 또는 내열배선에 사용할 수 있는 전선

내화배선의 사용전선	내열배선의 사용전선
① 450/750 V 저독성 난연 가교 폴리올레핀 절연 전선	① 450/750 V 저독성 난연 가교 폴리올레핀 절연 전선
② 0.6/1 kV 가교 폴리에틸렌 절연 저독성 난연 폴리올레핀 시스 전력 케이블	② 0.6/1 kV 가교 폴리에틸렌 절연 저독성 난연 폴리올레핀 시스 전력케이블
③ 6/10 kV 가교 폴리에틸렌 절연 저독성 난연 폴리올레핀 시스 전력용 케이블	③ 6/10 kV 가교 폴리에틸렌 절연 저독성 난연 폴리올레핀 시스 전력용 케이블
④ 가교 폴리에틸렌 절연 비닐시스 트레이용 난연 전력 케이블	④ 가교 폴리에틸렌 절연 비닐시스 트레이용 난연 전력 케이블
⑤ 0.6/1 kV EP 고무절연 클로로프렌 시스 케이블	⑤ 0.6/1 kV EP 고무절연 클로로프렌 시스 케이블
⑥ 300/500 V 내열성 실리콘 고무 절연 전선 (180 ℃)	⑥ 300/500 V 내열성 실리콘 고무 절연전선 (180 ℃)
⑦ 내열성 에틸렌 – 비닐아세테이트 고무 절연 케이블	⑦ 내열성 에틸렌 – 비닐아세테이트 고무 절연 케이블
⑧ 버스덕트(Bus Duct)	⑧ 버스덕트(Bus Duct)
⑨ 기타 「전기용품 및 생활용품 안전관리법」 및 「전기설비기술기준」에 따라 동등 이상의 내화성능이 있다고 주무부장관이 인정하는 것	⑨ 기타 「전기용품 및 생활용품 안전관리법」 및 「전기설비기술기준」에 따라 동등 이상의 내화성능이 있다고 주무부장관이 인정하는 것

내화전선

③ 내화배선의 공사방법

금속관·금속제 가요전선관·금속덕트 또는 케이블(불연성덕트에 설치하는 경우에 한한다)공사방법에 따라야 한다. 다만 다음의 기준에 적합하게 설치하는 경우에는 그렇지 않다.

㉠ 배선을 내화성능을 갖는 배선전용실 또는 배선용 샤프트·피트·덕트 등에 설치하는 경우

㉡ 배선전용실 또는 배선용 샤프트·피트·덕트 등에 다른 설비의 배선이 있는 경우에는 이로부터 15 cm 이상 떨어지게 하거나 소화설비의 배선과 이웃하는 다른 설비의 배선 사이에 배선지름(배선의 지름이 다른 경우에는 가장 큰 것을 기준)의 1.5배 이상의 높이의 불연성 격벽을 설치하는 경우

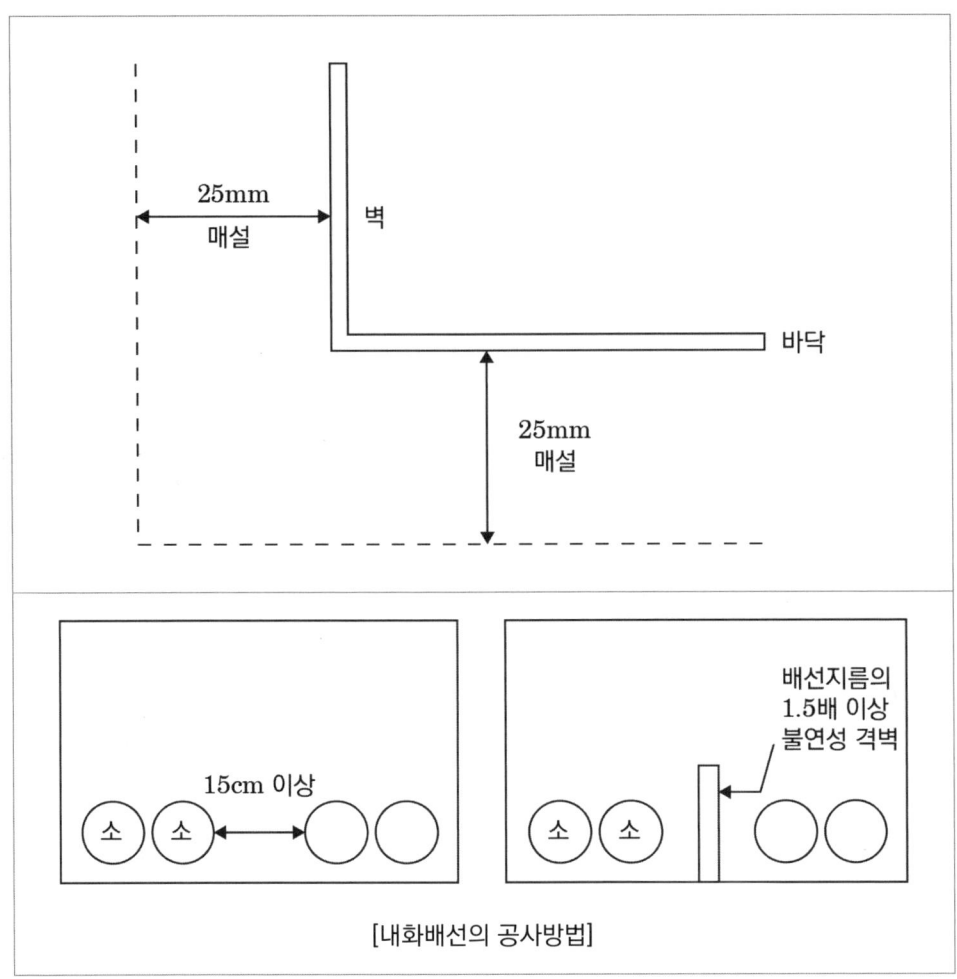

[내화배선의 공사방법]

03 | 스프링클러설비

1 스프링클러설비의 계통도

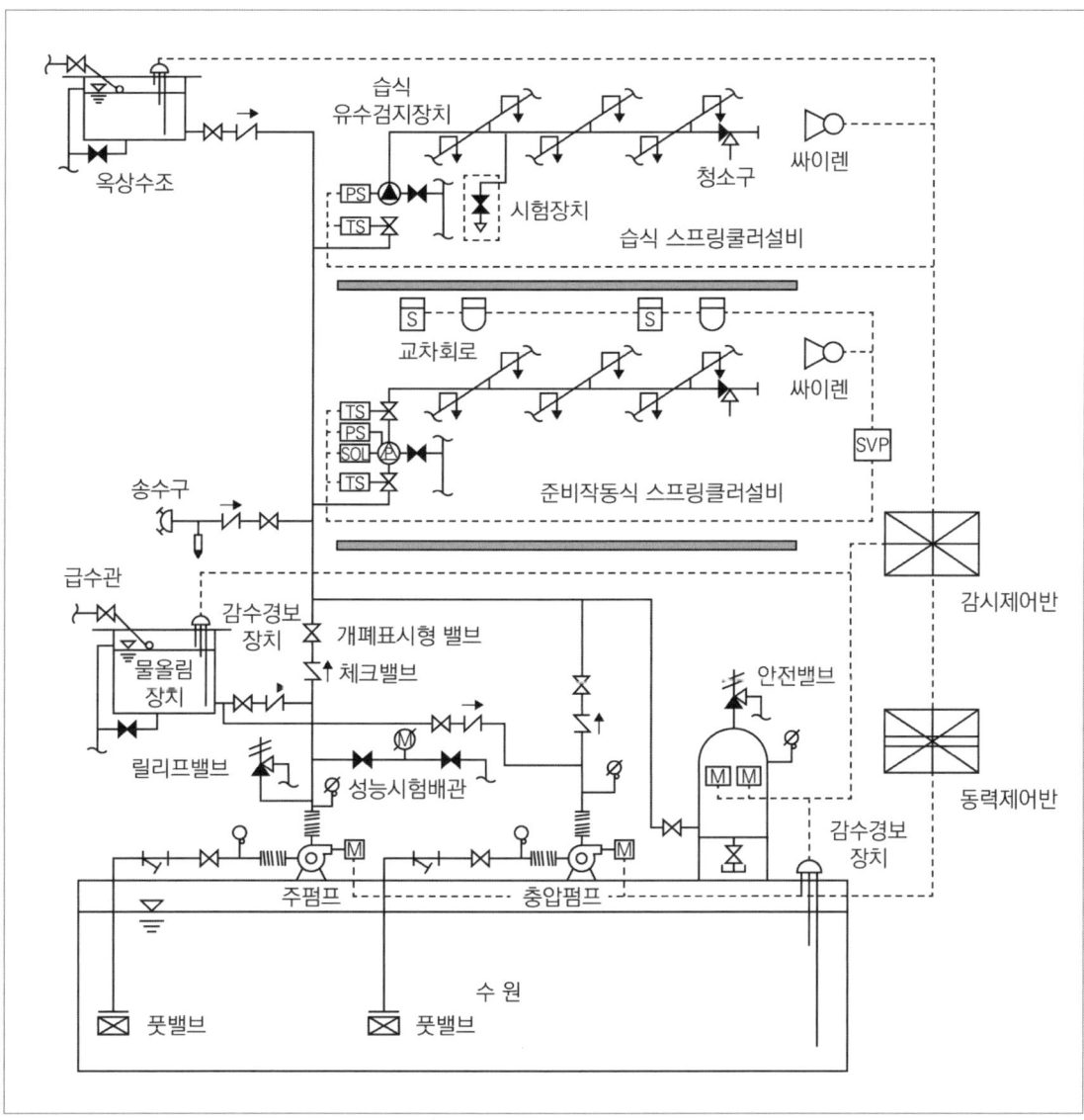

2 스프링클러설비헤드

1) 스프링클러헤드의 종류

(1) **개방형 스프링클러헤드** : 감열체 없이 방수구가 항상 열려져 있는 헤드

(2) **폐쇄형 스프링클러헤드** : 정상상태에서 방수구를 막고 있는 감열체가 일정온도에서 자동적으로 파괴·용융 또는 이탈됨으로써 방수구가 개방되는 헤드

(3) **조기반응형 헤드** : 표준형 스프링클러헤드 보다 기류온도 및 기류속도에 조기에 반응하는 것

(4) **측벽형 스프링클러헤드** : 가압된 물이 분사될 때 헤드의 축심을 중심으로 한 반원상에 균일하게 분산시키는 헤드

(5) **건식 스프링클러헤드** : 물과 오리피스가 분리되어 동파를 방지할 수 있는 스프링클러헤드

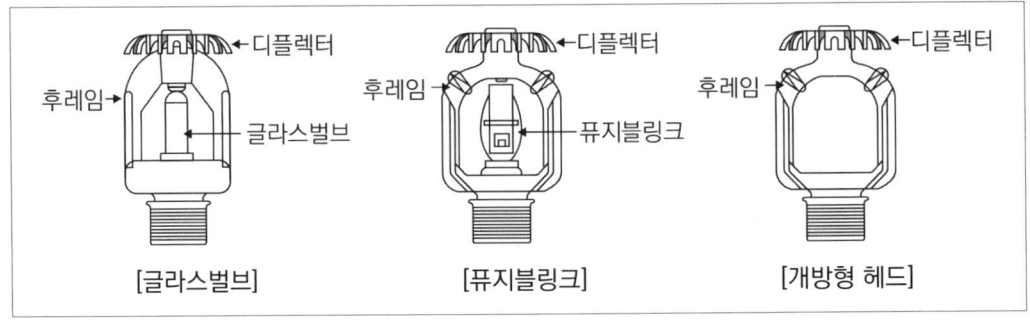

2) 스프링클러헤드의 표시사항(스프링클러헤드의 형식승인 및 제품검사의 기술기준)

(1) 종별

(2) 형식

(3) 형식승인번호

(4) 제조번호 또는 로트번호

(5) 제조년도

(6) 제조업체명 또는 상호

(7) 표시온도(폐쇄형 헤드에 한한다)

(8) 표시온도에 따른 다음 표의 색표시(폐쇄형 헤드에 한한다)

유리벌브형		퓨즈블링크형	
표시온도[℃]	색깔	표시온도[℃]	색깔
57 ℃	오렌지	77 ℃ 미만	없음
68 ℃	빨강	78 ~ 120 ℃	흰색
79 ℃	노랑	121 ~ 162 ℃	파랑
93 ℃	초록	163 ~ 203 ℃	빨강
141 ℃	파랑	204 ~ 259 ℃	초록
182 ℃	연한자주	260 ~ 319 ℃	오렌지
227 ℃ 이상	검정	320 ℃ 이상	검정

⑼ 최고주위온도(폐쇄형 헤드에 한한다)

⑽ 취급상의 주의사항

⑾ 품질보증에 관한 사항(보증기간, 보증내용, A/S방법, 자체검사필증 등)

3) 헤드표시에 따른 헤드 종류

구분	헤드 종류
① SSP(Sprinklers Spray Pendent)	하향형 헤드
② SSU(Sprinklers Spray Upright)	상향형 헤드
③ FS(Flush Ceiling Sprinkler Head)	후러쉬형 헤드
④ QR(Quick Response Sprinkler Head)	조기반응형 헤드
⑤ RE(Residential Sprinkler Head)	주거형 헤드
⑥ SR(Standard Response Sprinkle Head)	표준반응형 헤드

3 스프링클러설비의 작동방식

1) 스프링클러설비의 종류

⑴ 습식 스프링클러설비

가압송수장치에서 폐쇄형 스프링클러헤드까지 배관 내에 항상 물이 가압되어 있다가 화재로 인한 열로 폐쇄형 스프링클러헤드가 개방되면 배관 내에 유수가 발생하여 습식 유수검지장치가 작동하게 되는 스프링클러설비를 말한다.

(2) 부압식 스프링클러설비

가압송수장치에서 준비작동식 유수검지장치의 1차 측까지는 항상 정압의 물이 가압되고, 2차 측 폐쇄형 스프링클러헤드까지는 소화수가 부압으로 되어 있다가 화재시 감지기의 작동에 의해 정압으로 변하여 유수가 발생하면 작동하는 스프링클러설비를 말한다.

(3) 준비작동식 스프링클러설비

가압송수장치에서 준비작동식 유수검지장치 1차 측까지 배관 내에 항상 물이 가압되어 있고, 2차 측에서 폐쇄형 스프링클러헤드까지 대기압 또는 저압으로 있다가 화재 발생 시 감지기의 작동으로 준비작동식 밸브가 개방되면 폐쇄형 스프링클러헤드까지 소화수가 송수되고, 폐쇄형 스프링클러헤드가 열에 의해 개방되면 방수가 되는 방식의 스프링클러설비를 말한다.

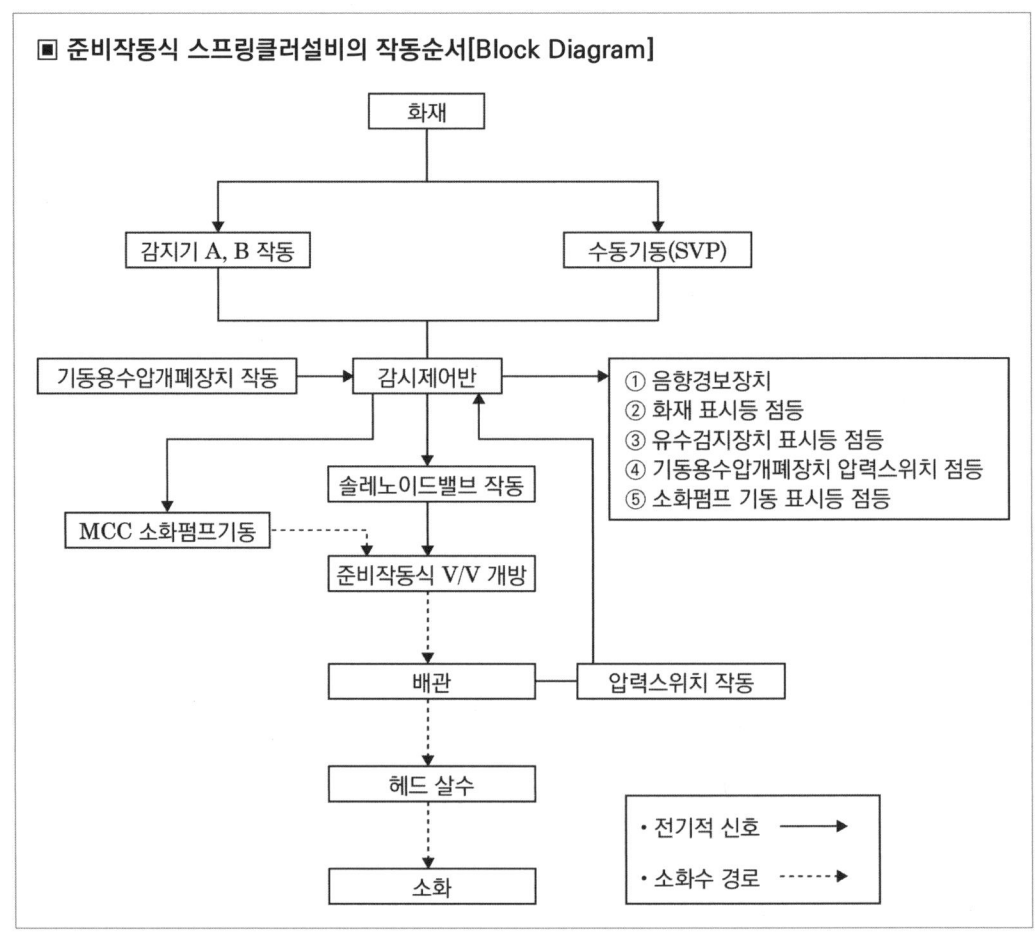

(4) 건식 스프링클러설비

건식 유수검지장치 2차 측에 압축공기 또는 질소 등의 기체로 충전된 배관에 폐쇄형 스프링클러헤드가 부착된 스프링클러설비로서, 폐쇄형 스프링클러헤드가 개방되어 배관 내의 압축공기 등이 방출되면 건식 유수검지장치 1차 측의 수압에 의하여 건식 유수검지장치가 작동하게 되는 스프링클러설비를 말한다.

(5) 일제살수식 스프링클러설비

가압송수장치에서 일제개방밸브 1차 측까지 배관 내에 항상 물이 가압되어 있고 2차 측에서 개방형 스프링클러헤드까지 대기압으로 있다가 화재 시 자동감지장치 또는 수동식 기동장치의 작동으로 일제개방밸브가 개방되면 스프링클러헤드까지 소화수가 송수되는 방식의 스프링클러설비를 말한다.

2) 스프링클러설비의 특징

구분	1차 측	2차 측	헤드	밸브의 종류	감지기
습식	가압수	가압수	폐쇄형	습식 유수검지장치 (Alarm Check Valve)	×
건식	가압수	압축공기 또는 질소	폐쇄형	건식 유수검지장치 (Dry Valve)	×
준비작동식	가압수	대기압	폐쇄형	준비작동식 유수검지장치 (프리액션밸브)	○
일제살수식	가압수	대기압	개방형	일제개방밸브 (델류지밸브)	○
부압식	가압수 (정압)	소화수(부압)	폐쇄형	준비작동식 유수검지장치 (프리액션밸브)	○

4 습식 스프링클러설비의 구조원리

1) 시험장치

(1) 시험장치를 설치해야 하는 설비

① 습식 유수검지장치를 사용하는 스프링클러설비

② 건식 유수검지장치를 사용하는 스프링클러설비

③ 부압식 스프링클러설비

(2) 시험장치의 설치기준 관점 25

① 습식 스프링클러설비 및 부압식 스프링클러설비에 있어서는 유수검지장치 2차 측 배관에 연결하여 설치하고 건식 스프링클러설비인 경우 유수검지장치에서 가장 먼 거리에 위치한 가지배관의 끝으로부터 연결하여 설치할 것. 이 경우 유수검지장치 2차 측 설비의 내용적이 2,840 L를 초과하는 건식 스프링클러설비는 시험장치 개폐밸브를 완전 개방 후 1분 이내에 물이 방사되어야 한다.

② 시험장치 배관의 구경은 25 mm 이상으로 하고, 그 끝에 개폐밸브 및 개방형 헤드 또는 스프링클러헤드와 동등한 방수성능을 가진 오리피스를 설치할 것. 이 경우 개방형 헤드는 반사판 및 프레임을 제거한 오리피스만으로 설치할 수 있다.

③ 시험배관의 끝에는 물받이 통 및 배수관을 설치하여 시험 중 방사된 물이 바닥에 흘러내리지 않도록 할 것. 다만 목욕실·화장실 또는 그 밖의 곳으로서 배수처리가 쉬운 장소에 시험배관을 설치한 경우에는 그렇지 않다.

[시험장치 - Ⅰ]

[시험장치 - Ⅱ]

➕ 보충

2,840 L의 근거

1) $\dot{Q} = \alpha t^2$으로 화재가 성장한다.

2) 하지만 건식 밸브의 경우 압축공기가 배출된 후 소화수가 방사되는 시간지연이 발생

3) 따라서 NFPA에서는 건식 스프링클러설비의 경우 750 gal 초과 시 1분 이내 방사규정을 두고 있음

4) 계산

   1 gallon = 3.785 L이므로 750 gallon × 3.785 L = 2,838.75 L   ∴ 2,840 L

2) 시험장치의 작동시험 시 점검내용

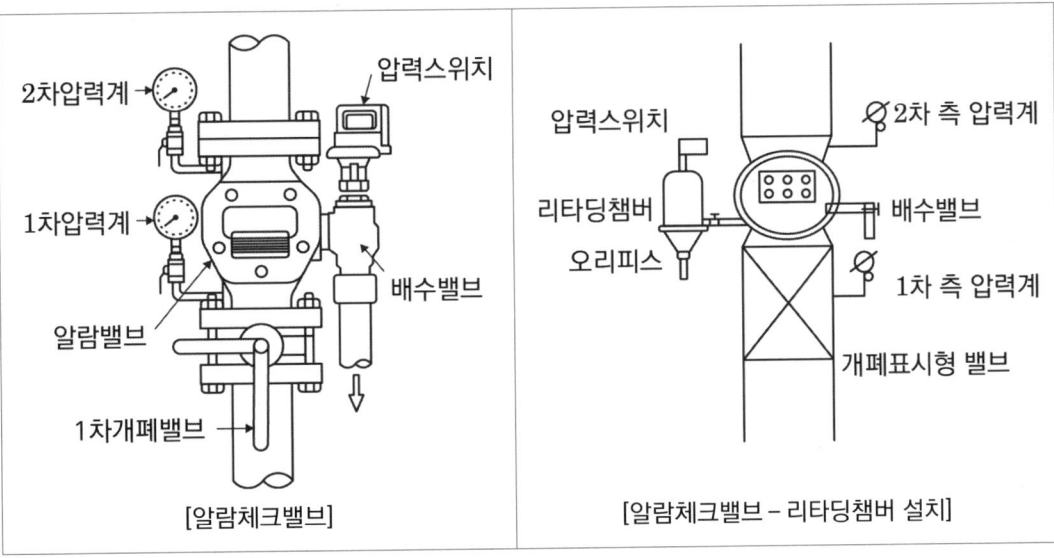

[알람체크밸브]

[알람체크밸브 – 리타딩챔버 설치]

(1) 유수검지장치 압력스위치의 정상 작동 여부

(2) 감시제어반의 화재표시등 점등 및 음향경보

(3) 기동용 수압개폐장치의 작동 여부 및 감시제어반 표시등 점등상태

(4) 가압송수장치의 자동 작동 여부 확인 및 감시제어반 표시등 점등상태

(5) 해당 방호구역의 음향경보장치의 작동 여부 확인

(6) 스프링클러설비의 화재 신호와 연동되는 설비의 연동 확인

  ① 제연설비의 연동에 따른 확인사항 점검

  ② 비상방송설비의 연동상태 점검

  ③ 자동화재속보설비의 연동상태 점검 등

3) 시험장치의 시험 시 음향장치가 작동하지 않는 경우

구분	원인
유수검지장치 (알람체크밸브)	① 1차 측 개폐밸브가 폐쇄된 경우 ② 압력스위치가 고장 난 경우 ③ 경보정지밸브가 Off(폐쇄)된 경우
중계기 주변 장치	① 압력스위치 ~ 중계기 사이에 단선된 경우 ② 중계기의 전원선로가 단선 또는 단락된 경우 ③ 중계기의 통신선로가 단선 또는 단락된 경우 ④ Dip S/W 오류 등 중계기가 고장 난 경우

구분	원인
수신기 (감시제어반)	① 감시제어반의 사이렌 조작스위치 정지상태인 경우 ② 중계기 프로그램 오류, 불량 ③ 수신기 통신 Card가 불량인 경우 ④ 수신기가 고장 난 경우
음향경보장치 (사이렌)	① 사이렌이 불량인 경우 ② 사이렌의 간선라인이 단선 또는 단락된 경우 ③ 사이렌 미설치 또는 위치가 불량인 경우

4) 습식 유수검지장치가 수시로 오보가 울릴 경우

(1) 알람체크밸브 내부에 설치된 고무시트가 파손 또는 변형된 경우

(2) 알람체크밸브 2차 측의 배수밸브가 개방된 경우

(3) 말단시험밸브가 개방된 경우

(4) 알람체크밸브 2차 측 배관이 누수된 경우

(5) 알람체크밸브 1차 측의 경보시험밸브가 개방된 경우

(6) 리타딩챔버에 설치된 배수홀 막힌 경우

5 준비작동식 스프링클러설비의 구조원리

1) 준비작동식 스프링클러설비의 작동단계

(1) 1단계 : 교차회로에 따른 화재감지기 작동 또는 SVP(Super Visory Panel)기동에 따른 솔레노이드밸브(Solenoid Valve)가 개방

(2) 2단계 : 가압수가 폐쇄형 헤드까지 충수

(3) 3단계 : 헤드의 감열 개방에 따른 가압수가 방사되어 소화

2) 준비작동식 밸브의 인터락시스템(Interlock System)

구분	내용
싱글 인터락시스템 (Single Interlock System)	감지기 동작신호에 의해 배관 내 소화수가 유입되는 방식
논 – 인터락시스템 (None – Interlock System)	감지기 또는 스프링클러헤드의 동작신호에 의해 배관 내 소화수가 유입되는 방식
더블 인터락시스템 (Double Interlock System)	감지기와 스프링클러헤드의 동시 동작신호에 의해 배관 내 소화수가 유입되는 방식

3) 준비작동식 밸브의 구조

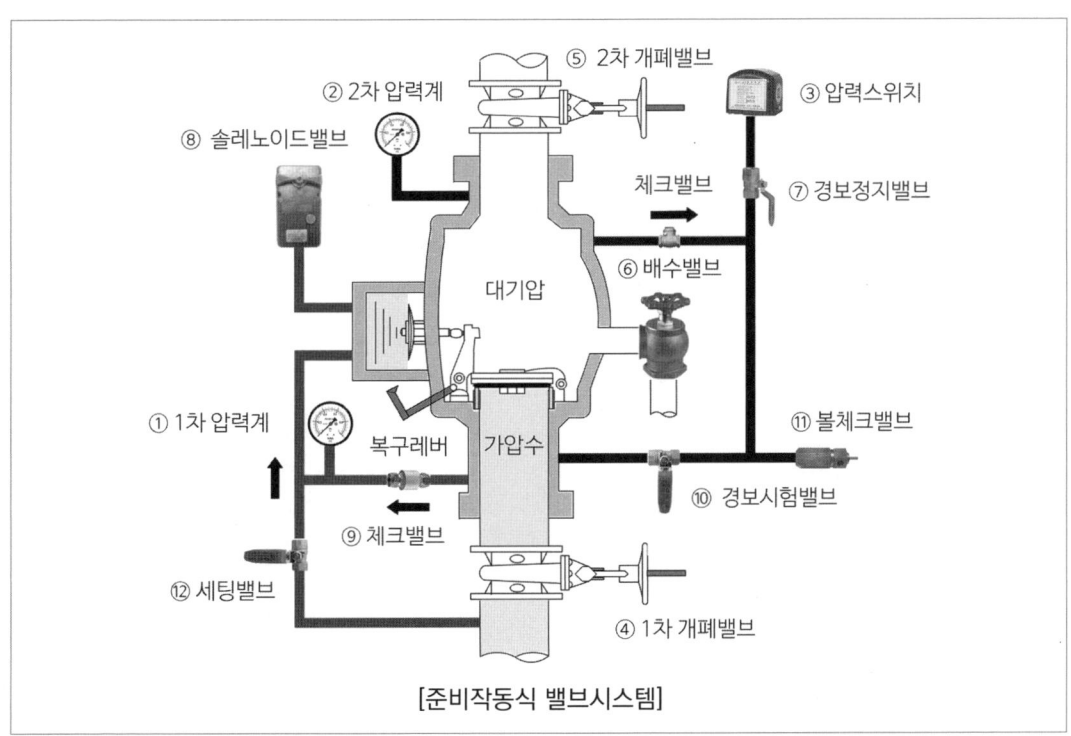

[준비작동식 밸브시스템]

명칭	평상시 상태
① 1차 압력계	개방
② 2차 압력계	개방
③ 압력스위치	DC 24 V(현장 DC 22 V)
④ 1차 측 개폐밸브	개방
⑤ 2차 측 개폐밸브	개방
⑥ 드레인밸브	닫힘
⑦ 경보정지밸브	개방
⑧ 솔레노이드밸브	닫힘
⑨ 체크밸브	개방
⑩ 경보시험밸브	닫힘
⑪ 볼체크밸브	닫힘
⑫ 세팅밸브(급수밸브)	닫힘

4) 준비작동식 밸브의 작동방법

(1) 감지기 2회로(A, B)를 작동시키는 경우

(2) 수동조작함(SVP)의 수동조작스위치를 작동시키는 경우

(3) 감시제어반에서 수동으로 작동시키는 경우

(4) 준비작동식 밸브에 설치된 수동개방밸브를 작동시키는 경우

(5) 감시제어반에서 작동시험스위치를 작동시키는 경우

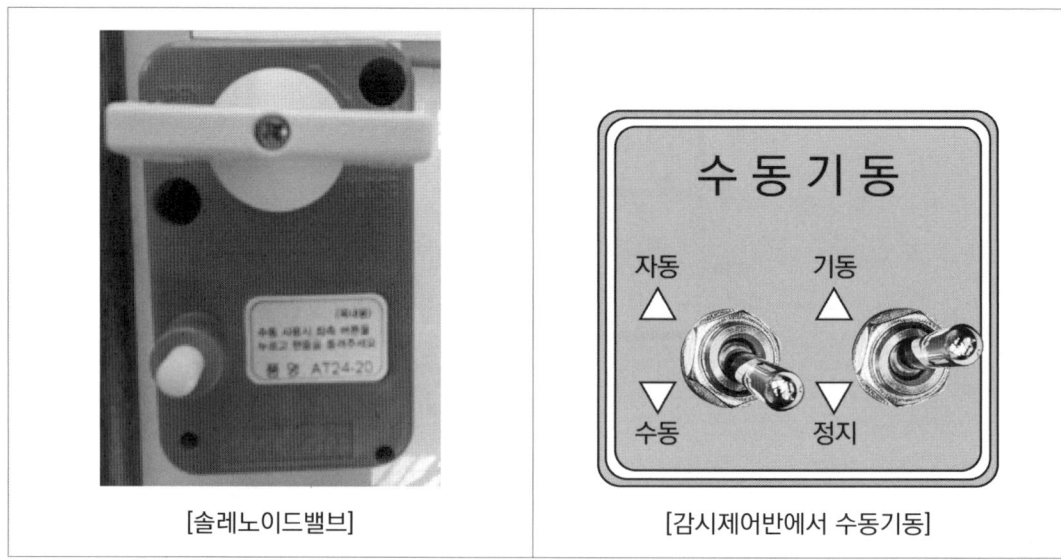

| [솔레노이드밸브] | [감시제어반에서 수동기동] |

5) 준비작동식 밸브 작동 시 확인사항

(1) 감시제어반의 화재표시등 점등 및 감지기, 해당하는 준비작동식 밸브 작동표시등 점등

(2) 해당 방호구역의 사이렌 작동

(3) 가압송수장치의 자동작동 여부 확인 및 감시제어반 표시등 점등상태

(4) 스프링클러설비의 화재 신호와 연동되는 설비의 연동상태

6 건식 스프링클러설비의 구조원리

1) 저압건식 밸브의 구조

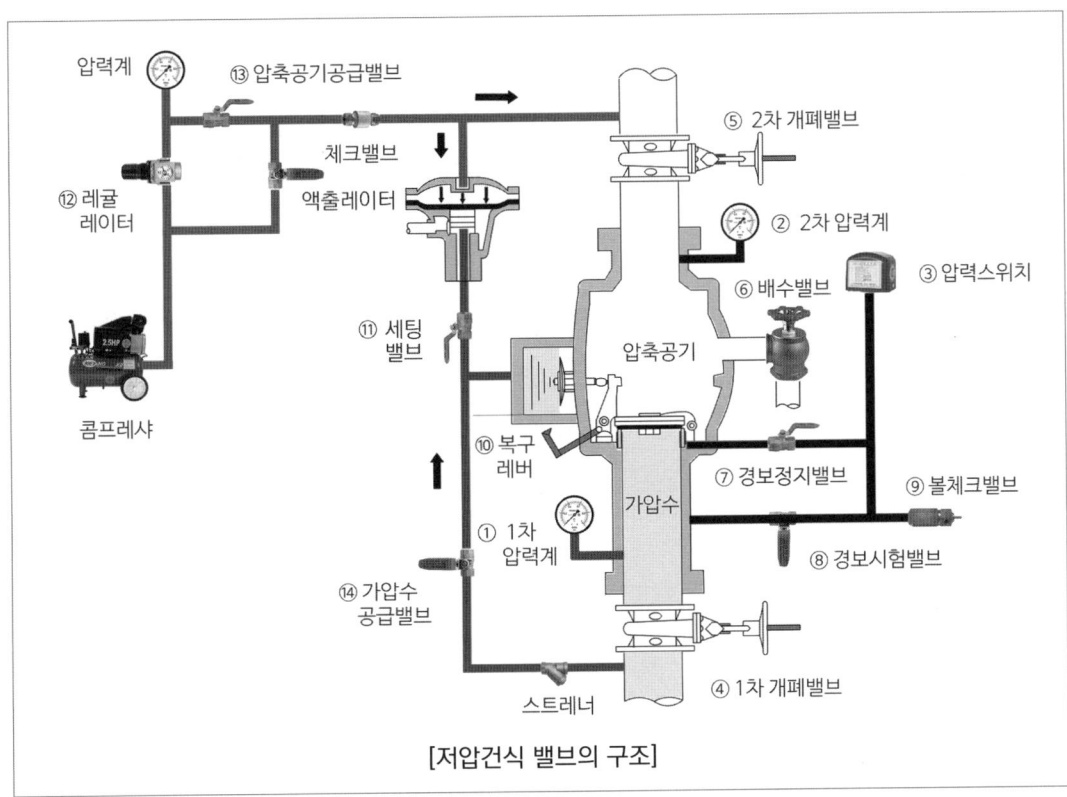

[저압건식 밸브의 구조]

명칭	기능	평상시 상태
① 1차 압력계	건식 밸브의 1차 측 압력	개방
② 2차 압력계	건식 밸브의 2차 측 압력	개방
③ 압력스위치	2차 측 배관에 유수발생 시 압력신호 전달	DC24 V 유지
④ 1차 개폐밸브	건식 밸브의 1차 측 밸브	개방
⑤ 2차 개폐밸브	건식 밸브의 2차 측 밸브	개방
⑥ 배수밸브	2차 측 소화수를 배수	닫힘
⑦ 경보정지밸브	압력스위치의 관로상의 개폐밸브	개방
⑧ 경보시험밸브	압력스위치의 시험밸브	닫힘
⑨ 볼체크밸브	압력스위치의 잔수 확인 밸브	–
⑩ 복구레버	클래퍼를 수동으로 닫아주는 장치	–
⑪ 세팅밸브	액출레이터와 중간챔버의 사이 밸브	개방
⑫ 레귤레이터	압축공기 압력조절기	세팅압력
⑬ 압축공기공급밸브	압축공기의 개폐밸브	개방
⑭ 가압수공급밸브	중간챔버의 가압수 공급밸브	닫힘

2) 저압건식 밸브의 특징

(1) 기존의 일반 건식 밸브보다 2차 측 압축공기의 설정압력을 낮게 유지함

(2) 2차 측 압력이 낮아 클래퍼 개방시간이 단축되어 방수시간이 줄어듦

(3) 중간챔버에 액츌레이터를 설치함

3) 일반건식 밸브와 저압건식 밸브의 작동순서

일반건식 밸브	저압건식 밸브
① 화재 발생에 따른 폐쇄형 헤드의 감열개방	① 화재 발생에 따른 폐쇄형 헤드의 감열개방
② 2차 측의 배관 내 압력감소	② 2차 측의 배관 내 압력감소
③ 엑셀레이터의 작동	③ 액츌레이터의 작동(중간챔버의 배수)
④ 클래퍼의 개방	④ 클래퍼의 개방
⑤ 감열 개방된 폐쇄형 헤드의 방수	⑤ 감열 개방된 폐쇄형 헤드의 방수

4) 건식 밸브의 급속개방장치

(1) 급속개방장치의 종류

① 엑셀레이터

② 익죠스터

(2) 건식 밸브의 지연시간

① 지연시간은 트립시간과 소화수 이송시간으로 구성된다.

② 트립시간(Trip Time) : 폐쇄형 헤드의 감열개방으로 배관 내부의 압축공기의 배출로 힘의 균형이 깨어져 건식 밸브의 클래퍼가 개방되기까지의 시간

③ 소화수 이송시간(Transit Time) : 개방된 클래퍼에 의해 소화수가 헤드까지 이송되기까지의 시간

(3) 엑셀레이터(Accelerator)와 익죠스터(Exhauster)의 작동원리

구분	설치위치	작동원리
엑셀레이터	2차 측 배관에 연결하고, 엑셀레이터의 출구는 중간챔버에 연결	① 헤드 개방 후 2차 측 공기압이 낮아지면 엑셀레이터가 작동 ② 2차 측 압축공기 일부를 중간챔버로 보내어 클래퍼를 신속하게 개방
익죠스터	주배관 말단에 설치	① 헤드가 개방되어 2차 측의 공기압이 세팅압력보다 낮아졌을 때 익죠스터가 작동 ② 2차 측 압축공기를 신속하게 배출

7 스프링클러설비의 구조원리

1) 수원량(유효수량)의 산정기준

(1) 폐쇄형 스프링클러헤드를 사용하는 경우

$$수원량(m^3) = 기준개수 \times 1.6\,m^3$$

(2) 개방형 스프링클러헤드를 사용하는 경우

① 최대 방수구역에 설치된 스프링클러헤드의 개수가 30개 이하일 경우

$$수원량(m^3) = 설치개수 \times 1.6\,m^3$$

② 30개를 초과하는 경우 : 수리계산에 따를 것

(3) 폐쇄형 스프링클러설비 설치장소별 스프링클러헤드의 기준개수

스프링클러설비의 설치장소			기준개수
지하층을 제외한 층수가 10층 이하인 특정소방대상물	공장 또는 창고(랙식 창고를 포함)	특수가연물을 저장·취급하는 것	30
		그 밖의 것	20
	근린생활시설·판매시설·운수시설 또는 복합건축물	판매시설 또는 복합건축물(판매시설이 설치되는 복합건축물)	30
		그 밖의 것	20
	그 밖의 것	헤드의 부착높이가 8 m 이상	20
		헤드의 부착높이가 8 m 미만	10
지하층을 제외한 층수가 11층 이상인 특정소방대상물(아파트를 제외)·지하가 또는 지하역사			30

[비고]
하나의 소방대상물이 2 이상의 "스프링클러헤드의 기준개수"란에 해당하는 때에는 기준개수가 많은 것을 기준으로 한다. 다만 각 기준개수에 해당하는 수원을 별도로 설치하는 경우에는 그렇지 않다.

2) 가압송수장치의 성능

(1) 가압송수장치의 정격토출압력은 하나의 헤드선단에 0.1 MPa 이상 1.2 MPa 이하의 방수압력이 될 수 있게 하는 크기일 것

(2) 가압송수장치의 송수량은 0.1 MPa의 방수압력 기준으로 80 L/min 이상의 방수성능을 가진 기준개수의 모든 헤드로부터의 방수량을 충족시킬 수 있는 양 이상의 것으로 할 것. 이 경우 속도수두는 계산에 포함하지 않을 수 있다.

(3) 가압송수장치의 1분당 송수량은 폐쇄형 스프링클러헤드를 사용하는 설비의 경우 기준개수에 80 L를 곱한 양 이상으로 할 수 있다.

(4) 가압송수장치의 1분당 송수량은 개방형 스프링클러 헤드수가 30개 이하의 경우에는 그 개수에 80 L를 곱한 양 이상으로 할 수 있으나 30개를 초과하는 경우에는 "(1)" 및 "(2)"에 따른 기준에 적합하게 할 것

3) 폐쇄형 스프링클러설비의 방호구역 및 유수검지장치

(1) 하나의 방호구역의 바닥면적은 3,000 m²를 초과하지 않을 것. 다만 폐쇄형 스프링클러설비에 격자형배관방식(2 이상의 수평주행배관 사이를 가지배관으로 연결하는 방식)을 채택하는 때에는 3,700 m² 범위 내에서 펌프용량, 배관의 구경 등을 수리학적으로 계산한 결과 헤드의 방수압 및 방수량이 방호구역 범위 내에서 소화목적을 달성하는 데 충분하도록 해야 한다.

(2) 하나의 방호구역에는 1개 이상의 유수검지장치를 설치하되, 화재 시 접근이 쉽고 점검하기 편리한 장소에 설치할 것

(3) 하나의 방호구역은 2개 층에 미치지 않도록 할 것. 다만 1개 층에 설치되는 스프링클러헤드의 수가 10개 이하인 경우와 복층형구조의 공동주택에는 3개 층 이내로 할 수 있다.

(4) 유수검지장치를 실내에 설치하거나 보호용 철망 등으로 구획하여 바닥으로부터 0.8 m 이상 1.5 m 이하의 위치에 설치하되, 그 실 등에는 가로 0.5 m 이상 세로 1 m 이상의 개구부로서 그 개구부에는 출입문을 설치하고 그 출입문 상단에 "유수검지장치실"이라고 표시한 표지를 설치할 것. 다만 유수검지장치를 기계실(공조용기계실을 포함)안에 설치하는 경우에는 별도의 실 또는 보호용 철망을 설치하지 않고 기계실 출입문 상단에 "유수검지장치실"이라고 표시한 표지를 설치할 수 있다.

(5) 스프링클러헤드에 공급되는 물은 유수검지장치를 지나도록 할 것. 다만 송수구를 통하여 공급되는 물은 그렇지 않다.

(6) 자연낙차에 따른 압력수가 흐르는 배관 상에 설치된 유수검지장치는 화재 시 물의 흐름을 검지할 수 있는 최소한의 압력이 얻어질 수 있도록 수조의 하단으로부터 낙차를 두어 설치할 것

(7) 조기반응형 스프링클러헤드를 설치하는 경우에는 습식 유수검지장치 또는 부압식 스프링클러설비를 설치할 것

4) 개방형 스프링클러설비의 방수구역 및 일제개방밸브

(1) 하나의 방수구역은 2개 층에 미치지 않아야 한다.

(2) 방수구역마다 일제개방밸브를 설치해야 한다.

(3) 하나의 방수구역을 담당하는 헤드의 개수는 50개 이하로 할 것. 다만 2개 이상의 방수구역으로 나눌 경우에는 하나의 방수구역을 담당하는 헤드의 개수는 25개 이상으로 해야 한다.

(4) 일제개방밸브의 설치위치는 **2.3.4**의 기준에 따르고, 표지는 "일제개방밸브실"이라고 표시해야 한다.

> ※ **2.3.4** : 유수검지장치를 실내에 설치하거나 보호용 철망 등으로 구획하여 바닥으로부터 0.8 m 이상 1.5 m 이하의 위치에 설치하되, 그 실 등에는 가로 0.5 m 이상 세로 1 m 이상의 개구부로서 그 개구부에는 출입문을 설치하고 그 출입문 상단에 "유수검지장치실"이라고 표시한 표지를 설치할 것. 다만 유수검지장치를 기계실(공조용기계실을 포함) 안에 설치하는 경우에는 별도의 실 또는 보호용 철망을 설치하지 않고 기계실 출입문 상단에 "유수검지장치실"이라고 표시한 표지를 설치할 수 있다.

5) 배관

(1) 급수배관의 설치기준

① 전용으로 할 것. 다만 스프링클러설비의 기동장치의 조작과 동시에 다른 설비의 용도에 사용하는 배관의 송수를 차단할 수 있거나, 스프링클러설비의 성능에 지장이 없는 경우에는 다른 설비와 겸용할 수 있다.

② 급수배관에 설치되어 급수를 차단할 수 있는 개폐밸브는 개폐표시형으로 할 것. 이 경우 펌프의 흡입 측 배관에는 버터플라이밸브 외의 개폐표시형 밸브를 설치해야 한다.

③ 배관의 구경은 수리계산에 의하거나 표의 기준에 따라 설치할 것. 다만 수리계산에 따르는 경우 가지배관의 유속은 6 m/s, 그 밖의 배관의 유속은 10 m/s를 초과할 수 없다.

➕ 보충

1. 수계설비에서의 유속

구분		유속
옥내소화전설비(토출 측 주배관)		4 m/s 이하
스프링클러설비	가지배관	6 m/s 이하
	기타배관	10 m/s 이하

(2) 스프링클러헤드 수별 급수관의 구경

구분 ＼ 구경	25	32	40	50	65	80	90	100	125	150
가	2	3	5	10	30	60	80	100	160	161 이상
나	2	4	7	15	30	60	65	100	160	161 이상
다	1	2	5	8	15	27	40	55	90	91 이상

[비고]
① 폐쇄형 스프링클러헤드를 사용하는 설비의 경우로서 1개 층에 하나의 급수배관(또는 밸브 등)이 담당하는 구역의 최대면적은 3,000 m²를 초과하지 않을 것
② 폐쇄형 스프링클러헤드를 설치하는 경우에는 "가"란의 헤드 수에 따를 것. 다만 100개 이상의 헤드를 담당하는 급수배관(또는 밸브)의 구경을 100 mm로 할 경우에는 수리계산을 통하여 규정한 배관의 유속에 적합하도록 할 것

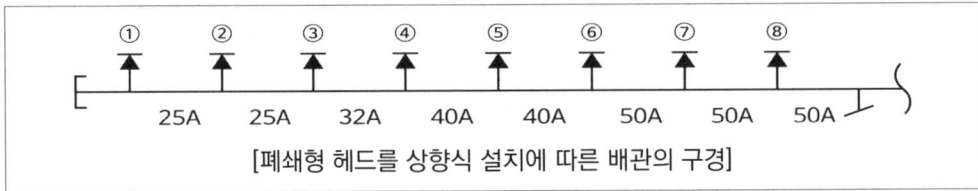

[폐쇄형 헤드를 상향식 설치에 따른 배관의 구경]

③ 폐쇄형 스프링클러헤드를 설치하고 반자 아래의 헤드와 반자 속의 헤드를 동일 급수관의 가지관 상에 병설하는 경우에는 "나"란의 헤드 수에 따를 것

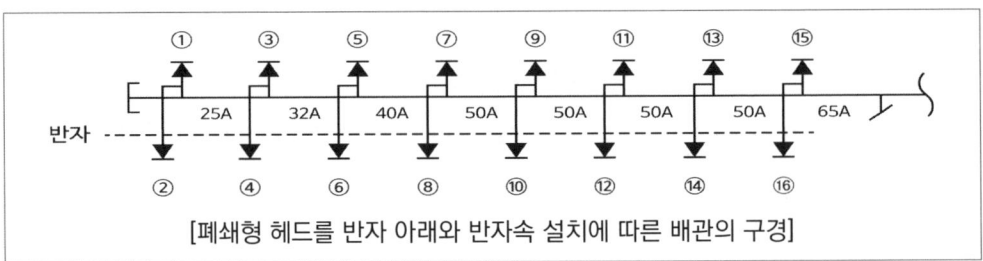

[폐쇄형 헤드를 반자 아래와 반자속 설치에 따른 배관의 구경]

④ 무대부·특수가연물을 저장 또는 취급하는 장소의 경우로서 폐쇄형 스프링클러헤드를 설치하는 설비의 배관구경은 "다"란에 따를 것
⑤ 개방형 스프링클러헤드를 설치하는 경우 하나의 방수구역이 담당하는 헤드의 개수가 30개 이하일 때는 "다"란의 헤드수에 의하고, 30개를 초과할 때는 수리계산방법에 따를 것

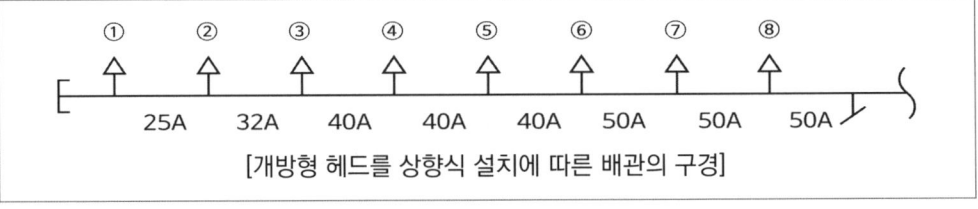

[개방형 헤드를 상향식 설치에 따른 배관의 구경]

(3) 가지배관

① 토너먼트(Tournament) 배관방식이 아닐 것

② 교차배관에서 분기되는 지점을 기점으로 한쪽 가지배관에 설치되는 헤드의 개수(반자 아래와 반자 속의 헤드를 하나의 가지배관 상에 병설하는 경우에는 반자 아래에 설치하는 헤드의 개수)는 8개 이하로 할 것. 다만 다음 각 기준의 어느 하나에 해당하는 경우에는 그렇지 않다.

   ㉠ 기존의 방호구역 안에서 칸막이 등으로 구획하여 1개의 헤드를 증설하는 경우

   ㉡ 습식 스프링클러설비 또는 부압식 스프링클러설비에 격자형 배관방식(2 이상의 수평주행배관 사이를 가지배관으로 연결하는 방식을 말한다)을 채택하는 때에는 펌프의 용량, 배관의 구경 등을 수리학적으로 계산한 결과 헤드의 방수압 및 방수량이 소화목적을 달성하는 데 충분하다고 인정되는 경우

③ 가지배관과 헤드 사이의 배관을 신축배관으로 하는 경우에는 소방청장이 정하여 고시한 「스프링클러설비신축배관의 성능인증 및 제품검사의 기술기준」에 적합한 것으로 설치할 것. 이 경우 신축배관의 설치길이는 2.7.3의 거리를 초과하지 않아야 한다.

(4) **교차배관의 위치·청소구 및 가지배관의 헤드설치**

① 교차배관은 가지배관과 수평으로 설치하거나 가지배관 밑에 설치하고, 최소구경이 40 mm 이상이 되도록 할 것. 다만 패들형유수검지장치를 사용하는 경우에는 교차배관의 구경과 동일하게 설치할 수 있다.

② 청소구는 교차배관 끝에 40 mm 이상 크기의 개폐밸브를 설치하고, 호스접결이 가능한 나사식 또는 고정배수 배관식으로 할 것. 이 경우 나사식의 개폐밸브는 옥내소화전 호스접결용의 것으로 하고, 나사보호용의 캡으로 마감해야 한다.

③ 하향식 헤드를 설치하는 경우에 가지배관으로부터 헤드에 이르는 헤드접속배관은 가지배관 상부에서 분기할 것. 다만 소화설비용 수원의 수질이 「먹는물관리법」에 따라 먹는물의 수질기준에 적합하고 덮개가 있는 저수조로부터 물을 공급받는 경우에는 가지배관의 측면 또는 하부에서 분기할 수 있다.

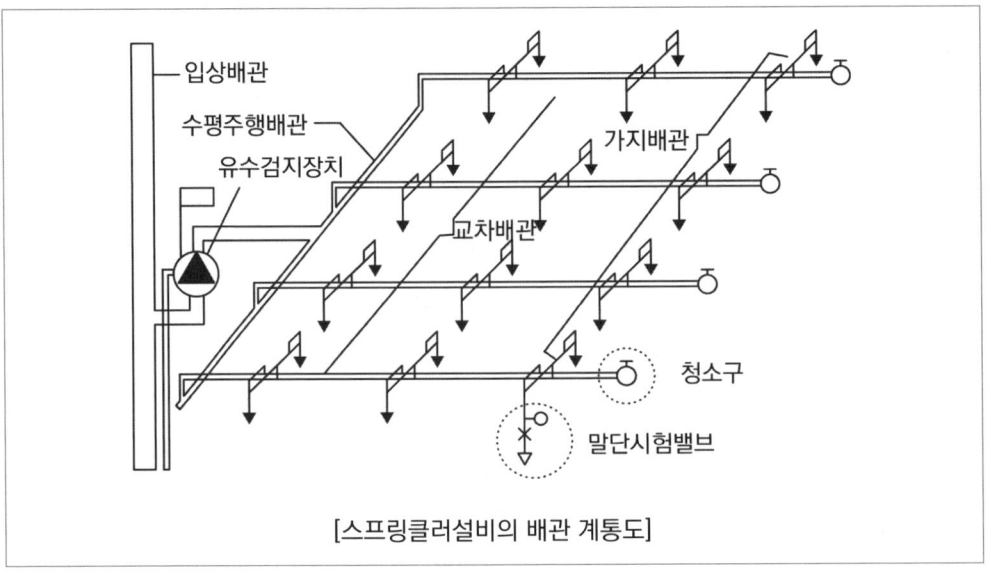

입상배관
수평주행배관
유수검지장치
가지배관
교차배관
청소구
말단시험밸브

[스프링클러설비의 배관 계통도]

(5) **준비작동식 유수검지장치 또는 일제개방밸브를 사용하는 스프링클러설비에 있어서 유수검지장치 또는 밸브 2차 측 배관의 부대설비**

① 개폐표시형 밸브를 설치할 것

② "①"에 따른 밸브와 준비작동식 유수검지장치 또는 일제개방밸브 사이의 배관은 다음의 기준과 같은 구조로 할 것

㉠ 수직배수배관과 연결하고 동 연결배관상에는 개폐밸브를 설치할 것

㉡ 자동배수장치 및 압력스위치를 설치할 것

㉢ "㉡"에 따른 압력스위치는 수신부에서 준비작동식 유수검지장치 또는 일제개방밸브의 작동 여부를 확인할 수 있게 설치할 것

(6) **배관에 설치되는 행거**

① 가지배관에는 헤드의 설치지점 사이마다 1개 이상의 행거를 설치하되, 헤드 간의 거리가 3.5 m를 초과하는 경우에는 3.5 m 이내마다 1개 이상 설치할 것. 이 경우 상향식 헤드와 행거 사이에는 8 cm 이상의 간격을 두어야 한다.

② 교차배관에는 가지배관과 가지배관 사이마다 1개 이상의 행거를 설치하되, 가지배관 사이의 거리가 4.5 m를 초과하는 경우에는 4.5 m 이내마다 1개 이상 설치할 것

③ 수평주행배관에는 4.5 m 이내마다 1개 이상 설치할 것

(7) **주차장에 습식방식을 적용할 수 있는 경우**

① 동절기에 상시 난방이 되는 곳이거나 그 밖에 동결의 우려가 없는 곳

② 스프링클러설비의 동결을 방지할 수 있는 구조 또는 장치가 된 것

⑧ 급수배관에 설치되는 급수개폐밸브 작동표시스위치의 설치기준

암기 탬퍼 동동도 내화내열

① 급수개폐밸브가 잠길 경우 **탬퍼**스위치의 동작으로 인하여 감시제어반 또는 수신기에 표시되어야 하며 경보음을 발할 것
② 탬퍼스위치는 감시제어반 또는 수신기에서 **동**작의 유무 확인과 **동**작시험, **도**통시험을 할 수 있을 것
③ 급수개폐밸브의 작동표시스위치에 사용되는 전기배선은 **내화**전선 또는 **내열**전선으로 설치할 것

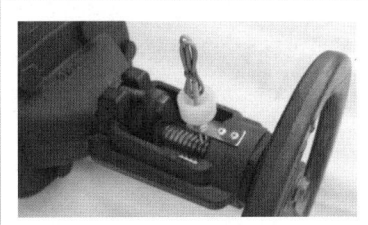  

[자석식 – 우리테크]   [리미트식 – 우리테크]   [도어식 – 우리테크]

[탬퍼스위치 설치]

암기 스간화물미 포송

6) 음향장치 및 기동장치

⑴ 음향장치 및 기동장치의 설치기준

① 습식 유수검지장치 또는 건식 유수검지장치를 사용하는 설비에 있어서는 헤드가 개방되면 유수검지장치가 화재 신호를 발신하고 그에 따라 음향장치가 경보되도록 할 것
② 준비작동식 유수검지장치 또는 일제개방밸브를 사용하는 설비에는 화재감지기의 감지에 따라 음향장치가 경보되도록 할 것. 이 경우 화재감지기회로를 교차회로방식(하나의 준비작동식 유수검지장치 또는 일제개방밸브의 담당구역 내에 2 이상의 화재감지기회로를 설치하고 인접한 2 이상의 화재감지기가 동시에 감지되는 때에 준비작동식 유수검지장치 또는 일제개방밸브가 개방·작동되는 방식을 말한다)으로 하는 때에는 하나의 화재감지기회로가 화재를 감지하는 때에도 음향장치가 경보되도록 해야 한다.

③ 음향장치는 유수검지장치 및 일제개방밸브 등의 담당구역마다 설치하되 그 구역의 각 부분으로부터 하나의 음향장치까지의 수평거리는 25 m 이하가 되도록 할 것

④ 음향장치는 경종 또는 사이렌(전자식 사이렌을 포함)으로 하되, 주위의 소음 및 다른 용도의 경보와 구별이 가능한 음색으로 할 것. 이 경우 경종 또는 사이렌은 자동화재탐지설비·비상벨설비 또는 자동식 사이렌설비의 음향장치와 겸용할 수 있다.

(2) 층수가 11층(공동주택의 경우 16층) 이상의 경보방식

발화층	경보
2층 이상	발화층 및 그 직상 4개 층
1층	발화층·그 직상 4개 층 및 지하층
지하층	발화층·그 직상층 및 기타의 지하층

➕ 보충

층수가 11층(공동주택 16층) 이상 경보방식

1. SP설비
2. 간이 SP설비
3. 화재조기진압용 SP설비
4. 미분무소화설비
5. 비상방송설비
6. 자동화재탐지설비
7. 화재알림설비
8. 고층건축물
   1) SP설비
   2) 비상방송설비
   3) 자동화재탐지설비

(3) 음향장치의 구조 및 성능

① 정격전압의 80 % 전압에서 음향을 발할 수 있는 것으로 할 것

② 음향의 크기는 부착된 음향장치의 중심으로부터 1 m 떨어진 위치에서 90 dB 이상이 되는 것으로 할 것

(4) **가압송수장치로서 펌프가 설치되는 경우 펌프의 작동**

① 습식 유수검지장치 또는 건식 유수검지장치를 사용하는 설비에 있어서는 유수검지장치의 발신이나 기동용 수압개폐장치에 의하여 작동되거나 또는 이 두 가지의 혼용에 따라 작동될 수 있도록 할 것

② 준비작동식 유수검지장치 또는 일제개방밸브를 사용하는 설비에 있어서는 화재감지기의 화재감지나 기동용 수압개폐장치에 따라 작동되거나 또는 이 두 가지의 혼용에 따라 작동할 수 있도록 할 것

(5) **준비작동식 유수검지장치 또는 일제개방밸브의 작동**

① 담당구역 내의 화재감지기의 동작에 따라 개방 및 작동될 것

② 화재감지회로는 교차회로방식으로 할 것. 다만 다음의 어느 하나에 해당하는 경우에는 그렇지 않다.

　㉠ 스프링클러설비의 배관 또는 헤드에 누설경보용 물 또는 압축공기가 채워지거나 부압식 스프링클러설비의 경우

　㉡ 화재감지기를 「자동화재탐지설비 및 시각경보장치의 화재안전기술기준(NFTC 203)」의 특수형 감지기로 설치한 때

③ 준비작동식 유수검지장치 또는 일제개방밸브의 인근에서 수동기동(전기식 및 배수식)에 따라서도 개방 및 작동될 수 있도록 할 것

④ "①" 및 "②"에 따른 화재감지기의 설치기준에 관하여는 「자동화재탐지설비 및 시각경보장치의 화재안전기술기준(NFTC 203)」를 준용할 것. 이 경우 교차회로방식에 있어서의 화재감지기의 설치는 각 화재감지기회로별로 설치하되, 각 화재감지기회로별 화재감지기 1개가 담당하는 바닥면적은 「자동화재탐지설비 및 시각경보장치의 화재안전기술기준(NFTC 203)」에 따른 바닥면적으로 한다.

(6) **화재감지기회로의 발신기 설치기준**

① 조작이 쉬운 장소에 설치하고, 스위치는 바닥으로부터 0.8 m 이상 1.5 m 이하의 높이에 설치할 것

② 특정소방대상물의 층마다 설치하되, 해당 특정소방대상물의 각 부분으로부터 하나의 발신기까지의 수평거리가 25 m 이하가 되도록 할 것. 다만 복도 또는 별도로 구획된 실로서 보행거리가 40 m 이상일 경우에는 추가로 설치해야 한다.

③ 발신기의 위치를 표시하는 표시등은 함의 상부에 설치하되, 그 불빛은 부착 면으로부터 15° 이상의 범위 안에서 부착지점으로부터 10 m 이내의 어느 곳에서도 쉽게 식별할 수 있는 적색등으로 할 것

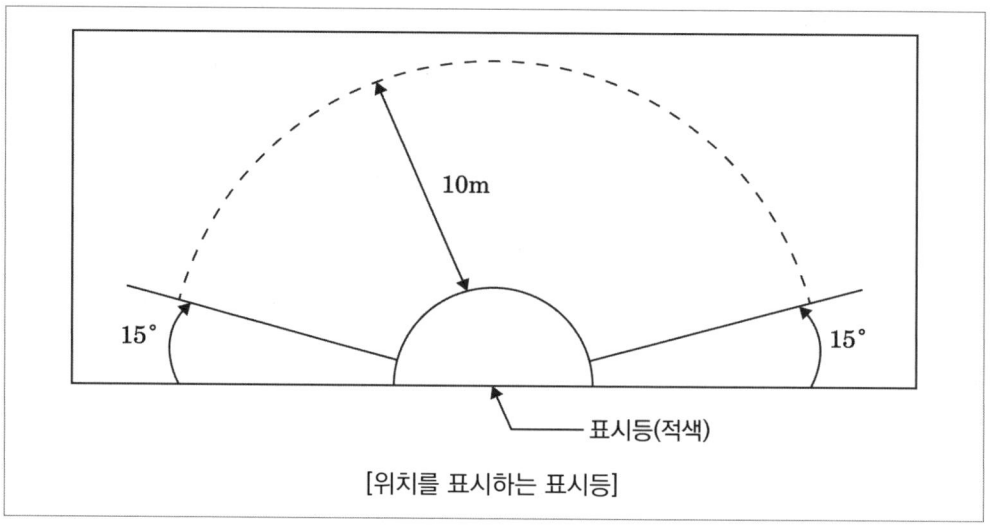

[위치를 표시하는 표시등]

7) 헤드

(1) 스프링클러헤드는 특정소방대상물의 천장·반자·천장과 반자 사이·덕트·선반 기타 이와 유사한 부분(폭이 1.2 m를 초과하는 것)에 설치해야 한다. 다만 폭이 9 m 이하인 실내에 있어서는 측벽에 설치할 수 있다.

(2) 스프링클러헤드를 설치하는 천장·반자·천장과 반자 사이·덕트·선반 등의 각 부분으로부터 하나의 스프링클러헤드까지의 수평거리는 다음의 기준과 같이 해야 한다. 다만 성능이 별도로 인정된 스프링클러헤드를 수리계산에 따라 설치하는 경우에는 그렇지 않다.

① 무대부·「화재의 예방 및 안전관리에 관한 법률 시행령」의 특수가연물을 저장 또는 취급하는 장소 : 1.7 m 이하

② 그 외 특정소방대상물 : 2.1 m 이하(내화구조로 된 경우에는 2.3 m 이하)

창고시설과 공동주택 화재안전기술기준

① 창고시설 화재안전기술기준

라지드롭형 스프링클러헤드를 설치하는 천장·반자·천장과 반자 사이·덕트·선반 등의 각 부분으로부터 하나의 스프링클러헤드까지의 수평거리는 「화재의 예방 및 안전관리에 관한 법률 시행령」 별표 2의 특수가연물을 저장 또는 취급하는 창고는 1.7 m 이하, 그 외의 창고는 2.1 m(내화구조로 된 경우에는 2.3 m) 이하로 할 것

② 공동주택 화재안전기술기준

아파트등의 세대 내 스프링클러헤드를 설치하는 천장·반자·천장과 반자 사이·덕트·선반 등의 각 부분으로부터 하나의 스프링클러헤드까지의 수평거리는 2.6 m 이하로 할 것

■ 헤드의 정방형, 장방형, 지그재그형 배치형태

① 정방형(정사각형 형태)의 배치형태

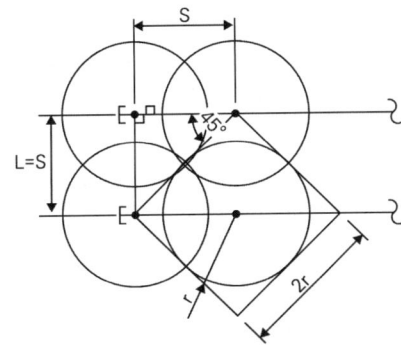

$$S = 2r \times \cos 45°$$

여기서, S : 헤드의 설치간격(m)
r : 수평거리(m)

② 장방형(직사각형 형태)의 배치형태

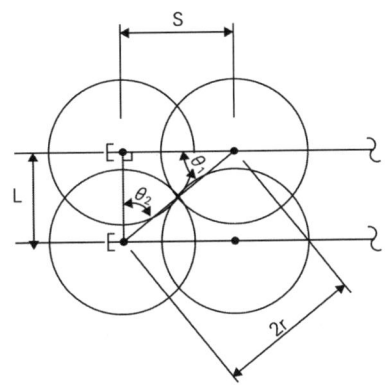

$$S = 2r \times \cos\theta_1$$
$$L = 2r \times \sin\theta_1$$

여기서, S, L : 헤드의 설치간격(m)
r : 수평거리(m)

---

(3) 다음의 어느 하나에 해당하는 장소에는 조기반응형 스프링클러헤드를 설치해야 한다.

① 공동주택·노유자시설의 거실

② 오피스텔·숙박시설의 침실

③ 병원·의원의 입원실

(4) 스프링클러헤드의 형식승인 및 제품검사의 기술기준에서 반응시간지수(RTI)에 따른 헤드의 종류

RTI	헤드의 종류
50 이하	Quick Response(조기반응형)
51 초과 ~ 80 이하	Special Response(특수반응형)
80 초과 ~ 350 이하	Standard Response(표준반응형)

[문제] 가로 40 m, 세로 30 m의 특수가연물 저장소에 스프링클러설비를 하고자 한다. 정방형으로 헤드를 배치할 경우 필요한 헤드의 최소 설치 개수를 구하시오.

─ 해 설 ─

1. 스프링클러 헤드 배치기준

설치장소	수평거리(R)
• 무대부 • 특수가연물 저장 · 취급장소(랙식 창고 포함)	1.7 m 이하

2. 헤드 설치 개수

1) 헤드의 정방향 (정사각형) 배치

$$S = 2R\cos 45°, \quad L = S$$

S : 설치거리[m]
R : 수평거리[m]

2) 특수가연물 저장소이므로 R = 1.7 m

$S = 2 \times 1.7 \times \cos 45° = 2.404 \, m$

3) 가로 설치 헤드 개수

$= \dfrac{40}{2.404} = 16.6 = 17$개

4) 세로 설치 헤드 개수

$= \dfrac{30}{2.404} = 12.5 = 13$개

5) 총 헤드 개수 $= 17 \times 13 = 221$개

(5) 폐쇄형 스프링클러헤드는 그 설치장소의 평상시 최고 주위온도에 따라 다음 표에 따른 표시온도의 것으로 설치해야 한다. 다만 높이가 4 m 이상인 공장 및 창고(랙식 창고를 포함한다)에 설치하는 스프링클러헤드는 그 설치장소의 평상시 최고 주위온도에 관계없이 표시온도 121 ℃ 이상의 것으로 할 수 있다.

설치장소의 최고주위온도	표시온도
39 ℃ 미만	79 ℃ 미만
39 ℃ 이상 64 ℃ 미만	79 ℃ 이상 121 ℃ 미만
64 ℃ 이상 106 ℃ 미만	121 ℃ 이상 162 ℃ 미만
106 ℃ 이상	162 ℃ 이상

(6) 스프링클러헤드의 설치방법

① 살수가 방해되지 않도록 스프링클러헤드로부터 반경 60 cm 이상의 공간을 보유할 것. 다만 벽과 스프링클러헤드 간의 공간은 10 cm 이상으로 한다.

② 스프링클러헤드와 그 부착면(상향식 헤드의 경우에는 그 헤드의 직상부의 천장·반자 또는 이와 비슷한 것)과의 거리는 30 cm 이하로 할 것

③ 배관·행거 및 조명기구 등 살수를 방해하는 것이 있는 경우에는 "①" 및 "②"에도 불구하고 그로부터 아래에 설치하여 살수에 장애가 없도록 할 것. 다만 스프링클러헤드와 장애물과의 이격거리를 장애물 폭의 3배 이상 확보한 경우에는 그렇지 않다.

④ 스프링클러헤드의 반사판은 그 부착 면과 평행하게 설치할 것. 다만 측벽형 헤드 또는 연소할 우려가 있는 개구부에 설치하는 스프링클러헤드의 경우에는 그렇지 않다.

⑤ 천장의 기울기가 10분의 1을 초과하는 경우에는 가지관을 천장의 마루와 평행하게 설치하고, 스프링클러헤드는 다음의 어느 하나에 적합하게 설치할 것

ㄱ 천장의 최상부에 스프링클러헤드를 설치하는 경우에는 최상부에 설치하는 스프링클러헤드의 반사판을 수평으로 설치할 것

ㄴ 천장의 최상부를 중심으로 가지관을 서로 마주보게 설치하는 경우에는 최상부의 가지관 상호 간의 거리가 가지관상의 스프링클러헤드 상호 간의 거리의 2분의 1 이하(최소 1 m 이상이 되어야 한다)가 되게 스프링클러헤드를 설치하고, 가지관의 최상부에 설치하는 스프링클러헤드는 천장의 최상부로부터의 수직거리가 90 cm 이하가 되도록 할 것. 톱날지붕, 둥근지붕 기타 이와 유사한 지붕의 경우에도 이에 준한다.

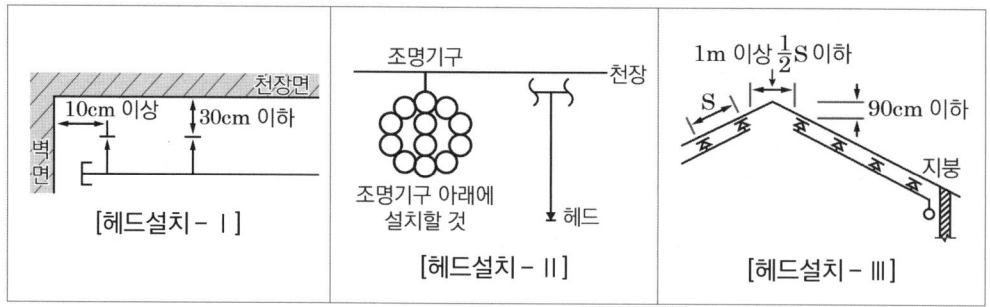

[헤드설치 - Ⅰ]   [헤드설치 - Ⅱ]   [헤드설치 - Ⅲ]

⑥ 연소할 우려가 있는 개구부에는 그 상하좌우에 2.5 m 간격으로(개구부의 폭이 2.5 m 이하인 경우에는 그 중앙에) 스프링클러헤드를 설치하되, 스프링클러헤드와 개구부의 내측 면으로부터 직선거리는 15 cm 이하가 되도록 할 것. 이 경우 사람이 상시 출입하는 개구부로서 통행에 지장이 있는 때에는 개구부의 상부 또는 측면(개구부의 폭이 9 m 이하인 경우에 한한다)에 설치하되, 헤드 상호 간의 간격은 1.2 m 이하로 설치해야 한다.

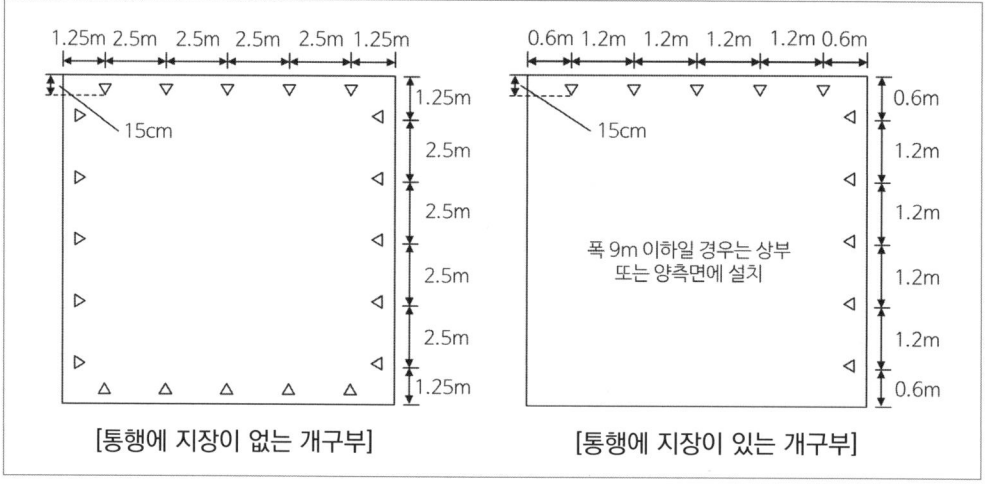

[통행에 지장이 없는 개구부]   [통행에 지장이 있는 개구부]

⑦ 습식 스프링클러설비 및 부압식 스프링클러설비 외의 설비에는 상향식 스프링클러헤드를 설치할 것. 다만 다음의 어느 하나에 해당하는 경우에는 그렇지 않다.

   ㉠ 드라이펜턴트스프링클러헤드를 사용하는 경우

   ㉡ 스프링클러헤드의 설치장소가 동파의 우려가 없는 곳인 경우

   ㉢ 개방형 스프링클러헤드를 사용하는 경우

⑧ 측벽형 스프링클러헤드를 설치하는 경우 긴 변의 한쪽 벽에 일렬로 설치(폭이 4.5 m 이상 9 m 이하인 실에 있어서는 긴변의 양쪽에 각각 일렬로 설치하되 마주보는 스프링클러헤드가 나란히꼴이 되도록 설치)하고 3.6 m 이내마다 설치할 것

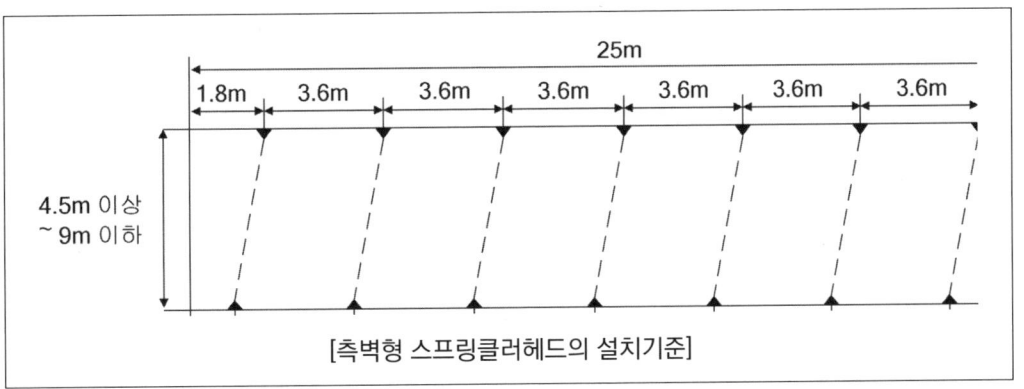

[측벽형 스프링클러헤드의 설치기준]

⑨ 상부에 설치된 헤드의 방출수에 따라 감열부에 영향을 받을 우려가 있는 헤드에는 방출수를 차단할 수 있는 유효한 차폐판을 설치할 것

⑩ 특정소방대상물의 보와 가장 가까운 스프링클러 헤드는 다음 표의 기준에 따라 설치해야 한다. 다만 천장 면에서 보의 하단까지의 길이가 55 cm를 초과하고 보의 하단 측면 끝부분으로부터 스프링클러헤드까지의 거리가 스프링클러헤드 상호 간 거리의 2분의 1 이하가 되는 경우에는 스프링클러헤드와 그 부착 면과의 거리를 55 cm 이하로 할 수 있다. 관점 25

스프링클러헤드의 반사판 중심과 보의 수평거리	스프링클러헤드의 반사판 높이와 보의 하단 높이의 수직거리
0.75 m 미만	보의 하단보다 낮을 것
0.75 m 이상 1 m 미만	0.1 m 미만일 것
1 m 이상 1.5 m 미만	0.15 m 미만일 것
1.5 m 이상	0.3 m 미만일 것

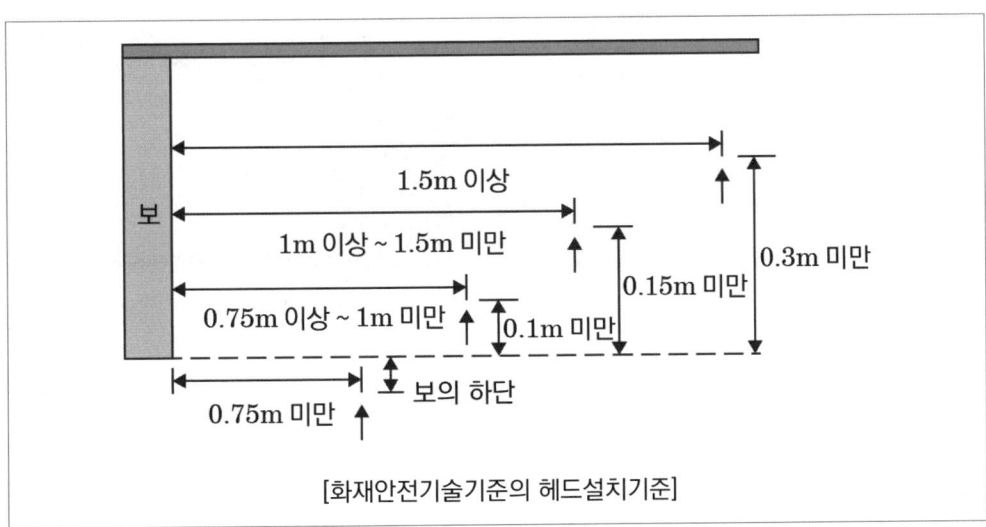

[화재안전기술기준의 헤드설치기준]

8) 전원

 (1) 비상전원의 출력용량 충족기준

  ① 비상전원 설비에 설치되어 동시에 운전될 수 있는 모든 부하의 합계 입력용량을 기준으로 정격출력을 선정할 것. 다만 소방전원 보존형 발전기를 사용할 경우에는 그렇지 않다.

  ② 기동전류가 가장 큰 부하가 기동될 때에도 부하의 허용 최저입력전압 이상의 출력전압을 유지할 것

  ③ 단시간 과전류에 견디는 내력은 입력용량이 가장 큰 부하가 최종 기동할 경우에도 견딜 수 있을 것

 (2) 자가발전설비는 부하의 용도와 조건에 따라 다음의 어느 하나를 설치하고 그 부하 용도별 표지를 부착해야 한다. 다만 자가발전설비의 정격출력용량은 하나의 건축물에 있어서 소방부하의 설비용량을 기준으로 하고, 비상부하는 국토해양부장관이 정한 「건축전기설비설계기준」의 수용률 범위 중 최댓값 이상을 적용한다.

  ① 소방전용 발전기 : 소방부하용량을 기준으로 정격출력용량을 산정하여 사용하는 발전기

  ② 소방부하 겸용 발전기 : 소방 및 비상부하 겸용으로서 소방부하와 비상부하의 전원용량을 합산하여 정격출력용량을 산정하여 사용하는 발전기

  ③ 소방전원 보존형 발전기 : 소방 및 비상부하 겸용으로서 소방부하의 전원용량을 기준으로 정격출력용량을 산정하여 사용하는 발전기

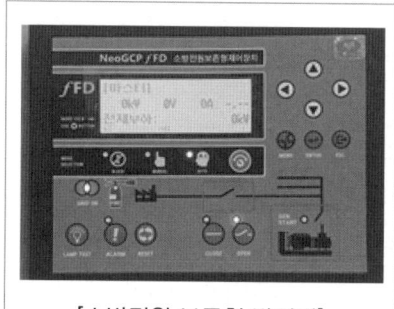

[소방전원 보존형 발전기]

[소방전원 보존형 발전기 제어장치]

(3) 소방전원 보존형 발전기의 제어장치의 포함사항

① 소방전원 보존형임을 식별할 수 있도록 표기할 것

② 발전기 운전 시 소방부하 및 비상부하에 전원이 동시 공급되고, 그 상태를 확인할 수 있는 표시가 되도록 할 것

③ 발전기가 정격용량을 초과할 경우 비상부하는 자동적으로 차단되고, 소방부하만 공급되는 상태를 확인할 수 있는 표시가 되도록 할 것

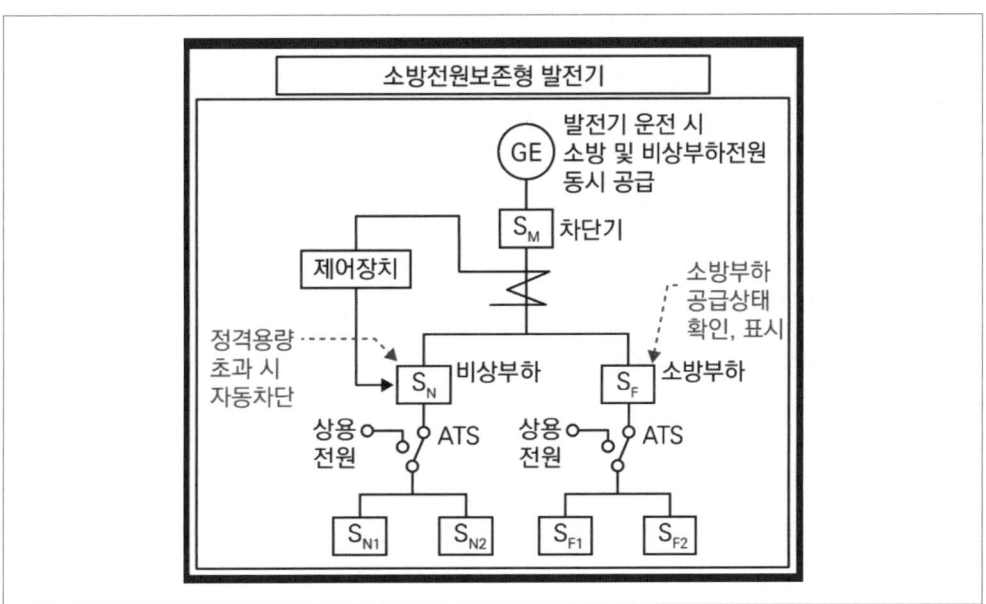

9) 제어반

(1) 감시제어반과 농력제어반을 구분하여 설치하지 않을 수 있는 경우

① 다음 어느 하나에 해당하지 않는 특정소방대상물에 설치되는 경우

㉠ 지하층을 제외한 층수가 7층 이상으로서 연면적이 $2,000 \, m^2$ 이상인 것

㉡ 지하층의 바닥면적 합계가 $3,000 \, m^2$ 이상인 것

② 내연기관에 따른 가압송수장치를 사용하는 경우

③ 고가수조에 따른 가압송수장치를 사용하는 경우

④ 가압수조에 따른 가압송수장치를 사용하는 경우

(2) 감시제어반의 기능

    ① 각 펌프의 작동 여부를 확인할 수 있는 표시등 및 음향경보기능이 있어야 할 것

    ② 각 펌프를 자동 및 수동으로 작동시키거나 중단시킬 수 있어야 할 것

    ③ 비상전원을 설치한 경우에는 상용전원 및 비상전원의 공급 여부를 확인할 수 있어야 할 것

    ④ 수조 또는 물올림수조가 저수위로 될 때 표시등 및 음향으로 경보할 것

    ⑤ 예비전원이 확보되고 예비전원의 적합 여부를 시험할 수 있어야 할 것

(3) 도통시험 및 작동시험을 할 수 있는 확인회로

    ① 기동용 수압개폐장치의 압력스위치회로

    ② 수조 또는 물올림수조의 저수위감시회로

    ③ 유수검지장치 또는 일제개방 밸브의 압력스위치회로

    ④ 일제개방밸브를 사용하는 설비의 화재감지기회로

    ⑤ 개폐밸브의 폐쇄상태 확인회로

    ⑥ 그 밖의 이와 비슷한 회로

(4) 감시제어반과 자동화재탐지설비의 수신기를 별도의 장소에 설치하는 경우 이들 상호 간에 연동하여 확인할 수 있어야 하는 기능

    ① 화재 발생

    ② 각 펌프의 작동 여부를 확인할 수 있는 표시등 및 음향경보기능이 있어야 할 것

    ③ 비상전원을 설치한 경우에는 상용전원 및 비상전원의 공급 여부를 확인할 수 있어야 할 것

    ④ 수조 또는 물올림수조가 저수위로 될 때 표시등 및 음향으로 경보할 것

10) 헤드의 설치 제외

(1) 계단실(특별피난계단의 부속실을 포함)·경사로·승강기의 승강로·비상용 승강기의 승강장·파이프덕트 및 덕트피트(파이프·덕트를 통과시키기 위한 구획된 구멍에 한한다)·목욕실·수영장(관람석부분을 제외)·화장실·직접 외기에 개방되어 있는 복도·기타 이와 유사한 장소

(2) 통신기기실·전자기기실·기타 이와 유사한 장소

(3) 발전실·변전실·변압기·기타 이와 유사한 전기설비가 설치되어 있는 장소

(4) 병원의 수술실·응급처치실·기타 이와 유사한 장소

⑸ 천장과 반자 양쪽이 불연재료로 되어 있는 경우로서 그 사이의 거리 및 구조가 다음의 어느 하나에 해당하는 부분

① 천장과 반자 사이의 거리가 2 m 미만인 부분

② 천장과 반자 사이의 벽이 불연재료이고 천장과 반자 사이의 거리가 2 m 이상으로서 그 사이에 가연물이 존재하지 않는 부분

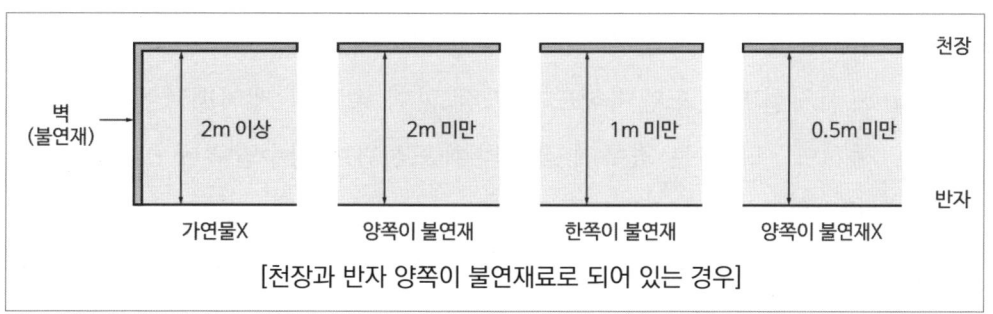

[천장과 반자 양쪽이 불연재료로 되어 있는 경우]

⑹ 천장·반자 중 한쪽이 불연재료로 되어 있고 천장과 반자 사이의 거리가 1 m 미만인 부분

⑺ 천장 및 반자가 불연재료 외의 것으로 되어 있고 천장과 반자 사이의 거리가 0.5 m 미만인 부분

⑻ 펌프실·물탱크실 엘리베이터 권상기실 그 밖의 이와 비슷한 장소

⑼ 현관 또는 로비 등으로서 바닥으로부터 높이가 20 m 이상인 장소

⑽ 영하의 냉장창고의 냉장실 또는 냉동창고의 냉동실

⑾ 고온의 노가 설치된 장소 또는 물과 격렬하게 반응하는 물품의 저장 또는 취급장소

⑿ 불연재료로 된 특정소방대상물 또는 그 부분으로서 다음의 어느 하나에 해당하는 장소

① 정수장·오물처리장 그 밖의 이와 비슷한 장소

② 펄프공장의 작업장·음료수공장의 세정 또는 충전하는 작업장 그 밖의 이와 비슷한 장소

③ 불연성의 금속·석재 등의 가공공장으로서 가연성물질을 저장 또는 취급하지 않는 장소

④ 가연성물질이 존재하지 않는 「건축물의 에너지절약설계기준」에 따른 방풍실

⒀ 실내에 설치된 테니스장·게이트볼장·정구장 또는 이와 비슷한 장소로서 실내 바닥·벽·천장이 불연재료 또는 준불연재료로 구성되어 있고 가연물이 존재하지 않는 장소로서 관람석이 없는 운동시설(지하층은 제외)

11) 드렌처설비의 설치기준

(1) 드렌처**헤드**는 개구부 위 측에 2.5 m 이내마다 1개를 설치할 것

(2) **제**어밸브(일제개방밸브·개폐표시형 밸브 및 수동조작부를 합한 것)는 특정소방대상물 층마다에 바닥 면으로부터 0.8 m 이상 1.5 m 이하의 위치에 설치할 것

(3) **수**원의 수량은 드렌처헤드가 가장 많이 설치된 제어밸브의 드렌처헤드의 설치개수에 1.6 m³를 곱하여 얻은 수치 이상이 되도록 할 것

(4) 드렌처설비는 드렌처헤드가 가장 많이 설치된 제어밸브에 설치된 드렌처헤드를 동시에 사용하는 경우에 각각의 헤드선단에 **방**수압력이 0.1 MPa 이상, **방**수량이 80 L/min 이상이 되도록 할 것

(5) 수원에 연결하는 **가**압송수장치는 점검이 쉽고, 화재 등의 재해로 인한 피해 우려가 없는 장소에 설치할 것

CHAPTER 04 | 간이스프링클러설비

1 간이스프링클러설비헤드

1) 간이스프링클러헤드의 정의

(1) **간이헤드** : 폐쇄형 스프링클러헤드의 일종으로 간이스프링클러설비를 설치해야 하는 특정소방대상물의 화재에 적합한 감도·방수량 및 살수분포를 갖는 헤드

(2) **주거형 스프링클러헤드** : 폐쇄형 헤드의 일종으로 주거지역의 화재에 적합한 감도·방수량 및 살수분포를 갖는 헤드(간이형 스프링클러헤드를 포함)

간이헤드(주거형 헤드)	표시사항
	• 72 ℃ : 표시온도 • SSU : 상향형 • FS : 플러쉬형 • QR : 조기반응형 • K50 : 방수량(50 Lpm) • RE : 주거형(간이sp헤드)

2 간이스프링클러설비의 구조원리

1) 수원량의 산정기준

(1) 상수도직결형의 경우에는 수돗물

(2) 간이스프링클러헤드

① 간이헤드에서 최소 10분

$$수원량(m^3) = 간이헤드 \ 2개 \times 50 \ L/min \times 10분 = 1 \ m^3$$

② 간이헤드에서 최소 20분[근숙복]

$$수원량(m^3) = 간이헤드 \ 5개 \times 50 \ L/min \times 20분 = 5 \ m^3$$

(3) 간이스프링클러설비에서 최소 20분 이상 수원 확보해야 할 특정소방대상물

암기 근숙복

① **근**린생활시설로 사용하는 부분의 바닥면적 합계가 1,000 m² 이상인 모든 층

② **숙**박시설로 사용되는 바닥면적의 합계가 300 m² 이상 600 m² 미만인 시설

③ **복**합건축물(하나의 건축물이 근린생활시설, 위락시설, 숙박시설, 판매시설 또는 업무시설의 용도와 주택의 용도로 함께 사용하는 경우)로서 연면적 1,000 m² 이상인 것은 모든 층

2) 가압송수장치의 성능

(1) 간이헤드 선단 방수압력은 0.1 MPa 이상, 방수량은 50 L/min 이상

(2) 주차장에 표준반응형 스프링클러헤드를 사용할 경우 헤드 1개의 방수량은 80 L/min 이상

3) 간이스프링클러설비의 방호구역및 유수검지장치

(1) 하나의 방호구역의 바닥면적은 1,000 m²를 초과하지 않을 것

(2) 하나의 방호구역에는 1개 이상의 유수검지장치를 설치하되, 화재 시 접근이 쉽고 점검하기 편리한 장소에 설치할 것

(3) 하나의 방호구역은 2개 층에 미치지 않도록 할 것. 다만 1개 층에 설치되는 간이헤드의 수가 10개 이하인 경우에는 3개 층 이내로 할 수 있다.

(4) 유수검지장치는 실내에 설치하거나 보호용 철망 등으로 구획하여 바닥으로부터 0.8 m 이상 1.5 m 이하의 위치에 설치하되, 그 실 등에는 가로 0.5 m 이상 세로 1 m 이상의 개구부로서 그 개구부에는 출입문을 설치하고 그 출입문 상단에 "유수검지장치실"이라고 표시한 표지를 설치할 것. 다만 유수검지장치를 기계실(공조용기계실을 포함) 안에 설치하는 경우에는 별도의 실 또는 보호용 철망을 설치하지 않고 기계실 출입문 상단에 "유수검지장치실"이라고 표시한 표지를 설치할 수 있다.

(5) 간이헤드에 공급되는 물은 유수검지장치를 지나도록 할 것. 다만 송수구를 통하여 공급되는 물은 그렇지 않다.

(6) 자연낙차에 따른 압력수가 흐르는 배관상에 설치된 유수검지장치는 화재 시 물의 흐름을 검지할 수 있는 최소한의 압력이 얻어질 수 있도록 수조의 하단으로부터 낙차를 두어 설치할 것

(7) 간이스프링클러설비가 설치되는 특정소방대상물에 부설된 주차장부분(물분무등소화설비의 설치대상이 되지 않는 부분)에는 습식 외의 방식으로 해야 한다. 다만 동결의 우려가 없거나 동결을 방지할 수 있는 구조 또는 장치가 된 곳은 그렇지 않다.

4) 배관 및 밸브

(1) 급수배관

① 전용으로 할 것. 다만 상수도직결형의 경우에는 수도배관 호칭지름 32 mm 이상의 배관이어야 하고, 간이헤드가 개방될 경우에는 유수신호 작동과 동시에 다른 용도로 사용하는 배관의 송수를 자동 차단할 수 있도록 해야 하며, 배관과 연결되는 이음쇠 등의 부속품은 물이 고이는 현상을 방지하는 조치를 해야 한다.

② 급수배관에 설치되어 급수를 차단할 수 있는 개폐밸브는 개폐표시형으로 할 것. 이 경우 펌프의 흡입 측 배관에는 버터플라이밸브 외의 개폐표시형 밸브를 설치해야 한다.

③ 배관의 구경은 수리계산에 의하거나 표의 기준에 따라 설치할 것. 다만 수리계산에 따르는 경우 가지배관의 유속은 6 m/s, 그 밖의 배관의 유속은 10 m/s를 초과할 수 없다.

(2) 시험장치

① 펌프(캐비닛형 제외)를 가압송수장치로 사용하는 경우 유수검지장치 2차 측 배관에 연결하여 설치하고, 펌프 외의 가압송수장치를 사용하는 경우 유수검지장치에서 가장 먼 거리에 위치한 가지배관의 끝으로부터 연결하여 설치할 것

② 시험장치배관의 구경은 25 mm 이상으로 하고, 그 끝에 개폐밸브 및 개방형 간이헤드 또는 간이스프링클러헤드와 동등한 방수성능을 가진 오리피스를 설치할 것. 이 경우 개방형 간이헤드는 반사판 및 프레임을 제거한 오리피스만으로 설치할 수 있다.

③ 시험배관의 끝에는 물받이 통 및 배수관을 설치하여 시험 중 방사된 물이 바닥에 흘러내리지 않도록 할 것. 다만 목욕실·화장실 또는 그 밖의 곳으로서 배수처리가 쉬운 장소에 시험배관을 설치한 경우에는 그렇지 않다.

구분 \ 구경	25	32	40	50	65	80	100	125	150
가	2	3	5	10	30	60	100	160	161 이상
나	2	4	7	15	30	60	100	160	161 이상

[비고]
① 폐쇄형 간이헤드를 사용하는 설비의 경우로서 1개 층에 하나의 급수배관(또는 밸브 등)이 담당하는 구역의 최대면적은 1,000 m²를 초과하지 않을 것
② 폐쇄형 간이헤드를 설치하는 경우에는 "가" 란의 헤드수에 따를 것
③ 폐쇄형 간이헤드를 설치하고 반자 아래의 헤드와 반자 속의 헤드를 동일 급수관의 가지관 상에 병설하는 경우에는 "나" 란의 헤드수에 따를 것
④ "캐비닛형" 및 "상수도직결형"을 사용하는 경우 주배관은 32 mm, 수평주행배관은 32 mm, 가지배관은 25 mm 이상으로 할 것. 이 경우 최장배관은 2.2.6(캐비닛형 간이스프링클러설비를 사용할 경우 소방청장이 정하여 고시한 「캐비닛형 간이스프링클러설비의 성능인증 및 제품검사의 기술기준」에 적합한 것으로 설치해야 한다)에 따라 인정받은 길이로 하며 하나의 가지배관에는 간이헤드를 3개 이내로 설치해야 한다.

(3) 간이스프링클러설비의 배관 및 밸브

① 상수도직결형방식

ㄱ 수도용계량기, 급수차단장치, 개폐표시형 밸브, 체크밸브, 압력계, 유수검지장치(압력스위치 등 유수검지장치와 동등 이상의 기능과 성능이 있는 것을 포함), 2개의 시험밸브의 순으로 설치할 것

ㄴ 간이스프링클러설비 이외의 배관에는 화재 시 배관을 차단할 수 있는 급수차단장치를 설치할 것

② 펌프 등의 가압송수장치

수원, 연성계 또는 진공계(수원이 펌프보다 높은 경우를 제외), 펌프 또는 압력수조, 압력계, 체크밸브, 성능시험배관, 개폐표시형 밸브, 유수검지장치, 시험밸브의 순으로 설치할 것

③ 가압수조를 가압송수장치

수원, 가압수조, 압력계, 체크밸브, 성능시험배관, 개폐표시형 밸브, 유수검지장치, 2개의 시험밸브의 순으로 설치할 것

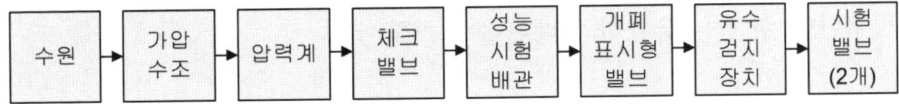

④ 캐비닛형의 가압송수장치

수원, 연성계 또는 진공계(수원이 펌프보다 높은 경우를 제외), 펌프 또는 압력수조, 압력계, 체크밸브, 개폐표시형 밸브, 2개의 시험밸브의 순으로 설치할 것. 다만 소화용수의 공급은 상수도와 직결된 바이패스관 또는 펌프에서 공급받아야 한다.

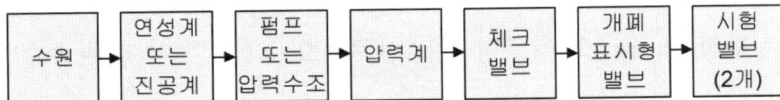

5) 간이헤드

(1) 폐쇄형 간이헤드를 사용할 것

(2) 간이헤드의 작동온도는 실내의 최대 주위 천장온도가 0 ℃ 이상 38 ℃ 이하인 경우 공칭작동온도가 57 ℃에서 77 ℃의 것을 사용하고, 39 ℃ 이상 66 ℃ 이하인 경우에는 공칭작동온도가 79 ℃에서 109 ℃의 것을 사용할 것

최대주위 천장온도	공칭작동온도
0 ℃ 이상 38 ℃ 이하	57 ℃에서 77 ℃
39 ℃ 이상 66 ℃ 이하	79 ℃ 에서 109 ℃

(3) 간이헤드를 설치하는 천장·반자·천장과 반자 사이·덕트·선반 등의 각 부분으로부터 간이헤드까지의 수평거리는 2.3 m(「스프링클러헤드의 형식승인 및 제품검사의 기술기준」에 따른 유효살수반경) 이하가 되도록 해야 한다. 다만 성능이 별도로 인정된 간이헤드를 수리계산에 따라 설치하는 경우에는 그렇지 않다.

(4) 상향식 간이헤드 또는 하향식 간이헤드의 경우에는 간이헤드의 디플렉터에서 천장 또는 반자까지의 거리는 25 mm에서 102 mm 이내가 되도록 설치해야 하며, 측벽형 간이헤드의 경우에는 102 mm에서 152 mm 사이에 설치할 것. 다만 플러쉬 스프링클러헤드의 경우에는 천장 또는 반자까지의 거리를 102 mm 이하가 되도록 설치할 수 있다.

⑸ 간이헤드는 천장 또는 반자의 경사·보·조명장치 등에 따라 살수장애의 영향을 받지 않도록 설치할 것

⑹ 상향식 간이헤드 아래에 설치되는 하향식 간이헤드에는 상향식 간이헤드의 방출수를 차단할 수 있는 유효한 차폐판을 설치할 것

6) 송수구

⑴ 소방차가 쉽게 접근할 수 있고 잘 보이는 장소에 설치하고, 화재층으로부터 지면으로 떨어지는 유리창 등이 송수 및 그 밖의 소화작업에 지장을 주지 않는 장소에 설치할 것

⑵ 송수구로부터 간이스프링클러설비의 주배관에 이르는 연결배관에 개폐밸브를 설치한 때에는 그 개폐상태를 쉽게 확인 및 조작할 수 있는 옥외 또는 기계실 등의 장소에 설치할 것

⑶ 송수구는 구경 65 mm의 쌍구형 또는 단구형으로 할 것. 이 경우 송수배관의 안지름은 40 mm 이상으로 해야 한다.

⑷ 지면으로부터 높이가 0.5 m 이상 1 m 이하의 위치에 설치할 것

⑸ 송수구의 부근에는 자동배수밸브(또는 직경 5 mm의 배수공) 및 체크밸브를 다음의 기준에 따라 설치할 것. 이 경우 자동배수밸브는 배관안의 물이 잘 빠질 수 있는 위치에 설치하되, 배수로 인하여 다른 물건이나 장소에 피해를 주지 않아야 한다.

⑹ 송수구에는 이물질을 막기 위한 마개를 씌울 것

간이스프링클러설비의 송수구(화재안전기술기준과 화재안전성능기준)

화재안전기술기준	화재안전성능기준
① 소방차가 쉽게 접근할 수 있고 잘 보이는 장소에 설치하고, 화재층으로부터 지면으로 떨어지는 유리창 등이 송수 및 그 밖의 소화작업에 지장을 주지 않는 장소에 설치할 것 ② 송수구로부터 간이스프링클러설비의 주배관에 이르는 연결배관에 개폐밸브를 설치한 때에는 그 개폐상태를 쉽게 확인 및 조작할 수 있는 옥외 또는 기계실 등의 장소에 설치할 것 ③ 송수구는 구경 65 mm의 쌍구형 또는 단구형으로 할 것. 이 경우 송수배관의 안지름은 40 mm 이상으로 해야 한다. ④ 지면으로부터 높이가 0.5 m 이상 1 m 이하의 위치에 설치할 것 ⑤ 송수구의 부근에는 자동배수밸브(또는 직경 5 mm의 배수공) 및 체크밸브를 다음의 기준에 따라 설치할 것. 이 경우 자동배수밸브는 배관 안의 물이 잘 빠질 수 있는 위치에 설치하되, 배수로 인하여 다른 물건이나 장소에 피해를 주지 않아야 한다. ⑥ 송수구에는 이물질을 막기 위한 마개를 씌울 것	① 송수구는 송수 및 그 밖의 소화작업에 지장을 주지 않도록 설치할 것 ② 송수구로부터 주배관에 이르는 연결배관에는 개폐밸브를 설치하지 않을 것 ③ 구경 65밀리미터의 단구형 또는 쌍구형으로 해야 하며, 송수배관의 안지름은 40밀리미터 이상으로 할 것 ④ 지면으로부터 높이가 0.5미터 이상 1미터 이하의 위치에 설치할 것 ⑤ 송수구의 가까운 부분에 자동배수밸브(또는 직경 5밀리미터의 배수공) 및 체크밸브를 설치할 것 ⑥ 송수구에는 이물질을 막기 위한 마개를 씌울 것

05 | 화재조기진압용 스프링클러설비

1 화재조기진압용 스프링클러헤드

1) 화재조기진압용 스프링클러헤드의 정의

(1) 화재조기진압용 스프링클러헤드 : 특정한 높은 장소의 화재위험에 대하여 조기에 진화할 수 있도록 설계된 헤드

(2) 화재조기진압용 스프링클러헤드 : 특정 높은 장소의 화재위험에 대하여 조기에 진화할 수 있도록 설계된 스프링클러헤드

2 화재조기진압용 스프링클러설비의 구조원리

1) 설치장소의 구조

(1) 해당 층의 높이가 13.7 m 이하일 것. 다만 2층 이상일 경우에는 해당 층의 바닥을 내화구조로 하고 다른 부분과 방화구획할 것

(2) 천장의 기울기가 1,000분의 168을 초과하지 않아야 하고, 이를 초과하는 경우에는 반자를 지면과 수평으로 설치할 것

(3) 천장은 평평해야 하며 철재나 목재트러스 구조인 경우, 철재나 목재의 돌출 부분이 102 mm를 초과하지 않을 것

(4) 보로 사용되는 목재·콘크리트 및 철재 사이의 간격이 0.9 m 이상 2.3 m 이하일 것. 다만 보의 간격이 2.3 m 이상인 경우에는 화재조기진압용 스프링클러헤드의 동작을 원활히 하기 위해 보로 구획된 부분의 천장 및 반자의 넓이가 28 m²를 초과하지 않을 것

(5) 창고 내의 선반 등의 형태는 하부로 물이 침투되는 구조로 할 것

[문제] 화재조기진압용 스프링클러설비의 화재안전기술기준(NFSC 103B)에서 화재조기진압용 스프링클러설비를 설치할 장소의 구조 중 해당 층의 높이와 천장의 기울기 기준을 구하시오. 관설 21

해 설

① 해당 층의 높이가 13.7 m 이하일 것. 다만 2층 이상일 경우에는 해당 층의 바닥을 내화구조로 하고 다른 부분과 방화구획할 것
② 천장의 기울기가 1,000분의 168을 초과하지 않아야 하고, 이를 초과하는 경우에는 반자를 지면과 수평으로 설치할 것

➕ 보충

기울기	
스프링클러	1. **습식** 스프링클러설비 또는 **부압식** 스프링클러설비 **외**의 설비에는 헤드를 향하여 상향으로 수평주행 배관의 기울기를 500분의 1 이상, 가지배관의 기울기를 **250분의 1** 이상으로 할 것. 다만 배관의 구조상 기울기를 줄 수 없는 경우에는 배수를 원활하게 할 수 있도록 배수밸브를 설치 2. 천장의 기울기가 10분의 1을 초과 시, 가지관을 천장의 마루와 평행하게 설치
화재조기 진압용 관설 21	천장의 기울기가 168/1,000을 초과하지 않아야 하고, 이를 초과하는 경우에는 반자를 지면과 수평으로 설치할 것
연결살수설비	**개방형** 헤드를 사용하는 연결살수설비의 수평주행배관은 헤드를 향하여 상향으로 1/100 이상 기울기로 설치하고, 주배관 중 낮은 부분에는 자동배수밸브를 2.1.3.3의 기준에 따라 설치해야 한다.
물분무	차량이 주차하는 바닥은 배수구를 향하여 **2/100** 이상의 기울기를 유지할 것
미분무	1. 폐쇄형 미분무 소화설비의 배관을 수평으로 할 것 　다만 배관의 구조상 소화수가 남아 있는 곳에는 배수밸브를 설치할 것 2. 개방형 미분무 소화설비에는 헤드를 향하여 상향으로 수평주행배관의 기울기를 **1/500**, 가지배관 기울기를 **1/250** 이상으로 할 것. 다만 배관의 구조상 기울기를 줄 수 없는 경우에는 배수를 원활하게 할 수 있도록 배수밸브 설치할 것

2) 수원량의 산정기준

(1) 화재조기진압용 스프링클러설비의 수원은 수리학적으로 가장 먼 가지배관 3개에 각각 4개의 스프링클러헤드가 동시에 60분간 방수할 수 있는 양 이상

$$Q = 12 \times 60 \times K\sqrt{10P}$$

여기서,　Q : 수원의 양(L)

　　　　K : 상수($\text{L/min/MPa}^{1/2}$)

　　　　P : 헤드선단의 압력(MPa)

　　　　12 : 가지배관(3개×4개)의 스프링클러헤드

　　　　60 : 방수시간(60 min)

(2) 화재조기진압용 스프링클러헤드의 최소방사압력(MPa)

최대층고(m)	최대저장높이 (m)	화재조기진압용 스프링클러헤드의 최소방사압력(MPa)				
		K = 360 하향식	K = 320 하향식	K = 240 하향식	K = 240 상향식	K = 200 하향식
13.7	12.2	0.28	0.28	–	–	–
13.7	10.7	0.28	0.28	–	–	–
12.2	10.7	0.17	0.28	0.36	0.36	0.52
10.7	9.1	0.14	0.24	0.36	0.36	0.52
9.1	7.6	0.10	0.17	0.24	0.24	0.34

3) 유수검지장치를 시험할 수 있는 시험장치의 설치기준

(1) 유수검지장치 2차 측 배관에 연결하여 설치할 것

(2) 시험장치 배관의 구경은 32 mm 이상으로 하고, 그 끝에 개폐밸브 및 개방형 헤드 또는 화재조기진압용 스프링클러헤드 와 동등한 방수성능을 가진 오리피스를 설치할 것. 이 경우 개방형 헤드는 반사판 및 프레임을 제거한 오리피스만으로 설치할 수 있다.

(3) 시험배관의 끝에는 물받이 통 및 배수관을 설치하여 시험 중 방사된 물이 바닥에 흘러내리지 않도록 할 것. 다만 목욕실·화장실 또는 그 밖의 곳으로서 배수처리가 쉬운 장소에 시험배관을 설치한 경우에는 그렇지 않다.

4) 헤드

(1) 헤드 하나의 방호면적은 $6.0\,\mathrm{m}^2$ 이상 $9.3\,\mathrm{m}^2$ 이하로 할 것

(2) 가지배관의 헤드 사이의 거리는 천장의 높이가 $9.1\,\mathrm{m}$ 미만인 경우에는 $2.4\,\mathrm{m}$ 이상 $3.7\,\mathrm{m}$ 이하로, $9.1\,\mathrm{m}$ 이상 $13.7\,\mathrm{m}$ 이하인 경우에는 $3.1\,\mathrm{m}$ 이하로 할 것

(3) 헤드의 반사판은 천장 또는 반자와 평행하게 설치하고 저장물의 최상부와 $914\,\mathrm{mm}$ 이상 확보되도록 할 것

(4) 하향식 헤드의 반사판의 위치는 천장이나 반자 아래 $125\,\mathrm{mm}$ 이상 $355\,\mathrm{mm}$ 이하일 것

(5) 상향식 헤드의 감지부 중앙은 천장 또는 반자와 $101\,\mathrm{mm}$ 이상 $152\,\mathrm{mm}$ 이하이어야 하며, 반사판의 위치는 스프링클러 배관의 윗부분에서 최소 $178\,\mathrm{mm}$ 상부에 설치되도록 할 것

(6) 헤드와 벽과의 거리는 헤드 상호 간 거리의 2분의 1을 초과하지 않아야 하며 최소 $102\,\mathrm{mm}$ 이상일 것

(7) 헤드의 작동온도는 $74\,℃$ 이하일 것. 다만 헤드 주위의 온도가 $38\,℃$ 이상의 경우에는 그 온도에서의 화재시험 등에서 헤드 작동에 관하여 공인기관의 시험을 거친 것을 사용할 것

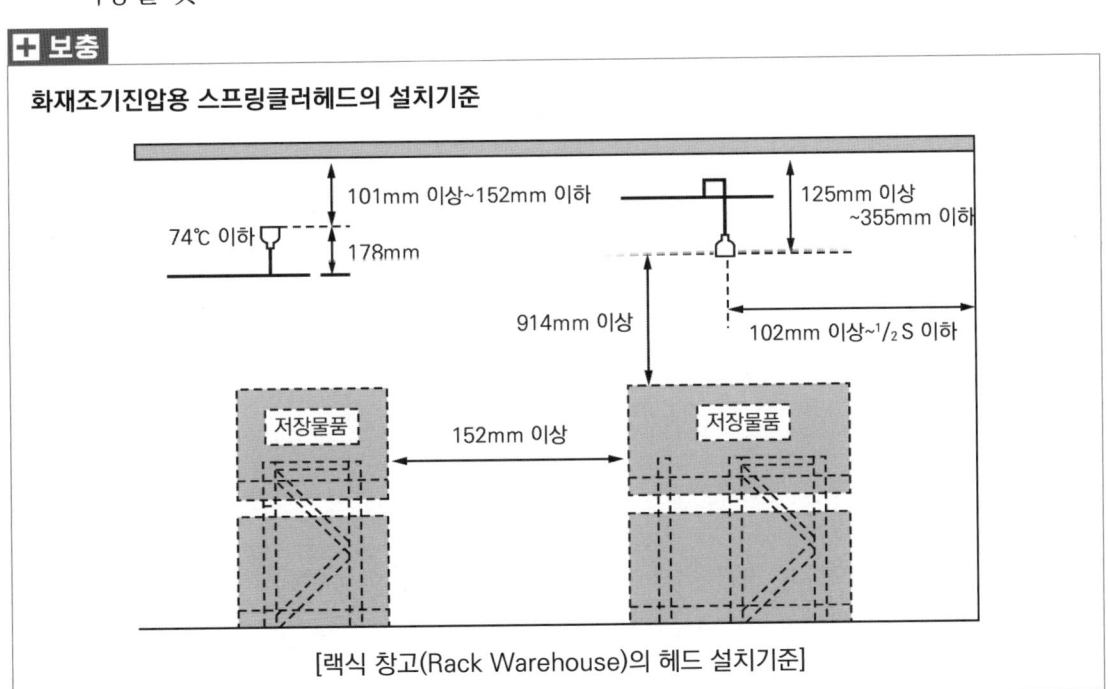

➕ 보충

화재조기진압용 스프링클러헤드의 설치기준

[랙식 창고(Rack Warehouse)의 헤드 설치기준]

5) 환기구

   ⑴ 공기의 유동으로 인하여 헤드의 작동온도에 영향을 주지 않는 구조 및 위치일 것

   ⑵ 화재감지기와 연동하여 동작하는 자동식 환기장치를 설치하지 않을 것. 다만 자동식 환기장치를 설치할 경우에는 최소작동온도가 180 ℃ 이상일 것

6) 설치를 제외할 수 있는 물품

   ⑴ 제4류 위험물

   ⑵ 타이어, 두루마리 종이 및 섬유류, 섬유제품 등 연소 시 화염의 속도가 빠르고 방사된 물이 하부까지에 도달하지 못하는 것

06 | 물분무소화설비

1 물분무헤드

1) 물분무헤드의 정의

화재 시 직선류 또는 나선류의 물을 충돌·확산시켜 미립상태로 분무함으로써 소화하는 헤드

2) 물분무헤드의 종류

(1) **디플렉터형** : 수류를 살수판에 충돌하여 미세한 물방울을 만드는 물분무헤드

(2) **선회류형** : 선회류에 의해 확산방출하든가 선회류와 직선류의 충돌에 의해 확산방출하여 미세한 물방울로 만드는 물분무헤드

(3) **슬릿형** : 수류를 Slit(좁고 긴 틈)에 의해 방출하여 수막상의 분무를 만드는 물분무헤드

(4) **충돌형** : 유수와 유수의 충돌에 의해 미세한 물방울을 만드는 물분무헤드

(5) **분사형** : 소구경의 오리피스로부터 고압으로 분사하여 미세한 물방울을 만드는 물분무헤드

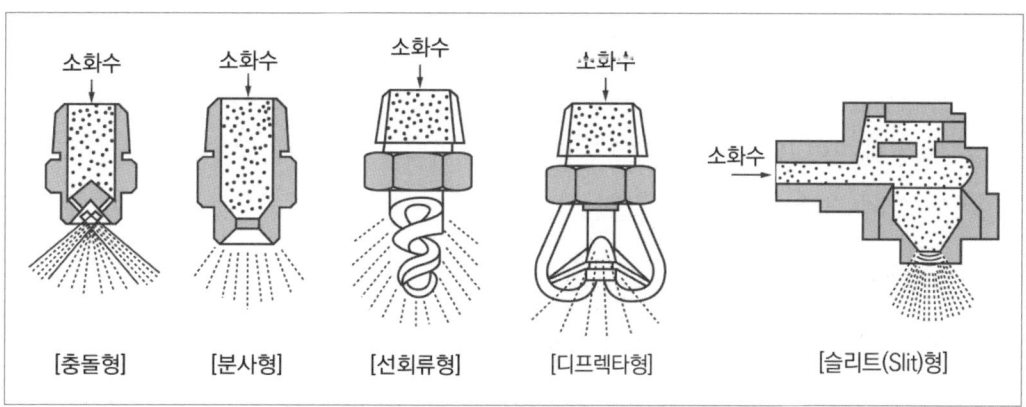

[충돌형] [분사형] [선회류형] [디프렉타형] [슬리트(Slit)형]

2 물분무소화설비의 구조원리

1) 수원량의 산정기준

적응장소	수원량(L)	기준면적(m²)
특수가연물 저장, 취급	$10 \text{ L/min} \cdot m^2 \times A \ m^2 \times 20 \text{ min}$	최대 방수구역의 바닥면적을 기준으로, 50 m² 이하인 경우에 50을 적용
차고 또는 주차장	$20 \text{ L/min} \cdot m^2 \times A \ m^2 \times 20 \text{ min}$	
콘베이어벨트	$10 \text{ L/min} \cdot m^2 \times A \ m^2 \times 20 \text{ min}$	벨트 바닥면적(m²)
절연유 봉입변압기	$10 \text{ L/min} \cdot m^2 \times A \ m^2 \times 20 \text{ min}$	바닥면적을 제외한 표면적(m²)
케이블트레이, 케이블덕트	$12 \text{ L/min} \cdot m^2 \times A \ m^2 \times 20 \text{ min}$	투영된 바닥면적(m²)

2) 가압송수장치

(1) 「화재의 예방 및 안전관리에 관한 법률 시행령」 별표 2의 특수가연물을 저장 또는 취급하는 특정소방대상물 또는 그 부분에 있어서 그 바닥면적(최대 방수구역의 바닥면적을 기준으로 하며, 50 m² 이하인 경우에는 50 m²) 1 m²에 대하여 10 L/min로 20분간 방수할 수 있는 양 이상으로 할 것

(2) 차고 또는 주차장은 그 바닥면적(최대 방수구역의 바닥면적을 기준으로 하며, 50 m² 이하인 경우에는 50 m²) 1 m²에 대하여 20 L/min로 20분간 방수할 수 있는 양 이상으로 할 것

(3) 절연유 봉입 변압기는 바닥 부분을 제외한 표면적을 합한 면적 1 m²에 대하여 10 L/min로 20분간 방수할 수 있는 양 이상으로 할 것

(4) 케이블트레이, 케이블덕트 등은 투영된 바닥면적 1 m²에 대하여 12 L/min로 20분간 방수할 수 있는 양 이상으로 할 것

(5) 콘베이어 벨트 등은 벨트 부분의 바닥면적 1 m²에 대하여 10 L/min로 20분간 방수할 수 있는 양 이상으로 할 것

3) 기동장치

(1) 물분무소화설비의 수동식 기동장치

① 직접조작 또는 원격조작에 따라 각각의 가압송수장치 및 수동식 개방밸브 또는 가압송수장치 및 자동개방밸브를 개방할 수 있도록 설치할 것

② 기동장치의 가까운 곳의 보기 쉬운 곳에 "기동장치"라고 표시한 표지를 할 것

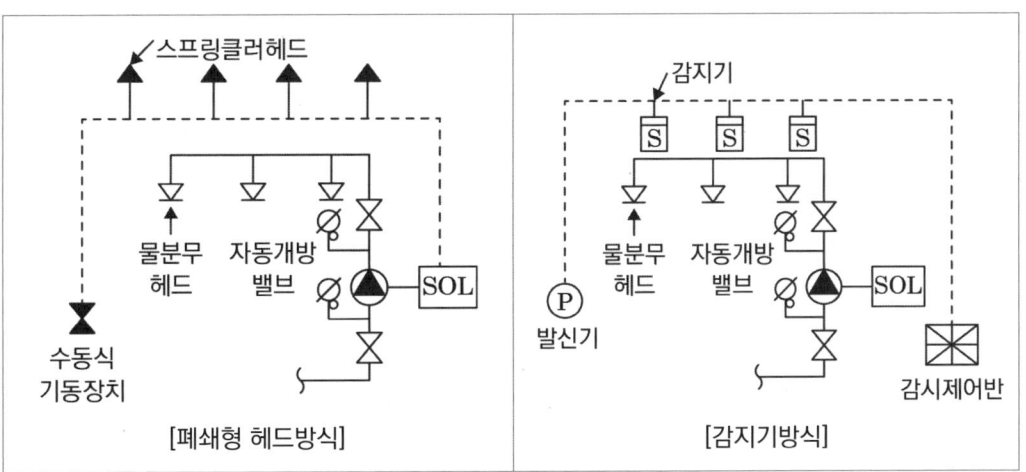

[폐쇄형 헤드방식]　　　　　　　[감지기방식]

(2) 자동식 기동장치는 화재감지기의 작동 또는 폐쇄형 스프링클러헤드의 개방과 연동하여 경보를 발하고, 가압송수장치 및 자동개방밸브를 기동할 수 있는 것으로 해야 한다. 다만 자동화재탐지설비의 수신기가 설치되어 있고, 수신기가 설치되어 있는 장소에 상시 사람이 근무하고 있으며, 화재 시 물분무소화설비를 즉시 작동시킬 수 있는 경우에는 그렇지 않다.

4) 제어밸브 등

(1) 방수구역마다 설치하는 제어밸브

① 제어밸브는 바닥으로부터 0.8 m 이상 1.5 m 이하의 위치에 설치할 것

② 제어밸브의 가까운 곳의 보기 쉬운 곳에 "제어밸브"라고 표시한 표지를 할 것

(2) 자동개방밸브 및 수동식 개방밸브

① 자동개방밸브의 기동조작부 및 수동식 개방밸브는 화재 시 용이하게 접근할 수 있는 곳의 바닥으로부터 0.8 m 이상 1.5 m 이하의 위치에 설치할 것

② 자동개방밸브 및 수동식 개방밸브의 2차 측 배관 부분에는 해당 방수구역 외에 밸브의 작동을 시험할 수 있는 장치를 설치할 것. 다만 방수구역에서 직접 방수 시험을 할 수 있는 경우에는 그렇지 않다.

5) 물분무헤드

(1) 고압의 전기기기가 있는 장소에 설치하는 경우 전기의 절연을 위하여 전기기기와 물분무헤드 사이의 거리기준

전압(kV)	거리(cm)	전압(kV)	거리(cm)
66 이하	70 이상	154 초과 181 이하	180 이상
66 초과 77 이하	80 이상	181 초과 220 이하	210 이상
77 초과 110 이하	110 이상	220 초과 275 이하	260 이상
110 초과 154 이하	150 이상	-	-

(2) 물분무헤드의 설치 제외

① 물에 심하게 반응하는 물질 또는 물과 반응하여 위험한 물질을 생성하는 물질을 저장 또는 취급하는 장소

② 고온의 물질 및 증류범위가 넓어 끓어 넘치는 위험이 있는 물질을 저장 또는 취급하는 장소

③ 운전 시에 표면의 온도가 260℃ 이상으로 되는 등 직접 분무를 하는 경우 그 부분에 손상을 입힐 우려가 있는 기계장치 등이 있는 장소

6) 차고 또는 주차장에 설치해야 하는 배수설비

(1) 차량이 주차하는 장소의 적당한 곳에 높이 10 cm 이상의 경계턱으로 배수구를 설치할 것

(2) 배수구에는 새어 나온 기름을 모아 소화할 수 있도록 길이 40 m 이하마다 집수관·소화핏트 등 기름분리장치를 설치할 것

(3) 차량이 주차하는 바닥은 배수구를 향하여 100분의 2 이상의 기울기를 유지할 것

(4) 배수설비는 가압송수장치의 최대송수능력의 수량을 유효하게 배수할 수 있는 크기 및 기울기로 할 것

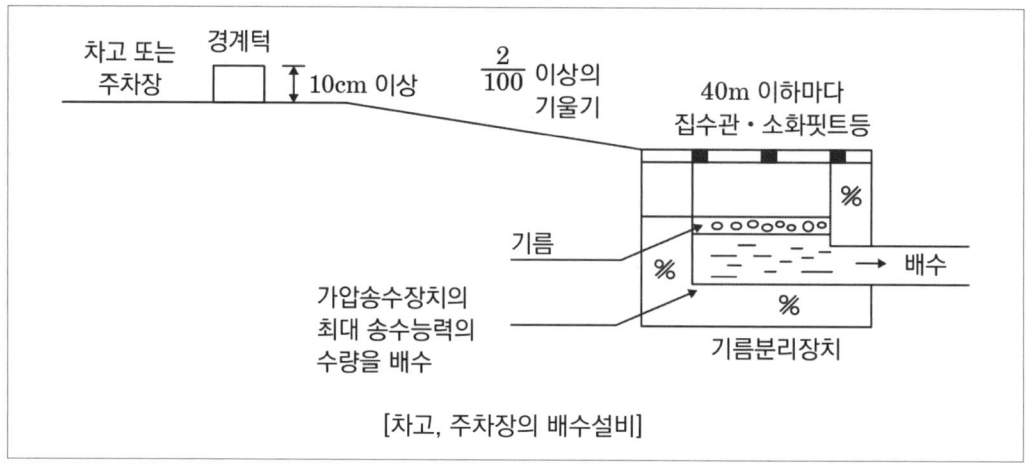

[차고, 주차장의 배수설비]

1 미분무헤드

1) 미분무의 정의

물만을 사용하여 소화하는 방식으로 최소설계압력에서 헤드로부터 방출되는 물입자 중 99 %의 누적체적분포가 400 μm 이하로 분무되고 A, B, C급 화재에 적응성을 갖는 것

2) 미분무헤드의 정의

하나 이상의 오리피스를 가지고 미분무소화설비에 사용되는 헤드

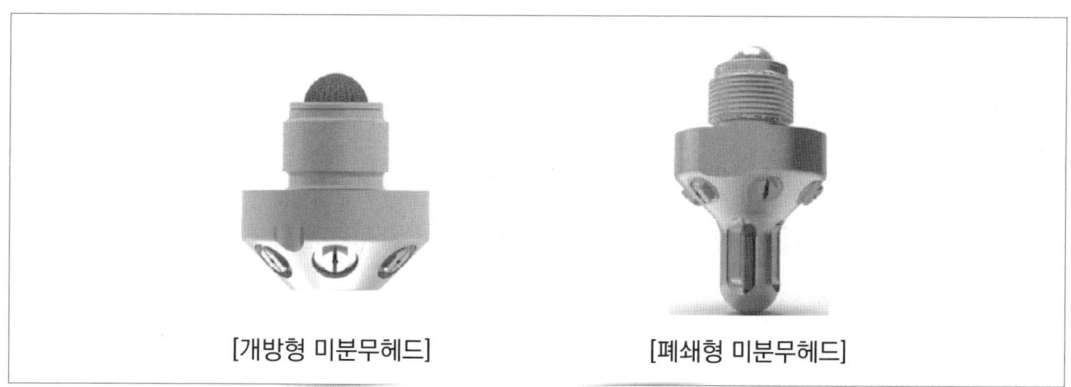

[개방형 미분무헤드]　　　　　　　[폐쇄형 미분무헤드]

2 미분무소화설비의 종류

1) 미분무소화설비의 정의

가압된 물이 헤드 통과 후 미세한 입자로 분무됨으로써 소화성능을 가지는 설비로서, 소화력을 증가시키기 위해 강화액 등을 첨가할 수 있다.

2) 미분무소화설비의 압력에 따른 종류

미분무소화설비	정의
저압	최고사용압력이 1.2 MPa 이하인 미분무소화설비
중압	사용압력이 1.2 MPa을 초과하고 3.5 MPa 이하인 미분무소화설비
고압	최저사용압력이 3.5 MPa을 초과하는 미분무소화설비

3) 미분무소화설비의 헤드에 따른 종류

    (1) **폐쇄형 미분무소화설비** : 배관 내에 항상 물 또는 공기 등이 가압되어 있다가 화재로 인한 열로 폐쇄형 미분무헤드가 개방되면서 소화수를 방출하는 방식의 미분무소화설비

    (2) **개방형 미분무소화설비** : 화재감지기의 신호를 받아 가압송수장치를 동작시켜 미분무수를 방출하는 방식의 미분무소화설비

4) 미분무소화설비의 방식

    (1) **전역방출방식** : 고정식 미분무소화설비에 배관 및 헤드를 고정 설치하여 구획된 방호구역 전체에 소화수를 방출하는 설비

    (2) **국소방출방식** : 고정식 미분무소화설비에 배관 및 헤드를 설치하여 직접 화점에 소화수를 방출하는 설비로서 화재 발생 부분에 집중적으로 소화수를 방출하도록 설치하는 방식

    (3) **호스릴방식** : 소화수 또는 소화약제 저장용기 등에 연결된 호스릴을 이용하여 사람이 직접 화점에 소화수 또는 소화약제를 방출하는 방식

3 설계도서

1) 미분무소화설비의 설계도서 작성기준 중 발화원을 가정한 설계도서 고려항목

    (1) 점화원의 형태

    (2) 초기 점화되는 연료 유형

    (3) 화재 위치

    (4) 문과 창문의 초기상태(열림, 닫힘) 및 시간에 따른 변화상태

    (5) 공기조화설비, 자연형(문, 창문) 및 기계형 여부

    (6) 시공 유형과 내장재 유형

2) 일반설계도서

    (1) 건물용도, 사용자 중심의 일반적인 화재를 가상한다.

    (2) 설계도서에는 다음 사항이 필수적으로 명확히 설명되어야 한다.

        ① 건물사용자 특성

        ② 사용자의 수와 장소

        ③ 실 크기

        ④ 가구와 실내 내용물

⑤ 연소 가능한 물질들과 그 특성 및 발화원

⑥ 환기조건

⑦ 최초 발화물과 발화물의 위치

(3) 설계자가 필요한 경우 기타 설계도서에 필요한 사항을 추가할 수 있다.

3) 특별설계도서

암기 1급수 2재만 3덕소 4천대 5심연 6본 떨거조

(1) 특별설계도서 - 1

① 내부 문들이 개방되어 있는 상황에서 피난로에 화재가 발생하여 **급**격한 화재 연소가 이루어지는 상황을 가상한다.

② 화재 시 가능한 피난 방법의 **수**에 중심을 두고 작성한다.

(2) 특별설계도서 - 2

① 사람이 상주하지 않는 실에서 화재가 발생하지만, 잠재적으로 많은 **재**실자에게 위험이 되는 상황을 가상한다.

② 건축물 내의 재실자가 없는 곳에서 화재가 발생하여 **많**은 재실자가 있는 공간으로 연소 확대되는 상황에 중심을 두고 작성한다.

(3) 특별설계도서 - 3

① 많은 사람들이 있는 실에 인접한 벽이나 **덕**트 공간 등에서 화재가 발생한 상황을 가상한다.

② 화재감지기가 없는 곳이나 자동으로 작동하는 **소**화설비가 없는 장소에서 화재가 발생하여 많은 재실자가 있는 곳으로의 연소 확대가 가능한 상황에 중심을 두고 작성한다.

(4) 특별설계도서 - 4

① 많은 거주자가 있는 아주 인접한 장소 중 소방시설의 작동범위에 들어가지 않는 장소에서 아주 **천**천히 성장하는 화재를 가상한다.

② 작은 화재에서 시작하지만 큰 **대**형화재를 일으킬 수 있는 화재에 중심을 두고 작성한다.

(5) 특별설계도서 - 5

① 건축물의 일반적인 사용 특성과 관련, 화재하중이 가장 큰 장소에서 발생한 아주 **심**각한 화재를 가상한다.

② 재실자가 있는 공간에서 급격하게 **연**소 확대되는 화재를 중심으로 작성한다.

(6) 특별설계도서 - 6

   ① 외부에서 발생하여 **본** 건물로 화재가 확대되는 경우를 가상한다.

   ② 본 건물에서 **떨**어진 장소에서 화재가 발생하여 본 건물로 화재가 확대되거나 피난로를 막거나 **거**주가 불가능한 **조**건을 만드는 화재에 중심을 두고 작성한다.

4 미분무소화설비의 구조원리

1) 수원량의 산정기준

$$Q = NDTS + V$$

여기서, Q : 수원의 양(m^3)

         N : 방호구역(방수구역) 내 헤드의 개수

         D : 설계유량(m^3/min)

         T : 설계방수시간(min)

         S : 안전율(1.2 이상)

         V : 배관의 총체적(m^3)

[문제 01] 미분무소화설비의 화재안전기술기준에서 조건을 참조하여 수원량(m^3)을 계산하시오.

〈조 건〉

(1) 헤드의 설치 개수는 20개이다.

(2) 헤드 1개당 설계유량은 50 L/min이다.

(3) 설계방수시간 30분이다.

(4) 미분무소화설비의 배관의 총체적 0.07 m^3이다.

해 설

미분무소화설비의 수원량(m^3)

$Q = NDTS + V$

수원량(m^3) = 20개 $\times 0.05 m^3/min \times 30 min \times 1.2 + 0.07 m^3 = 36.07$ ∴ 36.07 m^3

2) 가압송수장치

(1) 전동기 또는 내연기관에 따른 펌프를 이용하는 가압송수장치

① 쉽게 접근할 수 있고 점검하기에 충분한 공간이 있는 장소로서 화재 및 침수 등의 재해로 인한 피해를 받을 우려가 없는 곳에 설치할 것

② 동결방지조치를 하거나 동결의 우려가 없는 장소에 설치할 것

③ 펌프는 전용으로 할 것

④ 펌프의 토출 측에는 압력계를 체크밸브 이전에 펌프 토출 측 플랜지에서 가까운 곳에 설치할 것

⑤ 펌프의 성능은 체절운전 시 정격토출압력의 140 %를 초과하지 않고, 정격토출량의 150 %로 운전 시 정격토출압력의 65 % 이상이 되어야 하며, 펌프의 성능을 시험할 수 있는 성능시험배관을 설치할 것

⑥ 가압송수장치의 송수량은 최저설계압력에서 설계유량(L/min) 이상의 방수성능을 가진 기준개수의 모든 헤드로부터의 방수량을 충족시킬 수 있는 양 이상의 것으로 할 것

⑦ 내연기관을 사용하는 경우에는 제어반에 따라 내연기관의 자동기동 및 수동기동이 가능하고, 상시 충전되어 있는 축전지설비를 갖출 것

⑧ 가압송수장치에는 "미분무펌프"라고 표시한 표지를 할 것. 다만 호스릴방식의 경우 "호스릴방식 미분무펌프"라고 표시한 표지를 할 것

⑨ 가압송수장치가 기동이 된 경우에는 자동으로 정지되지 아니하도록 할 것

⑩ 가압송수장치는 부식 등으로 인한 펌프의 고착을 방지할 수 있도록 다음의 각 기준에 적합한 것으로 할 것. 다만 충압펌프는 제외한다.
　㉠ 임펠러는 청동 또는 스테인리스 등 부식에 강한 재질을 사용할 것
　㉡ 펌프축은 스테인리스 등 부식에 강한 재질을 사용할 것

(2) 압력수조를 이용하는 가압송수장치

① 압력수조는 배관용 스테인리스 강관(KS D 3676) 또는 이와 동등 이상의 강도·내식성, 내열성을 갖는 재료를 사용할 것

② 용접한 압력수조를 사용할 경우 용접찌꺼기 등이 남아 있지 않아야 하며, 부식의 우려가 없는 용접방식으로 해야 한다.

③ 쉽게 접근할 수 있고 점검하기에 충분한 공간이 있는 장소로서 화재 및 침수 등의 재해로 인한 피해를 받을 우려가 없는 곳에 설치할 것

④ 동결방지조치를 하거나 동결의 우려가 없는 장소에 설치할 것

⑤ 압력수조는 전용으로 할 것

⑥ 압력수조에는 수위계·급수관·배수관·급기관·맨홀·압력계·안전장치 및 압력 저하 방지를 위한 자동식 공기압축기를 설치할 것

⑦ 압력수조의 토출 측에는 사용압력의 1.5배 범위를 초과하는 압력계를 설치해야 한다.

⑧ 작동장치의 구조 및 기능은 다음의 기준에 적합해야 한다.
  ㉠ 화재감지기의 신호에 의하여 자동적으로 밸브를 개방하고 소화수를 배관으로 송출할 것
  ㉡ 수동으로 작동할 수 있게 하는 장치를 설치할 경우에는 부주의로 인한 작동을 방지하기 위한 보호 장치를 강구할 것

(3) 가압수조를 이용하는 가압송수장치

① 가압수조의 압력은 설계 방수량 및 방수압이 설계방수시간 이상 유지되도록 할 것

② 가압수조 및 가압원은 「건축법 시행령」 제46조에 따른 방화구획된 장소에 설치할 것

③ 가압수조를 이용한 가압송수장치는 소방청장이 정하여 고시한 「가압수조식 가압송수장치의 성능인증 및 제품검사의 기술기준」에 적합한 것으로 설치할 것

④ 가압수조는 전용으로 설치할 것

3) 폐쇄형 미분무소화설비의 방호구역

(1) 하나의 방호구역의 바닥면적은 펌프용량, 배관의 구경 등을 수리학적으로 계산한 결과 헤드의 방수압 및 방수량이 방호구역 범위 내에서 소화 목적을 달성할 수 있도록 산정해야 한다.

(2) 하나의 방호구역은 2개 층에 미치지 않을 것

4) 개방형 미분무소화설비의 방수구역

(1) 하나의 방수구역은 2개 층에 미치지 않을 것

(2) 하나의 방수구역을 담당하는 헤드의 개수는 최대 설계개수 이하로 할 것. 다만 2 이상의 방수구역으로 나눌 경우에는 하나의 방수구역을 담당하는 헤드의 개수는 최대 설계 개수의 2분의 1 이상으로 할 것

(3) 터널, 지하가 등에 설치할 경우 동시에 방수되어야 하는 방수구역은 화재가 발생된 방수구역 및 접한 방수구역으로 할 것

5) 배관 등

(1) 급수배관의 설치기준

① 전용으로 할 것

② 급수배관에 설치되어 급수를 차단할 수 있는 개폐밸브는 개폐표시형으로 할 것. 이 경우 펌프의 흡입 측 배관에는 버터플라이밸브 외의 개폐표시형 밸브를 설치해야 한다.

(2) 펌프의 성능시험배관 설치기준

① 성능시험배관은 펌프의 토출 측에 설치된 개폐밸브 이전에서 분기하여 직선으로 설치하고, 유량측정장치를 기준으로 전단 직관부에는 개폐밸브를 후단 직관부에는 유량조절밸브를 설치할 것. 이 경우 개폐밸브와 유량측정장치 사이의 직관부 거리 및 유량측정장치와 유량조절밸브 사이의 직관부 거리는 해당 유량측정장치 제조사의 설치사양에 따르고, 성능시험배관의 호칭지름은 유량측정장치의 호칭지름에 따른다.

② 유입구에는 개폐밸브를 둘 것

③ 유량측정장치는 펌프의 정격토출량의 175 % 이상 측정할 수 있는 성능이 있을 것

④ 가압송수장치의 체절운전 시 수온의 상승을 방지하기 위하여 체크밸브와 펌프 사이에서 분기한 구경 20 mm 이상의 배관에 체절압력 미만에서 개방되는 릴리프밸브를 설치할 것

(3) 시험장치의 설치기준

① 가압송수장치에서 가장 먼 가지배관의 끝으로부터 연결하여 설치할 것

② 시험장치 배관의 구경은 가압장치에서 가장 먼 가지배관의 구경과 동일한 구경으로 하고, 그 끝에 개방형 헤드를 설치할 것. 이 경우 개방형 헤드는 동일 형태의 오리피스만으로 설치할 수 있다.

③ 시험배관의 끝에는 물받이 통 및 배수관을 설치하여 시험 중 방사된 물이 바닥에 흘러내리지 아니하도록 할 것. 다만 목욕실·화장실 또는 그 밖의 곳으로서 배수처리가 쉬운 장소에 시험배관을 설치한 경우에는 그렇지 않다.

6) 헤드

폐쇄형 미분무헤드는 그 설치장소의 평상시 최고주위온도에 따른 표시온도

$$Ta = 0.9 \, Tm - 27.3 \, \text{℃}$$

여기서, Ta : 최고주위온도(℃)

  Tm : 헤드의 표시온도(℃)

[문제 02] 미분무소화설비의 폐쇄형 미분무헤드의 표시온도가 79 ℃일 때 그 설치장소의 평상시 최고 주위온도(℃)를 구하시오.

─ 해 설 ─

① 폐쇄형 미분무헤드의 표시온도 계산식

$$Ta = 0.9 \, Tm - 27.3 \, \text{℃}$$

여기서,   Ta : 최고주위온도(℃)

   Tm : 헤드의 표시온도(℃)

② 평상시 최고 주위온도(℃) = Ta = 0.9 × 79 - 27.3 ℃   ∴ 43.8 ℃

---

7) 청소·시험·유지 및 관리 등

(1) 미분무소화설비의 청소·유지 및 관리 등은 건축물의 모든 부분(건축설비를 포함한다)을 완성한 시점부터 최소 연 1회 이상 실시하여 그 성능 등을 확인해야 한다.

(2) 미분무소화설비의 배관 등의 청소는 배관의 수리계산 시 설계된 최대방출량으로 방출하여 배관 내 이물질이 제거될 수 있는 충분한 시간동안 실시해야 한다.

(3) 미분무소화설비의 성능시험은 2.5(가압송수장치)에서 정한 기준에 따라 실시한다.

1 포소화설비의 계통도

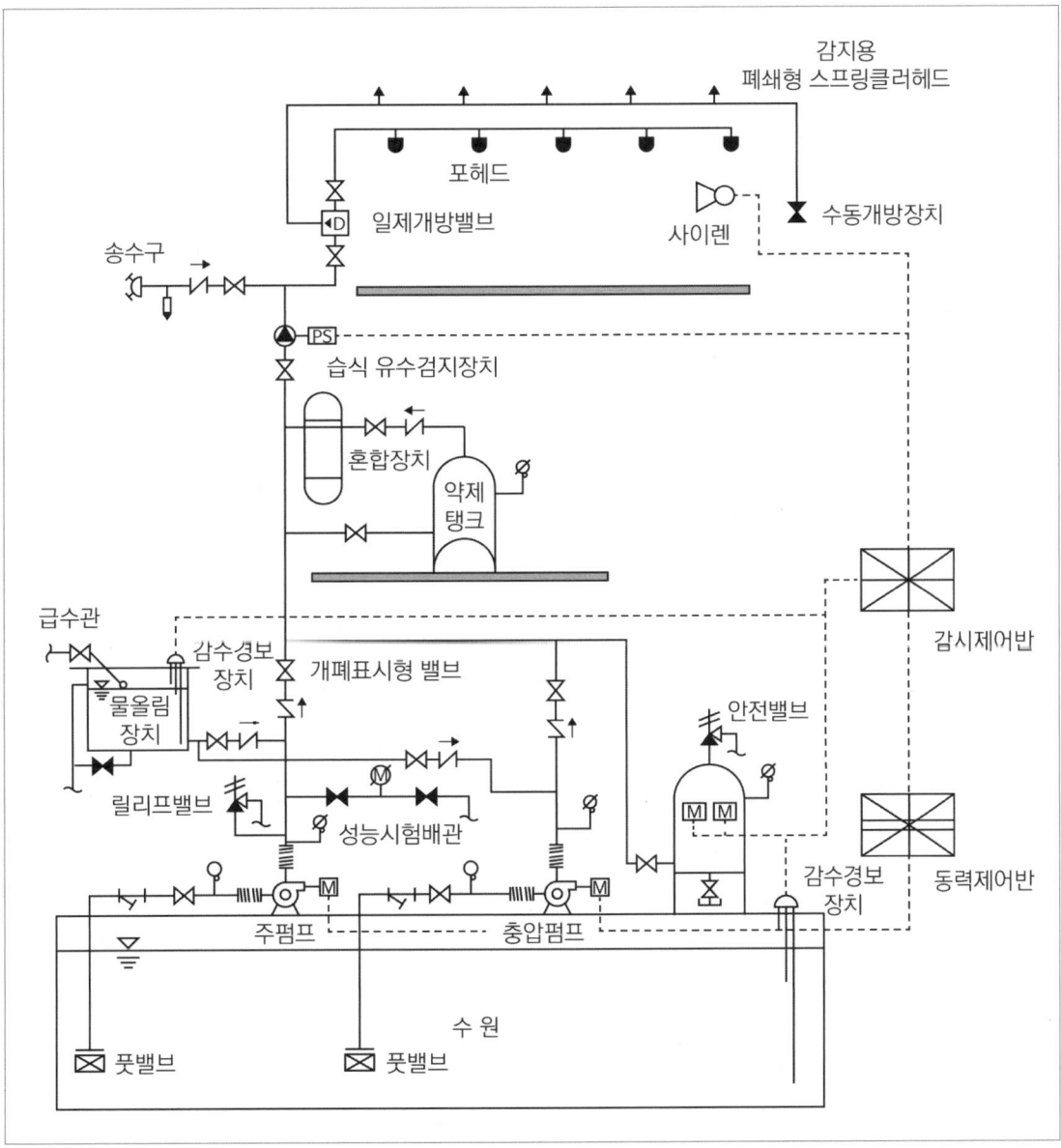

2 포소화설비의 종류

1) **포워터스프링클러설비** : 포워터스프링클러헤드를 사용하는 포소화설비

2) **포헤드설비** : 포헤드를 사용하는 포소화설비

3) **고정포방출설비** : 고정포방출구를 사용하는 설비

4) **압축공기포소화설비** : 압축공기 또는 압축질소를 일정 비율로 포수용액에 강제 주입 혼합하는 방식

5) **포소화전설비** : 포소화전방수구·호스 및 이동식 포노즐을 사용하는 설비

6) **호스릴포소화설비** : 호스릴포방수구·호스릴 및 이동식 포노즐을 사용하는 설비

[포헤드] 바닥면적 9 m²/개	[포워터스프링클러헤드] 바닥면적 8 m²/개

3 포소화설비의 종류 및 적응성

1) 「화재의 예방 및 안전관리에 관한 법률 시행령」의 특수가연물을 저장·취급하는 공장 또는 창고 : 포워터스프링클러설비·포헤드설비 또는 고정포방출설비, 압축공기포소화설비

2) 차고 또는 주차장 : 포워터스프링클러설비·포헤드설비 또는 고정포방출설비, 압축공기포소화설비, 호스릴포소화설비 또는 포소화전설비를 설치할 수 있다.

3) 항공기격납고 : 포워터스프링클러설비·포헤드설비 또는 고정포방출설비, 압축공기포소화설비, 호스릴포소화설비를 설치할 수 있다.

4) 발전기실, 엔진펌프실, 변압기, 전기케이블실, 유압설비 : 바닥면적의 합계가 300 m² 미만의 장소에는 고정식 압축공기포소화설비를 설치할 수 있다.

[포소화전]

4 포소화설비의 구조원리

1) 수원량의 산정기준

(1) 「화재의 예방 및 안전관리에 관한 법률 시행령」의 특수가연물을 저장·취급하는 공장 또는 창고 : 포워터스프링클러설비 또는 포헤드설비의 경우에는 포워터스프링클러 헤드 또는 포헤드가 가장 많이 설치된 층의 포헤드(바닥면적이 200 m²를 초과한 층은 바닥면적 200 m² 이내에 설치된 포헤드)에서 동시에 표준방사량으로 10분간 방사할 수 있는 양 이상으로, 고정포방출설비의 경우에는 고정포방출구가 가장 많이 설치된 방호구역 안의 고정포방출구에서 표준방사량으로 10분간 방사할 수 있는 양 이상으로 한다. 이 경우 하나의 공장 또는 창고에 포워터스프링클러설비·포헤드설비 또는 고정포방출설비가 함께 설치된 때에는 각 설비별로 산출된 저수량 중 최대의 것을 그 특정소방대상물에 설치해야 할 수원의 양으로 한다.

(2) 차고 또는 주차장 : 호스릴포소화설비 또는 포소화전설비의 경우에는 방수구가 가장 많은 층의 설치개수(호스릴포방수구 또는 포소화전방수구가 5개 이상 설치된 경우에는 5개)에 6 m³를 곱한 양 이상으로, 포워터스프링클러설비·포헤드설비 또는 고정포방출설비의 경우에는 "(1)"의 기준을 준용한다. 이 경우 하나의 차고 또는 주차장에 호스릴포소화설비·포소화전설비·포워터스프링클러설비·포헤드설비 또는 고정포방출설비가 함께 설치된 때에는 각 설비별로 산출된 저수량 중 최대의 것을 그 차고 또는 주차장에 설치해야 할 수원의 양으로 한다.

(3) 항공기격납고 : 포워터스프링클러설비·포헤드설비 또는 고정포방출설비의 경우에는 포헤드 또는 고정포방출구가 가장 많이 설치된 항공기격납고의 포헤드 또는 고정포방출구에서 동시에 표준방사량으로 10분간 방사할 수 있는 양 이상으로 하되, 호스릴포소화설비를 함께 설치한 경우에는 호스릴포방수구가 가장 많이 설치된 격납고의 호스릴방수구수(호스릴포방수구가 5개 이상 설치된 경우에는 5개)에 6 m³를 곱한 양을 합한 양 이상으로 해야 한다.

(4) 압축공기포소화설비를 설치하는 경우 방수량은 설계 사양에 따라 방호구역에 최소 10분간 방사할 수 있어야 한다.

(5) 압축공기포소화설비의 설계방출밀도(L/min·m²)

① 일반가연물, 탄화수소류는 1.63 L/min·m² 이상

② 특수가연물, 알코올류와 케톤류는 2.3 L/min·m² 이상

2) 저장탱크 등

(1) 포소화약제의 저장탱크　　　　　　　　**암기** 화기 변장 저글

① **화**재 등의 재해로 인한 피해를 받을 우려가 없는 장소에 설치할 것

② **기**온의 변동으로 포의 발생에 장애를 주지 않는 장소에 설치할 것. 다만 기온의 변동에 영향을 받지 않는 포소화약제의 경우에는 그렇지 않다.

③ 포소화약제가 **변**질될 우려가 없고 점검에 편리한 장소에 설치할 것

④ 가압송수장치 또는 포소화약제 혼합**장**치의 기동에 따라 압력이 가해지는 것 또는 상시 가압된 상태로 사용되는 것은 압력계를 설치할 것

⑤ 포소화약제 **저**장량의 확인이 쉽도록 액면계 또는 계량봉 등을 설치할 것

⑥ 가압식이 아닌 저장탱크는 **글**라스게이지를 설치하여 액량을 측정할 수 있는 구조로 할 것

포소화설비 저장탱크의 화재안전기술기준과 화재안전성능기준의 비교

기술기준	성능기준
① 화재 등의 재해로 인한 피해를 받을 우려가 없는 장소에 설치할 것	① 화재 등의 재해로 인한 피해를 받을 우려가 없는 장소에 설치할 것
② 기온의 변동으로 포의 발생에 장애를 주지 않는 장소에 설치할 것. <u>다만 기온의 변동에 영향을 받지 않는 포 소화약제의 경우에는 그렇지 않다.</u>	② 기온의 변동으로 포의 발생에 장애를 주지 않는 장소에 설치할 것
	③ 포 소화약제가 변질될 우려가 없고 점검에 편리한 장소에 설치할 것
③ 포 소화약제가 변질될 우려가 없고 점검에 편리한 장소에 설치할 것	④ 가압송수장치 또는 포 소화약제 혼합장치의 기동에 따라 압력이 가해지는 것 또는 상시 가압된 상태로 사용되는 것은 압력계를 설치할 것
④ 가압송수장치 또는 포 소화약제 혼합장치의 기동에 따라 압력이 가해지는 것 또는 상시 가압된 상태로 사용되는 것은 압력계를 설치할 것	⑤ 포 소화약제 저장량의 확인이 쉽도록 액면계 또는 계량봉 등을 설치할 것
⑤ 포 소화약제 저장량의 확인이 쉽도록 액면계 또는 계량봉 등을 설치할 것	⑥ 저장탱크에는 압력계, 액면계(또는 계량봉) 또는 글라스게이지 등 점검 및 유지관리에 필요한 설비를 설치할 것
⑥ 가압식이 아닌 저장탱크는 글라스게이지를 설치하여 액량을 측정할 수 있는 구조로 할 것	

(2) 포소화약제의 저장량

① 포워터스프링클러헤드방식

$$Q = N \times Q_1 \times T \times S$$

여기서, Q : 포소화약제의 양(L)

N : 헤드 수(특수가연물 및 차고, 주차장에는 최대 바닥면적 200 m² 이내의 헤드 수)

Q_1 : 단위 포수용액의 양(75 L/min·개)

T : 방출시간(min)

S : 포소화약제의 사용농도(%)

② 포헤드방식

$$Q = A \times Q_1 \times T \times S$$

여기서, Q : 포소화약제의 양(L)

A : 바닥면적(특수가연물 및 차고, 주차장에는 최대 바닥면적 200 m² 이내)

Q_1 : 단위 포수용액의 양(L/min·m²)

T : 방출시간(min)

S : 포소화약제의 사용농도(%)

③ 고정포방출구방식

$$Q = V \times Q_1 \times T \times S$$

여기서, Q : 포소화약제의 양(L)

V : 관포체적[방호대상물의 높이보다 0.5 m 높은 위치까지의 체적](m^3)

Q_1 : 단위 포수용액의 양(L/min·m^3)

T : 방출시간(min)

S : 포소화약제의 사용농도(%)

④ 압축공기포방식

$$Q = A \times Q_1 \times T \times S$$

여기서, Q : 포소화약제의 양(L)

A : 방호구역의 바닥면적(m^2)

Q_1 : 단위 포수용액의 양(L/min·m^2)

T : 방출시간(min)

S : 포소화약제의 사용농도(%)

⑤ 옥내포소화전방식 또는 호스릴방식(바닥면적이 200 m^2 미만인 건축물에 있어서는 그 75 %로 할 수 있다)

$$Q = N \times S \times 6{,}000L$$

여기서, Q : 포소화약제의 양(L)

N : 호스 접결구수(5개 이상인 경우는 5)

S : 포소화약제의 사용농도(%)

3) 혼합장치(Proportioner) 관점 23

(1) 펌프 프로포셔너방식의 정의

펌프의 토출관과 흡입관 사이의 배관 도중에 설치한 흡입기에 펌프에서 토출된 물의 일부를 보내고, 농도 조정밸브에서 조정된 포소화약제의 필요량을 포소화약제 저장탱크에서 펌프 흡입 측으로 보내어 이를 혼합하는 방식

(2) 프레셔 프로포셔너방식의 정의

펌프와 발포기의 중간에 설치된 벤추리관의 벤추리작용과 펌프 가압수의 포소화약제 저장탱크에 대한 압력에 따라 포소화약제를 흡입·혼합하는 방식

(3) **라인 프로포셔너방식의 정의**

펌프와 발포기의 중간에 설치된 벤추리관의 벤추리작용에 따라 포소화약제를 흡입·혼합하는 방식

(4) **프레셔사이드 프로포셔너방식의 정의**

펌프의 토출관에 압입기를 설치하여 포소화약제 압입용 펌프로 포소화약제를 압입시켜 혼합하는 방식

(5) **압축공기포 믹싱챔버방식의 정의**

물, 포소화약제 및 공기를 믹싱챔버로 강제주입시켜 챔버 내에서 포수용액을 생성한 후 포를 방사하는 방식

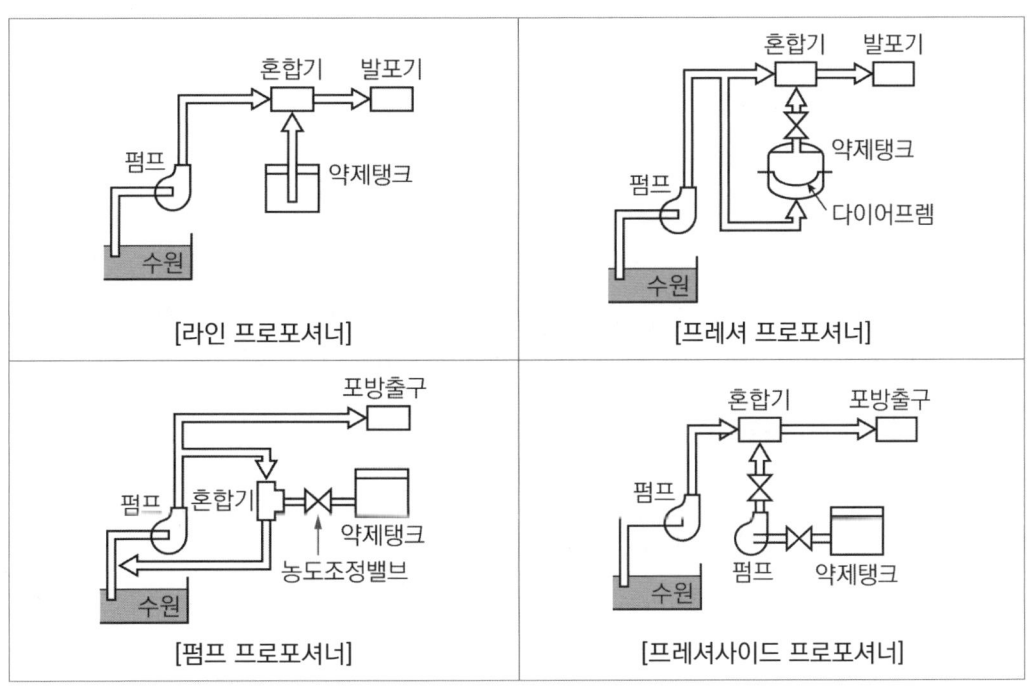

[라인 프로포셔너] · [프레셔 프로포셔너] · [펌프 프로포셔너] · [프레셔사이드 프로포셔너]

4) 개방밸브

(1) 자동개방밸브는 화재감지장치기의 작동에 따라 자동으로 개방되는 것으로 할 것

(2) 수동식 개방밸브는 화재 시 쉽게 접근할 수 있는 곳에 설치할 것

5) 기동장치

(1) **수동식 기동장치는 다음의 기준에 따라 설치해야 한다.**

① 직접조작 또는 원격조작에 따라 가압송수장치·수동식 개방밸브 및 소화약제 혼합장치를 기동할 수 있는 것으로 할 것

② 2 이상의 방사구역을 가진 포소화설비에는 방사구역을 선택할 수 있는 구조로 할 것

③ 기동장치의 조작부는 화재 시 쉽게 접근할 수 있는 곳에 설치하되, 바닥으로부터 0.8 m 이상 1.5 m 이하의 위치에 설치하고, 유효한 보호장치를 설치할 것

④ 기동장치의 조작부 및 호스 접결구에는 가까운 곳의 보기 쉬운 곳에 각각 "기동장치의 조작부" 및 "접결구"라고 표시한 표지를 설치할 것

⑤ 차고 또는 주차장에 설치하는 포소화설비의 수동식 기동장치는 방사구역마다 1개 이상 설치할 것

⑥ 항공기격납고에 설치하는 포소화설비의 수동식 기동장치는 각 방사구역마다 2개 이상을 설치하되, 그중 1개는 각 방사구역으로부터 가장 가까운 곳 또는 조작에 편리한 장소에 설치하고, 1개는 화재감지기의 수신기를 설치한 감시실 등에 설치할 것

(2) 포소화설비의 자동식 기동장치는 화재감지기의 작동 또는 폐쇄형 스프링클러헤드의 개방과 연동하여 가압송수장치 · 일제개방밸브 및 포소화약제 혼합장치를 기동시킬 수 있도록 다음의 기준에 따라 설치해야 한다. 다만 자동화재탐지설비의 수신기가 설치되어 있고, 수신기가 설치된 장소에 상시 사람이 근무하고 있으며, 화재 시 즉시 해당 조작부를 작동시킬 수 있는 경우에는 그렇지 않다.

(3) **폐쇄형 스프링클러헤드를 사용하는 경우**

① 표시온도가 79 ℃ 미만인 것을 사용하고, 1개의 스프링클러헤드의 경계면적은 20 m² 이하로 할 것

② 부착면의 높이는 바닥으로부터 5 m 이하로 하고, 화재를 유효하게 감지할 수 있도록 할 것

③ 하나의 감지장치 경계구역은 하나의 층이 되도록 할 것

➕ 보충

20 m²

1. 이산화탄소 또는 할로겐화합물 방사하는 소화기구
   지하층, 무창층 또는 밀폐된 거실로서 바닥면적 **20 m²** 미만 장소 사용 ✕

2. 포소화설비 자동식 기동장치에서 폐쇄형 헤드 사용 시
   표시온도가 79 ℃ 미만의 것을 사용하고, 1개의 스프링클러헤드의 경계면적은 **20 m²** 이하

3. 종합방재실(초지복 재특) 면적 : **20 m²** 이상

---

(4) 포소화설비의 기동장치에 설치하는 자동경보장치

① 방사구역마다 일제개방밸브와 그 일제개방밸브의 작동 여부를 발신하는 발신부를 설치할 것. 이 경우 각 일제개방밸브에 설치되는 발신부 대신 1개 층에 1개의 유수검지장치를 설치할 수 있다.

② 상시 사람이 근무하고 있는 장소에 수신기를 설치하되, 수신기에는 폐쇄형 스프링클러헤드의 개방 또는 감지기의 작동 여부를 알 수 있는 표시장치를 설치할 것

③ 하나의 소방대상물에 2 이상의 수신기를 설치하는 경우에는 수신기가 설치된 장소 상호 간에 동시 통화가 가능한 설비를 할 것

6) 포헤드 및 고정포방출구의 팽창비

(1) 팽창비의 정의

최종 발생한 포 체적을 원래 포 수용액 체적으로 나눈 값

(2) 팽창비에 따른 포헤드 및 고정포방출구의 종류

팽창비에 따른 포의 종류	포방출구의 종류
팽창비가 20 이하인 것(저발포)	포헤드(포워터스프링클러헤드 · 포헤드), 압축공기포헤드
팽창비가 80 이상 1,000 미만인 것(고발포)	고발포용 고정포방출구

7) 포헤드 및 고정포방출구

(1) 포헤드

① 포워터스프링클러헤드는 특정소방대상물의 천장 또는 반자에 설치하되, 바닥면적 8 m²마다 1개 이상으로 하여 해당 방호대상물의 화재를 유효하게 소화할 수 있도록 할 것

② 포헤드는 특정소방대상물의 천장 또는 반자에 설치하되, 바닥면적 9 m²마다 1개 이상으로 하여 해당 방호대상물의 화재를 유효하게 소화할 수 있도록 할 것

(2) 포헤드는 특정소방대상물별로 그에 사용되는 포소화약제에 따라 1분당 방사량

(3) 압축공기포소화설비의 분사헤드는 천장 또는 반자에 설치하되 방호대상물에 따라 측벽에 설치할 수 있으며 유류탱크 주위에는 바닥면적 13.9 m²마다 1개 이상, 특수가연물저장소에는 바닥면적 9.3 m²마다 1개 이상으로 당해 방호대상물의 화재를 유효하게 소화할 수 있도록 할 것

(4) 특정소방대상물의 보가 있는 부분의 포헤드 설치기준

포헤드와 보의 수평거리	포헤드와 보의 하단의 수직거리
0.75 m 미만	0 m
0.75 m 이상 1 m 미만	0.1 m 미만
1 m 이상 1.5 m 미만	0.1 m 이상 0.15 m 미만
1.5 m 이상	0.15 m 이상 0.30 m 미만

(5) 포헤드 상호 간 설치기준

① 정방형으로 포헤드를 배치한 경우 포헤드의 거리기준

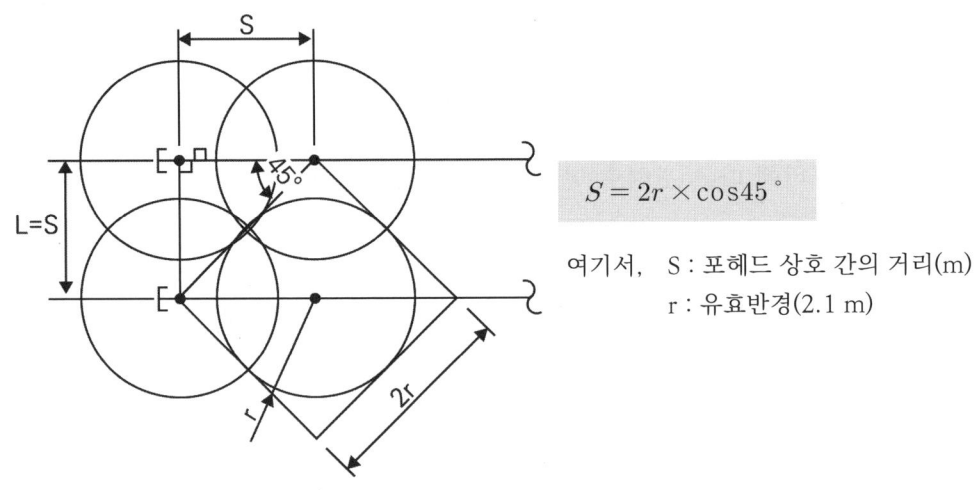

$$S = 2r \times \cos 45°$$

여기서, S : 포헤드 상호 간의 거리(m)
　　　　 r : 유효반경(2.1 m)

② 장방형으로 포헤드를 배치한 경우 포헤드의 대각선 거리기준

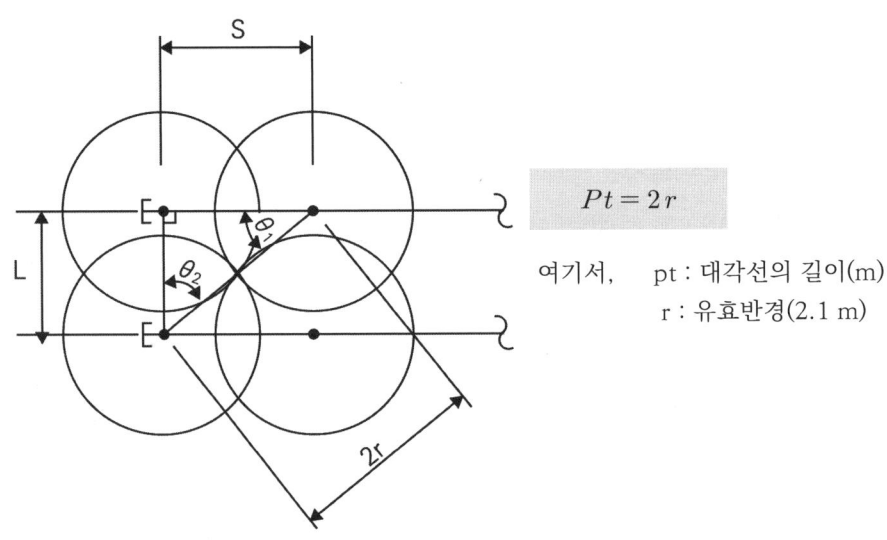

$$Pt = 2r$$

여기서, pt : 대각선의 길이(m)
　　　　 r : 유효반경(2.1 m)

8) 호스릴포소화설비 또는 포소화전설비의 설치기준

(1) 특정소방대상물의 어느 층에 있어서도 그 층에 설치된 호스릴포방수구 또는 포소화전방수구(호스릴포방수구 또는 포소화전방수구가 5개 이상 설치된 경우에는 5개)를 동시에 사용할 경우 각 이동식 포노즐 선단의 포수용액 방사압력이 0.35 MPa 이상이고, 300 L/min 이상(1개 층의 바닥면적이 200 m² 이하인 경우에는 230 L/min 이상)의 포수용액을 수평거리 15 m 이상으로 방사할 수 있도록 할 것

(2) 저발포의 포소화약제를 사용할 수 있는 것으로 할 것

(3) 호스릴 또는 호스를 호스릴포방수구 또는 포소화전방수구로 분리하여 비치하는 때에는 그로부터 3 m 이내의 거리에 호스릴함 또는 호스함을 설치할 것

(4) 호스릴함 또는 호스함은 바닥으로부터 높이 1.5 m 이하의 위치에 설치하고 그 표면에는 "포호스릴함(또는 포소화전함)"이라고 표시한 표지와 적색의 위치표시등을 설치할 것

(5) 방호대상물의 각 부분으로부터 하나의 호스릴포방수구까지의 수평거리는 15 m 이하(포소화전방수구의 경우에는 25 m 이하)가 되도록 하고 호스릴 또는 호스의 길이는 방호대상물의 각 부분에 포가 유효하게 뿌려질 수 있도록 할 것

9) 고발포용포방출구

(1) 전역방출방식의 고발포용 고정포방출구

① 개구부에 자동폐쇄장치(「건축법 시행령」에 따른 방화문 또는 불연재료로 된 문으로 포수용액이 방출되기 직전에 개구부가 자동적으로 폐쇄될 수 있는 장치)를 설치할 것. 다만 해당 방호구역에서 외부로 새는 양 이상의 포수용액을 유효하게 추가하여 방출하는 설비가 있는 경우에는 그렇지 않다.

② 고정포방출구(포발생기가 분리되어 있는 것은 해당 포발생기를 포함)는 특정소방대상물 및 포의 팽창비에 따른 종별에 따라 해당 방호구역의 관포체적(해당 바닥 면으로부터 방호대상물의 높이보다 0.5 m 높은 위치까지의 체적) 1 m³에 대하여 1분당 방출량 이상이 되도록 할 것

포의 팽창비	1 m³에 대한 분당 포수용액 방출량		
	항공기 격납고	차고 또는 주차장	특수가연물을 저장 또는 취급하는 소방대상물
80 이하 250 미만	2.00 L	1.11 L	1.25 L
250 이상 500 미만	0.5 L	0.28 L	0.31 L
500 이상 1,000 미만	0.29 L	0.16 L	0.18 L

③ 고정포방출구는 바닥면적 500 m²마다 1개 이상으로 하여 방호대상물의 화재를 유효하게 소화할 수 있도록 할 것

④ 고정포방출구는 방호대상물의 최고부분보다 높은 위치에 설치할 것. 다만 밀어 올리는 능력을 가진 것은 방호대상물과 같은 높이로 할 수 있다.

[고발포용 고정포방출구 – Ⅰ]

[고발포용 고정포방출구 – Ⅱ]

(2) 국소방출방식의 고발포용고정포방출구

① 방호대상물이 서로 인접하여 불이 쉽게 붙을 우려가 있는 경우에는 불이 옮겨붙을 우려가 있는 범위 내의 방호대상물을 하나의 방호대상물로 하여 설치할 것

② 고정포방출구(포발생기가 분리되어 있는 것에 있어서는 해당 포발생기를 포함) 는 방호대상물의 구분에 따라 당해 방호대상물의 높이의 3배(1 m 미만의 경우 에는 1 m)의 거리를 수평으로 연장한 선으로 둘러싸인 부분의 면적 1 m²에 대하 여 1분당 방출량 이상이 되도록 할 것

방호대상물	방호면적 1 m²에 대한 1분당 방출량
특수가연물	3 L
기타의 것	2 L

1 이산화탄소소화설비의 계통도

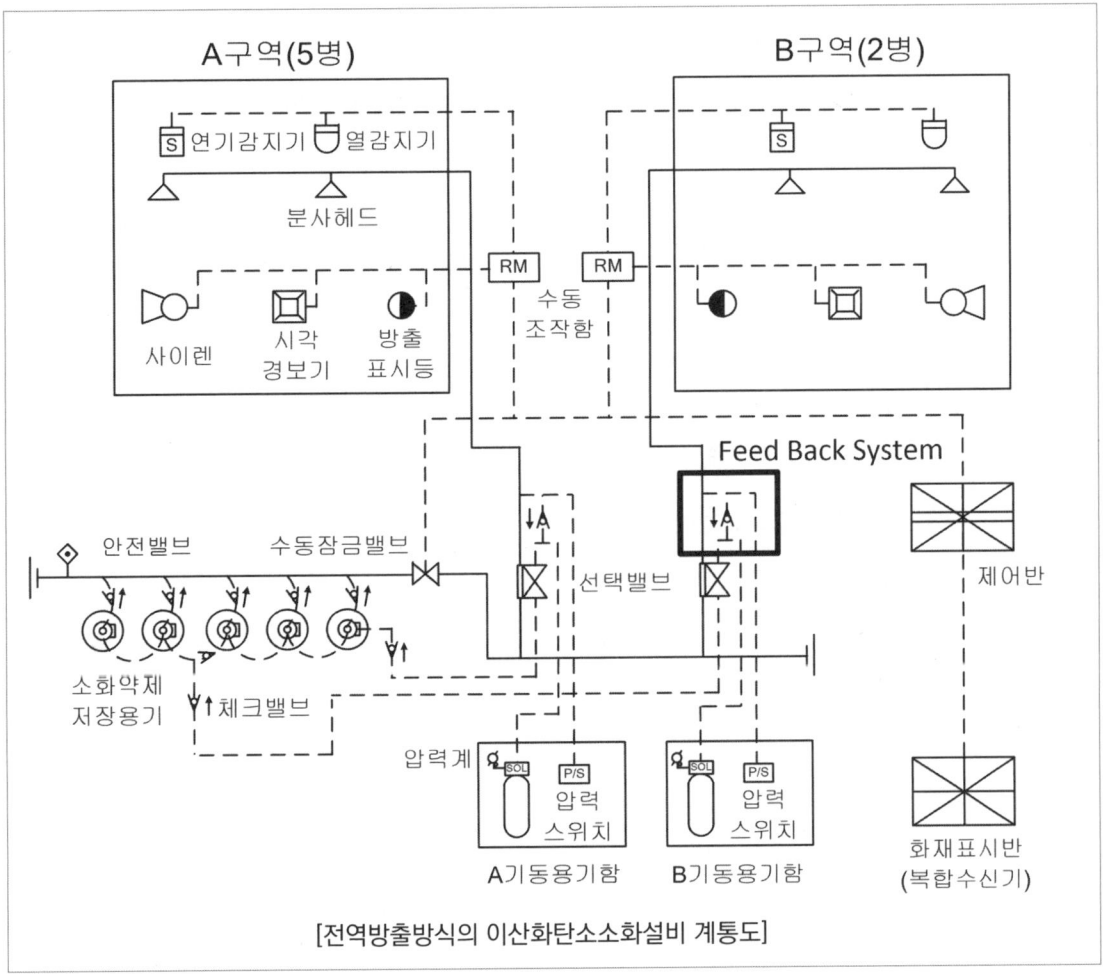

[전역방출방식의 이산화탄소소화설비 계통도]

2 이산화탄소소화설비의 구조원리

1) 이산화탄소소화설비의 방식

(1) **전역방출방식** : 소화약제 공급장치에 배관 및 분사헤드 등을 설치하여 밀폐 방호구역 전체에 소화약제를 방출하는 방식

(2) **국소방출방식** : 소화약제 공급장치에 배관 및 분사헤드를 등을 설치하여 직접 화점에 소화약제를 방출하는 방식

(3) **호스릴방식** : 소화수 또는 소화약제 저장용기 등에 연결된 호스릴을 이용하여 사람이 직접 화점에 소화수 또는 소화약제를 방출하는 방식

2) 소화약제

(1) **전역방출방식에 있어서 가연성액체 또는 가연성가스등 표면화재 방호대상물의 경우**

① 방호구역의 체적(불연재료나 내열성의 재료로 밀폐된 구조물이 있는 경우에는 그 체적을 감한 체적) 1 m³에 대하여 다음 표에 따른 양. 다만 다음 표에 따라 산출한 양이 동표에 따른 저장량의 최저한도의 양 미만이 될 경우에는 그 최저한도의 양으로 한다.

방호구역 체적	방호구역의 체적 1 m³에 대한 소화약제의 양	소화약제 저장량의 최저한도의 양
45 m³ 미만	1.00 kg	45 kg
45 m³ 이상 150 m³ 미만	0.90 kg	
150 m³ 이상 1,450 m³ 미만	0.80 kg	135 kg
1,450 m³ 이상	0.75 kg	1,125 kg

② 설계농도가 34 % 이상인 방호대상물의 소화약제량은 기본 소화약제량에 다음 보정계수를 곱하여 산출한다.

방호대상물	설계농도(%)
수소(Hydrogen)	75
아세틸렌(Acetylene)	66
일산화탄소(Carbon Monoxide)	64
산화에틸렌(Ethylene Oxide)	53
에틸렌(Ethylene)	49
에탄(Ethane)	40
석탄가스, 천연가스(Coal, Natural Gas)	37
사이크로 프로판(Cyclo Propane)	37
이소부탄(Iso Butane)	36
프로판(Propane)	36
부탄(Butane)	34
메탄(Methane)	34

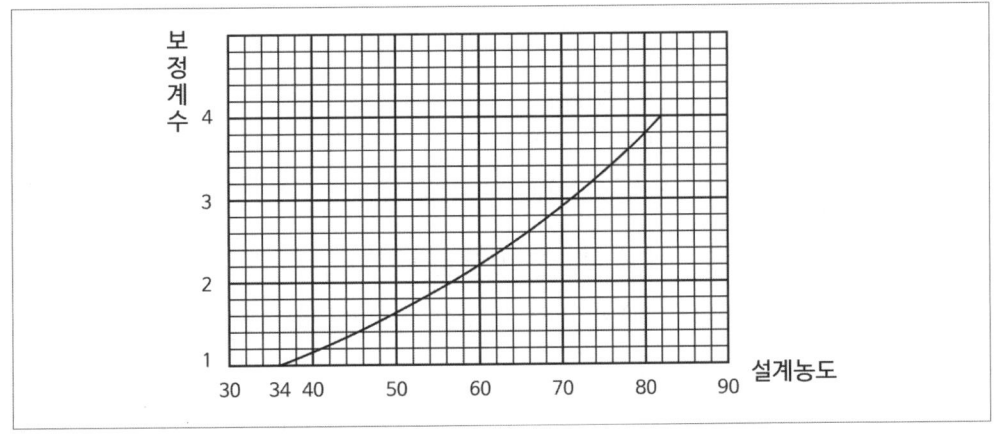

③ 방호구역의 개구부에 자동폐쇄장치를 설치하지 아니한 경우에는 개구부면적 1 m²당 5 kg을 가산해야 한다. 이 경우 개구부의 면적은 방호구역 전체 표면적의 3 % 이하로 해야 한다.

(2) **전역방출방식에 있어서 종이·목재·석탄·섬유류·합성수지류 등 심부화재 방호대상물의 경우**

① 방호구역의 체적(불연재료나 내열성의 재료로 밀폐된 구조물이 있는 경우에는 그 체적을 감한 체적) 1 m³에 대하여 다음 표에 따른 양 이상으로 해야 한다.

방호대상물	방호구역의 체적 1 m³에 대한 소화약제의 양	설계농도 (%)
유압기기를 제외한 전기설비, 케이블실	1.3 kg	50
체적 55 m³ 미만의 전기설비	1.6 kg	50
서고, 전자제품창고, 목재가공품창고, 박물관	2.0 kg	65
석탄창고, 면화류창고, 고무류·, 모피창고, 집진설비	2.7 kg	75

② 방호구역의 개구부에 자동폐쇄장치를 설치하지 아니한 경우에는 개구부 면적 1 m²당 10 kg을 가산해야 한다. 이 경우 개구부의 면적은 방호구역 전체 표면적의 3 % 이하로 해야 한다.

(3) **국소방출방식의 약제량**

국소방출방식은 다음의 기준에 따라 산출한 양에 고압식은 1.4, 저압식은 1.1을 각각 곱하여 계산하여 나온 양 이상으로 할 것

① 윗면이 개방된 용기에 저장하는 경우와 화재 시 연소면이 한정되고 가연물이 비산할 우려가 없는 경우에는 방호대상물의 표면적 1 m²에 대하여 13 kg

$$W = A \times 13 \text{ kg/m}^2 \times \text{할증계수}$$

여기서, W : 약제량(kg)

A : 표면적(m^2)

할증계수(고압식은 1.4, 저압식은 1.1)

② 그 외의 경우에는 방호공간(방호대상물의 각 부분으로부터 0.6 m의 거리에 따라 둘러싸인 공간)의 체적 1 m^3에 대하여 다음에 따라 산출한 양

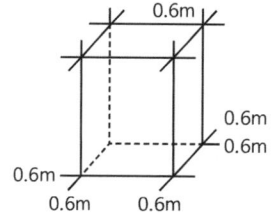

[V : 방호체적]

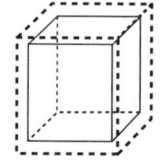

[A : 0.6 m 증가시킨 가상의 벽 면적]

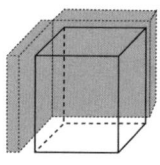

[a : 실제 설치된 벽면적]

㉠ 국소방출방식의 약제량(kg)

$$W = V \times Q \times \text{할증계수}$$

㉡ 방출계수(Q)

$$Q = 8 - 6\frac{a}{A}$$

여기서, W : 약제량(kg)

Q : 방호공간 1 m^3대한 소화약제량(kg)

a : 방호대상물 주위에 설치된 벽 면적의 합계(m^2)

A : 방호공간의 벽면적[벽이 없는 경우에는 벽이 있는 것으로 가정한 당해 부분의 면적](m^2)

할증계수(고압식은 1.4, 저압식은 1.1)

(4) 호스릴이산화탄소소화설비는 하나의 노즐에 대하여 90 kg 이상으로 할 것

3) 소화약제 저장용기의 장소기준

암기 방온40 직구 표3체

(1) **방**호구역 외의 장소에 설치할 것. 다만 방호구역 내에 설치할 경우에는 피난 및 조작이 용이하도록 피난구 부근에 설치해야 한다.

(2) **온**도가 **40** ℃ 이하이고, 온도변화가 작은 곳에 설치할 것

(3) **직**사광선 및 빗물이 침투할 우려가 없는 곳에 설치할 것

(4) 방화문으로 **구**획된 실에 설치할 것

(5) 용기의 설치장소에는 해당 용기가 설치된 곳임을 표시하는 **표**지를 할 것

(6) 용기 간의 간격은 점검에 지장이 없도록 **3** cm 이상의 간격을 유지할 것

(7) 저장용기와 집합관을 연결하는 연결배관에는 **체**크밸브를 설치할 것. 다만 저장용기가 하나의 방호구역만을 담당하는 경우에는 그렇지 않다.

[저장용기밸브와 니들밸브]

[안전밸브]

[집합관의 안전밸브]

4) 저장용기의 설치기준

(1) 저장용기의 충전비는 고압식은 1.5 이상 1.9 이하, 저압식은 1.1 이상 1.4 이하로 할 것

(2) 저압식 저장용기에는 내압시험압력의 0.64배부터 0.8배의 압력에서 작동하는 안전밸브와 내압시험압력의 0.8배부터 내압시험압력에서 작동하는 봉판을 설치할 것

(3) 저압식 저장용기에는 액면계 및 압력계와 2.3 MPa 이상 1.9 MPa 이하의 압력에서 작동하는 압력경보장치를 설치할 것

(4) 저압식 저장용기에는 용기 내부의 온도가 섭씨 영하 18 ℃ 이하에서 2.1 MPa의 압력을 유지할 수 있는 자동냉동장치를 설치할 것

(5) 저장용기는 고압식은 25 MPa 이상, 저압식은 3.5 MPa 이상의 내압시험압력에 합격한 것으로 할 것

➕ 보충

기술기준	성능기준
① 저장용기의 충전비는 고압식은 1.5 이상 1.9 이하, 저압식은 1.1 이상 1.4 이하로 할 것	① 저장용기는 고압식은 25메가파스칼 이상, 저압식은 3.5메가파스칼 이상의 내압시험압력에 합격한 것으로 할 것
② 저압식 저장용기에는 내압시험압력의 0.64배부터 0.8배의 압력에서 작동하는 안전밸브와 내압시험압력의 0.8배부터 내압시험압력에서 작동하는 봉판을 설치할 것	② 저압식 저장용기에는 안전밸브, 봉판, 액면계, 압력계, 압력경보장치 및 자동냉동장치 등의 안전장치를 설치할 것
③ 저압식 저장용기에는 액면계 및 압력계와 2.3 MPa 이상 1.9 MPa 이하의 압력에서 작동하는 압력경보장치를 설치할 것	③ 저장용기의 충전비는 고압식은 1.5 이상 1.9 이하, 저압식은 1.1 이상 1.4 이하로 할 것
④ 저압식 저장용기에는 용기 내부의 온도가 섭씨 영하 18 ℃ 이하에서 2.1 MPa의 압력을 유지할 수 있는 자동냉동장치를 설치할 것	
⑤ 저장용기는 고압식은 25 MPa 이상, 저압식은 3.5 MPa 이상의 내압시험압력에 합격한 것으로 할 것	

이산화탄소소화설비의 화재안전기술기준과 화재안전성능기준에서의 저장용기 설치기준

5) 기동장치

(1) 수동식 기동장치의 설치기준

① 전역방출방식은 방호구역마다, 국소방출방식은 방호대상물마다 설치할 것

② 해당 방호구역의 출입구 부근 등 조작을 하는 자가 쉽게 피난할 수 있는 장소에 설치할 것

③ 기동장치의 조작부는 바닥으로부터 0.8 m 이상 1.5 m 이하의 위치에 설치하고, 보호판 등에 따른 보호장치를 설치할 것

④ 기동장치 인근의 보기 쉬운 곳에 "이산화탄소소화설비 수동식 기동장치"라는 표지를 할 것

⑤ 전기를 사용하는 기동장치에는 전원표시등을 설치할 것

⑥ 기동장치의 방출용 스위치는 음향경보장치와 연동하여 조작될 수 있는 것으로 할 것

⑦ 기동장치에는 보호장치를 설치해야 하며, 보호장치를 개방하는 경우 기동장치에 설치된 부저 또는 벨 등에 의하여 경고음을 발할 것 〈신설 2024.8.1.〉

⑧ 기동장치를 옥외에 설치하는 경우 빗물 또는 외부 충격의 영향을 받지 아니하도록 설치할 것 〈신설 2024.8.1.〉

이산화탄소소화설비의 화재안전성능기준에서의 수동식 기동장치 설치기준 〈개정 2024.7.10.〉
① 수동식 기동장치는 오조작을 방지하기 위한 보호장치가 있는 것으로 설치할 것
② 수동식 기동장치는 방호구역마다 조작, 피난 및 유지관리가 용이한 장소에 설치할 것
③ 수동식 기동장치의 부근에는 소화약제의 방출을 지연시킬 수 있는 방출지연스위치를 설치할 것

[솔레노이드밸브]

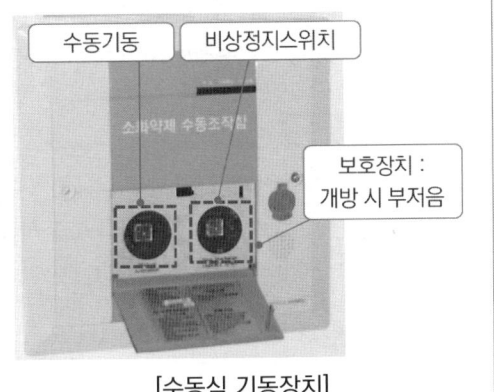

[수동식 기동장치]

(2) **자동식 기동장치의 설치기준**

① 자동식 기동장치에는 수동으로도 기동할 수 있는 구조로 할 것

② 전기식 기동장치로서 7병 이상의 저장용기를 동시에 개방하는 설비는 2병 이상의 저장용기에 전자 개방밸브를 부착할 것

③ 가스압력식 기동장치는 다음의 기준에 따를 것

　㉠ 기동용 가스용기 및 해당 용기에 사용하는 밸브는 25 MPa 이상의 압력에 견딜 수 있는 것으로 할 것

　㉡ 기동용 가스용기에는 내압시험압력의 0.8배부터 내압시험압력 이하에서 작동하는 안전장치를 설치할 것

　㉢ 기동용 가스용기의 체적은 5 L 이상으로 하고, 해당 용기에 저장하는 질소 등의 비활성기체는 6.0 MPa 이상(21 ℃ 기준)의 압력으로 충전할 것

　㉣ 질소 등의 비활성기체 기동용 가스용기에는 충전 여부를 확인할 수 있는 압력게이지를 설치할 것

④ 기계식 기동장치는 저장용기를 쉽게 개방할 수 있는 구조로 할 것

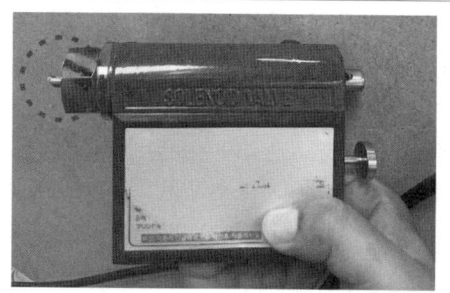
[솔레노이드밸브 – 작동 전]

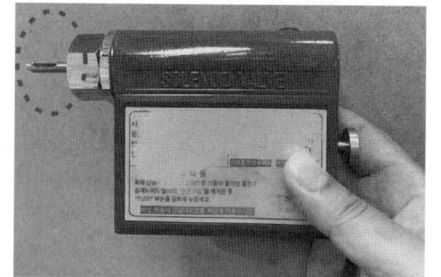
[솔레노이드밸브 – 작동 후]

이산화탄소 소화약제 저장용기와 선택밸브 또는 개폐밸브 사이에는 배관의 최소사용설계압력과 최대허용압력 사이의 압력에서 작동하는 안전장치를 설치해야 하며, 안전장치를 통하여 나온 소화가스는 전용의 배관 등을 통하여 건축물 외부로 배출될 수 있도록 해야 한다. 이 경우 안전장치로 용전식을 사용해서는 안 된다. 〈개정 2024.8.1.〉

6) 제어반 및 화재표시반

(1) 제어반은 수동기동장치 또는 화재감지기에서의 신호를 수신하여 음향경보장치의 작동, 소화약제의 방출 또는 지연 등 기타의 제어기능을 가진 것으로 하고, 제어반에는 전원표시등을 설치할 것

(2) 화재표시반은 제어반에서의 신호를 수신하여 작동하는 기능을 가진 것으로 하되, 다음의 기준에 따라 설치할 것

 ① 각 방호구역마다 음향경보장치의 조작 및 감지기의 작동을 명시하는 표시등과 이와 연동하여 작동하는 벨·버저 등의 경보기를 설치할 것. 이 경우 음향경보장치의 조작 및 감지기의 작동을 명시하는 표시등을 겸용할 수 있다.

 ② 수동식 기동장치는 그 방출용 스위치의 작동을 명시하는 표시등을 설치할 것

 ③ 소화약제의 방출을 명시하는 표시등을 설치할 것

 ④ 자동식 기동장치는 자동·수동의 절환을 명시하는 표시등을 설치할 것

(3) 제어반 및 화재표시반은 화재 및 침수 등의 재해로 인한 피해를 받을 우려가 없고 점검에 편리한 장소에 설치할 것

(4) 제어반 및 화재표시반에는 해당 회로도 및 취급설명서를 비치할 것

(5) 수동잠금밸브의 개폐 여부를 확인할 수 있는 표시등을 설치할 것

7) 배관 등

(1) 배관의 설치기준

① 배관은 전용으로 할 것

② 강관을 사용하는 경우의 배관은 압력배관용 탄소 강관(KS D 3562) 중 스케줄 80(저압식은 스케줄 40) 이상의 것 또는 이와 동등 이상의 강도를 가진 것으로 아연도금 등으로 방식 처리된 것을 사용할 것. 다만 배관의 호칭구경이 20 mm 이하인 경우에는 스케줄 40 이상인 것을 사용할 수 있다.

③ 동관을 사용하는 경우의 배관은 이음이 없는 동 및 동합금관(KS D 5301)으로서 고압식은 16.5 MPa 이상, 저압식은 3.75 MPa 이상의 압력에 견딜 수 있는 것을 사용할 것

④ 고압식의 1차 측(개폐밸브 또는 선택밸브 이전) 배관부속의 최소사용설계압력은 9.5 MPa로 하고, 고압식의 2차 측과 저압식의 배관부속의 최소사용설계압력은 4.5 MPa로 할 것 〈개정 2024.8.1.〉

(2) 배관의 구경기준

① 전역방출방식에 있어서 가연성액체 또는 가연성가스 등 표면화재 방호대상물의 경우에는 1분

② 전역방출방식에 있어서 종이, 목재, 석탄, 섬유류, 합성수지류 등 심부화재 방호대상물의 경우에는 7분. 이 경우 설계농도가 2분 이내에 30 %에 도달하여야 한다.

③ 국소방출방식의 경우에는 30초

8) 선택밸브

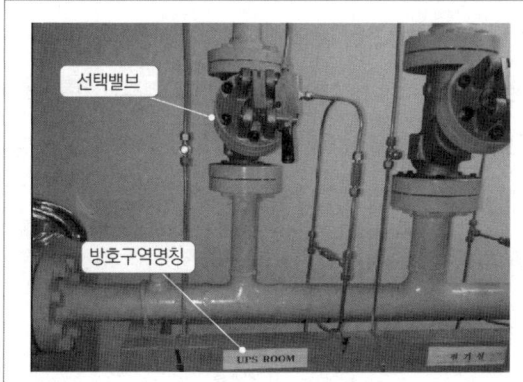

[선택밸브 – Ⅰ]

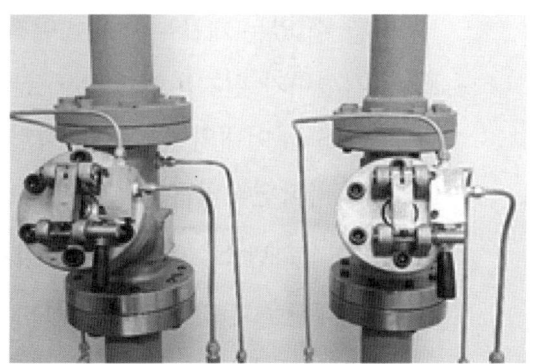

[선택밸브 – Ⅱ]

(1) 선택밸브를 설치하는 경우

하나의 특정소방대상물 또는 그 부분에 2 이상의 방호구역 또는 방호대상물이 있어 소화약제 저장용기를 공용하는 경우

(2) 선택밸브의 설치기준

① 방호구역 또는 방호대상물마다 설치할 것

② 각 선택밸브에는 해당 방호구역 또는 방호대상물을 표시할 것

9) 분사헤드

(1) 전역방출방식의 이산화탄소소화설비의 분사헤드 설치기준

① 방출된 소화약제가 방호구역의 전역에 균일하고 신속하게 확산할 수 있도록 할 것

② 분사헤드의 방출압력이 2.1 MPa(저압식은 1.05 MPa) 이상의 것으로 할 것

③ 특정소방대상물 또는 그 부분에 설치된 이산화탄소소화설비의 소화약제의 저장량은 배관의 기준에서 정한 시간 이내에 방출할 수 있는 것으로 할 것

(2) 국소방출방식의 이산화탄소소화설비의 분사헤드 설치기준

① 소화약제의 방출에 따라 가연물이 비산하지 않는 장소에 설치할 것

② 이산화탄소 소화약제의 저장량은 30초 이내에 방출할 수 있는 것으로 할 것

③ 성능 및 방출압력이 배관의 기준에 적합한 것으로 할 것

10) 호스릴이산화탄소소화설비

(1) 화재 시 현저하게 연기가 찰 우려가 없는 장소로서 호스릴이산화탄소소화설비를 적용할 수 있는 경우

① 지상 1층 및 피난층에 있는 부분으로서 지상에서 수동 또는 원격조작에 따라 개방할 수 있는 개구부의 유효면적의 합계가 바닥면적의 15 % 이상이 되는 부분

② 전기설비가 설치되어 있는 부분 또는 다량의 화기를 사용하는 부분(해당 설비의 주위 5 m 이내의 부분을 포함한다)의 바닥면적이 해당 설비가 설치되어 있는 구획의 바닥면적의 5분의 1 미만이 되는 부분

(2) 호스릴이산화탄소소화설비의 설치기준

① 방호대상물의 각 부분으로부터 하나의 호스접결구까지의 수평거리가 15 m 이하가 되도록 할 것

② 호스릴이산화탄소소화설비의 노즐은 20 ℃에서 하나의 노즐마다 60 kg/min 이상의 소화약제를 방출할 수 있는 것으로 할 것

③ 소화약제 저장용기는 호스릴을 설치하는 장소마다 설치할 것

④ 소화약제 저장용기의 개방밸브는 호스릴의 설치장소에서 수동으로 개폐할 수 있는 것으로 할 것

⑤ 소화약제 저장용기의 가장 가까운 곳의 보기 쉬운 곳에 적색의 표시등을 설치하고, 호스릴이산화탄소소화설비가 있다는 뜻을 표시한 표지를 할 것

11) 분사헤드의 오리피스 구경 등

(1) 분사헤드의 오리피스 구경

① 분사헤드에는 부식방지조치를 해야 하며 오리피스의 크기, 제조일자, 제조업체가 표시되도록 할 것

② 분사헤드의 개수는 방호구역에 소화약제의 방출 시간이 충족되도록 설치할 것

③ 분사헤드의 방출률 및 방출압력은 제조업체에서 정한 값으로 할 것

④ 분사헤드의 오리피스의 면적은 분사헤드가 연결되는 배관구경 면적의 70 % 이하가 되도록 할 것

(2) 분사헤드 설치 제외 `관점 3` `관설 13` `관설 21`   `암기` 방니나전

① **방**재실·제어실 등 사람이 상시 근무하는 장소

② **니**트로셀룰로스·셀룰로이드제품 등 자기연소성물질을 저장·취급하는 장소

③ **나**트륨·칼륨·칼슘 등 활성금속물질을 저장·취급하는 장소

④ **전**시장 등의 관람을 위하여 다수인이 출입·통행하는 통로 및 전시실 등

12) 음향경보장치

(1) 음향경보장치의 설치기준

① 수동식 기동장치를 설치한 것은 그 기동장치의 조작과정에서, 자동식 기동장치를 설치한 것은 화재감지기와 연동하여 자동으로 경보를 발하는 것으로 할 것

② 소화약제의 방출개시 후 1분 이상 경보를 계속할 수 있는 것으로 할 것

③ 방호구역 또는 방호대상물이 있는 구획 안에 있는 자에게 유효하게 경보할 수 있는 것으로 할 것

(2) 방송에 따른 경보장치를 설치할 경우의 설치기준

① 증폭기 재생장치는 화재 시 연소의 우려가 없고, 유지관리가 쉬운 장소에 설치할 것

② 방호구역 또는 방호대상물이 있는 구획의 각 부분으로부터 하나의 확성기까지의 수평거리는 25 m 이하가 되도록 할 것

③ 제어반의 복구스위치를 조작하여도 경보를 계속 발할 수 있는 것으로 할 것

13) 전역방출방식의 자동폐쇄장치

[자동폐쇄장치 - Ⅰ]   [자동폐쇄장치 - Ⅱ]

⑴ 환기장치 등을 설치한 것은 소화약제가 방출되기 전에 해당 환기장치 등이 정지될 수 있도록 할 것

⑵ 개구부가 있거나 천장으로부터 1 m 이상의 아래 부분 또는 바닥으로부터 해당 층의 높이의 3분의 2 이내의 부분에 통기구가 있어 소화약제의 유출에 따라 소화효과를 감소시킬 우려가 있는 것은 소화약제가 방출되기 전에 해당 개구부 및 통기구를 폐쇄할 수 있도록 할 것

⑶ 자동폐쇄장치는 방호구역 또는 방호대상물이 있는 구획의 밖에서 복구할 수 있는 구조로 하고, 그 위치를 표시하는 표지를 할 것

14) 배출설비

지하층, 무창층 및 밀폐된 거실 등에 이산화탄소소화설비를 설치한 경우에는 방출된 소화약제를 배출하기 위한 배출설비를 갖추어야 한다.

15) 과압배출구

이산화탄소소화설비의 방호구역에는 소화약제 방출 시 발생하는 과(부)압으로 인한 구조물 등의 손상을 방지하기 위해 ①부터 ④까지의 내용을 검토하여 과압배출구를 설치해야 한다. 다만 과(부)압이 발생해도 구조물 등에 손상이 생길 우려가 없음을 시험 또는 공학적인 자료로 입증하는 경우 설치하지 않을 수 있다.

① 방호구역 누설면적   ② 방호구역의 최대허용압력
③ 소화약제 방출시의 최고압력   ④ 소화농도 유지시간

16) 안전시설 등

(1) 안전시설 등의 설치기준 관설 18

① 소화약제 방출 시 방호구역 내와 부근에 가스 방출 시 영향을 미칠 수 있는 장소에 시각경보장치를 설치하여 소화약제가 방출되었음을 알도록 할 것

② 방호구역의 출입구 부근 잘 보이는 장소에 약제방출에 따른 위험경고표지를 부착할 것

[이산화탄소소화설비의 위험 경고표지]

(2) 이산화탄소 방출에 따른 위험경고표지 부착 장소

① 이산화탄소소화설비의 방호구역 입구

② 이산화탄소소화설비의 방호구역 내부

③ 이산화탄소소화약제 방출에 따른 축적 가능 인근지역

④ 이산화탄소소화약제 저장용기실

⑤ 과압배출구 부근 등

17) 방호구역 내에 이산화탄소 소화약제가 방출되는 경우 후각을 통해 이를 인지할 수 있도록 한 부취발생기 설치방식 〈신설 2024.8.1.〉

(1) 부취발생기를 소화약제 저장용기실 내의 소화배관에 설치하여 소화약제의 방출에 따라 부취제가 혼합되도록 하는 방식

① 소화약제 저장용기실 내의 소화배관에 설치할 것

② 점검 및 관리가 쉬운 위치에 설치할 것

③ 방호구역별로 선택밸브 직후 2차 측 배관에 설치할 것. 다만 선택밸브가 없는 경우에는 집합배관에 설치할 수 있다.

(2) 방호구역 내에 부취발생기를 설치하여 이산화탄소소화설비의 기동에 따라 소화약제 방출 전에 부취제가 방출되도록 하는 방식

③ 이산화탄소소화설비의 작동점검

1) 기동용 가스용기에 설치된 전자개방밸브의 수동작동방법

(1) 수동조작함의 수동스위치 조작

(2) 가스압력식 솔레노이드밸브의 수동조작

(3) 제어반의 수동스위치 조작

(4) 제어반의 작동시험스위치를 조작

2) 자동식 기동장치의 화재감지기가 정상 작동되었으나, 약제가 방출되지 않은 경우 그 원인

(1) 기동장치인 솔레노이드 밸브의 고장

① 솔레노이드 밸브의 자체 불량

② 파괴침이 손상, 변형된 경우

③ 파괴침이 없는 경우

(2) 솔레노이드 밸브의 안전핀이 체결된 경우

(3) 선택밸브의 고착으로 개방이 안 된 경우

(4) 기동용 가스동관의 체크밸브가 오시공된 경우

(5) 기동용 가스동관이 분리되어 기동용 가스가 누기된 경우

(6) 기동용기에 가스가 없는 경우

3) 화재감지기를 동시에 작동시킨 후 이산화탄소소화설비의 정상작동 여부를 판단할 수 있는 사항

(1) 제어반의 화재표시등 및 방호구역의 감지기 작동 표시등 점등

(2) 해당 방호구역의 음향경보장치 동작

(3) 제어반의 지연장치 작동 확인

(4) 솔레노이드밸브의 작동 확인

(5) 자동폐쇄장치(MD type) 및 환기장치 등의 정지 상태 확인

4) 압력스위치의 수동 점검 시에 방호구역의 약제 방출표시등이 미점등된 경우 그 원인

(1) 방출표시등의 표시램프가 불량인 경우

(2) 압력스위치가 불량인 경우

(3) 제어반에서부터 압력스위치까지 결선이 단선된 경우

(4) 제어반에서부터 방출표시등까지 결선이 단선된 경우

(5) 릴레이가 고장인 경우

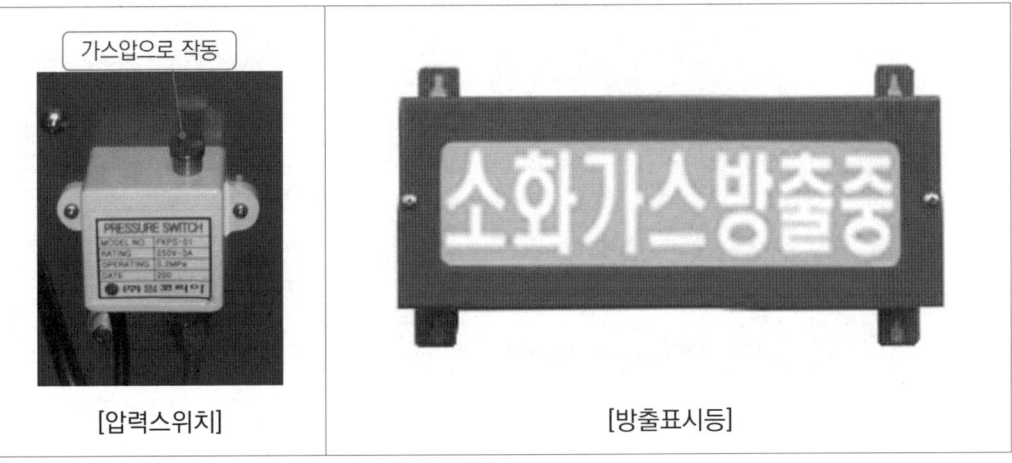

[압력스위치]　　　　　　　　[방출표시등]

5) 기동용 솔레노이드밸브의 작동 점검 후 복구방법

(1) 제어반의 복구스위치 복구

(2) 제어반의 솔레노이드밸브 연동정지

(3) 솔레노이드밸브 복구 : 안전핀을 파괴침에 꽂은 뒤 강하게 눌러서 복구

(4) 솔레노이드밸브에 안전핀을 체결 후 기동용기에 결합

(5) 제어반의 스위치를 연동상태 확인 후 솔레노이드밸브에서 안전핀 분리

(6) 점검 전 분리했던 조작동관을 결합

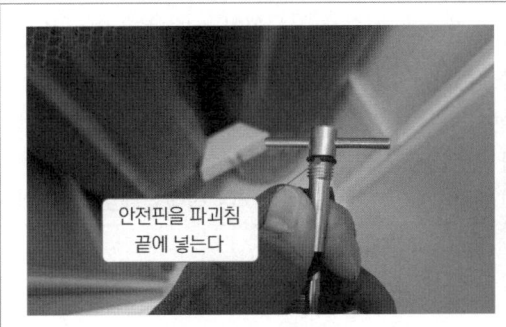
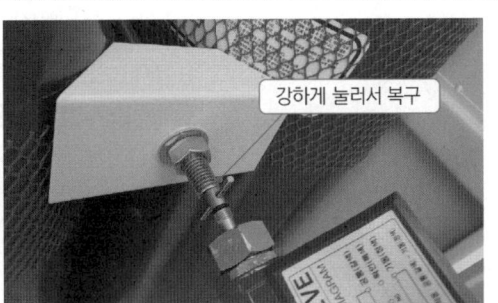

[파괴침에 안전핀 체결]　　　　　[딱 소리 날 때까지 세게 눌러 복구]

6) 제어반의 소화약제 방출지연시간의 점검방법

[수동조작함]

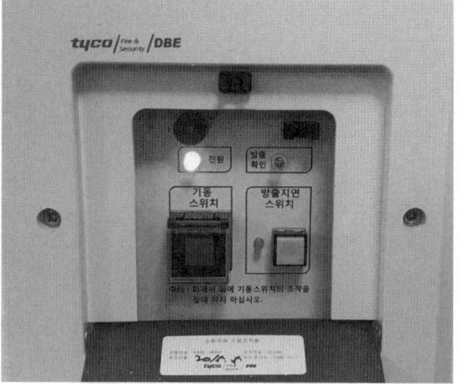

[비상스위치]

구분	점검방법
점검준비	① 가스압력식 : 기동용 솔레노이드밸브를 기동용기로부터 분리시켜 놓는다. ② 전기식 : 소화약제 저장용기에 설치되어 있는 솔레노이드밸브를 분리시킨다
솔레노이드밸브의 작동상태 확인	① 제어반에서 감지기 2회로를 동작시키거나 수동조작함의 누름버튼을 누른다. ② 경보발령 후 동시에 지연타이머가 작동한다. ③ 설정된 지연시간(30초)이 지나면, 분리시켜 놓은 솔레노이드밸브의 파괴침이 격발된다.
지연시간의 측정	① 지연시간의 측정 : 감지기 2회로 동작 또는 수동조작함 누름버튼을 누른다. ② 경보음을 발한 후 파괴침의 작동 시간을 측정한다. ③ 지연시간 측정 후 제어반 지연타이머의 세팅시간과 측정시간이 맞는지 확인한다. ④ 지연시간 세팅에 오류가 있는 경우에는 타이머를 재세팅한다.
제어반의 복구	① 제어반스위치를 복구한다. ② 수동조작함의 누름버튼을 누른 경우는 누름버튼 복구 후에 제어반을 복구한다. ③ 안전핀을 사용하여 솔레노이드밸브를 복구한다. ④ 기동용 가스용기에 솔레노이드밸브를 체결하여 정상상태로 복구한다.

10 | 할로겐화합물 및 불활성기체소화설비

1 소화약제의 독성농도

구분	정의
NOAEL(No Observed Adverse Effect Level)	아무런 악영향도 관찰되지 않는 최대농도(화재안전기준상 최대 허용설계농도)
LOAEL(Lowest Observed Adverse Effect Level)	악영향이 관찰되는 최소농도
NEL(No Effect Level)	저산소 분위기에서 인체에 생리학적 영향을 주지 않는 최대농도
LEL(Low Effect Level)	저산소 분위기에서 인체에 생리학적 영향을 주는 최소농도

2 할로겐화합물 및 불활성기체소화약제

1) 소화약제의 정의

    (1) **할로겐화합물 및 불활성기체소화약제** : 할로겐화합물(할론 1301, 할론 2402, 할론 1211 제외) 및 불활성기체로서 선기적으로 비진도성이며 휘발성이 있거나 증발 후 잔여물을 남기지 않는 소화약제

    (2) **할로겐화합물소화약제** : 불소, 염소, 브롬 또는 요오드 중 하나 이상의 원소를 포함하고 있는 유기화합물을 기본성분으로 하는 소화약제

    (3) **불활성기체소화약제** : 헬륨, 네온, 아르곤 또는 질소가스 중 하나 이상의 원소를 기본성분으로 하는 소화약제

2) 할로겐화합물 및 불활성기체소화약제의 종류

소화약제	화학식	최대허용 설계농도
퍼플루오로부탄(FC – 3 – 1 – 10)	C_4F_{10}	40
하이드로클로로플로우로카본혼화제 (HCFC BLEND A) 관설 14	HCFC – 123($CHCl_2CF_3$) : 4.75 % HCFC – 22($CHClF_2$) : 82 % HCFC – 124($CHClFCF_3$) : 9.5 % $C_{10}H_{16}$: 3.75 %	10
클로로테트라플루오르에탄(HCFC – 124)	$CHClFCF_3$	1.0
펜타플루오로에탄(HFC – 125)	CHF_2CF_3	11.5
헵타플루오로프로판(HFC – 227ea)	CF_3CHFCF_3	10.5
트리플루오로메탄(HFC – 23)	CHF_3	30
헥사플루오로프로판(HFC – 236fa)	$CF_3CH_2CF_3$	12.5
트리플루오로이오다이드(FIC – 13I1)	CF_3I	0.3
도데카플루오로 – 2 – 메틸펜탄 – 3 – 원 (FK – 5 – 1 – 12)	$CF_3CF_2C(O)CF(CF_3)_2$	10
불연성·불활성기체혼합가스(IG – 01)	Ar	
불연성·불활성기체혼합가스(IG – 100)	N_2	43
불연성·불활성기체혼합가스(IG – 541)	N_2 : 52 %, Ar : 40 %, CO_2 : 8 %	
불연성·불활성기체혼합가스(IG – 55)	N_2 : 50 %, Ar : 50 %	

3) 설치 제외

(1) 사람이 상주하는 곳으로서 2.4.2의 최대허용 설계농도를 초과하는 장소

(2) 「위험물안전관리법 시행령」 별표 1의 제3류 위험물 및 제5류 위험물을 저장·보관·사용하는 장소. 다만 소화성능이 인정되는 위험물은 제외한다.

③ 할로겐화합물 및 불활성기체소화설비의 구조원리

1) 소화약제 저장용기의 장소기준

암기 방온55 직구 표3체

(1) **방호구역** 외의 장소에 설치할 것. 다만 방호구역 내에 설치할 경우에는 피난 및 조작이 용이하도록 피난구 부근에 설치해야 한다.

(2) **온도가 55** ℃ 이하이고, 온도 변화가 작은 곳에 설치할 것

(3) **직**사광선 및 빗물이 침투할 우려가 없는 곳에 설치할 것

(4) 저장용기를 방호구역 외에 설치한 경우에는 방화문으로 **구**획된 실에 설치할 것

(5) 용기의 설치장소에는 해당 용기가 설치된 곳임을 표시하는 **표**지를 할 것

(6) 용기 간의 간격은 점검에 지장이 없도록 **3** cm 이상 간격을 유지할 것

(7) 저장용기와 집합관을 연결하는 연결배관에는 **체**크밸브를 설치할 것. 다만 저장용기가 하나의 방호구역만을 담당하는 경우에는 그렇지 않다.

> **➕ 보충**
>
> **할로겐화합물 및 불활성기체소화설비의 안전장치**
> 할로겐화합물 및 불활성기체소화약제 저장용기와 선택밸브 또는 개폐밸브 사이에는 배관의 최소사용설계압력과 최대허용압력 사이의 압력에서 작동하는 안전장치를 설치해야 하며, 안전장치를 통하여 나온 소화가스는 전용의 배관 등을 통하여 건축물 외부로 배출될 수 있도록 해야 한다. 이 경우 안전장치로 용전식을 사용해서는 안 된다. 〈신설 2024.8.1.〉

2) 저장용기의 설치기준

(1) 저장용기의 충전밀도 및 충전압력은 표 2.3.2.1(1) 및 표 2.3.2.1(2)에 따를 것
   [표 생략]

(2) 저장용기는 약제명·저장용기의 자체중량과 총중량·충전일시·충전압력 및 약제의 체적을 표시할 것

(3) 동일 집합관에 접속되는 저장용기는 동일한 내용적을 가진 것으로 충전량 및 충전압력이 같도록 할 것

(4) 저장용기에 충전량 및 충전압력을 확인할 수 있는 장치를 하는 경우에는 해당 소화약제에 직합한 구조로 할 것

(5) 저장용기의 약제량 손실이 5 %를 초과하거나 압력손실이 10 %를 초과할 경우에는 재충전하거나 저장용기를 교체할 것. 다만 불활성기체소화약제 저장용기의 경우에는 압력손실이 5 %를 초과할 경우 재충전하거나 저장용기를 교체해야 한다.

3) 할로겐화합물 및 불활성기체소화약제 저장용기와 선택밸브 또는 개폐밸브 사이에는 배관의 최소사용설계압력과 최대허용압력 사이의 압력에서 작동하는 안전장치를 설치해야 하며, 안전장치를 통하여 나온 소화가스는 전용의 배관 등을 통하여 건축물 외부로 배출될 수 있도록 해야 한다. 이 경우 안전장치로 용전식을 사용해서는 안 된다.
〈신설 2024.8.1.〉

4) 소화약제량의 산정

(1) 할로겐화합물소화약제는 다음 식에 따라 산출한 양 이상으로 할 것

$$W = \frac{V}{S}\left(\frac{C}{100-C}\right)$$

여기서, W : 소화약제의 무게(kg)

V : 방호구역의 체적(m^3)

C : 체적에 따른 소화약제의 설계농도(%)

S : 소화약제별 선형상수$[K_1 + K_2 \times t]$(m^3/kg)

t : 방호구역의 최소예상온도(℃)

소화약제	K_1	K_2
FC – 3 – 1 – 10	0.094104	0.00034455
HCFC BLEND A	0.2413	0.00088
HCFC – 124	0.1575	0.0006
HFC – 125	0.1825	0.0007
HFC – 227ea	0.1269	0.0005
HFC – 23	0.3164	0.0012
HFC – 236fa	0.1413	0.0006
FIC – 13I1	0.1138	0.0005
FK – 5 – 1 – 12	0.0664	0.0002741

(2) 불활성기체소화약제는 다음 식에 따라 산출한 양 이상으로 할 것

$$x = 2.303 \times \log\left(\frac{100}{100-C}\right) \times \frac{Vs}{S}$$

여기서, x : 공간 체적당 더해진 소화약제의 부피(m^3/m^3)

C : 체적에 따른 소화약제의 설계농도(%)

S : 소화약제별 선형상수$[K_1 + K_2 \times t]$(m^3/kg)

t : 방호구역의 최소예상온도(℃)

Vs : 20 ℃에서 소화약제의 비체적(m^3/kg)

소화약제	K_1	K_2
IG – 01	0.5685	0.00208
IG – 100	0.7997	0.00293
IG – 541	0.65799	0.00239
IG – 55	0.6598	0.00242

(3) 체적에 따른 소화약제의 설계농도(%)는 상온에서 제조업체의 설계기준에 따라 인증 받은 소화농도(%)에 다음 표에 따른 안전계수를 곱한 값 이상으로 할 것 〈개정 2024.8.1.〉

설계농도	소화농도	안전계수
A급	A급	1.2
B급	B급	1.3
C급	A급	1.35

5) 기동장치

(1) 수동식 기동장치의 설치기준

① 방호구역마다 설치할 것

② 해당 방호구역의 출입구 부근 등 조작을 하는 자가 쉽게 피난할 수 있는 장소에 설치할 것

③ 기동장치의 조작부는 바닥으로부터 0.8 m 이상 1.5 m 이하의 위치에 설치하고, 보호판 등에 따른 보호장치를 설치할 것

④ 기동장치 인근의 보기 쉬운 곳에 "할로겐화합물 및 불활성기체소화설비 수동식 기동장치"라는 표지를 할 것

⑤ 전기를 사용하는 기동장치에는 전원표시등을 설치할 것

⑥ 기동장치의 방출용 스위치는 음향경보장치와 연동하여 조작될 수 있는 것으로 할 것

⑦ 50 N 이하의 힘을 가하여 기동할 수 있는 구조로 할 것

⑧ 기동장치에는 보호장치를 설치해야 하며, 보호장치를 개방하는 경우 기동장치에 설치된 부저 또는 벨 등에 의하여 경고음을 발할 것 〈신설 2024.8.1.〉

⑨ 기동장치를 옥외에 설치하는 경우 빗물 또는 외부 충격의 영향을 받지 아니하도록 설치할 것 〈신설 2024.8.1.〉

➕ 보충

할로겐화합물 및 불활성기체소화설비의 화재안전성능기준에서 수동식 기동장치 설치기준 〈개정 2024.7.10.〉
① 수동식 기동장치는 오조작을 방지하기 위한 보호장치가 있는 것으로 설치할 것
② 수동식 기동장치는 방호구역마다 조작, 피난 및 유지관리가 용이한 장소에 설치할 것
③ 수동식 기동장치의 부근에는 소화약제의 방출을 지연시킬 수 있는 방출지연스위치를 설치할 것

⑵ **자동식 기동장치의 설치기준**

　① 자동식 기동장치에는 수동으로도 기동할 수 있는 구조로 할 것

　② 전기식 기동장치로서 7병 이상의 저장용기를 동시에 개방하는 설비는 2병 이상
　　 의 저장용기에 전자 개방밸브를 부착할 것

　③ 가스압력식 기동장치는 다음 기준에 따를 것

　　㉠ 기동용 가스용기 및 해당 용기에 사용하는 밸브는 25 MPa 이상의 압력에 견
　　　 딜 수 있는 것으로 할 것

　　㉡ 기동용 가스용기에는 내압시험압력의 0.8배부터 내압시험압력 이하에서 작
　　　 동하는 안전장치를 설치할 것

　　㉢ 기동용 가스용기의 체적은 5 L 이상으로 하고, 해당 용기에 저장하는 질소 등
　　　 의 비활성기체는 6.0 MPa 이상(21 ℃ 기준)의 압력으로 충전할 것. 다만 기
　　　 동용 가스용기의 체적을 1 L 이상으로 하고, 해당 용기에 저장하는 이산화탄
　　　 소의 양은 0.6 kg 이상으로 하며, 충전비는 1.5 이상 1.9 이하의 기동용 가스
　　　 용기로 할 수 있다.

　　㉣ 질소 등의 비활성기체 기동용 가스용기에는 충전 여부를 확인할 수 있는 압
　　　 력게이지를 설치할 것

6) 배관

⑴ **배관의 두께**

$$t = \frac{PD}{2SE} + A$$

여기서, 　t : 관의 두께(mm)

　　　　　P : 최대허용압력(kPa)

　　　　　D : 배관의 바깥지름(mm)

　　　　　SE : 최대허용응력(kPa)[배관재질 인장강도의 1/4값과 항복점의 2/3값 중 적은 값×배
　　　　　　　 관이음효율×1.2)

　　　　　A : 나사이음, 홈이음 등의 허용값(mm)[헤드설치부분은 제외]

　　　　　　 • 나사이음 : 나사의 높이

　　　　　　 • 절단홈이음 : 홈의 깊이

　　　　　　 • 용접이음 : 0

　　　　　※ 배관이음효율

　　　　　　 • 이음매 없는 배관 : 1.0

　　　　　　 • 전기저항 용접배관 : 0.85

　　　　　　 • 가열맞대기 용접배관 : 0.60

(2) 배관과 배관, 배관과 배관 부속 및 밸브류의 접속방법

    ① 나사접합

    ② 용접접합

    ③ 압축접합

    ④ 플랜지접합

7) 분사헤드 관점 25

(1) 할로겐화합물 및 불활성기체소화설비의 분사헤드는 다음의 기준에 따라야 한다.

    ① 분사헤드의 설치높이는 방호구역의 바닥으로부터 최소 0.2 m 이상 최대 3.7 m 이하로 해야 하며, 천장높이가 3.7 m를 초과할 경우에는 추가로 다른 열의 분사헤드를 설치할 것. 다만 분사헤드의 성능인정 범위 내에서 설치하는 경우에는 그렇지 않다.

    ② 분사헤드의 개수는 방호구역에 2.7.3에 따른 방출시간이 충족되도록 설치할 것

    ③ 분사헤드에는 부식방지조치를 해야 하며 오리피스의 크기, 제조일자, 제조업체가 표시되도록 할 것

(2) 분사헤드의 방출률 및 방출압력은 제조업체에서 정한 값으로 할 것

(3) 분사헤드의 오리피스의 면적은 분사헤드가 연결되는 배관구경 면적의 70 % 이하가 되도록 할 것

8) 과압배출구

할로겐화합물 및 불활성기체소화설비의 방호구역에는 소화약제 방출 시 발생하는 과(부)압으로 인한 구조물 등의 손상을 방지하기 위해 (1)부터 (4)까지의 내용을 검토하여 과압배출구를 설치해야 한다. 다만 과(부)압이 발생해도 구조물 등에 손상이 생길 우려가 없음을 시험 또는 공학적인 자료로 입증하는 경우 설치하지 않을 수 있다.

(1) 방호구역 누설면적

(2) 방호구역의 최대허용압력

(3) 소화약제 방출시의 최고압력

(4) 소화농도 유지시간

4 할로겐화합물소화약제의 약제량 점검방법

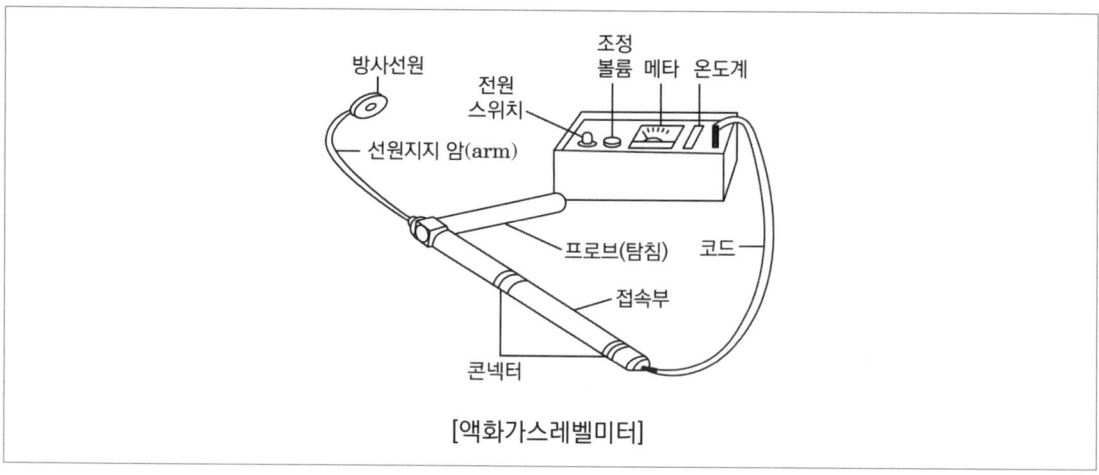

[액화가스레벨미터]

1) 액면계(방사선 레벨 메타법)

(1) 구성

① 전원스위치

② 조정볼륨

③ 메타(Meter)

④ 프로브(탐침)

⑤ 방사선원(코발트 60)

⑥ 선원지지암(arm)

⑦ 코드

⑧ 접속부

⑨ 콘넥터

⑩ 온도계

(2) 사용방법

① 방사선원과 프로브를 저장용기에 삽입한다.

② 액면계 검출부를 저장용기의 상하로 서서히 움직인다.

③ 메타 지시계가 크게 흔들리는 부분의 높이를 측정한다.

④ 액면 높이를 조건표나 계산기에 입력하여 약제량을 계산한다.

(3) 특징

① 방사선원(코발트 60)의 주기적 교체

② 방사선원에 의한 피폭 주의

[CO₂ 저장용기]

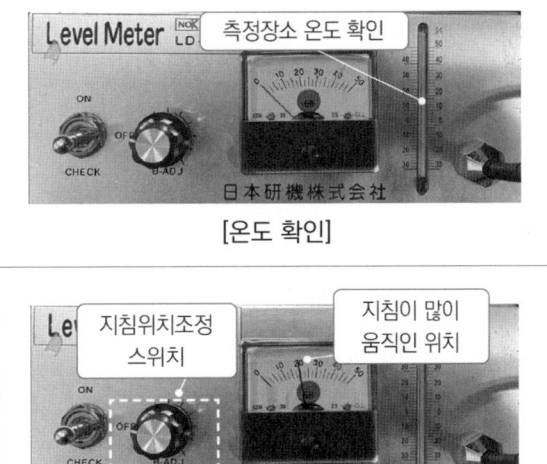

[온도 확인]

[지침 확인]

2) 중량측정법

(1) 측정원리

약제 용기의 중량과 빈 용기의 중량차로 약제량 측정

(2) 특징

① 정확한 측정이 가능하다.

② 측정방법과 절차가 복잡하다.

③ 동관의 분리 또는 결합 시 파손 및 안전사고 위험이 있다.

3) 초음파 레벨 메타법

(1) 측정원리

초음파를 방사 후 되돌아오는 펄스를 검출하여 시간을 계측하여 액위를 측정

(2) 특징

① 초음파를 사용하므로 인체의 위험성이 낮다.

② 외부 온도가 펄스의 반사에 영향을 줄 수 있다.

4) LSI법(Level Strip Indicator)

(1) 작동원리

① 열에 의한 감응으로 표시지의 색이 검은색에서 흰색으로 변하는 원리 이용

② 액체와 기체 비열 차이

(2) 특징

① 고압식, 저압식, 기동용기 등 모든 형태의 액화용기 적용 가능

② 용기 외벽에 부착하는 타입이므로 액면을 정확하게 측정 가능

③ 유지, 관리에 필요한 비용이 없음

④ 사용방법이 간단하여 누구나 사용 가능

⑤ 상시 액면 측정 가능

(3) 단점

IG - 541, IG - 100 등은 기체이므로 측정 불가

출처 : Dong Yang

[감응지 - Ⅰ]

출처 : Dong Yang

[감응지 - Ⅱ]

11 | 분말소화설비

1 분말소화설비의 계통도

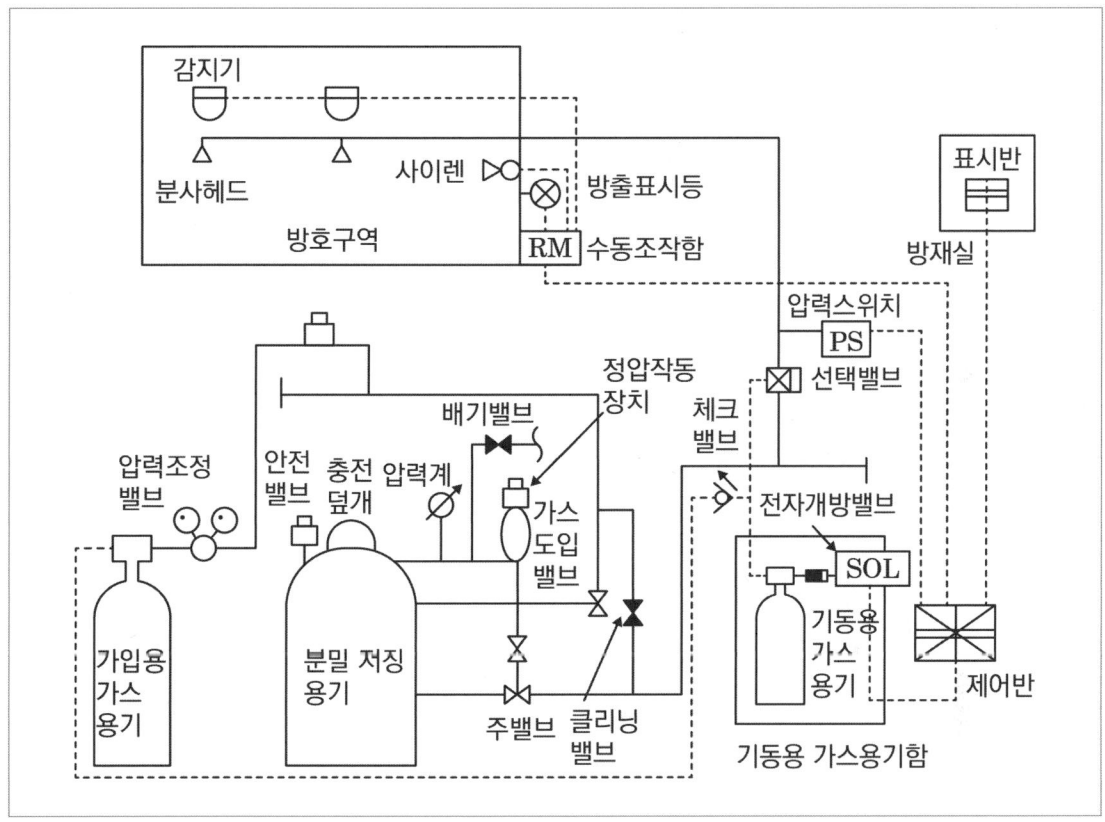

2 분말소화약제

1) 소화약제의 정의

　(1) 제1종 분말 : 탄산수소나트륨을 주성분으로 한 분말소화약제

　(2) 제2종 분말 : 탄산수소칼륨을 주성분으로 한 분말소화약제

　(3) 제3종 분말 : 인산염을 주성분으로 한 분말소화약제

　(4) 제4종 분말 : 탄산수소칼륨과 요소가 화합된 분말소화약제

2) 분말소화약제의 열분해 반응식

종별	소화약제	화학 반응식
제1종	탄산수소나트륨 ($NaHCO_3$)	① 270 ℃ 열분해 반응식 $2NaHCO_3 \rightarrow Na_2CO_3 + CO_2 + H_2O - Qkcal$ ② 850 ℃ 열분해 반응식 $2NaHCO_3 \rightarrow Na_2O + 2CO_2 + H_2O - Qkcal$
제2종	탄산수소칼륨 ($KHCO_3$)	① 190 ℃ 열분해 반응식 $2KHCO_3 \rightarrow K_2CO_3 + CO_2 + H_2O - Qkcal$ ② 891 ℃ 열분해 반응식 $2KHCO_3 \rightarrow K_2O + 2CO_2 + H_2O - Qkcal$
제3종	제1인산암모늄 ($NH_4H_2PO_4$)	① 166 ℃ 열분해 반응식 $NH_4H_2PO_4 \rightarrow H_3PO_4 + NH_3 - Qkcal$ ② 216 ℃ 열분해 반응식 $2H_3PO_4 \rightarrow H_4P_2O_7 + H_2O - Qkcal$ ③ 316 ℃ 열분해 반응식 $H_4P_2O_7 \rightarrow 2HPO_3 + H_2O - Qkcal$
제4종	탄산수소칼륨 + 요소 $KHCO_3 + CO(NH_2)_2$	$2KHCO_3 + CO(NH_2)_2 \rightarrow$ $K_2CO_3 + 2NH_3 + 2CO_2 - Qkcal$

3 분말소화설비의 구조원리

1) 정압작동장치

⑴ 정압작동장치의 정의

가압용 가스가 약제 저장용기 내에 유입되어 분말 약제와 혼합 유동된 후 소정의 방사압력이 되었을 때 주 밸브를 개방시키는 장치

⑵ 정압작동장치의 작동방식

① 가스압력식 작동방식

약제저장용기의 내압에 의해 동작하는 압력스위치를 설치하고, 설정압력에 도달 시 압력스위치가 동작하여 주밸브를 개방시킨다.

② 전기식(Time Relay) 작동방식

약제저장용기가 적정압력에 도달하는 시간을 미리 설정하여 설정시간이 지나면 Time Relay가 작동하여 주밸브를 개방시킨다.

③ 기계식(Spring) 작동방식

약제저장용기의 압력이 상승하면 스프링으로 레버가 작동하여 주밸브를 개방시킨다.

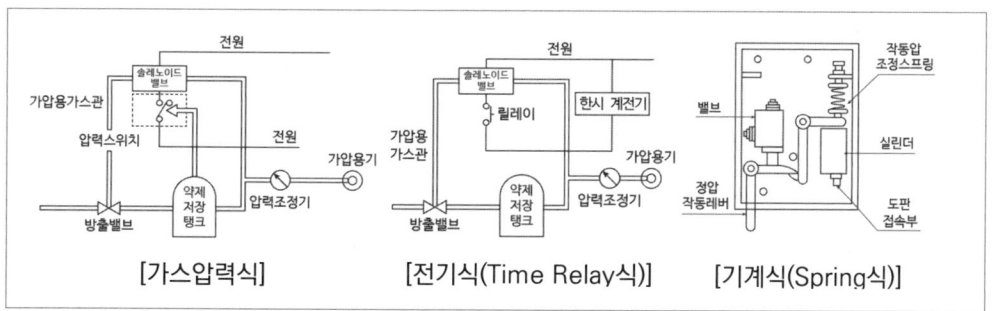

[가스압력식]　　　[전기식(Time Relay식)]　　　[기계식(Spring식)]

2) 소화약제 저장용기의 장소기준　　　암기 방온40 직구 표3체

(1) **방**호구역 외의 장소에 설치할 것. 다만 방호구역 내에 설치할 경우에는 피난 및 조작이 용이하도록 피난구 부근에 설치해야 한다.

(2) **온**도가 **40** ℃ 이하이고, 온도 변화가 작은 곳에 설치할 것

(3) **직**사광선 및 빗물이 침투할 우려가 없는 곳에 설치할 것

(4) 방화문으로 방화**구**획된 실에 설치할 것

(5) 용기의 설치장소에는 해당 용기가 설치된 곳임을 표시하는 **표**지를 할 것

(6) 용기 간의 간격은 점검에 지장이 없도록 **3** cm 이상의 간격을 유지할 것

(7) 저장용기와 집합관을 연결하는 연결배관에는 **체**크밸브를 설치할 것. 다만 저장용기가 하나의 방호구역만을 담당하는 경우에는 그렇지 않다.

3) 저장용기의 설치기준

(1) 저장용기의 내용적은 다음 표에 따를 것

소화약제의 종별	소화약제 1 kg당 저장용기 내용적
제1종 분말(탄산수소나트륨을 주성분으로 한 분말)	0.8 L
제2종 분말(탄산수소칼륨을 주성분으로 한 분말)	1 L
제3종 분말(인산염을 주성분으로 한 분말)	1 L
제4종 분말(탄산수소칼륨과 요소가 화합된 분말)	1.25 L

(2) 저장용기에는 가압식은 최고사용압력의 1.8배 이하, 축압식은 용기의 내압시험압력의 0.8배 이하의 압력에서 작동하는 안전밸브를 설치할 것

(3) 저장용기에는 저장용기의 내부압력이 설정압력으로 되었을 때 주밸브를 개방하는 정압작동장치를 설치할 것

(4) 저장용기의 충전비는 0.8 이상으로 할 것

(5) 저장용기 및 배관에는 잔류 소화약제를 처리할 수 있는 청소장치를 설치할 것

(6) 축압식 저장용기에는 사용압력 범위를 표시한 지시압력계를 설치할 것

4) 소화약제량의 산정

(1) 분말소화설비에 사용하는 소화약제는 제1종 분말·제2종 분말·제3종 분말 또는 제4종 분말로 해야 한다. 다만 차고 또는 주차장에 설치하는 분말소화설비의 소화약제는 제3종 분말로 해야 한다.

(2) 전역방출방식

소화약제의 종류	방호구역의 체적 1 m³에 대한 소화약제의 양	자동폐쇄장치가 없는 개구부 1 m²당 가산량
제1종 분말	0.6 kg	4.5 kg
제2종 분말 또는 제3종 분말	0.36 kg	2.7 kg
제4종 분말	0.24 kg	1.8 kg

(3) 국소방출방식

$$W = V \times Q \times 1.1 \rightarrow 여기서, \ Q = \left(X - Y \frac{a}{A} \right)$$

여기서, W : 약제량(kg)

V : 방호공간(방호대상물의 각부분으로 0.6 m의 거리에 따라 둘러싸인 공간)

Q : 방호공간 1 m³대한 소화약제량(kg)

a : 방호대상물 주위에 설치된 벽 면적의 합계(m²)

A : 방호공간의 벽면적[벽이 없는 경우에는 벽이 있는 것으로 가정한 당해 부분의 면적](m²)

X 및 Y : 다음 표의 수치

소화약제의 종류	X 의 수치	Y 의 수치
제1종 분말	5.2	3.9
제2종, 제3종 분말	3.2	2.4
제4종 분말	2.0	1.5

(4) 호스릴방식의 분말소화설비는 하나의 노즐에 대하여 다음 표 이상으로 할 것

소화약제의 종류	소화약제의 양
제1종 분말	50 kg
제2종, 제3종 분말	30 kg
제4종 분말	20 kg

5) 가압용 가스용기

(1) 분말소화약제의 가스용기는 분말소화약제의 저장용기에 접속하여 설치해야 한다.

(2) 분말소화약제의 가압용 가스 용기를 3병 이상 설치한 경우에는 2개 이상의 용기에 전자개방밸브를 부착해야 한다.

(3) 분말소화약제의 가압용 가스 용기에는 2.5 MPa 이하의 압력에서 조정이 가능한 압력조정기를 설치해야 한다.

(4) 가압용 가스 또는 축압용 가스는 다음 기준에 따라 설치해야 한다.

① 가압용 가스 또는 축압용 가스는 질소가스 또는 이산화탄소로 할 것

② 가압용 가스에 질소가스를 사용하는 것의 질소가스는 소화약제 1 kg마다 40 L(35 ℃에서 1기압의 압력상태로 환산한 것) 이상, 이산화탄소를 사용하는 것의 이산화탄소는 소화약제 1 kg에 대하여 20 g에 배관의 청소에 필요한 양을 가산한 양 이상으로 할 것

③ 축압용 가스에 질소가스를 사용하는 것의 질소가스는 소화약제 1 kg에 대하여 10 L(35 ℃에서 1기압의 압력상태로 환산한 것) 이상, 이산화탄소를 사용하는 것의 이산화탄소는 소화약제 1 kg에 대하여 20 g에 배관의 청소에 필요한 양을 가산한 양 이상으로 할 것

④ 저장용기 및 배관의 청소에 필요한 양의 가스는 별도의 용기에 저장할 것

6) 배관

(1) 배관은 전용으로 할 것

(2) 강관을 사용하는 경우의 배관은 아연도금에 따른 배관용 탄소 강관(KS D 3507)이나 이와 동등 이상의 강도·내식성 및 내열성을 가진 것으로 할 것. 다만 축압식 분말소화설비에 사용하는 것 중 20 ℃에서 압력이 2.5 MPa 이상 4.2 MPa 이하인 것은 압력배관용 탄소 강관(KS D 3562) 중 이음이 없는 스케줄 40 이상의 것 또는 이와 동등 이상의 강도를 가진 것으로서 아연도금으로 방식 처리된 것을 사용해야 한다.

(3) 동관을 사용하는 경우의 배관은 고정압력 또는 최고사용압력의 1.5배 이상의 압력에 견딜 수 있는 것을 사용할 것

(4) 밸브류는 개폐위치 또는 개폐방향을 표시한 것으로 할 것

(5) 배관의 관부속 및 밸브류는 배관과 동등 이상의 강도 및 내식성이 있는 것으로 할 것

(6) 확관형 분기배관을 사용할 경우에는 소방청장이 정하여 고시한 「분기배관의 성능인증 및 제품검사의 기술기준」에 적합한 것으로 설치할 것

7) 호스릴분말소화설비

(1) 화재 시 현저하게 연기가 찰 우려가 없는 장소로서 호스릴분말소화설비를 적용할 수 있는 경우

① 지상 1층 및 피난층에 있는 부분으로서 지상에서 수동 또는 원격조작에 따라 개방할 수 있는 개구부의 유효면적의 합계가 바닥면적의 15 % 이상이 되는 부분

② 전기설비가 설치되어 있는 부분 또는 다량의 화기를 사용하는 부분(해당 설비의 주위 5 m 이내의 부분을 포함한다)의 바닥면적이 해당 설비가 설치되어 있는 구획 바닥면적의 5분의 1 미만이 되는 부분

(2) 호스릴분말소화설비의 설치기준

① 방호대상물의 각 부분으로부터 하나의 호스접결구까지의 수평거리가 15 m 이하가 되도록 할 것

② 소화약제 저장용기의 개방밸브는 호스릴의 설치장소에서 수동으로 개폐할 수 있는 것으로 할 것

③ 소화약제 저장용기는 호스릴을 설치하는 장소마다 설치할 것

④ 호스릴방식의 분말소화설비의 노즐은 하나의 노즐마다 1분당 다음 표에 따른 소화약제를 방출할 수 있는 것으로 할 것

소화약제의 종류	소화약제의 양
제1종 분말	45 kg
제2종, 제3종 분말	27 kg
제4종 분말	18 kg

⑤ 소화약제 저장용기의 가장 가까운 곳의 보기 쉬운 곳에 적색의 표시등을 설치하고, 호스릴방식의 분말소화설비가 있다는 뜻을 표시한 표지를 할 것

1 옥외소화전설비의 계통도

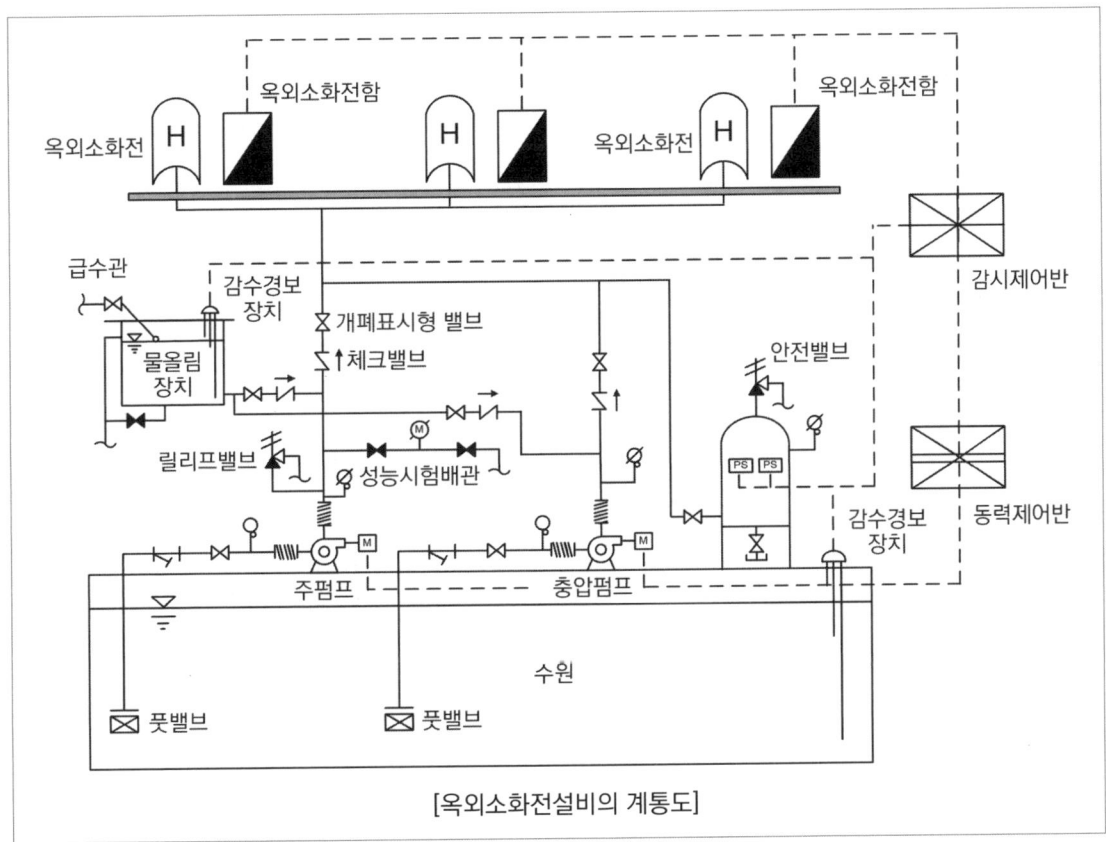

[옥외소화전설비의 계통도]

2 옥외소화전설비의 구조원리

1) 수원량(유효수량)의 수원

옥외소화전설비의 수원은 그 저수량이 옥외소화전의 설치개수(옥외소화전이 2개 이상 설치된 경우에는 2개)에 7 m³를 곱한 양

2) 가압송수장치의 성능

특정소방대상물에 설치된 옥외소화전(2개 이상 설치된 경우에는 2개의 옥외소화전)을 동시에 사용할 경우 각 옥외소화전의 노즐선단에서의 방수압력이 0.25 MPa 이상이고, 방수량이 350 L/min 이상이 되는 성능의 것으로 할 것. 다만 하나의 옥외소화전을 사용하는 노즐선단에서의 방수압력이 0.7 MPa을 초과할 경우에는 호스접결구의 인입 측에 감압장치를 설치해야 한다.

3) 호스접결구 및 소화전함

(1) 호스접결구의 설치기준

호스접결구는 지면으로부터의 높이가 0.5 m 이상 1 m 이하의 위치에 설치하고 특정소방대상물의 각 부분으로부터 하나의 호스접결구까지의 수평거리가 40 m 이하가 되도록 설치해야 한다.

(2) 소화전함의 설치기준

① 옥외소화전이 10개 이하 설치된 때에는 옥외소화전마다 5 m 이내의 장소에 1개 이상의 소화전함을 설치해야 한다.

② 옥외소화전이 11개 이상 30개 이하 설치된 때에는 11개 이상의 소화전함을 각각 분산하여 설치해야 한다.

③ 옥외소화전이 31개 이상 설치된 때에는 옥외소화전 3개마다 1개 이상의 소화전함을 설치해야 한다.

1 고체에어로졸소화약제

1) 고체에어로졸 : 고체에어로졸화합물의 연소과정에 의해 생성된 직경 $10~\mu m$ 이하의 고체입자와 기체 상태의 물질로 구성된 혼합물

2) 고체에어로졸화합물 : 과산화물질, 가연성물질 등의 혼합물로서 화재를 소화하는 비전도성의 미세입자인 에어로졸을 만드는 고체화합물

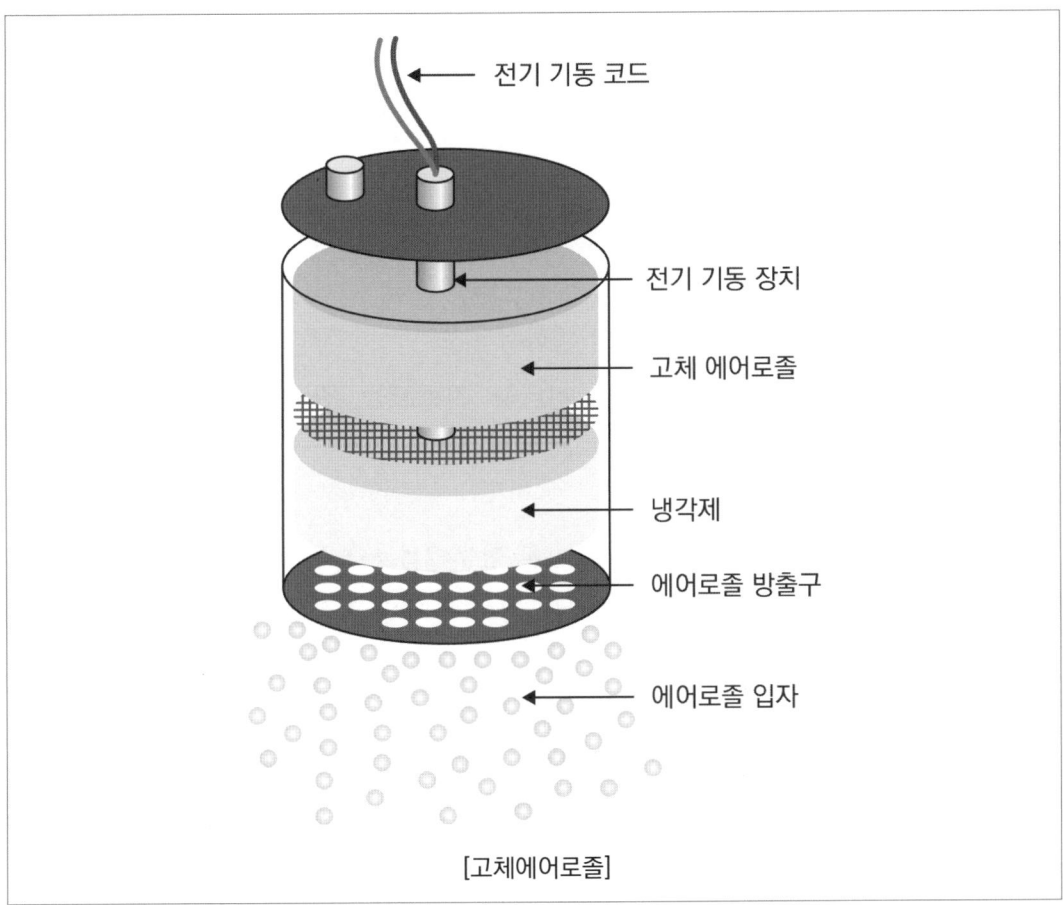

전기 기동 코드

전기 기동 장치

고체 에어로졸

냉각제

에어로졸 방출구

에어로졸 입자

[고체에어로졸]

2 고체에어로졸소화설비의 구조원리

1) 고체에어로졸소화설비의 충족조건

(1) 고체에어로졸은 전기 전도성이 없을 것

(2) 약제 방출 후 해당 화재의 재발화 방지를 위하여 최소 10분간 소화밀도를 유지할 것

(3) 고체에어로졸소화설비에 사용되는 주요 구성품은 소방청장이 정하여 고시한 「고체에어로졸자동소화장치의 형식승인 및 제품검사의 기술기준」에 적합한 것일 것

(4) 고체에어로졸소화설비는 비상주장소에 한하여 설치할 것. 다만 고체에어로졸소화설비 약제의 성분이 인체에 무해함을 국내·외 국가 공인시험기관에서 인증받고, 과학적으로 입증된 최대허용설계밀도를 초과하지 않는 양으로 설계하는 경우 상주장소에 설치할 수 있다.

(5) 고체에어로졸소화설비의 소화성능이 발휘될 수 있도록 방호구역 내부의 밀폐성을 확보할 것

(6) 방호구역 출입구 인근에 고체에어로졸 방출 시 주의사항에 관한 내용의 표지를 설치할 것

(7) 이 기준에서 규정하지 않은 사항은 형식승인 받은 제조업체의 설계 매뉴얼에 따를 것

2) 설치 제외

(1) 니트로셀룰로오스, 화약 등의 산화성물질

(2) 리튬, 나트륨, 칼륨, 마그네슘, 티타늄, 지르코늄, 우라늄 및 플루토늄과 같은 자기반응성금속

(3) 금속 수소화물

(4) 유기 과산화수소, 히드라진 등 자동 열분해를 하는 화학물질

(5) 가연성증기 또는 분진 등 폭발성물질이 대기에 존재할 가능성이 있는 장소

[문제 01] 고체에어로졸소화설비 화재안전기술기준에서 다음 물음에 답하시오.

(1) 고체에어로졸소화설비를 사용할 수 없는 물질을 쓰시오. (다만 그 사용에 대한 국가공인시험기관의 인증이 있는 경우에는 제외)

(2) 리튬 화재에 스프링클러설비를 사용해서는 안 되는 이유와 그 화학식을 쓰시오.

(3) 리튬이 물과 반응 시 생성되는 가연성가스의 위험도를 구하시오.

(1) 고체에어로졸소화설비를 사용할 수 없는 물질

   ① 니트로셀룰로오스, 화약 등의 산화성물질

   ② 리튬, 나트륨, 칼륨, 마그네슘, 티타늄, 지르코늄, 우라늄 및 플루토늄과 같은 자기반응성 금속

   ③ 금속 수소화물

   ④ 유기 과산화수소, 히드라진 등 자동 열분해를 하는 화학물질

   ⑤ 가연성증기 또는 분진 등 폭발성물질이 대기에 존재할 가능성이 있는 장소

(2) 리튬 화재에 스프링클러설비를 사용해서는 안 되는 이유와 그 화학식

   ① 스프링클러설비를 사용해서는 안 되는 이유

     물과 반응 시 가연성가스인 수소가스를 생성하기 때문

   ② 물과 반응식 : $2Li + 2H_2O \rightarrow 2LiOH + H_2$

(3) 리튬이 물과 반응 시 생성되는 가연성가스의 위험도

   ① 수소가스의 연소범위 : 4 – 75 %

   ② 위험도 $H = \dfrac{75 - 4}{4} = 17.75$

3) 고체에어로졸발생기의 설치기준

(1) 밀폐성이 보장된 방호구역 내에 설치하거나 밀폐성능을 인정할 수 있는 별도의 조치를 취할 것

(2) 천장이나 벽면 상부에 설치하되 고체에어로졸 화합물이 균일하게 방출되도록 설치할 것

(3) 직사광선 및 빗물이 침투할 우려가 없는 곳에 설치할 것

(4) 고체에어로졸발생기는 다음 각 기준의 최소 열 안전이격거리를 준수하여 설치할 것

   ① 인체와의 최소 이격거리는 고체에어로졸 방출 시 75 ℃를 초과하는 온도가 인체에 영향을 미치지 않는 거리

   ② 가연물과의 최소 이격거리는 고체에어로졸 방출 시 200 ℃를 초과하는 온도가 가연물에 영향을 미치지 않는 거리

(5) 하나의 방호구역에는 동일 제품군 및 동일한 크기의 고체에어로졸발생기를 설치할 것

(6) 방호구역의 높이는 형식승인 받은 고체에어로졸발생기의 최대 설치높이 이하로 할 것

4) 고체에어로졸화합물의 양

$$m = d \times V$$

여기서, m : 필수 소화약제량(g)

d : 설계밀도(g/m^3) = 소화밀도(g/m^3) × 1.3(안전계수)

V : 방호체적(m^3)

[문제 02] 조건을 참조하여 방호구역 내 소화를 위한 고체에어로졸화합물의 최소 질량[g]을 구하시오.

〈조 건〉

1. 소화밀도 : 20 g/m^3

2. 방호체적 : 250 m^3

해 설

1. 고체에어로졸화합물의 최소 질량 계산식

$m = d \times V$

m : 필수소화약제량[g]

d : 설계밀도[g/m^3] = 소화밀도[g/m^3] × 1.3(안전계수)

소화밀도 : 형식승인 받은 제조사의 설계 매뉴얼에 제시된 소화밀도

V : 방호체적[m^3]

2. 최소 질량[g]

$m = d \times V$

m : 필수소화약제량[g]

d : 설계밀도[g/m^3] = 소화밀도[g/m^3] × 1.3(안전계수)이므로

$m = d \times V = 20\ \text{g/m}^3 \times 1.3 \times 250\ \text{m}^3 = 6{,}500\ \text{g}$

5) 수동식 기동장치

(1) 제어반마다 설치할 것

(2) 방호구역의 출입구마다 설치하되 출입구 인근에 사람이 쉽게 조작할 수 있는 위치에 설치할 것

(3) 기동장치의 조작부는 바닥으로부터 0.8 m 이상 1.5 m 이하의 위치에 설치할 것

(4) 기동장치의 조작부에 보호판 등의 보호장치를 부착할 것

(5) 기동장치 인근의 보기 쉬운 곳에 "고체에어로졸소화설비 수동식 기동장치"라고 표시한 표지를 부착할 것

(6) 전기를 사용하는 기동장치에는 전원표시등을 설치할 것

(7) 방출용 스위치의 작동을 명시하는 표시등을 설치할 것

(8) 50 N 이하의 힘으로 방출용 스위치를 기동할 수 있도록 할 것

6) 방출지연스위치

(1) 수동으로 작동하는 방식으로 설치하되 누르고 있는 동안만 지연되도록 할 것

(2) 방호구역의 출입구마다 설치하되 피난이 용이한 출입구 인근에 사람이 쉽게 조작할 수 있는 위치에 설치할 것

(3) 방출지연스위치 작동 시에는 음향경보를 발할 것

(4) 방출지연스위치 작동 중 수동식 기동장치가 작동되면 수동식 기동장치의 기능이 우선될 것

7) 제어반 등

(1) 제어반의 설치기준

① 전원표시등을 설치할 것

② 화재, 진동 및 충격에 따른 영향과 부식의 우려가 없고, 점검에 편리한 장소에 설치할 것

③ 제어반에는 해당 회로도 및 취급설명서를 비치할 것

④ 고체에어로졸소화설비의 작동방식(자동 또는 수동)을 선택할 수 있는 장치를 설치할 것

⑤ 수동식 기동장치 또는 화재감지기에서 신호를 수신할 경우 다음의 기능을 수행할 것

    ㉠ 음향경보장치의 작동

    ㉡ 고체에어로졸의 방출

    ㉢ 기타 제어기능 작동

(2) **화재표시반의 설치기준**

① 전원표시등을 설치할 것

② 화재, 진동 및 충격에 따른 영향 및 부식의 우려가 없고, 점검에 편리한 장소에 설치할 것

③ 화재표시반에는 해당 회로도 및 취급설명서를 비치할 것

④ 고체에어로졸소화설비의 작동방식(자동 또는 수동)을 표시등으로 명시할 것

⑤ 고체에어로졸소화설비가 기동할 경우 음향장치를 통해 경보를 발할 것

⑥ 제어반에서 신호를 수신할 경우 방호구역별 경보장치의 작동, 수동식 기동장치의 작동 및 화재감지기의 작동 등을 표시등으로 명시할 것

8) 음향장치

(1) 화재감지기가 작동하거나 수동식 기동장치가 작동할 경우 음향장치가 작동할 것

(2) 음향장치는 방호구역마다 설치하되 해당 구역의 각 부분으로부터 하나의 음향장치까지의 수평거리는 25 m 이하가 되도록 할 것

(3) 음향장치는 경종 또는 사이렌(전자식사이렌을 포함)으로 하되, 주위의 소음 및 다른 용도의 경보와 구별이 가능한 음색으로 할 것. 이 경우 경종 또는 사이렌은 자동화재탐지설비·비상벨설비 또는 자동식 사이렌설비의 음향장치와 겸용할 수 있다.

(4) 주 음향장치는 화재표시반의 내부 또는 그 직근에 설치할 것

(5) 음향장치는 다음의 기준에 따른 구조 및 성능의 것으로 할 것

① 정격전압의 80 % 전압에서 음향을 발할 수 있는 것으로 할 것

② 음량은 부착된 음향장치의 중심으로부터 1 m 떨어진 위치에서 90 dB 이상이 되는 것으로 할 것

(6) 고체에어로졸의 방출 개시 후 1분 이상 경보를 계속 발할 것

9) 화재감지기

(1) 광전식 공기흡입형 감지기

(2) 아날로그방식의 광전식 스포트형 감지기

(3) 중앙소방기술심의위원회의 심의를 통해 고체에어로졸소화설비에 적응성이 있다고 인정된 감지기

10) 방호구역의 자동폐쇄장치

(1) 방호구역 내의 개구부와 통기구는 고체에어로졸이 방출되기 전에 폐쇄되도록 할 것

(2) 방호구역 내의 환기장치는 고체에어로졸이 방출되기 전에 정지되도록 할 것

(3) 자동폐쇄장치의 복구장치는 제어반 또는 그 직근에 설치하고, 해당 장치를 표시하는 표지를 부착할 것

14 | 비상경보설비 및 단독경보형 감지기

1 비상경보설비의 개념도

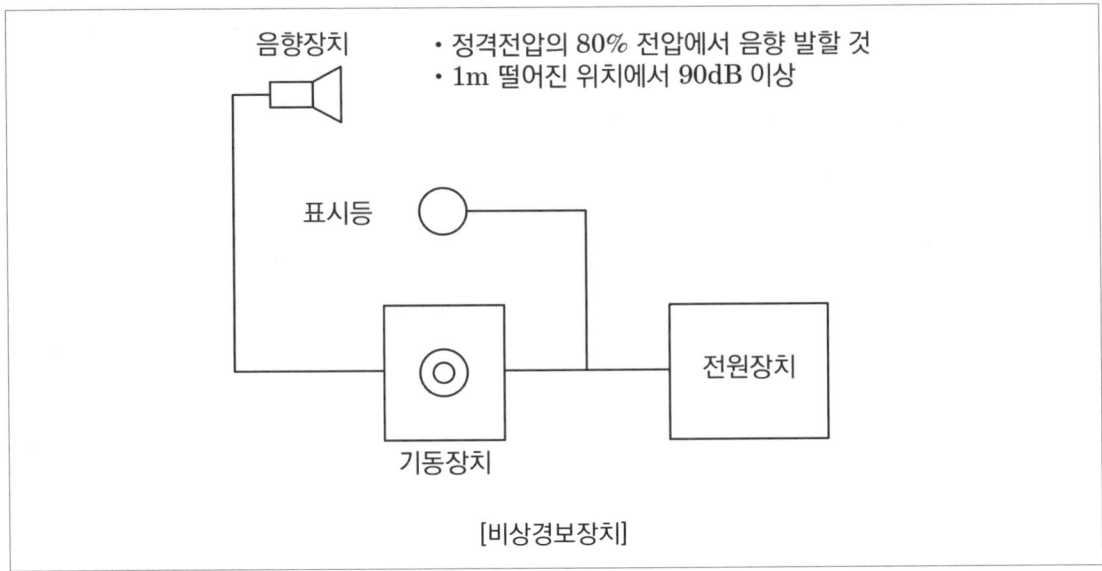

음향장치
• 정격전압의 80% 전압에서 음향 발할 것
• 1m 떨어진 위치에서 90dB 이상

표시등

기동장치

전원장치

[비상경보장치]

2 비상경보설비의 구조원리

1) 비상경보설비의 종류

   ⑴ **비상벨설비** : 화재 발생 상황을 경종으로 경보하는 설비

   ⑵ **자동식 사이렌설비** : 화재 발생 상황을 사이렌으로 경보하는 설비

2) 신호처리방식

   화재 신호 및 상태 신호 등을 송수신하는 방식

   ⑴ **유선식** : 화재 신호 등을 배선으로 송·수신하는 방식

   ⑵ **무선식** : 화재 신호 등을 전파에 의해 송·수신하는 방식

   ⑶ **유·무선식** : 유선식과 무선식을 겸용으로 사용하는 방식

3) 음향장치

(1) 음향장치는 정격전압의 80 % 전압에서도 음향을 발할 수 있도록 해야 한다. 다만 건전지를 주전원으로 사용하는 음향장치는 그렇지 않다.

(2) 음향장치의 음향의 크기는 부착된 음향장치의 중심으로부터 1 m 떨어진 위치에서 음압이 90 dB 이상이 되는 것으로 해야 한다.

4) 발신기

(1) 발신기의 정의

화재 발생 신호를 수신기에 수동으로 발신하는 장치

(2) 발신기의 설치기준

① 조작이 쉬운 장소에 설치하고, 조작스위치는 바닥으로부터 0.8 m 이상 1.5 m 이하의 높이에 설치할 것

② 특정소방대상물의 층마다 설치하되, 해당 층의 각 부분으로부터 하나의 발신기까지의 수평거리가 25 m 이하가 되도록 할 것. 다만 복도 또는 별도로 구획된 실로서 보행거리가 40 m 이상일 경우에는 추가로 설치해야 한다.

③ 발신기의 위치표시등은 함의 상부에 설치하되, 그 불빛은 부착 면으로부터 15° 이상의 범위 안에서 부착지점으로부터 10 m 이내의 어느 곳에서도 쉽게 식별할 수 있는 적색등으로 할 것

5) 전원

(1) 비상벨설비 또는 자동식 사이렌설비의 상용전원

① 상용전원은 전기가 정상적으로 공급되는 축전지설비, 전기저장장치(외부 전기에너지를 저장해두었다가 필요한 때 전기를 공급하는 장치) 또는 교류전압의 옥내 간선으로 하고, 전원까지의 배선은 전용으로 할 것

② 개폐기에는 "비상벨설비 또는 자동식 사이렌설비용"이라고 표시한 표지를 할 것

(2) 비상벨설비 또는 자동식 사이렌설비의 비상전원

비상벨설비 또는 자동식 사이렌설비에는 그 설비에 대한 감시상태를 60분간 지속한 후 유효하게 10분 이상 경보할 수 있는 비상전원으로서 축전지설비(수신기에 내장하는 경우를 포함) 또는 전기저장장치(외부 전기에너지를 저장해두었다가 필요한 때 전기를 공급하는 장치)를 설치해야 한다. 다만 상용전원이 축전지설비인 경우 또는 건전지를 주전원으로 사용하는 무선식 설비인 경우에는 그렇지 않다.

➕ 보충

교류전압의 옥내간선

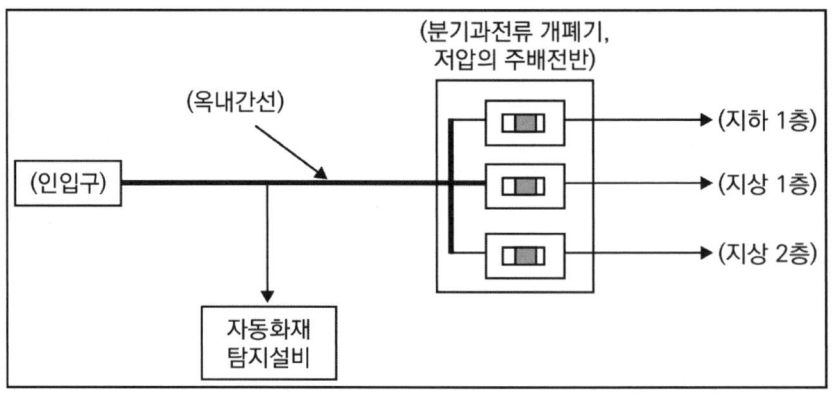

3 단독경보형 감지기

1) 단독경보형 감지기

화재 발생 상황을 단독으로 감지하여 자체에 내장된 음향장치로 경보하는 감지기

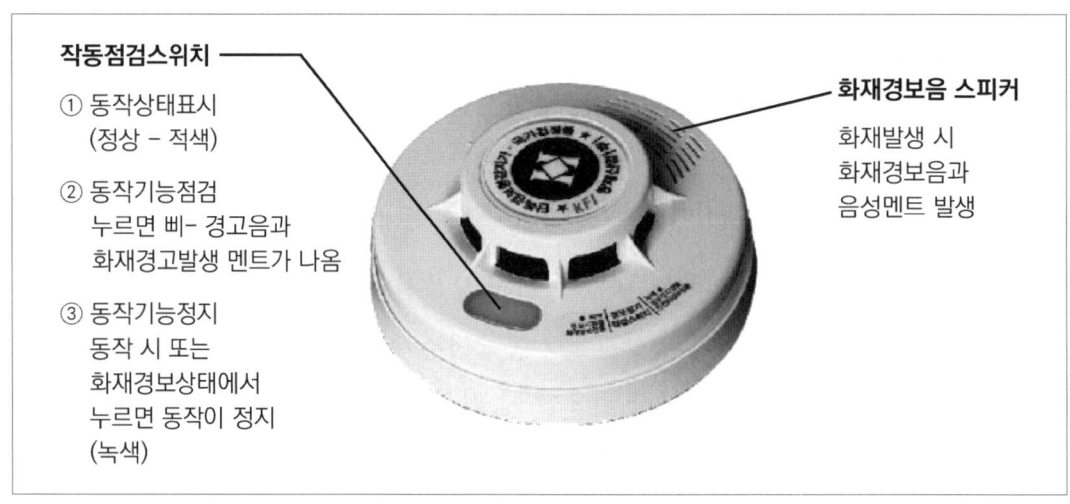

작동점검스위치

① 동작상태표시
  (정상 – 적색)

② 동작기능점검
  누르면 삐– 경고음과
  화재경고발생 멘트가 나옴

③ 동작기능정지
  동작 시 또는
  화재경보상태에서
  누르면 동작이 정지
  (녹색)

화재경보음 스피커

화재발생 시
화재경보음과
음성멘트 발생

2) 단독경보형 감지기의 설치기준

⑴ 각 실(이웃하는 실내의 바닥면적이 각각 30 m^2 미만이고 벽체의 상부의 전부 또는 일부가 개방되어 이웃하는 실내와 공기가 상호 유통되는 경우에는 이를 1개의 실로 본다)마다 설치하되, 바닥면적이 150 m^2를 초과하는 경우에는 150 m^2마다 1개 이상 설치할 것

⑵ 계단실은 최상층의 계단실 천장(외기가 상통하는 계단실의 경우를 제외한다)에 설치할 것

⑶ 건전지를 주전원으로 사용하는 단독경보형 감지기는 정상적인 작동상태를 유지할 수 있도록 주기적으로 건전지를 교환할 것

⑷ 상용전원을 주전원으로 사용하는 단독경보형 감지기의 2차전지는 법 제40조에 따라 제품검사에 합격한 것을 사용할 것

15 | 비상방송설비

1 비상방송설비의 계통도

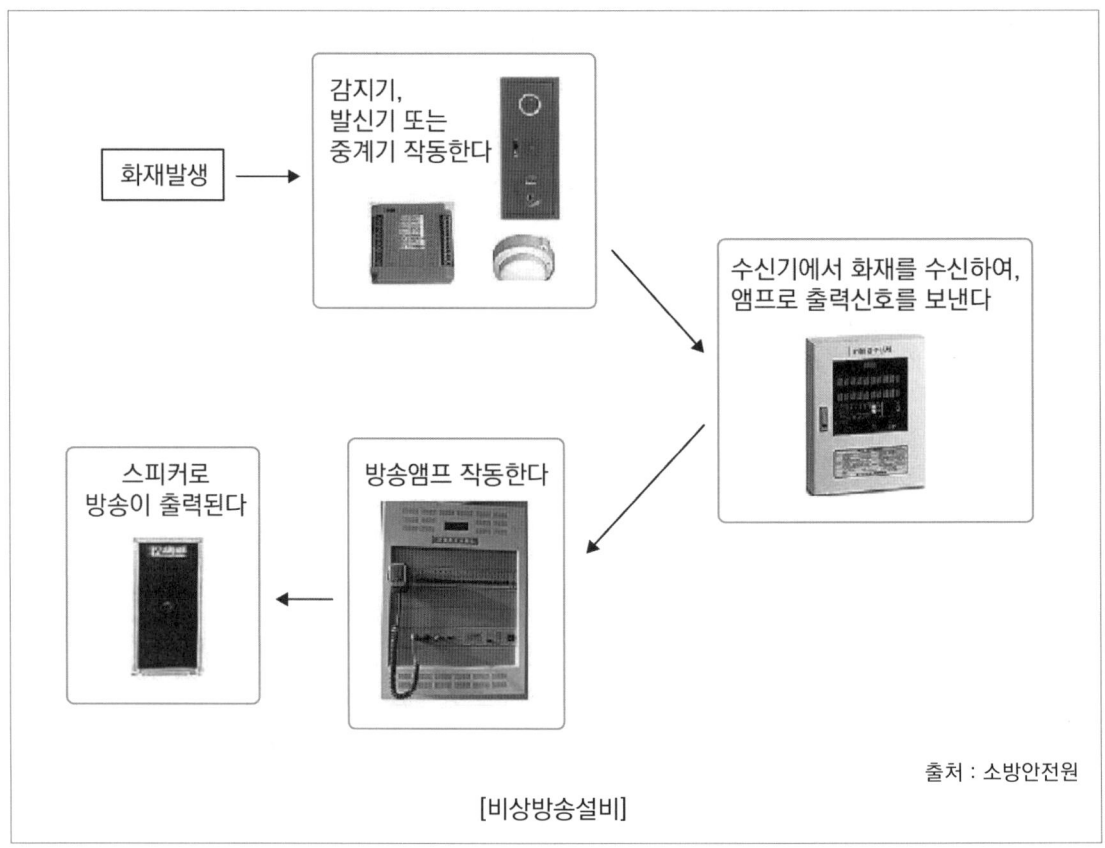

[비상방송설비]

출처 : 소방안전원

2 비상방송설비의 구조원리

1) 구성요소

(1) **확성기** : 소리를 크게 하여 멀리까지 전달될 수 있도록 하는 장치로서 일명 스피커

(2) **음량조절기** : 가변저항을 이용하여 전류를 변화시켜 음량을 크게 하거나 작게 조절할 수 있는 장치

(3) **증폭기** : 전압전류의 진폭을 늘려 감도를 좋게 하고 미약한 음성전류를 커다란 음성 전류로 변화시켜 소리를 크게 하는 장치

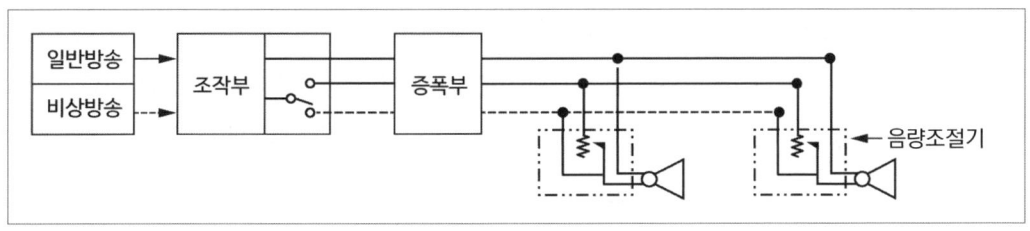

2) 음향장치

(1) **확성기의 음성입력**

확성기의 음성입력은 3 W(실내에 설치하는 것에 있어서는 1 W) 이상일 것

(2) **확성기의 설치기준**

확성기는 각 층마다 설치하되, 그 층의 각 부분으로부터 하나의 확성기까지의 수평 거리기 25 ㎜ 이하가 되도록 하고, 해딩 층의 각 부분에 유효하게 경보를 발할 수 있도록 설치할 것

(3) **층수가 11층(공동주택의 경우에는 16층) 이상의 특정소방대상물의 경보방식**

발화층	경보
2층 이상	발화층 및 그 직상 4개 층
1층	발화층·그 직상 4개 층 및 지하층
지하층	발화층·그 직상층 및 기타의 지하층

(4) **음향장치의 구조 및 성능**

① 정격전압의 80 % 전압에서 음향을 발할 수 있는 것을 할 것

② 자동화재탐지설비의 작동과 연동하여 작동할 수 있는 것으로 할 것

확성기

비상방송설비	확성기의 음성입력은 3 W(실내에 설치하는 것에 있어서는 1 W) 이상
공동주택의 비상방송설비	아파트등의 경우 실내에 설치하는 확성기 음성입력은 2 W 이상
창고시설의 비상방송설비	확성기의 음성입력은 3 W(실내에 설치하는 것을 포함) 이상

3) 배선

(1) 화재로 인하여 하나의 층의 확성기 또는 배선이 단락 또는 단선되어도 다른 층의 화재 통보에 지장이 없도록 할 것

(2) 전원회로의 배선은 「옥내소화전설비의 화재안전기술기준(NFTC 102)」에 따른 내화배선에 따르고, 그 밖의 배선은 「옥내소화전설비의 화재안전기술기준(NFTC 102)」 2.7.2에 따른 내화배선 또는 내열배선에 따를 것

(3) 전원회로의 전로와 대지 사이 및 배선 상호 간의 절연저항은 「전기사업법」에 따른 「전기설비기술기준」이 정하는 바에 따르고, 부속회로의 전로와 대지 사이 및 배선 상호 간의 절연저항은 1경계구역마다 직류 250 V의 절연저항측정기를 사용하여 측정한 절연저항이 0.1 MΩ 이상이 되도록 할 것

(4) 비상방송설비의 배선은 다른 전선과 별도의 관·덕트(절연효력이 있는 것으로 구획한 때에는 그 구획된 부분은 별개의 덕트로 본다) 몰드 또는 풀박스 등에 설치할 것. 다만 60 V 미만의 약전류회로에 사용하는 전선으로서 각각의 전압이 같을 때는 그렇지 않다.

4) 전원

(1) **비상벨설비 또는 자동식 사이렌설비의 상용전원**

① 상용전원은 전기가 정상적으로 공급되는 축전지설비, 전기저장장치(외부 전기에너지를 저장해두었다가 필요한 때 전기를 공급하는 장치) 또는 교류전압의 옥내간선으로 하고, 전원까지의 배선은 전용으로 할 것

② 개폐기에는 "비상방송설비용"이라고 표시한 표지를 할 것

(2) 비상방송설비에는 그 설비에 대한 감시상태를 60분간 지속한 후 유효하게 10분 이상 경보할 수 있는 비상전원으로서 축전지설비(수신기에 내장하는 경우를 포함한다) 또는 전기저장장치(외부 전기에너지를 저장해두었다가 필요한 때 전기를 공급하는 장치)를 설치해야 한다.

16 | 자동화재탐지설비 및 시각경보장치

1 자동화재탐지설비의 계통도

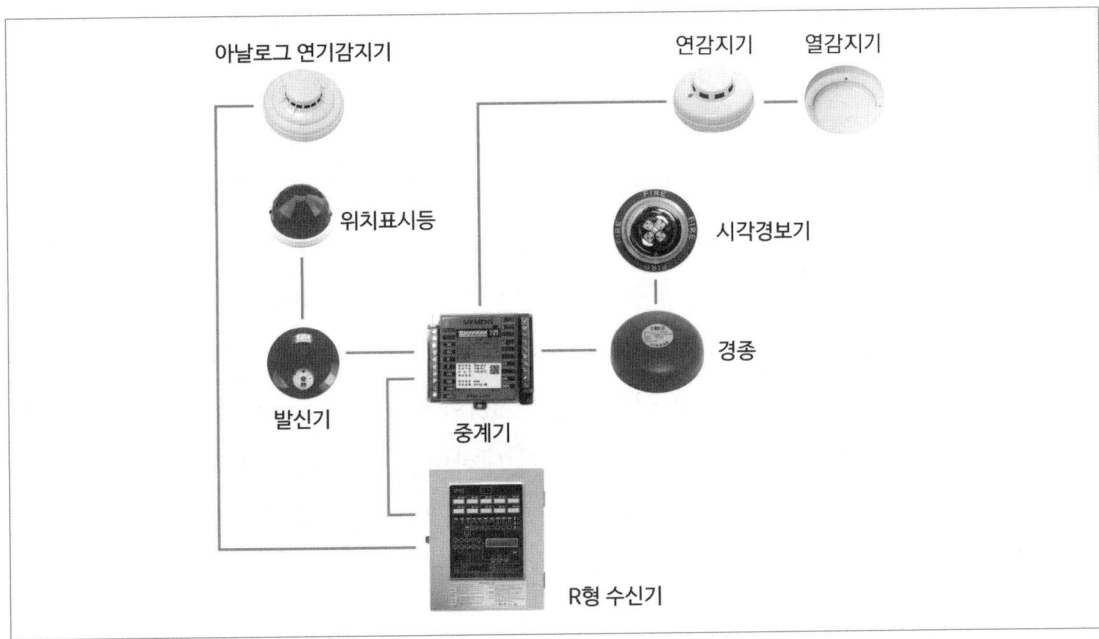

아날로그 연기감지기 · 연감지기 · 열감지기 · 위치표시등 · 시각경보기 · 발신기 · 경종 · 중계기 · R형 수신기

2 자동화재탐지설비의 구조원리

1) 구성요소

(1) **수신기** : 감지기나 발신기에서 발하는 화재 신호를 직접 수신하거나 중계기를 통하여 수신하여 화재의 발생을 표시 및 경보하여 주는 장치

(2) **중계기** : 감지기·발신기 또는 전기적인 접점 등의 작동에 따른 신호를 받아 이를 수신기에 전송하는 장치

(3) **감지기** : 화재 시 발생하는 열, 연기, 불꽃 또는 연소생성물을 자동적으로 감지하여 수신기에 화재 신호 등을 발신하는 장치

(4) **발신기** : 수동누름버턴 등의 작동으로 화재 신호를 수신기에 발신하는 장치

2) 경계구역

⑴ 경계구역의 정의

특정소방대상물 중 화재 신호를 발신하고 그 신호를 수신 및 유효하게 제어할 수 있는 구역

⑵ 경계구역의 설정기준

① 하나의 경계구역이 2 이상의 건축물에 미치지 않도록 할 것

② 하나의 경계구역이 2 이상의 층에 미치지 않도록 할 것. 다만 500 m² 이하의 범위 안에서는 2개의 층을 하나의 경계구역으로 할 수 있다.

③ 하나의 경계구역의 면적은 600 m² 이하로 하고 한 변의 길이는 50 m 이하로 할 것. 다만 해당 특정소방대상물의 주된 출입구에서 그 내부 전체가 보이는 것에 있어서는 한 변의 길이가 50 m의 범위 내에서 1,000 m² 이하로 할 수 있다.

⑶ 계단(직통계단 외의 것에 있어서는 떨어져 있는 상하 계단의 상호 간 수평거리가 5 m 이하로서 서로 간에 구획되지 아니한 것에 한한다)·경사로(에스컬레이터경사로 포함)·엘리베이터 승강로(권상기실이 있는 경우에는 권상기실)·린넨슈트·파이프 피트 및 덕트 기타 이와 유사한 부분에 대하여는 별도로 경계구역을 설정하되, 하나의 경계구역은 높이 45 m 이하(계단 및 경사로에 한한다)로 하고, 지하층의 계단 및 경사로(지하층의 층수가 한 개 층일 경우는 제외)는 별도로 하나의 경계구역으로 해야 한다.

⑷ 외기에 면하여 상시 개방된 부분이 있는 차고·주차장·창고 등에 있어서는 외기에 면하는 각 부분으로부터 5 m 미만의 범위 안에 있는 부분은 경계구역의 면적에 산입하지 않는다.

⑸ 스프링클러설비·물분무등소화설비 또는 제연설비의 화재감지장치로서 화재감지기를 설치한 경우의 경계구역은 해당 소화설비의 방호구역 또는 제연구역과 동일하게 설정할 수 있다.

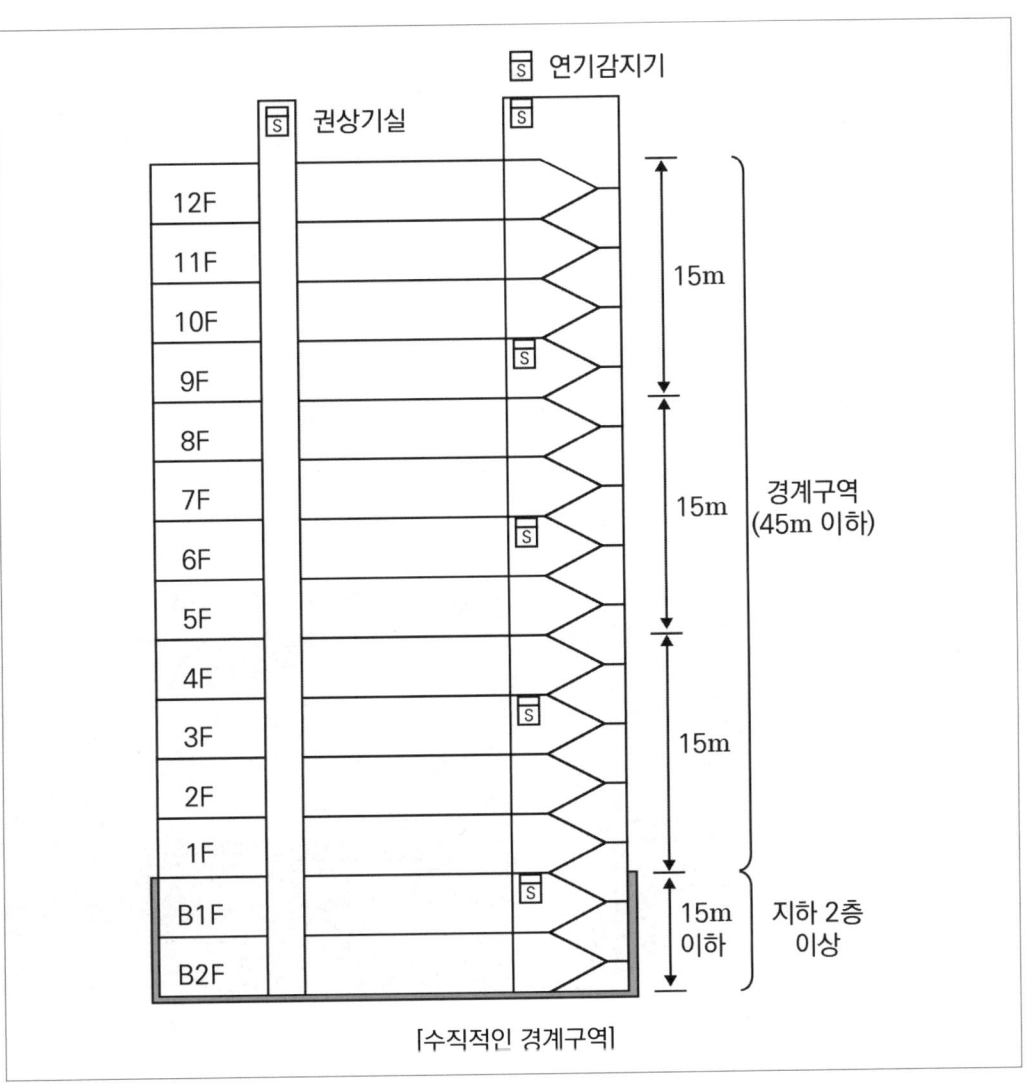

[수직적인 경계구역]

3) 수신기

(1) 수신기의 종류

① P형 수신기의 정의

감지기 또는 발신기로부터 발하여지는 신호를 직접 또는 중계기를 통하여 공통신호로서 수신하여 화재의 발생을 당해 소방대상물의 관계자에게 경보하여 주는 것

② R형 수신기의 정의

감지기 또는 발신기로부터 발하여지는 신호를 직접 또는 중계기를 통하여 고유신호로서 수신하여 화재의 발생을 당해 소방대상물의 관계자에게 경보하여 주는 것

③ P형 복합식 수신기의 정의

감지기 또는 발신기로부터 발하여지는 신호를 직접 또는 중계기를 통하여 공통 신호로서 수신하여 화재의 발생을 당해 소방대상물의 관계자에게 경보하여 주고 자동 또는 수동으로 옥내·외소화전설비, 스프링클러설비, 물분무소화설비, 포소화설비, 이산화탄소소화설비, 할로겐화물소화설비, 분말소화설비, 배연설비 등의 가압송수장치 또는 기동장치 등을 제어하는(제어기능) 것

④ R형 복합식 수신기의 정의

감지기 또는 발신기로부터 발하여지는 신호를 직접 또는 중계기를 통하여 고유 신호로서 수신하여 화재의 발생을 당해 소방대상물의 관계자에게 경보하여 주고 제어기능을 수행하는 것

[P형 수신기]

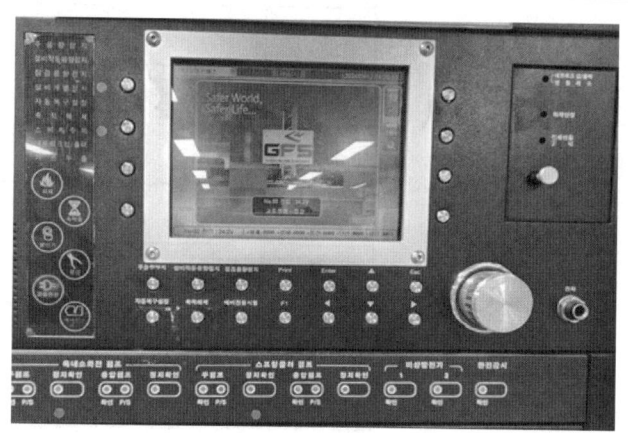

[R형 수신기]

(2) 수신기의 적합기준

① 해당 특정소방대상물의 경계구역을 각각 표시할 수 있는 회선 수 이상의 수신기를 설치할 것

② 해당 특정소방대상물에 가스누설탐지설비가 설치된 경우에는 가스누설탐지설비로부터 가스누설신호를 수신하여 가스누설경보를 할 수 있는 수신기를 설치할 것(가스누설탐지설비의 수신부를 별도로 설치한 경우에는 제외한다)

(3) 수신기의 설치기준

① 수위실 등 상시 사람이 근무하는 장소에 설치할 것. 다만 사람이 상시 근무하는 장소가 없는 경우에는 관계인이 쉽게 접근할 수 있고, 관리가 용이한 장소에 설치할 수 있다.

② 수신기가 설치된 장소에는 경계구역 일람도를 비치할 것. 다만 모든 수신기와 연결되어 각 수신기의 상황을 감시하고 제어할 수 있는 수신기(주수신기)를 설치하는 경우에는 주수신기를 제외한 기타 수신기는 그렇지 않다.

③ 수신기의 음향기구는 그 음량 및 음색이 다른 기기의 소음 등과 명확히 구별될 수 있는 것으로 할 것

④ 수신기는 감지기·중계기 또는 발신기가 작동하는 경계구역을 표시할 수 있는 것으로 할 것

⑤ 화재·가스 전기등에 대한 종합방재반을 설치한 경우에는 해당 조작반에 수신기의 작동과 연동하여 감지기·중계기 또는 발신기가 작동하는 경계구역을 표시할 수 있는 것으로 할 것

⑥ 하나의 경계구역은 하나의 표시등 또는 하나의 문자로 표시되도록 할 것

⑦ 수신기의 조작 스위치는 바닥으로부터의 높이가 0.8 m 이상 1.5 m 이하인 장소에 설치할 것

⑧ 하나의 특정소방대상물에 2 이상의 수신기를 설치하는 경우에는 수신기를 상호 간 연동하여 화재 발생 상황을 각 수신기마다 확인할 수 있도록 할 것

⑨ 화재로 인하여 하나의 층의 지구음향장치 배선이 단락되어도 다른 층의 화재통보에 지장이 없도록 각 층 배선상에 유효한 조치를 할 것

(4) 일시적으로 발생한 열·연기 또는 먼지 등으로 인하여 감지기가 화재 신호를 발신할 우려가 있는 때, 축적기능이 있는 수신기를 설치하는 장소

① 지하층·무창층 등으로서 환기가 잘되지 않는 장소

② 지하층·무창층 등으로서실내면적이 40 m² 미만인 장소

③ 감지기의 부착면과 실내 바닥과의 거리가 2.3 m 이하인 장소로서 일시적으로 발생한 열·연기 또는 먼지 등으로 인하여 감지기가 화재 신호를 발신할 우려가 있는 때

4) 중계기

(1) 중계기의 통신

① 중계기의 다중통신(Multiplexing)

ㄱ 많은 입출력 신호를 고유신호로 변환하여 2가닥의 신호선으로 전송하는 방식

ㄴ P형 수신기의 단순 신호를 중계기를 이용하여 디지털 신호로 변경하여 전송하는 방법

ㄷ 양방향 통신으로 많은 데이터를 고유신호로 변환하여 수신기로 통보와 송출을 하여 경보한다.

② 다중통신 전송방식의 종류

ㄱ 주파수 분할 다중화방식(FDM : Frequency Division Multiplexing)

다수의 좁은 주파수대역 신호를 넓은 주파수 대역을 가진 하나의 전송로를 통하여 동시에 전송하는 방식

ㄴ 시 분할 다중화방식(TDM : Time Division Multiplexing)

하나의 전송로를 시간으로 분할하여 다중화하는 방식(R형 수신기 사용)

(2) R형 수신기의 신호처리방식

① 변조(Modulation)의 개념

ㄱ 정보를 저장 및 전송하기 위해 전기적 신호로 변환하는 것

ㄴ 시스템에 신호는 저주파수 또는 작은 신호로서 전송이 어렵기 때문에 변조하여 전송

② PCM방식(Pulse Code Modulation)

ㄱ 아날로그 신호를 디지털 신호로 변환하는 변조방식

ㄴ PCM 변조는 표본화, 양자화, 부호화의 과정

ㄷ 아날로그 신호를 0과 1인 디지털 신호로 변화하고, 8 bit Pulse로 변환시켜 송·수신하는 방식

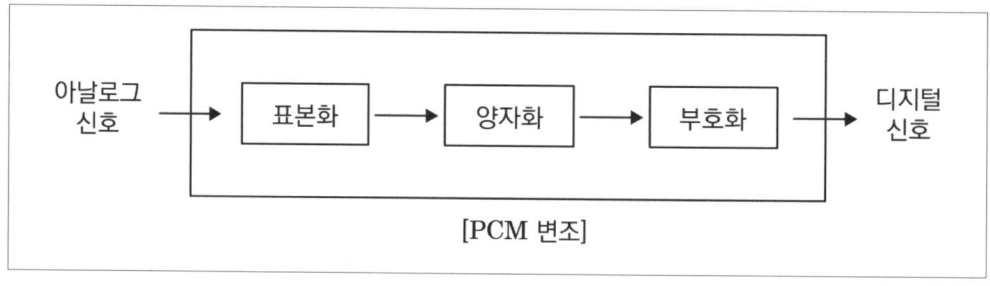

[PCM 변조]

(3) 중계기의 설치기준

① 수신기에서 직접 감지기회로의 도통시험을 하지 않는 것에 있어서는 수신기와 감지기 사이에 설치할 것

② 조작 및 점검에 편리하고 화재 및 침수 등의 재해로 인한 피해를 받을 우려가 없는 장소에 설치할 것

③ 수신기에 따라 감시되지 않는 배선을 통하여 전력을 공급받는 것에 있어서는 전원입력 측의 배선에 과전류차단기를 설치하고 해당 전원의 정전이 즉시 수신기에 표시되는 것으로 하며, 상용전원 및 예비전원의 시험을 할 수 있도록 할 것

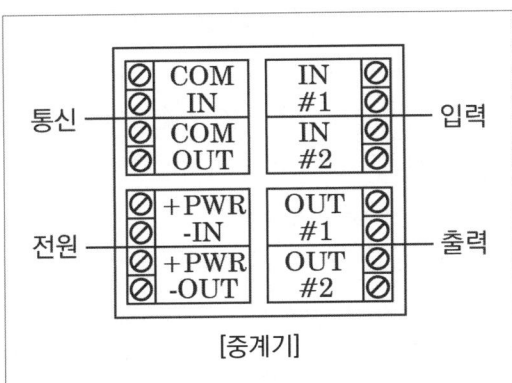

[중계기]

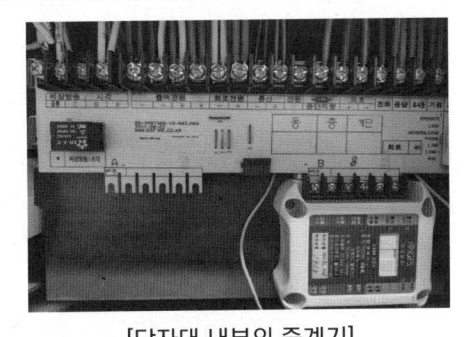

[단자대 내부의 중계기]

[문제 01] 다음 물음에 답하시오.

(1) 도시기호 중계기를 그리시오.

(2) 자동화재탐지설비 및 시각경보장치의 화재안전기술기준에서 '중계기'의 정의를 쓰시오.

(3) 자동화재탐지설비 및 시각경보장치의 화재안전기술기준에서 '중계기'의 설치기준을 쓰시오.

(4) 화재알림설비의 화재안전기술기준에서 화재알림형 '중계기'의 설치기준을 쓰시오.

(5) 소방시설의 점검표(종합, 작동)에서 자동화재탐지설비 및 시각경보장치의 중계기 점검항목 5가지를 쓰시오.

(1)

중계기	⊟

(2) 중계기 정의

　감지기·발신기 또는 전기적인 접점 등의 작동에 따른 신호를 받아 이를 수신기에 전송하는 장치

(3) 자동화재탐지설비 및 시각경보장치의 화재안전기술기준에서 '중계기'의 설치기준

　① 수신기에서 직접 감지기회로의 도통시험을 하지 않는 것에 있어서는 수신기와 감지기 사이에 설치할 것

　② 조작 및 점검에 편리하고 화재 및 침수 등의 재해로 인한 피해를 받을 우려가 없는 장소에 설치할 것

　③ 수신기에 따라 감시되지 않는 배선을 통하여 전력을 공급받는 것에 있어서는 전원입력 측의 배선에 과전류차단기를 설치하고 해당 전원의 정전이 즉시 수신기에 표시되는 것으로 하며, 상용전원 및 예비전원의 시험을 할 수 있도록 할 것

(4) 화재알림설비의 화재안전기술기준에서 화재알림형 '중계기'의 설치기준

　① 화재알림형 수신기와 화재알림형 감지기 사이에 설치할 것

　② 조작 및 점검에 편리하고 화재 및 침수 등의 재해로 인한 피해를 받을 우려가 없는 장소에 설치할 것. 다만 외기에 개방되어 있는 장소에 설치하는 경우 빗물·먼지 등으로부터 화재알림형 중계기를 보호할 수 있는 구조로 설치하여야 한다.

　③ 화재알림형 수신기에 따라 감시되지 않는 배선을 통하여 전력을 공급받는 것에 있어서는 전원입력 측의 배선에 과전류 차단기를 설치하고 해당 전원의 정전이 즉시 화재알림형 수신기에 표시되는 것으로 하며, 상용전원 및 예비전원의 시험을 할 수 있도록 할 것

(5) 소방시설의 자체점검표(종합, 작동)에서 자동화재탐지설비 및 시각경보장치의 중계기 점검항목

　① ● 중계기 설치위치 적정 여부(수신기에서 감지기회로 도통시험하지 않는 경우)

　② ● 설치장소(조작·점검 편의성, 화재·침수 피해 우려) 적정 여부

　③ ● 전원입력 측 배선상 과전류차단기 설치 여부

　④ ● 중계기 전원 정전 시 수신기 표시 여부

　⑤ ● 상용전원 및 예비전원 시험 적정 여부

5) 감지기

(1) 일시적으로 발생한 열·연기 또는 먼지 등으로 인하여 화재 신호를 발신할 우려가 있는 장소에 적응성 있는 감지기

① 불꽃감지기

② 정온식 감지선형 감지기

③ 분포형 감지기

④ 복합형 감시기

⑤ 광전식 분리형 감지기

⑥ 아날로그방식의 감지기

⑦ 다신호방식의 감지기

⑧ 축적방식의 감지기

(2) 감지기 부착높이에 의한 감지기의 종류

부착높이	감지기의 종류
4 m 미만	• 차동식(스포트형, 분포형) • 보상식 스포트형 • 정온식(스포트형, 감지선형) • 이온화식 또는 광전식(스포트형, 분리형, 공기흡입형) • 열복합형 • 연기복합형 • 열연기복합형 • 불꽃감지기
4 m 이상 8 m 미만	• 차동식(스포트형, 분포형) • 보상식 스포트형 • 정온식(스포트형, 감지선형) 특종 또는 1종 • 이온화식 1종 또는 2종 • 광전식(스포트형, 분리형, 공기흡입형) 1종 또는 2종 • 열복합형 • 연기복합형 • 열연기복합형 • 불꽃감지기
8 m 이상 15 m 미만	• 차동식 분포형 • 이온화식 1종 또는 2종 • 광전식(스포트형, 분리형, 공기흡입형) 1종 또는 2종 • 연기복합형 • 불꽃감지기
15 m 이상 20 m 미만	• 이온화식 1종 • 광전식(스포트형, 분리형, 공기흡입형) 1종 • 연기복합형 • 불꽃감지기
20 m 이상	• 불꽃감지기 • 광전식(분리형, 공기흡입형) 중 아날로그방식

(3) 연기감지기의 설치장소

① 계단·경사로 및 에스컬레이터 경사로

② 복도(30 m 미만의 것을 제외한다)

③ 엘리베이터 승강로(권상기실이 있는 경우에는 권상기실)·린넨슈트·파이프 피트 및 덕트 기타 이와 유사한 장소

④ 천장 또는 반자의 높이가 15 m 이상 20 m 미만의 장소

⑤ 다음의 어느 하나에 해당하는 특정소방대상물의 취침·숙박·입원 등 이와 유사한 용도로 사용되는 거실

　㉠ 공동주택·오피스텔·숙박시설·노유자시설·수련시설

　㉡ 교육연구시설 중 합숙소

　㉢ 의료시설, 근린생활시설 중 입원실이 있는 의원·조산원

　㉣ 교정 및 군사시설

　㉤ 근린생활시설 중 고시원

(4) 축적기능이 없는 감지기를 설치해야 하는 경우

① 교차회로방식에 사용되는 감지기

② 급속한 연소 확대가 우려되는 장소에 사용되는 감지기

③ 축적기능이 있는 수신기에 연결하여 사용하는 감지기

(5) 차동식 스포트형·보상식 스포트형 및 정온식 스포트형 감지기는 그 부착 높이 및 특정소방대상물에 따른 감지면적

부착높이 및 소방대상물의 구분		차동식 스포트형		보상식 스포트형		정온식 스포트형		
		1종	2종	1종	2종	특종	1종	2종
4 m 미만	내화구조	90	70	90	70	70	60	20
	기타구조	50	40	50	40	40	30	15
4 m 이상 8 m 미만	내화구조	45	35	45	35	35	30	–
	기타구조	30	25	30	25	25	15	–

(6) 공기관식 차동식 분포형 감지기의 설치기준 　[암기] 노평길 5분 위치

① 공기관의 **노**출 부분은 감지구역마다 20 m 이상이 되도록 할 것

② 공기관과 감지구역의 각 변과의 수**평**거리는 1.5 m 이하가 되도록 하고, 공기관 상호 간의 거리는 6 m(주요구조부가 내화구조로 된 특정소방대상물 또는 그 부분에 있어서는 9 m) 이하가 되도록 할 것

③ 공기관은 도중에서 **분**기하지 않도록 할 것

④ 하나의 검출 부분에 접속하는 공기관의 **길**이는 100 m 이하로 할 것

⑤ 검출부는 **5°** 이상 경사되지 않도록 부착할 것

⑥ 검출부는 바닥으로부터 0.8 m 이상 1.5 m 이하의 **위치**에 설치할 것

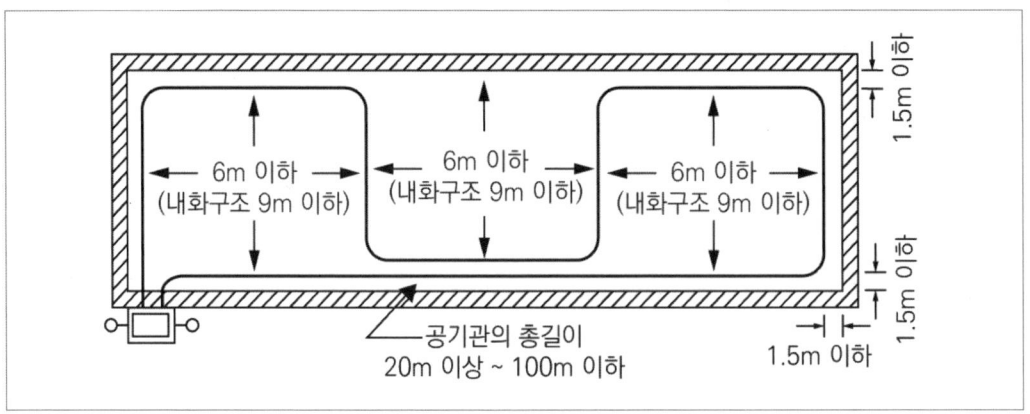

(7) **열전대식 차동식 분포형 감지기의 설치기준**

① 열전대부는 감지구역의 바닥면적 18 m²(주요구조부가 내화구조로 된 특정소방
대상물에 있어서는 22 m²)마다 1개 이상으로 할 것. 다만 바닥면적이 72 m²(주
요구조부가 내화 구조로 된 특정소방대상물에 있어서는 88 m²) 이하인 특정소
방대상물에 있어서는 4개 이상으로 해야 한다.

② 하나의 검출부에 접속하는 열전대부는 20개 이하로 할 것. 다만 각각의 열전대
부에 대한 작동 여부를 검출부에서 표시할 수 있는 것(주소형)은 형식승인 받은
성능인정범위 내의 수량으로 설치할 수 있다.

(8) **열반도체식 차동식 분포형 감지기의 설치기준**

① 감지부는 그 부착 높이 및 특정소방대상물에 따라 다음 표에 따른 바닥면적마다
1개 이상으로 할 것. 다만 바닥면적이 다음 표에 따른 면적의 2배 이하인 경우에
는 2개(부착높이가 8 m 미만이고, 바닥면적이 다음 표에 따른 면적 이하인 경우
에는 1개) 이상으로 해야 한다.

부착높이 및 소방대상물의 구분		감지기의 종류(m²)	
		1종	2종
8 m 미만	주요구조부가 내화구조로 된 소방대상물 또는 그 부분	65	36
	기타 구조의 소방대상물 또는 그 부분	40	23
8 m 이상 15 m 미만	주요구조부가 내화구조로 된 소방대상물 또는 그 부분	50	36
	기타 구조의 소방대상물 또는 그 부분	30	23

② 하나의 검출기에 접속하는 감지부는 2개 이상 15개 이하가 되도록 할 것. 다만
각각의 감지부에 대한 작동 여부를 검출기에서 표시할 수 있는 것(주소형)은 형
식승인 받은 성능인정 범위 내의 수량으로 설치할 수 있다.

(9) 연기감지기의 설치기준

① 연감지기의 부착 높이에 따라 다음 표에 따른 바닥면적마다 1개 이상으로 할 것

부착높이	감지기의 종류(m²)	
	1종 및 2종	3종
4 m 미만	150	50
4 m 이상 20 m 미만	75	–

② 감지기는 복도 및 통로에 있어서는 보행거리 30 m(3종에 있어서는 20 m)마다, 계단 및 경사로에 있어서는 수직거리 15 m(3종에 있어서는 10 m)마다 1개 이상으로 할 것

③ 천장 또는 반자가 낮은 실내 또는 좁은 실내에 있어서는 출입구의 가까운 부분에 설치할 것

④ 천장 또는 반자 부근에 배기구가 있는 경우에는 그 부근에 설치할 것

⑤ 감지기는 벽 또는 보로부터 0.6 m 이상 떨어진 곳에 설치할 것

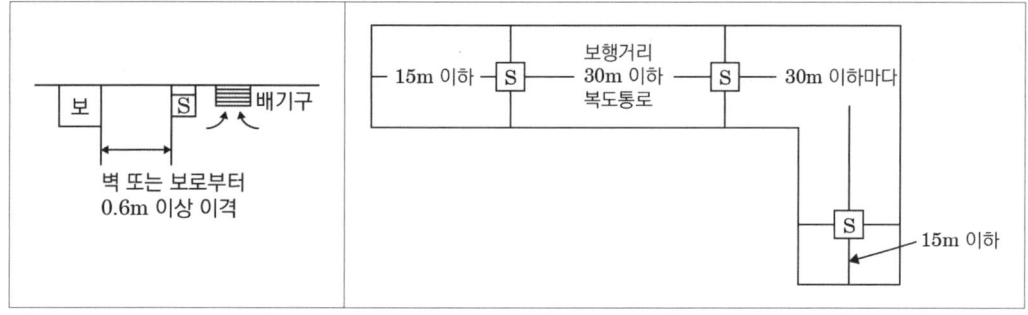

➕ 보충

0.6 m

1. 소화수조 또는 저수조 : 흡수관투입구 또는 채수구
   지하에 설치하는 소화용수설비의 흡수관투입구
   그 한변이 **0.6 m** 이상이거나 직경이 **0.6 m** 이상인 것으로 하고, 소요수량이 80 m³ 미만인 것은 1개 이상, 80 m³ 이상인 것은 2개 이상을 설치해야 하며, "흡수관투입구"라고 표시한 표지를 할 것
2. 제연설비
   제연경계의 폭이 **0.6 m** 이상, 수직거리는 2 m 이내
3. 이산화탄소, 할론, 분말소화설비 국소방출방식의 방호공간 정의
   방호대상물의 각부분으로부터 **0.6 m**의 거리에 따라 둘러싸인 공간

4. 자탐설비의 연기감지기 설치기준

　감지기는 벽 또는 보로부터 **0.6 m** 이상 떨어진 곳에 설치

5. 광전식 분리형 감지기

　광축(송광면과 수광면의 중심을 연결한 선)은 나란한 벽으로부터 **0.6 m** 이상 떨어진 곳에 설치

6. 공동주택의 스프링클러설비 설치기준

　외벽에 설치된 창문에서 **0.6 m** 이내에 스프링클러헤드를 배치하고, 배치된 헤드의 수평거리 이내에 창문이 모두 포함되도록 할 것. 다만 다음 어느 하나에 해당하는 경우에는 그렇지 않다.

　가. 창문에 드렌처설비가 설치된 경우

　나. 창문과 창문 사이의 수직부분이 내화구조로 90 cm 이상 이격되어 있거나, 「발코니 등의 구조변경절차 및 설치기준」 제4조 제1항부터 제5항까지에서 정하는 구조와 성능의 방화판 또는 방화유리창을 설치한 경우

　다. 발코니가 설치된 부분

⑩ **정온식 감지선형 감지기의 설치기준**　**암기** 선10 5평 케이블 창고 분전반

① 보조**선**이나 고정금구를 사용하여 감지선이 늘어지지 않도록 설치할 것

② 단자부와 마감 고정금구와의 설치간격은 **10 cm** 이내로 설치할 것

③ 감지선형 감지기의 굴곡반경은 **5 cm** 이상으로 할 것

④ 감지기와 감지구역의 각 부분과의 수**평**거리가 내화구조의 경우 1종 **4.5 m** 이하, 2종 **3 m** 이하로 할 것. 기타 구조의 경우 1종 **3 m** 이하, 2종 **1 m** 이하로 할 것

⑤ **케이블**트레이에 감지기를 설치하는 경우에는 케이블트레이 받침대에 마감금구를 사용하여 설치할 것

⑥ 지하구나 **창고**의 천장 등에 지지물이 적당하지 않은 장소에서는 보조선을 설치하고 그 보조선에 설치할 것

⑦ **분전반** 내부에 설치하는 경우 접착제를 이용하여 돌기를 바닥에 고정시키고 그곳에 감지기를 설치할 것

⑧ 그 밖의 설치방법은 형식승인 내용에 따르며 형식승인 사항이 아닌 것은 제조사의 시방서에 따라 설치할 것

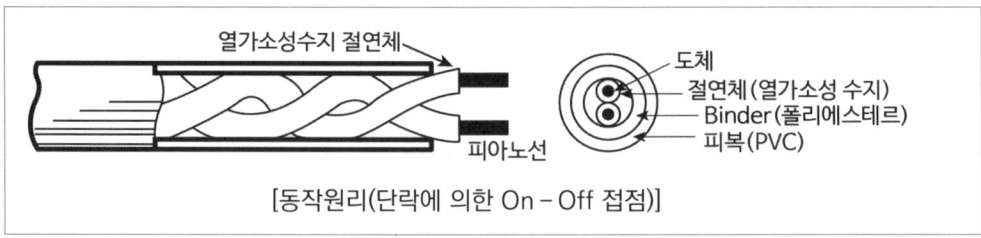

(11) **불꽃감지기의 설치기준** 암기 공포 모천수

① **공**칭감시거리 및 공칭시야각은 형식승인 내용에 따를 것

② 감지기는 공칭감시거리와 공칭시야각을 기준으로 감시구역이 모두 **포**용될 수 있도록 설치할 것

③ 감지기는 화재감지를 유효하게 감지할 수 있는 **모**서리 또는 벽 등에 설치할 것

④ 감지기를 **천**장에 설치하는 경우에는 감지기는 바닥을 향하여 설치할 것

⑤ **수**분이 많이 발생할 우려가 있는 장소에는 방수형으로 설치할 것

⑥ 그 밖의 설치기준은 형식승인 내용에 따르며 형식승인 사항이 아닌 것은 제조사의 시방서에 따라 설치할 것

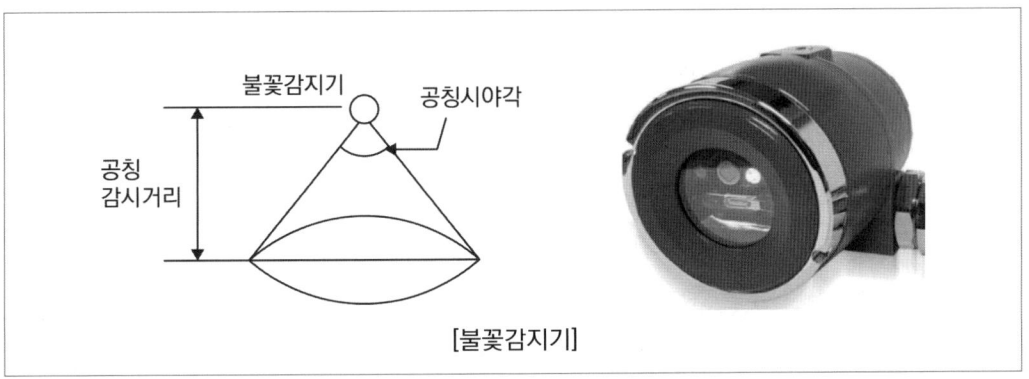

[불꽃감지기]

(12) **광전식 분리형 감지기의 설치기준** 암기 노길라 송수

① 감지기의 **수**광면은 햇빛을 직접 받지 않도록 설치할 것

② 광축(송광면과 수광면의 중심을 연결한 선)은 **나**란한 벽으로부터 0.6 m 이상 이격하여 설치할 것

③ 감지기의 **송**광부와 수광부는 설치된 뒷벽으로부터 1 m 이내의 위치에 설치할 것

④ 광축의 **높**이는 천장 등(천장의 실내에 면한 부분 또는 상층의 바닥하부면을 말한다) 높이의 80 % 이상일 것

⑤ 감지기의 광축의 **길**이는 공칭감시거리 범위 이내일 것

⑥ 그 밖의 설치기준은 형식승인 내용에 따르며 형식승인 사항이 아닌 것은 제조사의 시방서에 따라 설치할 것

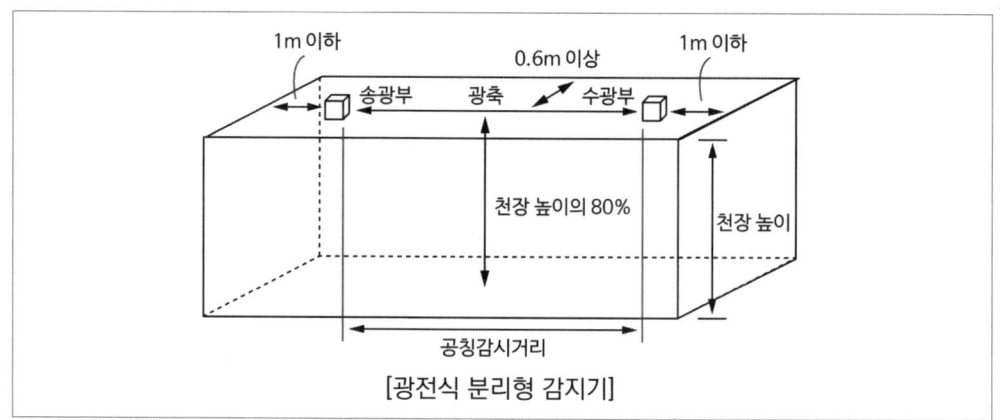

1m 이하　　　0.6m 이상　　　1m 이하

송광부　광축　수광부

천장 높이의 80%

천장 높이

공칭감시거리

[광전식 분리형 감지기]

⒀ 광전식 분리형 감지기 또는 불꽃감지기를 설치하거나 광전식 공기흡입형 감지기를 설치할 수 있는 장소

① 화학공장·격납고·제련소 등 : 광전식 분리형 감지기 또는 불꽃감지기. 이 경우 각 감지기의 공칭감시거리 및 공칭시야각 등 감지기의 성능을 고려해야 한다.

② 전산실 또는 반도체 공장 등 : 광전식 공기흡입형 감지기. 이 경우 설치장소·감지면적 및 공기흡입관의 이격거리 등은 형식승인 내용에 따르며, 형식승인 사항이 아닌 것은 제조사의 시방서에 따라 설치해야 한다.

⒁ 감지기의 설치 제외 장소　　**암기** 부목고프 허파먼천

① **천**장 또는 반자의 높이가 20 m 이상인 장소. 다만 감지기로서 부착 높이에 따라 적응성이 있는 장소는 제외한다.

② **헛**간 등 외부와 기류가 통하는 장소로서 감지기에 따라 화재 발생을 유효하게 감지할 수 없는 장소

③ **부**식성가스가 체류하고 있는 장소

④ **고**온도 및 저온도로서 감지기의 기능이 정지되기 쉽거나 감지기의 유지관리가 어려운 장소

⑤ **목**욕실·욕조나 샤워시설이 있는 화장실·기타 이와 유사한 장소

⑥ **파**이프덕트 등 그 밖의 이와 비슷한 것으로서 2개 층마다 방화구획된 것이나 수평단면적이 5 m² 이하인 것

⑦ **먼**지·가루 또는 수증기가 다량으로 체류하는 장소 또는 주방 등 평상시 연기가 발생하는 장소(연기감지기에 한한다)

⑧ **프**레스공장·주조공장 등 화재 발생의 위험이 적은 장소로서 감지기의 유지관리가 어려운 장소

⒂ 연기감지기를 설치할 수 없는 경우의 설치장소별 감지기 적응성

설치장소		적응 열감지기								열아날로그식	불꽃감지기	비고
		차동식 스포트형		차동식 분포형		보상식 스포트형		정온식				
환경상태	적응장소	1종	2종	1종	2종	1종	2종	특종	1종			
1. 먼지 또는 미분 등이 다량으로 체류하는 장소	쓰레기장, 하역장, 도장실, 섬유·목재·석재 등 가공 공장	○	○	○	○	○	○	○	×	○	○	1. 불꽃감지기에 따라 감시가 곤란한 장소는 적응성이 있는 열감지기를 설치할 것 2. 차동식 분포형 감지기를 설치하는 경우에는 검출부에 먼지, 미분 등이 침입하지 않도록 조치할 것 3. 차동식 스포트형 감지기 또는 보상식 스포트형 감지기를 설치 하는 경우에는 검출부에 먼지, 미분 등이 침입하지 않도록 조치할 것 4. 섬유, 목재가공 공장 등 화재 확대가 급속하게 진행될 우려 가 있는 장소에 설치하는 경우, 정온식 감지기는 특종으로 설치할 것. 공칭작동 온도 75 ℃ 이하, 열아날로그식 스포트형 감지기는 화재표시 설정은 80 ℃ 이하가 되도록 할 것
2. 수증기가 다량으로 머무는 장소	증기세정실, 탕비실, 소독실 등	×	×	×	○	×	○	○	○	○	○	1. 차동식 분포형 감지기 또는 보상식 스포트형 감지기는 급격한 온도변화가 없는 장소에 한하여 사용할 것 2. 차동식 분포형 감지기를 설치하는 경우에는 검출부에 수증기가 침입하지 않도록 조치할 것 3. 보상식 스포트형 감지기, 정온식 감지기 또는 열아날로그식 감지기를 설치하는 경우에는 방수형으로 설치할 것 4. 불꽃감지기를 설치할 경우 방수형으로 할 것

설치장소		적응 열감지기								열아날로그식	불꽃감지기	비고
환경상태	적응장소	차동식 스포트형		차동식 분포형		보상식 스포트형		정온식				
		1종	2종	1종	2종	1종	2종	특종	1종			
3. 부식성 가스가 발생할 우려가 있는 장소	도금공장, 축전지실, 오수처리장 등	×	×	○	○	○	○	○	×	○	○	1. 차동식 분포형 감지기를 설치하는 경우에는 감지부가 피복되어 있고 검출부가 부식성가스에 영향을 받지 않는 것 또는 검출부에 부식성가스가 침입하지 않도록 조치할 것 2. 보상식 스포트형 감지기, 정온식 감지기 또는 열아날로그식 스포트형 감지기를 설치하는 경우에는 부식성가스의 성상에 반응하지 않는 내산형 또는 내알칼리형으로 설치할 것
4. 주방, 기타 평상시에 연기가 체류하는 장소	주방, 조리실, 용접작업장 등	×	×	×	×	×	×	○	○	○	○	1. 주방, 조리실 등 습도가 많은 장소에는 방수형 감지기를 설치할 것 2. 불꽃감지기는 UV/IR형을 설치할 것
5. 현저하게 고온으로 되는 장소	건조실, 살균실, 보일러실, 주조실, 영사실, 스튜디오	×	×	×	×	×	×	○	○	○	×	−
6. 배기가스가 다량으로 체류하는 장소	주차장, 차고, 화물취급소 차로, 자가발전실, 트럭 터미널, 엔진시험실	○	○	○	○	○	○	×	×	○	○	1. 불꽃감지기에 따라 감시가 곤란한 장소는 적응성이 있는 열감지기를 설치할 것 2. 열아날로그식 스포트형 감지기는 화재표시 설정이 60 ℃ 이하가 바람직하다.

설치장소		적응 열감지기										비고
		차동식 스포트형		차동식 분포형		보상식 스포트형		정온식		열아날로그식	불꽃감지기	
환경상태	적응장소	1종	2종	1종	2종	1종	2종	특종	1종			
7. 연기가 다량으로 유입할 우려가 있는 장소	음식물배급실, 주방전실, 주방 내 식품저장실, 음식물운반용 엘리베이터, 주방주변의 복도 및 통로, 식당 등	○	○	○	○	○	○	○	○	○	×	1. 고체연료 등 가연물이 수납되어 있는 음식물 배급실, 주방전실에 설치하는 정온식 감지기는 특종으로 설치할 것 2. 주방주변의 복도 및 통로, 식당 등에는 정온식 감지기를 설치하지 않을 것 3. 제1호 및 제2호의 장소에 열아날로그식 스포트형 감지기를 설치하는 경우에는 화재표시 설정을 60 ℃ 이하로 할 것
8. 물방울이 발생하는 장소	스레트 또는 철판으로 설치한 지붕 창고·공장, 패키지형 냉각기전용 수납실, 밀폐된 지하창고, 냉동실 주변 등	×	×	○	○	○	○	○	○	○	○	1. 보상식 스포트형 감지기, 정온식 감지기 또는 열아날로그식 스포트형 감지기를 설치하는 경우에는 방수형으로 설치할 것 2. 보상식 스포트형 감지기는 급격한 온도변화가 없는 장소에 한하여 설치할 것 3. 불꽃감지기를 설치하는 경우에는 방수형으로 설치할 것
9. 불을 사용하는 설비로서 불꽃이 노출되는 장소	유리공장, 용선로가 있는 장소, 용접실, 주방, 작업장, 주조실 등	×	×	×	×	×	×	○	○	○	×	–

[비고]
1. "○"는 당해 설치장소에 적응하는 것을 표시, "×"는 해당 설치장소에 적응하지 않는 것을 표시
2. 차동식 스포트형, 차동식 분포형 및 보상식 스포트형 1종은 감도가 예민하기 때문에 비화재보 발생은 2종에 비해 불리한 조건이라는 것을 유의할 것
3. 차동식 분포형 3종 및 정온식 2종은 소화설비와 연동하는 경우에 한해서 사용할 것
4. 다신호식 감지기는 그 감지기가 가지고 있는 종별, 공칭작동온도별로 따르지 말고 상기 표에 따른 적응성이 있는 감지기로 할 것

PART 02

⑯ 일시적으로 발생한 열·연기 또는 먼지 등으로 인하여 화재 신호를 발신할 우려가 있는 장소에 적응성 있는 감지기

설치장소 환경상태	적응장소	적응 열감지기 차동식스포트형	차동식분포형	보상식스포트형	정온식	열아날로그식	적응 연기감지기 이온화식스포트형	광전식스포트형	이온아날로그식스포트형	광전아날로그식스포트형	광전식분리형	광전아날로그식분리형	불꽃감지기	비고
1. 흡연에 의해 연기가 체류하며 환기가 되지 않는 장소	회의실, 응접실, 휴게실, 노래연습실, 오락실, 다방, 음식점, 대합실, 카바레 등의 객실, 집회장, 연회장 등	○	○	○	-	-	-	◎	-	◎	○	○	-	-
2. 취침시설로 사용하는 장소	호텔 객실, 여관, 수면실 등	-	-	-	-	-	◎	◎	◎	◎	○	○	-	-
3. 연기 이외의 미분이 떠다니는 장소	복도, 통로 등	-	-	-	-	-	◎	◎	◎	◎	○	○	○	-
4. 바람에 영향을 받기 쉬운 장소	로비, 교회, 관람장, 옥탑에 있는 기계실	-	○	-	-	-	-	◎	-	◎	○	○	○	
5. 연기가 멀리 이동해서 감지기에 도달하는 장소	계단, 경사로	-	-	-	-	-	-	○	-	○	○	○	-	광전식 스포트형 감지기 또는 광전아날로그식스포트형 감지기를 설치하는 경우에는 당해 감지기회로에 축적기능을 갖지 않는 것으로 할 것
6. 훈소화재의 우려가 있는 장소	전화기기실, 통신기기실, 전산실, 기계제어실	-	-	-	-	-	-	○	-	○	○	○	-	-

| 7. 넓은 공간으로 천장이 높아 열 및 연기가 확산하는 장소 | 체육관, 항공기 격납고, 높은 천장의 창고·공장, 관람석 상부 등 감지기 부착 높이가 8 m 이상의 장소 | - | ○ | - | - | - | - | - | - | - | ○ | ○ | ○ | - |

[비고]

1. "○"는 당해 설치장소에 적응하는 것을 표시
2. "◎" 당해 설치장소에 연감지기를 설치하는 경우에는 당해 감지회로에 축적기능을 갖는 것을 표시
3. 차동식 스포트형, 차동식 분포형, 보상식 스포트형 및 연기식(당해 감지기회로에 축적 기능을 갖지 않는 것) 1종은 감도가 예민하기 때문에 비화재보 발생은 2종에 비해 불리한 조건이라는 것을 유의할 것
4. 차동식 분포형 3종 및 정온식 2종은 소화설비와 연동하는 경우에 한해서 사용 할 것
5. 광전식 분리형 감지기는 평상시 연기가 발생하는 장소 또는 공간이 협소한 경우에는 적응성이 없음
6. 넓은 공간으로 천장이 높아 열 및 연기가 확산하는 장소로서 차동식 분포형 또는 광전식 분리형 2종을 설치하는 경우에는 제조사의 사양에 따를 것
7. 다신호식 감지기는 그 감지기가 가지고 있는 종별, 공칭작동온도별로 따르고 표에 따른 적응성이 있는 감지기로 할 것
8. 축적형 감지기 또는 축적형 중계기 혹은 축적형 수신기를 설치하는 경우에는 2.4에 따를 것

6) 음향장치 및 시각경보장치

(1) 층수가 11층(공동주택의 경우에는 16층) 이상의 특정소방대상물의 경보방식

발화층	경보
2층 이상	발화층 및 그 직상 4개 층
1층	발화층·그 직상 4개 층 및 지하층
지하층	발화층·그 직상층 및 기타의 지하층

(2) 음향장치의 구조 및 성능

① 정격전압의 80 % 전압에서 음향을 발할 수 있는 것으로 할 것. 다만 건전지를 주전원으로 사용하는 음향장치는 그렇지 않다.

② 음향의 크기는 부착된 음향장치의 중심으로부터 1 m 떨어진 위치에서 90 dB 이상이 되는 것으로 할 것

③ 감지기 및 발신기의 작동과 연동하여 작동할 수 있는 것으로 할 것

➕ 보충

dB(데시벨)

SP, 간이SP 화재조기진압용 고체에어로졸	**음향장치의 구조 및 성능** 가. 정격전압의 80 % 전압에서 음향을 발할 수 있는 것으로 할 것 나. 음향의 크기는 부착된 음향장치의 중심으로부터 1 m 떨어진 위치에서 **90 dB** 이상이 되는 것으로 할 것
비상경보설비 및 단독경보형 감지기	비상벨설비 또는 자동식 사이렌설비 설치기준 1) 음향장치는 정격전압의 80 % 전압에서도 음향을 발할 수 있도록 해야 한다. 다만 건전지를 주전원으로 사용하는 음향장치는 그렇지 않다. 2) 음향장치의 음향의 크기는 부착된 음향장치의 중심으로부터 1 m 떨어진 위치에서 음압이 **90 dB** 이상이 되는 것으로 해야 한다.
자탐설비 및 시각경보장치	음향장치의 구조 및 성능 1) 정격전압의 80 % 전압에서 음향을 발할 수 있는 것으로 할 것. 다만 건전지를 주전원으로 사용하는 음향장치는 그렇지 않다. 2) 음향의 크기는 부착된 음향장치의 중심으로부터 1 m 떨어진 위치에서 **90 dB** 이상이 되는 것으로 할 것
가스누설경보기	가연성가스 경보기 1) 분리형 경보기의 수신부 설치기준 　가스누설 경보음향의 크기는 수신부로부터 1 m 떨어진 위치에서 음압이 **70 dB** 이상일 것 2) 단독형 경보기 설치기준 　가스누설 경보음향장치는 수신부로부터 1 m 떨어진 위치에서 음압이 **70 dB** 이상일 것 **일산화탄소경보기** 1) 분리형 경보기의 수신부 설치기준 　가스누설 경보음향의 크기는 수신부로부터 1 m 떨어진 위치에서 음압이 70 dB 이상일 것 2) 단독형 경보기 설치기준 　가스누설 경보음향장치는 수신부로부터 1 m 떨어진 위치에서 음압이 **70 dB** 이상일 것
화재알림설비	1) 화재알림형 감지기 설치기준 　동작된 감지기는 자체 내장된 음향장치에 의하여 경보를 발하여야 하며, 음압은 부착된 화재알림형 감지기의 중심으로부터 1 m 떨어진 위치에서 **85 dB** 이상 되어야 한다. 2) 화재알림형 비상경보장치의 구조 및 성능 　① 정격전압의 80 % 전압에서 음압을 발할 수 있는 것으로 할 것. 다만 건전지를 주전원으로 사용하는 화재알림형 비상경보장치는 그렇지 않다. 　② 음압은 부착된 화재알림형 비상경보장치의 중심으로부터 1 m 떨어진 위치에서 **90 dB** 이상이 되는 것으로 할 것

도로터널	비상경보설비 설치기준 음향장치의 음량은 부착된 음향장치의 중심으로부터 1 m 떨어진 위치에서 **90 dB** 이상이 되도록 하고, 음향장치는 터널 내부 전체에 동시에 경보를 발 하도록 설치할 것
건설현장 화재안전성능 기준	비상경보장치의 성능 및 설치기준 3. 경종의 음량은 부착된 음향장치의 중심으로부터 1 미터 떨어진 위치에서 **100 데시벨** 이상이 되는 것으로 설치해야 한다.

(3) 시각경보장치의 설치기준

① 복도·통로·청각장애인용 객실 및 공용으로 사용하는 거실(로비, 회의실, 강의실, 식당, 휴게실, 오락실, 대기실, 체력단련실, 접객실, 안내실, 전시실, 기타 이와 유사한 장소)에 설치하며, 각 부분으로부터 유효하게 경보를 발할 수 있는 위치에 설치할 것

② 공연장·집회장·관람장 또는 이와 유사한 장소에 설치하는 경우에는 시선이 집중되는 무대부 부분 등에 설치할 것

③ 설치높이는 바닥으로부터 2 m 이상 2.5 m 이하의 장소에 설치할 것. 다만 천장의 높이가 2 m 이하인 경우에는 천장으로부터 0.15 m 이내의 장소에 설치해야 한다.

④ 시각경보장치의 광원은 전용의 축전지설비 또는 전기저장장치(외부 전기에너지를 저장해두었다가 필요한 때 전기를 공급하는 장치)에 의하여 점등되도록 할 것. 다만 시각경보기에 작동전원을 공급할 수 있도록 형식승인을 얻은 수신기를 설치한 경우에는 그렇지 않다.

7) 발신기

(1) 조작이 쉬운 장소에 설치하고, 스위치는 바닥으로부터 0.8 m 이상 1.5 m 이하의 높이에 설치할 것

(2) 특정소방대상물의 층마다 설치하되, 해당 층의 각 부분으로부터 하나의 발신기까지의 수평거리가 25 m 이하가 되도록 할 것. 다만 복도 또는 별도로 구획된 실로서 보행거리가 40 m 이상일 경우에는 추가로 설치해야 한다.

(3) "(2)"에도 불구하고 "(2)"의 기준을 초과하는 경우로서 기둥 또는 벽이 설치되지 아니한 대형공간의 경우 발신기는 설치대상 장소의 가장 가까운 장소의 벽 또는 기둥 등에 설치할 것

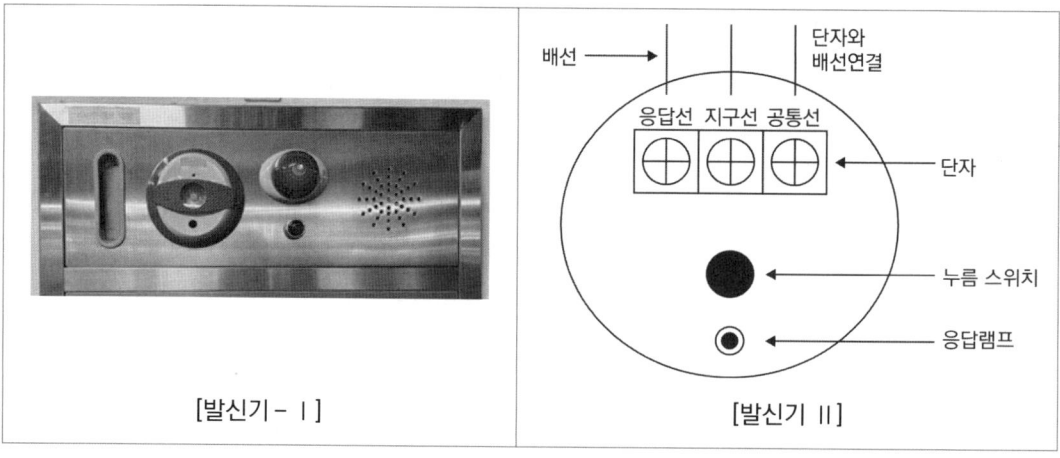

[발신기 – Ⅰ] [발신기 Ⅱ]

[문제] 다음의 도면은 지하 1층, 지상 9층(연면적 3,900 m²)인 건축물에 설치된 자동화재탐지설비의 계통도이다. 간선의 전선 가닥수와 각 전선의 용도 및 가닥수를 답안 작성 예시와 같이 작성하시오. (다만 경종과 표시등공통선을 같이 하였으며, 화재로 인하여 하나의 층의 지구음향장치 배선이 단락되어도 다른 층의 화재 통보에 지장이 없도록 각 층의 배선상에 유효한 조치를 하였음)

[답안 작성 예시]

번호	가닥수	전선의 가닥수
⑪	10	응답선(2), 지구선(2), 공통선(2), 경종선(2), 경종표시등공통선(2)

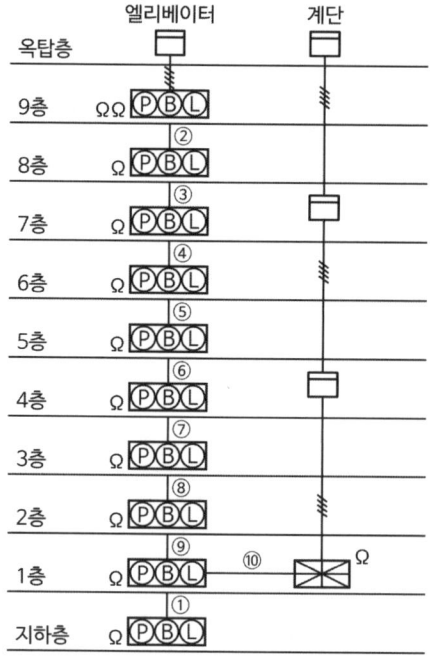

번호	가닥수	전선의 사용용도(가닥수)
①	6	회로선(1), 공통선(1), 응답선(1), 경종선(1), 표시등선(1), 경종 및 표시등공통선(1)
②	7	회로선(2), 공통선(1), 응답선(1), 경종선(1), 표시등선(1), 경종 및 표시등공통선(1)
③	8	회로선(3), 공통선(1), 응답선(1), 경종선(1), 표시등선(1), 경종 및 표시등공통선(1)
④	9	회로선(4), 공통선(1), 응답선(1), 경종선(1), 표시등선(1), 경종 및 표시등공통선(1)
⑤	10	회로선(5), 공통선(1), 응답선(1), 경종선(1), 표시등선(1), 경종 및 표시등공통선(1)
⑥	11	회로선(6), 공통선(1), 응답선(1), 경종선(1), 표시등선(1), 경종 및 표시등공통선(1)
⑦	12	회로선(7), 공통선(1), 응답선(1), 경종선(1), 표시등선(1), 경종 및 표시등공통선(1)
⑧	14	회로선(8), 공통선(2), 응답선(1), 경종선(1), 표시등선(1), 경종 및 표시등공통선(1)
⑨	15	회로선(9), 공통선(2), 응답선(1), 경종선(1), 표시등선(1), 경종 및 표시등공통선(1)
⑩	17	회로선(11), 공통선(2), 응답선(1), 경종선(1), 표시등선(1), 경종 및 표시등공통선(1)

※ 11층 이상인 특정소방대상물이 아니기 때문에 일제경보방식이며, 화재로 인하여 하나의 층의 지구음향장치 배선이 단락이 되어도 다른 층의 화재통보에 지장이 없도록 각 층 배선상에 유효한 조치를 하였기 때문에 경종선은 추가되지 않는다.

※ 예시의 용도로 꼭 표시하여야 한다.

암기 회공응경표 경표공

8) 배선

(1) 전원회로의 배선은 「옥내소화전설비의 화재안전기술기준(NFTC 102)」에 따른 내화배선에 따르고, 그 밖의 배선(감지기 상호 간 또는 감지기로부터 수신기에 이르는 감지기회로의 배선을 제외한다)은 「옥내소화전설비의 화재안전기술기준(NFTC 102)」에 따른 내화배선 또는 내열배선에 따를 것

(2) **감지기 상호 간 또는 감지기로부터 수신기에 이르는 감지기회로의 배선은 다음 기준에 따라 설치할 것**

① 아날로그식, 다신호식 감지기나 R형 수신기용으로 사용되는 것은 전자파 방해를 받지 않는 실드선 등을 사용해야 하며, 광케이블의 경우에는 전자파 방해를 받지 아니하고 내열성능이 있는 경우 사용할 것. 다만 전자파 방해를 받지 않는 방식의 경우에는 그렇지 않다.

② "①" 외의 일반배선을 사용할 때는 「옥내소화전설비의 화재안전기술기준(NFTC 102)」에 따른 내화배선 또는 내열배선으로 사용할 것

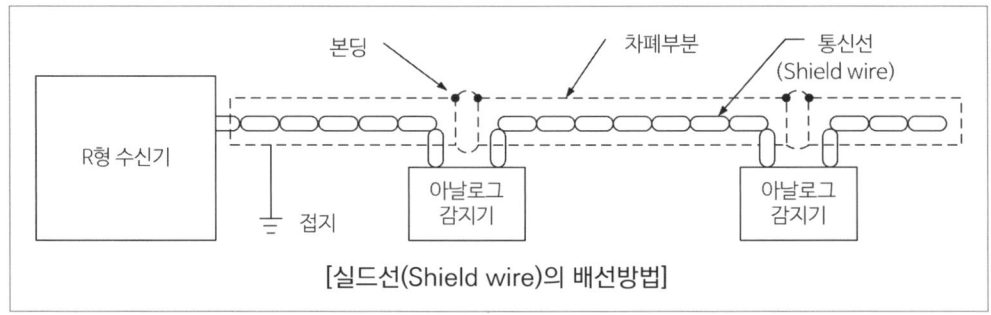

[실드선(Shield wire)의 배선방법]

(3) 종단저항의 설치기준

① 점검 및 관리가 쉬운 장소에 설치할 것

② 전용함을 설치하는 경우 그 설치높이는 바닥으로부터 1.5 m 이내로 할 것

③ 감지기회로의 끝부분에 설치하며, 종단감지기에 설치할 경우에는 구별이 쉽도록 해당 감지기의 기판 및 감지기 외부 등에 별도의 표시를 할 것

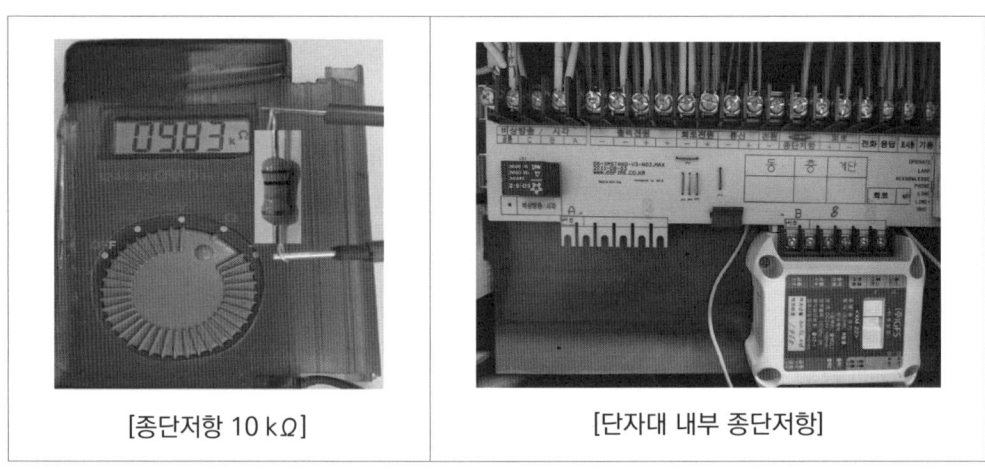

[종단저항 10 kΩ]   [단자대 내부 종단저항]

(4) 감지기 사이의 회로 배선은 송배선식으로 할 것

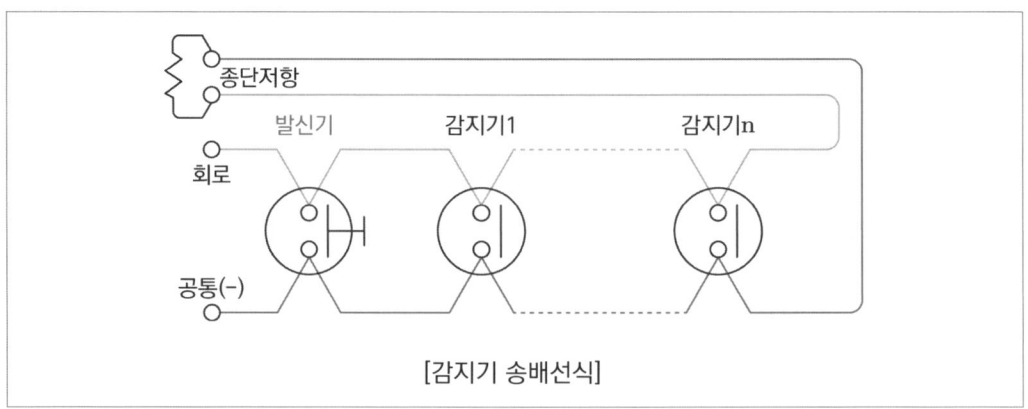

[감지기 송배선식]

⑸ 전원회로의 전로와 대지 사이 및 배선 상호 간의 절연저항은 「전기사업법」에 따른 「전기설비기술기준」이 정하는 바에 의하고, 감지기회로 및 부속회로의 전로와 대지 사이 및 배선 상호 간의 절연저항은 1경계구역마다 직류 250 V의 절연저항측정기를 사용하여 측정한 절연저항이 0.1 MΩ 이상이 되도록 할 것

⑹ 자동화재탐지설비의 배선은 다른 전선과 별도의 관·덕트(절연효력이 있는 것으로 구획한 때에는 그 구획된 부분은 별개의 덕트로 본다)·몰드 또는 풀박스 등에 설치할 것. 다만 60 V 미만의 약 전류회로에 사용하는 전선으로서 각각의 전압이 같을 때에는 그렇지 않다.

⑺ P형 수신기 및 G.P형 수신기의 감지기회로의 배선에 있어서 하나의 공통선에 접속할 수 있는 경계구역은 7개 이하로 할 것

⑻ 자동화재탐지설비의 감지기회로 전로저항은 50 Ω 이하가 되도록 해야 하며, 수신기의 각 회로별 종단에 설치되는 감지기에 접속되는 배선의 전압은 감지기 정격전압의 80 % 이상이어야 할 것

3 P형 수신기의 구조원리

1) P형 수신기에서 표시등의 종류 및 기능

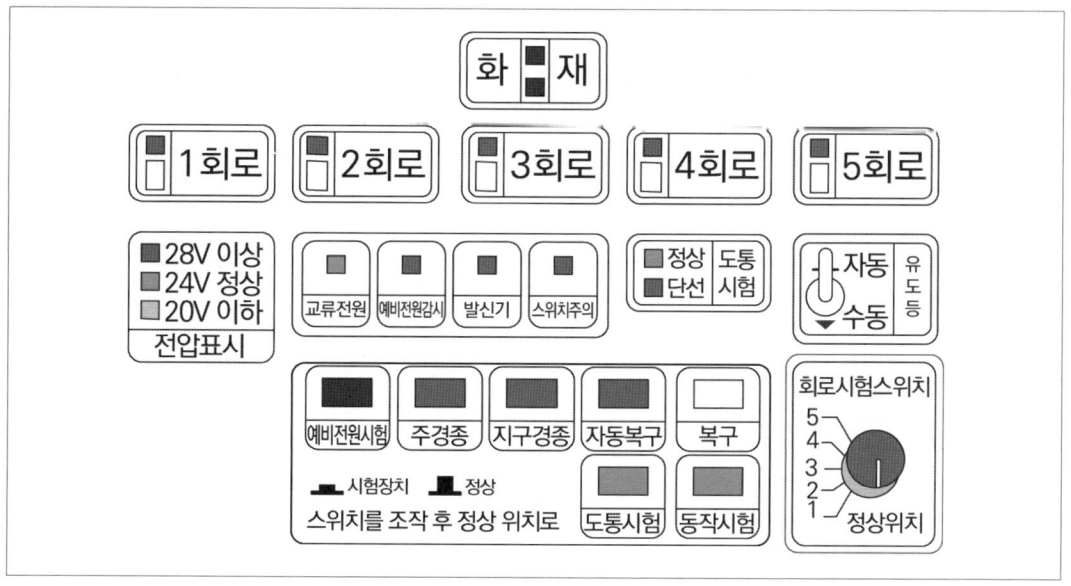

(1) 화재표시등

수신기 전면 상단에 설치된 대표 화재 발생 표시등

(2) 지구(회로)표시등

감지기 또는 발신기의 해당 경계구역 표시등

(3) 발신기작동표시등

발신기가 동작되었을 때 점등 표시등

(4) 전압상태표시등

상용전원 및 예비전원의 전압을 표시하는 것으로 평상시에는 상용전원의 상태를 표시하며, 예비전원으로 전환 시에는 예비전원의 상태를 표시등

(5) 교류전원표시등

교류전원(AC 220 V) 사용 시 점등되는 표시등

(6) 예비전원표시등

예비전원의 문제 발생 시 점등되는 표시등

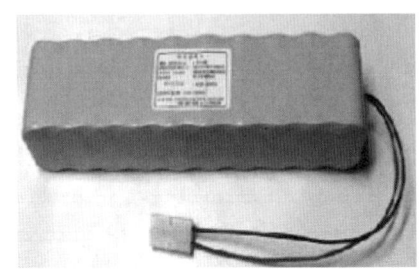
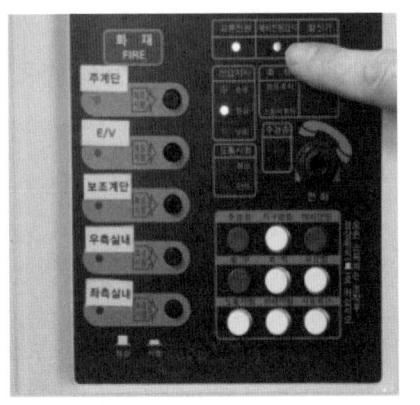

예비전원감시등이 점등된 경우는 예비전원 연결소켓이 분리되었거나 예비전원이 원인이다

출처 : 소방안전원

[예비전원 표시등 점등]

(7) 축적표시등

축적위치에 있을 때 점등되는 표시등

(8) 도통상태표시등

회로의 도통시험 시 단선유무를 확인하기 위한 표시등(정상, 단선)

(9) 스위치주의표시등

정상작동 스위치를 Off시켰을 때 점등되는 표시등(자동복구·도통·작동·주경종정지·지구경종정지 등의 Off일 때 점등)

2) P형 수신기에서 조작스위치의 종류 및 기능

(1) 주경종정지스위치

감지기나 발신기의 동작 시 주경종이 울리지 않도록 하는 스위치

(2) 지구경종정지스위치

해당 지구에 설치된 경종이 울리지 않도록 하는 스위치

(3) 도통시험스위치

감지기회로의 도통시험을 위한 스위치로서 스위치를 누른 후 회로선택스위치를 돌려가며 도통상태 표시등을 보면서 점검

(4) 작동시험스위치

수신기의 작동상태를 점검하기 위한 스위치로서 스위치를 누른 후 회로선택스위치를 순차적으로 돌려가며 화재표시등, 해당지구표시등, 주음향장치·지구음향장치작동 등이 정상적으로 작동하는지를 점검

(5) 자동복구스위치

신호가 수신될 때만 표시등 및 경보장치가 작동하도록 하는 스위치로서 신호가 들어오지 않으면 자동적으로 복구된다. 자동복구스위치를 누른 상태에서 자동시험을 하면 회로가 선택될 때만 표시등 및 음향장치가 작동되고 다음 회로로 돌리면 그 이전 회로는 복구된다. 그리고 감지기등의 동작 시에 수신기표시등 및 음향장치가 작동되고 다시 감지기 복구 시에 표시등 및 음향장치가 멈추기 때문에 각감지기의 도통상태를 점검하는 데 용이하다.

(6) 복구스위치

감지기와 발신기에서 들어오는 신호를 수신기 대기상태(초기상태)로 만드는 스위치로서 수신기의 감지기 동작 시 지구표시등과 음향장치가 작동상태에 있을 때 복구스위치를 누르면 대기 상태로 인식하게 되므로 신호가 계속 들어오면 다시 표시등과 음향장치가 작동되며, 신호가 들어오지 않으면 작동을 멈추게 된다.

(7) 회로선택스위치

도통·작동시험 시 각 회로를 선택하는 스위치

4 P형 수신기의 구조원리

1) 화재표시작동시험

   (1) **시험목적** : 지구표시등, 화재표시등 점등, 음향장치의 명동 확인

   (2) **시험방법**

     ① 수신기 스위치 중 "동작시험스위치 + 자동복구스위치" 누름

     ② 회로선택스위치를 차례로 회전시켜 회로마다 화재표시 작동시험 확인

   (3) **가부판정** : 화재표시등 및 지구표시등 점등 여부, 음향장치 작동 여부, 회로 연결상태 정상 확인

2) 예비전원시험

   (1) **시험목적** : 정전 시 상용전원에서 예비전원 자동절환 여부 확인 및 정상상태 복구 시 예비전원에서 상용전원으로 자동절환 여부 확인

   (2) **시험방법**

     ① 수신기 스위치 중 "예비전원 스위치" 누름

     ② 전압계 지시 및 전원표시 절환 여부 확인(예비전원 표시 및 예비전원등 점등 확인)

   (3) **가부판정** : 전압 DC 24 V 지시 시 정상

3) 동시작동시험(회로수가 2회선 이상)

   (1) **시험목적** : 2회로 이상 동작 시 수신기 기능의 정상 여부 확인

   (2) **시험방법**

     ① 수신기 스위치 중 "동작시험 스위치" 누름

     ② 회로선택스위치 이용하여 2회로 동시작동시킴

   (3) **가부판정** : 회선 동시 작동 시 수신기 기능이 정상적이어야 함

4) 회로도통시험

   (1) **시험목적** : 감지기회로의 단선, 단락 및 접속 상태의 이상 유무 확인

   (2) **시험방법**

     ① 수신기 스위치 중 "도통시험 스위치" 누름

     ② 회로 선택스위치를 회전시킴

     ③ 각 회선의 계기 지시상태, 종단저항 접속 여부 확인

(3) 가부판정

① 전압계 4 - 8 V 지시 : 정상[녹색]

② 전압계 0 V 지시 : 단선[적색]

5) 공통선시험

(1) **시험목적** : 공통선이 담당하고 있는 경계구역의 회선수 확인

(2) **시험방법**

① 수신기 내부 단자에서 공통선을 분리

② 회로 선택스위치를 회전시켜 단선 표시되는 회선수를 파악

(3) **가부판정** : 단선 표시되는 회선수가 7회선 이하이면 정상

6) 절연저항시험

(1) **시험목적** : 절연저항계를 이용하여 수신기회로와 외함등의 저항값을 확인

(2) **시험방법**

수신기의 전원을 차단한 상태에서 절연저항계를 이용하여 수신기회로와 외함 사이 전로를 측정

(3) **가부판정** : 교류 입력 측과 외함 간의 절연저항값 20 MΩ 이상이어야 함

5 P형 수신기의 구조원리

1) 상봉선원(교류전원)표시등이 소등된 경우 예상되는 원인

(1) **수신기의 점검방법**

① 수신기 본체의 커버를 연다.

② 수신기 내부의 전원스위치가 이상 유무(Off상태) 확인

③ 내부 기판에 퓨즈의 단선표시 다이오드(Led)의 점등상태 확인

④ 전류전압측정계를 이용하여 수신기 전원입력단자의 전압 확인

(2) **상용전원(교류전원)표시등이 소등된 경우 예상되는 원인**

① 수신기의 전원 퓨즈(Fuse)가 단선된 경우

② 수신기 내부의 전원스위치 "Off"된 경우

③ 수신기의 상용전원 단선된 경우

④ 수신기의 전원공급장치(Power Transformer)가 고장 난 경우

⑤ 표시램프 자체의 고장 난 경우

⑥ 수신기의 전원공급용 차단기가 Trip된 경우

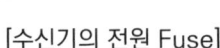

[수신기의 전원 Fuse]　　　　　　　[전원스위치]

2) 예비전원 감시등이 점등된 경우 예상되는 원인

　(1) 예비전원 퓨즈(Fuse)가 단선된 경우

　(2) 예비전원 충전부가 불량인 경우

　(3) 예비전원이 불량인 경우(축전지 자체의 고장)

　(4) 예비전원의 충전부 연결커넥터 분리/접속 불량인 경우

　(5) 예비전원이 방전되어 충전 중 상태인 경우

3) 주 화재표시등 또는 지구표시등이 미점등되는 경우 예상되는 원인

　(1) 화재표시등 또는 지구표시등(LED)의 선로가 단선인 경우

　(2) 화재표시등 또는 지구표시등(LED)자체가 고장 난 경우

　(3) 수신기 전원퓨즈(Fuse)가 단선된 경우

　(4) 수신기 내부 동작 릴레이가 불량인 경우

4) 화재표시등과 지구표시등이 점등되어 복구되지 않을 경우 예상되는 원인

　(1) 수동발신기가 동작된 경우

　(2) 감지기 자체가 불량인 경우

　(3) 감지기 선로가 단락된 경우

5) 화재표시등과 지구표시등이 정상 작동 중 주경종 또는 지구경종이 동작되지 않는 경우 예상되는 원인

(1) 주경종이 동작되지 않는 경우

① 주경종의 누름스위치가 불량인 경우

② 주경종 자체의 불량인 경우

③ 주경종 선로가 불량인 경우

④ 수신기의 주경종 출력전압(DC 24 V) 불량[릴레이 또는 기판 불량 등]인 경우

(2) 지구경종이 동작되지 않는 경우

① 지구경종의 정지스위치 누름상태인 경우

② 지구경종의 누름스위치가 불량인 경우

③ 수신기에서 지구경종 출력선이 단선인 경우

④ 수신기에서 작동 릴레이가 고장인 경우

⑤ 지구경종 자체가 불량인 경우

6 공기관식 차동식 분포형 감지기의 작동시험

1) 화재작동시험

(1) 화재작동시험의 시험목적

공기관식 감지기의 제조사 사양에 맞는 공기량을 공기주입시험기로 공급하여 작동시간 및 경계구역의 표시가 적정한지 여부를 확인하는 시험

(2) 화재작동시험의 시험방법

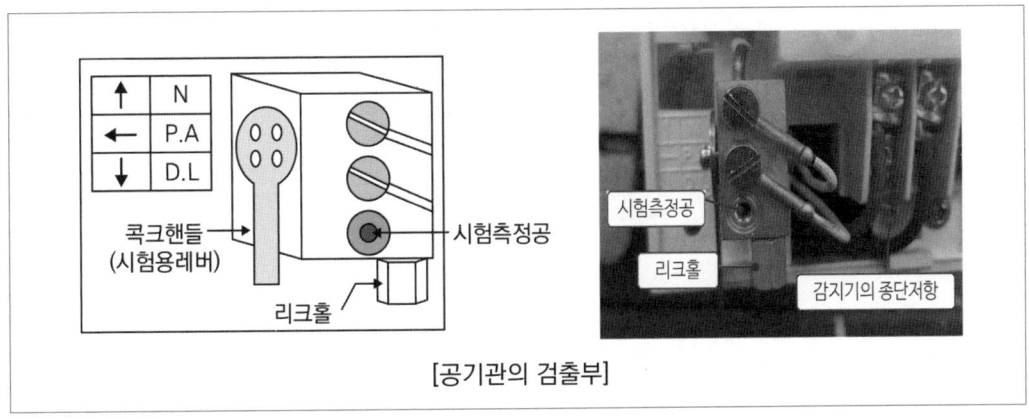

[공기관의 검출부]

① 검출부의 시험구멍에 공기주입시험기를 접속한다.

② 시험코크를 조작하여 시험위치(P·A위치)에 놓다.

③ 검출부에 표시된 공기량을 공기관에 주입한다.

④ 공기를 주입한 후 작동시간을 측정한다.

[P·A조작스위치]

[공기주입 - Ⅰ]

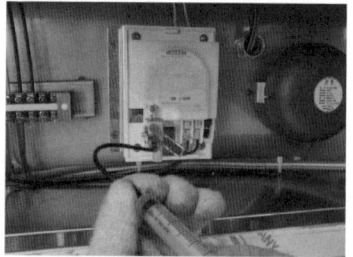
[공기주입 - Ⅱ]

(3) 화재작동시험에 따른 판정방법

　① 작동시간은 제원표 수치범위 이내일 것

　② 경계구역 표시가 수신반과 일치할 것

(4) 화재작동시간에 이상이 있는 경우

　① 기준치 이상인 경우(동작시간이 느린 경우)

　　㉠ 공기관의 누설, 폐쇄된 경우

　　㉡ 공기관의 길이가 긴 경우

　　㉢ 리크저항 값이 작은 경우(리크홀이 크다)

　　㉣ 접점수고 값이 높은 경우

　② 기준치 미달인 경우(동작시간이 빠른 경우)

　　㉠ 공기관의 길이가 짧은 경우

　　㉡ 리크저항 값이 높은 경우(리크홀이 작다)

　　㉢ 접점수고 값이 낮은 경우

2) 작동계속시험

(1) 작동계속시험의 시험목적

감지기가 작동하여 리크밸브에 의하여 공기가 누설되어 접점이 분리될 때까지의 시간을 측정하는 시험

(2) 작동계속시험의 시험방법

① 검출부의 시험구멍에 공기주입시험기를 접속한다.

② 시험코크를 조작하여 시험위치(P·A위치)에 놓는다.

③ 검출부에 표시된 공기량을 공기주입시험기로 주입한다.

④ 공기를 주입한 후 작동시간을 측정한다.

(3) 작동계속시험에 따른 판정방법

작동지속시간이 검출부에 표시된 시간 이내인지를 확인한다.

(4) 작동계속시험에 이상이 있는 경우

① 기준치 이상인 경우(지속시간이 긴 경우)

   ㉠ 공기관이 폐쇄된 경우

   ㉡ 공기관의 길이가 긴 경우

   ㉢ 리크저항 값이 큰 경우(리크홀이 작다)

   ㉣ 접점수고 값이 낮은 경우

② 기준치 미달인 경우(지속시간이 짧은 경우)

   ㉠ 공기관의 길이가 짧은 경우

   ㉡ 공기관이 누설된 경우

   ㉢ 리크저항 값이 낮은 경우(리크홀이 크다)

   ㉣ 접점수고 값이 높은 경우

3) 유통시험

(1) 유통시험의 시험목적

작동시험, 작동지속시험을 통해 확인된 공기관의 누설 또는 폐쇄 등의 이상 유무를 확인하는 시험

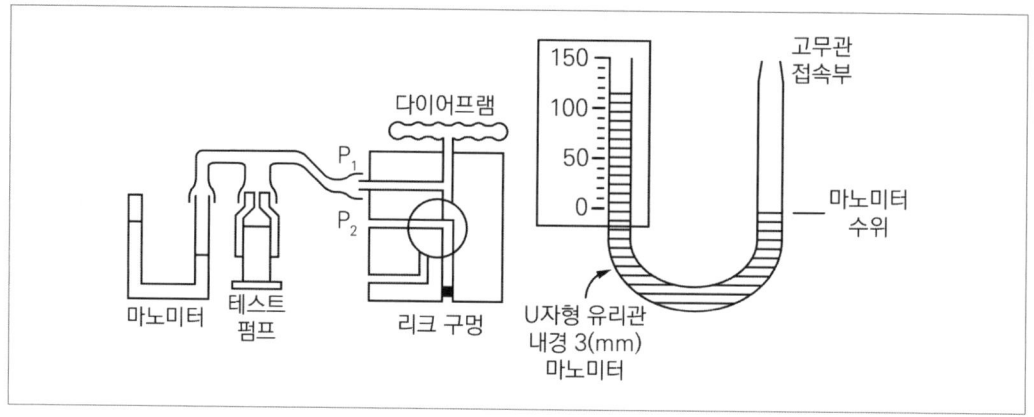

(2) 유통시험의 시험방법

① 검출부의 테스트홀에 공기주입시험기를 접속한다.

② 시험코크를 조작하여 시험위치(P·A위치)에 놓는다.

③ 시험기로 공기를 주입하고 마노미터의 높이를 약 100 mm 상승시킨 후 정지시킨다.

④ 시험기를 테스트홀에서 분리 후 마노미터의 높이가 1/2 감소될 때까지 시간을 측정하여 유통시간을 확인한다.

(3) 유통시험에 따른 판단방법

① 마노미터 높이의 감소시간이 짧은 경우 : 공기관이 누설

② 마노미터 높이의 감소시간이 긴 경우 : 공기관의 폐쇄 또는 변형

4) 접점수고시험(Diaphram시험)

(1) 접점수고시험의 시험목적

① 다이아프램의 접점 간격을 수고, 즉 물의 높이로 나타낸 것

② 다이어프램의 접점 값의 적정 여부를 확인하는 시험

접점수고 값에 따른 문제점	
접점수고 값이 규정보다 낮은 경우	감도 예민, 비화재보 발생
접점수고 값이 규정보다 높은 경우	감도 둔감, 실보 발생

(2) **접점수고시험의 시험방법**

① 검출부 시험공 또는 공기관 단자에 마노미터 및 공기주입시험기를 연결한다.

② 시험코크를 조작하여 시험위치(D·L위치)에 놓는다.

③ 조정한 후 시험기를 통하여 미량의 공기를 서서히 주입한다.

④ 감지기의 접점이 폐쇄(화재표시등)된 후 공기의 주입을 멈추고 마노미터의 수위를 읽어 접점수고 값을 측정한다.

(3) **접점수고시험에 따른 판단방법**

접점수고치가 각 검출부에 지정되어 있는 값의 범위 내에 있는지를 확인한다.

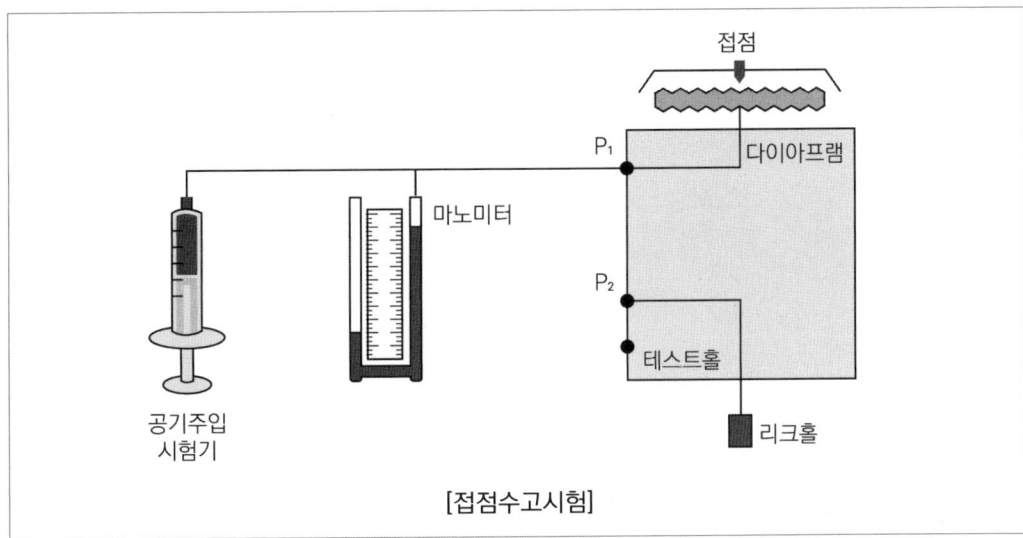

[접점수고시험]

5) 리크시험(Leak시험)

(1) **리크시험의 시험목적**

리크홀의 공기저항 정도를 확인하는 시험

(2) **리크시험의 시험방법**

① 시험코크를 조작하여 시험위치(D·L위치)에 놓는다.

② 공기주입시험기를 통하여 공기를 서서히 주입하여 마노미터의 높이를 약 100 mm 정도에서 정지시킨 후 리크홀로 공기를 배출한다.

③ 리크홀에 따른 공기의 배출 정도를 확인한다.

(3) 리크시험에 따른 판정방법

① 리크홀의 저항이 클 경우 : 온도변화 예민, 비화재보 발생

② 리크홀의 저항이 작을 경우 : 감도 둔감, 실보 발생

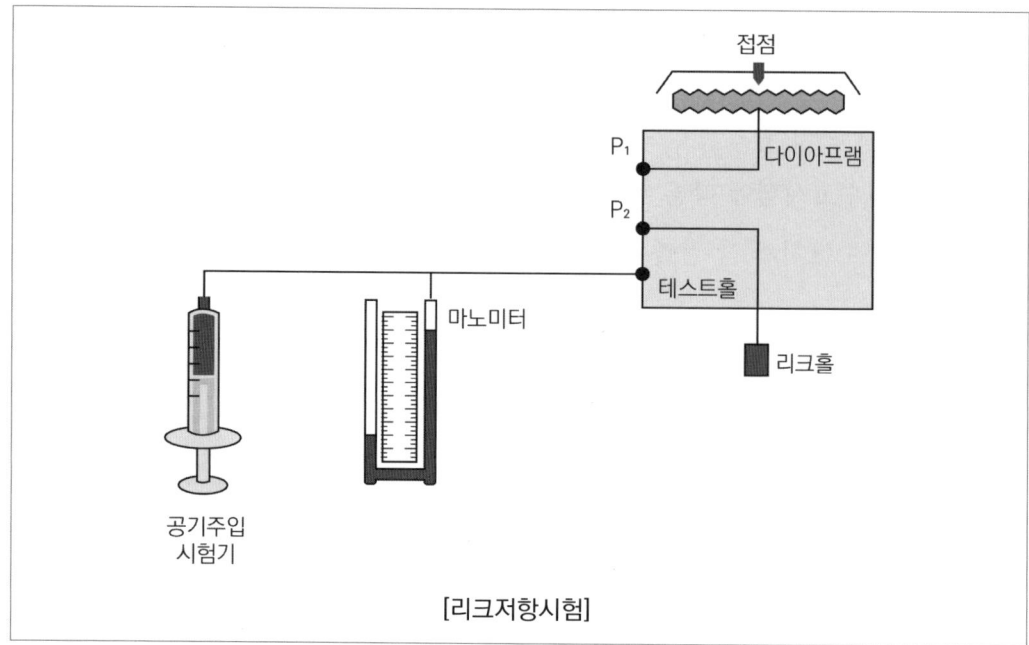

[리크저항시험]

7 불꽃감지기의 작동시험방법

1) 라이터를 이용하는 방법

2) 토치램프를 이용하는 방법

3) 연료를 태울 용기를 이용한 테스트방법

4) 전용의 테스터기를 이용하는 방법

17 | 자동화재속보설비

1 자동화재속보설비의 계통도

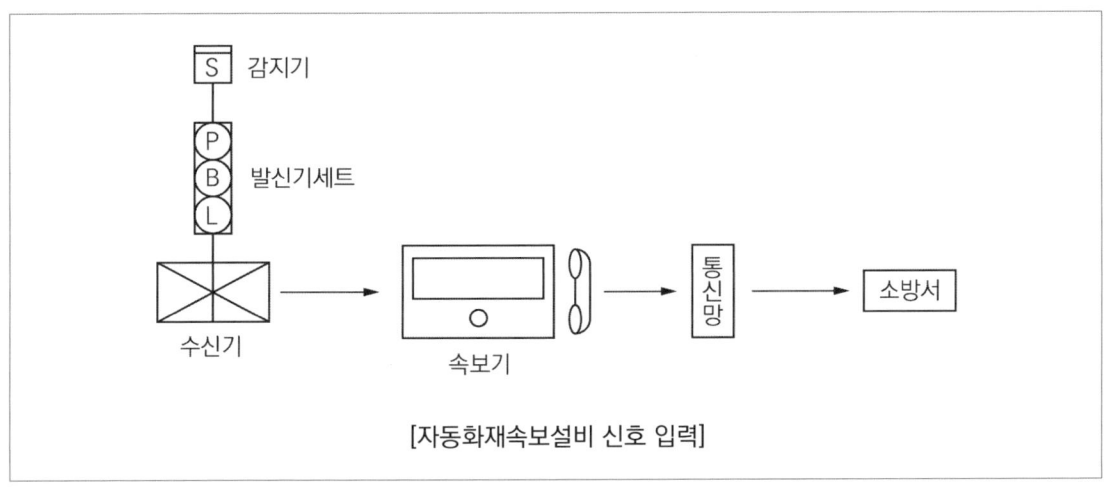

[자동화재속보설비 신호 입력]

2 자동화재속보설비의 구조원리

1) 구성요소

(1) **속보기** : 화재 신호를 통신망을 통하여 음성 등의 방법으로 소방관서에 통보하는 장치

(2) **통신망** : 유선이나 무선 또는 유무선 겸용 방식을 구성하여 음성 또는 데이터 등을 전송할 수 있는 집합체

2) 자동화재속보설비의 설치기준

(1) 자동화재탐지설비와 연동으로 작동하여 자동적으로 화재 신호를 소방관서에 전달되는 것으로 할 것. 이 경우 부가적으로 특정소방대상물의 관계인에게 화재 신호를 전달되도록 할 수 있다.

(2) 조작스위치는 바닥으로부터 0.8 m 이상 1.5 m 이하의 높이에 설치할 것

(3) 속보기는 소방관서에 통신망으로 통보하도록 하며, 데이터 또는 코드전송방식을 부가적으로 설치할 수 있다. 다만 데이터 및 코드전송방식의 기준은 소방청장이 정하여 고시한「자동화재속보설비의 속보기의 성능인증 및 제품검사의 기술기준」에 따른다.

(4) 문화재에 설치하는 자동화재속보설비는 "(1)"의 기준에도 불구하고 속보기에 감지기를 직접 연결하는 방식(자동화재탐지설비 1개의 경계구역에 한한다)으로 할 수 있다.

(5) 속보기는 소방청장이 정하여 고시한「자동화재속보설비의 속보기의 성능인증 및 제품검사의 기술기준」에 적합한 것으로 설치할 것

CHAPTER 18 | 누전경보기

1 누전경보기 설치대상

계약전류용량(같은 건축물에 계약 종류가 다른 전기가 공급되는 경우에는 그중 최대계약전류용량을 말한다)이 100 A를 초과하는 특정소방대상물(내화구조가 아닌 건축물로서 벽·바닥 또는 반자의 전부나 일부를 불연재료 또는 준불연재료가 아닌 재료에 철망을 넣어 만든 것만 해당)에 설치해야 한다. 다만 위험물 저장 및 처리시설 중 가스시설, 터널 및 지하구의 경우에는 그렇지 않다.

2 누전경보기의 구조원리

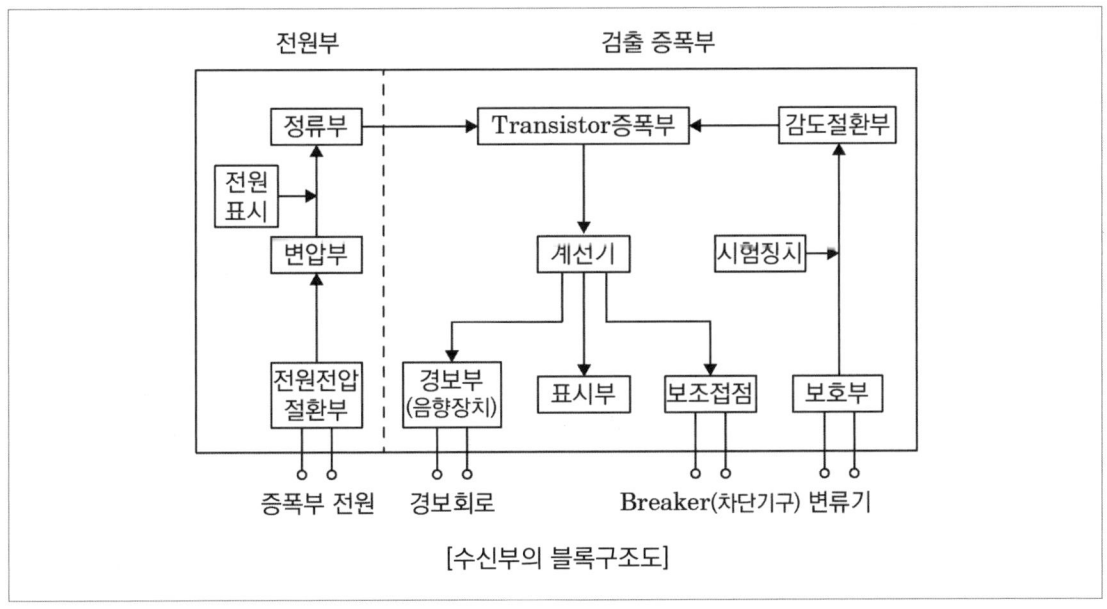

[수신부의 블록구조도]

1) 구성요소

구분	정의
누전경보기	내화구조가 아닌 건축물로서 벽, 바닥 또는 천장의 전부나 일부를 불연재료 또는 준불연재료가 아닌 재료에 철망을 넣어 만든 건물의 전기설비로부터 누설전류를 탐지하여 경보를 발하는 기기로서, 변류기와 수신부로 구성된 것
수신부	변류기로부터 검출된 신호를 수신하여 누전의 발생을 해당 특정소방대상물의 관계인에게 경보하여 주는 것(차단기구를 갖는 것을 포함)
변류기	경계전로의 누설전류를 자동적으로 검출하여 이를 누전경보기의 수신부에 송신하는 것

2) 누전경보기의 설치기준

⑴ 경계전로의 정격전류가 60 A를 초과하는 전로에 있어서는 1급 누전경보기를, 60 A 이하의 전로에 있어서는 1급 또는 2급 누전경보기를 설치할 것. 다만 정격전류가 60 A를 초과하는 경계전로가 분기되어 각 분기회로의 정격전류가 60 A 이하로 되는 경우 당해 분기회로마다 2급 누전경보기를 설치한 때에는 당해 경계전로에 1급 누전경보기를 설치한 것으로 본다.

⑵ 변류기는 특정소방대상물의 형태, 인입선의 시설방법 등에 따라 옥외 인입선의 제1지점의 부하 측 또는 제2종 접지선 측의 점검이 쉬운 위치에 설치할 것. 다만 인입선의 형태 또는 특정소방대상물의 구조상 부득이한 경우에는 인입구에 근접한 옥내에 설치할 수 있다.

⑶ 변류기를 옥외의 전로에 설치하는 경우에는 옥외형으로 설치할 것

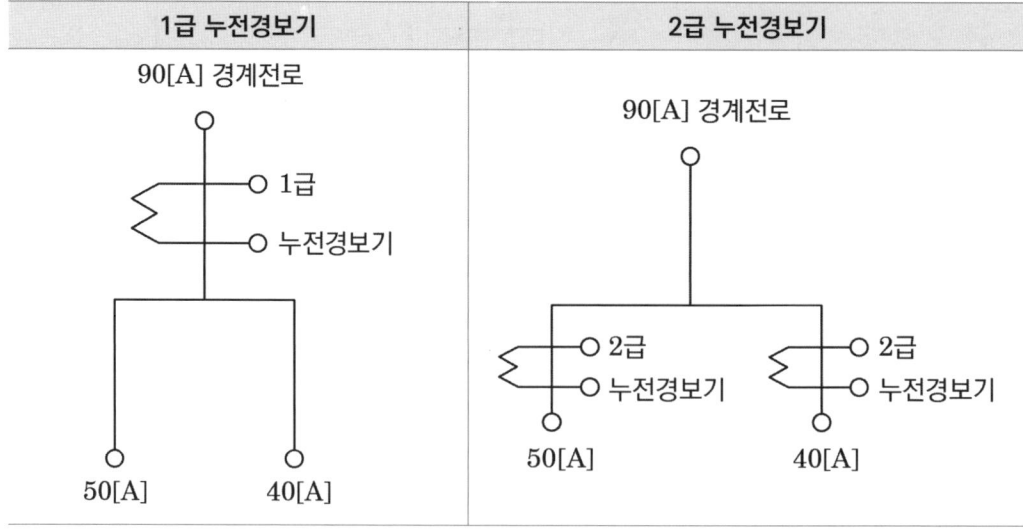

3) 수신부의 설치 제외 장소

   (1) 가연성의 증기·먼지·가스 등이나 부식성의 증기·가스 등이 다량으로 체류하는 장소

   (2) 화약류를 제조하거나 저장 또는 취급하는 장소

   (3) 습도가 높은 장소

   (4) 온도의 변화가 급격한 장소

   (5) 대전류회로·고주파 발생회로 등에 따른 영향을 받을 우려가 있는 장소

4) 수신부의 설치 제외 장소에 설치할 수 있는 경우

   누전경보기에 방폭·방식·방습·방온·방진 및 정전기 차폐 등의 방호조치를 한 것

5) 전원

   (1) 전원은 분전반으로부터 전용회로로 하고, 각 극에 개폐기 및 15 A 이하의 과전류차
      단기(배선용 차단기에 있어서는 20 A 이하의 것으로 각 극을 개폐할 수 있는 것)를
      설치할 것

   (2) 전원을 분기할 때는 다른 차단기에 따라 전원이 차단되지 않도록 할 것

   (3) 전원의 개폐기에는 "누전경보기용"이라고 표시한 표지를 할 것

6) 누전경보기의 작동원리

   (1) **정상 상태 시(Kirchhoff's Current Law)**

      ① 선전류 i1 : $(I_1 = I_b - I_a)$

      ② 선전류 i2 : $(I_2 = I_c - I_b)$

      ③ 선전류 i3 : $(I_3 = I_a - I_c)$

      ④ 선전류의 벡터합 : $(I_1 + I_2 + I_3 = 0)$이 되어 자속($\varnothing$)은 모두 상쇄한다.

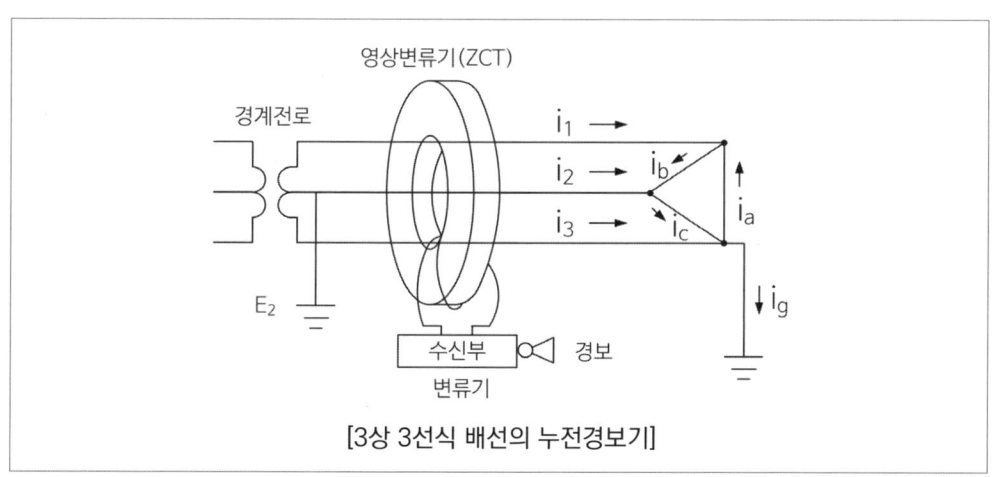

[3상 3선식 배선의 누전경보기]

(2) 누설 발생 시

① 선전류 i1 : $(I_1 = I_b - I_a)$

② 선전류 i2 : $(I_2 = I_c - I_b)$

③ 선전류 i3 : $(I_3 = I_a - I_c + I_g)$

④ 선전류의 벡터합 : $(I_1 + I_2 + I_3 = I_g)$가 되어 누설전류(I_g)에 의한 자속$(\varnothing_g)$을 검출한다.

CHAPTER 19 | 가스누설경보기

1 가스누설경보기의 종류

1) **가연성가스 경보기** : 보일러 등 가스연소기에서 액화석유가스(LPG), 액화천연가스(LNG) 등의 가연성가스가 새는 것을 탐지하여 관계자나 이용자에게 경보하여 주는 것을 말한다. 다만 탐지소자 외의 방법에 의하여 가스가 새는 것을 탐지하는 것, 점검용으로 만들어진 휴대용 탐지기 또는 연동기기에 의하여 경보를 발하는 것은 제외한다.

2) **일산화탄소경보기** : 일산화탄소가 새는 것을 탐지하여 관계자나 이용자에게 경보하여 주는 것을 말한다. 다만 탐지소자 외의 방법에 의하여 가스가 새는 것을 탐지하는 것, 점검용으로 만들어진 휴대용 탐지기 또는 연동기기에 의하여 경보를 발하는 것은 제외한다.

2 가스누설경보기의 구조원리

1) 구성요소

(1) **탐지부** : 가스누설경보기 중 가스누설을 탐지하여 중계기 또는 수신부에 가스누설 신호를 발신하는 부분

(2) **수신부** : 경보기 중 탐지부에서 발하여진 가스누설 신호를 직접 또는 중계기를 통하여 수신하고 이를 관계자에게 음향으로서 경보하여 주는 것

2) 가연성가스 경보기

(1) **분리형 경보기의 수신부 설치기준**

① 가스연소기 주위의 경보기의 상태 확인 및 유지관리에 용이한 위치에 설치할 것

② 가스누설 경보음향의 음량과 음색이 다른 기기의 소음 등과 명확히 구별될 것

③ 가스누설 경보음향의 크기는 수신부로부터 1 m 떨어진 위치에서 음압이 70 dB 이상일 것

④ 수신부의 조작 스위치는 바닥으로부터의 높이가 0.8 m 이상 1.5 m 이하인 장소에 설치할 것

⑤ 수신부가 설치된 장소에는 관계자 등에게 신속히 연락할 수 있도록 비상연락번호를 기재한 표를 비치할 것

(2) **분리형 경보기의 탐지부 설치기준**

① 탐지부는 가스연소기의 중심으로부터 직선거리 8 m(공기보다 무거운 가스를 사용하는 경우에는 4 m) 이내에 1개 이상 설치해야 한다.

② 탐지부는 천장으로부터 탐지부 하단까지의 거리가 0.3 m 이하가 되도록 설치한다. 다만 공기보다 무거운 가스를 사용하는 경우에는 바닥면으로부터 탐지부 상단까지의 거리는 0.3 m 이하로 한다.

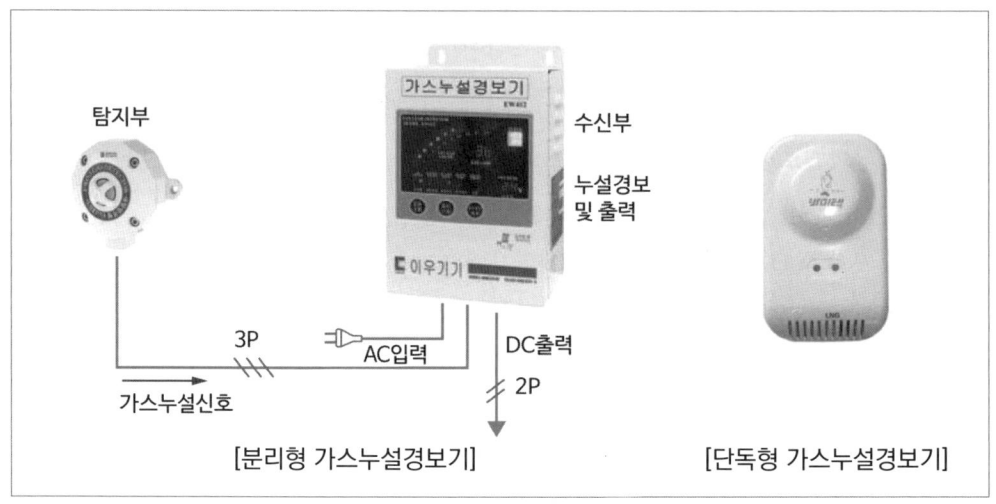

[분리형 가스누설경보기]　　　　[단독형 가스누설경보기]

(3) **단독형 경보기의 설치기준**

① 가스연소기 주위의 경보기의 상태 확인 및 유지관리에 용이한 위치에 설치할 것

② 가스누설 경보음향의 음량과 음색이 다른 기기의 소음 등과 명확히 구별될 것

③ 가스누설 경보음향장치는 수신부로부터 1 m 떨어진 위치에서 음압이 70 dB 이상일 것

④ 단독형 경보기는 가스연소기의 중심으로부터 직선거리 8 m(공기보다 무거운 가스를 사용하는 경우에는 4 m) 이내에 1개 이상 설치해야 한다.

⑤ 단독형 경보기는 천장으로부터 경보기 하단까지의 거리가 0.3 m 이하가 되도록 설치한다. 다만 공기보다 무거운 가스를 사용하는 경우에는 바닥면으로부터 단독형 경보기 상단까지의 거리는 0.3 m 이하로 한다.

⑥ 경보기가 설치된 장소에는 관계자 등에게 신속히 연락할 수 있도록 비상연락번호를 기재한 표를 비치할 것

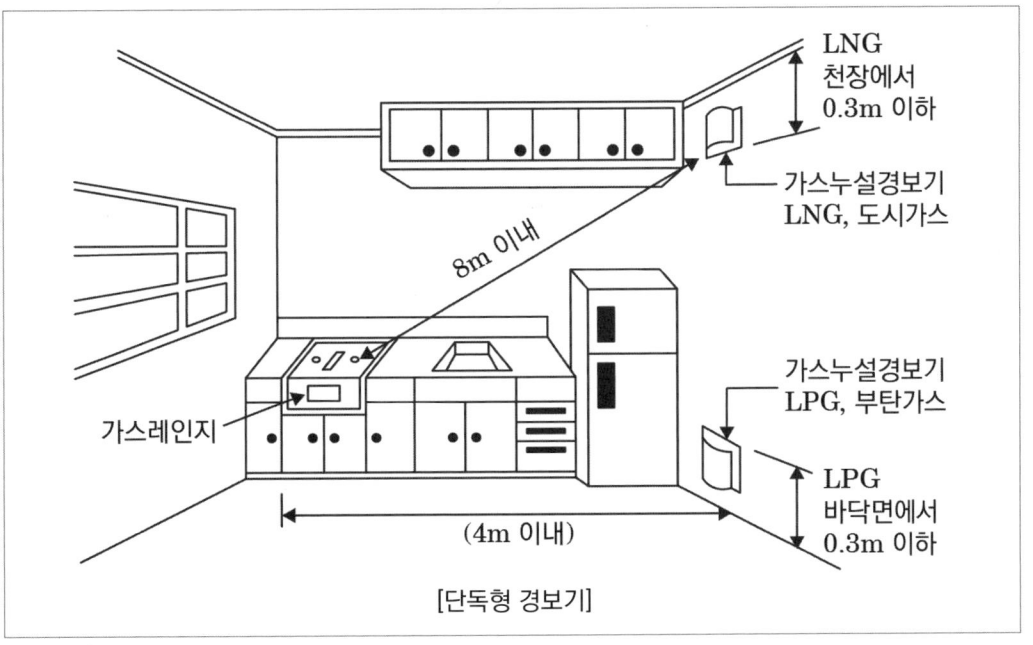

LNG
천장에서
0.3m 이하

가스누설경보기
LNG, 도시가스

8m 이내

가스누설경보기
LPG, 부탄가스

LPG
바닥면에서
0.3m 이하

가스레인지

(4m 이내)

[단독형 경보기]

3) 일산화탄소경보기

(1) 분리형 경보기의 수신부 설치기준

① 가스누설 경보음향의 음량과 음색이 다른 기기의 소음 등과 명확히 구별될 것

② 가스누설 경보음향의 크기는 수신부로부터 1 m 떨어진 위치에서 음압이 70 dB
이상일 것

③ 수신부의 조작 스위치는 바닥으로부터의 높이가 0.8 m 이상 1.5 m 이하인 장소
에 설치할 것

④ 수신부가 설치된 장소에는 관계자 등에게 신속히 연락할 수 있도록 비상연락번
호를 기재한 표를 비치할 것

(2) 단독형 경보기의 설치기준

① 가스누설 경보음향의 음량과 음색이 다른 기기의 소음 등과 명확히 구별될 것

② 가스누설 경보음향장치는 수신부로부터 1 m 떨어진 위치에서 음압이 70 dB 이
상일 것

③ 단독형 경보기는 천장으로부터 경보기 하단까지의 거리가 0.3 m 이하가 되도록
설치한다.

④ 경보기가 설치된 장소에는 관계자 등에게 신속히 연락할 수 있도록 비상연락번
호를 기재한 표를 비치할 것

4) 분리형 경보기의 탐지부 및 단독형 경보기의 설치 제외 장소 [관점 23]

(1) 출입구 부근 등으로서 외부의 기류가 통하는 곳

(2) 환기구 등 공기가 들어오는 곳으로부터 1.5 m 이내인 곳

(3) 연소기의 폐가스에 접촉하기 쉬운 곳

(4) 가구·보·설비 등에 가려져 누설가스의 유통이 원활하지 못한 곳

(5) 수증기 또는 기름 섞인 연기 등이 직접 접촉될 우려가 있는 곳

20 | 화재알림설비

1 용어 정의

1) **화재알림형 감지기** : 화재 시 발생하는 열, 연기, 불꽃을 자동적으로 감지하는 기능 중 두 가지 이상의 성능을 가진 열·연기 또는 열·연기·불꽃 복합형 감지기로서 화재알림형 수신기에 주위의 온도 또는 연기의 양의 변화에 따라 각각 다른 전류 또는 전압 등(이하 "화재정보 값")의 출력을 발하고, 불꽃을 감지하는 경우 화재 신호를 발신하며, 자체 내장된 음향장치에 의하여 경보하는 것

2) **화재알림형 중계기** : 화재알림형 감지기, 발신기 또는 전기적인 접점 등의 작동에 따른 화재정보 값 또는 화재 신호 등을 받아 이를 화재알림형 수신기에 전송하는 장치

3) **화재알림형 수신기** : 화재알림형 감지기나 발신기에서 발하는 화재정보 값 또는 화재 신호 등을 직접 수신하거나 화재알림형 중계기를 통해 수신하여 화재의 발생을 표시 및 경보하고, 화재정보 값 등을 자동으로 저장하여, 자체 내장된 속보기능에 의해 화재 신호를 통신망을 통하여 소방관서에는 음성 등의 방법으로 통보하고, 관계인에게는 문자로 전달할 수 있는 장치

4) **화재알림형 비상경보장치** : 발신기, 표시등, 지구음향장치(경종 또는 사이렌 등)를 내장한 것으로 화재 발생 상황을 경보하는 장치

5) **원격감시서버** : 원격지에서 각각의 화재알림설비로부터 수신한 화재정보 값 및 화재 신호, 상태 신호 등을 원격으로 감시하기 위한 서버

2 화재알림설비 계통도

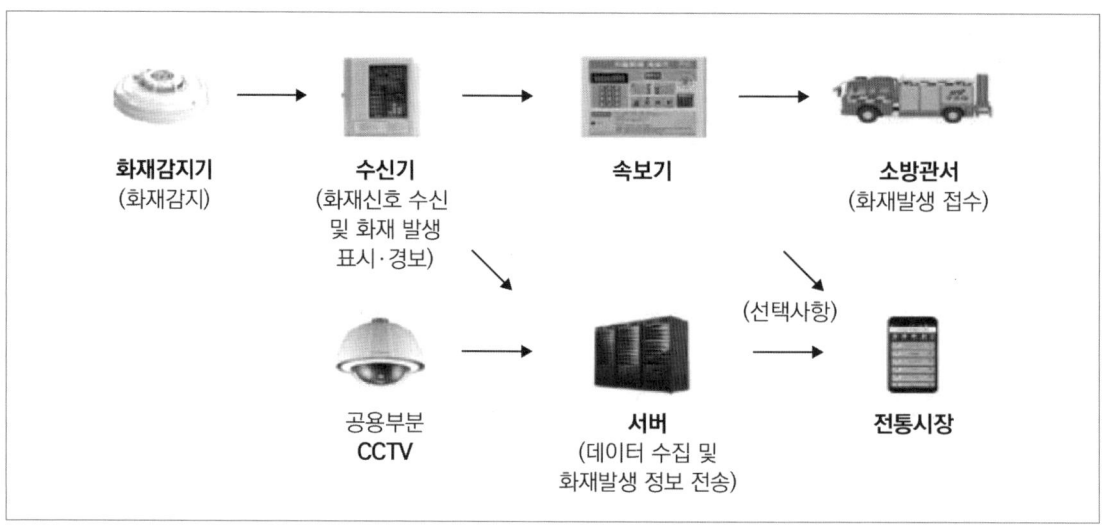

3 화재알림설비

1) 화재알림형 수신기 적합기준

(1) 화재알림형 감지기, 발신기 등의 작동 및 설치지점을 확인할 수 있는 것으로 설치할 것

(2) 해당 특정소방대상물에 가스누설탐지설비가 설치된 경우에는 가스누설탐지설비로부터 가스누설신호를 수신하여 가스누설경보를 할 수 있는 것으로 설치할 것. 다만 가스누설탐지설비의 수신부를 별도로 설치한 경우에는 제외한다.

(3) 화재알림형 감지기, 발신기 등에서 발신되는 화재정보·신호 등을 자동으로 1년 이상 저장할 수 있는 용량의 것으로 설치할 것. 이 경우 저장된 데이터는 수신기에서 확인할 수 있어야 하며, 복사 및 출력도 가능하여야 한다.

(4) 화재알림형 수신기에 내장된 속보기능은 화재 신호를 자동적으로 통신망을 통하여 소방관서에는 음성 등의 방법으로 통보하고, 관계인에게는 문자로 전달할 수 있는 것으로 설치할 것

2) 화재알림형 수신기 설치기준

(1) 상시 사람이 근무하는 장소에 설치할 것. 다만 사람이 상시 근무하는 장소가 없는 경우에는 관계인이 쉽게 접근할 수 있고 관리가 용이한 장소로서 화재 및 침수 등의 재해로 인한 피해를 받을 우려가 없는 곳에 설치하여야 한다.

(2) 화재알림형 수신기가 설치된 장소에는 화재알림설비 일람도를 비치할 것

(3) 화재알림형 수신기의 내부 또는 그 직근에 주음향장치를 설치할 것

(4) 화재알림형 수신기의 음향기구는 그 음압 및 음색이 다른 기기의 소음 등과 명확히 구별될 수 있는 것으로 할 것

(5) 화재알림형 수신기의 조작 스위치는 바닥으로부터의 높이가 0.8 m 이상 1.5 m 이하 인 장소에 설치할 것

(6) 하나의 특정소방대상물에 2 이상의 화재알림형 수신기를 설치하는 경우에는 화재알 림형 수신기를 상호 간 연동하여 화재 발생 상황을 각 화재알림형 수신기마다 확인할 수 있도록 할 것

(7) 화재로 인하여 하나의 층의 화재알림형 비상경보장치 또는 배선이 단락되어도 다른 층의 화재통보에 지장이 없도록 각 층 배선상에 유효한 조치를 할 것. 다만 무선식의 경우 제외한다.

3) 화재알림형 중계기 설치기준

(1) 화재알림형 수신기와 화재알림형 감지기 사이에 설치할 것

(2) 조작 및 점검에 편리하고 화재 및 침수 등의 재해로 인한 피해를 받을 우려가 없는 장 소에 설치할 것. 다만 외기에 개방되어 있는 장소에 설치하는 경우 빗물·먼지 등으로 부터 화재알림형 중계기를 보호할 수 있는 구조로 설치하여야 한다.

(3) 화재알림형 수신기에 따라 감시되지 않는 배선을 통하여 전력을 공급받는 것에 있어 서는 전원입력 측의 배선에 과전류 차단기를 설치하고 해당 전원의 정전이 즉시 화재 알림형 수신기에 표시되는 것으로 하며, 상용전원 및 예비전원의 시험을 할 수 있도 록 할 것

4) 화재알림형 감지기 설치기준

(1) 화재알림형 감지기 중 열을 감지하는 경우 공칭감지온도범위, 연기를 감지하는 경우 공칭감지농도범위, 불꽃을 감지하는 경우 공칭감시거리 및 공칭시야각 등에 따라 적 합한 장소에 설치하여야 한다. 다만 이 기준에서 정하지 않는 설치방법에 대하여는 형식승인 사항이나 제조사의 시방서에 따라 설치할 수 있다.

(2) 무선식의 경우 화재를 유효하게 검출할 수 있도록 해당 특정소방대상물에 음영구역 이 없도록 설치하여야 한다.

(3) 동작된 감지기는 자체 내장된 음향장치에 의하여 경보를 발하여야 하며, 음압은 부착된 화재알림형 감지기의 중심으로부터 1 m 떨어진 위치에서 85 dB 이상 되어야 한다.

5) 화재알림형 비상경보장치는 다음의 기준에 따라 설치하여야 한다. 다만 전통시장의 경우 공용 부분에 한하여 설치할 수 있다.

(1) 층수가 11층(공동주택의 경우에는 16층) 이상의 특정소방대상물은 발화층에 따라 경보하는 층을 달리하여 경보를 발할 수 있도록 할 것. 다만 그 외 특정소방대상물은 전층경보방식으로 경보를 발할 수 있도록 설치하여야 한다.

발화층	경보
2층 이상	발화층 및 그 직상 4개 층
1층	발화층·그 직상 4개 층 및 지하층
지하층	발화층·그 직상층 및 기타의 지하층

(2) 화재알림형 비상경보장치는 특정소방대상물의 층마다 설치하되, 해당 특정소방대상물의 각 부분으로부터 하나의 화재알림형 비상경보장치까지의 수평거리가 25 m 이하(다만 복도 또는 별도로 구획된 실로서 보행거리 40 m 이상일 경우에는 추가로 설치하여야 한다)가 되도록 하고, 해당 층의 각 부분에 유효하게 경보를 발할 수 있도록 설치할 것. 다만 「비상방송설비의 화재안전기술기준(NFTC 202)」에 적합한 방송설비를 화재알림형 감지기와 연동하여 작동하도록 설치한 경우에는 비상경보장치를 설치하지 아니하고, 발신기만 설치할 수 있다.

(3) (2)에도 불구하고 (2)의 기준을 초과하는 경우로서 기둥 또는 벽이 설치되지 아니한 대형공간의 경우 화재알림형 비상경보장치는 설치대상 장소 중 가장 가까운 장소의 벽 또는 기둥 등에 설치할 것

(4) 화재알림형 비상경보장치는 조작이 쉬운 장소에 설치하고, 발신기의 스위치는 바닥으로부터 0.8 m 이상 1.5 m 이하의 높이에 설치할 것

(5) 화재알림형 비상경보장치의 위치를 표시하는 표시등은 함의 상부에 설치하되, 그 불빛은 부착면으로부터 15° 이상의 범위 안에서 부착지점으로부터 10 m 이내의 어느 곳에서도 쉽게 식별할 수 있는 적색등으로 설치할 것

6) 화재알림형 비상경보장치의 구조 및 성능

(1) 정격전압의 80 % 전압에서 음압을 발할 수 있는 것으로 할 것. 다만 건전지를 주전원으로 사용하는 화재알림형 비상경보장치는 그렇지 않다.

(2) 음압은 부착된 화재알림형 비상경보장치의 중심으로부터 1 m 떨어진 위치에서 90 dB 이상이 되는 것으로 할 것

(3) 화재알림형 감지기 및 발신기의 작동과 연동하여 작동할 수 있는 것으로 할 것

7) 원격감시서버

(1) 화재알림설비의 감시업무를 위탁할 경우 원격감시서버는 다음 기준에 따라 설치할 것을 권장한다.

(2) 원격감시서버의 비상전원은 상용전원 차단 시 24시간 이상 전원을 유효하게 공급될 수 있는 것으로 설치한다.

(3) 화재알림설비로부터 수신한 정보(주소, 화재정보·신호 등)를 1년 이상 저장할 수 있는 용량을 확보한다.

① 저장된 데이터는 원격감시서버에서 확인할 수 있어야 하며, 복사 및 출력도 가능할 것

② 저장된 데이터는 임의로 수정이나 삭제를 방지할 수 있는 기능이 있을 것

PART 02

21 | 피난기구

1 피난기구의 종류

1) **완강기** : 사용자의 몸무게에 따라 자동적으로 내려올 수 있는 기구 중 사용자가 교대하여 연속적으로 사용할 수 있는 것

2) **간이완강기** : 사용자의 몸무게에 따라 자동적으로 내려올 수 있는 기구 중 사용자가 연속적으로 사용할 수 없는 것

3) **공기안전매트** : 화재 발생 시 사람이 건축물 내에서 외부로 긴급히 뛰어내릴 때 충격을 흡수하여 안전하게 지상에 도달할 수 있도록 포지에 공기 등을 주입하는 구조로 되어 있는 것

4) **구조대** : 포지 등을 사용하여 자루 형태로 만든 것으로서 화재 시 사용자가 그 내부에 들어가서 내려옴으로써 대피할 수 있는 것

5) **승강식 피난기** : 사용자의 몸무게에 의하여 자동으로 하강하고 내려서면 스스로 상승하여 연속적으로 사용할 수 있는 무동력 승강식 기기

6) **하향식 피난구용 내림식 사다리** : 하향식 피난구 해치에 격납하여 보관하고 사용 시에는 사다리 등이 소방대상물과 접촉되지 않는 내림식 사다리

7) **피난사다리** : 화재 시 긴급대피를 위해 사용하는 사다리

8) **다수인피난장비** : 화재 시 2인 이상의 피난자가 동시에 해당 층에서 지상 또는 피난층으로 하강하는 피난기구

9) **미끄럼대** : 사용자가 미끄럼식으로 신속하게 지상 또는 피난층으로 이동할 수 있는 피난기구

10) **피난교** : 인접 건축물 또는 피난층과 연결된 다리 형태의 피난기구

11) **피난용 트랩** : 화재 층과 직상 층을 연결하는 계단형태의 피난기구

[피난사다리]

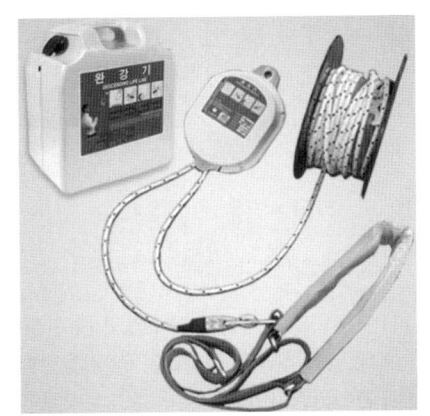

출처 : 한국소방공사

[완강기]

2 피난기구의 구조원리

1) 피난기구의 적응성

구분	1층	2층	3층	4층 이상 10층 이하
1. 노유자시설	• 미끄럼대 • 구조대 • 피난교 • 다수인피난장비 • 승강식 피난기	• 미끄럼대 • 구조대 • 피난교 • 다수인피난장비 • 승강식 피난기	• 미끄럼대 • 구조대 • 피난교 • 다수인피난장비 • 승강식 피난기	• 구조대[1] • 피난교 • 다수인피난장비 • 승강식 피난기
2. 의료시설·근린생활시설 중 입원실이 있는 의원·접골원·조산원			• 미끄럼대 • 구조대 • 피난교 • 피난용 트랩 • 다수인피난장비 • 승강식 피난기	• 구조대 • 피난교 • 피난용 트랩 • 다수인피난장비 • 승강식 피난기
3. 「다중이용업소의 안전관리에 관한 특별법 시행령」제2조에 따른 다중이용업소로서 영업장의 위치가 4층 이하인 다중이용업소		• 미끄럼대 • 피난사다리 • 구조대 • 완강기 • 다수인피난장비 • 승강식 피난기	• 미끄럼대 • 피난사다리 • 구조대 • 완강기 • 다수인피난장비 • 승강식 피난기	• 미끄럼대 • 피난사다리 • 구조대 • 완강기 • 다수인피난장비 • 승강식 피난기
4. 그 밖의 것 관설 18			• 미끄럼대 • 피난사다리 • 구조대 • 완강기 • 피난교	• 피난사다리 • 구조대 • 완강기 • 피난교 • 간이완강기[2]

구분	1층	2층	3층	4층 이상 10층 이하
			• 피난용 트랩 • 간이완강기[2] • 공기안전매트 • 다수인피난장비 • 승강식 피난기	• 공기안전매트 • 다수인피난장비 • 승강식 피난기

[비고]
1) 구조대의 적응성은 장애인 관련 시설로서 주된 사용자 중 스스로 피난이 불가한 자가 있는 경우 2.1.2.4에 따라 추가로 설치하는 경우에 한한다.
2) 간이완강기의 적응성은 2.1.2.2에 따라 숙박시설의 3층 이상에 있는 객실에 추가로 설치하는 경우에 한한다.

2) 특정소방대상물에서 바닥면적에 따른 피난기구의 개수산정

바닥면적	층별 바닥면적마다 1개 이상
500 m²마다	숙박시설·노유자시설 및 의료시설로 사용되는 층
800 m²마다	위락시설·문화집회 및 운동시설·판매시설로 사용되는 층 또는 복합용도의 층(하나의 층이 공동주택, 근린생활시설, 문화 및 집회시설, 종교시설, 교육연구시설, 노유자시설, 수련시설, 운동시설, 업무시설, 숙박시설, 위락시설, 공장, 창고시설, 위험물 저장 및 처리시설, 항공기 및 자동차 관련 시설 중 2 이상의 용도로 사용되는 층)
1,000 m²마다	그 밖의 용도의 층에 있어서는 그 층의 바닥면적 1,000 m²마다 1개 이상 설치할 것
각 세대마다	계단실형 아파트

3) "1)"기준 외 피난기구를 추가로 설치해야 하는 피난기구

(1) 숙박시설(휴양콘도미니엄을 제외)의 경우에는 추가로 객실마다 완강기 또는 2 이상의 간이완강기를 설치할 것

(2) 공동주택(「공동주택관리법」 제2조 제1항 제2호 가목부터 라목까지 중 어느 하나에 해당하는 공동주택에 한한다)의 경우에는 하나의 관리주체가 관리하는 공동주택 구역마다 공기안전매트 1개 이상을 추가로 설치할 것. 다만 옥상으로 피난이 가능하거나 인접세대로 피난할 수 있는 구조인 경우에는 추가로 설치하지 않을 수 있다.

(3) 4층 이상의 층에 설치된 노유자시설 중 장애인 관련 시설로서 주된 사용자 중 스스로 피난이 불가한 자가 있는 경우에는 층마다 구조대를 1개 이상 추가로 설치할 것

[문제] 지상 10층(층당 바닥면적은 2,000 m²)의 숙박시설 7층에 피난기구를 설치하려고 한다. 다음 물음에 답하시오. (다만 7층의 객실수는 10개이며, 주요구조부는 내화구조이며, 특별피난계단이 2개소 설치되어 있다)

(1) 7층에 설치해야 하는 피난기구의 최소수량을 계산하시오.

(2) 7층에 설치할 수 있는 피난기구의 종류를 쓰시오.

— 해 설 —

(1) 7층에 설치해야 하는 피난기구의 최소수량

① 특정소방대상물의 바닥면적에 따른 피난기구 개수산정 기준

바닥면적	층별 바닥면적마다 1개 이상
500 m²마다	숙박시설·노유자시설 및 의료시설로 사용되는 층

② 피난기구의 1/2 감소기준(소수점 이하의 수는 1로 한다)

ⓐ 주요구조부가 내화구조로 되어 있을 것

ⓑ 직통계단인 피난계단 또는 특별피난계단이 2 이상 설치되어 있을 것

③ 피난기구의 설치개수 $= \dfrac{2,000\text{m}^2}{500\text{m}^2/\text{개수}} = 4$개 $\div 2 = 2$ ∴ 2개

④ 객실에 따른 추가로 설치해야 하는 피난기구 ∴ 완강기 10개 또는 간이 완강기 20개

(2) 7층에 설치할 수 있는 피난기구의 종류

① 특정소방대상물의 설치장소별 적용하는 피난기구의 종류

구분	1층	2층	3층	4층 이상 10층 이하
그 밖의 것	–	–	• 미끄럼대 • 피난사다리 • 구조대 • 완강기 • 피난교 • 피난용 트랩 • 간이완강기[2] • 공기안전매트 • 다수인피난장비 • 승강식 피난기	• 피난사다리 • 구조대 • 완강기 • 피난교 • 간이완강기[2] • 공기안전매트 • 다수인피난장비 • 승강식 피난기

2) 간이완강기의 적응성은 2.1.2.2에 따라 숙박시설의 3층 이상에 있는 객실에 추가로 설치하는 경우에 한한다.

② 7층에 설치할 수 있는 피난기구의 종류

피난사다리, 구조대, 완강기, 간이완강기, 피난교, 다수인피난장비, 승강식 피난기

4) 다수인 피난장비의 설치기준 관점 23

(1) 피난에 용이하고 안전하게 하강할 수 있는 장소에 적재 하중을 충분히 견딜 수 있도록 「건축물의 구조기준 등에 관한 규칙」에서 정하는 구조안전의 확인을 받아 견고하게 설치할 것

(2) 다수인피난장비 보관실은 건물 외측보다 돌출되지 아니하고, 빗물·먼지 등으로부터 장비를 보호할 수 있는 구조일 것

(3) 사용 시에 보관실 외측 문이 먼저 열리고 탑승기가 외측으로 자동으로 전개될 것

(4) 하강 시에 탑승기가 건물 외벽이나 돌출물에 충돌하지 않도록 설치할 것

(5) 상·하층에 설치할 경우에는 탑승기의 하강경로가 중첩되지 않도록 할 것

(6) 하강 시에는 안전하고 일정한 속도를 유지하도록 하고 전복, 흔들림, 경로이탈 방지를 위한 안전조치를 할 것

(7) 보관실의 문에는 오작동 방지조치를 하고, 문 개방 시에는 해당 특정소방대상물에 설치된 경보설비와 연동하여 유효한 경보음을 발하도록 할 것

(8) 피난층에는 해당 층에 설치된 피난기구가 착지에 지장이 없도록 충분한 공간을 확보할 것

(9) 한국소방산업기술원 또는 법 제46조 제1항에 따라 성능시험기관으로 지정받은 기관에서 그 성능을 검증받은 것으로 설치할 것

5) 승강식 피난기 및 하향식 피난구용 내림식 사다리의 설치기준

(1) 승강식 피난기 및 하향식 피난구용 내림식 사다리는 설치경로가 설치 층에서 피난층까지 연계될 수 있는 구조로 설치할 것. 다만 건축물의 구조 및 설치 여건상 불가피한 경우에는 그렇지 않다.

(2) 대피실의 면적은 $2\,m^2$(2세대 이상일 경우에는 $3\,m^2$) 이상으로 하고, 「건축법 시행령」 제46조 제4항 각 호의 규정에 적합하여야 하며, 하강구(개구부) 규격은 직경 60 cm 이상일 것. 다만 외기와 개방된 장소에는 그렇지 않다.

(3) 하강구 내측에는 기구의 연결 금속구 등이 없어야 하며 전개된 피난기구는 하강구 수평투영면적 공간 내의 범위를 침범하지 않는 구조이어야 할 것. 다만 직경 60 cm 크기의 범위를 벗어난 경우이거나, 직하층의 바닥 면으로부터 높이 50 cm 이하의 범위는 제외한다.

⑷ 대피실의 출입문은 60분+방화문 또는 60분방화문으로 설치하고, 피난방향에서 식별할 수 있는 위치에 "대피실" 표지판을 부착할 것. 다만 외기와 개방된 장소에는 그렇지 않다.

⑸ 착지점과 하강구는 상호 수평거리 15 cm 이상의 간격을 둘 것

⑹ 대피실 내에는 비상조명등을 설치할 것

⑺ 대피실에는 층의 위치표시와 피난기구 사용설명서 및 주의사항 표지판을 부착할 것

⑻ 대피실 출입문이 개방되거나, 피난기구 작동 시 해당 층 및 직하층 거실에 설치된 표시등 및 경보장치가 작동되고, 감시제어반에서는 피난기구의 작동을 확인할 수 있어야 할 것

⑼ 사용 시 기울거나 흔들리지 않도록 설치할 것

⑽ 승강식 피난기는 한국소방산업기술원 또는 법 제46조 제1항에 따라 성능시험기관으로 지정받은 기관에서 그 성능을 검증받은 것으로 설치할 것

6) 피난기구의 설치 제외

⑴ **피난기구를 설치하지 않을 수 있는 층**

① 주요구조부가 내화구조로 되어 있어야 할 것

② 실내의 면하는 부분의 마감이 불연재료·준불연재료 또는 난연재료로 되어 있고 방화구획이 「건축법 시행령」에 적합하게 구획되어 있어야 할 것

③ 거실의 각 부분으로부터 직접 복도로 쉽게 통할 수 있어야 할 것

④ 복도에 2 이상의 피난계단 또는 특별피난계단이 「건축법 시행령」에 적합하게 설치되어 있어야 할 것

⑤ 복도의 어느 부분에서도 2 이상의 방향으로 각각 다른 계단에 도달할 수 있어야 할 것

⑵ **소방대상물의 옥상 직하층 또는 최상층에 피난기구를 설치하지 않을 수 있는 기준**

① 주요구조부가 내화구조로 되어 있어야 할 것

② 옥상의 면적이 1,500 m² 이상이어야 할 것

③ 옥상으로 쉽게 통할 수 있는 창 또는 출입구가 설치되어 있어야 할 것

④ 옥상이 소방사다리차가 쉽게 통행할 수 있는 도로(폭 6 m 이상의 것) 또는 공지(공원 또는 광장 등)에 면하여 설치되어 있거나 옥상으로부터 피난층 또는 지상으로 통하는 2 이상의 피난계단 또는 특별피난계단이 「건축법 시행령」에 적합하게 설치되어 있어야 할 것

7) 피난기구 설치의 감소

(1) 피난기구를 설치해야 하는 층에서 피난기구를 1/2로 감소할 수 있는 경우

① 주요구조부가 내화구조로 되어 있을 것

② 직통계단인 피난계단 또는 특별피난계단이 2 이상 설치되어 있을 것

(2) 주요구조부가 내화구조이고 건널복도가 설치되어 있는 층에서 피난기구의 수 2배수를 뺄 수 있는 건널복도

① 내화구조 또는 철골조로 되어 있을 것

② 건널 복도 양단의 출입구에 자동폐쇄장치를 한 60분+방화문 또는 60분방화문(방화셔터를 제외)이 설치되어 있을 것

③ 피난·통행 또는 운반의 전용 용도일 것

(3) 노대가 설치된 거실의 바닥면적을 피난기구의 설치개수 산정을 위한 바닥면적에서 제외할 수 있는 경우

① 노대를 포함한 특정소방대상물의 주요구조부가 내화구조일 것

② 노대가 거실의 외기에 면하는 부분에 피난상 유효하게 설치되어 있어야 할 것

③ 노대가 소방사다리차가 쉽게 통행할 수 있는 도로 또는 공지에 면하여 설치되어 있거나, 거실부분과 방화구획되어 있거나 또는 노대에 지상으로 통하는 계단 그 밖의 피난기구가 설치되어 있어야 할 것

22 | 인명구조기구

1 인명구조기구의 종류

화열, 화염, 유해성가스 등으로부터 인명을 보호하거나 구조하는 데 사용되는 기구

1) **방열복** : 고온의 복사열에 가까이 접근하여 소방활동을 수행할 수 있는 내열피복

2) **공기호흡기** : 소화활동 시에 화재로 인하여 발생하는 각종 유독가스 중에서 일정시간 사용할 수 있도록 제조된 압축공기식 개인호흡장비(보조마스크를 포함한다)

3) **인공소생기** : 호흡 부전 상태인 사람에게 인공호흡을 시켜 환자를 보호하거나 구급하는 기구

4) **방화복** : 화재진압 등의 소방활동을 수행할 수 있는 피복

2 인명구조기구의 설치기준

1) 특정소방대상물의 용도 및 장소별로 설치해야 할 인명구조기구는 표에 따라 설치할 것

특정소방대상물	인명구조기구의 종류	설치수량
1. 지하층을 포함하는 층수가 7층 이상인 관광호텔 및 5층 이상인 병원	• 방열복 또는 방화복(안전모, 보호장갑 및 안전화를 포함) • 공기호흡기 • 인공소생기	각 2개 이상 비지할 것. 다만 병원의 경우에는 인공소생기를 설치하지 않을 수 있다.
2. 문화 및 집회시설 중 수용인원 100명 이상인 영화상영관 3. 판매시설 중 대규모 점포 4. 운수시설 중 지하역사 5. 지하상가	• 공기호흡기	층마다 2개 이상 비치할 것. 다만 각 층마다 갖추어 두어야 할 공기호흡기 중 일부를 직원이 상주하는 인근 사무실에 갖추어 둘 수 있다.
6. 물분무등소화설비 중 이산화탄소소화설비를 설치해야 하는 특정소방대상물	• 공기호흡기	이산화탄소소화설비가 설치된 장소의 출입구 외부 인근에 1대 이상 비치할 것

PART 02

2) 화재 시 쉽게 반출 사용할 수 있는 장소에 비치할 것

3) 인명구조기구가 설치된 가까운 장소의 보기 쉬운 곳에 "인명구조기구"라는 축광식 표지와 그 사용방법을 표시한 표지를 부착하되, 축광식 표지는 소방청장이 정하여 고시한 「축광표지의 성능인증 및 제품검사의 기술기준」에 적합한 것으로 할 것

4) 방열복은 소방청장이 정하여 고시한 「소방용 방열복의 성능인증 및 제품검사의 기술기준」에 적합한 것으로 설치할 것

5) 방화복(안전모, 보호장갑 및 안전화를 포함한다)은 「소방장비관리법」 및 「표준규격을 정해야 하는 소방장비의 종류고시」에 따른 표준규격에 적합한 것으로 설치할 것

23 | 유도등 및 유도표지

1 유도등의 종류

화재 시에 피난을 유도하기 위한 등으로서 정상상태에서는 상용전원에 따라 켜지고 상용 전원이 정전되는 경우에는 비상전원으로 자동전환되어 켜지는 등

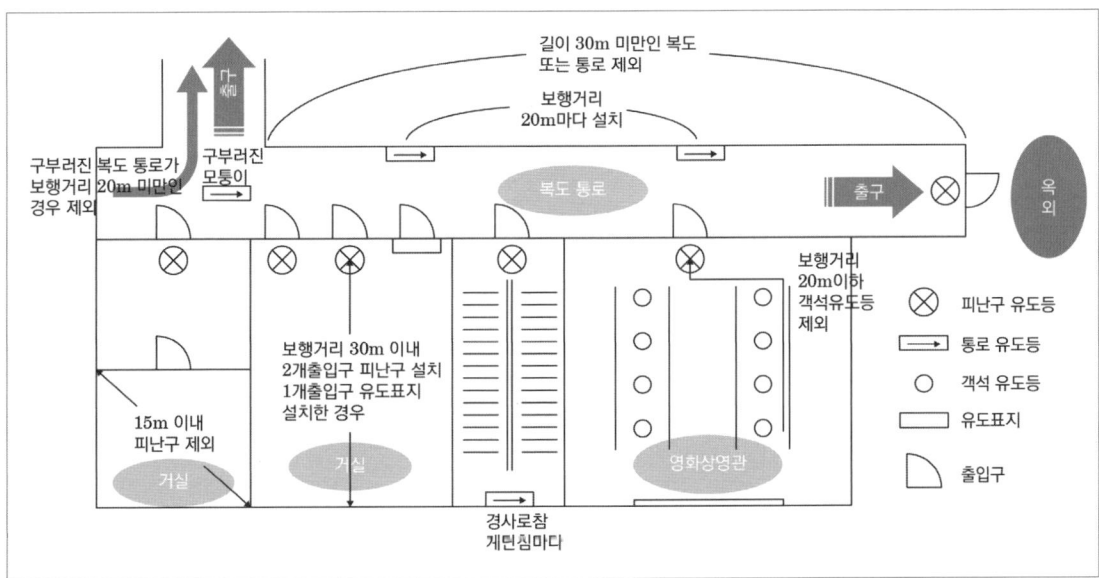

1) **피난구유도등** : 피난구 또는 피난경로로 사용되는 출입구를 표시하여 피난을 유도하는 등

2) **통로유도등** : 피난통로를 안내하기 위한 유도등으로 복도통로유도등, 거실통로유도등, 계단통로유도등

3) **복도통로유도등** : 피난통로가 되는 복도에 설치하는 통로유도등으로서 피난구의 방향을 명시하는 것

4) **거실통로유도등** : 거주, 집무, 작업, 집회, 오락 그 밖에 이와 유사한 목적을 위하여 계속 적으로 사용하는 거실, 주차장 등 개방된 통로에 설치하는 유도등으로 피난의 방향을 명시하는 것

5) **계단통로유도등** : 피난통로가 되는 계단이나 경사로에 설치하는 통로유도등으로 바닥면 및 디딤 바닥면을 비추는 것

6) 객석유도등 : 객석의 통로, 바닥 또는 벽에 설치하는 유도등

[피난구 유도등]	[복도통로유도등]	[계단통로유도등]

2 유도등의 구조원리

1) 특정소방대상물의 용도별 설치해야 하는 유도등 및 유도표지

설치장소	유도등 및 유도표지의 종류
1. 공연장, 집회장(종교집회장 포함), 관람장, 운동시설 2. 유흥주점영업시설(「식품위생법 시행령」 제21조 제8호 라목의 유흥주점영업 중 손님이 춤을 출 수 있는 무대가 설치된 카바레, 나이트클럽 또는 그밖에 이와 비슷한 영업시설)	• 대형피난구유도등 • 통로유도등 • 객석유도등
3. 위락시설, 판매시설, 운수시설, 관광숙박업, 의료시설, 장례식장, 방송통신시설, 전시장, 지하상가, 지하철역사	• 대형피난구유도등 • 통로유도등
4. 숙박시설(관광숙박업 외의 것), 오피스텔 5. 대형피난구 유도등을 설치해야 하는 외 건축물로서 지하층·무창층 또는 층수가 11층 이상인 특정소방대상물	• 중형피난구유도등 • 통로유도등
6. 근린생활시설, 노유자시설, 업무시설, 발전시설, 종교시설(집회장 용도로 사용하는 부분 제외), 교육연구시설, 수련시설, 공장, 창고시설, 교정 및 군사시설(국방, 군사시설 제외), 기숙사, 자동차정비공장, 운전학원 및 정비학원, 다중이용업소, 복합건축물,	• 소형피난구유도등 • 통로유도등
7. 그 밖의 것	• 피난구유도표지 • 통로유도표지

[비고]
1. 소방서장은 특정소방대상물의 위치·구조 및 설비의 상황을 판단하여 대형피난구유도등을 설치해야 할 장소에 중형피난유도등 또는 소형피난유도등을, 중형피난구유도등을 설치해야 할 장소에 소형피난구유도등을 설치하게 할 수 있다.
2. 복합건축물의 경우, 주택의 세대 내에는 유도등을 설치하지 않을 수 있다.

2) 피난구유도등의 설치기준

(1) 피난구유도등은 다음의 장소에 설치해야 한다.

① 옥내로부터 직접 지상으로 통하는 출입구 및 그 부속실의 출입구

② 직통계단·직통계단의 계단실 및 그 부속실의 출입구

③ "①"과 "②"에 따른 출입구에 이르는 복도 또는 통로로 통하는 출입구

④ 안전구획된 거실로 통하는 출입구

(2) 피난구유도등은 피난구의 바닥으로부터 높이 1.5 m 이상으로서 출입구에 인접하도록 설치해야 한다.

(3) 피난층으로 향하는 피난구의 위치를 안내할 수 있도록 "①" 또는 "②"의 출입구 인근 천장에 "①" 또는 "②"에 따라 설치된 피난구유도등의 면과 수직이 되도록 피난구유도등을 추가로 설치해야 한다. 다만 "①" 또는 "②"에 따라 설치된 피난구유도등이 입체형인 경우에는 그렇지 않다.

(4) (3)에 따라 추가로 설치하는 피난구유도등은 피난구의 식별이 용이하도록 피난구 방향의 화살표가 함께 표시된 것으로 설치해야 한다.

3) 통로유도등의 설치기준

(1) 복도통로유도등의 설치기준

① 복도에 설치하되 피난구유도등이 설치된 출입구의 맞은편 복도에는 입체형으로 설치하거나 바닥에 설치할 것

② 구부러진 모퉁이 및 "①"에 따라 설치된 통로유도등을 기점으로 보행거리 20 m 마다 설치할 것

③ 바닥으로부터 높이 1 m 이하의 위치에 설치할 것. 다만 지하층 또는 무창층의 용도가 도매시장·소매시장·여객자동차터미널·지하역사 또는 지하상가인 경우에는 복도·통로 중앙부분의 바닥에 설치해야 한다.

④ 바닥에 설치하는 통로유도등은 하중에 따라 파괴되지 않는 강도의 것으로 할 것

(2) **거실통로유도등의 설치기준**

① 거실의 통로에 설치할 것. 다만 거실의 통로가 벽체 등으로 구획된 경우에는 복도통로유도등을 설치할 것

② 구부러진 모퉁이 및 보행거리 20 m마다 설치할 것

③ 바닥으로부터 높이 1.5 m 이상의 위치에 설치할 것. 다만 거실통로에 기둥이 설치된 경우에는 기둥 부분의 바닥으로부터 높이 1.5 m 이하의 위치에 설치할 수 있다.

(3) **계단통로유도등의 설치기준**

① 각 층의 경사로 참 또는 계단참마다(1개 층에 경사로 참 또는 계단참이 2 이상 있는 경우에는 2개의 계단참마다) 설치할 것

② 바닥으로부터 높이 1 m 이하의 위치에 설치할 것

4) 객석유도등 설치기준

(1) 객석유도등은 객석의 통로, 바닥 또는 벽에 설치해야 한다.

(2) 객석 내의 통로가 경사로 또는 수평로로 되어 있는 부분은 다음 식에 따라 산출한 개수(소수점 이하의 수는 1로 본다)의 유도등을 설치해야 한다.

$$\text{설치개수} = \frac{\text{객석 통로의 직선부분 길이}(m)}{4} - 1$$

(3) 객석 내의 통로가 옥외 또는 이와 유사한 부분에 있는 경우에는 해당 통로 전체에 미칠 수 있는 개수의 유도등을 설치해야 한다.

5) 유도표지

(1) **유도표지의 종류**

① 피난구유도표지 : 피난구 또는 피난경로로 사용되는 출입구를 표시하여 피난을 유도하는 표지

② 통로유도표지 : 피난통로가 되는 복도, 계단등에 설치하는 것으로서 피난구의 방향을 표시하는 유도표지

(2) **유도표지의 설치기준**

① 계단에 설치하는 것을 제외하고는 각 층마다 복도 및 통로의 각 부분으로부터 하나의 유도표지까지의 보행거리가 15 m 이하가 되는 곳과 구부러진 모퉁이의 벽에 설치할 것

② 피난구유도표지는 출입구 상단에 설치하고, 통로유도표지는 바닥으로부터 높이 1 m 이하의 위치에 설치할 것

③ 주위에는 이와 유사한 등화·광고물·게시물 등을 설치하지 않을 것

④ 유도표지는 부착판 등을 사용하여 쉽게 떨어지지 않도록 설치할 것

⑤ 축광방식의 유도표지는 외광 또는 조명장치에 의하여 상시 조명이 제공되거나 비상조명등에 의한 조명이 제공되도록 설치할 것

6) 피난유도선

(1) 피난유도선의 정의

햇빛이나 전등불에 따라 축광(축광방식)하거나 전류에 따라 빛을 발하는(광원점등방식) 유도체로서 어두운 상태에서 피난을 유도할 수 있도록 띠 형태로 설치되는 피난유도시설

(2) 축광방식의 피난유도선 설치기준

① 구획된 각 실로부터 주출입구 또는 비상구까지 설치할 것

② 바닥으로부터 높이 50 cm 이하의 위치 또는 바닥 면에 설치할 것

③ 피난유도 표시부는 50 cm 이내의 간격으로 연속되도록 설치

④ 부착대에 의하여 견고하게 설치할 것

⑤ 외부의 빛 또는 조명장치에 의하여 상시 조명이 제공되거나 비상조명등에 의한 조명이 제공되도록 설치할 것

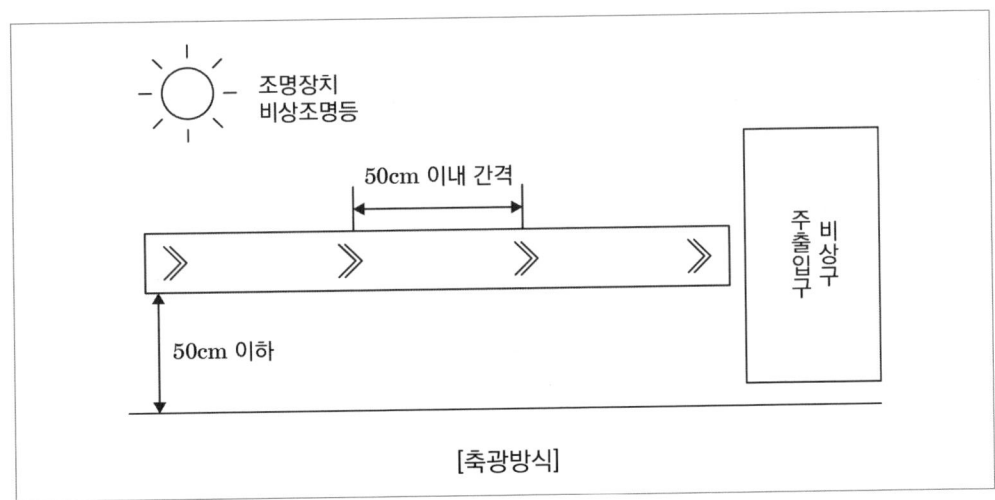

[축광방식]

(3) 광원점등방식의 피난유도선 설치기준

① 구획된 각 실로부터 주출입구 또는 비상구까지 설치할 것

② 피난유도 표시부는 바닥으로부터 높이 1 m 이하의 위치 또는 바닥 면에 설치할 것

③ 피난유도 표시부는 50 cm 이내의 간격으로 연속되도록 설치하되 실내장식물 등으로 설치가 곤란할 경우 1 m 이내로 설치할 것

④ 수신기로부터의 화재 신호 및 수동조작에 의하여 광원이 점등되도록 설치할 것

⑤ 비상전원이 상시 충전상태를 유지하도록 설치할 것

⑥ 바닥에 설치되는 피난유도 표시부는 매립하는 방식을 사용할 것

⑦ 피난유도 제어부는 조작 및 관리가 용이하도록 바닥으로부터 0.8 m 이상 1.5 m 이하의 높이에 설치할 것

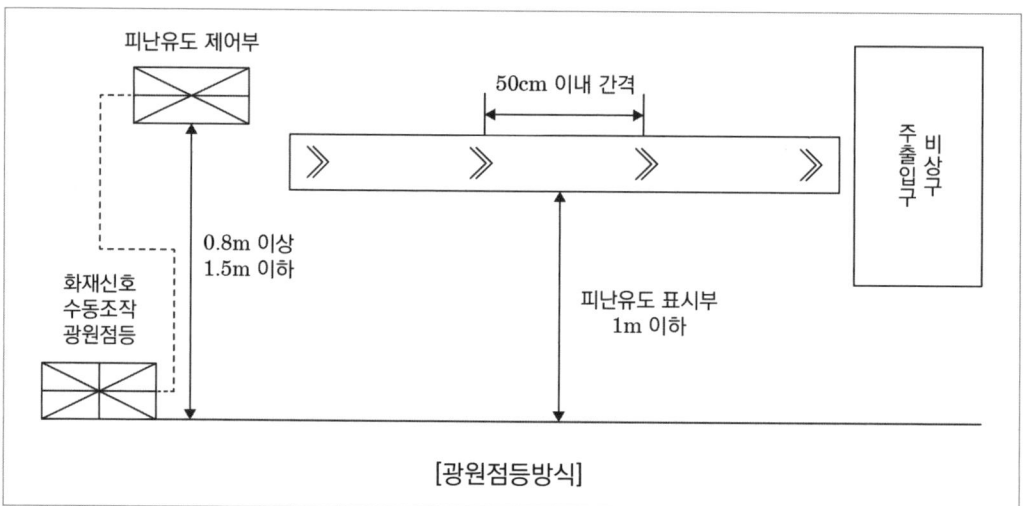

[광원점등방식]

7) 유도등의 전원

(1) 상용전원의 설치기준

전기가 정상적으로 공급되는 축전지설비, 전기저장장치(외부 전기에너지를 저장해두었다가 필요한 때 전기를 공급하는 장치) 또는 교류전압의 옥내 간선으로 하고, 전원까지의 배선은 전용으로 해야 한다.

(2) 비상전원의 설치기준

　① 축전지로 할 것

　② 유도등을 20분 이상 유효하게 작동시킬 수 있는 용량으로 할 것. 다만 다음의 특정소방대상물의 경우에는 그 부분에서 피난층에 이르는 부분의 유도등을 60분 이상 유효하게 작동시킬 수 있는 용량으로 해야 한다.

　　㉠ 지하층을 제외한 층수가 11층 이상의 층

　　㉡ 지하층 또는 무창층으로서 용도가 도매시장·소매시장·여객자동차터미널·지하역사 또는 지하상가

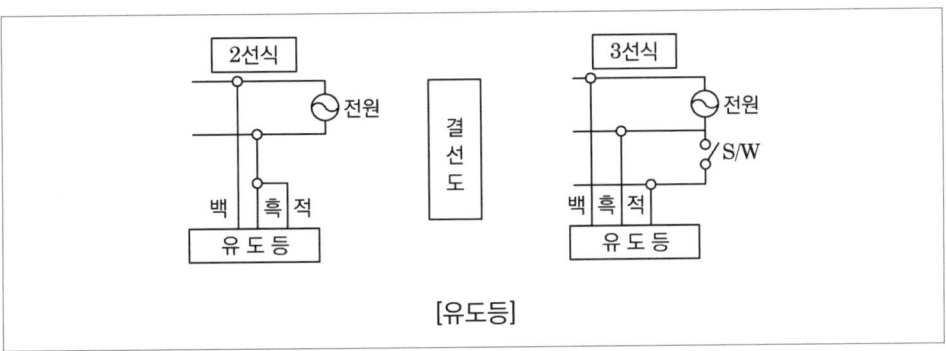

[유도등]

(3) 3선식 배선을 적용할 수 있는 장소

　① 외부의 빛에 의해 피난구 또는 피난방향을 쉽게 식별할 수 있는 장소

　② 공연장, 암실(暗室) 등으로서 어두워야 할 필요가 있는 장소

　③ 특정소방대상물의 관계인 또는 종사원이 주로 사용하는 장소

(4) 3선식 배선으로 상시 충전되는 유도등의 전기회로가 자동 점등되는 경우

　① 자동화재탐지설비의 감지기 또는 발신기가 작동되는 때

　② 비상경보설비의 발신기가 작동되는 때

　③ 상용전원이 정전되거나 전원선이 단선되는 때

　④ 방재업무를 통제하는 곳 또는 전기실의 배전반에서 수동으로 점등하는 때

　⑤ 자동소화설비가 작동되는 때

8) 유도등 및 유도표지의 제외

(1) 피난구유도등을 설치하지 않을 수 있는 경우

① 바닥면적이 1,000 m² 미만인 층으로서 옥내로부터 직접 지상으로 통하는 출입구(외부의 식별이 용이한 경우에 한한다)

② 대각선 길이가 15 m 이내인 구획된 실의 출입구

③ 거실 각 부분으로부터 하나의 출입구에 이르는 보행거리가 20 m 이하이고, 비상조명등과 유도표지가 설치된 거실의 출입구

④ 출입구가 3개소 이상 있는 거실로서 그 거실 각 부분으로부터 하나의 출입구에 이르는 보행거리가 30 m 이하인 경우에는 주된 출입구 2개소 외의 출입구(유도표지가 부착된 출입구). 다만 공연장·집회장·관람장·전시장·판매시설·운수시설·숙박시설·노유자시설·의료시설·장례식장의 경우에는 그렇지 않다.

(2) 통로유도등을 설치하지 않을 수 있는 경우

① 구부러지지 아니한 복도 또는 통로로서 길이가 30 m 미만인 복도 또는 통로

② "①"에 해당하지 않는 복도 또는 통로로서 보행거리가 20 m 미만이고, 그 복도 또는 통로와 연결된 출입구 또는 그 부속실의 출입구에 피난구유도등이 설치된 복도 또는 통로

(3) 객석유도등을 설치하지 않을 수 있는 경우

① 주간에만 사용하는 장소로서 채광이 충분한 객석

② 거실 등의 각 부분으로부터 하나의 거실출입구에 이르는 보행거리가 20 m 이하인 객석의 통로로서 그 통로에 통로유도등이 설치된 객석

24 | 비상조명등

1 비상조명등의 종류

1) 비상조명등 : 화재 발생 등에 따른 정전 시 안전하고 원활한 피난활동을 할 수 있도록 거실 및 피난통로 등에 설치되어 자동 점등되는 조명등

2) 휴대용 비상조명등 : 화재 발생 등으로 정전 시 안전하고 원활한 피난을 위하여 피난자가 휴대할 수 있는 조명등

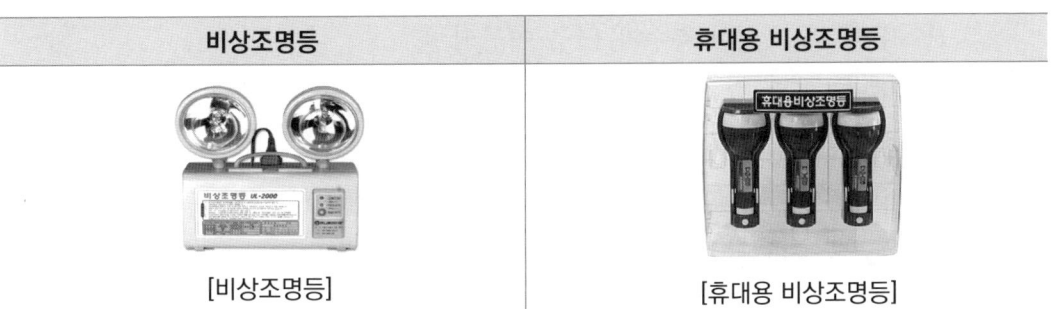

비상조명등	휴대용 비상조명등
[비상조명등]	[휴대용 비상조명등]

2 비상조명등의 구조원리

1) 비상조명등의 설치기준

(1) 특정소방대상물의 각 거실과 그로부터 지상에 이르는 복도·계단 및 그 밖의 통로에 설치할 것

(2) 조도는 비상조명등이 설치된 장소의 각 부분의 바닥에서 1 lx 이상이 되도록 할 것

(3) 예비전원을 내장하는 비상조명등에는 평상시 점등 여부를 확인할 수 있는 점검스위치를 설치하고 해당 조명등을 유효하게 작동시킬 수 있는 용량의 축전지와 예비전원 충전장치를 내장할 것

(4) 예비전원을 내장하지 않은 비상조명등의 비상전원은 자가발전설비, 축전지설비 또는 전기저장장치(외부 전기에너지를 저장해두었다가 필요한 때 전기를 공급하는 장치)를 다음의 기준에 따라 설치해야 한다.

① 점검에 편리하고 화재 및 침수 등의 재해로 인한 피해를 받을 우려가 없는 곳에 설치할 것

② 상용전원으로부터 전력의 공급이 중단된 때에는 자동으로 비상전원으로부터 전력을 공급받을 수 있도록 할 것

③ 비상전원의 설치장소는 다른 장소와 방화구획할 것. 이 경우 그 장소에는 비상전원의 공급에 필요한 기구나 설비 외의 것(열병합발전설비에 필요한 기구나 설비는 제외)을 두어서는 아니 된다.

④ 비상전원을 실내에 설치하는 때에는 그 실내에 비상조명등을 설치할 것

⑸ 예비전원과 비상전원은 비상조명등을 20분 이상 유효하게 작동시킬 수 있는 용량으로 할 것. 다만 다음의 특정소방대상물의 경우에는 그 부분에서 피난층에 이르는 부분의 비상조명등을 60분 이상 유효하게 작동시킬 수 있는 용량으로 해야 한다.

① 지하층을 제외한 층수가 11층 이상의 층

② 지하층 또는 무창층으로서 용도가 도매시장·소매시장·여객자동차터미널·지하역사 또는 지하상가

⑹ 영 별표 5 제15호 비상조명등의 설치면제 요건에서 "그 유도등의 유효범위"란 유도등의 조도가 바닥에서 1lx 이상이 되는 부분을 말한다.

➕ 보충

조도

0.1 lx	점검장비 : 통로유도등, 비상조명등(조도계 : 최소눈금 0.1 lx 이하)	
1 lx 10 lx	비상조명등	1. 조도는 비상조명등이 설치된 장소의 각 부분의 바닥에서 1 lx 이상 2. 영 별표 5 제15호 비상조명등의 설치면제 요건에서 "그 유도등의 유효범위"란 유도등의 조도가 바닥에서 1 lx 이상이 되는 부분을 말한다
	도로터널 비상조명등	상시 조명이 소등된 상태에서 비상조명등이 점등되는 경우 터널 안의 차도 및 보도의 바닥면의 조도는 10 lx 이상, 그 외 모든 지점의 조도는 1 lx 이상이 될 수 있도록 설치할 것
	건설현장	비상조명등이 설치된 장소의 조도는 각 부분의 바닥에서 1 lx 이상이 되도록 할 것
	고층건축물 피난안전구역의 비상조명등	피난안전구역의 비상조명등은 상시 조명이 소등된 상태에서 그 비상조명등이 점등되는 경우 각 부분의 바닥에서 조도는 10 lx 이상이 될 수 있도록 설치할 것

2) 휴대용 비상조명등의 설치기준

   (1) 다음 각 기준의 장소에 설치할 것

     ① 숙박시설 또는 다중이용업소에는 객실 또는 영업장 안의 구획된 실마다 잘 보이는 곳(외부에 설치 시 출입문 손잡이로부터 1 m 이내 부분)에 1개 이상 설치

     ② 「유통산업발전법」에 따른 대규모점포(지하상가 및 지하역사는 제외)와 영화상영관에는 보행거리 50 m 이내마다 3개 이상 설치

     ③ 지하상가 및 지하역사에는 보행거리 25 m 이내마다 3개 이상 설치

   (2) 설치높이는 바닥으로부터 0.8 m 이상 1.5 m 이하의 높이에 설치할 것

   (3) 어둠속에서 위치를 확인할 수 있도록 할 것

   (4) 사용 시 자동으로 점등되는 구조일 것

   (5) 외함은 난연성능이 있을 것

   (6) 건전지를 사용하는 경우에는 방전 방지조치를 해야 하고, 충전식 배터리의 경우에는 상시 충전되도록 할 것

   (7) 건전지 및 충전식 배터리의 용량은 20분 이상 유효하게 사용할 수 있는 것으로 할 것

3) 비상조명등의 제외

   (1) 비상조명등을 설치하지 않을 수 있는 경우

     ① 거실의 각 부분으로부터 하나의 출입구에 이르는 보행거리가 15 m 이내인 부분

     ② 의원·경기장·공동주택·의료시설·학교의 거실

   (2) 휴대용 비상조명등을 설치하지 않을 수 있는 경우

     지상 1층 또는 피난층으로서 복도나 통로 또는 창문 등의 개구부를 통하여 피난이 용이한 경우 숙박시설로서 복도에 비상조명등을 설치한 경우에는 휴대용 비상조명등을 설치하지 않을 수 있다.

25 | 상수도소화용수설비

1 상수도소화용수설비의 계통도

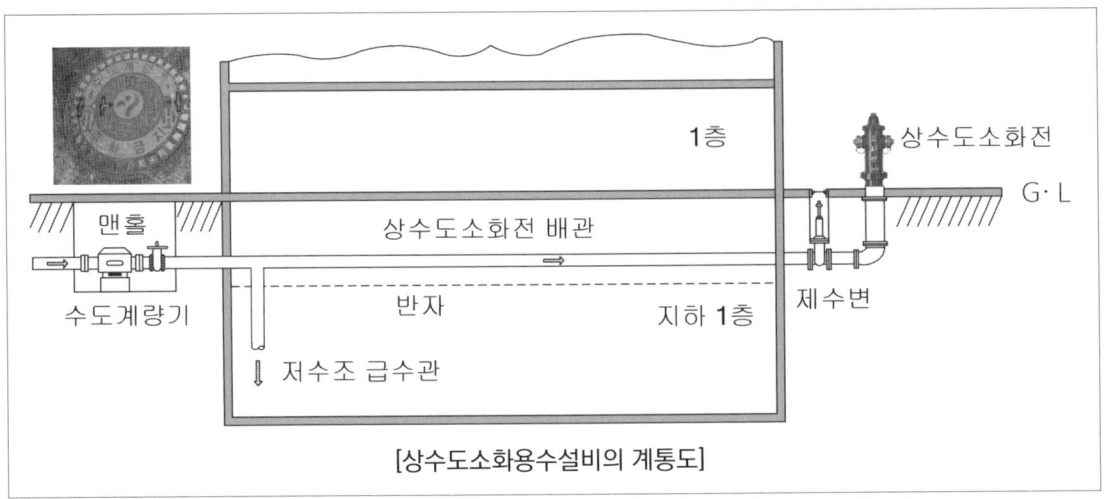

[상수도소화용수설비의 계통도]

2 상수도소화용수설비의 구조원리

1) 구성요소

(1) 소화전 소방관이 사용하는 설비로서, 수도배관에 접속·설치되어 소화수를 공급하는 설비

(2) 제수변(제어밸브) : 배관의 도중에 설치되어 배관 내 물의 흐름을 개폐할 수 있는 밸브

2) 상수도 소화용수설비의 설치기준

(1) 호칭지름 75 mm 이상의 수도배관에 호칭지름 100 mm 이상의 소화전을 접속할 것

(2) 소화전은 소방자동차 등의 진입이 쉬운 도로변 또는 공지에 설치할 것

(3) 소화전은 특정소방대상물의 수평투영면의 각 부분으로부터 140 m 이하가 되도록 설치할 것

⑷ 지상식 소화전의 호스접결구는 지면으로부터 높이가 0.5 m 이상 1 m 이하가 되도록
설치할 것 〈신설 2024.7.1.〉

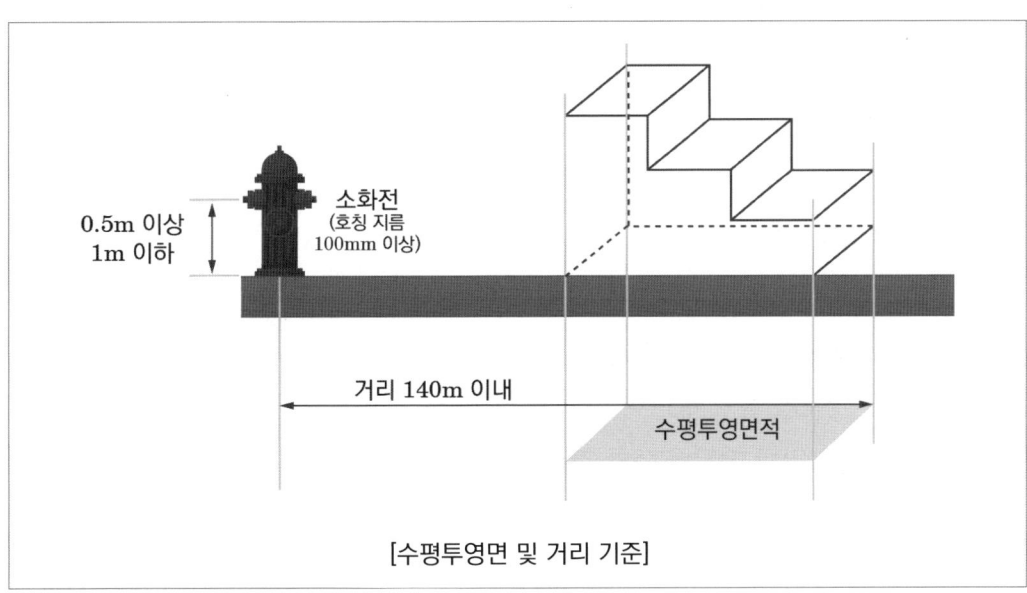

[수평투영면 및 거리 기준]

26 | 소화수조 및 저수조

1 소화수조 및 저수조

1) **소화수조** : 수조를 설치하고 여기에 소화에 필요한 물을 항시 채워두는 것으로서, 소화수조는 소화용수의 전용 수조

2) **저수조** : 수조를 설치하고 여기에 소화에 필요한 물을 항시 채워두는 것으로서, 저수조란 소화용수와 일반 생활용수의 겸용 수조

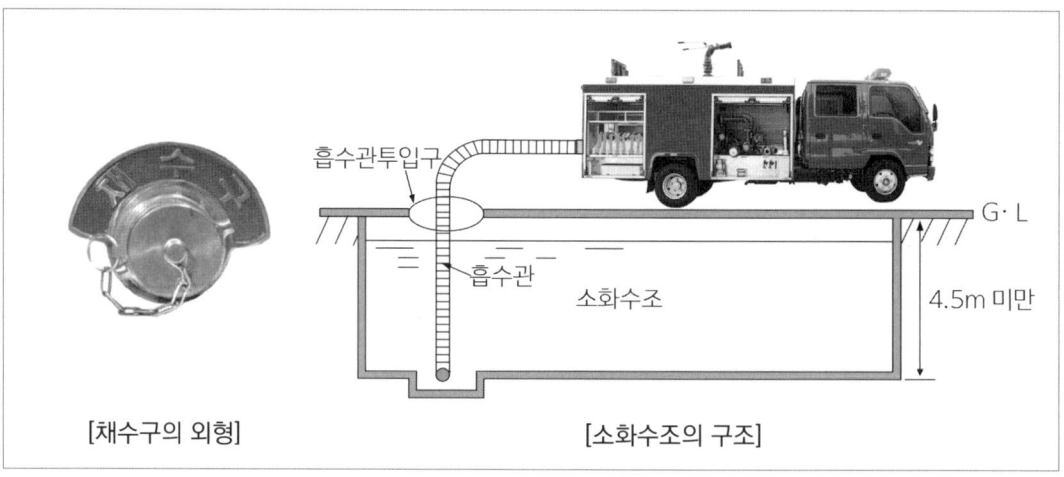

[채수구의 외형] [소화수조의 구조]

2 소화수조 또는 저수조의 구조원리

1) 소화수조 또는 저수조의 저수량

소방대상물의 연면적을 다음 표에 따른 기준면적으로 나누어 얻은 수(소수점 이하의 수는 1로 본다)에 20 m³를 곱한 양 이상이 되도록 해야 한다.

소방대상물의 구분	기준면적
1. 1층 및 2층의 바닥면적 합계가 15,000 m² 이상인 소방대상물	7,500 m²
2. 제1호에 해당되지 않는 그 밖의 소방대상물	12,500 m²

2) 흡수관투입구 또는 채수구의 설치기준

(1) 지하에 설치하는 소화용수설비의 흡수관투입구는 그 한변이 0.6 m 이상이거나 직경이 0.6 m 이상인 것으로 하고, 소요수량이 80 m³ 미만인 것은 1개 이상, 80 m³ 이상인 것은 2개 이상을 설치해야 하며, "흡수관투입구"라고 표시한 표지를 할 것

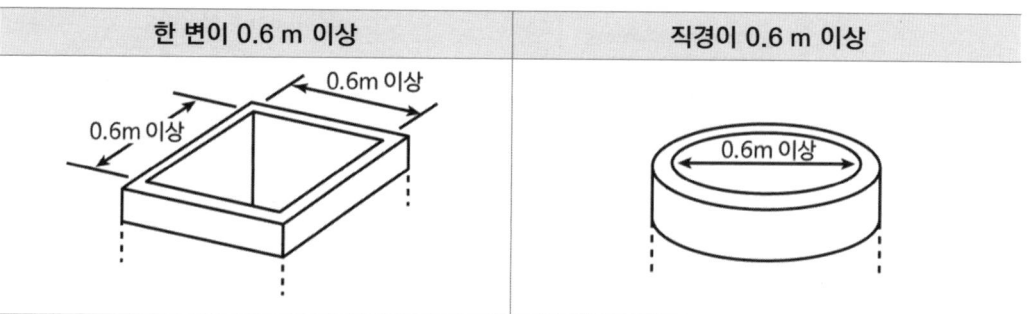

한 변이 0.6 m 이상	직경이 0.6 m 이상
0.6m 이상 0.6m 이상	0.6m 이상

(2) 소화용수설비에 설치하는 채수구는 다음의 기준에 따라 설치할 것

① 채수구는 다음 표에 따라 소방용 호스 또는 소방용 흡수관에 사용하는 구경 65 mm 이상의 나사식 결합금속구를 설치할 것

수원량	20 m³ 이상 40 m³ 미만	40 m³ 이상 100 m³ 미만	100 m³ 이상
채수구의 수(개)	1개	2개	3개

② 채수구는 지면으로부터의 높이가 0.5 m 이상 1 m 이하의 위치에 설치하고 "채수구"라고 표시한 표지를 할 것

3) 가압송수장치

(1) 가압송수장치의 설치대상

① 소화수조 또는 저수조가 지표면으로부터의 깊이(수조 내부바닥까지의 길이)가 4.5 m 이상인 지하에 있는 경우에 설치

② 다만 저수량을 지표면으로부터 4.5 m 이하인 지하에서 확보할 수 있는 경우에는 소화수조 또는 저수조의 지표면으로부터의 깊이에 관계없이 가압송수장치를 설치하지 않을 수 있다.

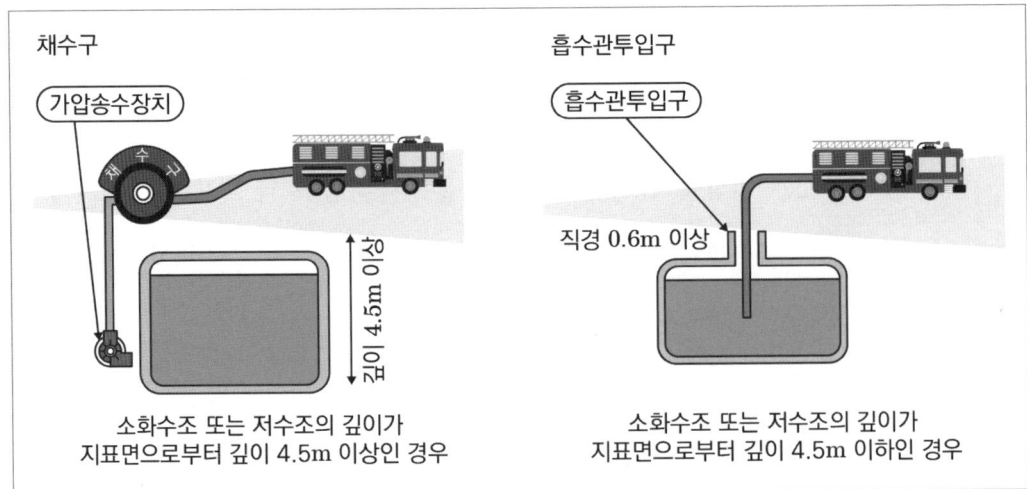

채수구	흡수관투입구
소화수조 또는 저수조의 깊이가 지표면으로부터 깊이 4.5m 이상인 경우	소화수조 또는 저수조의 깊이가 지표면으로부터 깊이 4.5m 이하인 경우

(2) 가압송수장치의 양수량

수원량	20 m³ 이상 40 m³ 미만	40 m³ 이상 100 m³ 미만	100 m³ 이상
가압송수장치의 양수량	1,100 L/min	2,200 L/min	3,300 L/min

[문제] 소화수조 및 저수조의 설치기준을 참조하여 다음 물음에 답하시오.

〈조 건〉

1) 특정소방대상물의 연면적은 35,000 m²이다.

2) 각 층별 바닥면적은 지하 1층 11,000 m², 1층 8,000 m², 2층 8,000 m², 3층 8,000 m²이다.

3) 지표면으로부터 저수조의 바닥까지의 높이는 5 m이다.

4) 주어진 조건 외의 것은 국가화재안전기준에 따른다.

(1) 소화수조 또는 저수조를 설치하는 경우 저수량(m³)을 구하시오.

(2) 지하에 저수조를 설치하는 경우 흡수관 투입구와 채수구의 설치개수를 구하시오.

(3) 가압송수장치를 설치할 경우 분당 양수량(L/min)을 구하시오.

(1) 소화수조 또는 저수조를 설치하는 경우 저수량(m³)

　① 저수량(m³)의 산정기준

　　소방대상물의 연면적을 다음 표에 따른 기준면적으로 나누어 얻은 수(소수점 이하의 수
　　는 1로 본다)에 20 m³를 곱한 양 이상이 되도록 해야 한다.

소방대상물의 구분	기준면적
1. 1층 및 2층의 바닥면적 합계가 15,000 m² 이상인 소방대상물	7,500 m²
2. 제1호에 해당되지 않는 그 밖의 소방대상물	12,500 m²

　② 기준면적의 산출

　　1층 및 2층 바닥면적의 합계는 16,000 m² 이므로 기준면적인 7,500 m² 을 적용

　③ 저수량(m³) $= \dfrac{35,000 \text{m}^2}{7,500 \text{m}^2} = 4.6 \;\rightarrow\; 5 \times 20 \text{m}^3 = 100\text{ m}^3$

(2) 지하에 저수조를 설치하는 경우 흡수관 투입구와 채수구의 설치개수

　① 흡수관 투입구의 설치개수

　　소요수량이 80 m³ 미만인 것은 1개 이상, 80 m³ 이상인 것은 2개 이상 설치

　　100 m³ 이므로 흡수관 투입구 : 2개

　② 채수구의 설치개수

소요수량	20 m³ 이상 40 m³ 미만	40 m³ 이상 100 m³ 미만	100 m³ 이상
채수구의 수	1개	2개	3개

(3) 가압송수장치를 설치할 경우 분당 양수량(L/min)

소요수량	20 m³ 이상 40 m³ 미만	40 m³ 이상 100 m³ 미만	100 m³ 이상
가압송수장치의 1분당 양수량	1,100 L	2,200 L	3,300 L

　① 가압송수장치의 설치대상

　　소화수조 또는 저수조가 지표면으로부터의 깊이(수조 내부바닥까지의 길이)가 4.5 m 이
　　상인 지하에 있는 경우에는 가압송수장치를 설치할 것

　② 저수량이 100 m³ 이므로 가압송수장치의 양수량(L/min) : 3,300 L/min

1 제연설비의 이해

1) 개념도

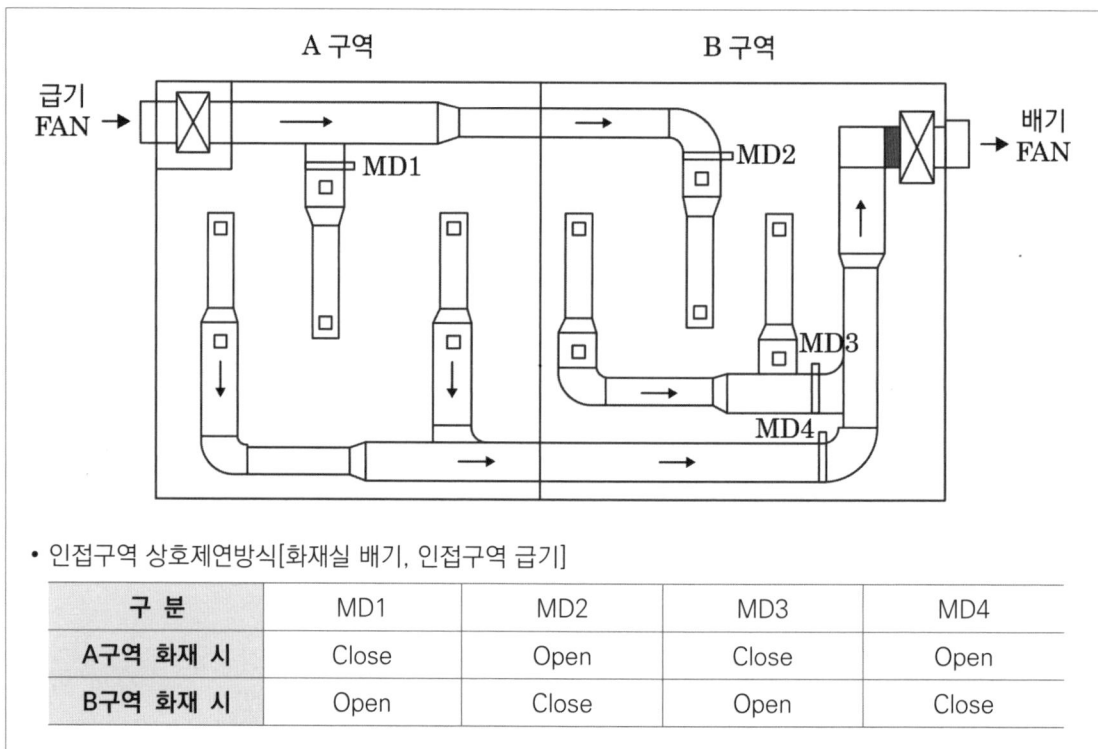

• 인접구역 상호제연방식[화재실 배기, 인접구역 급기]

구 분	MD1	MD2	MD3	MD4
A구역 화재 시	Close	Open	Close	Open
B구역 화재 시	Open	Close	Open	Close

2) 제연설비의 용어 〈신설 2024.9.13.〉

제연설비	화재가 발생한 거실의 연기를 배출함과 동시에 옥외의 신선한 공기를 공급하여 거주자들이 안전하게 피난하고, 소방대가 원활한 소화활동을 할 수 있도록 연기를 제어하는 설비
풍도	풍도 내부의 연기 또는 공기의 흐름을 조절하기 위해 설치하는 장치
풍량조절댐퍼	송풍기(또는 공기조화기) 토출 측에 설치하여 유입풍도로 공급되는 공기의 유량을 조절하는 장치

3) 제연설비의 구분

2 제연방식

1) 예상제연구역의 배출량에 따른 방식

(1) **단독제연방식** : 하나의 예상제연구역에 대한 개별적인 유입 및 배출하는 방식

(2) **공동제연방식** : 벽이나 제연경계로 구분된 2 이상의 예상제연구역에 대한 동시에 유입 및 배출하는 방식

2) 예상제연구역의 장소에 따른 방식

(1) **인접구역의 상호제연방식** : 예상제연구역에서 배출을 하고, 인접한 거실이나 통로에서 유입하는 방식

(2) **통로배출방식** : 거실 바닥면적 50 m² 미만으로 각 실이 구획되어 통로에 면한 경우 거실에서 제연하지 아니하고 통로에서 유입 및 배출하는 방식

(3) **거실이 제연구역인 경우** : 예상제연구역이 거실인 경우

(4) **통로가 제연구역인 경우** : 화재 시 연기의 유입이 우려되는 통로

3 제연설비의 구조원리

1) 구성요소

(1) **제연구역** : 제연경계(제연경계가 면한 천장 또는 반자를 포함)에 의해 구획된 건물 내의 공간

(2) **제연경계** : 연기를 예상제연구역 내에 가두거나 이동을 억제하기 위한 보 또는 제연경계벽 등

(3) **제연경계벽** : 제연경계가 되는 가동형 또는 고정형의 벽

(4) **제연경계의 폭** : 제연경계가 면한 천장 또는 반자로부터 그 제연경계의 수직하단 끝부분까지의 거리

(5) **수직거리** : 제연경계의 하단 끝으로부터 그 수직한 하부 바닥면까지의 거리

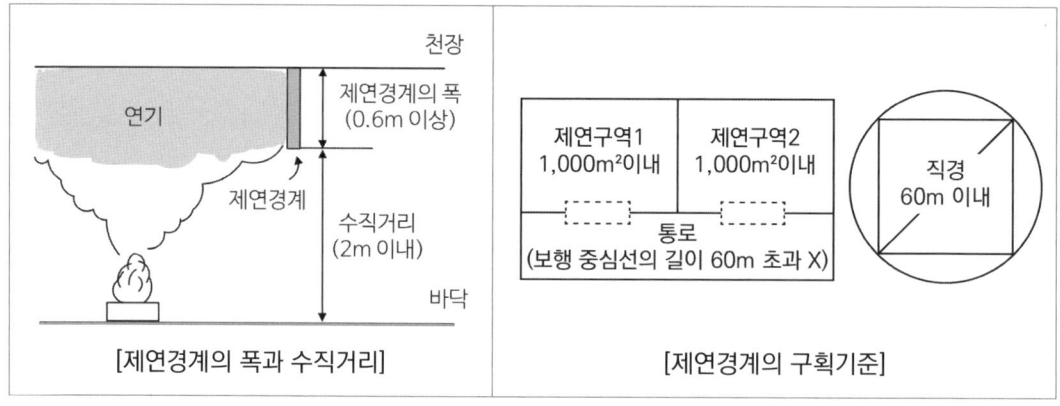

[제연경계의 폭과 수직거리]   [제연경계의 구획기준]

2) 제연구역의 구획기준

(1) 하나의 제연구역의 면적은 1,000 m² 이내로 할 것

(2) 거실과 통로(복도를 포함)는 각각 제연구획할 것

(3) 통로상의 제연구역은 보행중심선의 길이가 60 m를 초과하지 않을 것

(4) 하나의 제연구역은 직경 60 m 원 내에 들어갈 수 있을 것

(5) 하나의 제연구역은 2 이상의 층에 미치지 않도록 할 것. 다만 층의 구분이 불분명한 부분은 그 부분을 다른 부분과 별도로 제연구획해야 한다.

3) 제연구역의 구획은 보·제연경계벽 및 벽(화재 시 자동으로 구획되는 가동벽·방화셔터·방화문을 포함)의 적합기준

  (1) 재질은 내화재료, 불연재료 또는 제연경계벽으로 성능을 인정받은 것으로서 화재 시 쉽게 변형·파괴되지 아니하고 연기가 누설되지 않는 기밀성 있는 재료로 할 것

  (2) 제연경계는 제연경계의 폭이 0.6 m 이상이고, 수직거리는 2 m 이내이어야 한다. 다만 구조상 불가피한 경우는 2 m를 초과할 수 있다.

  (3) 제연경계벽은 배연 시 기류에 따라 그 하단이 쉽게 흔들리지 않고, 가동식의 경우에는 급속히 하강하여 인명에 위해를 주지 않는 구조일 것

4) 제연방식

  (1) 예상제연구역에 대하여는 화재 시 연기배출과 동시에 공기유입이 될 수 있게 하고, 배출구역이 거실일 경우에는 통로에 동시에 공기가 유입될 수 있도록 해야 한다.

  (2) 통로와 인접하고 있는 거실의 바닥면적이 50 m² 미만으로 구획(제연경계에 따른 구획은 제외한다. 다만 거실과 통로와의 구획은 그렇지 않다)되고 그 거실에 통로가 인접하여 있는 경우에는 화재 시 그 거실에서 직접 배출하지 아니하고 인접한 통로의 배출로 갈음할 수 있다. 다만 그 거실이 다른 거실의 피난을 위한 경유거실인 경우에는 그 거실에서 직접 배출해야 한다.

  (3) 통로의 주요구조부가 내화구조이며 마감이 불연재료 또는 난연재료로 처리되고 통로 내부에 가연성물질이 없는 경우에 그 통로는 예상제연구역으로 간주하지 않을 수 있다. 다만 화새 시 연기의 유입이 우려되는 통로는 그렇지 않다.

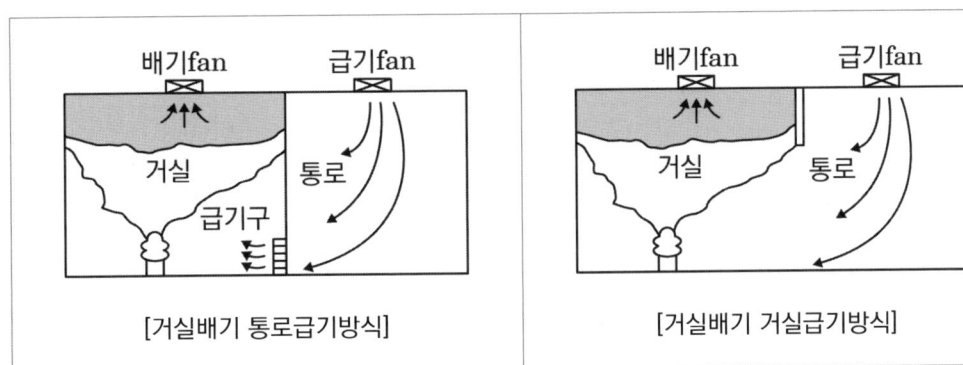

[거실배기 통로급기방식]　　　　　　[거실배기 거실급기방식]

5) 배출량 및 배출방식

(1) 바닥면적이 400 m²(소규모 거실) 미만으로 구획(제연경계에 따른 구획을 제외한다. 다만 거실과 통로와의 구획은 그렇지 않다)된 예상제연구역에 대한 배출량은 바닥면적 1 m³/min 이상으로 하되, 예상제연구역에 대한 최저 배출량은 5,000 m³/hr 이상으로 할 것

(2) 바닥면적이 400 m²(대규모 거실) 이상인 거실의 예상제연구역의 배출량

① 예상제연구역이 직경 40 m인 원의 범위 안에 있을 경우에는 배출량이 40,000 m³/hr 이상으로 할 것. 다만 예상제연구역이 제연경계로 구획된 경우에는 그 수직거리에 따라 배출량은 다음 표에 따른다.

수직거리	배출량
2 m 이하	40,000 m³/hr 이상
2 m 초과 2.5 m 이하	45,000 m³/hr 이상
2.5 m 초과 3 m 이하	50,000 m³/hr 이상
3 m 초과	60,000 m³/hr 이상

② 예상제연구역이 직경 40 m인 원의 범위를 초과할 경우에는 배출량이 45,000 m³/hr 이상으로 할 것. 다만 예상제연구역이 제연경계로 구획된 경우에는 그 수직거리에 따라 배출량은 다음 표에 따른다.

수직거리	배출량
2 m 이하	45,000 m³/hr 이상
2 m 초과 2.5 m 이하	50,000 m³/hr 이상
2.5 m 초과 3 m 이하	55,000 m³/hr 이상
3 m 초과	65,000 m³/hr 이상

(3) 통로 배출방식(바닥면적이 50 m² 미만)인 예상제연구역을 통로배출방식으로 할 경우 거실 바닥면적 50 m² 미만으로 각 실이 구획되어 통로에 면한 경우 거실에서 제연하지 아니하고 통로에서 급·배기하는 방식

통로길이	수직거리	배출량	비 고
40 m 이하	2 m 이하	25,000 m^3/hr	벽으로 구획된 경우를 포함
	2 m 초과 2.5 m 이하	30,000 m^3/hr	
	2.5 m 초과 3 m 이하	35,000 m^3/hr	
	3 m 초과	45,000 m^3/hr	
40 m 초과 60 m 이하	2 m 이하	30,000 m^3/hr	벽으로 구획된 경우를 포함
	2 m 초과 2.5 m 이하	35,000 m^3/hr	
	2.5 m 초과 3 m 이하	40,000 m^3/hr	
	3 m 초과	50,000 m^3/hr	

(4) 통로의 방식

통로의 주요구조부가 내화구조이며 마감이 불연재료 또는 난연재료로 처리되고 가연성 내용물이 없는 경우에 그 통로는 예상제연구역으로 간주하지 아니할 수 있으나 화재 발생 등으로 연기의 유입되어 통로를 제연하는 방식

예상제연구역	제연경계 수직거리	배출량
제연경계로 구획되지 않은 경우	–	45,000 m^3/hr 이상
제연경계로 구획된 경우	2 m 이하	45,000 m^3/hr 이상
	2 m 초과 2.5 m 이하	50,000 m^3/hr 이상
	2.5 m 초과 3 m 이하	55,000 m^3/hr 이상
	3 m 초과	65,000 m^3/hr 이상

6) 예상제연구역에 대한 배출구의 설치위치

(1) 바닥면적이 400 m^2 미만인 예상제연구역(통로인 예상제연구역을 제외한다)에 대한 배출구의 설치위치는 다음의 기준에 적합할 것

① 예상제연구역이 벽으로 구획되어 있는 경우의 배출구는 천장 또는 반자와 바닥 사이의 중간 윗부분에 설치할 것

② 예상제연구역 중 어느 한 부분이 제연경계로 구획되어 있는 경우에는 천장·반자 또는 이에 가까운 벽의 부분에 설치할 것. 다만 배출구를 벽에 설치하는 경우에는 배출구의 하단이 해당 예상제연구역에서 제연경계의 폭이 가장 짧은 제연경계의 하단보다 높이 되도록 해야 한다.

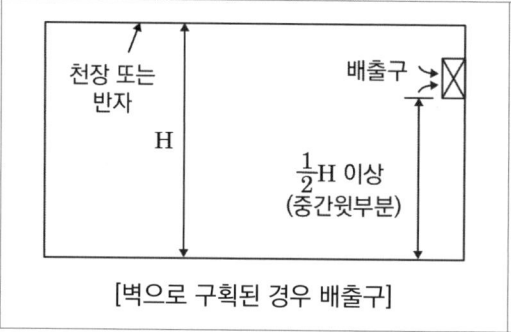
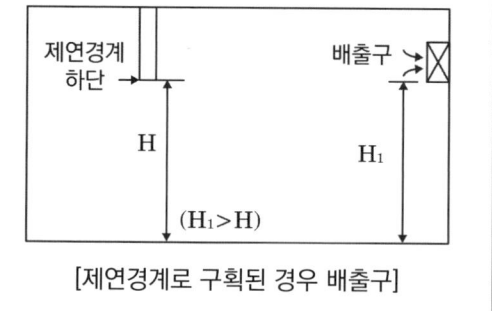

[벽으로 구획된 경우 배출구]　　　　[제연경계로 구획된 경우 배출구]

⑵ 통로인 예상제연구역과 바닥면적이 $400\ \mathrm{m^2}$ 이상인 통로 외의 예상제연구역에 대한 배출구의 설치위치는 다음의 기준에 적합해야 한다.

① 예상제연구역이 벽으로 구획되어 있는 경우의 배출구는 천장·반자 또는 이에 가까운 벽의 부분에 설치할 것. 다만 배출구를 벽에 설치한 경우에는 배출구의 하단과 바닥 간 최단거리가 2 m 이상이어야 한다.

② 예상제연구역 중 어느 한 부분이 제연경계로 구획되어 있을 경우에는 천장·반자 또는 이에 가까운 벽의 부분(제연경계를 포함한다)에 설치할 것. 다만 배출구를 벽 또는 제연경계에 설치하는 경우에는 배출구의 하단이 해당 예상제연구역에서 제연경계의 폭이 가장 짧은 제연경계의 하단보다 높이 되도록 설치해야 한다.

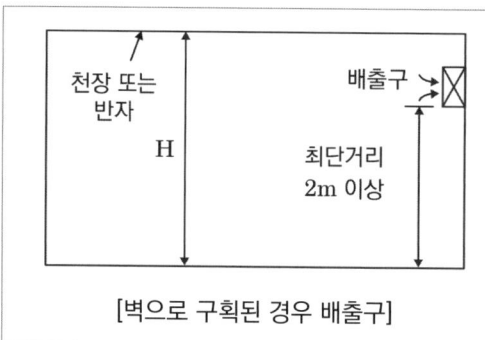
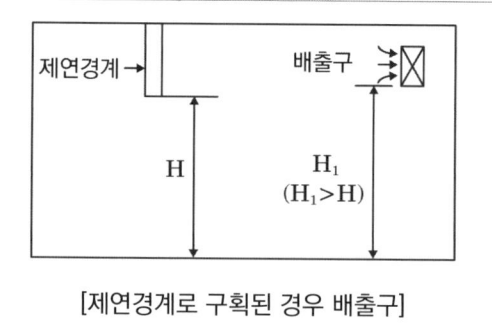

[벽으로 구획된 경우 배출구]　　　　[제연경계로 구획된 경우 배출구]

(3) 예상제연구역의 각 부분으로부터 하나의 배출구까지의 수평거리는 10 m 이내가 되도록 해야 한다.

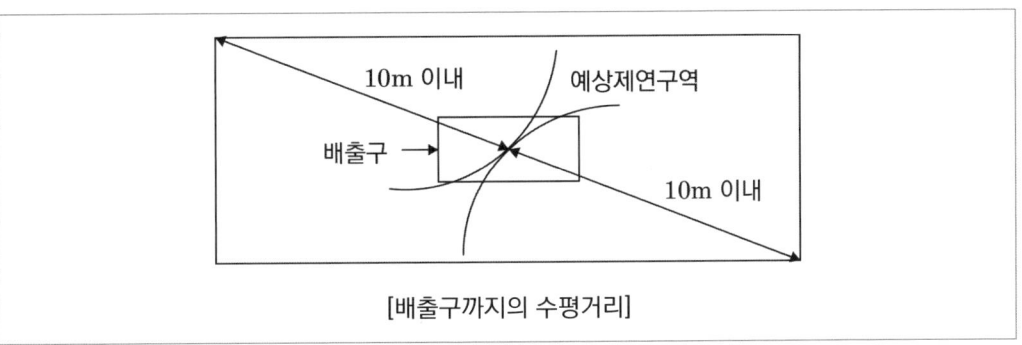

[배출구까지의 수평거리]

7) 공기유입방식 및 유입구

(1) 예상제연구역에 대한 공기유입방식

① 유입풍도를 경유한 강제유입

② 유입풍도를 경유한 자연유입방식

③ 인접한 제연구역 또는 통로에 유입되는 공기(가압의 결과를 일으키는 경우를 포함)가 해당구역으로 유입되는 방식

(2) 예상제연구역에 설치되는 공기유입구의 설치기준

① 바닥면적 400 m² 미만의 거실인 예상제연구역(제연경계에 따른 구획을 제외한다. 다만 거실과 통로와의 구획은 그렇지 않다)에 대해서는 공기유입구와 배출구 간의 직선거리는 5 m 이상 또는 구획된 실의 장변의 2분의 1 이상으로 할 것. 다만 공연장·집회장·위락시설의 용도로 사용되는 부분의 바닥면적이 200 m² 를 초과하는 경우의 공기유입구는 2.5.2.2의 기준에 따른다.

② 바닥면적이 400 m² 이상의 거실인 예상제연구역(제연경계에 따른 구획을 제외한다. 다만 거실과 통로와의 구획은 그렇지 않다)에 대해서는 바닥으로부터 1.5 m 이하의 높이에 설치하고 그 주변은 공기의 유입에 장애가 없도록 할 것

③ 그 외의 예상제연구역(통로인 예상제연구역을 포함한다)에 대한 유입구는 다음의 기준에 따를 것. 다만 제연경계로 인접하는 구역의 유입공기가 당해 예상제연구역으로 유입되게 한 때에는 그렇지 않다.

㉠ 유입구를 벽에 설치할 경우에는 "㉡"의 기준에 따를 것

㉡ 유입구를 벽 외의 장소에 설치할 경우에는 유입구 상단이 천장 또는 반자와 바닥 사이의 중간 아랫부분보다 낮게 되도록 하고, 수직거리가 가장 짧은 제연경계 하단보다 낮게 되도록 설치할 것

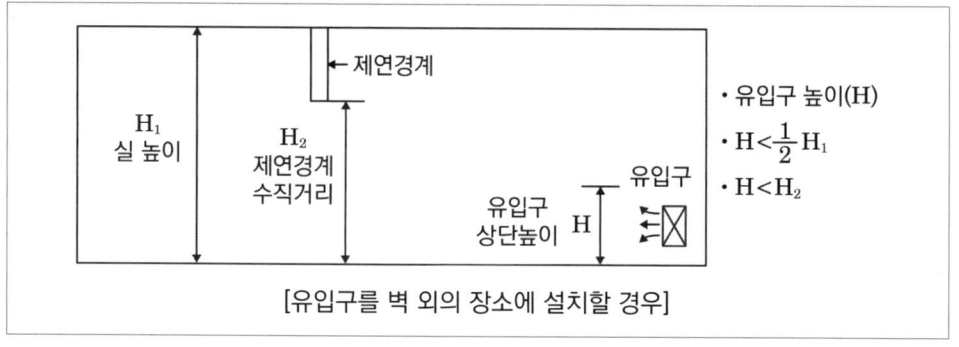

- 유입구 높이(H)
- $H < \frac{1}{2}H_1$
- $H < H_2$

H_1 실 높이

H_2 제연경계 수직거리

← 제연경계

유입구 상단높이 H ← 유입구

[유입구를 벽 외의 장소에 설치할 경우]

(3) 공동예상제연구역에 설치되는 공기 유입구는 다음의 기준에 적합하게 설치해야 한다.

① 공동예상제연구역 안에 설치된 각 예상제연구역이 벽으로 구획되어 있을 때에는 각 예상제연구역의 바닥면적에 따라 "①" 및 "②"에 따라 설치할 것

② 공동예상제연구역 안에 설치된 각 예상제연구역의 일부 또는 전부가 제연경계로 구획되어 있을 때에는 공동예상제연구역 안의 1개 이상의 장소에 "③"에 따라 설치할 것

(4) 인접한 제연구역 또는 통로로부터 유입되는 공기를 해당 예상제연구역에 대한 공기 유입으로 하는 경우에는 그 인접한 제연구역 또는 통로의 유입구가 제연경계 하단보다 높은 경우에는 그 인접한 제연구역 또는 통로의 화재 시 그 유입구는 다음의 어느 하나에 적합해야 한다.

① 각 유입구는 자동폐쇄될 것

② 해당 구역 내에 설치된 유입풍도가 해당 제연구획 부분을 지나는 곳에 설치된 댐퍼는 자동폐쇄될 것

(5) 예상제연구역에 공기가 유입되는 순간의 풍속은 5 m/s 이하가 되도록 하고, 유입구의 구조는 유입공기를 상향으로 분출하지 않도록 설치해야 한다. 다만 유입구가 바닥에 설치되는 경우에는 상향으로 분출이 가능하며, 이때의 풍속은 1 m/s 이하가 되도록 해야 한다.

(6) 예상제연구역에 대한 공기유입구의 크기는 해당 예상제연구역 배출량 1 m³/min에 대하여 35 cm² 이상으로 해야 한다.

(7) 예상제연구역에 대한 공기유입량은 배출량의 배출에 지장이 없는 양으로 해야 한다.

8) 배출기 및 배출풍도

(1) 배출기의 설치기준

① 배출기의 배출 능력은 배출량 이상이 되도록 할 것

② 배출기와 배출풍도의 접속부분에 사용하는 캔버스는 내열성(석면재료는 제외)이 있는 것으로 할 것

③ 배출기의 전동기부분과 배풍기 부분은 분리하여 설치해야 하며, 배풍기 부분은 유효한 내열처리를 할 것

(2) 배출풍도의 설치기준

① 배출풍도는 아연도금강판 또는 이와 동등 이상의 내식성·내열성이 있는 것으로 하며, 「건축법 시행령」에 따른 불연재료(석면재료를 제외)인 단열재로 풍도 외부에 유효한 단열 처리를 하고, 강판의 두께는 배출풍도의 크기에 따라 다음 표에 따른 기준 이상으로 할 것

풍도단면의 긴 변 또는 직경의 크기	450 mm 이하	450 mm 초과 750 mm 이하	750 mm 초과 1,500 mm 이하	1,500 mm 초과 2,250 mm 이하	2,250 mm 초과
강판두께	0.5 mm	0.6 mm	0.8 mm	1.0 mm	1.2 mm

[배출용 송풍기 Ⅰ]

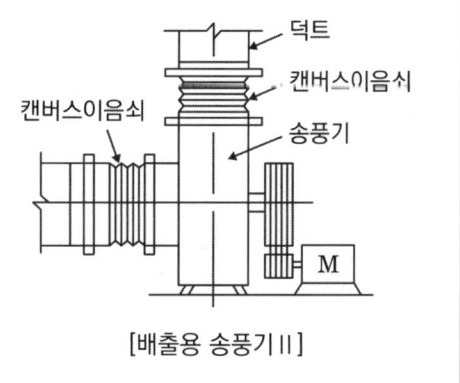

[배출용 송풍기 Ⅱ]

② 배출기의 흡입 측 풍도 안 풍속은 15 m/s 이하로 하고, 배출 측 풍속은 20 m/s 이하로 할 것

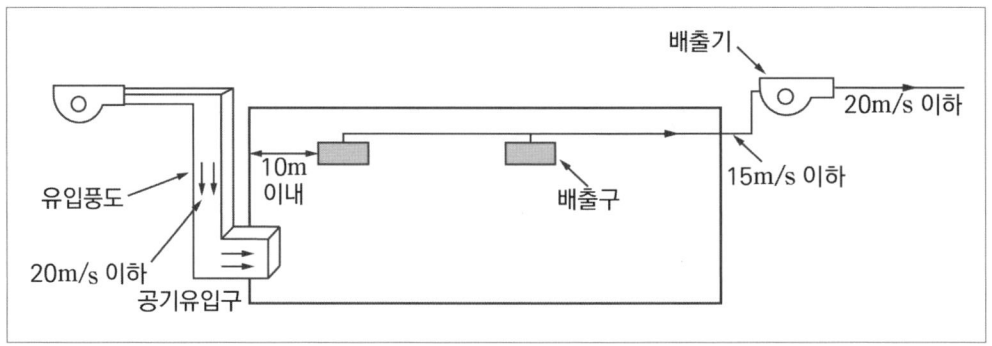

9) 유입풍도 등

(1) 유입풍도는 아연도금강판 또는 이와 동등 이상의 내식성·내열성이 있는 것으로 하며, 풍도 안의 풍속은 20 m/s 이하로 하고 풍도의 강판 두께는 다음 표에 따른 기준 이상으로 할 것

풍도단면의 긴 변 또는 직경의 크기	450 mm 이하	450 mm 초과 750 mm 이하	750 mm 초과 1,500 mm 이하	1,500 mm 초과 2,250 mm 이하	2,250 mm 초과
강판두께	0.5 mm	0.6 mm	0.8 mm	1.0 mm	1.2 mm

(2) 옥외에 면하는 배출구 및 공기유입구는 비 또는 눈 등이 들어가지 아니하도록 하고, 배출된 연기가 공기유입구로 순환유입 되지 않도록 해야 한다.

10) 제연설비에 설치되는 댐퍼 〈신설 2024.10.1.〉

(1) 제연설비의 풍도에 댐퍼를 설치하는 경우 댐퍼를 확인, 정비할 수 있는 점검구를 풍도에 설치할 것. 이 경우 댐퍼가 반자 내부에 설치되는 때에는 댐퍼 직근의 반자에도 점검구(지름 60센티미터 이상의 원이 내접할 수 있는 크기)를 설치하고 제연설비용 점검구임을 표시해야 한다.

(2) 제연설비 댐퍼의 설정된 개방 및 폐쇄 상태를 제어반에서 상시 확인할 수 있도록 할 것

(3) 제연설비가 영 별표 5 제17호 가목 1)에 따라 공기조화설비와 겸용으로 설치되는 경우 풍량조절댐퍼는 각 설비별 기능에 따른 작동 시 각각의 풍량을 충족하는 개구율로 자동 조절될 수 있는 기능이 있어야 할 것

11) 화재감지기의 연동 및 예상제연구역(또는 인접장소) 및 제어반에서 수동으로 기동되어야 하는 설비

 (1) 가동식의 벽 작동

 (2) 제연경계벽의 작동

 (3) 댐퍼의 작동

 (4) 배출기의 작동

12) 제연설비의 작동은 해당 제연구역에 설치된 화재감지기와 연동되어야 하며, 예상제연구역(또는 인접장소)마다 설치된 수동기동장치 및 제어반에서 수동으로 기동이 가능하도록 해야 한다. 〈개정 2024.10.1.〉

13) 제연설비의 작동에는 다음 각 호의 사항이 포함되어야 하며, 예상제연구역(또는 인접장소)마다 설치되는 수동기동장치는 바닥으로부터 0.8미터 이상 1.5미터 이하의 높이에 문 개방 등으로 인한 위치 확인에 장애가 없고 접근이 쉬운 위치에 설치해야 한다. 〈신설 2024.10.1.〉

 (1) 해당 제연구역의 구획을 위한 제연경계벽 및 벽의 작동

 (2) 해당 제연구역의 공기유입 및 연기배출 관련 댐퍼의 작동

 (3) 공기유입송풍기 및 배출송풍기의 작동

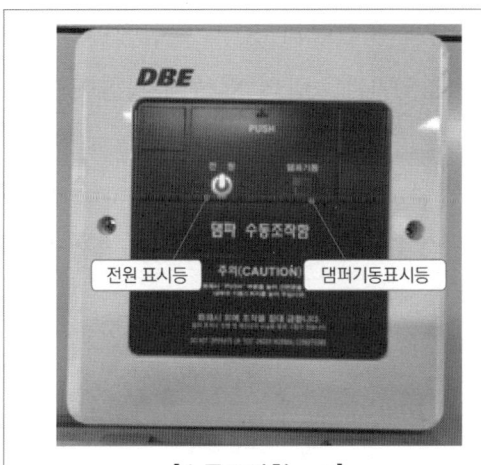

[수동조작함 - Ⅰ]

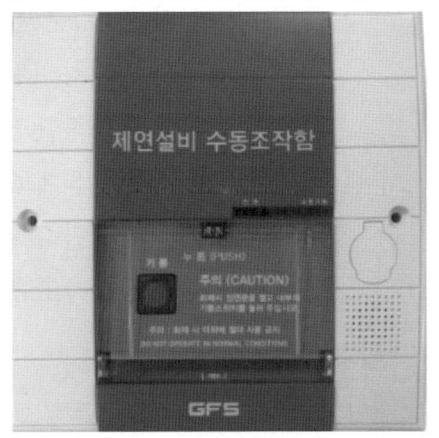

[수동조작함 - Ⅱ]

14) 성능확인

(1) 제연설비는 설계목적에 적합한지 검토하고 제연설비의 성능과 관련된 건물의 모든 부분(건축설비를 포함한다)이 완성되는 시점에 맞추어 시험·측정 및 조정(이하 "시험 등"이라 한다)을 해야 한다. 〈신설 2024.10.1.〉

(2) 제연설비의 시험 등은 다음 각 호의 기준에 따라 실시해야 한다.

① 송풍기 풍량 및 송풍기 모터의 전류, 전압을 측정할 것

② 제연설비 시험시에는 제연구역에 설치된 화재감지기(수동기동장치를 포함한다)를 동작시켜 해당 제연설비가 정상적으로 작동되는지 확인할 것

③ 제연구역의 공기유입량 및 유입풍속, 배출량은 모든 유입구 및 배출구에서 측정할 것

④ 제연구역의 출입문, 방화셔터, 공기조화설비 등이 제연설비와 연동된 상태에서 측정할 것

(3) 제연설비 시험 등의 평가는 이 기준에서 정하는 성능 및 다음 각 호의 기준에 따른다.

① 배출구별 배출량은 배출구별 설계 배출량의 60 % 이상이어야 하며, 제연구역별 배출구의 배출량 합계는 2.3(배출량 및 배출방식)에 따른 설계배출량 이상일 것

② 유입구별 공기유입량은 유입구별 설계 유입량의 60 % 이상이어야 하며, 제연구역별 유입구의 공기유입량 합계는 2.5.7(배출량의 배출에 지장이 없는 양)에 따른 설계유입량을 충족할 것

③ 제연구역의 구획이 설계조건과 동일한 조건에서 2.10.3.1에 따라 측정한 배출량이 설계배출량 이상인 경우에는 2.10.3.2에 따라 측정한 공기유입량이 설계유입량에 일부 미달되더라도 적합한 성능으로 볼 것

15) 설치 제외

제연설비를 설치해야 할 특정소방대상물 중 화장실·목욕실·주차장·발코니를 설치한 숙박시설(가족호텔 및 휴양콘도미니엄에 한한다)의 객실과 사람이 상주하지 않는 기계실·전기실·공조실·50 m² 미만의 창고 등으로 사용되는 부분에 대하여는 배출구·공기유입구의 설치 및 배출량 산정에서 이를 제외할 수 있다.

28 │ 특별피난계단의 계단실 및 부속실 제연설비

1 부속실 제연설비의 개념도

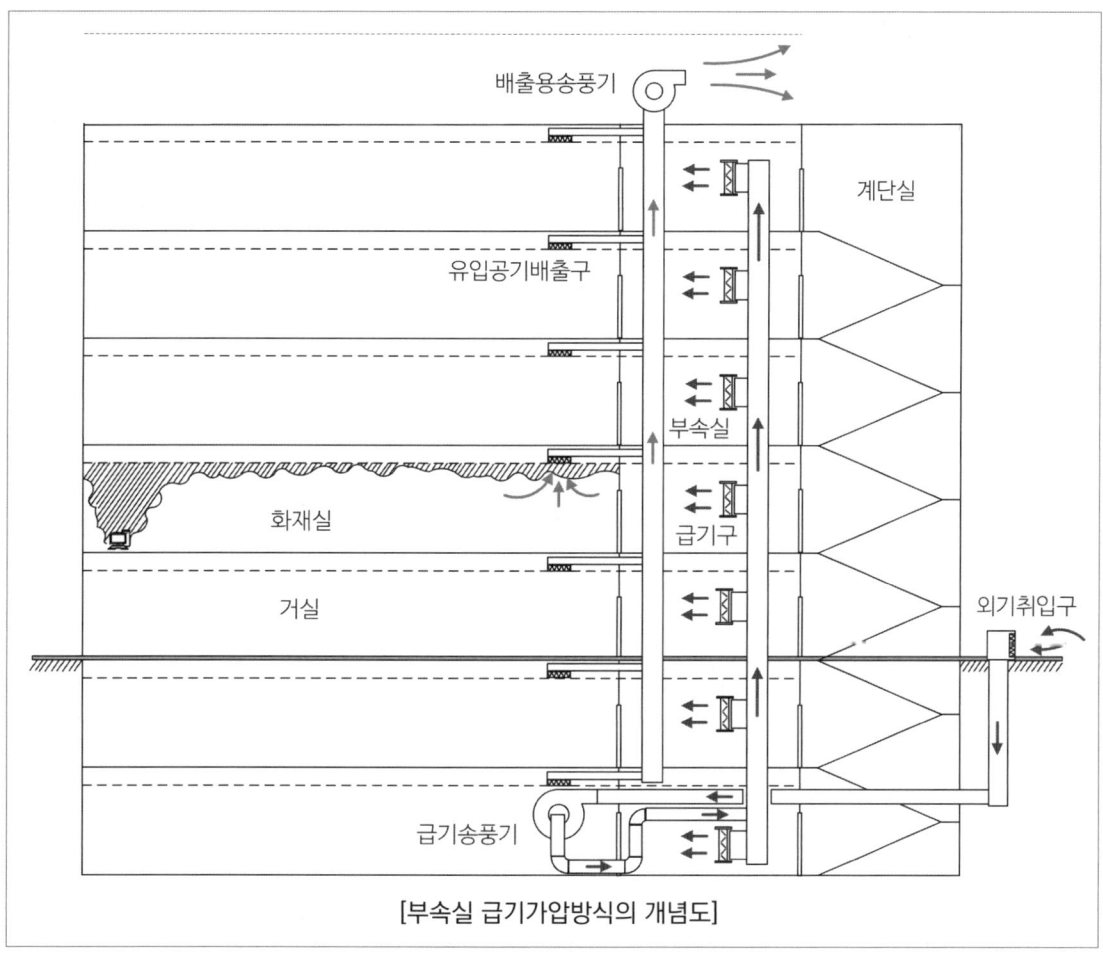

배출용송풍기

계단실

유입공기배출구

부속실

화재실

급기구

거실

외기취입구

급기송풍기

[부속실 급기가압방식의 개념도]

PART 02

2 부속실제연설비의 제연방식

1) 제연구역의 선정

(1) 계단실 및 그 부속실을 동시에 제연하는 것

(2) 부속실을 단독으로 제연하는 것

(3) 계단실을 단독으로 제연하는 것

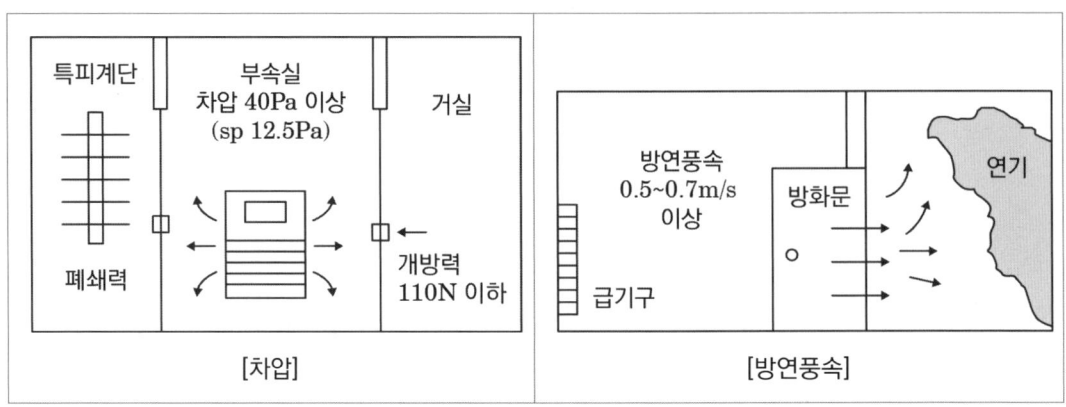

2) 제연방식의 적합기준

(1) 제연구역에 옥외의 신선한 공기를 공급하여 제연구역의 기압을 제연구역 이외의 옥내보다 높게 하되 일정한 기압의 차이(차압)를 유지하게 함으로써 옥내로부터 제연구역 내로 연기가 침투하지 못하도록 할 것

(2) 피난을 위하여 제연구역의 출입문이 일시적으로 개방되는 경우 방연풍속을 유지하도록 옥외의 공기를 제연구역 내로 보충 공급하도록 할 것

(3) 출입문이 닫히는 경우 제연구역의 과압을 방지할 수 있는 유효한 조치를 하여 차압을 유지할 것

3 부속실제연설비의 구조원리

1) 구성요소

(1) **제연구역** : 제연하고자 하는 계단실, 부속실 〈신설 2024.7.1.〉

(2) **방연풍속** : 옥내로부터 제연구역 내로 연기의 유입을 유효하게 방지할 수 있는 풍속

(3) **급기량** : 제연구역에 공급해야 할 공기의 양

(4) **누설량** : 틈새를 통하여 제연구역으로부터 흘러나가는 공기량

(5) **보충량** : 방연풍속을 유지하기 위하여 제연구역에 보충해야 할 공기량

2) 차압 등

(1) 제연구역과 옥내와의 사이에 유지해야 하는 최소차압은 40 Pa(옥내에 스프링클러설비가 설치된 경우에는 12.5 Pa) 이상으로 해야 한다.

(2) 제연설비가 가동되었을 경우 출입문의 개방에 필요한 힘은 110 N 이하로 해야 한다.

(3) 출입문이 일시적으로 개방되는 경우 개방되지 않은 제연구역과 옥내와의 차압은 "(1)"의 기준에도 불구하고 "(1)"의 기준에 따른 차압의 70 % 이상이어야 한다.

(4) 계단실과 부속실을 동시에 제연하는 경우 부속실의 기압은 계단실과 같게 하거나 계단실의 기압보다 낮게 할 경우에는 부속실과 계단실의 압력 차이는 5 Pa 이하가 되도록 해야 한다.

3) 급기량

(1) **급기량은 다음의 양을 합한 양 이상이 되어야 한다.**

① 차압을 유지하기 위하여 제연구역에 공급해야 할 공기량. 이 경우 제연구역에 설치된 출입문(창문을 포함한다)의 누설량과 같아야 한다.

② 보충량

> 급기량 = 누설량 + 보충량

(2) **누설량**

누설량은 제연구역의 누설량을 합한 양으로 한다. 이 경우 출입문이 2개소 이상인 경우에는 각 출입문의 누설틈새면적을 합한 것으로 한다.

(3) **보충량**

보충량은 부속실의 수가 20개 이하는 1개 층 이상, 20개를 초과하는 경우에는 2개 층 이상의 보충량으로 한다. 〈개정 2024.7.1.〉

4) 방연풍속

제연구역		방연풍속
계단실 및 그 부속실을 동시에 제연하는 것 또는 계단실만 단독으로 제연하는 것		0.5 m/s 이상
부속실만 단독으로 제연하는 것	부속실이 면하는 옥내가 거실인 경우	0.7 m/s 이상
	부속실이 면하는 옥내가 복도로서 그 구조가 방화구조(내화시간이 30분 이상인 구조를 포함)인 것	0.5 m/s 이상

5) 누설틈새의 면적 등

(1) 출입문의 틈새면적

$$A = A_d \times \frac{L}{l} (\text{m}^2)$$

여기서,　A : 출입문 틈새(m²)

L : 출입문 틈새의 길이(m). 다만 L의 수치가 l의 수치 이하인 경우에는 l의 수치로 할 것

l : 외여닫이문이 설치된 경우 5.6
쌍여닫이문이 설치된 경우 9.2
승강기 출입문이 설치된 경우 8.0

A_d : 외여닫이문으로 제연구역의 실내 쪽으로 열리도록 설치 시 0.01
제연구역의 실외쪽으로 열리도록 설치 시 0.02
쌍여닫이문의 경우 0.03
승강기 출입문의 경우 0.06

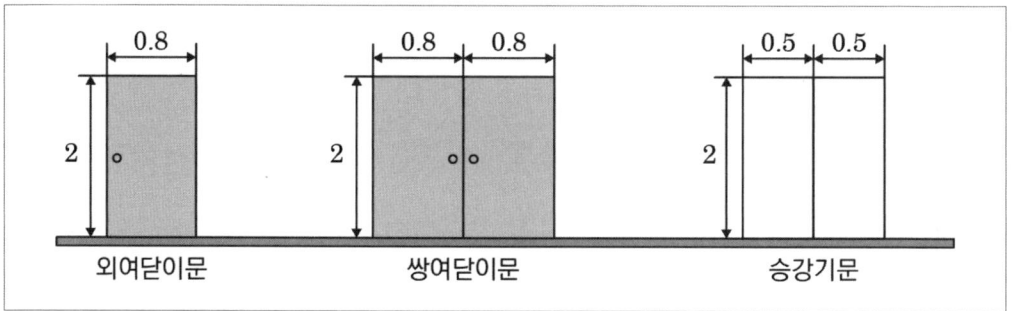

(2) 창문의 틈새면적(m²)

구분		틈새면적(m²)
여닫이식 창문	창틀에 방수패킹이 없는 경우	$2.55 \times 10^{-4} \times$ 틈새의 길이(m)
	창틀에 방수패킹이 있는 경우	$3.61 \times 10^{-5} \times$ 틈새의 길이(m)
미닫이식 창문		$1.00 \times 10^{-4} \times$ 틈새의 길이(m)

(3) 제연구역으로부터 누설하는 공기가 승강기의 승강로를 경유하여 승강로의 외부로 유출하는 유출면적은 승강로와 승강로 상부의 기계실 사이의 개구부 면적을 합한 것을 기준으로 할 것

(4) 제연구역을 구성하는 벽체(반자 속의 벽체를 포함한다)가 벽돌 또는 시멘트블록 등의 조적구조이거나 석고판 등의 조립구조인 경우에는 불연재료를 사용하여 틈새를 조정할 것 〈개정 2024.7.1.〉

(5) 제연설비의 완공 시 제연구역의 출입문등은 크기 및 개방방식이 해당 설비의 설계 시와 같도록 할 것

6) 유입공기의 배출

(1) 유입공기의 정의

제연구역으로부터 옥내로 유입하는 공기로서 차압에 따라 누설하는 것과 출입문의 개방에 따라 유입하는 것

(2) 유입공기의 배출방식

① 수직풍도에 따른 배출 : 옥상으로 직통하는 전용의 배출용 수직풍도를 설치하여 배출하는 것으로서 다음의 어느 하나에 해당하는 것

㉠ 자연배출식 : 굴뚝효과에 따라 배출하는 것

㉡ 기계배출식 : 수직풍도의 상부에 전용의 배출용 송풍기를 설치하여 강제로 배출하는 것. 다만 지하층만을 제연하는 경우 배출용 송풍기의 설치위치는 배출된 공기로 인하여 피난 및 소화활동에 지장을 주지 않는 곳에 설치할 수 있다.

② 배출구에 따른 배출 : 건물의 옥내와 면하는 외벽마다 옥외와 통하는 배출구를 설치하여 배출하는 것

③ 제연설비에 따른 배출 : 거실제연설비가 설치되어 있고, 당해 옥내로부터 옥외로 배출해야 하는 유입공기의 양을 거실제연설비의 배출량에 합하여 배출하는 경우 유입 공기의 배출은 당해 거실제연설비에 따른 배출로 갈음할 수 있다.

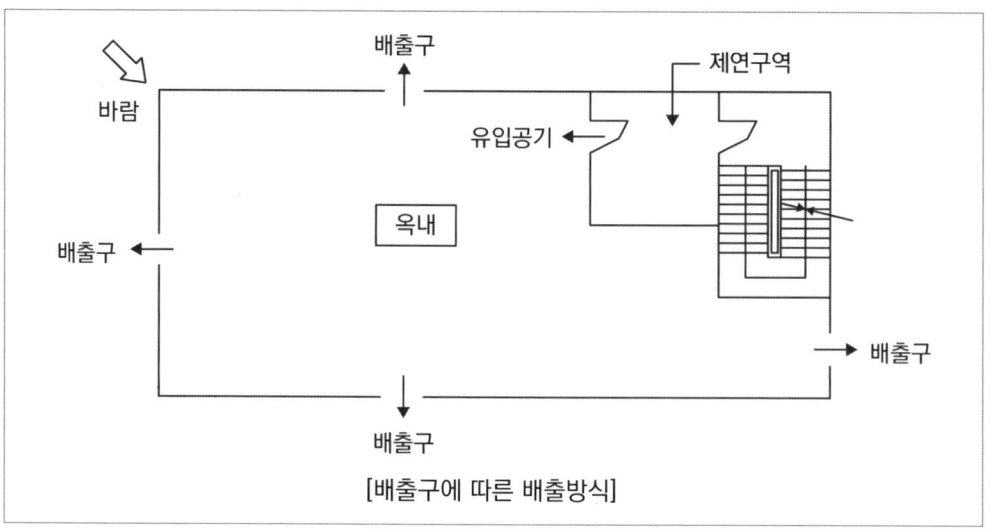

[배출구에 따른 배출방식]

7) 수직풍도에 따른 배출

(1) 수직풍도는 내화구조로 하되「건축물의 피난·방화 구조 등의 기준에 관한 규칙」이상의 성능으로 할 것

(2) 수직풍도의 내부면은 두께 0.5 mm 이상의 아연도금강판 또는 동등 이상의 내식성·내열성이 있는 것으로 마감하되, 접합부에 대하여는 통기성이 없도록 조치할 것

(3) 각 층의 옥내와 면하는 수직풍도의 관통부에는 다음의 기준에 적합한 댐퍼(배출댐퍼)를 설치해야 한다.

① 배출댐퍼는 두께 1.5 mm 이상의 강판 또는 이와 동등 이상의 성능이 있는 것으로 설치해야 하며, 비 내식성 재료의 경우에는 부식방지 조치를 할 것

② 평상시 닫힌 구조로 기밀상태를 유지할 것

③ 개폐 여부를 당해 장치 및 제어반에서 확인할 수 있는 감지 기능을 내장하고 있을 것

④ 구동부의 작동상태와 닫혀 있을 때의 기밀상태를 수시로 점검할 수 있는 구조일 것

⑤ 풍도의 내부마감 상태에 대한 점검 및 댐퍼의 정비가 가능한 이·탈착식 구조로 할 것

⑥ 화재 층에 설치된 화재감지기의 동작에 따라 당해 층의 댐퍼가 개방될 것
〈개정 2024.4.1.〉

⑦ 개방 시의 실제 개구부(개구율을 감안한 것을 말한다)의 크기는 2.11.1.4의 기준에 따른 수직풍도의 최소 내부단면적 이상으로 할 것 〈개정 2024.4.1.〉

⑧ 댐퍼는 풍도 내의 공기흐름에 지장을 주지 않도록 수직풍도의 내부로 돌출하지 않게 설치할 것

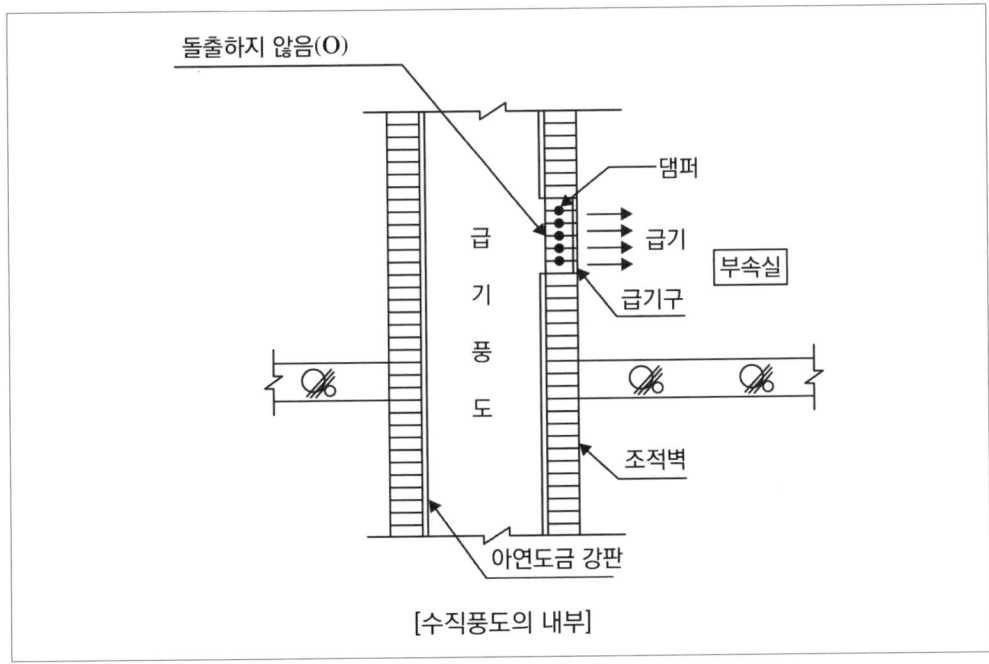

[수직풍도의 내부]

(4) 수직풍도의 내부단면적

① 자연배출식의 경우 다음 식에 따라 산출하는 수치 이상으로 할 것. 다만 수직풍도의 길이가 100 m를 초과하는 경우에는 산출수치의 1.2배 이상의 수치를 기준으로 해야 한다.

$$A_P = \frac{Q_N}{2}$$

여기서, A_P : 수직풍도의 내부단면적(m^2)

Q_N : 수직풍도가 담당하는 1개 층의 제연구역의 출입문(옥내와 면하는 출입문) 1개의 면적(m^2)과 방연풍속(m/s)를 곱한 값(m^3/s)

② 송풍기를 이용한 기계배출식의 경우 풍속 15 m/s 이하로 할 것

(5) 기계식 배출에 따른 배출용 송풍기의 적합기준

① 열기류에 노출되는 송풍기 및 그 부품들은 250 ℃의 온도에서 1시간 이상 가동상태를 유지할 것

② 송풍기의 풍량은 QN에 여유량을 더한 양을 기준으로 할 것

③ 송풍기는 화재감지기의 동작에 따라 연동하도록 할 것 〈개정 2024.4.1.〉

④ 송풍기의 풍량을 실측할 수 있는 유효한 조치를 할 것 〈신설 2024.4.1.〉

⑤ 송풍기는 다른 장소와 방화구획되고 접근과 점검이 용이한 장소에 설치할 것 〈신설 2024.4.1.〉

(6) 수직풍도의 상부의 말단(기계배출식의 송풍기도 포함)은 빗물이 흘러들지 않는 구조로 하고, 옥외의 풍압에 따라 배출성능이 감소하지 않도록 유효한 조치를 할 것

8) 배출구에 따른 배출

(1) **배출구의 개폐기 설치기준**

① 빗물과 이물질이 유입하지 않는 구조로 할 것

② 옥외쪽으로만 열리도록 하고 옥외의 풍압에 따라 자동으로 닫히도록 할 것

③ 그 밖의 설치기준은 2.11.1.3.1 내지 2.11.1.3.7의 기준을 준용할 것

➕ 보충

2.11.1.3.1 내지 2.11.1.3.7의 기준

1. 배출댐퍼는 두께 1.5 mm 이상의 강판 또는 이와 동등 이상의 성능이 있는 것으로 설치해야 하며 비 내식성 재료의 경우에는 부식방지 조치를 할 것
2. 평상시 닫힌 구조로 기밀상태를 유지할 것
3. 개폐 여부를 당해 장치 및 제어반에서 확인할 수 있는 감지 기능을 내장하고 있을 것
4. 구동부의 작동상태와 닫혀 있을 때의 기밀상태를 수시로 점검할 수 있는 구조일 것
5. 풍도의 내부마감 상태에 대한 점검 및 댐퍼의 정비가 가능한 이·탈착식 구조로 할 것
6. 화재 층에 설치된 화재감지기의 동작에 따라 당해 층의 댐퍼가 개방될 것
7. 개방 시의 실제 개구부(개구율을 감안한 것을 말한다)의 크기는 2.11.1.4의 기준에 따른 수직풍도의 최소 내부단면적 이상으로 할 것

(2) **개폐기의 개구면적**

$$A_o = \frac{Q_N}{2.5}$$

여기서,　A_O : 개폐기의 개구면적(m^2)

Q_N : 수직풍도가 담당하는 1개 층의 제연구역의 출입문(옥내와 면하는 출입문) 1개의 면적(m^2)과 방연풍속(m/s)를 곱한 값(m^3/s)

9) 급기

(1) 급기

① 부속실만을 제연하는 경우 동일 수직선상의 모든 부속실은 하나의 전용 수직풍도를 통해 동시에 급기할 것. 다만 동일 수직선상에 2대 이상의 급기송풍기가 설치되는 경우에는 수직풍도를 분리하여 설치할 수 있다.

② 계단실 및 부속실을 동시에 제연하는 경우 계단실에 대하여는 그 부속실의 수직풍도를 통해 급기할 수 있다.

③ 계단실만을 제연하는 경우에는 전용 수직풍도를 설치하거나 계단실에 급기풍도 또는 급기송풍기를 직접 연결하여 급기하는 방식으로 할 것

④ 하나의 수직풍도마다 전용의 송풍기로 급기할 것

⑤ 비상용 승강기 또는 피난용 승강기의 승강장을 제연하는 경우에는 해당 승강기의 승강로를 급기풍도로 사용할 수 있다. 〈개정 2024.7.1.〉

(2) 급기구

① 급기용 수직풍도와 직접 면하는 벽체 또는 천장(당해 수직풍도와 천장급기구 사이의 풍도를 포함한다)에 고정하되, 급기되는 기류 흐름이 출입문으로 인하여 차단되거나 방해받지 않도록 옥내와 면하는 출입문으로부터 가능한 먼 위치에 설치할 것

② 계단실과 그 부속실을 동시에 제연하거나 또는 계단실만을 제연하는 경우 급기구는 계단실 매 3개 층 이하의 높이마다 설치할 것. 다만 계단실의 높이가 31 m 이하로서 계단실만을 제연하는 경우에는 하나의 계단실에 하나의 급기구만을 설치할 수 있다.

③ 급기구의 댐퍼설치는 다음의 기준에 적합할 것

　㉠ 급기댐퍼의 재질은 「자동차압급기댐퍼의 성능인증 및 제품검사의 기술기준」에 적합한 것으로 할 것 〈개정 2024.4.1.〉

　㉡ 자동차압급기댐퍼는 「자동차압급기댐퍼의 성능인증 및 제품검사의 기술기준」에 적합한 것으로 설치할 것

　㉢ 자동차압급기댐퍼가 아닌 댐퍼는 개구율을 수동으로 조절할 수 있는 구조로 할 것

ⓔ 화재감지기에 따라 모든 제연구역의 댐퍼가 개방되도록 할 것. 다만 둘 이상의 특정소방대상물이 지하에 설치된 주차장으로 연결되어 있는 경우에는 특정소방대상물의 화재감지기 및 주차장에서 하나의 특정소방대상물의 제연구역으로 들어가는 입구에 설치된 제연용 연기감지기의 작동에 따라 해당 특정소방대상물의 수직풍도에 연결된 모든 제연구역의 댐퍼가 개방되도록 하거나 해당 특정소방대상물을 포함한 둘 이상의 특정소방대상물의 모든 제연구역의 댐퍼가 개방되도록 할 것 〈개정 2024.4.1.〉

ⓜ 댐퍼의 작동이 전기적 방식에 의하는 경우 2.11.1.3.2 내지 2.11.1.3.5의 기준을, 기계적 방식에 따른 경우 2.11.1.3.3, 2.11.1.3.4 및 2.11.1.3.5 기준을 준용할 것

ⓗ 그 밖의 설치기준은 2.11.1.3.1 및 2.11.1.3.8의 기준을 준용할 것

[급기댐퍼]   [급기댐퍼 개방]   [급기댐퍼 수동조작스위치]

(3) 급기송풍기

① 송풍기의 송풍능력은 송풍기가 담당하는 제연구역에 대한 급기량의 1.15배 이상으로 할 것. 다만 풍도에서의 누설을 실측하여 조정하는 경우에는 그렇지 않다.

② 송풍기에는 풍량조절장치를 설치하여 풍량조절을 할 수 있도록 할 것

③ 송풍기에는 풍량을 실측할 수 있는 유효한 조치를 할 것

④ 송풍기는 인접 장소의 화재로부터 영향을 받지 않고 접근 및 점검이 용이한 장소에 설치할 것

⑤ 송풍기는 옥내의 화재감지기의 동작에 따라 작동하도록 할 것

⑥ 송풍기와 연결되는 캔버스는 내열성(석면재료를 제외한다)이 있는 것으로 할 것

10) 외기취입구

(1) 외기를 옥외로부터 취입하는 경우 취입구는 연기 또는 공해물질 등으로 오염된 공기를 취입하지 않는 위치에 설치해야 하며, 배기구 등(유입공기, 주방의 조리대의 배출공기 또는 화장실의 배출공기 등을 배출하는 배기구)으로부터 수평거리 5 m 이상, 수직거리 1 m 이상 낮은 위치에 설치할 것

(2) 취입구를 옥상에 설치하는 경우에는 옥상의 외곽면으로부터 수평거리 5 m 이상, 외곽면의 상단으로부터 하부로 수직거리 1 m 이하의 위치에 설치할 것

(3) 취입구는 빗물과 이물질이 유입하지 않는 구조로 할 것

(4) 취입구는 취입공기가 옥외의 바람의 속도와 방향에 따라 영향을 받지 않는 구조로 할 것

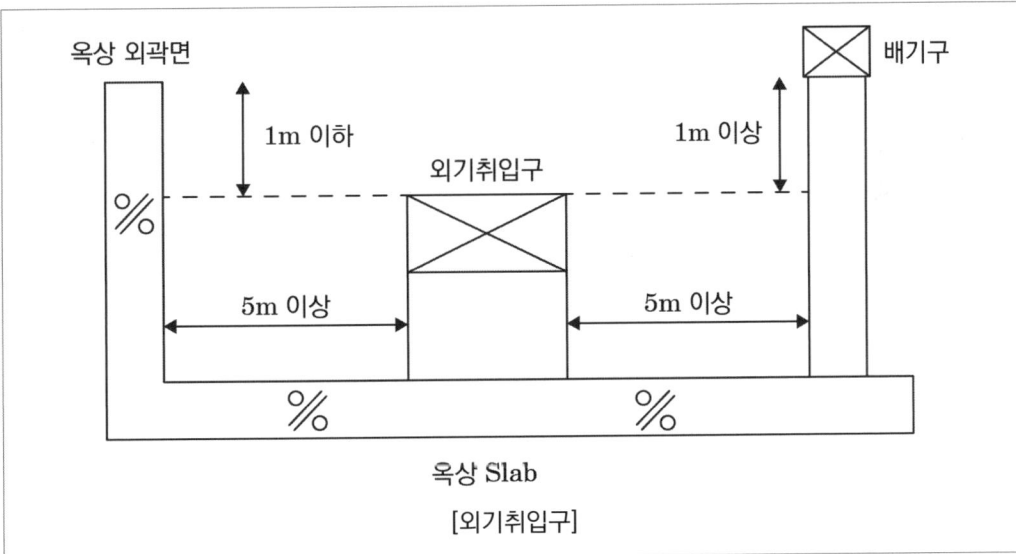

[외기취입구]

11) 제연구역 및 옥내의 출입문

(1) 제연구역의 출입문 적합기준

① 제연구역의 출입문(창문을 포함한다)은 언제나 닫힌 상태를 유지하거나 자동폐쇄장치에 의해 자동으로 닫히는 구조로 할 것. 다만 아파트인 경우 제연구역과 계단실 사이의 출입문은 자동폐쇄장치에 의하여 자동으로 닫히는 구조로 해야 한다.

② 제연구역의 출입문에 설치하는 자동폐쇄장치는 제연구역의 기압에도 불구하고 출입문을 용이하게 닫을 수 있는 충분한 폐쇄력이 있을 것

③ 제연구역의 출입문 등에 자동폐쇄장치를 사용하는 경우에는 「자동폐쇄장치의 성능인증 및 제품검사의 기술기준」에 적합한 것으로 설치할 것

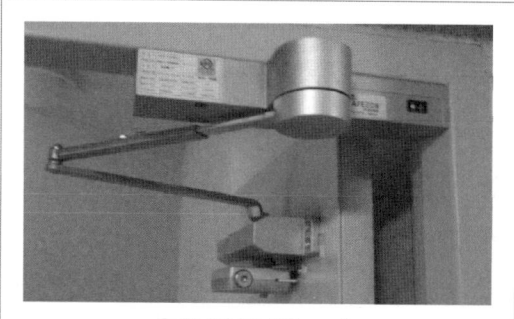

[자동폐쇄장치 - Ⅰ]

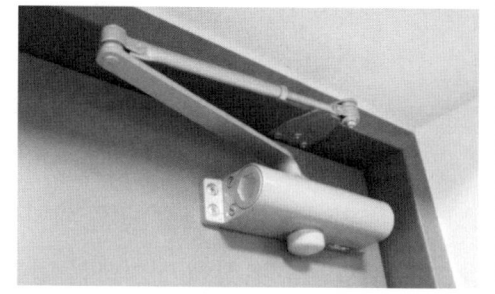

[자동폐쇄장치 - Ⅱ]

⑵ 옥내의 출입문 적합기준

① 출입문은 언제나 닫힌 상태를 유지하거나 자동폐쇄장치에 의해 자동으로 닫히는 구조로 할 것

② 거실 쪽으로 열리는 구조의 출입문에 자동폐쇄장치를 설치하는 경우에는 출입문의 개방 시 유입공기의 압력에도 불구하고 출입문을 용이하게 닫을 수 있는 충분한 폐쇄력이 있는 것으로 할 것

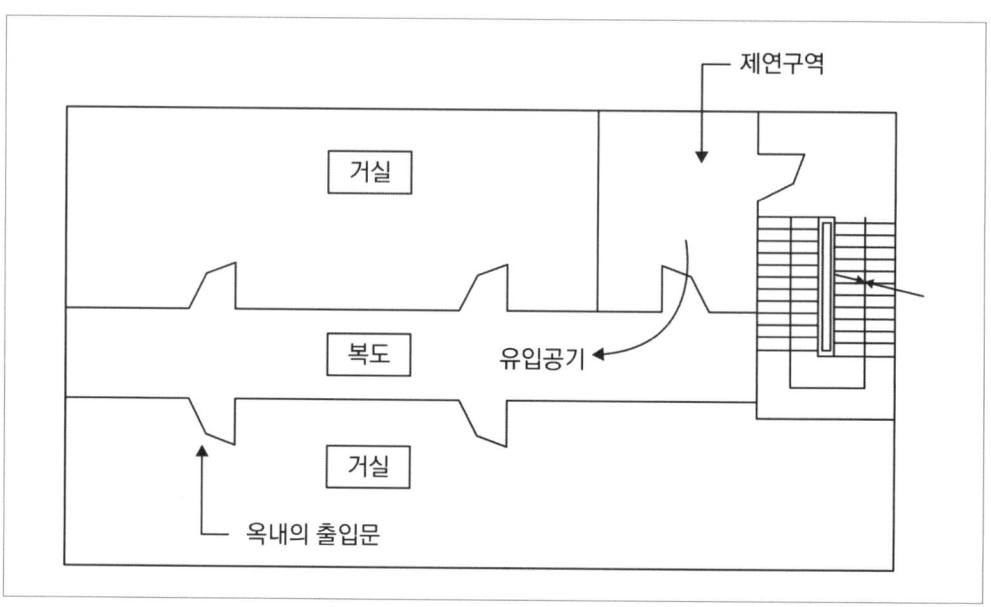

12) 수동기동장치

(1) 배출댐퍼 및 개폐기의 직근 또는 제연구역에는 다음의 기준에 따른 장치의 작동을 위하여 수동기동장치를 설치하고 스위치는 바닥으로부터 0.8 m 이상 1.5 m 이하의 높이에 설치해야 한다. 다만 계단실 및 그 부속실을 동시에 제연하는 제연구역에는 그 부속실에만 설치할 수 있다. 〈개정 2024.4.1.〉

① 전 층의 제연구역에 설치된 급기댐퍼의 개방

② 당해 층의 배출댐퍼 또는 개폐기의 개방

③ 급기송풍기 및 유입공기의 배출용 송풍기(설치한 경우에 한한다)의 작동

④ 개방·고정된 모든 출입문(제연구역과 옥내 사이의 출입문에 한한다)의 개폐장치의 작동

(2) "(1)"의 기준에 따른 장치는 옥내에 설치된 수동발신기의 조작에 따라서도 작동할 수 있도록 해야 한다.

13) 제어반

(1) 제어반에는 제어반의 기능을 1시간 이상 유지할 수 있는 용량의 비상용 축전지를 내장할 것. 다만 당해 제어반이 종합방재제어반에 함께 설치되어 종합방재제어반으로부터 이 기준에 따른 용량의 전원을 공급받을 수 있는 경우에는 그렇지 않다.

(2) 제어반은 다음의 기능을 보유할 것

① 급기용 댐퍼의 개폐에 대한 감시 및 원격조작기능

② 배출댐퍼 또는 개폐기의 작농 여부에 대한 삼시 빛 원격조작기능

③ 급기송풍기와 유입공기의 배출용 송풍기(설치한 경우)의 작동 여부에 대한 감시 및 원격조작기능

④ 제연구역의 출입문의 일시적인 고정개방 및 해정에 대한 감시 및 원격조작기능

⑤ 수동기동장치의 작동 여부에 대한 감시 기능

⑥ 급기구 개구율의 자동조절장치(설치하는 경우)의 작동 여부에 대한 감시기능. 다만 급기구에 차압표시계를 고정 부착한 자동차압급기댐퍼를 설치하고 당해 제어반에도 차압표시계를 설치한 경우에는 그렇지 않다.

⑦ 감시선로의 단선에 대한 감시 기능

⑧ 예비전원이 확보되고 예비전원의 적합 여부를 시험할 수 있어야 할 것

14) 시험, 측정 및 조정 등[Test, Adjust, Balance]

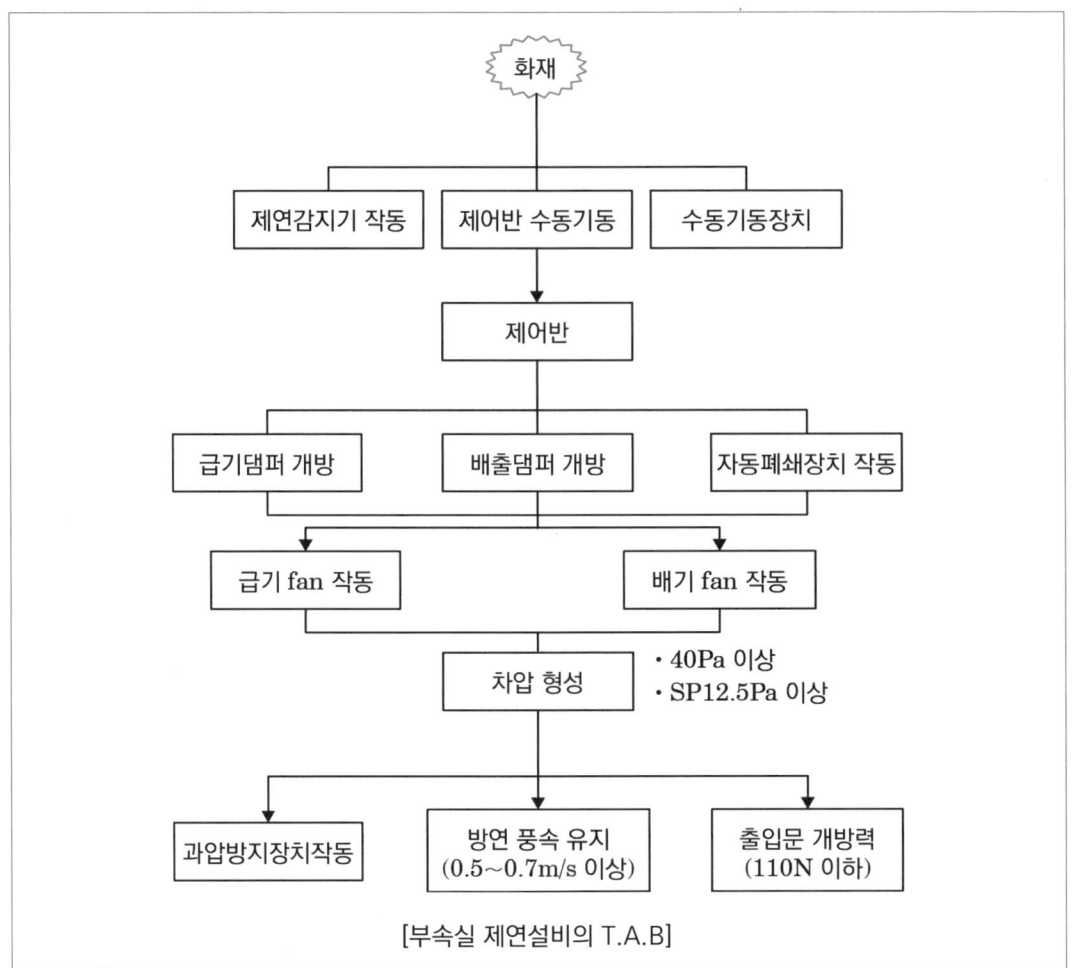

[부속실 제연설비의 T.A.B]

⑴ 제연구역의 모든 출입문 등의 크기와 열리는 방향이 설계 시와 동일한지 여부를 확인하고, 동일하지 아니한 경우 급기량과 보충량 등을 다시 산출하여 조정 가능 여부 또는 재설계·개수의 여부를 결정할 것

⑵ 제연구역의 출입문 및 복도와 거실(옥내가 복도와 거실로 되어 있는 경우에 한한다) 사이의 출입문마다 제연설비가 작동하고 있지 아니한 상태에서 그 폐쇄력을 측정할 것

⑶ 층별로 화재감지기(수동기동장치를 포함한다)를 동작시켜 제연설비가 작동하는지 여부를 확인할 것. 다만 둘 이상의 특정소방대상물이 지하에 설치된 주차장으로 연결되어 있는 경우에는 특정소방대상물의 화재감지기 및 주차장에서 하나의 특정소방대상물의 제연구역으로 들어가는 입구에 설치된 제연용 연기감지기의 작동에 따라 해당 특정소방대상물의 수직풍도에 연결된 모든 제연구역의 댐퍼가 개방되도록 하거나 해당 특정소방대상물을 포함한 둘 이상의 특정소방대상물의 모든 제연구역의 댐퍼가 개방되도록 하고 비상전원을 작동시켜 급기 및 배기용 송풍기의 성능이 정상인지 확인할 것. 〈개정 2024.4.1.〉

⑷ "⑶"의 기준에 따라 제연설비가 작동하는 경우 다음의 기준에 따른 시험 등을 실시할 것

① 부속실과 면하는 옥내 및 계단실의 출입문을 동시에 개방할 경우, 유입공기의 풍속이 방연풍속에 적합한지 여부를 확인하고, 적합하지 아니한 경우에는 급기구의 개구율과 송풍기의 풍량조절댐퍼 등을 조정하여 적합하게 할 것. 이 경우 유입공기의 풍속은 출입문의 개방에 따른 개구부를 대칭적으로 균등 분할하는 10 이상의 지점에서 측정하는 풍속의 평균치로 할 것

② "①"에 따른 시험 등의 과정에서 출입문을 개방하지 않은 제연구역의 실제 차압이 기준에 적합한지 여부를 출입문 등에 차압측정공을 설치하고, 이를 통하여 차압측정기구로 실측하여 확인·조정할 것

③ 제연구역의 출입문이 모두 닫혀 있는 상태에서 제연설비를 가동시킨 후 출입문의 개방에 필요한 힘을 측정하여 개방력에 적합한지 여부를 확인하고, 적합하지 아니한 경우에는 급기구의 개구율 조정 및 플랩댐퍼(설치하는 경우에 한한다)와 풍량조절용댐퍼 등의 조정에 따라 적합하도록 조치할 것

④ "①"에 따른 시험 등의 과정에서 부속실의 개방된 출입문이 자동으로 완전히 닫히는지 여부를 확인하고, 닫힌 상태를 유지할 수 있도록 조정할 것

[문제] 다음의 조건을 이용하여 부속실과 거실 사이의 차압[Pa]을 구하고 화재안전기준에 의한 최소차압 40 Pa과 비교하여 설명하시오.(10점)

〈조 건〉

(1) 거실과 부속실의 출입문 개방에 필요한 힘 F_1 = 50 N이다.

(2) 화재 시 거실과 부속실의 출입문 개방에 필요한 힘 F_2 = 90 N이다.

(3) 출입문 폭(W) : 0.9 m, 높이(h) : 2 m

(4) 문의 끝부분에서 문의 손잡이까지의 거리 : 0.1 m

(5) 스프링클러설비 미설치

해 설

1. 부속실 출입문 개방력 관련식

$$F = F_p + F_{dc}$$

$$여기서, \ F_p = \frac{K_d(PAW)}{2(W-d)}$$

F_{dc} : 도어체크의 개방력[N]

A : 출입문의 크기[m²]

d : 출입문에서 손잡이까지의 거리[m]

K_d : 출입문의 마찰계수

W : 출입문의 폭[m]

P : 부속실과의 차압[Pa]

F_p : 차압이 작용할 때 방화문을 개방하기 위한 힘[N]

2. 부속실과 거실 사이의 차압[Pa]

   1) 차압이 작용할 때 방화문을 개방하기 위한 힘[N]

$$F_p = F - F_{dc} = 90\,N - 50\,N = 40\,N \qquad \qquad \therefore 40\,N$$

   2) 부속실과 거실 사이의 차압[Pa]

$$F_p = \frac{K_d(PAW)}{2(W-d)}$$

$$40N = \frac{1 \times (P \times 2\,m \times 0.9\,m \times 0.9\,m)}{2(0.9\,m - 0.1\,m)} \qquad \therefore P = 39.5\,Pa$$

3. 화재안전기준상 적합 여부

   1) 최소차압은 40 Pa 이상

   2) 부속실과 거실 사이의 차압이 39.5 Pa이므로 부적합

4 부속실제연설비의 시험, 측정 및 조정(T.A.B)

1) T.A.B란 제연설비의 시공 시 건축공사의 모든 부분이 완성되는 시점에서 제연설비를 시험, 측정, 조정을 실시하여 설계에 적합한 성능의 설비가 되도록 하는 것

2) T.A.B 의미

   (1) Testing(성능시험)

   (2) Adjusting(차압, 풍량, 풍속, 개방력 등의 조정)

   (3) Balancing(차압, 풍량 등의 균형)

3) 제연설비의 도면검토 및 장비선정 등을 시작으로 TAB를 통하여 시스템의 기능과 성능을 시험하고 조정하며, 정량적으로 균형이 이루어지도록 하는 과정

29 | 연결송수관설비

1 연결송수관설비의 계통도

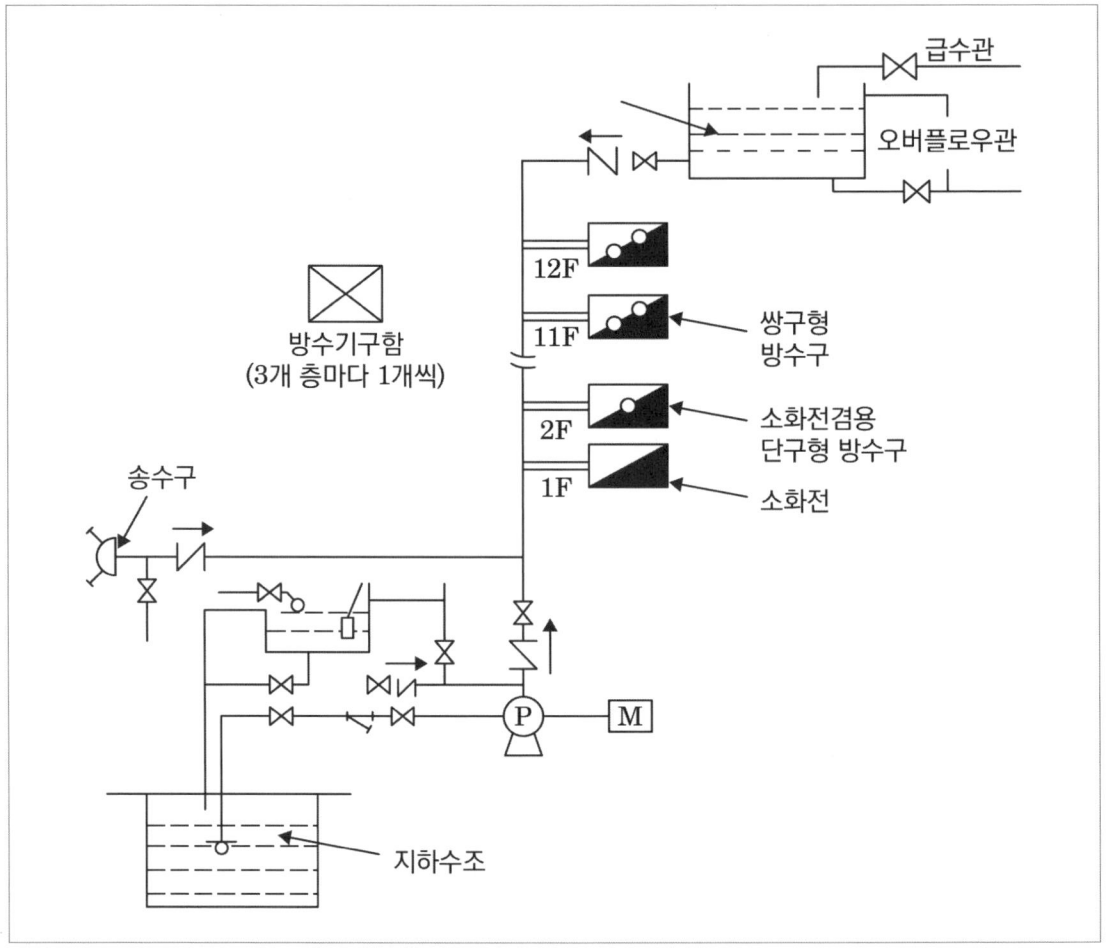

급수관

오버플로우관

12F

11F ← 쌍구형 방수구

2F ← 소화전겸용 단구형 방수구

1F ← 소화전

방수기구함
(3개 층마다 1개씩)

송수구

P   M

지하수조

2 연결송수관설비의 구조원리

1) 구성요소

건축물의 옥외에 설치된 송수구에 소방차로부터 가압수를 송수하고 소방관이 건축물 내에 설치된 방수기구함에 비치된 호스를 방수구에 연결하여 화재를 진압하는 소화활동설비

(1) **송수구** : 소화설비에 소화용수를 보급하기 위하여 건물 외벽 또는 구조물의 외벽에 설치하는 관

(2) **방수구** : 소화설비로부터 소화용수를 방수하기 위하여 건물 내벽 또는 구조물의 외벽에 설치하는 관

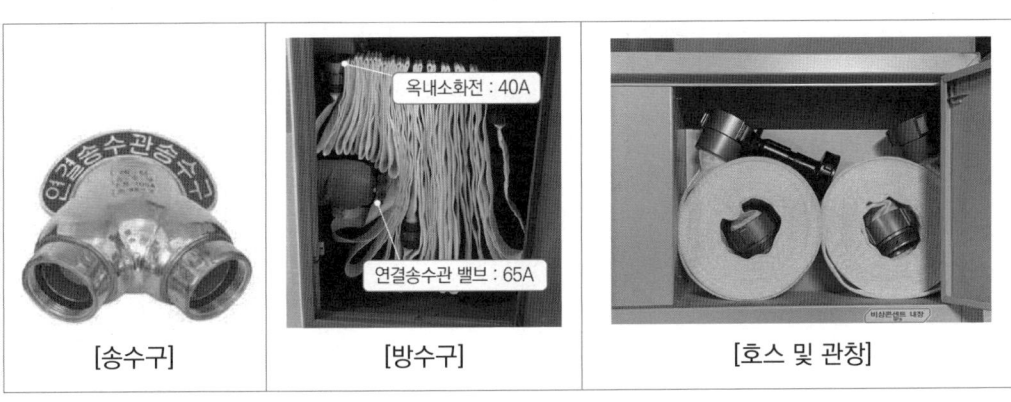

| [송수구] | [방수구] | [호스 및 관창] |

2) 송수구

(1) 소방차가 쉽게 접근할 수 있고 잘 보이는 상소에 설치할 것

(2) 지면으로부터 높이가 0.5 m 이상 1 m 이하의 위치에 설치할 것

(3) 송수구는 화재층으로부터 지면으로 떨어지는 유리창 등이 송수 및 그 밖의 소화작업에 지장을 주지 않는 장소에 설치할 것

(4) 송수구로부터 연결송수관설비의 주배관에 이르는 연결배관에 개폐밸브를 설치한 때에는 그 개폐상태를 쉽게 확인 및 조작할 수 있는 옥외 또는 기계실 등의 장소에 설치할 것. 이 경우 개폐밸브에는 그 밸브의 개폐상태를 감시제어반에서 확인할 수 있도록 급수개폐밸브 작동표시스위치(탬퍼스위치)를 다음의 기준에 따라 설치해야 한다.

① 급수개폐밸브가 잠길 경우 탬퍼스위치의 동작으로 인하여 감시제어반 또는 수신기에 표시되어야 하며 경보음을 발할 것

② 탬퍼스위치는 감시제어반 또는 수신기에서 동작의 유무확인과 동작시험, 도통시험을 할 수 있을 것

③ 탬퍼스위치에 사용되는 전기배선은 내화전선 또는 내열전선으로 설치할 것

(5) 구경 65 mm의 쌍구형으로 할 것

(6) 송수구에는 그 가까운 곳의 보기 쉬운 곳에 송수압력범위를 표시한 표지를 할 것

(7) 송수구는 연결송수관의 수직배관마다 1개 이상을 설치할 것. 다만 하나의 건축물에 설치된 각 수직배관이 중간에 개폐밸브가 설치되지 아니한 배관으로 상호 연결되어 있는 경우에는 건축물마다 1개씩 설치할 수 있다.

(8) 송수구의 부근에는 자동배수밸브 및 체크밸브를 다음의 기준에 따라 설치할 것. 이 경우 자동배수밸브는 배관 안의 물이 잘 빠질 수 있는 위치에 설치하되, 배수로 인하여 다른 물건이나 장소에 피해를 주지 않아야 한다.

① 습식의 경우에는 송수구·자동배수밸브·체크밸브의 순으로 설치할 것

② 건식의 경우에는 송수구·자동배수밸브·체크밸브·자동배수밸브의 순으로 설치할 것

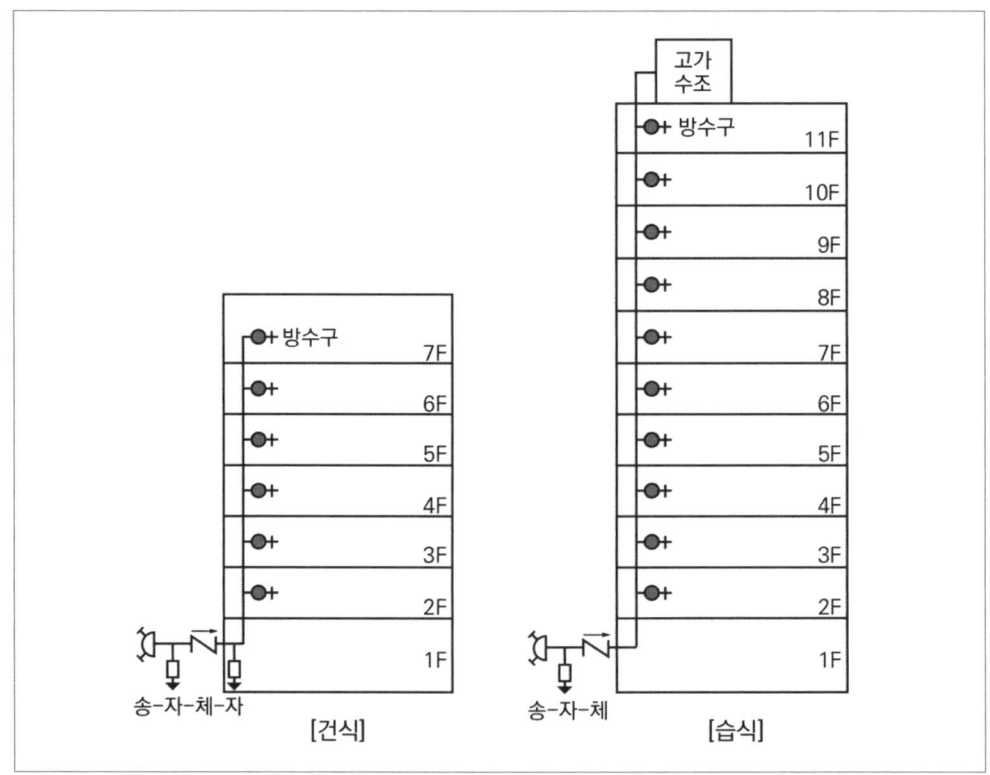

⑼ 송수구에는 가까운 곳의 보기 쉬운 곳에 "연결송수관설비송수구"라고 표시한 표지를 설치할 것

⑽ 송수구에는 이물질을 막기 위한 마개를 씌울 것

3) 배관의 설치기준

(1) 연결송수관설비의 배관

① 주배관의 구경은 100 mm 이상의 것으로 할 것. 다만 주 배관의 구경이 100 mm 이상인 옥내소화전설비의 배관과는 겸용할 수 있다. 〈개정 2024.7.1.〉

② 지면으로부터의 높이가 31 m 이상인 특정소방대상물 또는 지상 11층 이상인 특정소방대상물에 있어서는 습식설비로 할 것

(2) 연결송수관설비의 성능시험배관

① 성능시험배관은 펌프의 토출 측에 설치된 개폐밸브 이전에서 분기하여 설치하고, 유량측정장치를 기준으로 전단에 개폐밸브를 후단에 유량조절 밸브를 설치해야 한다. 〈개정 2024.7.1.〉

② 성능시험배관에 설치하는 유량측정장치는 성능시험배관의 직관부에 설치하되, 펌프정격토출량의 175 % 이상을 측정할 수 있는 것으로 해야 한다. 〈신설 2024.7.1.〉

4) 방수구

(1) 연결송수관설비의 방수구는 그 특정소방대상물의 층마다 설치할 것. 다만 다음의 어느 하나에 해당하는 층에는 설치하지 않을 수 있다

① 아파트의 1층 및 2층

② 소방차의 접근이 가능하고 소방대원이 소방차로부터 각 부분에 쉽게 도달할 수 있는 피난층

③ 송수구가 부설된 옥내소화전을 설치한 특정소방대상물(집회장·관람장·백화점·도매시장·소매시장·판매시설·공장·창고시설 또는 지하가를 제외)로서 다음의 어느 하나에 해당하는 층

ⓐ 지하층을 제외한 층수가 4층 이하이고 연면적이 6,000 m² 미만인 특정소방대상물의 지상층

ⓑ 지하층의 층수가 2 이하인 특정소방대상물의 지하층

(2) 특정소방대상물의 층마다 설치하는 방수구는 다음의 기준에 따를 것

　① 아파트 또는 바닥면적이 1,000 m² 미만인 층에 있어서는 계단(계단이 둘 이상 있는 경우에는 그중 1개의 계단을 말한다)으로부터 5 m 이내에 설치할 것. 이 경우 부속실이 있는 계단은 부속실의 옥내 출입구로부터 5 m 이내에 설치할 수 있다.

　② 바닥면적 1,000 m² 이상인 층(아파트를 제외한다)에 있어서는 각 계단(계단의 부속실을 포함하며 계단이 셋 이상 있는 층의 경우에는 그중 두 개의 계단을 말한다)으로부터 5 m 이내에 설치할 것. 이 경우 부속실이 있는 계단은 부속실의 옥내 출입구로부터 5 m 이내에 설치할 수 있다.

　③ "①" 또는 "②"에 따라 설치하는 방수구로부터 그 층의 각 부분까지의 거리가 다음의 기준을 초과하는 경우에는 그 기준 이하가 되도록 방수구를 추가하여 설치할 것

　　㉠ 지하가(터널은 제외) 또는 지하층의 바닥면적의 합계가 3,000 m² 이상인 것은 수평거리 25 m

　　㉡ "㉠"에 해당하지 않는 것은 수평거리 50 m

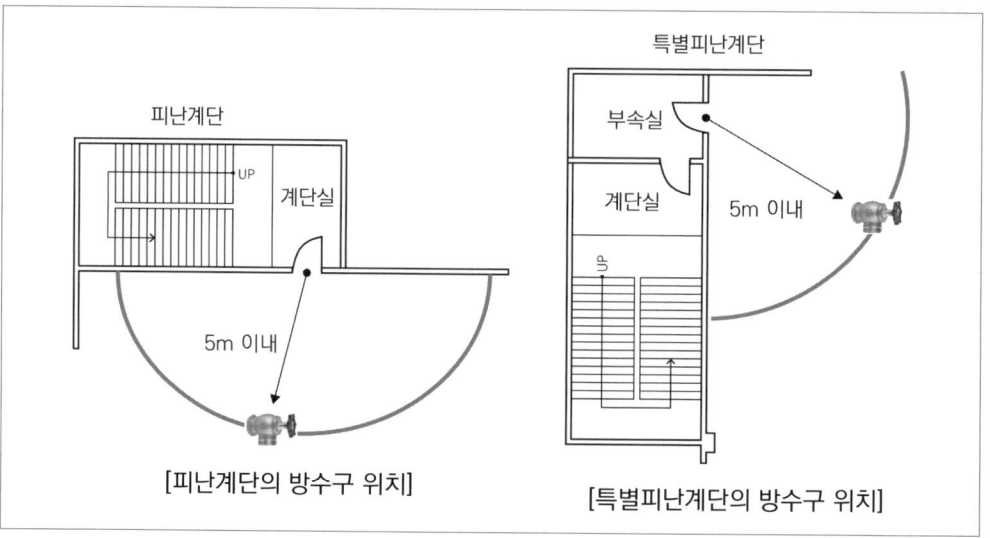

[피난계단의 방수구 위치]

[특별피난계단의 방수구 위치]

(3) 11층 이상의 부분에 설치하는 방수구는 쌍구형으로 할 것. 다만 다음의 어느 하나에 해당하는 층에는 단구형으로 설치할 수 있다.

　① 아파트의 용도로 사용되는 층

　② 스프링클러설비가 유효하게 설치되어 있고 방수구가 2개소 이상 설치된 층

(4) 방수구의 호스접결구는 바닥으로부터 높이 0.5 m 이상 1 m 이하의 위치에 설치할 것

(5) 방수구는 연결송수관설비의 전용방수구 또는 옥내소화전방수구로서 구경 65 mm의 것으로 설치할 것

(6) 방수구의 위치표시는 표시등 또는 축광식 표지로 하되 다음의 기준에 따라 설치할 것

① 표시등을 설치하는 경우에는 함의 상부에 설치하되, 소방청장이 고시한 「표시등의 성능인증 및 제품검사의 기술기준」에 적합한 것으로 설치할 것

② 축광식 표지를 설치하는 경우에는 소방청장이 고시한 「축광표지의 성능인증 및 제품검사의 기술기준」에 적합한 것으로 설치할 것

(7) 방수구는 개폐기능을 가진 것으로 설치해야 하며, 평상시 닫힌 상태를 유지할 것

5) 방수기구함

(1) 방수기구함은 피난층과 가장 가까운 층을 기준으로 3개 층마다 설치하되, 그 층의 방수구마다 보행거리 5 m 이내에 설치할 것

(2) 방수기구함에는 길이 15 m의 호스와 방사형 관창을 다음의 기준에 따라 비치할 것

① 호스는 방수구에 연결하였을 때 그 방수구가 담당하는 구역의 각 부분에 유효하게 물이 뿌려질 수 있는 개수 이상을 비치할 것. 이 경우 쌍구형 방수구는 단구형 방수구의 2배 이상의 개수를 설치해야 한다.

② 방사형 관창은 단구형 방수구의 경우에는 1개, 쌍구형 방수구의 경우에는 2개 이상 비치할 것

(3) 방수기구함에는 "방수기구함"이라고 표시한 축광식 표지를 할 것. 이 경우 축광식 표지는 소방청장이 고시한 「축광표지의 성능인증 및 제품검사의 기술기준」에 적합한 것으로 설치해야 한다.

6) 가압송수장치

(1) **가압송수장치를 설치하는 경우**

지표면에서 최상층 방수구의 높이가 70 m 이상의 특정소방대상물에는 연결송수관설비의 가압송수장치를 설치해야 한다.

(2) **가압송수장치의 토출량 산정기준**

펌프의 토출량은 2,400 L/min(계단식 아파트의 경우에는 1,200 L/min) 이상이 되는 것으로 할 것. 다만 해당 층에 설치된 방수구가 3개를 초과(방수구가 5개 이상인 경우에는 5개)하는 것에 있어서는 1개마다 800 L/min(계단식 아파트의 경우에는 400 L/min)를 가산한 양이 되는 것으로 할 것

(3) 방수구의 노즐선단 방수압력

펌프의 양정은 최상층에 설치된 노즐선단의 압력이 0.35 MPa 이상의 압력이 되도록 할 것

(4) 가압송수장치의 수동스위치 설치기준

가압송수장치는 방수구가 개방될 때 자동으로 기동되거나 수동스위치의 조작에 따라 기동되도록 할 것. 이 경우 수동스위치는 2개 이상을 설치하되, 그중 1개는 다음의 기준에 따라 송수구의 부근에 설치해야 한다.

① 송수구로부터 5 m 이내의 보기 쉬운 장소에 바닥으로부터 높이 0.8 m 이상 1.5 m 이하로 설치할 것

② 1.5 mm 이상의 강판함에 수납하여 설치하고 "연결송수관설비 수동스위치"라고 표시한 표지를 부착할 것. 이 경우 문짝은 불연재료로 설치할 수 있다.

③ 「전기사업법」에 따른 「전기설비기술기준」에 따라 접지하고 빗물 등이 들어가지 않는 구조로 할 것

[연결송수관 수동기동스위치]

30 | 연결살수설비

1 연결살수설비의 계통도

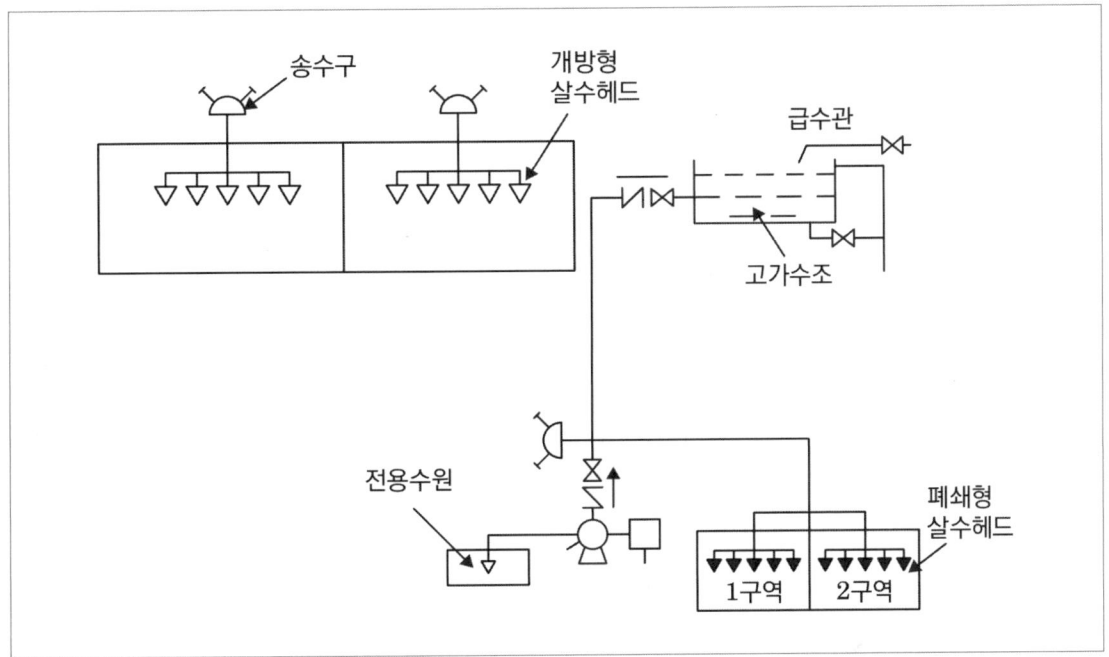

2 연결살수설비의 구조원리

1) 송수구

(1) 소방차가 쉽게 접근할 수 있고 노출된 장소에 설치할 것

(2) 가연성가스의 저장·취급시설에 설치하는 연결살수설비의 송수구는 그 방호대상물로부터 20 m 이상의 거리를 두거나 방호대상물에 면하는 부분이 높이 1.5 m 이상 폭 2.5 m 이상의 철근콘크리트 벽으로 가려진 장소에 설치해야 한다.

(3) 송수구는 구경 65 mm의 쌍구형으로 설치할 것. 다만 하나의 송수구역에 부착하는 살수헤드의 수가 10개 이하인 것은 단구형인 것으로 할 수 있다.

(4) 개방형 헤드를 사용하는 송수구의 호스접결구는 각 송수구역마다 설치할 것. 다만 송수구역을 선택할 수 있는 선택밸브가 설치되어 있고 각 송수구역의 주요구조부가 내화구조로 되어 있는 경우에는 그렇지 않다.

(5) 소방관의 호스연결 등 소화작업에 용이하도록 지면으로부터 높이가 0.5 m 이상 1 m 이하의 위치에 설치할 것

(6) 송수구로부터 주배관에 이르는 연결배관에는 개폐밸브를 설치하지 않을 것. 다만 스프링클러설비·물분무소화설비·포소화설비 또는 연결송수관설비의 배관과 겸용하는 경우에는 그렇지 않다.

(7) 송수구의 부근에는 "연결살수설비 송수구"라고 표시한 표지와 송수구역 일람표를 설치할 것. 다만 선택밸브를 설치한 경우에는 그렇지 않다.

(8) 송수구에는 이물질을 막기 위한 마개를 씌울 것

2) 선택밸브의 설치기준

(1) 화재 시 연소의 우려가 없는 장소로서 조작 및 점검이 쉬운 위치에 설치할 것

(2) 자동개방밸브에 따른 선택밸브를 사용하는 경우에는 송수구역에 방수하지 않고 자동밸브의 작동시험이 가능하도록 할 것

(3) 선택밸브의 부근에는 송수구역 일람표를 설치할 것

3) 자동배수밸브와 체크밸브의 설치기준

(1) 폐쇄형 헤드를 사용하는 설비의 경우에는 송수구·자동배수밸브·체크밸브의 순서로 설치할 것

(2) 개방형 헤드를 사용하는 설비의 경우에는 송수구·자동배수밸브의 순서로 설치할 것

(3) 자동배수밸브는 배관 안의 물이 잘 빠질 수 있는 위치에 설치하되, 배수로 인하여 다른 물건 또는 장소에 피해를 주지 않을 것

4) 배관

(1) 연결살수설비 전용헤드를 사용하는 경우에는 다음 표에 따른 구경 이상으로 할 것

하나의 배관에 부착하는 연결살수설비 전용헤드의 개수	1개	2개	3개	4개 또는 5개	6개 이상 10개 이하
배관의 구경(mm)	32	40	50	65	80

(2) 스프링클러헤드를 사용하는 경우에는 「스프링클러설비의 화재안전기술기준(NFTC 103)」에 따를 것

(3) **폐쇄형 헤드를 사용하는 경우 주배관 접속시켜야 할 배관 또는 수조기준**

① 옥내소화전설비의 주배관(옥내소화전설비가 설치된 경우)

② 수도배관(연결살수설비가 설치된 건축물 안에 설치된 수도배관 중 구경이 가장 큰 배관)

③ 옥상에 설치된 수조(다른 설비의 수조를 포함)

(4) **폐쇄형 헤드를 사용하는 경우 시험장치의 설치기준**

① 송수구에서 가장 먼 거리에 위치한 가지배관의 끝으로부터 연결하여 설치할 것

② 시험장치 배관의 구경은 25 mm 이상으로 하고, 그 끝에는 물받이 통 및 배수관을 설치하여 시험 중 방사된 물이 바닥으로 흘러내리지 않도록 할 것. 다만 목욕실·화장실 또는 그 밖의 배수처리가 쉬운 장소의 경우에는 물받이 통 또는 배수관을 설치하지 않을 수 있다.

5) 헤드

(1) **건축물에 설치하는 연결살수설비의 헤드 설치기준**

① 천장 또는 반자의 실내에 면하는 부분에 설치할 것

② 천장 또는 반자의 각 부분으로부터 하나의 살수헤드까지의 수평거리가 연결살수설비 전용헤드의 경우에는 3.7 m 이하, 스프링클러헤드의 경우는 2.3 m 이하로 할 것. 다만 살수헤드의 부착면과 바닥과의 높이가 2.1 m 이하인 부분은 살수헤드의 살수분포에 따른 거리로 할 수 있다.

(2) **가연성가스의 저장·취급시설에 설치하는 연결살수설비의 헤드 설치기준**

① 연결살수설비 전용의 개방형 헤드를 설치할 것

② 가스저장탱크·가스홀더 및 가스발생기의 주위에 설치하되, 헤드 상호 간의 거리는 3.7 m 이하로 할 것

③ 헤드의 살수범위는 가스저장탱크·가스홀더 및 가스발생기의 몸체의 중간 윗부분의 모든 부분이 포함되도록 해야 하고, 살수된 물이 흘러내리면서 살수범위에 포함되지 않은 부분에도 모두 적셔질 수 있도록 할 것

⑶ 습식 연결살수설비 외의 설비에 하향식 스프링클러헤드를 설치할 수 있는 경우

    ① 드라이펜던트스프링클러헤드를 사용하는 경우

    ② 스프링클러헤드의 설치장소가 동파의 우려가 없는 곳인 경우

    ③ 개방형 스프링클러헤드를 사용하는 경우

6) 헤드의 설치 제외

⑴ 상점(판매시설과 운수시설을 말하며, 바닥면적이 150 m² 이상인 지하층에 설치된 것을 제외)으로서 주요구조부가 내화구조 또는 방화구조로 되어 있고 바닥면적이 500 m² 미만으로 방화구획되어 있는 특정소방대상물 또는 그 부분

⑵ 계단실(특별피난계단의 부속실을 포함)·경사로·승강기의 승강로·파이프덕트·목욕실·수영장(관람석부분을 제외)·화장실·직접 외기에 개방되어 있는 복도 그 밖의 이와 유사한 장소

⑶ 통신기기실·전자기기실·기타 이와 유사한 장소

⑷ 발전실·변전실·변압기·기타 이와 유사한 전기설비가 설치되어 있는 장소

⑸ 병원의 수술실·응급처치실·기타 이와 유사한 장소

⑹ 천장과 반자 양쪽이 불연재료로 되어 있는 경우로서 그 사이의 거리 및 구조가 다음의 어느 하나에 해당하는 부분

    ① 천장과 반자 사이의 거리가 2 m 미만인 부분

    ② 천장과 반자 사이의 벽이 불연재료이고 천장과 반자 사이의 거리가 2 m 이상으로서 그 사이에 가연물이 존재하지 않는 부분

⑺ 천장·반자 중 한쪽이 불연재료로 되어 있고 천장과 반자 사이의 거리가 1 m 미만인 부분

⑻ 천장 및 반자가 불연재료외의 것으로 되어 있고 천장과 반자 사이의 거리가 0.5 m 미만인 부분

⑼ 펌프실·물탱크실 그 밖의 이와 비슷한 장소

⑽ 현관 또는 로비 등으로서 바닥으로부터 높이가 20 m 이상인 장소

⑾ 냉장창고의 영하의 냉장실 또는 냉동창고의 냉동실

⑿ 고온의 노가 설치된 장소 또는 물과 격렬하게 반응하는 물품의 저장 또는 취급장소

⒀ 불연재료로 된 특정소방대상물 또는 그 부분으로서 다음의 어느 하나에 해당하는
장소

① 정수장·오물처리장 그 밖의 이와 비슷한 장소

② 펄프공장의 작업장·음료수공장의 세정 또는 충전하는 작업장 그 밖의 이와 비슷
한 장소

③ 불연성의 금속·석재 등의 가공공장으로서 가연성물질을 저장 또는 취급하지 않
는 장소

⒁ 실내에 설치된 테니스장·게이트볼장·정구장 또는 이와 비슷한 장소로서 실내바닥·
벽·천장이 불연재료 또는 준불연재료로 구성되어 있고, 가연물이 존재하지 않는 장
소로서 관람석이 없는 운동시설 부분(지하층은 제외)

31 | 비상콘센트설비

1 비상콘센트설비의 계통도

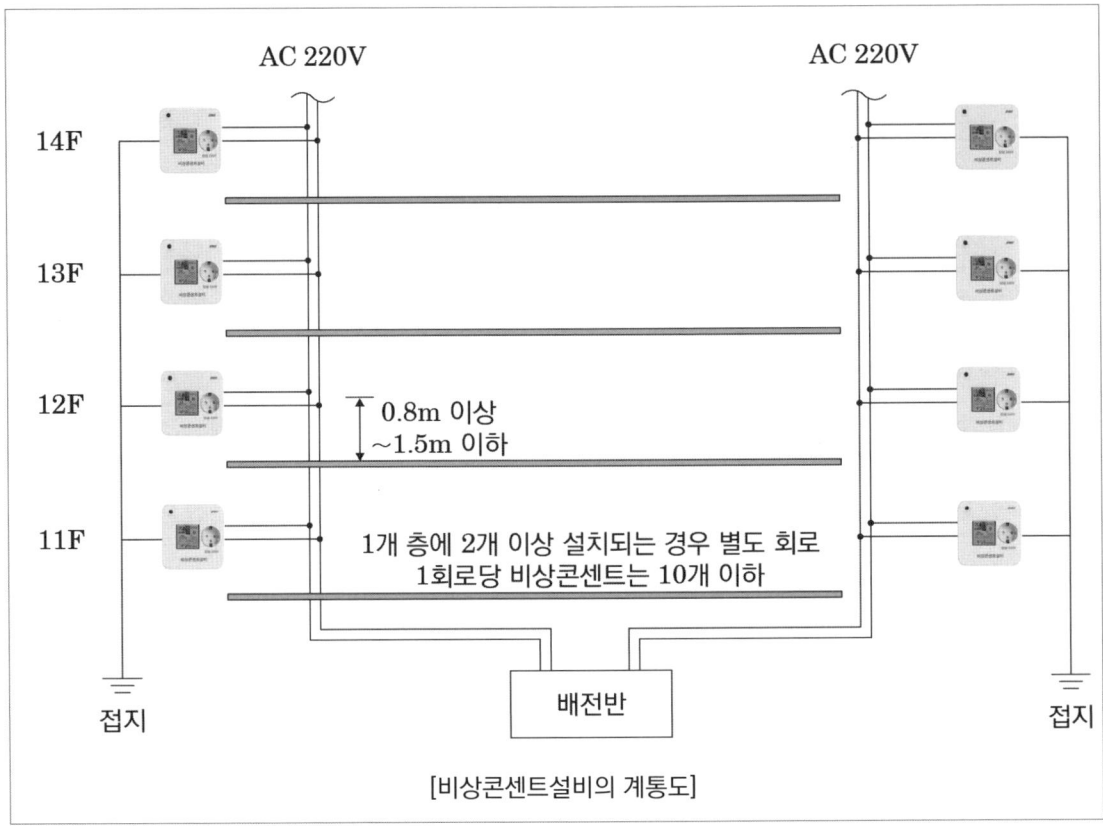

[비상콘센트설비의 계통도]

AC 220V   AC 220V

14F

13F

12F

0.8m 이상
~1.5m 이하

11F

1개 층에 2개 이상 설치되는 경우 별도 회로
1회로당 비상콘센트는 10개 이하

접지

배전반

접지

2 비상콘센트설비의 구조원리

1) 전원의 종류

구분	정의
저압	직류는 1.5 kV 이하, 교류는 1 kV 이하인 것
고압	직류는 1.5 kV를, 교류는 1 kV를 초과하고 7 kV 이하인 것
특고압	7 kV를 초과하는 것

2) 전원의 설치기준

(1) 상용전원회로의 배선은 저압수전인 경우에는 인입개폐기의 직후에서, 고압수전 또는 특고압수전인 경우에는 전력용변압기 2차 측의 주차단기 1차 측 또는 2차 측에서 분기하여 전용배선으로 할 것

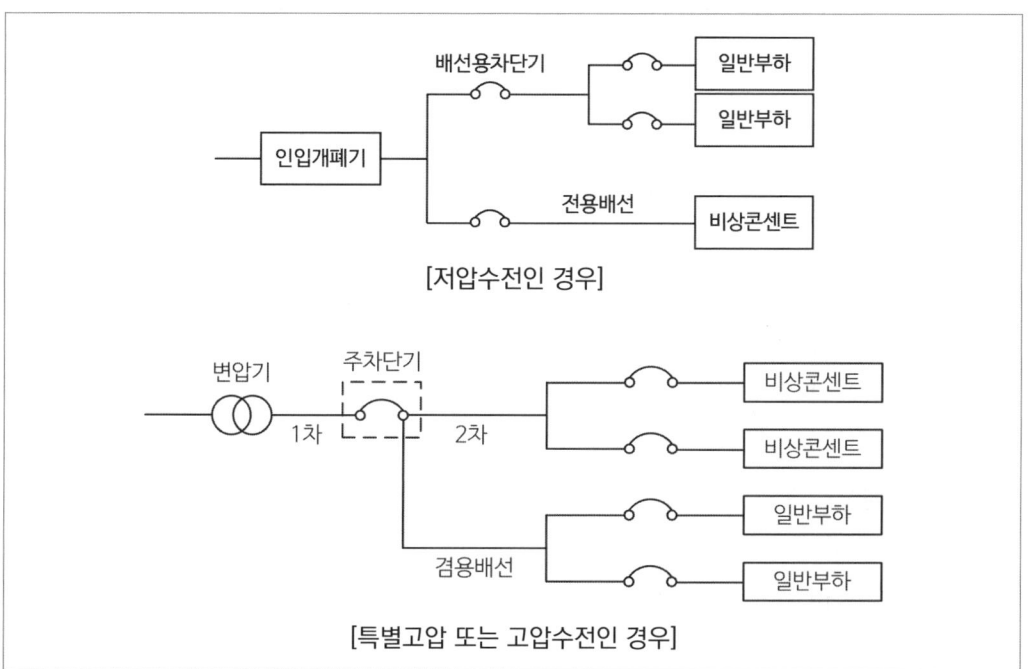

[저압수전인 경우]

[특별고압 또는 고압수전인 경우]

(2) 지하층을 제외한 층수가 7층 이상으로서 연면적이 2,000 m² 이상이거나 지하층의 바닥면적의 합계가 3,000 m² 이상인 특정소방대상물의 비상콘센트 설비에는 자가발전설비, 비상전원수전설비, 축전지설비 또는 전기저장장치(외부 전기에너지를 저장해두었다가 필요한 때 전기를 공급하는 장치)를 비상전원으로 설치할 것. 다만 2 이상의 변전소에서 전력을 동시에 공급받을 수 있거나 하나의 변전소로부터 전력의 공급이 중단되는 때에는 자동으로 다른 변전소로부터 전력을 공급받을 수 있도록 상용전원을 설치한 경우에는 비상전원을 설치하지 않을 수 있다.

(3) 비상전원 중 자가발전설비, 축전지설비 또는 전기저장장치는 다음 기준에 따라 설치하고, 비상전원수전설비는 「소방시설용 비상전원수전설비의 화재안전기술기준(NFTC 602)」에 따라 설치할 것

① 점검에 편리하고 화재 및 침수 등의 재해로 인한 피해를 받을 우려가 없는 곳에 설치할 것

② 비상콘센트설비를 유효하게 20분 이상 작동시킬 수 있는 용량으로 할 것

③ 상용전원으로부터 전력의 공급이 중단된 때에는 자동으로 비상전원으로부터 전력을 공급받을 수 있도록 할 것

④ 비상전원의 설치장소는 다른 장소와 방화구획할 것. 이 경우 그 장소에는 비상전원의 공급에 필요한 기구나 설비 외의 것(열병합발전설비에 필요한 기구나 설비는 제외)을 두어서는 안 된다.

⑤ 비상전원을 실내에 설치하는 때에는 그 실내에 비상조명등을 설치할 것

3) 전원회로(비상콘센트에 전력을 공급하는 회로)의 설치기준

(1) 비상콘센트설비의 전원회로는 단상교류 220 V인 것으로서, 그 공급용량은 1.5 kVA 이상인 것으로 할 것

(2) 전원회로는 각 층에 2 이상이 되도록 설치할 것. 다만 설치해야 할 층의 비상콘센트가 1개인 때에는 하나의 회로로 할 수 있다.

(3) 전원회로는 주배전반에서 전용회로로 할 것. 다만 다른 설비회로의 사고에 따른 영향을 받지 않도록 되어 있는 것은 그렇지 않다.

(4) 전원으로부터 각 층의 비상콘센트에 분기되는 경우에는 분기배선용 차단기를 보호함 안에 설치할 것

(5) 콘센트마다 배선용 차단기(KS C 8321)를 설치해야 하며, 충전부가 노출되지 않도록 할 것

(6) 개폐기에는 "비상콘센트"라고 표시한 표지를 할 것

(7) 비상콘센트용의 풀박스 등은 방청도장을 한 것으로서, 두께 1.6 mm 이상의 철판으로 할 것

(8) 하나의 전용회로에 설치하는 비상콘센트는 10개 이하로 할 것. 이 경우 전선의 용량은 각 비상콘센트(비상콘센트가 3개 이상인 경우에는 3개)의 공급용량을 합한 용량 이상의 것으로 해야 한다.

▣ 비상콘센트설비의 플러그접속기

1) 비상콘센트의 플러그접속기는 접지형 2극 플러그접속기를 사용해야 한다.
2) 플러그접속기의 칼받이 접지극에는 접지공사를 해야 한다.

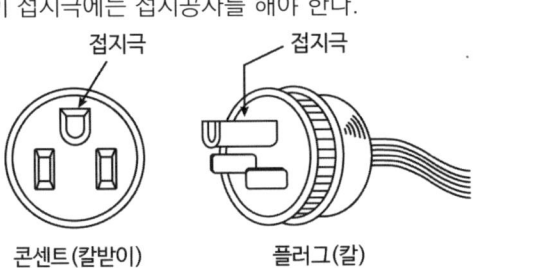

접지극   접지극

콘센트(칼받이)   플러그(칼)

---

4) 비상콘센트의 설치기준

(1) 바닥으로부터 높이 0.8 m 이상 1.5 m 이하의 위치에 설치할 것

(2) 비상콘센트의 배치는 바닥면적이 1,000 m² 미만인 층은 계단의 출입구(계단의 부속실을 포함하며 계단이 2 이상 있는 경우에는 그중 1개의 계단)로부터 5 m 이내에, 바닥면적 1,000 m2 이상인 층은 각 계단의 출입구 또는 계단부속실의 출입구(계단의 부속실을 포함하며 계단이 3 이상 있는 층의 경우에는 그중 2개의 계단)로부터 5 m 이내에 설치하되, 그 비상콘센트로부터 그 층의 각 부분까지의 거리가 다음의 기준을 초과하는 경우에는 그 기준 이하가 되도록 비상콘센트를 추가하여 설치할 것

① 지하상가 또는 지하층의 바닥면적의 합계가 3,000 m² 이상인 것은 수평거리 25 m

② "①"에 해당하지 아니하는 것은 수평거리 50 m

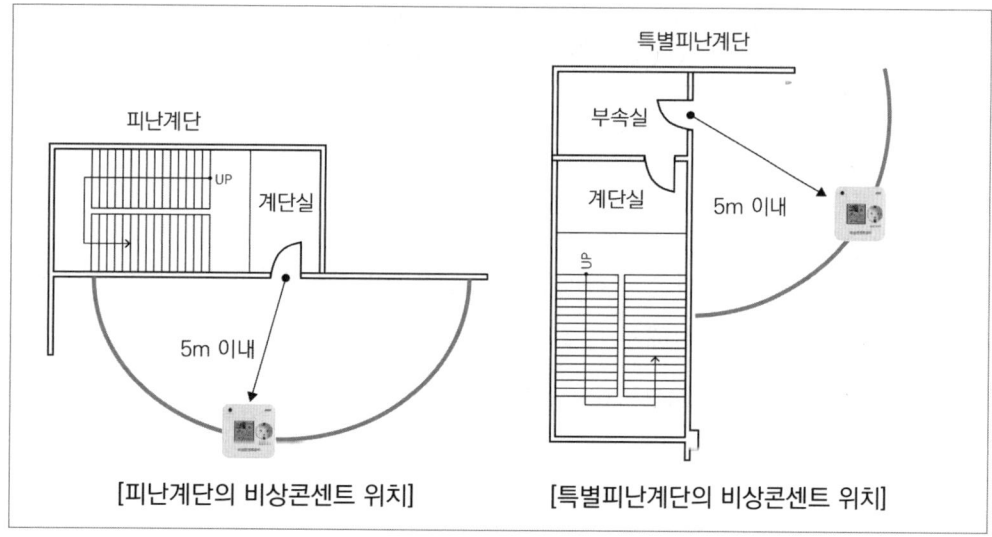

[피난계단의 비상콘센트 위치]　　　[특별피난계단의 비상콘센트 위치]

5) 전원부와 외함 사이 절연저항 및 절연내력의 적합기준

(1) 절연저항은 전원부와 외함 사이를 500 V 절연저항계로 측정할 때 20 MΩ 이상일 것

(2) 절연내력은 전원부와 외함 사이에 정격전압이 150 V 이하인 경우에는 1,000 V의 실효전압을, 정격전압이 150 V 초과인 경우에는 그 정격전압에 2를 곱하여 1,000을 더한 실효 전압을 가하는 시험에서 1분 이상 견디는 것으로 할 것

6) 보호함

(1) 보호함에는 쉽게 개폐할 수 있는 문을 설치할 것

(2) 보호함 표면에 "비상콘센트"라고 표시한 표지를 할 것

(3) 보호함 상부에 적색의 표시등을 설치할 것. 다만 비상콘센트의 보호함을 옥내소화전함 등과 접속하여 설치하는 경우에는 옥내소화전함 등의 표시등과 겸용할 수 있다.

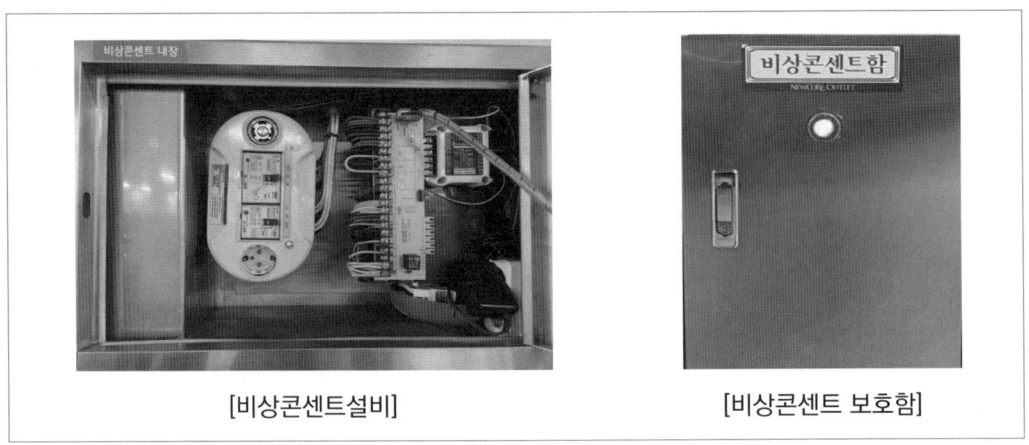

[비상콘센트설비]　　　　　　　　　　　[비상콘센트 보호함]

7) 배선

(1) 전원회로의 배선은 내화배선으로, 그 밖의 배선은 내화배선 또는 내열배선으로 할 것

(2) "(1)"에 따른 내화배선 및 내열배선에 사용하는 전선의 종류 및 설치방법은 「옥내소화전설비의 화재안전기술기준(NFTC 102)」에 따를 것

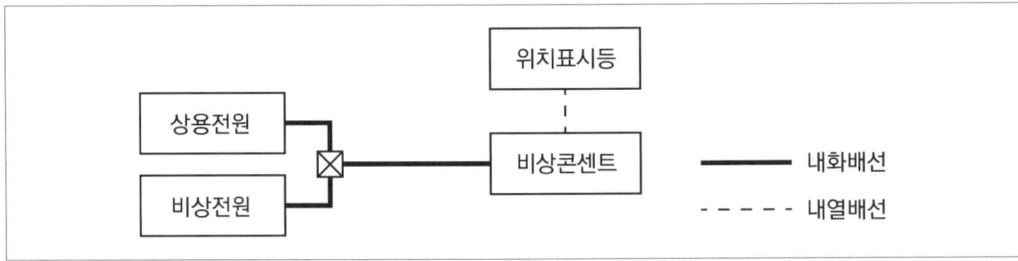

32 | 무선통신보조설비

1 무선통신보조설비의 계통도

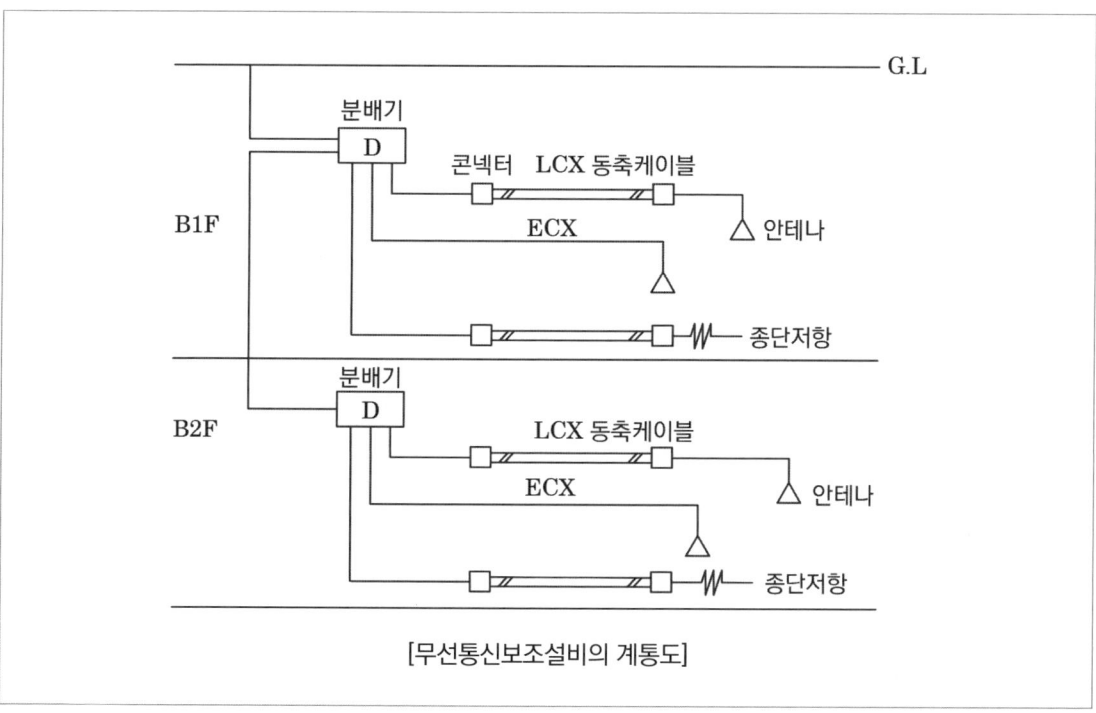

[무선통신보조설비의 계통도]

2 무선통신보조설비의 구조원리

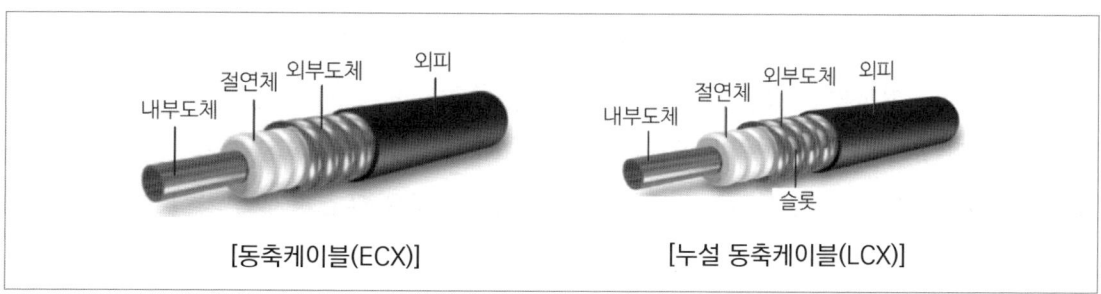

[동축케이블(ECX)]　　　　[누설 동축케이블(LCX)]

1) 구성요소

구분	정의
누설동축케이블	동축케이블의 외부도체에 가느다란 홈을 만들어서 전파가 외부로 새어나 갈 수 있도록 한 케이블
분배기	신호의 전송로가 분기되는 장소에 설치하는 것으로 임피던스 매칭(Matching)과 신호 균등분배를 위해 사용하는 장치
분파기	서로 다른 주파수의 합성된 신호를 분리하기 위해서 사용하는 장치
혼합기	2 이상의 입력신호를 원하는 비율로 조합한 출력이 발생하도록 하는 장치
증폭기	전압·전류의 진폭을 늘려 감도 등을 개선하는 장치

2) 누설동축케이블 등

(1) 누설동축케이블 등의 설치기준

① 소방전용주파수대에서 전파의 전송 또는 복사에 적합한 것으로서 소방전용의 것으로 할 것. 다만 소방대 상호 간의 무선 연락에 지장이 없는 경우에는 다른 용도와 겸용할 수 있다.

② 누설동축케이블과 이에 접속하는 안테나 또는 동축케이블과 이에 접속하는 안테나로 구성할 것

③ 누설동축케이블 및 동축케이블은 불연 또는 난연성의 것으로서 습기 등의 환경조건에 따라 전기의 특성이 변질되지 않는 것으로 하고, 노출하여 설치한 경우에는 피난 및 통행에 장애가 없도록 할 것

④ 누설동축케이블 및 동축케이블은 화재에 따라 해당 케이블의 피복이 소실된 경우에 케이블 본체가 떨어지지 않도록 4 m 이내마다 금속제 또는 자기제 등의 지지금구로 벽·천장·기둥 등에 견고하게 고정할 것. 다만 불연재료로 구획된 반자 안에 설치하는 경우에는 그렇지 않다.

⑤ 누설동축케이블 및 안테나는 금속판 등에 따라 전파의 복사 또는 특성이 현저하게 저하되지 않는 위치에 설치할 것

⑥ 누설동축케이블 및 안테나는 고압의 전로로부터 1.5 m 이상 떨어진 위치에 설치할 것. 다만 해당 전로에 정전기 차폐장치를 유효하게 설치한 경우에는 그렇지 않다.

⑦ 누설동축케이블의 끝부분에는 무반사 종단저항을 견고하게 설치할 것

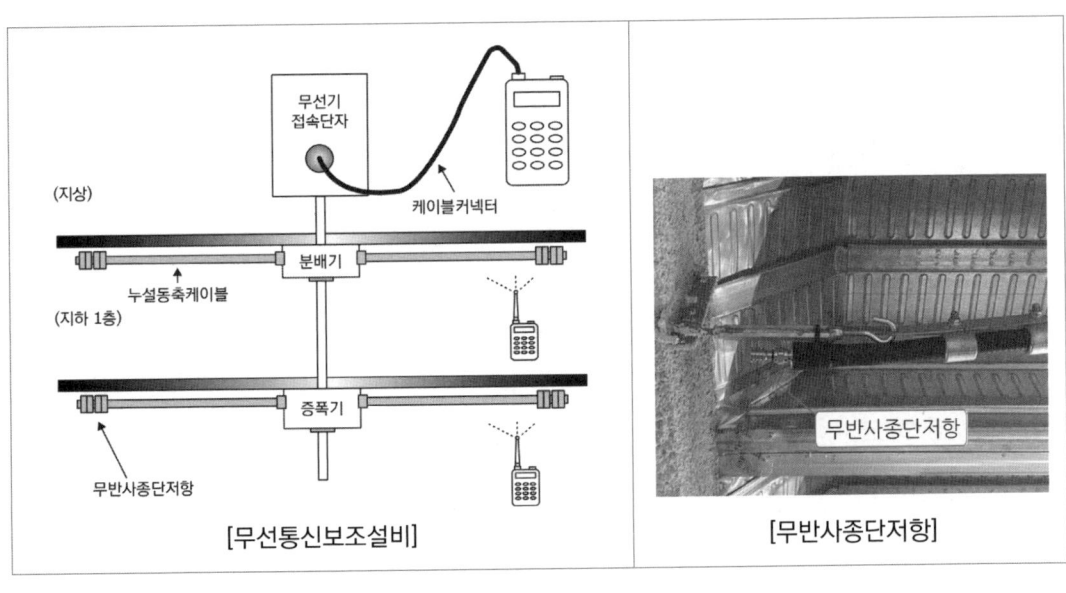

[무선통신보조설비]　　　　　　[무반사종단저항]

(2) **무선통신보조설비의 설치기준**

　① 누설동축케이블 또는 동축케이블과 이에 접속하는 안테나가 설치된 층은 모든
　　　부분(계단실, 승강기, 별도 구획된 실 포함)에서 유효하게 통신이 가능할 것

　② 옥외안테나와 연결된 무전기와 건축물 내부에 존재하는 무전기 간의 상호통신, 건축
　　　물 내부에 존재하는 무전기 간의 상호통신, 옥외안테나와 연결된 무전기와 방재실
　　　또는 건축물 내부에 존재하는 무전기와 방재실 간의 상호통신이 가능할 것

3) 옥외안테나

　(1) 건축물, 지하가, 터널 또는 공동구의 출입구(「건축법 시행령」에 따른 출구 또는 이와
　　　유사한 출입구) 및 출입구 인근에서 통신이 가능한 장소에 설치할 것

　(2) 다른 용도로 사용되는 안테나로 인한 통신장애가 발생하지 않도록 설치할 것

　(3) 옥외안테나는 견고하게 파손의 우려가 없는 곳에 설치하고 그 가까운 곳의 보기 쉬운
　　　곳에 "무선통신보조설비 안테나"라는 표시와 함께 통신 가능거리를 표시한 표지를
　　　설치할 것

　(4) 수신기가 설치된 장소 등 사람이 상시 근무하는 장소에는 옥외안테나의 위치가 모두
　　　표시된 옥외안테나 위치표시도를 비치할 것

4) 분배기·분파기 및 혼합기 등

  (1) 먼지·습기 및 부식 등에 따라 기능에 이상을 가져오지 않도록 할 것

  (2) 임피던스는 50 Ω의 것으로 할 것

  (3) 점검에 편리하고 화재 등의 재해로 인한 피해의 우려가 없는 장소에 설치할 것

5) 증폭기 및 무선중계기

  (1) 상용전원은 전기가 정상적으로 공급되는 축전지설비, 전기저장장치(외부 전기에너지를 저장해두었다가 필요한 때 전기를 공급하는 장치) 또는 교류전압의 옥내 간선으로 하고, 전원까지의 배선은 전용으로 할 것

  (2) 증폭기의 전면에는 주 회로 전원의 정상 여부를 표시할 수 있는 표시등 및 전압계를 설치할 것

  (3) 증폭기에는 비상전원이 부착된 것으로 하고 해당 비상전원 용량은 무선통신보조설비를 유효하게 **30분** 이상 작동시킬 수 있는 것으로 할 것

  (4) 증폭기 및 무선중계기를 설치하는 경우에는 「전파법」에 따른 적합성평가를 받은 제품으로 설치하고 임의로 변경하지 않도록 할 것

  (5) 디지털방식의 무전기를 사용하는 데 지장이 없도록 설치할 것

➕ 보충

30분

무선통신 보조설비	증폭기 및 무선중계기 설치기준 증폭기에는 비상전원이 부착된 것으로 하고 해당 비상전원 용량은 무선통신보조설비를 유효하게 **30분** 이상 작동시킬 수 있는 것
전기저장 장치	스프링클러설비 1) 전기저장장치가 설치된 실의 바닥면적(바닥면적이 230제곱미터 이상인 경우에는 230제곱미터) 1제곱미터에 분당 12.2리터 이상의 수량을 균일하게 **30분** 이상 방수할 수 있도록 할 것 2) 스프링클러설비를 **30분** 이상 작동할 수 있는 비상전원 갖출 것
창고시설	1) 비상방송설비에는 그 설비에 대한 감시상태를 60분간 지속한 후 유효하게 **30분** 이상 경보할 수 있는 축전지설비(수신기에 내장하는 경우를 포함) 또는 전기저장장치를 설치해야 한다. 2) 자동화재탐지설비에는 그 설비에 대한 감시상태를 60분간 지속한 후 유효하게 **30분** 이상 경보할 수 있는 비상전원으로서 축전지설비 또는 전기저장장치를 설치해야 한다. 다만 상용전원이 축전지설비인 경우에는 그렇지 않다.

창고시설	3) 피난유도선은 연면적 1만 5천제곱미터 이상인 창고시설의 지하층 및 무창층에 다음 각 호의 기준에 따라 설치 　1. 광원점등방식으로 바닥으로부터 1미터 이하의 높이에 설치할 것 　2. 각 층 직통계단 출입구로부터 건물 내부 벽면으로 10미터 이상 설치할 것 　3. 화재 시 점등되며 비상전원 **30분** 이상을 확보할 것 　4. 피난유도선은 소방청장이 정해 고시하는 「피난유도선 성능인증 및 제품검사의 기술기준」에 적합한 것으로 설치할 것
고층 건축물	비상방송설비 축전지설비 또는 전기저장장치 비상방송설비에는 그 설비에 대한 감시상태를 60분간 지속한 후 유효하게 **30분** 이상 경보할 수 있는 축전지설비(수신기에 내장하는 경우를 포함) 또는 전기저장장치를 설치할 것
	자탐설비 축전지설비 또는 전기저장장치 자탐설비에는 그 설비에 대한 감시상태를 60분간 지속한 후 유효하게 **30분** 이상 경보할 수 있는 축전지설비(수신기에 내장하는 경우를 포함) 또는 전기저장장치(외부 전기에너지를 저장해두었다가 필요한 때 전기를 공급하는 장치)를 설치할 것. 다만 상용전원이 축전지설비인 경우에는 그렇지 않다.

6) 무선통신보조설비의 설치 제외

지하층으로서 특정소방대상물의 바닥부분 2면 이상이 지표면과 동일하거나 지표면으로부터의 깊이가 1 m 이하인 경우에는 해당 층에 한해 무선통신보조설비를 설치하지 아니할 수 있다.

33 | 소방시설용 비상전원수전설비

1 비상전원수전설비

1) 비상전원수전설비의 정의

화재 시 상용전원이 공급되는 시점까지만 비상전원으로 적용이 가능한 설비로서 상용전원의 안전성과 내화성능을 향상시킨 설비

2) 소방시설의 비상전원으로 비상전원수전설비를 적용할 수 있는 설비의 종류 및 적용기준

소방시설	적용기준
스프링클러설비 미분무소화설비	차고, 주차장으로서 스프링클러설비가 설치된 부분의 바닥면적의 합계가 1,000 m^2 미만인 것
간이스프링클러설비	모두 해당
포소화설비	• 호스릴포소화설비 또는 포소화전만을 설치한 차고·주차장 • 포헤드설비 또는 고정포방출설비가 설치된 부분의 바닥면적(스프링클러설비가 설치된 차고·주차장의 바닥면적을 포함)의 합계가 1,000 m^2 미만인 것
비상콘센트	• 지하층을 제외한 층수가 7층 이상으로서 연면적이 2,000 m^2 이상인 것 • 지하층의 바닥면적의 합계가 3,000 m^2 이상인 것

3) 특별고압 또는 고압으로 수전하는 비상전원수전설비의 종류

(1) **방화구획형** : 수전설비를 다른 부분과 건축법상 방화구획을 하여 화재 시 이를 보호하도록 조치하는 방식

(2) **옥외개방형** : 건물의 옥외 또는 건물의 옥상에 울타리를 설치하고 그 내부에 수전설비를 설치하는 방식

(3) **큐비클형** : 수전설비를 큐비클 내에 수납하여 설치하는 방식

① 공용큐비클식 : 소방회로 및 일반회로 겸용의 것으로서 수전설비, 변전설비와 그 밖의 기기 및 배선을 금속제 외함에 수납한 것

② 전용큐비클식 : 소방회로용의 것으로 수전설비, 변전설비와 그 밖의 기기 및 배선을 금속제 외함에 수납한 것

4) 저압으로 수전하는 비상전원수전설비의 종류

전용배전반(1·2종)·전용분전반(1·2종) 또는 공용분전반(1·2종)

(1) **배전반** : 전력생산시설 등으로부터 직접 전력을 공급받아 분전반에 전력을 공급해주는 것

① 공용배전반 : 소방회로 및 일반회로 겸용의 것으로서 개폐기, 과전류차단기, 계기와 그 밖의 배선용기기 및 배선을 금속제 외함에 수납한 것

② 전용배전반 : 소방회로 전용의 것으로서 개폐기, 과전류차단기, 계기와 그 밖의 배선용기기 및 배선을 금속제 외함에 수납한 것

(2) **분전반** : 배전반으로부터 전력을 공급받아 부하에 전력을 공급해주는 것

① 공용분전반 : 소방회로 및 일반회로 겸용의 것으로서 분기개폐기, 분기과전류차단기와 그 밖의 배선용기기 및 배선을 금속제 외함에 수납한 것

② 전용분전반 : 소방회로 전용의 것으로서 분기 개폐기, 분기과전류차단기와 그 밖의 배선용기기 및 배선을 금속제 외함에 수납한 것

2 비상전원수전설비의 구조원리

1) 인입선 및 인입구 배선의 시설

(1) 인입선은 특정소방대상물에 화재가 발생할 경우에도 화재로 인한 손상을 받지 않도록 설치해야 한다.

(2) 인입구 배선은 「옥내소화전설비의 화재안전기술기준(NFTC 102)」에 따른 내화배선으로 해야 한다.

2) 특별고압 또는 고압으로 수전하는 비상전원수전설비[방화구획형, 옥외개방형 또는 큐비클(Cubicle)형]

(1) 전용의 방화구획 내에 설치할 것

(2) 소방회로배선은 일반회로배선과 불연성 벽으로 구획할 것. 다만 소방회로배선과 일반회로배선을 15 cm 이상 떨어져 설치한 경우는 그렇지 않다

(3) 일반회로에서 과부하, 지락사고 또는 단락사고가 발생한 경우에도 이에 영향을 받지 아니하고 계속하여 소방회로에 전원을 공급시켜줄 수 있어야 할 것

(4) 소방회로용 개폐기 및 과전류차단기에는 "소방시설용"이라 표시할 것

(5) 전기회로는 다음과 같이 결선할 것

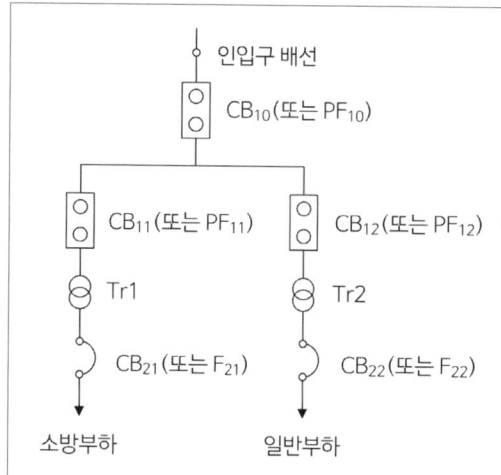
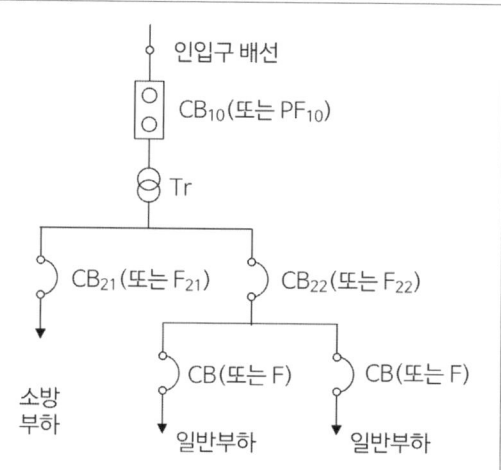

(가) 전용의 전력용변압기에서 소방부하에 전원을 공급하는 경우	(나) 공용의 전력용변압기에서 소방부하에 전원을 공급하는 경우

(가) 전용의 전력용변압기에서 소방부하에 전원을 공급하는 경우

주 1. 일반회로의 과부하 또는 단락사고 시에 CB_{10}(또는 PF_{10})이 CB_{12}(또는 PF_{12}) 및 CB_{22}(또는 F_{22})보다 먼저 차단되어서는 아니된다.
   2. CB_{11}(또는 PF_{11})은 CB_{12}(또는 PF_{12})와 동등 이상의 차단용량일 것

약호	명칭
CB	전력차단기
PF	전력퓨즈(고압 또는 특별고압용)
F	퓨즈(저압용)
Tr	전력용변압기

(나) 공용의 전력용변압기에서 소방부하에 전원을 공급하는 경우

주 1. 일반회로의 과부하 또는 단락사고 시에 CB_{10}(또는 PF_{10})이 CB_{22}(또는 F_{22}) 및 CB(또는 F)보다 먼저 차단되어서는 아니된다.
   2. CB_{21}(또는 F_{21})은 CB_{22}(또는 F_{22})와 동등 이상의 차단용량일 것

약호	명칭
CB	전력차단기
PF	전력퓨즈(고압 또는 특별고압용)
F	퓨즈(저압용)
Tr	전력용변압기

3) 옥외개방형의 적합기준

(1) 건축물의 옥상에 설치하는 경우에는 그 건축물에 화재가 발생할 경우에도 화재로 인한 손상을 받지 않도록 설치할 것

(2) 공지에 설치하는 경우에는 인접 건축물에 화재가 발생한 경우에도 화재로 인한 손상을 받지 않도록 설치할 것

(3) 소방회로배선은 일반회로배선과 불연성 벽으로 구획할 것. 다만 소방회로배선과 일반회로배선을 15 cm 이상 떨어져 설치한 경우는 그렇지 않다.

(4) 일반회로에서 과부하, 지락사고 또는 단락사고가 발생한 경우에도 이에 영향을 받지 아니하고 계속하여 소방회로에 전원을 공급시켜줄 수 있어야 할 것

(5) 소방회로용 개폐기 및 과전류차단기에는 "소방시설용"이라 표시할 것

(6) 전기회로는 "(2)" "(5)"과 같이 결선할 것

4) 큐비클형의 설치기준

(1) **외함에 노출하여 설치할 수 있는 기구장치**

① 표시등(불연성 또는 난연성재료로 덮개를 설치한 것)

② 전선의 인입구 및 인출구

③ 환기장치

④ 전압계(퓨즈 등으로 보호한 것)

⑤ 전류계(변류기의 2차 측에 접속된 것)

⑥ 계기용 전환스위치(불연성 또는 난연성재료로 제작된 것)

(2) **외함에 수납하는 수전설비, 변전설비 그 밖의 기기 및 배선의 적합기준**

① 외함 또는 프레임(Frame) 등에 견고하게 고정할 것

② 외함의 바닥에서 10 cm(시험단자, 단자대 등의 충전부는 15 cm) 이상의 높이에 설치할 것

(3) **환기장치의 적합기준**

① 내부의 온도가 상승하지 않도록 환기장치를 할 것

② 자연환기구의 개구부 면적의 합계는 외함의 한 면에 대하여 해당 면적의 3분의 1 이하로 할 것. 이 경우 하나의 통기구의 크기는 직경 10 mm 이상의 둥근 막대가 들어가서는 아니 된다.

③ 자연환기구에 따라 충분히 환기할 수 없는 경우에는 환기설비를 설치할 것

④ 환기구에는 금속망, 방화댐퍼 등으로 방화조치를 하고, 옥외에 설치하는 것은 빗물 등이 들어가지 않도록 할 것

5) 저압으로 수전하는 경우

(1) **제1종 배전반 및 제1종 분전반의 설치기준**

① 외함은 두께 1.6 mm(전면판 및 문은 2.3 mm) 이상의 강판과 이와 동등 이상의 강도와 내화성능이 있는 것으로 제작할 것

② 외함의 내부는 외부의 열에 의해 영향을 받지 않도록 내열성 및 단열성이 있는 재료를 사용하여 단열할 것. 이 경우 단열부분은 열 또는 진동에 따라 쉽게 변형되지 아니하여야 한다.

③ 다음 각 목에 해당하는 것은 외함에 노출하여 설치할 수 있다.
  ㉠ 표시등(불연성 또는 난연성재료로 덮개를 설치한 것)
  ㉡ 전선의 인입구 및 입출구
④ 외함은 금속관 또는 금속제 가요전선관을 쉽게 접속할 수 있도록 하고, 당해 접속부분에는 단열조치를 할 것
⑤ 공용배전반 및 공용분전반의 경우 소방회로와 일반회로에 사용하는 배선 및 배선용 기기는 불연재료로 구획되어야 할 것

(2) 제2종 배전반 및 제2종 분전반의 설치기준

① 외함은 두께 1 mm(함 전면의 면적이 1,000 cm² 를 초과하고 2,000 cm² 이하인 경우에는 1.2 mm, 2,000 cm² 를 초과하는 경우에는 1.6 mm) 이상의 강판과 이와 동등 이상의 강도와 내화성능이 있는 것으로 제작할 것
② 각 목에 정한 것과 120 ℃의 온도를 가했을 때 이상이 없는 전압계 및 전류계는 외함에 노출하여 설치할 것
③ 단열을 위해 배선용 불연전용실내에 설치할 것
④ 외함은 금속관 또는 금속제 가요전선관을 쉽게 접속할 수 있도록 하고, 당해 접속부분에는 단열조치를 할 것
⑤ 공용배전반 및 공용분전반의 경우 소방회로와 일반회로에 사용하는 배선 및 배선용 기기는 불연재료로 구획되어야 할 것

(3) 그 밖의 배전반 및 분전반의 설치기준

① 일반회로에서 과부하·지락사고 또는 단락사고가 발생한 경우에도 이에 영향을 받지 아니하고 계속하여 소방회로에 전원을 공급시켜줄 수 있어야 할 것
② 소방회로용 개폐기 및 과전류차단기에는 "소방시설용"이라는 표시를 할 것
③ 전기회로는 다음과 같이 결선할 것

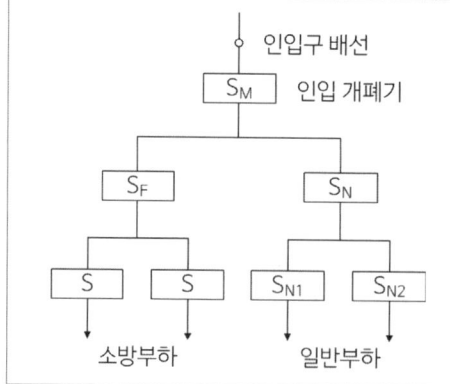

주) 1. 일반회로의 과부하 또는 단락 사고 시 S_M 이 S_N, S_{N1} 및 S_{N2} 보다 먼저 차단되어서는 아니된다.
   2. S_F 는 S_N 과 동등 이상의 차단용량일 것

약호	명칭
S	저압용 개폐기 및 과전류차단기

34 | 도로터널

1 도로터널

1) 도로터널의 정의

「도로법」에 따른 도로의 일부로서 자동차의 통행을 위해 지붕이 있는 구조물

2) 도로터널의 종류

(1) **양방향터널** : 하나의 터널 안에서 차량의 흐름이 서로 마주보게 되는 터널

(2) **일방향터널** : 하나의 터널 안에서 차량의 흐름이 하나의 방향으로만 진행되는 터널

2 도로터널의 구조원리

1) 소화기의 설치기준

(1) 소화기의 능력단위(「소화기구의 화재안전기준(NFSC 101)」에 따른 수치)는 A급 화재는 3단위 이상, B급 화재는 5단위 이상 및 C급 화재에 적응성이 있는 것으로 할 것

(2) 소화기의 총중량은 사용 및 운반의 편리성을 고려하여 7 kg 이하로 할 것

(3) 소화기는 주행차로의 우측 측벽에 50 m 이내의 간격으로 2개 이상을 설치하며, 편도 2차선 이상의 양방향터널과 4차로 이상의 일방향터널의 경우에는 양쪽 측벽에 각각 50 m 이내의 간격으로 엇갈리게 2개 이상을 설치할 것

(4) 바닥면(차로 또는 보행로)으로부터 1.5 m 이하의 높이에 설치할 것

(5) 소화기구함의 상부에 "소화기"라고 조명식 또는 반사식의 표지판을 부착하여 사용자가 쉽게 인지할 수 있도록 할 것

2) 옥내소화전설비의 설치기준

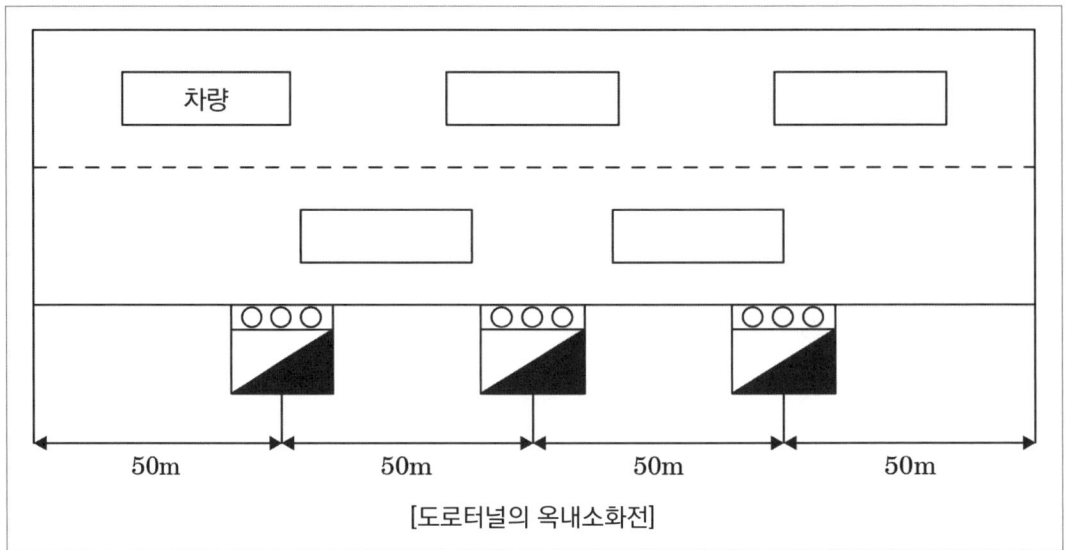

[도로터널의 옥내소화전]

(1) 소화전함과 방수구는 주행차로 우측 측벽을 따라 50 m 이내의 간격으로 설치하며, 편도 2차선 이상의 양방향터널이나 4차로 이상의 일방향터널의 경우에는 양쪽 측벽에 각각 50 m 이내의 간격으로 엇갈리게 설치할 것

(2) 수원은 그 저수량이 옥내소화전의 설치개수 2개(4차로 이상의 터널의 경우 3개)를 동시에 40분 이상 사용할 수 있는 충분한 양 이상을 확보할 것

(3) 가압송수장치는 옥내소화전 2개(4차로 이상의 터널인 경우 3개)를 동시에 사용할 경우 각 옥내소화전의 노즐선단에서의 방수압력은 0.35 MPa 이상이고, 방수량은 190 L/min 이상이 되는 성능의 것으로 할 것. 다만 하나의 옥내소화전을 사용하는 노즐선단에서의 방수압력이 0.7 MPa을 초과할 경우에는 호스접결구의 인입 측에 감압장치를 설치하여야 한다.

(4) 압력수조나 고가수조가 아닌 전동기 및 내연기관에 의한 펌프를 이용하는 가압송수장치는 주펌프와 동등 이상인 별도의 예비펌프를 설치할 것

(5) 방수구는 40 mm 구경의 단구형을 옥내소화전이 설치된 벽면의 바닥면으로부터 1.5 m 이하의 높이에 설치할 것

(6) 소화전함에는 옥내소화전 방수구 1개, 15 m 이상의 소방호스 3본 이상 및 방수노즐을 비치할 것

(7) 옥내소화전설비의 비상전원은 40분 이상 작동할 수 있을 것

3) 물분무소화설비의 설치기준

(1) 물분무 헤드는 도로면에 $1 \, \text{m}^2$에 대하여 6L/min 이상의 수량을 균일하게 방수할 수 있도록 할 것

(2) 물분무설비의 하나의 방수구역은 25 m 이상으로 하며, 3개 방수구역을 동시에 40분 이상 방수할 수 있는 수량을 확보할 것

(3) 물분무설비의 비상전원은 물분무소화설비를 유효하게 40분 이상 작동할 수 있어야 할 것

4) 비상경보설비의 설치기준

(1) 발신기는 주행차로 한쪽 측벽에 50 m 이내의 간격으로 설치하며, 편도 2차선 이상의 양방향터널이나 4차로 이상의 일방향터널의 경우에는 양쪽의 측벽에 각각 50 m 이내의 간격으로 엇갈리게 설치하고, 발신기가 설치된 벽면의 바닥면으로부터 1.5 m 이하의 높이에 설치할 것

(2) 음향장치는 발신기함 내에 설치할 수 있으며, 「비상방송설비의 화재안전기술기준(NFTC 202)」에 적합하게 설치된 방송설비를 비상경보설비와 연동하여 작동하도록 설치한 경우에는 비상경보설비의 지구음향장치를 설치하지 않을 수 있다.

(3) 음향장치의 음향은 부착된 음향장치의 중심으로부터 1 m 떨어진 위치에서 90 dB 이상이 되도록 하고, 터널 내부 전체에 유효한 경보를 동시에 발하도록 할 것

(4) 시각경보기는 주행차로 한쪽 측벽에 50 m 이내의 간격으로 비상경보설비의 상부 직근에 설치하고, 설치된 전체 시각경보기는 동시에 작동될 수 있도록 할 것

5) 자동화재탐지설비의 설치기준

(1) **터널에 설치할 수 있는 감지기의 종류**

① 차동식 분포형 감지기

② 정온식 감지선형 감지기(아날로그식에 한하며, 이하 같다)

③ 중앙기술심의위원회의 심의를 거쳐 터널화재에 적응성이 있다고 인정된 감지기

(2) **감지기의 설치기준**

① 감지기의 감열부(열을 감지하는 기능을 갖는 부분)와 감열부 사이의 이격거리는 10 m 이하로, 감지기와 터널 좌·우측 벽면과의 이격거리는 6.5 m 이하로 설치할 것

② "①"에도 불구하고 터널 천장의 구조가 아치형의 터널에 감지기를 터널 진행방향으로 설치하고자 하는 경우에는 감열부와 감열부 사이의 이격거리를 10 m 이하로 하여 아치형 천장의 중앙 최상부에 1열로 감지기를 설치해야 하며, 감지기를 2열 이상으로 설치하고자 하는 경우에는 감열부와 감열부 사이의 이격거리는 10 m 이하로 감지기 간의 이격거리는 6.5 m 이하로 설치할 것

③ 감지기를 천장면(터널 안 도로 등에 면한 부분 또는 상층의 바닥 하부면)에 설치하는 경우에는 감지기가 천장면에 밀착되지 않도록 고정금구 등을 사용하여 설치할 것

④ 형식승인 내용에 설치방법이 규정된 경우에는 형식승인 내용에 따라 설치할 것. 다만 감지기와 천장면과의 이격거리에 대해 제조사의 시방서에 규정되어 있는 경우에는 시방서의 규정에 따라 설치할 수 있다.

6) 비상조명등의 설치기준

⑴ 상시 조명이 소등된 상태에서 비상조명등이 점등되는 경우 터널 안의 차도 및 보도의 바닥면의 조도는 10 lx 이상, 그 외 모든 지점의 조도는 1 lx 이상이 될 수 있도록 설치할 것

⑵ 비상조명등의 비상전원은 상용전원이 차단되는 경우 자동으로 비상조명등을 유효하게 60분 이상 작동할 수 있어야 할 것

⑶ 비상조명등에 내장된 예비전원이나 축전지설비는 상용전원의 공급에 의하여 상시 충전상태를 유지할 수 있도록 설치할 것

7) 환기방식의 종류

⑴ 환기방식의 분류

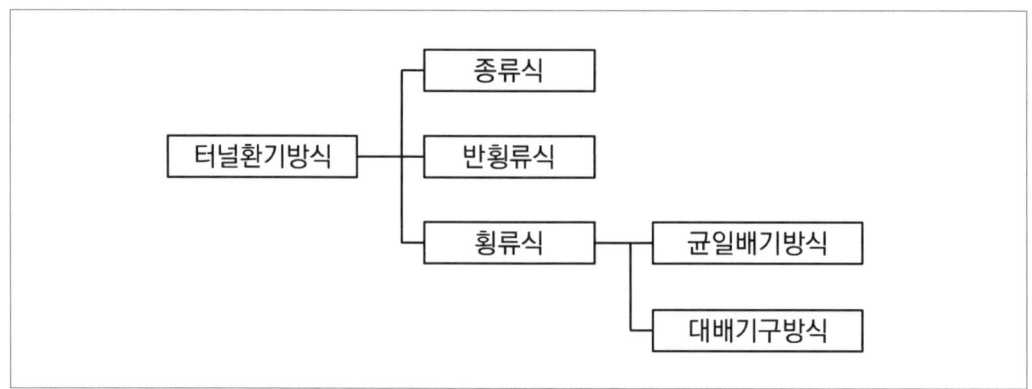

(2) 환기방식의 정의

구분	정의
횡류환기방식	터널 안의 배기가스와 연기 등을 배출하는 환기방식으로서 기류를 횡방향(바닥에서 천장)으로 흐르게 하여 환기하는 방식
대배기구방식	횡류환기방식의 일종으로 배기구에 개방/폐쇄가 가능한 전동댐퍼를 설치하여 화재 시 화재지점 부근의 배기구를 개방하여 집중적으로 배연할 수 있는 제연방식
종류환기방식	터널 안의 배기가스와 연기 등을 배출하는 환기방식으로서 기류를 종방향(출입구 방향)으로 흐르게 하여 환기하는 방식
반횡류환기방식	터널 안의 배기가스와 연기 등을 배출하는 환기방식으로서 터널에 수직배기구를 설치해서 횡방향과 종방향으로 기류를 흐르게 하여 환기하는 방식

(3) 종류식과 횡류식

구분	종류식	횡류식
개념	터널을 따라 종방향으로 급기	하부 급기, 상부 배기
개념도	Jet fan(제트팬)	배기 / 급기

8) 제연설비의 설치기준

(1) 제연설비의 설계조건

① 설계화재강도의 정의

터널 내 화재 시 소화설비 및 제연설비 등의 용량산정을 위해 적용하는 차종별 최대열방출률(MW)

② 제연설비의 설계기준

㉠ 설계화재강도 20 MW를 기준으로 하고, 이때의 연기발생률은 80 m³/s로 하며, 배출량은 발생된 연기와 혼합된 공기를 충분히 배출할 수 있는 용량 이상을 확보할 것

㉡ "㉠"에도 불구하고, 화재강도가 설계화재강도보다 높을 것으로 예상될 경우 위험도분석을 통하여 설계화재강도를 설정하도록 할 것

(2) 제연설비의 설치기준

　① 종류환기방식의 경우 제트팬의 소손을 고려하여 예비용 제트팬을 설치하도록 할 것

　② 횡류환기방식(또는 반횡류환기방식) 및 대배기구방식의 배연용 팬은 덕트의 길이에 따라서 노출온도가 달라질 수 있으므로 수치해석 등을 통해서 내열온도 등을 검토한 후에 적용하도록 할 것

　③ 화재에 노출이 우려되는 제연설비와 전원공급선 및 제트팬 사이의 전원공급장치 등은 250 ℃의 온도에서 60분 이상 운전상태를 유지할 수 있도록 할 것

　④ 대배기구의 개폐용 전동모터는 정전 등 전원이 차단되는 경우에도 조작상태를 유지할 수 있도록 할 것

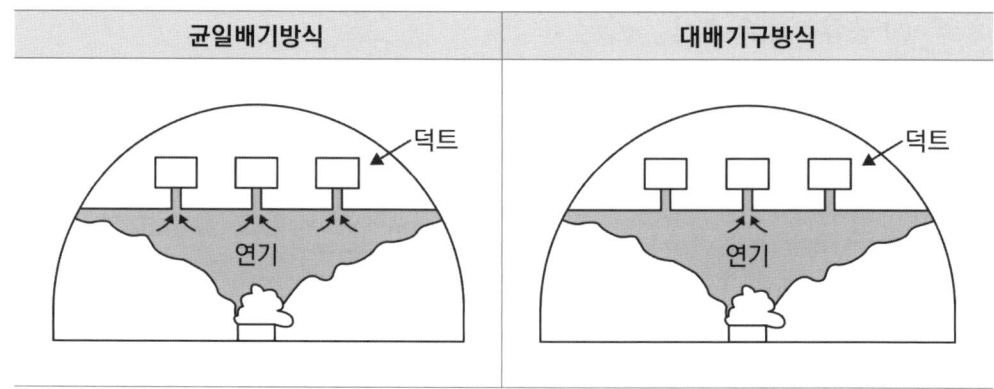

(3) 자동 또는 수동으로 제연설비가 기동되는 경우

　① 화재감지기가 동작되는 경우

　② 발신기의 스위치 조작 또는 자동소화설비의 기동장치를 동작시키는 경우

　③ 화재수신기 또는 감시제어반의 수동조작스위치를 동작시키는 경우

9) 연결송수관설비의 설치기준

(1) 연결송수관설비의 방수노즐선단에서의 방수압력은 0.35 MPa 이상, 방수량은 400 L/min 이상을 유지할 수 있도록 할 것

(2) 방수구는 50 m 이내의 간격으로 옥내소화전함에 병설하거나 독립적으로 터널 출입구 부근과 피난연결통로에 설치할 것

(3) 방수기구함은 50 m 이내의 간격으로 옥내소화전함 안에 설치하거나 독립적으로 설치하고, 하나의 방수기구함에는 65 mm 방수노즐 1개와 15 m 이상의 호스 3본을 설치하도록 할 것

10) 무선통신보조설비의 설치기준

(1) 무선통신보조설비의 옥외안테나는 방재실 인근과 터널의 입구 및 출구, 피난연결통로 등에 설치해야 한다.

(2) 라디오 재방송설비가 설치되는 터널의 경우에는 무선통신보조설비와 겸용으로 설치할 수 있다.

11) 비상콘센트설비의 설치기준

(1) 비상콘센트설비의 전원회로는 단상교류 220 V인 것으로서 그 공급용량은 1.5 kVA 이상인 것으로 할 것

(2) 전원회로는 주배전반에서 전용회로로 할 것. 다만 다른 설비의 회로 사고에 따른 영향을 받지 않도록 되어 있는 것은 그렇지 않다.

(3) 콘센트마다 배선용 차단기(KS C 8321)를 설치해야 하며, 충전부가 노출되지 않도록 할 것

(4) 주행차로의 우측 측벽에 50 m 이내의 간격으로 바닥으로부터 0.8 m 이상 1.5 m 이하의 높이에 설치할 것

35 | 고층건축물

1 고층건축물

1) 고층건축물

층수가 30층 이상이거나 높이가 120 m 이상인 건축물

2) 초고층건축물

층수가 50층 이상 또는 높이가 200 m 이상인 건축물

2 고층건축물의 구조원리

1) 옥내소화전설비

⑴ 수원은 그 저수량이 옥내소화전의 설치개수가 가장 많은 층의 설치개수(5개 이상 설치된 경우에는 5개)에 5.2 m³(호스릴옥내소화전설비를 포함)를 곱한 양 이상이 되도록 해야 한다. 다만 층수가 50층 이상인 건축물의 경우에는 7.8 m³를 곱한 양 이상이 되도록 해야 한다.

⑵ 수원은 "⑴"에 따라 산출된 유효수량 외에 유효수량의 3분의 1 이상을 옥상(옥내소화전설비가 설치된 건축물의 주된 옥상)에 설치해야 한다. 다만 「옥내소화전설비의 화재안전기술기준(NFTC 102)」 2.1.2 ⑶[수원이 건축물의 최상층에 설치된 방수구보다 높은 위치에 설치된 경우] 또는 2.1.2 ⑷[건축물의 높이가 지표면으로부터 10 m 이하인 경우]에 해당하는 경우에는 그렇지 않다.

⑶ 전동기 또는 내연기관에 의한 펌프를 이용하는 가압송수장치는 옥내소화전설비 전용으로 설치해야 하며, 주펌프와 동등 이상의 성능이 있는 별도의 펌프로서 내연기관의 기동과 연동하여 작동되거나 비상전원을 연결한 예비펌프를 추가로 설치해야 한다.

⑷ 내연기관의 연료량은 펌프를 40분(50층 이상인 건축물의 경우에는 60분) 이상 운전할 수 있는 용량일 것

⑸ 급수배관은 전용으로 해야 한다. 다만 옥내소화전설비의 성능에 지장이 없는 경우에는 연결송수관설비의 배관과 겸용할 수 있다.

⑹ 50층 이상인 건축물의 옥내소화전 주배관 중 수직배관은 2개 이상(주배관 성능을 갖는 동일 호칭배관)으로 설치해야 하며, 하나의 수직배관의 파손 등 작동 불능 시에도 다른 수직배관으로부터 소화용수가 공급되도록 구성해야 한다.

⑺ 비상전원은 자가발전설비, 축전지설비(내연기관에 따른 펌프를 사용하는 경우에는 내연기관의 기동 및 제어용 축전지를 말한다) 또는 전기저장장치(외부 전기에너지를 저장해두었다가 필요한 때 전기를 공급하는 장치)로서 옥내소화전설비를 유효하게 40분(50층 이상인 건축물의 경우에는 60분) 이상 작동할 수 있어야 한다.

2) 스프링클러설비

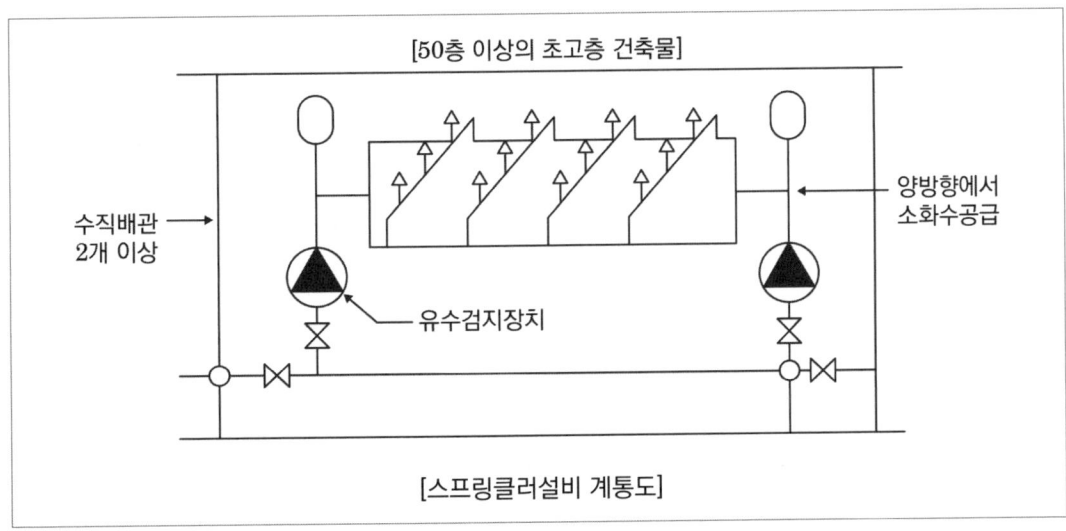

[스프링클러설비 계통도]

⑴ 수원은 그 저수량이 스프링클러설비 설치장소별 스프링클러헤드의 기준개수에 3.2 m³를 곱한 양 이상이 되도록 해야 한다. 다만 50층 이상인 건축물의 경우에는 4.8 m³를 곱한 양 이상이 되도록 해야 한다.

⑵ 수원은 "⑴"에 따라 산출된 유효수량 외에 유효수량의 3분의 1 이상을 옥상(옥내소화전설비가 설치된 건축물의 주된 옥상을 말한다. 이하 같다)에 설치해야 한다. 다만 「스프링클러설비의 화재안전기술기준(NFTC 103)」 2.1.2⑶[수원이 건축물의 최상층에 설치된 헤드보다 높은 위치에 설치된 경우] 또는 2.1.2⑷[건축물의 높이가 지표면으로부터 10 m 이하인 경우]에 해당하는 경우에는 그렇지 않다.

⑶ 전동기 또는 내연기관에 의한 펌프를 이용하는 가압송수장치는 스프링클러설비 전용으로 설치해야 하며, 주펌프와 동등 이상의 성능이 있는 별도의 펌프로서 내연기관의 기동과 연동하여 작동되거나 비상전원을 연결한 예비펌프를 추가로 설치해야 한다.

⑷ 내연기관의 연료량은 펌프를 40분(50층 이상인 건축물의 경우에는 60분) 이상 운전할 수 있는 용량일 것

⑸ 급수배관은 전용으로 설치해야 한다.

⑹ 50층 이상인 건축물의 스프링클러설비 주배관 중 수직배관은 2개 이상(주배관 성능을 갖는 동일 호칭배관)으로 설치하고, 하나의 수직배관이 파손 등 작동 불능 시에도 다른 수직배관으로부터 소화수가 공급되도록 구성해야 하며, 각각의 수직배관에 유수검지장치를 설치해야 한다.

⑺ 50층 이상인 건축물의 스프링클러 헤드에는 2개 이상의 가지배관으로부터 양방향에서 소화수가 공급되도록 하고, 수리계산에 의한 설계를 해야 한다.

⑻ 스프링클러설비의 음향장치는 「스프링클러설비의 화재안전기술기준(NFTC 103)」에 따라 설치하되, 다음의 기준에 따라 경보를 발할 수 있도록 해야 한다.

발화층	경보
2층 이상	발화층 및 그 직상 4개 층
1층	발화층·그 직상 4개 층 및 지하층
지하층	발화층·그 직상층 및 기타의 지하층

⑼ 비상전원은 자가발전설비, 축전지설비(내연기관에 따른 펌프를 사용하는 경우에는 내연기관의 기동 및 제어용 축전지) 또는 전기저장장치로서 스프링클러설비를 유효하게 40분 이상 작동할 수 있을 것. 다만 50층 이상인 건축물의 경우에는 60분 이상 작동할 수 있어야 한다.

3) 비상방송설비

⑴ **비상방송설비의 음향장치 경보방식**

발화층	경보
2층 이상	발화층 및 그 직상 4개 층
1층	발화층·그 직상 4개 층 및 지하층
지하층	발화층·그 직상층 및 기타의 지하층

⑵ 비상방송설비에는 그 설비에 대한 감시상태를 60분간 지속한 후 유효하게 30분(감시상태 유지를 포함) 이상 경보할 수 있는 비상전원으로서 축전지설비(수신기에 내장하는 경우를 포함) 또는 전기저장장치를 설치해야 한다.

4) 자동화재탐지설비

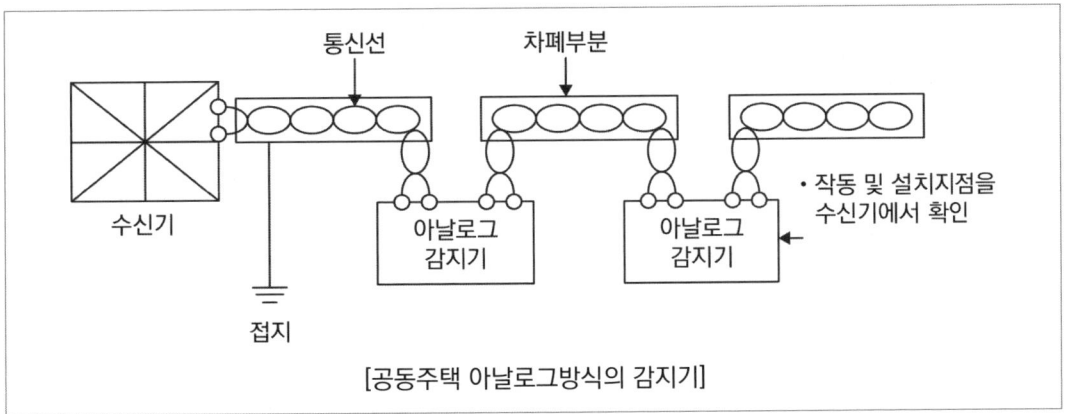

[공동주택 아날로그방식의 감지기]

(1) 감지기는 아날로그방식의 감지기로서 감지기의 작동 및 설치지점을 수신기에서 확인할 수 있는 것으로 설치해야 한다. 다만 공동주택의 경우에는 감지기별로 작동 및 설치지점을 수신기에서 확인할 수 있는 아날로그방식 외의 감지기로 설치할 수 있다.

(2) 자동화재탐지설비의 음향장치 경보방식

발화층	경보
2층 이상	발화층 및 그 직상 4개 층
1층	발화층·그 직상 4개 층 및 지하층
지하층	발화층·그 직상층 및 기타의 지하층

(3) 50층 이상인 건축물에 설치하는 다음의 통신·신호배선은 이중배선을 설치하도록 하고 단선 시에도 고장표시가 되며 정상 작동할 수 있는 성능을 갖도록 설비를 해야 한다.
  ① 수신기와 수신기 사이의 통신배선
  ② 수신기와 중계기 사이의 신호배선
  ③ 수신기와 감지기 사이의 신호배선

(4) 자동화재탐지설비에는 그 설비에 대한 감시상태를 60분간 지속한 후 유효하게 30분 이상 경보할 수 있는 비상전원으로서 축전지설비(수신기에 내장하는 경우를 포함한다) 또는 전기저장장치(외부 전기에너지를 저장해두었다가 필요한 때 전기를 공급하는 장치)를 설치해야 한다. 다만 상용전원이 축전지설비인 경우에는 그렇지 않다.

5) 특별피난계단의 계단실 및 부속실 제연설비

특별피난계단의 계단실 및 부속실 제연설비는 「특별피난계단의 계단실 및 부속실 제연설비의 화재안전기술기준(NFTC 501A)」에 따라 설치하되, 비상전원은 자가발전설비, 축전지설비, 전기저장장치로 하고 제연설비를 유효하게 40분 이상 작동할 수 있도록 해야 한다. 다만 50층 이상인 건축물의 경우에는 60분 이상 작동할 수 있어야 한다.

6) 피난안전구역의 소방시설

구분	설치기준
1. 제연설비	피난안전구역과 비제연구역 간의 차압은 50 Pa(옥내에 스프링클러설비가 설치된 경우에는 12.5 Pa) 이상으로 해야 한다. 다만 피난안전구역의 한쪽 면 이상이 외기에 개방된 구조의 경우에는 설치하지 않을 수 있다.
2. 피난유도선	① 피난안전구역이 설치된 층의 계단실 출입구에서 피난안전구역 주 출입구 또는 비상구까지 설치할 것 ② 계단실에 설치하는 경우 계단 및 계단참에 설치할 것 ③ 피난유도 표시부의 너비는 최소 25 mm 이상으로 설치할 것 ④ 광원점등방식(전류에 의하여 빛을 내는 방식)으로 설치하되, 60분 이상 유효하게 작동할 것
3. 비상조명등	피난안전구역의 비상조명등은 상시 조명이 소등된 상태에서 그 비상조명등이 점등되는 경우 각 부분의 바닥에서 조도는 10 lx 이상이 될 수 있도록 설치할 것
4. 휴대용 비상조명등	① 피난안전구역에는 휴대용 비상조명등을 다음의 기준에 따라 설치해야 한다. 　㉠ 초고층 건축물에 설치된 피난안전구역 : 피난안전구역 위층의 재실자수(「건축물의 피난·방화구조 등의 기준에 관한 규칙」에 따라 산정된 재실자 수)의 10분의 1 이상 　㉡ 지하연계 복합건축물에 설치된 피난안전구역 : 피난안전구역이 설치된 층의 수용인원(영 별표 7에 따라 산정된 수용인원)의 10분의 1 이상 ② 건전지 및 충전식 건전지의 용량은 40분 이상 유효하게 사용할 수 있는 것으로 한다. 다만 피난안전구역이 50층 이상에 설치되어 있을 경우의 용량은 60분 이상으로 할 것
5. 인명구조기구	① 방열복, 인공소생기를 각 2개 이상 비치할 것 ② 45분 이상 사용할 수 있는 성능의 공기호흡기(보조마스크를 포함)를 2개 이상 비치해야 한다. 다만 피난안전구역이 50층 이상에 설치되어 있을 경우에는 동일한 성능의 예비용기를 10개 이상 비치할 것 ③ 화재 시 쉽게 반출할 수 있는 곳에 비치할 것 ④ 인명구조기구가 설치된 장소의 보기 쉬운 곳에 "인명구조기구"라는 표지판 등을 설치할 것

7) 연결송수관설비

(1) 연결송수관설비의 배관은 전용으로 한다. 다만 주배관의 구경이 100 mm 이상인 옥내소화전설비와 겸용할 수 있다.

(2) 내연기관의 연료량은 펌프를 40분(50층 이상인 건축물의 경우에는 60분) 이상 운전할 수 있는 용량일 것

(3) 연결송수관설비의 비상전원은 자가발전설비, 축전지설비(내연기관에 따른 펌프를 사용하는 경우에는 내연기관의 기동 및 제어용 축전지), 전기저장장치로서 연결송수관설비를 유효하게 40분 이상 작동할 수 있어야 할 것. 다만 50층 이상인 건축물의 경우에는 60분 이상 작동할 수 있어야 한다.

36 | 지하구

1 지하구

1) 지하구의 정의

(1) 전력·통신용의 전선이나 가스·냉난방용의 배관 또는 이와 비슷한 것을 집합수용하기 위하여 설치한 지하 인공구조물로서 사람이 점검 또는 보수를 하기 위하여 출입이 가능한 것 중 다음의 어느 하나에 해당하는 것

① 전력 또는 통신사업용 지하 인공구조물로서 전력구(케이블 접속부가 없는 경우는 제외) 또는 통신구방식으로 설치된 것

② 그 외의 지하 인공구조물로서 폭이 1.8 m 이상이고 높이가 2 m 이상이며 길이가 50 m 이상인 것

(2) 「국토의 계획 및 이용에 관한 법률」에 따른 공동구

2) 지하구의 구조설비

(1) **분기구** : 전기, 통신, 상하수도, 난방 등의 공급시설의 일부를 분기하기 위하여 지하구의 단면 또는 형태를 변화시키는 부분

(2) **환기구** : 지하구의 온도, 습도의 조절 및 유해가스를 배출하기 위해 설치되는 것으로 자연환기구와 강제환기구로 구분

(3) **작업구** : 지하구의 유지관리를 위하여 자재, 기계기구의 반·출입 및 작업자의 출입을 위하여 만들어진 출입구

2 지하구설비의 구조원리

1) 소화기구 및 자동소화장치

(1) 소화기구의 설치기준

① 소화기의 능력단위(「소화기구 및 자동소화장치의 화재안전기준(NFTC 101)에 따른 수치)는 A급 화재는 개당 3단위 이상, B급 화재는 개당 5단위 이상 및 C급 화재에 적응성이 있는 것으로 할 것

② 소화기 한 대의 총중량은 사용 및 운반의 편리성을 고려하여 7 kg 이하로 할 것

③ 소화기는 사람이 출입할 수 있는 출입구(환기구, 작업구를 포함) 부근에 5개 이상 설치할 것

④ 소화기는 바닥면으로부터 1.5 m 이하의 높이에 설치할 것

⑤ 소화기의 상부에 "소화기"라고 표시한 조명식 또는 반사식의 표지판을 부착하여 사용자가 쉽게 인지할 수 있도록 할 것

(2) 지하구 내 발전실·변전실·송전실·변압기실·배전반실·통신기기실·전산기기실·기타 이와 유사한 시설이 있는 장소 중 바닥면적이 300 m² 미만인 곳에는 유효설치 방호체적 이내의 가스·분말·고체에어로졸·캐비닛형 자동소화장치를 설치해야 한다. 다만 해당 장소에 물분무등소화설비를 설치한 경우에는 설치하지 않을 수 있다.

(3) 제어반 또는 분전반마다 가스·분말·고체에어로졸 자동소화장치 또는 유효설치 방호체적 이내의 소공간용 소화용구를 설치해야 한다.

(4) 케이블접속부(절연유를 포함한 접속부)마다 설치해야 하는 자동소화장치

① 가스·분말·고체에어로졸 자동소화장치

② 중앙소방기술심의위원회의 심의를 거쳐 소방청장이 인정하는 자동소화장치

2) 자동화재탐지설비

(1) 「자동화재탐지설비 및 시각경보장치의 화재안전기술기준(NFTC 203)」 감지기 중 먼지·습기 등의 영향을 받지 않고 발화지점(1 m 단위)과 온도를 확인할 수 있는 것을 설치할 것

(2) 지하구 천장의 중심부에 설치하되 감지기와 천장 중심부 하단과의 수직거리는 30 cm 이내로 할 것. 다만 형식승인 내용에 설치방법이 규정되어 있거나, 중앙기술심의위원회의 심의를 거쳐 제조사 시방서에 따른 설치방법이 지하구 화재에 적합하다고 인정되는 경우에는 형식승인 내용 또는 심의결과에 의한 제조사 시방서에 따라 설치할 수 있다.

(3) 발화지점이 지하구의 실제거리와 일치하도록 수신기 등에 표시할 것

(4) 공동구 내부에 상수도용 또는 냉·난방용 설비만 존재하는 부분은 감지기를 설치하지 않을 수 있다.

3) 유도등

사람이 출입할 수 있는 출입구(환기구, 작업구를 포함)에는 해당 지하구의 환경에 적합한 크기의 피난구유도등을 설치해야 한다.

4) 연소방지설비

(1) 배관의 구경 적합기준

① 연소방지설비전용헤드를 사용하는 경우에는 다음 표에 따른 구경 이상으로 할 것

하나의 배관에 부착하는 연소방지설비 전용헤드의 개수	1개	2개	3개	4개 또는 5개	6개 이상
배관의 구경(mm)	32	40	50	65	80

② 개방형 스프링클러헤드를 사용하는 경우에는 「스프링클러설비의 화재안전기술기준(NFTC 103)」의 표에 따를 것

급수관의 구경 구분	25	32	40	50	65	80	90	100	125	150
가	2	3	5	10	30	60	80	100	160	161 이상
나	2	4	7	15	30	60	65	100	160	161 이상
다	1	2	5	8	15	27	40	55	90	91 이상

(2) 연소방지설비의 헤드 설치기준

① 천장 또는 벽면에 설치할 것

② 헤드 간의 수평거리는 연소방지설비 전용헤드의 경우에는 2 m 이하, 개방형 스프링클러헤드의 경우에는 1.5 m 이하로 할 것

③ 소방대원의 출입이 가능한 환기구·작업구마다 지하구의 양쪽방향으로 살수헤드를 설정하되, 한쪽 방향의 살수구역의 길이는 3 m 이상으로 할 것. 다만 환기구 사이의 간격이 700 m를 초과할 경우에는 700 m 이내마다 살수구역을 설정하되, 지하구의 구조를 고려하여 방화벽을 설치한 경우에는 그렇지 않다.

④ 연소방지설비 전용헤드를 설치할 경우에는 「소화설비용헤드의 성능인증 및 제품검사기술기준」에 적합한 살수헤드를 설치할 것

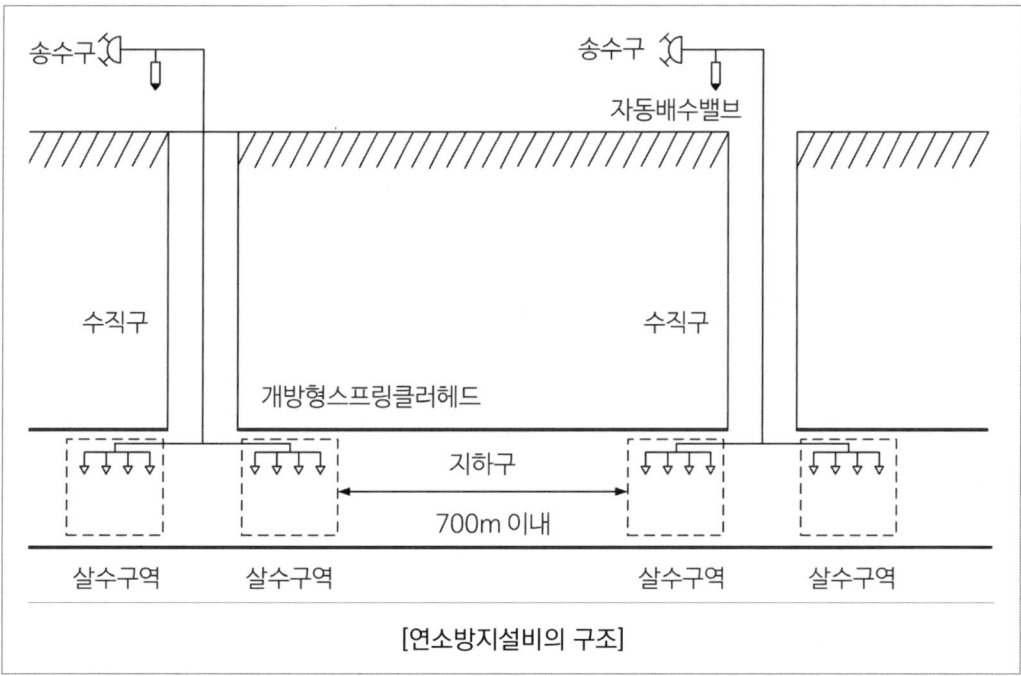

[연소방지설비의 구조]

(3) **송수구의 설치기준**

① 소방차가 쉽게 접근할 수 있는 노출된 장소에 설치하되, 눈에 띄기 쉬운 보도 또는 차도에 설치할 것

② 송수구는 구경 65 mm의 쌍구형으로 할 것

③ 송수구로부터 1 m 이내에 살수구역 안내표지를 설치할 것

④ 지면으로부터 높이가 0.5 m 이상 1 m 이하의 위치에 설치할 것

⑤ 송수구의 가까운 부분에 자동배수밸브(또는 직경 5 mm의 배수공)를 설치할 것. 이 경우 자동배수밸브는 배관 안의 물이 잘 빠질 수 있는 위치에 설치하되, 배수로 인하여 다른 물건 또는 장소에 피해를 주지 않아야 한다.

⑥ 송수구로부터 주배관에 이르는 연결배관에는 개폐밸브를 설치하지 않을 것

⑦ 송수구에는 이물질을 막기 위한 마개를 씌울 것

5) 연소방지재

(1) 연소방지재의 설치대상

지하구 내에 설치하는 케이블·전선 등에는 다음의 기준에 따라 연소방지재를 설치해야 한다. 다만 케이블·전선 등을 다음의 난연성능 이상을 충족하는 것으로 설치한 경우에는 연소방지재를 설치하지 않을 수 있다.

(2) 연소방지재는 한국산업표준(KS C IEC 60332 - 3 - 24)에서 정한 난연성능 이상의 충족기준

① 시험에 사용되는 연소방지재는 시료(케이블 등)의 아래쪽(점화원으로부터 가까운 쪽)으로부터 30 cm 지점부터 부착 또는 설치할 것

② 시험에 사용되는 시료(케이블 등)의 단면적은 325 mm²로 할 것

③ 시험성적서의 유효기간은 발급 후 3년으로 할 것

(3) 연소방지재를 설치하는 부분

① 분기구

② 지하구의 인입부 또는 인출부

③ 절연유 순환펌프 등이 설치된 부분

④ 기타 화재 발생 위험이 우려되는 부분

6) 방화벽

(1) 내화구조로서 홀로 설 수 있는 구조일 것

(2) 방화벽의 출입문은 「건축법 시행령」에 따른 방화문으로서 60분+방화문 또는 60분 방화문으로 설치할 것

(3) 방화벽을 관통하는 케이블·전선 등에는 국토교통부 고시(「건축자재등 품질인정 및 관리기준」)에 따라 내화채움구조로 마감할 것

(4) 방화벽은 분기구 및 국사(局舍, Central office)·변전소 등의 건축물과 지하구가 연결되는 부위(건축물로부터 20 m 이내)에 설치할 것

(5) 자동폐쇄장치를 사용하는 경우에는 「자동폐쇄장치의 성능인증 및 제품검사의 기술기준」에 적합한 것으로 설치할 것

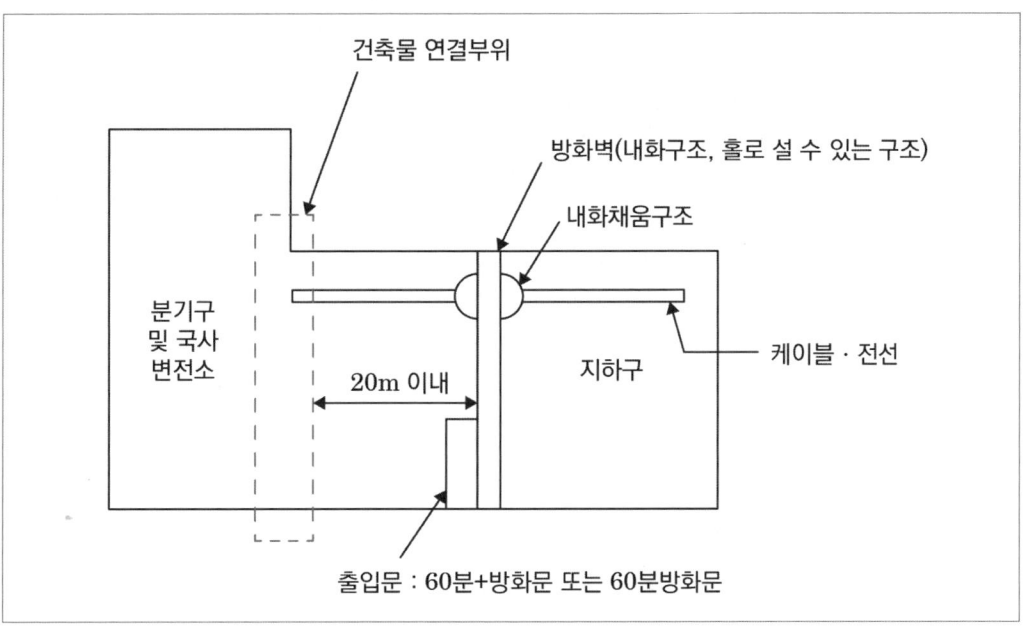

7) 무선통신보조설비

무선통신보조설비의 옥외안테나는 방재실 인근과 공동구의 입구 및 연소방지설비의 송수구가 설치된 장소(지상)에 설치해야 한다.

8) 통합감시시설

(1) 소방관서와 지하구의 통제실 간에 화재 등 소방활동과 관련된 정보를 상시 교환할 수 있는 정보통신망을 구축할 것

(2) "(1)"의 정보통신망(무선통신망을 포함한다)은 광케이블 또는 이와 유사한 성능을 가진 선로일 것

(3) 수신기는 지하구의 통제실에 설치하되 화재 신호, 경보, 발화지점 등 수신기에 표시되는 정보가 적합한 방식으로 119상황실이 있는 관할 소방관서의 정보통신장치에 표시되도록 할 것

37 | 건설현장

1 임시소방시설

1) 임시소방시설

특정소방대상물의 신축·증축·개축·재축·이전·용도변경·대수선 또는 설비 설치 등을 위한 공사 현장에서 인화성(引火性) 물품을 취급하는 작업 등 대통령령으로 정하는 작업을 하기 전에 설치 및 철거가 쉬운 화재대비시설

2) 임시소방시설의 종류

(1) **소화기** : 「소화기구 및 자동소화장치의 화재안전기술기준(NFTC 101)」에서 정의하는 소화기

(2) **간이소화장치** : 건설현장에서 화재 발생 시 신속한 화재 진압이 가능하도록 물을 방수하는 형태의 소화장치

(3) **비상경보장치** : 발신기, 경종, 표시등 및 시각경보장치가 결합된 형태의 것으로서 화재위험작업 공간 등에서 수동조작에 의해서 화재경보상황을 알려줄 수 있는 비상벨장치

(4) **가스누설경보기** : 건설현장에서 발생하는 가연성가스를 탐지하여 경보하는 장치

(5) **간이피난유도선** : 화재 발생 시 작업자의 피난을 유도할 수 있는 케이블형태의 장치

(6) **비상조명등** : 화재 발생 시 안전하고 원활한 피난활동을 할 수 있도록 계단실 내부에 설치되어 자동 점등되는 조명등

(7) **방화포** : 건설현장 내 용접·용단 등의 작업 시 발생하는 금속성 불티로부터 가연물이 점화되는 것을 방지해주는 차단막

2 지하구설비의 구조원리

1) 소화기의 설치기준

    ⑴ 소화기의 소화약제는 「소화기구 및 자동소화장치의 화재안전기술기준(NFTC 101)」에 따른 적응성이 있는 것을 설치할 것

    ⑵ 각 층 계단실마다 계단실 출입구 부근에 능력단위 3단위 이상인 소화기 2개 이상을 설치하고, 인화성(引火性) 물품을 취급하는 작업을 하는 경우 작업종료 시까지 작업지점으로부터 5 m 이내의 쉽게 보이는 장소에 능력단위 3단위 이상인 소화기 2개 이상과 대형소화기 1개 이상을 추가 배치할 것

    ⑶ "소화기"라고 표시한 축광식 표지를 소화기 설치장소 보기 쉬운 곳에 부착하여야 한다.

2) 간이소화장치의 설치기준

    영 제18조 제1항에 해당하는 작업을 하는 경우 인화성(引火性) 물품을 취급하는 작업을 하는 경우 작업종료 시까지 작업지점으로부터 25 m 이내에 배치하여 즉시 사용이 가능하도록 할 것

3) 비상경보장치의 설치기준

    ⑴ 피난층 또는 지상으로 통하는 각 층 직통계단의 출입구마다 설치할 것

    ⑵ 발신기를 누를 경우 해당 발신기와 결합된 경종이 작동할 것. 이 경우 다른 장소에 설치된 경종도 함께 연동하여 작동되도록 설치할 수 있다.

    ⑶ 발신기의 위치표시등은 함의 상부에 설치하되, 그 불빛은 부착 면으로부터 15도 이상의 범위 안에서 부착지점으로부터 10 m 이내의 어느 곳에서도 쉽게 식별할 수 있는 적색등으로 할 것

    ⑷ 시각경보장치는 발신기함 상부에 위치하도록 설치하되 바닥으로부터 2 m 이상 2.5 m 이하의 높이에 설치하여 건설현장의 각 부분에 유효하게 경보할 수 있도록 할 것

    ⑸ "비상경보장치"라고 표시한 표지를 비상경보장치 상단에 부착할 것

4) 가스누설경보기의 설치기준

    영 제18조 제1항 제1호에 따른 가연성가스를 발생시키는 작업을 하는 지하층 또는 무창층 내부(내부에 구획된 실이 있는 경우에는 구획실마다)에 가연성가스를 발생시키는 작업을 하는 부분으로부터 수평거리 10 m 이내에 바닥으로부터 탐지부 상단까지의 거리가 0.3 m 이하인 위치에 설치할 것

5) 간이피난유도선의 설치기준

(1) 영 제18조 제2항 별표 8 제2호 마목에 따른 지하층이나 무창층에는 간이피난유도선을 녹색 계열의 광원점등방식으로 해당 층의 직통계단마다 계단의 출입구로부터 건물 내부로 10 m 이상의 길이로 설치할 것

(2) 바닥으로부터 1 m 이하의 높이에 설치하고, 피난유도선이 점멸하거나 화살표로 표시하는 등의 방법으로 작업장의 어느 위치에서도 피난유도선을 통해 출입구로의 피난방향을 알 수 있도록 할 것

(3) 층 내부에 구획된 실이 있는 경우에는 구획된 각 실로부터 가장 가까운 직통계단의 출입구까지 연속하여 설치할 것

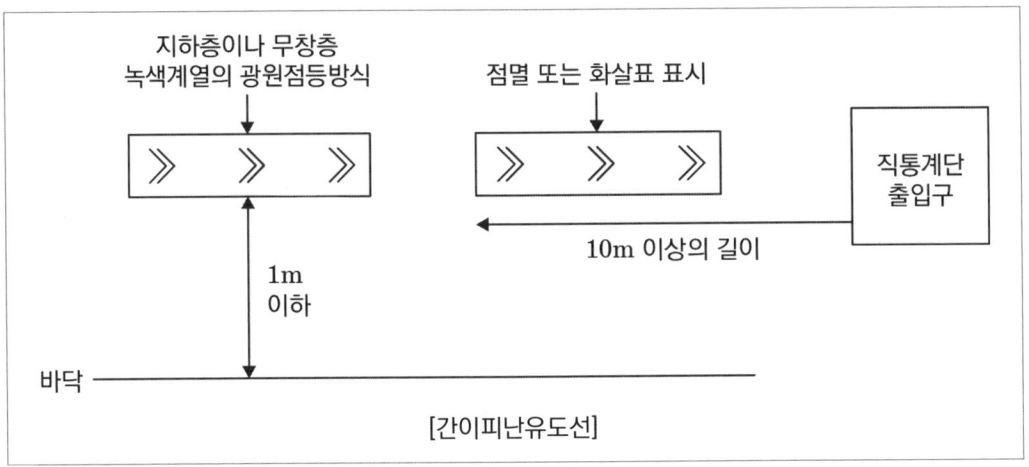

[간이피난유도선]

6) 비상조명등의 설치기준

(1) 영 제18조 제2항 별표 8 제2호 바목에 따른 지하층이나 무창층에서 피난층 또는 지상으로 통하는 직통계단의 계단실 내부에 각 층마다 설치할 것

(2) 비상조명등이 설치된 장소의 조도는 각 부분의 바닥에서 1 lx 이상이 되도록 할 것

(3) 비상경보장치가 작동할 경우 연동하여 점등되는 구조로 설치할 것

7) 방화포의 설치기준

용접·용단 작업 시 11 m 이내에 가연물이 있는 경우 해당 가연물을 방화포로 보호할 것

1 전기저장장치

1) 전기저장장치

생산된 전기를 전력 계통에 저장했다가 전기가 가장 필요한 시기에 공급해 에너지 효율을 높이는 것으로 배터리(이차전지에 한정한다), 배터리 관리시스템, 전력 변환 장치 및 에너지 관리시스템 등으로 구성되어 발전·송배전·일반 건축물에서 목적에 따라 단계별 저장이 가능한 장치

2) 전기저장장치의 종류

(1) **옥외형 전기저장장치 설비** : 컨테이너, 패널 등 전기저장장치 설비 전용 건축물의 형태로 옥외의 구획된 실에 설치된 전기저장장치

(2) **옥내형 전기저장장치 설비** : 전기저장장치 설비 전용 건축물이 아닌 건축물의 내부에 설치되는 전기저장장치로 '옥외형 전기저장장치 설비'가 아닌 설비

2 전기저장장치의 구조원리

1) 소화기

소화기는 「소화기구 및 자동소화장치의 화재안전기술기준(NFTC 101)」에 따라 구획된 실마다 추가하여 설치해야 한다.

2) 배터리용 소화장치

(1) 옥외형 전기저장장치 설비가 컨테이너 내부에 설치된 경우

(2) 옥외형 전기저장장치 설비가 다른 건축물, 주차장, 공용도로, 적재된 가연물, 위험물 등으로부터 30 m 이상 떨어진 지역에 설치된 경우

3) 스프링클러설비

(1) 스프링클러설비는 습식 스프링클러설비 또는 준비작동식 스프링클러설비(신속한 작동을 위해 '더블인터락'방식은 제외한다)로 설치할 것

(2) 전기저장장치가 설치된 실의 바닥면적(바닥면적이 230 m² 이상인 경우에는 230 m²) 1 m²에 분당 12.2 L/min 이상의 수량을 균일하게 30분 이상 방수할 수 있도록 할 것

(3) 스프링클러헤드의 방수로 인해 인접 헤드에 미치는 영향을 최소화하기 위하여 스프링클러헤드 사이의 간격을 1.8 m 이상 유지할 것. 이 경우 헤드 사이의 최대 간격은 스프링클러설비의 소화성능에 영향을 미치지 않는 간격 이내로 해야 한다.

(4) 준비작동식 스프링클러설비를 설치할 경우 2.4.2에 따른 감지기를 설치할 것

(5) 스프링클러설비를 30분 이상 작동할 수 있는 비상전원을 갖출 것

(6) 준비작동식 스프링클러설비의 경우 전기저장장치의 출입구 부근에 수동식 기동장치를 설치할 것

(7) 소방자동차로부터 전기저장장치 설비에 송수할 수 있는 송수구를 「스프링클러설비의 화재안전기술기준(NFTC 103)」 2.8(송수구)에 따라 설치할 것

4) 자동화재탐지설비의 화재감지기 관점 25

(1) 공기흡입형 감지기 또는 아날로그식 연기감지기(감지기의 신호처리방식은 「자동화재탐지설비 및 시각경보장치의 화재안전기술기준(NFTC 203)」에 따른다)

(2) 중앙소방기술심의위원회의 심의를 통해 전기저장장치 화재에 적응성이 있다고 인정된 감지기

5) 자동화재속보설비

자동화재속보설비는 「자동화재속보설비의 화재안전기술기준(NFTC 204)」에 따라 설치해야 한다. 다만 옥외형 전기저장장치 설비에 설치하는 자동화재속보설비는 속보기에 감지기를 직접 연결하는 방식으로 설치할 수 있다.

6) 배출설비 관점 23

(1) 배풍기·배출덕트·후드 등을 이용하여 강제적으로 배출할 것

(2) 바닥면적 1 m²에 시간당 18 m³ 이상의 용량을 배출할 것

(3) 화재감지기의 감지에 따라 작동할 것

(4) 옥외와 면하는 벽체에 설치

7) 전기저장장치의 설치장소 `관점 23`

전기저장장치는 관할 소방대의 원활한 소방활동을 위해 지면으로부터 지상 22 m(전기저장장치가 설치된 전용 건축물의 최상부 끝단까지의 높이) 이내, 지하 9 m(전기저장장치가 설치된 바닥면까지의 깊이) 이내로 설치해야 한다.

8) 전기저장장치 설치장소의 방화구획

전기저장장치 설치장소의 벽체, 바닥 및 천장은 「건축물의 피난·방화구조 등의 기준에 관한 규칙」에 따라 건축물의 다른 부분과 방화구획해야 한다. 다만 배터리실 외의 장소와 옥외형 전기저장장치 설비는 방화구획하지 않을 수 있다.

39 | 공동주택

1 소화기구 및 자동소화장치

1) 소화기 설치기준

  (1) 바닥면적 100 m² 1단위 이상의 능력단위를 기준으로 설치할 것

  (2) 아파트등의 경우 각 세대 및 공용부(승강장, 복도 등)마다 설치할 것

  (3) 아파트등의 세대 내에 설치된 보일러실이 방화구획되거나, 스프링클러설비 · 간이스프링클러설비 · 물분무등소화설비 중 하나가 설치된 경우에는 「소화기구 및 자동소화장치의 화재안전기술기준(NFTC 101)」[표 2.1.1.3] 제1호 및 제5호를 적용하지 않을 수 있다.

  (4) 아파트등의 경우 「소화기구 및 자동소화장치의 화재안전기술기준(NFTC 101)」 2.2에 따른 소화기의 감소 규정을 적용하지 않을 것

2) 주거용 주방자동소화장치는 아파트등의 주방에 열원(가스 또는 전기)의 종류에 적합한 것으로 설치하고, 열원을 차단할 수 있는 차단장치를 설치해야 한다.

2 옥내소화전설비 설치기준 관점 25

1) 호스릴(Hose Reel)방식으로 설치할 것

2) 복층형 구조인 경우에는 출입구가 없는 층에 방수구를 설치하지 아니할 수 있다.

3) 감시제어반 전용실은 피난층 또는 지하 1층에 설치할 것. 다만 상시 사람이 근무하는 장소 또는 관계인이 쉽게 접근할 수 있고 관리가 용이한 장소에 감시제어반 전용실을 설치할 경우에는 지상 2층 또는 지하 2층에 설치할 수 있다.

3 스프링클러설비

1) 스프링클러설비 설치기준

(1) 폐쇄형 스프링클러헤드를 사용하는 아파트등은 기준개수 10개(스프링클러헤드의 설치개수가 가장 많은 세대에 설치된 스프링클러헤드의 개수가 기준개수보다 작은 경우에는 그 설치개수를 말한다)에 1.6 m³를 곱한 양 이상의 수원이 확보되도록 할 것. 다만 아파트등의 각 동이 주차장으로 서로 연결된 구조인 경우 해당 주차장 부분의 기준개수는 30개로 할 것

(2) 아파트등의 경우 화장실 반자 내부에는 「소방용 합성수지배관의 성능인증 및 제품검사의 기술기준」에 적합한 소방용 합성수지배관으로 배관을 설치할 수 있다. 다만 소방용 합성수지배관 내부에 항상 소화수가 채워진 상태를 유지할 것

(3) 하나의 방호구역은 2개 층에 미치지 아니하도록 할 것. 다만 복층형 구조의 공동주택에는 3개 층 이내로 할 수 있다.

(4) 아파트등의 세대 내 스프링클러헤드를 설치하는 천장·반자·천장과 반자 사이·덕트·선반 등의 각 부분으로부터 하나의 스프링클러헤드까지의 수평거리는 2.6 m 이하로 할 것

(5) 외벽에 설치된 창문에서 0.6 m 이내에 스프링클러헤드를 배치하고, 배치된 헤드의 수평거리 이내에 창문이 모두 포함되도록 할 것. 다만 다음의 기준에 어느 하나에 해당하는 경우에는 그렇지 않다.

   ① 창문에 드렌처설비가 설치된 경우

   ② 창문과 창문 사이의 수직부분이 내화구조로 90 cm 이상 이격되어 있거나, 「발코니 등의 구조변경절차 및 설치기준」 제4조 제1항부터 제5항까지에서 정하는 구조와 성능의 방화판 또는 방화유리창을 설치한 경우

   ③ 발코니가 설치된 부분

(6) 거실에는 조기반응형 스프링클러헤드를 설치할 것

(7) 감시제어반 전용실은 피난층 또는 지하 1층에 설치할 것. 다만 상시 사람이 근무하는 장소 또는 관계인이 쉽게 접근할 수 있고 관리가 용이한 장소에 감시제어반 전용실을 설치할 경우에는 지상 2층 또는 지하 2층에 설치할 수 있다.

(8) 「건축법 시행령」 제46조 제4항에 따라 설치된 대피공간에는 헤드를 설치하지 않을 수 있다.

(9) 「스프링클러설비의 화재안전기술기준」 2.7.7.1 및 2.7.7.3의 기준에도 불구하고 세대 내 실외기실 등 소규모 공간에서 해당 공간 여건상 헤드와 장애물 사이에 60 cm 반경을 확보하지 못하거나 장애물 폭의 3배를 확보하지 못하는 경우에는 살수방해가 최소화되는 위치에 설치할 수 있다.

4 물분무소화설비 설치기준

물분무소화설비의 감시제어반 전용실은 피난층 또는 지하 1층에 설치해야 한다. 다만 상시 사람이 근무하는 장소 또는 관계인이 쉽게 접근할 수 있고 관리가 용이한 장소에 감시제어반 전용실을 설치할 경우에는 지상 2층 또는 지하 2층에 설치할 수 있다.

5 포소화설비 설치기준

포소화설비의 감시제어반 전용실은 피난층 또는 지하 1층에 설치해야 한다. 다만 상시 사람이 근무하는 장소 또는 관계인이 쉽게 접근할 수 있고 관리가 용이한 장소에 감시제어반 전용실을 설치할 경우에는 지상 2층 또는 지하 2층에 설치할 수 있다.

6 옥외소화전설비 설치기준

1) 기동장치는 기동용 수압개폐장치 또는 이와 동등 이상의 성능이 있는 것을 설치할 것
2) 감시제어반 전용실은 피난층 또는 지하 1층에 설치할 것. 다만 상시 사람이 근무하는 장소 또는 관계인이 쉽게 접근할 수 있고 관리가 용이한 장소에 감시제어반 전용실을 설치할 경우에는 지상 2층 또는 지하 2층에 설치할 수 있다.

7 자동화재탐지설비

1) 감지기 설치기준
   (1) 아날로그방식의 감지기, 광전식 공기흡입형 감지기 또는 이와 동등 이상의 기능·성능이 인정되는 것으로 설치할 것
   (2) 감지기의 신호처리방식은 「자동화재탐지설비 및 시각경보장치의 화재안전기술기준」 1.7.2에 따른다.

(3) 세대 내 거실(취침용도로 사용될 수 있는 통상적인 방 및 거실을 말한다)에는 연기감지기를 설치할 것

(4) 감지기회로 단선 시 고장표시가 되며, 해당 회로에 설치된 감지기가 정상 작동될 수 있는 성능을 갖도록 할 것

2) 복층형 구조인 경우에는 출입구가 없는 층에 발신기를 설치하지 아니할 수 있다.

8 비상방송설비 설치기준

1) 확성기는 각 세대마다 설치할 것

2) 아파트등의 경우 실내에 설치하는 확성기 음성입력은 2 W 이상일 것

9 피난기구

1) 피난기구 설치기준

(1) 아파트등의 경우 각 세대마다 설치할 것

(2) 피난장애가 발생하지 않도록 하기 위하여 피난기구를 설치하는 개구부는 동일 직선상이 아닌 위치에 있을 것. 다만 수직 피난방향으로 동일 직선상인 세대별 개구부에 피난기구를 엇갈리게 설치하여 피난장애가 발생하지 않는 경우에는 그렇지 않다.
2.9.1.3 「공동주택관리법」 제2조 제1항 제2호(마목은 제외함)에 따른 "의무관리대상 공동주택"의 경우에는 하나의 관리주체가 관리하는 공동주택 구역마다 공기안전매트 1개 이상을 추가로 설치할 것. 다만 옥상으로 피난이 가능하거나 수평 또는 수직 방향의 인접세대로 피난할 수 있는 구조인 경우에는 추가로 설치하지 않을 수 있다.

2) 갓복도식 공동주택 또는 「건축법 시행령」 제46조 제5항에 해당하는 구조 또는 시설을 설치하여 수평 또는 수직 방향의 인접세대로 피난할 수 있는 아파트는 피난기구를 설치하지 않을 수 있다.

3) 승강식 피난기 및 하향식 피난구용 내림식 사다리가 「건축물의 피난·방화구조 등의 기준에 관한 규칙」 제14조에 따라 방화구획된 장소(세대 내부)에 설치될 경우에는 해당 방화구획된 장소를 대피실로 간주하고, 대피실의 면적규정과 외기에 접하는 구조로 대피실을 설치하는 규정을 적용하지 않을 수 있다.

10 유도등 및 비상조명등

1) 유도등 설치기준

(1) 소형 피난구 유도등을 설치할 것. 다만 세대 내에는 유도등을 설치하지 않을 수 있다.

(2) 주차장으로 사용되는 부분은 중형 피난구유도등을 설치할 것

(3) 「건축법 시행령」 제40조 제3항 제2호 나목 및 「주택건설기준 등에 관한 규정」 제16조의2 제3항에 따라 비상문자동개폐장치가 설치된 옥상 출입문에는 대형 피난구유도등을 설치할 것

(4) 내부구조가 단순하고 복도식이 아닌 층에는 「유도등 및 유도표지의 화재안전기술기준(NFTC 303)」 2.2.1.3 및 2.3.1.1.1 기준을 적용하지 아니할 것

2) 비상조명등 설치기준

비상조명등은 각 거실로부터 지상에 이르는 복도·계단 및 그 밖의 통로에 설치해야 한다. 다만 공동주택의 세대 내에는 출입구 인근 통로에 1개 이상 설치한다.

11 특별피난계단의 계단실 및 부속실 제연설비 설치기준

특별피난계단의 계단실 및 부속실 제연설비는 「특별피난계단의 계단실 및 부속실 제연설비의 화재안전기술기준(NFTC 501A)」 2.22의 기준에 따라 성능확인을 해야 한다. 다만 부속실을 단독으로 제연하는 경우에는 부속실과 면하는 옥내 출입문만 개방한 상태로 방연풍속을 측정할 수 있다.

12 연결송수관설비

1) 방수구 설치기준

(1) 층마다 설치할 것. 다만 아파트등의 1층과 2층(또는 피난층과 그 직상층)에는 설치하지 않을 수 있다.

(2) 아파트등의 경우 계단의 출입구(계단의 부속실을 포함하며 계단이 2 이상 있는 경우에는 그중 1개의 계단을 말한다)로부터 5 m 이내에 방수구를 설치하되, 그 방수구로부터 해당 층의 각 부분까지의 수평거리가 50 m를 초과하는 경우에는 방수구를 추가로 설치할 것

(3) 쌍구형으로 할 것. 다만 아파트등의 용도로 사용되는 층에는 단구형으로 설치할 수 있다.

(4) 송수구는 동별로 설치하되, 소방차량의 접근 및 통행이 용이하고 잘 보이는 장소에 설치할 것

2) 펌프의 토출량은 2,400 L/min 이상(계단식 아파트의 경우에는 1,200 L/min 이상)으로 하고, 방수구 개수가 3개를 초과(방수구가 5개 이상인 경우에는 5개)하는 경우에는 1개마다 800 L/min(계단식 아파트의 경우에는 400 L/min 이상)를 가산해야 한다.

13 비상콘센트 설치기준

아파트등의 경우에는 계단의 출입구(계단의 부속실을 포함하며 계단이 2개 이상 있는 경우에는 그중 1개의 계단을 말한다)로부터 5 m 이내에 비상콘센트를 설치하되, 그 비상콘센트로부터 해당 층의 각 부분까지의 수평거리가 50 m를 초과하는 경우에는 비상콘센트를 추가로 설치해야 한다.

40 | 창고시설

1 용어의 정의

구분	정의
랙식 창고	한국산업표준규격(KS)의 랙(Rack) 용어(KS T 2023)에서 정하고 있는 물품 보관용 랙을 설치하는 창고시설
적층식 랙	한국산업표준규격(KS)의 랙 용어(KS T 2023)에서 정하고 있는 선반을 다층식으로 겹쳐 쌓는 랙
라지드롭형(Large – Drop Type) 스프링클러헤드	동일 조건의 수압력에서 큰 물방울을 방출하여 화염의 전파속도가 빠르고 발열량이 큰 저장창고 등에서 발생하는 대형화재를 진압할 수 있는 헤드
송기공간	랙을 일렬로 나란하게 맞대어 설치하는 경우 랙 사이에 형성되는 공간(사람이나 장비가 이동하는 통로는 제외한다)

2 소화기구 및 자동소화장치 설치기준

창고시설 내 배전반 및 분전반마다 가스자동소화장치·분말자동소화장치·고체에어로졸 자동소화장치 또는 소공간용 소화용구를 설치해야 한다.

3 옥내소화전설비 설치기준

1) 수원의 저수량은 옥내소화전의 설치개수가 가장 많은 층의 설치개수(2개 이상 설치된 경우에는 2개)에 5.2 m³(호스릴옥내소화전설비를 포함한다)를 곱한 양 이상이 되도록 해야 한다.

2) 사람이 상시 근무하는 물류창고 등 동결의 우려가 없는 경우에는 「옥내소화전설비의 화재안전기술기준(NFTC 102)」 2.2.1.9의 단서를 적용하지 않는다.

3) 비상전원은 자가발전설비, 축전지설비(내연기관에 따른 펌프를 사용하는 경우에는 내연기관의 기동 및 제어용 축전지를 말한다) 또는 전기저장장치(외부 전기에너지를 저장해두었다가 필요한 때 전기를 공급하는 장치)로서 옥내소화전설비를 유효하게 40분 이상 작동할 수 있어야 한다.

「옥내소화전설비의 화재안전기술기준(NFTC 102)」

2.2.1.9 기동장치로는 기동용 수압개폐장치 또는 이와 동등 이상의 성능이 있는 것을 설치할 것. 다만 학교·공장·창고시설(2.1.2에 따라 옥상수조를 설치한 대상은 제외한다)로서 동결의 우려가 있는 장소에 있어서는 기동스위치에 보호판을 부착하여 옥내소화전함 내에 설치할 수 있다.

4 2.3 스프링클러설비

1) 스프링클러설비의 설치방식은 다음 기준에 따른다.

(1) 창고시설에 설치하는 스프링클러설비는 라지드롭형 스프링클러헤드를 습식으로 설치할 것. 다만 다음의 어느 하나에 해당하는 경우에는 건식 스프링클러설비로 설치할 수 있다.

① 냉동창고 또는 영하의 온도로 저장하는 냉장창고

② 창고시설 내에 상시 근무자가 없어 난방을 하지 않는 창고시설

(2) 랙식 창고의 경우에는 2.3.1.1에 따라 설치하는 것 외에 라지드롭형 스프링클러헤드를 랙 높이 3 m 이하마다 설치할 것. 이 경우 수평거리 15 cm 이상의 송기공간이 있는 랙식 창고에는 랙 높이 3 m 이하마다 설치하는 스프링클러헤드를 송기공간에 설치할 수 있다.

(3) 창고시설에 적층식 랙을 설치하는 경우 적층식 랙의 각 단 바닥면적을 방호구역 면적으로 포함할 것

(4) (1) 내지 (3)에도 불구하고 천장 높이가 13.7 m 이하인 랙식 창고에는 「화재조기진압용 스프링클러설비의 화재안전기술기준(NFTC 103B)」에 따른 화재조기진압용 스프링클러설비를 설치할 수 있다.

(5) 높이가 4 m 이상인 창고(랙식 창고를 포함한다)에 설치하는 폐쇄형 스프링클러 헤드는 그 설치장소의 평상시 최고 주위온도에 관계 없이 표시온도 121 ℃ 이상의 것으로 할 수 있다.

2) 수원의 저수량 적합 기준

(1) 라지드롭형 스프링클러헤드의 설치개수가 가장 많은 방호구역의 설치개수(30개 이상 설치된 경우에는 30개)에 3.2 m³(랙식 창고의 경우에는 9.6 m³)를 곱한 양 이상이 되도록 할 것

(2) 1)의 (4)에 따라 화재조기진압용 스프링클러설비를 설치하는 경우 「화재조기진압용 스프링클러설비의 화재안전기술기준(NFTC 103B)」 2.2.1에 따를 것

3) 가압송수장치의 송수량 적합 기준

  (1) 가압송수장치의 송수량은 0.1 MPa의 방수압력 기준으로 160 L/min 이상의 방수성능을 가진 기준 개수의 모든 헤드로부터의 방수량을 충족시킬 수 있는 양 이상인 것으로 할 것. 이 경우 속도수두는 계산에 포함하지 않을 수 있다.

  (2) 1)의 (4)에 따라 화재조기진압용 스프링클러설비를 설치하는 경우 「화재조기진압용 스프링클러설비의 화재안전기술기준(NFTC 103B)」 2.3.1.10에 따를 것

4) 교차배관에서 분기되는 지점을 기점으로 한쪽 가지배관에 설치되는 헤드의 개수(반자 아래와 반자 속의 헤드를 하나의 가지배관 상에 병설하는 경우에는 반자 아래에 설치하는 헤드의 개수)는 4개 이하로 해야 한다. 다만 1)의 (4)에 따라 화재조기진압용 스프링클러설비를 설치하는 경우에는 그렇지 않다.

5) 스프링클러헤드의 적합기준

  (1) 라지드롭형 스프링클러헤드를 설치하는 천장·반자·천장과 반자 사이·덕트·선반 등의 각 부분으로부터 하나의 스프링클러헤드까지의 수평거리는 「화재의 예방 및 안전관리에 관한 법률 시행령」 별표 2의 특수가연물을 저장 또는 취급하는 창고는 1.7 m 이하, 그 외의 창고는 2.1 m(내화구조로 된 경우에는 2.3 m를 말한다) 이하로 할 것

  (2) 화재조기진압용 스프링클러헤드는 「화재조기진압용 스프링클러설비의 화재안전기술기준(NFTC 103B)」 2.7.1에 따라 설치할 것

6) 물품의 운반 등에 필요한 고정식 대형기기 설비의 설치를 위해 「건축법 시행령」 제46조 제2항에 따라 방화구획이 적용되지 아니하거나 완화 적용되어 연소할 우려가 있는 개구부에는 「스프링클러설비의 화재안전기술기준(NFTC 103)」 2.7.7.6에 따른 방법으로 드렌처설비를 설치해야 한다.

7) 비상전원은 자가발전설비, 축전지설비(내연기관에 따른 펌프를 사용하는 경우에는 내연기관의 기동 및 제어용 축전지를 말한다) 또는 전기저장장치(외부 전기에너지를 저장해두었다가 필요한 때 전기를 공급하는 장치를 말한다. 이하 같다)로서 스프링클러설비를 유효하게 20분(랙식 창고의 경우 60분) 이상 작동할 수 있어야 한다.

5 비상방송설비 설치기준

1) 확성기의 음성입력은 3 W(실내에 설치하는 것을 포함한다) 이상으로 해야 한다.

2) 창고시설에서 발화한 때에는 전 층에 경보를 발해야 한다.

3) 비상방송설비에는 그 설비에 대한 감시상태를 60분간 지속한 후 유효하게 30분 이상 경보할 수 있는 축전지설비(수신기에 내장하는 경우를 포함) 또는 전기저장장치를 설치해야 한다.

6 자동화재탐지설비

1) 감지기 작동 시 해당 감지기의 위치가 수신기에 표시되도록 해야 한다.

2) 「개인정보 보호법」에 따른 영상정보처리기기를 설치하는 경우 수신기는 영상정보의 열람·재생 장소에 설치해야 한다.

3) 영 제11조에 따라 스프링클러설비를 설치해야 하는 창고시설의 감지기는 다음 기준에 따라 설치해야 한다.

　(1) 아날로그방식의 감지기, 광전식 공기흡입형 감지기 또는 이와 동등 이상의 기능·성능이 인정되는 감지기를 설치할 것

　(2) 감지기의 신호처리방식은 「자동화재탐지설비 및 시각경보장치의 화재안전기술기준(NFTC 203)」 1.7.2에 따른다.

4) 창고시설에서 발화한 때에는 전 층에 경보를 발해야 한다.

5) 자동화재탐지설비에는 그 설비에 대한 감시상태를 60분간 지속한 후 유효하게 30분 이상 경보할 수 있는 비상전원으로서 축전지설비 또는 전기저장장치를 설치해야 한다. 다만 상용전원이 축전지설비인 경우에는 그렇지 않다.

7 유도등

1) 피난구유도등과 거실통로유도등은 대형으로 설치해야 한다.

2) 피난유도선은 연면적 15,000 m² 이상인 창고시설의 지하층 및 무창층에 다음의 기준에 따라 설치해야 한다.

　(1) 광원점등방식으로 바닥으로부터 1 m 이하의 높이에 설치할 것

　(2) 각 층 직통계단 출입구로부터 건물 내부 벽면으로 10 m 이상 설치할 것

　(3) 화재 시 점등되며 비상전원 30분 이상을 확보할 것

⑷ 피난유도선은 소방청장이 정하여 고시하는 「피난유도선 성능인증 및 제품검사의 기술기준」에 적합한 것으로 설치할 것

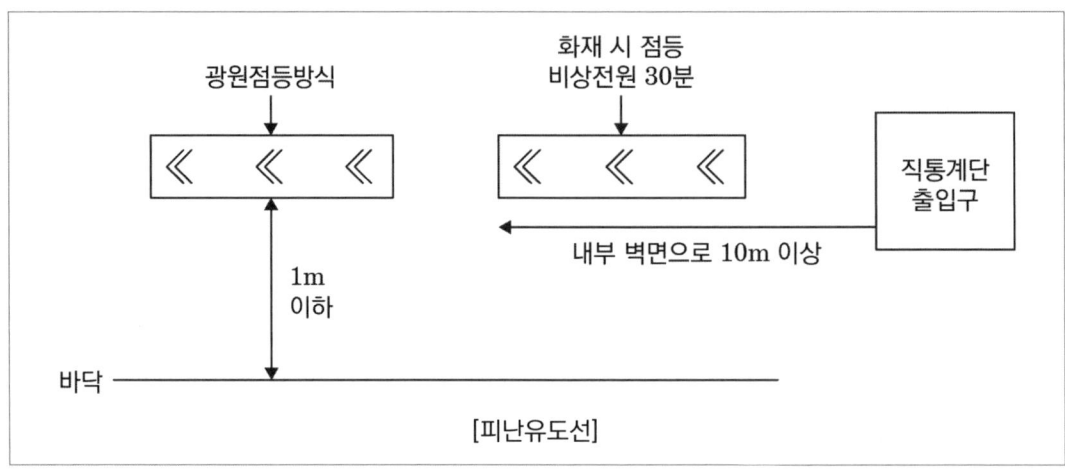

[피난유도선]

8 소화수조 및 저수조

소화수조 또는 저수조의 저수량은 특정소방대상물의 연면적을 5,000 m²로 나누어 얻은 수(소수점 이하의 수는 1로 본다)에 20 m³를 곱한 양 이상이 되도록 해야 한다.

모아북스

END UP

소방시설관리사 기본서
점검실무행정

PART 03

소방관계법령

01 | 건축관계법령

1 방화구획

1) 「건축법 시행령」에서 방화구획의 적용기준

주요구조부가 내화구조 또는 불연재료로 된 건축물로서 연면적이 1천 m^2를 넘는 것은 국토교통부령으로 정하는 기준에 따라 다음 각 호의 구조물로 구획(방화구획)을 해야 한다. 다만 「원자력안전법」에 따른 원자로 및 관계시설은 같은 법에서 정하는 바에 따른다.

(1) 내화구조로 된 바닥 및 벽

(2) 방화문 또는 자동방화셔터(국토교통부령으로 정하는 기준에 적합한 것)

2) 「건축물의 피난·방화구조 등의 기준에 관한 규칙」에서 방화구획의 구획기준

(1) 10층 이하의 층은 바닥면적 1천 m^2(스프링클러 기타 이와 유사한 자동식 소화설비를 설치한 경우에는 바닥면적 3천 m^2) 이내마다 구획할 것

(2) 매 층마다 구획할 것. 다만 지하 1층에서 지상으로 직접 연결하는 경사로 부위는 제외한다.

(3) 11층 이상의 층은 바닥면적 200 m^2(스프링클러 기타 이와 유사한 자동식 소화설비를 설치한 경우에는 600 m^2) 이내마다 구획할 것. 다만 벽 및 반자의 실내에 접하는 부분의 마감을 불연재료로 한 경우에는 바닥면적 500 m^2(스프링클러 기타 이와 유사한자동식 소화설비를 설치한 경우에는 1천 500 m^2) 이내마다 구획하여야 한다.

(4) 필로티나 그 밖에 이와 비슷한 구조(벽면적의 2분의 1 이상이 그 층의 바닥면에서 위층 바닥 아래면까지 공간으로 된 것만 해당)의 부분을 주차장으로 사용하는 경우 그 부분은 건축물의 다른 부분과 구획할 것

3) 「건축물의 피난·방화구조 등의 기준에 관한 규칙」에서 방화구획의 적합기준

(1) 방화구획으로 사용하는 60분+방화문 또는 60분 방화문은 언제나 닫힌 상태를 유지하거나 화재로 인한 연기 또는 불꽃을 감지하여 자동적으로 닫히는 구조로 할 것. 다만 연기 또는 불꽃을 감지하여 자동적으로 닫히는 구조로 할 수 없는 경우에는 온도를 감지하여 자동적으로 닫히는 구조로 할 수 있다.

(2) 외벽과 바닥 사이에 틈이 생긴 때나 급수관·배전관 그 밖의 관이 방화구획으로 되어 있는 부분을 관통하는 경우 그로 인하여 방화구획에 틈이 생긴 때에는 그 틈을 내화시간(내화채움성능이 인정된 구조로 메워지는 구성 부재에 적용되는 내화시간을 말한다) 이상 견딜 수 있는 내화채움성능이 인정된 구조로 메울 것

(3) 환기·난방 또는 냉방시설의 풍도가 방화구획을 관통하는 경우에는 그 관통부분 또는 이에 근접한 부분에 다음 각 목의 기준에 적합한 댐퍼를 설치할 것. 다만 반도체공장 건축물로서 방화구획을 관통하는 풍도의 주위에 스프링클러헤드를 설치하는 경우에는 경우에는 그렇지 않다.

① 화재로 인한 연기 또는 불꽃을 감지하여 자동적으로 닫히는 구조로 할 것. 다만 주방 등 연기가 항상 발생하는 부분에는 온도를 감지하여 자동적으로 닫히는 구조로 할 수 있다.

② 국토교통부장관이 정하여 고시하는 비차열(非遮熱) 성능 및 방연성능 등의 기준에 적합할 것

(4) 자동방화셔터가 갖추어야 할 기준

① 피난이 가능한 60분+방화문 또는 60분 방화문으로부터 3 m 이내에 별도로 설치할 것

② 전동방식이나 수동방식으로 개폐할 수 있을 것

③ 불꽃감지기 또는 연기감지기 중 하나와 열감지기를 설치할 것

④ 불꽃이나 연기를 감지한 경우 일부 폐쇄되는 구조일 것

⑤ 열을 감지한 경우 안전 폐쇄되는 구조일 것

4) 「건축법 시행령」에서 방화구획 건축물에 방화구획을 적용하지 아니하거나 그 사용에 지장이 없는 범위에서 방화구획을 완화하여 적용할 수 있는 경우

(1) 문화 및 집회시설(동·식물원은 제외), 종교시설, 운동시설 또는 장례시설의 용도로 쓰는 거실로서 시선 및 활동공간의 확보를 위하여 불가피한 부분

(2) 물품의 제조·가공 및 운반 등(보관은 제외)에 필요한 고정식 대형기기(器機) 또는 설비의 설치를 위하여 불가피한 부분. 다만 지하층인 경우에는 지하층의 외벽 한쪽 면(지하층의 바닥면에서 지상층 바닥 아래면까지의 외벽 면적 중 4분의 1 이상이 되는 면을 말한다) 전체가 건물 밖으로 개방되어 보행과 자동차의 진입·출입이 가능한 경우로 한정한다.

⑶ 계단실·복도 또는 승강기의 승강장 및 승강로로서 그 건축물의 다른 부분과 방화구획으로 구획된 부분. 다만 해당 부분에 위치하는 설비배관 등이 바닥을 관통하는 부분은 제외한다.

⑷ 건축물의 최상층 또는 피난층으로서 대규모 회의장·강당·스카이라운지·로비 또는 피난안전구역 등의 용도로 쓰는 부분으로서 그 용도로 사용하기 위하여 불가피한 부분

⑸ 복층형 공동주택의 세대별 층간 바닥 부분

⑹ 주요구조부가 내화구조 또는 불연재료로 된 주차장

⑺ 단독주택, 동물 및 식물 관련 시설 또는 국방·군사시설(집회, 체육, 창고 등의 용도로 사용되는 시설만 해당한다)로 쓰는 건축물

⑻ 건축물의 1층과 2층의 일부를 동일한 용도로 사용하며 그 건축물의 다른 부분과 방화구획으로 구획된 부분(바닥면적의 합계가 500 m² 이하인 경우로 한정)

5) 방화구획을 완화하여 적용할 수 있는 물품의 제조·가공 및 운반 등(보관은 제외)에 필요한 고정식 대형기기(器機) 또는 설비의 설치를 위하여 불가피한 부분의 대규모 창고시설에 대해 「건축물의 피난·방화구조 등의 기준에 관한 규칙」에 의해 추가로 설치해야 하는 설비

⑴ 개구부의 경우 : 「화재예방, 소방시설 설치·유지 및 안전관리에 관한 법률」 제9조 제1항 전단에 따라 소방청장이 정하여 고시하는 화재안전기준을 충족하는 설비로서 수막(水幕)을 형성하여 화재확산을 방지하는 설비

⑵ 개구부 외의 부분의 경우 : 화재안전기준을 충족하는 설비로서 화재를 조기에 진화할 수 있도록 설계된 스프링클러

2 방화문

1) 방화문의 정의

화재의 확대, 연소를 방지하기 위해 방화구획의 개구부에 설치하는 문으로서 건축자재등 품질인정기관이 이 기준에 적합하다고 인정한 제품

2) 「건축법 시행령」에서 방화문의 구분기준

⑴ 60분+방화문 : 연기 및 불꽃을 차단할 수 있는 시간이 60분 이상이고, 열을 차단할 수 있는 시간이 30분 이상인 방화문

⑵ 60분 방화문 : 연기 및 불꽃을 차단할 수 있는 시간이 60분 이상인 방화문

⑶ 30분 방화문 : 연기 및 불꽃을 차단할 수 있는 시간이 30분 이상 60분 미만인 방화문

3 자동방화셔터

1) 자동방화셔터의 정의

내화구조로 된 벽을 설치하지 못하는 경우 화재 시 연기 및 열을 감지하여 자동 폐쇄되는 셔터로서 건축자재등 품질인정기관이 이 기준에 적합하다고 인정한 제품

2) 자동방화셔터의 성능기준 및 구성기준

(1) 건축물 방화구획을 위해 설치하는 자동방화셔터는 건축물의 용도 등 구분에 따라 화재 시의 가열에 규칙 제14조 제3항에서 정하는 성능 이상을 견딜 수 있어야 한다.

(2) 차연성능, 개폐성능 등 자동방화셔터가 갖추어야 하는 세부 성능에 대해서는 제39조에 따라 국토교통부장관이 승인한 세부운영지침에서 정한다.

(3) 자동방화셔터는 규칙 제14조 제2항 제4호에 따른 구조를 가진 것이어야 하나, 수직방향으로 폐쇄되는 구조가 아닌 경우는 불꽃, 연기 및 열감지에 의해 완전폐쇄가 될 수 있는 구조여야 한다. 이 경우 화재감지기는 「자동화재탐지설비 및 시각경보장치의 화재안전기준(NFSC 203)」 제7조의 기준에 적합하여야 한다.

(4) 자동방화셔터의 상부는 상층 바닥에 직접 닿도록 하여야 하며, 그렇지 않은 경우 방화구획 처리를 하여 연기와 화염의 이동통로가 되지 않도록 하여야 한다.

3) 자동방화셔터의 작동점검을 할 때 셔터 작동 시 확인사항

(1) 연동제어기의 수동조작스위치에 따른 작동상태 확인

(2) 연기감지기에 의한 1단 강하, 열감지기에 의한 2단 강하 확인

(3) 방화셔터 동작에 따른 음향장치의 작동상태 확인

(4) 2단 강하에 따른 바닥면의 폐쇄상태 확인

(5) 엘리베이터 주변 등 다수의 자동방화셔터에 대한 작동상태 확인

4 「건축자재등 품질인정 및 관리기준」에서의 방화댐퍼

1) 방화댐퍼의 정의

환기·난방 또는 냉방시설의 풍도가 방화구획을 관통하는 경우 그 관통부분 또는 이에 근접한 부분에 설치하는 댐퍼

2) 방화댐퍼의 설치기준

(1) 미끄럼부는 열팽창, 녹, 먼지 등에 의해 작동이 저해받지 않는 구조일 것

(2) 방화댐퍼의 주기적인 작동상태, 점검, 청소 및 수리 등 유지·관리를 위하여 검사구·점검구는 방화댐퍼에 인접하여 설치할 것

(3) 부착방법은 구조체에 견고하게 부착시키는 공법으로 화재 시 덕트가 탈락, 낙하해도 손상되지 않을 것

(4) 배연기의 압력에 의해 방재상 해로운 진동 및 간격이 생기지 않는 구조일 것

3) 방화댐퍼의 성능기준

(1) 내화성능시험 결과 비차열 1시간 이상의 성능

(2) KS F 2822(방화 댐퍼의 방연시험방법)에서 규정한 방연성능

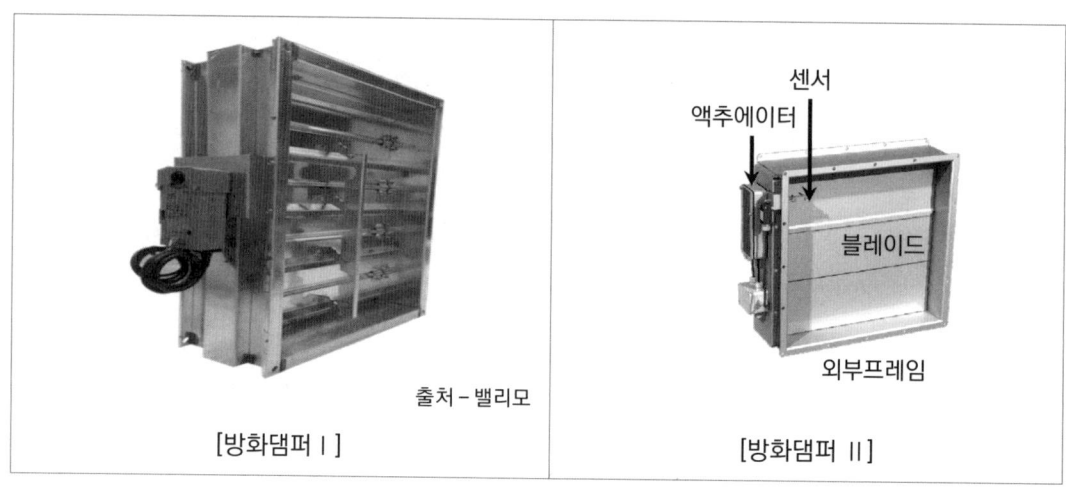

출처 - 밸리모

[방화댐퍼 I]

센서
액추에이터
블레이드
외부프레임

[방화댐퍼 II]

5 방화구조

1) 「건축법 시행령」에서 방화구조(防火構造)의 정의

화염의 확산을 막을 수 있는 성능을 가진 구조로서 국토교통부령으로 정하는 기준에 적합한 구조

2) 방화구조의 적용기준

연면적이 1천 m² 이상인 목조의 건축물은 그 외벽 및 처마 밑의 연소할 우려가 있는 부분(지붕은 불연재료)

3) 「건축물의 피난·방화구조 등의 기준에 관한 규칙」에서 방화구조의 구조기준

(1) 철망모르타르로서 그 바름두께가 2 cm 이상인 것

(2) 석고판 위에 시멘트모르타르 또는 회반죽을 바른 것으로서 그 두께의 합계가 2.5 cm 이상인 것

(3) 시멘트모르타르 위에 타일을 붙인 것으로서 그 두께의 합계가 2.5센티미터 이상인 것

(4) 심벽에 흙으로 맞벽치기한 것

(5) 「산업표준화법」에 따른 한국산업표준에 따라 시험한 결과 방화 2급 이상에 해당하는 것

6 방화벽

1) 「건축법 시행령」에서 방화벽의 적용기준

연면적 1천 m² 이상인 건축물은 방화벽으로 구획하되, 각 구획된 바닥면적의 합계는 1천 m² 미만이어야 한다. 다만 주요구조부가 내화구조이거나 불연재료인 건축물과 제 56조 제1항 제5호(3층 이상인 건축물 및 지하층이 있는 건축물) 단서에 따른 건축물 또는 내부설비의 구조상 방화벽으로 구획할 수 없는 창고시설의 경우에는 그러하지 아니하다.

2) 「건축물의 피난·방화구조 등의 기준에 관한 규칙」에서 방화벽의 구조기준

암기 나홀로 외출2.5 60방

(1) 내화구조로서 **홀로** 설 수 있는 구조일 것

(2) 방화벽의 양쪽 끝과 위쪽 끝을 건축물의 **외**벽면 및 지붕면으로부터 0.5 m 이상 튀어나오게 할 것

(3) 방화벽에 설치하는 **출**입문의 너비 및 높이는 각각 **2.5 m** 이하로 하고, 해당 출입문에는 **60분+방**화문 또는 60분 방화문을 설치할 것

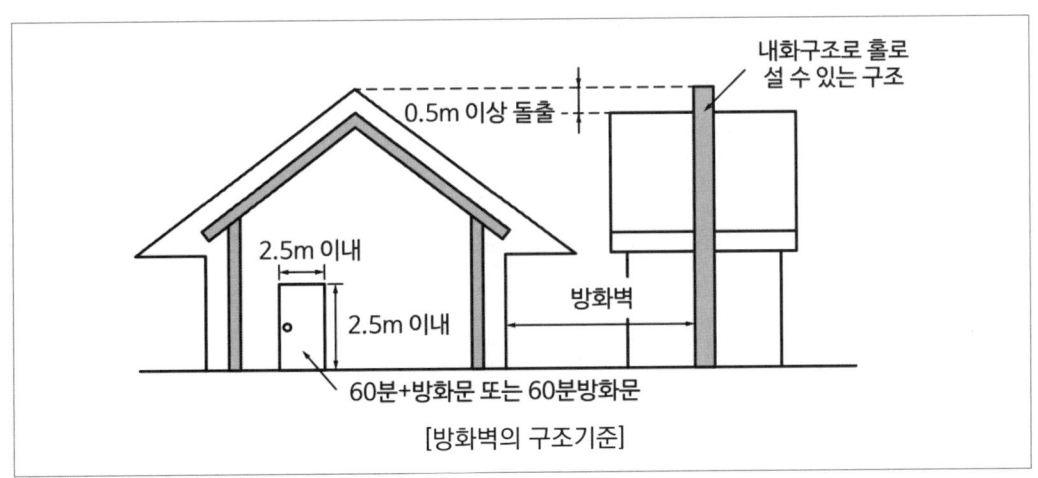

[방화벽의 구조기준]

지하구의 화재안전성능기준(NFPC 605)상 방화벽 설치기준 관점 23

① 내화구조로서 홀로 설 수 있는 구조일 것

② 방화벽의 출입문은 「건축법 시행령」 제64조에 따른 방화문으로서 60분+방화문 또는 60분 방화문으로 설치하고, 항상 닫힌 상태를 유지하거나 자동폐쇄장치에 의하여 화재 신호를 받으면 자동으로 닫히는 구조로 해야 한다.

③ 방화벽을 관통하는 케이블·전선 등에는 국토교통부 고시(내화구조의 인정 및 관리기준)에 따라 내화충전 구조로 마감할 것

④ 방화벽은 분기구 및 국사·변전소 등의 건축물과 지하구가 연결되는 부위(건축물로부터 20 m 이내)에 설치할 것

⑤ 자동폐쇄장치를 사용하는 경우에는 「자동폐쇄장치의 성능인증 및 제품검사의 기술기준」에 적합한 것으로 설치할 것

7 「건축법 시행령」에서 공동주택 중 아파트에서 설치해야 하는 대피공간

1) 대피공간의 설치대상

공동주택 중 아파트로서 4층 이상인 층의 각 세대가 2개 이상의 직통계단을 사용할 수 없는 경우에는 발코니(발코니의 외부에 접하는 경우를 포함한다)에 인접 세대와 공동으로 또는 각 세대별로 대피공간을 하나 이상 설치해야 한다. 이 경우 인접 세대와 공동으로 설치하는 대피공간은 인접 세대를 통하여 2개 이상의 직통계단을 쓸 수 있는 위치에 우선 설치되어야 한다.

2) 대피공간의 설치기준

⑴ 대피공간은 바깥의 공기와 접할 것

⑵ 대피공간은 실내의 다른 부분과 방화구획으로 구획될 것

⑶ 대피공간의 바닥면적은 인접세대와 공동으로 설치하는 경우에는 3 m² 이상, 각 세대별로 설치하는 경우에는 2 m² 이상일 것

⑷ 대피공간으로 통하는 출입문은 제64조 제1항 제1호에 따른 60분+방화문으로 설치할 것

⑸ 국토교통부장관이 정하는 기준에 적합할 것

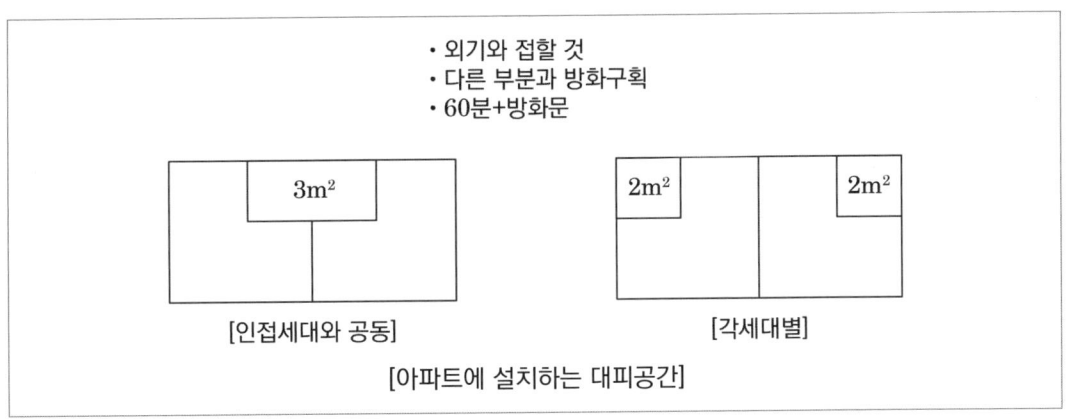

· 외기와 접할 것
· 다른 부분과 방화구획
· 60분+방화문

3m²

2m²   2m²

[인접세대와 공동]   [각세대별]

[아파트에 설치하는 대피공간]

3) 아파트가 4층 이상인 층에서 발코니에 대피공간을 설치하지 않을 수 있는 경우

(1) 발코니와 인접 세대와의 경계벽이 파괴하기 쉬운 경량구조 등인 경우

(2) 발코니의 경계벽에 피난구를 설치한 경우

(3) 발코니의 바닥에 국토교통부령으로 정하는 하향식 피난구를 설치한 경우

(4) 국토교통부장관이 대피공간과 동일하거나 그 이상의 성능이 있다고 인정하여 고시하는 구조 또는 시설(대체시설)을 갖춘 경우. 이 경우 국토교통부장관은 대체시설의 성능에 대해 미리 「과학기술분야 정부출연연구기관 등의 설립·운영 및 육성에 관한 법률」에 따라 설립된 한국건설기술연구원의 기술검토를 받은 후 고시해야 한다.

4) 「발코니 등의 구조변경절차 및 설치기준」에서 대피공간의 구조기준   암기 채출1 외정대 냉면

(1) 건축법 시행령에 따라 설치되는 대피공간은 **채**광방향과 관계없이 거실 각 부분에서 접근이 용이하고 외부에서 신속하고 원활한 구조활동을 할 수 있는 장**소**에 설치하여야 하며, **출**입구에 설치하는 60분+방화문 또는 60분 방화문은 거실 쪽에서만 열 수 있는 구조(대피공간임을 알 수 있는 표지판을 설치할 것)로서 대피공간을 향해 열리는 밖여닫이로 하여야 한다.

(2) 대피공간은 **1**시간 이상의 내화성능을 갖는 내화구조의 벽으로 구획되어야 하며, 벽·천장 및 바닥의 내부마감재료는 준불연재료 또는 불연재료를 사용하여야 한다.

(3) 대피공간은 **외**기에 개방되어야 한다. 다만 창호를 설치하는 경우에는 폭 0.7 m 이상, 높이 1.0 m 이상(구조체에 고정되는 창틀부분은 제외)은 반드시 외기에 개방될 수 있어야 하며, 비상시 외부의 도움을 받는 경우 피난에 장애가 없는 구조로 설치하여야 한다.

(4) 대피공간에는 **정**전에 대비해 휴대용 손전등을 비치하거나 비상전원이 연결된 조명설비가 설치되어야 한다.

(5) **대**피공간은 대피에 지장이 없도록 시공·유지 관리되어야 하며, 대피공간을 보일러실 또는 창고 등 대피에 장애가 되는 공간으로 사용하여서는 아니 된다. 다만 에어컨실 외기 등 냉방설비의 배기장치를 대피공간에 설치하는 경우에는 다음 각 호의 기준에 적합하여야 한다.

① **냉**방설비의 배기장치를 불연재료로 구획할 것

② "①"호에 따라 구획된 **면**적은 「건축법 시행령」에 따른 대피공간 바닥면적 산정 시 제외할 것

⑧ 「건축물의 피난·방화구조 등의 기준에 관한 규칙」에서 하향식 피난구(덮개, 사다리, 경보시스템을 포함)의 적합한 구조기준   암기 조수열 덮경사

1) 피난구의 **덮**개(덮개와 사다리, 승강식 피난기 또는 경보시스템이 일체형으로 구성된 경우에는 그 사다리, 승강식 피난기 또는 경보시스템을 포함)는 품질시험을 실시한 결과 비차열 1시간 이상의 내화성능을 가져야 하며, 피난구의 유효 개구부 규격은 직경 60cm 이상일 것

2) 상층·하층 간 피난구의 **수**평거리는 15 cm 이상 떨어져 있을 것

3) 아래층에서는 바로 위층의 피난구를 **열** 수 없는 구조일 것

4) **사**다리는 바로 아래층의 바닥면으로부터 50 cm 이하까지 내려오는 길이로 할 것

5) 덮개가 개방될 경우에는 건축물관리시스템 등을 통하여 **경**보음이 울리는 구조일 것

6) 피난구가 있는 곳에는 예비전원에 의한 **조**명설비를 설치할 것

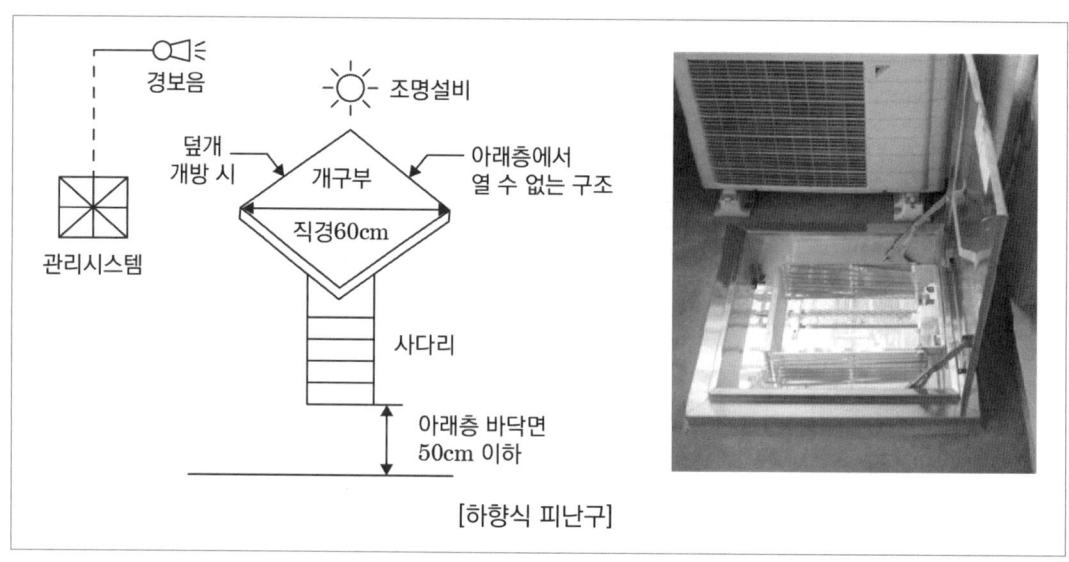

[하향식 피난구]

9 「건축물의 피난·방화구조 등의 기준에 관한 규칙」에서 계단의 설치기준

1) 건축물의 내부에 설치하는 피난계단의 구조기준

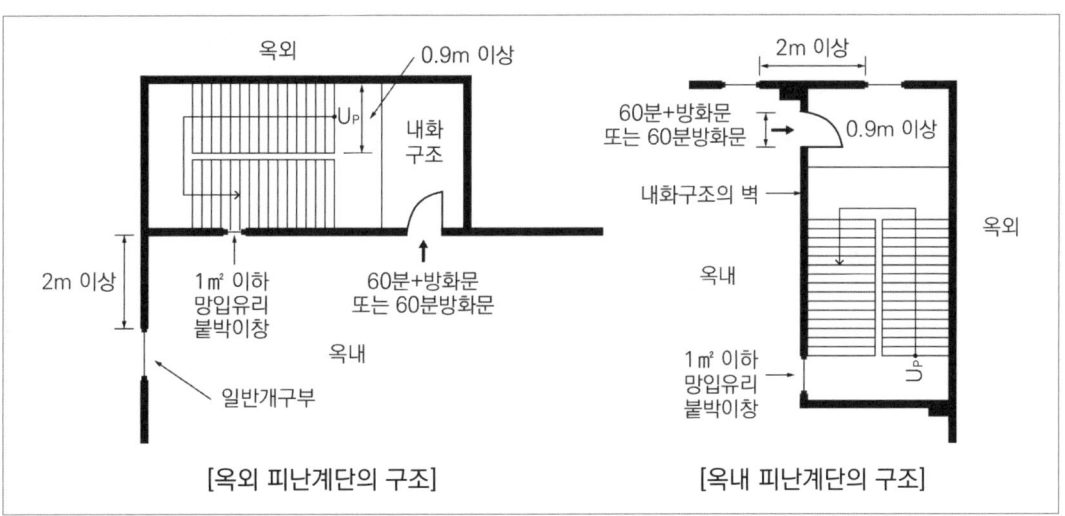

[옥외 피난계단의 구조]　　　　[옥내 피난계단의 구조]

(1) 계단실은 창문·출입구 기타 개구부를 제외한 당해 건축물의 다른 부분과 내화구조의 벽으로 구획할 것

(2) 계단실의 실내에 접하는 부분(바닥 및 반자 등 실내에 면한 모든 부분)의 마감(마감을 위한 바탕을 포함)은 불연재료로 할 것

(3) 계단실에는 예비전원에 의한 조명설비를 할 것

(4) 계단실의 바깥쪽과 접하는 창문등(망이 들어 있는 유리의 붙박이창으로서 그 면적이 각각 1 m² 이하인 것을 제외)은 당해 건축물의 다른 부분에 설치히는 칭문등으로부터 2 m 이상의 거리를 두고 설치할 것

(5) 건축물의 내부와 접하는 계단실의 창문등(출입구를 제외)은 망이 들어 있는 유리의 붙박이창으로서 그 면적을 각각 1 m² 이하로 할 것

(6) 건축물의 내부에서 계단실로 통하는 출입구의 유효너비는 0.9 m 이상으로 하고, 그 출입구에는 피난의 방향으로 열 수 있는 것으로서 언제나 닫힌 상태를 유지하거나 화재로 인한 연기 또는 불꽃을 감지하여 자동적으로 닫히는 구조로 된 영 제64조 제1항 제1호의 60분+방화문 또는 같은 항 60분 방화문을 설치할 것. 다만 연기 또는 불꽃을 감지하여 자동적으로 닫히는 구조로 할 수 없는 경우에는 온도를 감지하여 자동적으로 닫히는 구조로 할 수 있다.

(7) 계단은 내화구조로 하고 피난층 또는 지상까지 직접 연결되도록 할 것

2) 건축물의 바깥쪽에 설치하는 피난계단의 구조기준

(1) 계단은 그 계단으로 통하는 출입구 외의 창문등(망이 들어 있는 유리의 붙박이창으로서 그 면적이 각각 1 m² 이하인 것을 제외)으로부터 2 m 이상의 거리를 두고 설치할 것

(2) 건축물의 내부에서 계단으로 통하는 출입구에는 60분+방화문 또는 60분 방화문을 설치할 것

(3) 계단의 유효너비는 0.9 m 이상으로 할 것

(4) 계단은 내화구조로 하고 지상까지 직접 연결되도록 할 것

➕ 보충

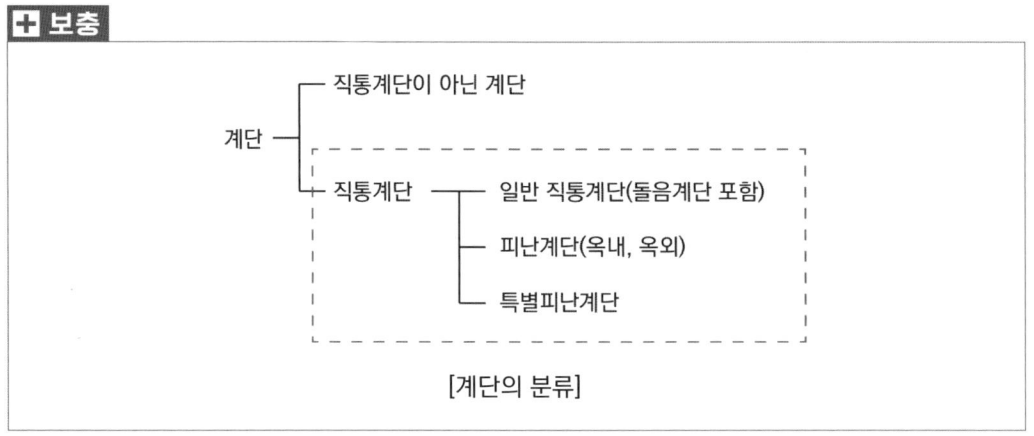

[계단의 분류]

🔟 「건축물의 설비기준 등에 관한 규칙」에서 비상용 승강기

1) 비상용 승강기의 설치대상

(1) 높이 31 m를 넘는 건축물(건축법 시행령)

(2) 10층 이상의 공동주택(주택건설기준 등에 관한 규정)

2) 설치대수

(1) 높이 31미터를 넘는 각 층의 바닥면적 중 최대 바닥면적이 1,5000 m² 이하인 건축물 : 1대 이상

(2) 높이 31미터를 넘는 각 층의 바닥면적 중 최대 바닥면적이 1,5000 m²를 넘는 건축물 : 1대에 1,5000 m² 넘는 3,000 m² 이내마다 1대씩 더한 대수 이상

$$1\text{대} + \frac{31m를\ 넘는\ 각층의\ 최대\ 바닥면적 - 1,500m^2}{3,000m^2}$$

3) 비상용 승강기의 설치 제외대상

(1) 높이 31 m를 넘는 각 층을 거실 외의 용도로 쓰는 건축물

(2) 높이 31 m를 넘는 각 층의 바닥면적의 합계가 500 m² 이하인 건축물

(3) 높이 31 m를 넘는 층수가 4개 층 이하로서 당해 각 층의 바닥면적의 합계 200 m²(벽 및 반자가 실내에 접하는 부분의 마감을 불연재료로 한 경우에는 500 m²) 이내마다 방화구획으로 구획된 건축물

4) 비상용 승강기에서 승강장의 설치기준 　　　　　　　　**암기** 배구공조 표면출마

(1) 승강장의 창문·출입구 기타 개구부를 제외한 부분은 당해 건축물의 다른 부분과 내화구조의 바닥 및 벽으로 **구**획할 것. 다만 공동주택의 경우에는 승강장과 특별피난계단의 부속실과의 겸용부분을 특별피난계단의 계단실과 별도로 구획하는 때에는 승강장을 특별피난계단의 부속실과 겸용할 수 있다.

(2) 승강장은 각 층의 내부와 연결될 수 있도록 하되, 그 **출**입구(승강로의 출입구를 제외)에는 60분+방화문 또는 60분 방화문을 설치할 것. 다만 피난층에는 60분+방화문 또는 60분 방화문을 설치하지 아니할 수 있다.

(3) 노대 또는 외부를 향하여 열 수 있는 창문이나 **배**연설비를 설치할 것

(4) 벽 및 반자가 실내에 접하는 부분의 **마**감재료(마감을 위한 바탕을 포함)는 불연재료로 할 것

(5) 채광이 되는 창문이 있거나 예비전원에 의한 **조**명설비를 할 것

(6) 승강장의 바닥**면**적은 비상용 승강기 1대에 대하여 6 m² 이상으로 할 것. 다만 옥외에 승강장을 설치하는 경우에는 그러하지 아니하다.

(7) 피난층이 있는 승강장의 출입구(승강장이 없는 경우에는 승강로의 출입구)로 부터 도로 또는 **공**지(공원·광장 기타 이와 유사한 것으로서 피난 및 소화를 위한 당해 대지에의 출입에 지장이 없는 것)에 이르는 거리가 30 m 이하일 것

(8) 승강장 출입구 부근의 잘 보이는 곳에 당해 승강기가 비상용 승강기임을 알 수 있는 **표**지를 할 것

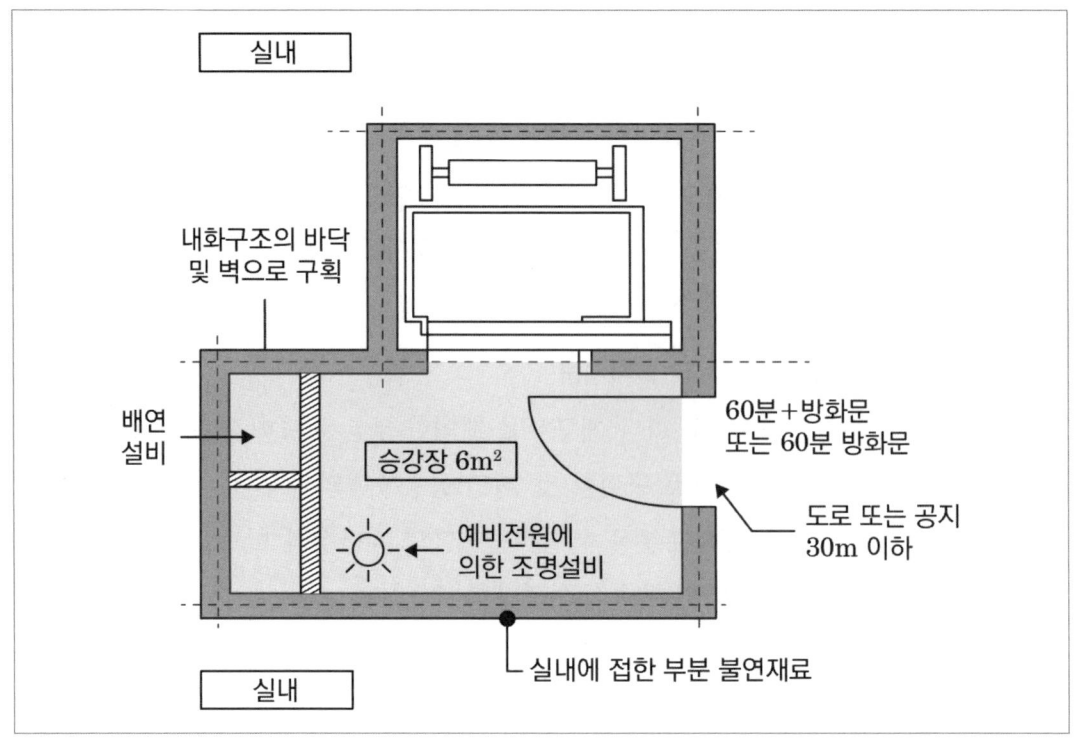

실내

내화구조의 바닥
및 벽으로 구획

배연
설비

승강장 6m²

예비전원에
의한 조명설비

60분＋방화문
또는 60분 방화문

도로 또는 공지
30m 이하

실내에 접한 부분 불연재료

실내

5) 비상용 승강기에서 승강로의 구조기준

　(1) 승강로는 당해 건축물의 다른 부분과 내화구조로 구획할 것

　(2) 각 층으로부터 피난층까지 이르는 승강로를 단일구조로 연결하여 설치할 것

⓫ 「건축물의 피난·방화구조 등의 기준에 관한 규칙」에서 피난용 승강기

1) 「건축법」에서 피난용 승강기의 설치대상

고층건축물(30층 이상 또는 120 m 이상)에 설치하는 승용 승강기 중 1대 이상을 대통령령으로 정하는 바에 따라 피난용 승강기로 설치하여야 한다.

2) 「건축법 시행령」에서 피난용 승강기의 설치기준

　(1) 승강장의 바닥면적은 승강기 1대당 6 m² 이상으로 할 것

　(2) 각 층으로부터 피난층까지 이르는 승강로를 단일구조로 연결하여 설치할 것

　(3) 예비전원으로 작동하는 조명설비를 설치할 것

　(4) 승강장의 출입구 부근의 잘 보이는 곳에 해당 승강기가 피난용 승강기임을 알리는 표지를 설치할 것

(5) 그 밖에 화재예방 및 피해경감을 위하여 국토교통부령으로 정하는 구조 및 설비 등의 기준에 맞을 것

3) 피난용 승강기에서 승강장의 구조기준

(1) 승강장의 출입구를 제외한 부분은 해당 건축물의 다른 부분과 내화구조의 바닥 및 벽으로 구획할 것

(2) 승강장은 각 층의 내부와 연결될 수 있도록 하되, 그 출입구에는 60분+방화문 또는 60분 방화문을 설치할 것. 이 경우 방화문은 언제나 닫힌 상태를 유지할 수 있는 구조이어야 한다.

(3) 실내에 접하는 부분의 마감은 불연재료로 할 것

(4) 「건축물의 설비기준 등에 관한 규칙」에 따른 배연설비를 설치할 것. 다만 「소방시설 설치·유지 및 안전관리에 법률 시행령」에 따른 제연설비를 설치한 경우에는 배연설비를 설치하지 아니할 수 있다.

4) 피난용 승강기에서 승강로의 설치기준

(1) 승강로는 해당 건축물의 다른 부분과 내화구조로 구획할 것

(2) 승강로 상부에 「건축물의 설비기준 등에 관한 규칙」에 따른 배연설비를 설치할 것

5) 피난용 승강기에서 기계실의 설치기준

(1) 출입구를 제외한 부분은 해당 건축물의 다른 부분과 내화구조의 바닥 및 벽으로 구획할 것

(2) 출입구에는 60분+방화문 또는 60분 방화문을 설치할 것

6) 피난용 승강기에서 전용의 예비전원 설치기준　　암기 정예상전

(1) **정**전 시 피난용 승강기, 기계실, 승강장 및 폐쇄회로 텔레비전 등의 설비를 작동할 수 있는 별도의 예비전원설비를 설치할 것

(2) **예**비전원은 초고층건축물의 경우에는 2시간 이상, 준초고층 건축물의 경우에는 1시간 이상 작동이 가능한 용량일 것

(3) **상**용전원과 예비전원의 공급을 자동 또는 수동으로 전환이 가능한 설비를 갖출 것

(4) **전**선관 및 배선은 고온에 견딜 수 있는 내열성자재를 사용하고, 방수조치를 할 것

12 「건축법 시행령」

1) 「건축법 시행령」에서 피난안전구역의 설치대상

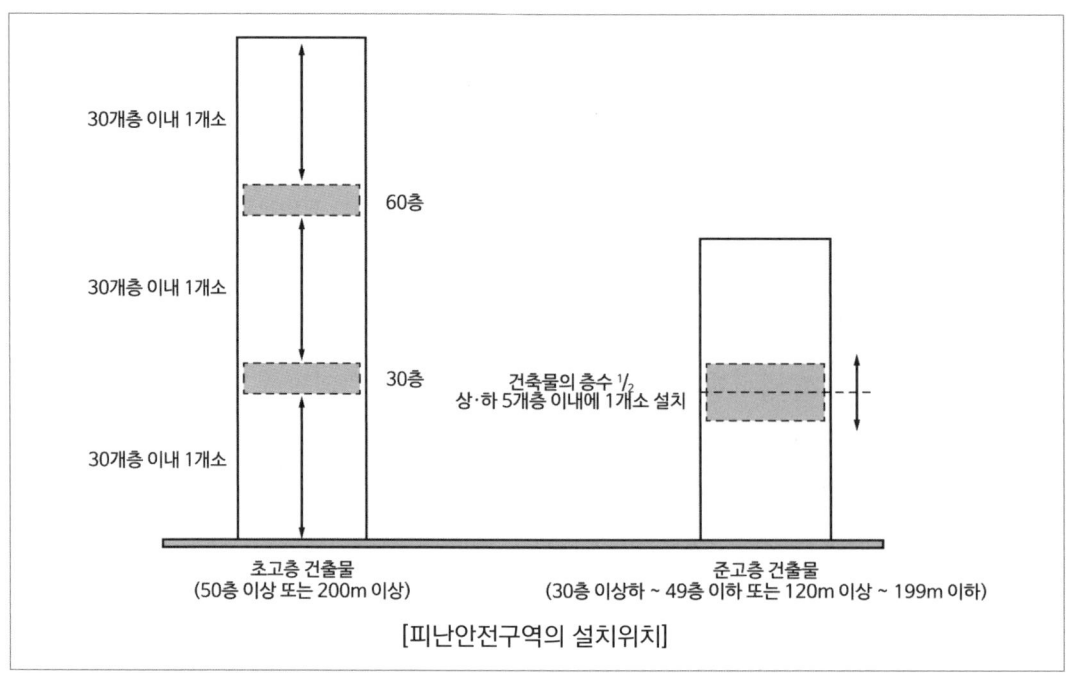

[피난안전구역의 설치위치]

(1) 초고층 건축물은 피난층 또는 지상으로 통하는 직통계단과 직접 연결되는 피난안전 구역(건축물의 피난·안전을 위하여 건축물 중간층에 설치하는 대피공간)을 지상층 으로부터 최대 30개 층마다 1개소 이상 설치하여야 한다.

(2) 준초고층 건축물에는 피난층 또는 지상으로 통하는 직통계단과 직접 연결되는 피난 안전구역을 해당 건축물 전체 층수의 2분의 1에 해당하는 층으로부터 상하 5개 층 이 내에 1개소 이상 설치하여야 한다. 다만 국토교통부령으로 정하는 기준에 따라 피난 층 또는 지상으로 통하는 직통계단을 설치하는 경우에는 그러하지 아니하다.

2) 「건축물의 피난·방화구조 등의 기준에 관한 규칙」에서 피난안전구역의 면적 산정기준

피난안전구역의 면적 = 피난안전구역 위층의 재실자 수 × 0.5 × 0.28 m²

3) 「건축물의 피난·방화구조 등의 기준에 관한 규칙」에서 피난안전구역의 설치기준

(1) 피난안전구역은 해당 건축물의 1개 층을 대피공간으로 하며, 대피에 장애가 되지 아 니하는 범위에서 기계실, 보일러실, 전기실 등 건축설비를 설치하기 위한 공간과 같 은 층에 설치할 수 있다. 이 경우 피난안전구역은 건축설비가 설치되는 공간과 내화 구조로 구획하여야 한다.

⑵ 피난안전구역에 연결되는 특별피난계단은 피난안전구역을 거쳐서 상·하층으로 갈 수 있는 구조로 설치하여야 한다.

⑶ 피난안전구역의 구조 및 설비는 다음 기준에 적합할 것 **암기** 불노계단 경비예식 배재면

① 피난안전구역의 바로 아래층 및 위층은 「녹색건축물 조성지원법」 제15조 제1항에 따라 국토교통부장관이 정하여 고시한 기준에 적합한 **단**열재를 설치할 것. 이 경우 아래층은 최상층에 있는 거실의 반자 또는 지붕 기준을 준용하고, 위층은 최하층에 있는 거실의 바닥 기준을 준용할 것

② 피난안전구역의 내부마감재료는 **불**연재료로 설치할 것

③ 건축물의 내부에서 피난안전구역으로 통하는 **계**단은 특별피난계단의 구조로 설치할 것

④ **비**상용 승강기는 피난안전구역에서 승하차 할 수 있는 구조로 설치할 것

⑤ 피난안전구역에는 **식**수공급을 위한 급수전을 1개소 이상 설치하고 **예**비전원에 의한 조명설비를 설치할 것

⑥ 관리사무소 또는 방재센터 등과 긴급연락이 가능한 **경**보 및 통신시설을 설치할 것

⑦ 별표 1의2에서 정하는 기준에 따라 산정한 **면**적 이상일 것

⑧ 피난안전구역의 **높**이는 2.1 m 이상일 것

⑨ 「건축물의 설비기준 등에 관한 규칙」 제14조에 따른 **배**연설비를 설치할 것

⑩ 그 밖에 소방청장이 정하는 소방 등 **재**난관리를 위한 설비를 갖출 것

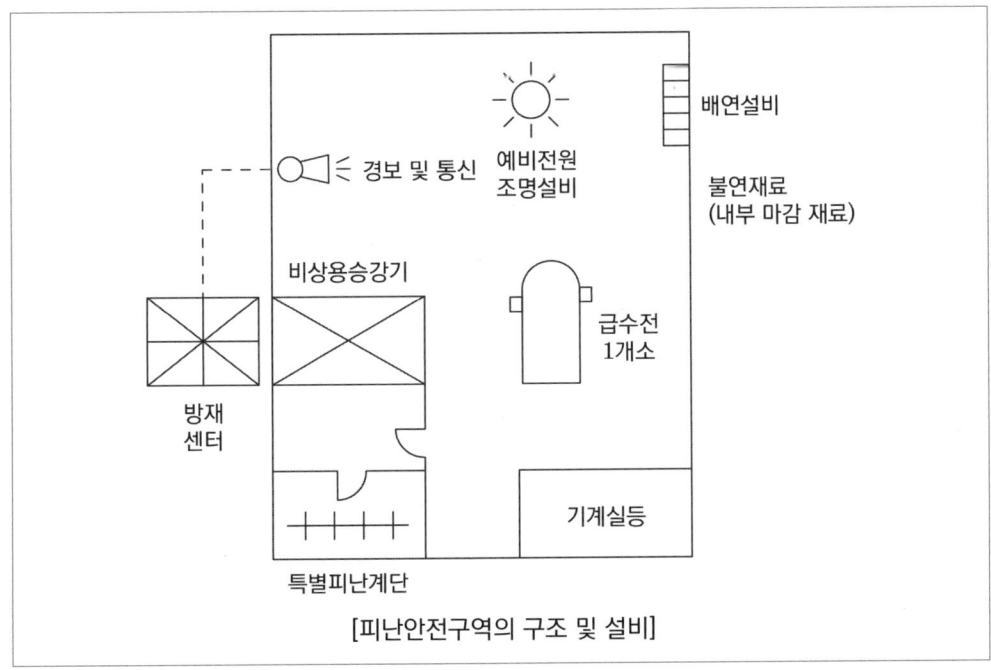

[피난안전구역의 구조 및 설비]

13 「건축물의 설비기준 등에 관한 규칙」에서 특별피난계단 및 비상용 승강기의 승강장에 설치해야 하는 배연설비의 구조기준 `암기` 수예공 불평 열외

1) 배연구 및 배연풍도는 **불**연재료로 하고, 화재가 발생한 경우 원활하게 배연시킬 수 있는 규모로서 외기 또는 평상시에 사용하지 아니하는 굴뚝에 연결할 것

2) 배연구에 설치하는 **수**동개방장치 또는 자동개방장치(열감지기 또는 연기감지기에 의한 것)는 손으로도 열고 닫을 수 있도록 할 것

3) 배연구는 **평**상시에는 닫힌 상태를 유지하고, 연 경우에는 배연에 의한 기류로 인하여 닫히지 아니하도록 할 것

4) 배연구가 **외**기에 접하지 아니하는 경우에는 배연기를 설치할 것

5) 배연기는 배연구의 **열**림에 따라 자동적으로 작동하고, 충분한 공기배출 또는 가압능력이 있을 것

6) 배연기에는 **예**비전원을 설치할 것

7) **공**기유입방식을 급기가압방식 또는 급·배기방식으로 하는 경우에는 "①" 내지 "⑥"의 규정에 불구하고 소방관계법령의 규정에 적합하게 할 것

14 헬리포트 등

1) 「건축법 시행령」에서 헬리포트 또는 헬리콥터를 통하여 인명 등을 구조할 수 있는 공간의 설치대상

층수가 11층 이상인 건축물로서 11층 이상인 층의 바닥면적의 합계가 1만 m^2 이상인 건축물의 지붕을 평지붕으로 하는 경우

2) 「건축물의 피난·방화구조 등의 기준에 관한 규칙」에서 헬리포트의 설치기준 `암기` 길반주중비

 (1) 헬리포트의 **길**이와 너비는 각각 22 m 이상으로 할 것. 다만 건축물의 옥상바닥의 길이와 너비가 각각 22 m 이하인 경우에는 헬리포트의 길이와 너비를 각각 15 m까지 감축할 수 있다.

 (2) 헬리포트의 중심으로부터 **반**경 12 m 이내에는 헬리콥터의 이·착륙에 장애가 되는 건축물, 공작물, 조경시설 또는 난간 등을 설치하지 아니할 것

 (3) 헬리포트의 **주**위한계선은 백색으로 하되, 그 선의 너비는 38 cm로 할 것

 (4) 헬리포트의 **중**앙부분에는 지름 8 m의 "ⓗ" 표지를 백색으로 하되, "H" 표지의 선의 너비는 38 cm로, "〇" 표지의 선의 너비는 60 cm로 할 것

(5) 헬리포트로 통하는 출입문에는 **비**상문자동개폐장치를 설치할 것

[헬리포트 구조]

[옥탑층의 헬리포트]

15 경사지붕 아래에 설치하는 대피공간

1) 「건축법 시행령」에서 건축물의 옥상에 경사지붕 대피공간을 설치해야 하는 설치대상

층수가 11층 이상인 건축물로서 11층 이상인 층의 바닥면적의 합계가 1만 m² 이상인 건축물의 지붕을 경사지붕으로 하는 경우

2) 「건축물의 피난·방화구조 등의 기준에 관한 규칙」에서 경사지붕 대피공간의 설치기준

암기 별내면 관창 예비 60방

(1) 대피공간의 **면**적은 지붕 수평투영면적의 10분의 1 이상일 것

(2) 특**별**피난계단 또는 피난계단과 연결되도록 할 것

(3) 출입구·**창**문을 제외한 부분은 해당 건축물의 다른 부분과 내화구조의 바닥 및 벽으로 구획할 것

(4) 출입구는 유효너비 0.9 m 이상으로 하고, 그 출입구에는 **60분+방**화문 또는 60분 방화문을 설치할 것

(5) 방화문에 **비**상문자동개폐장치를 설치할 것

(6) **내**부마감재료는 불연재료로 할 것

(7) **예**비전원으로 작동하는 조명설비를 설치할 것

(8) **관**리사무소 등과 긴급 연락이 가능한 통신시설을 설치할 것

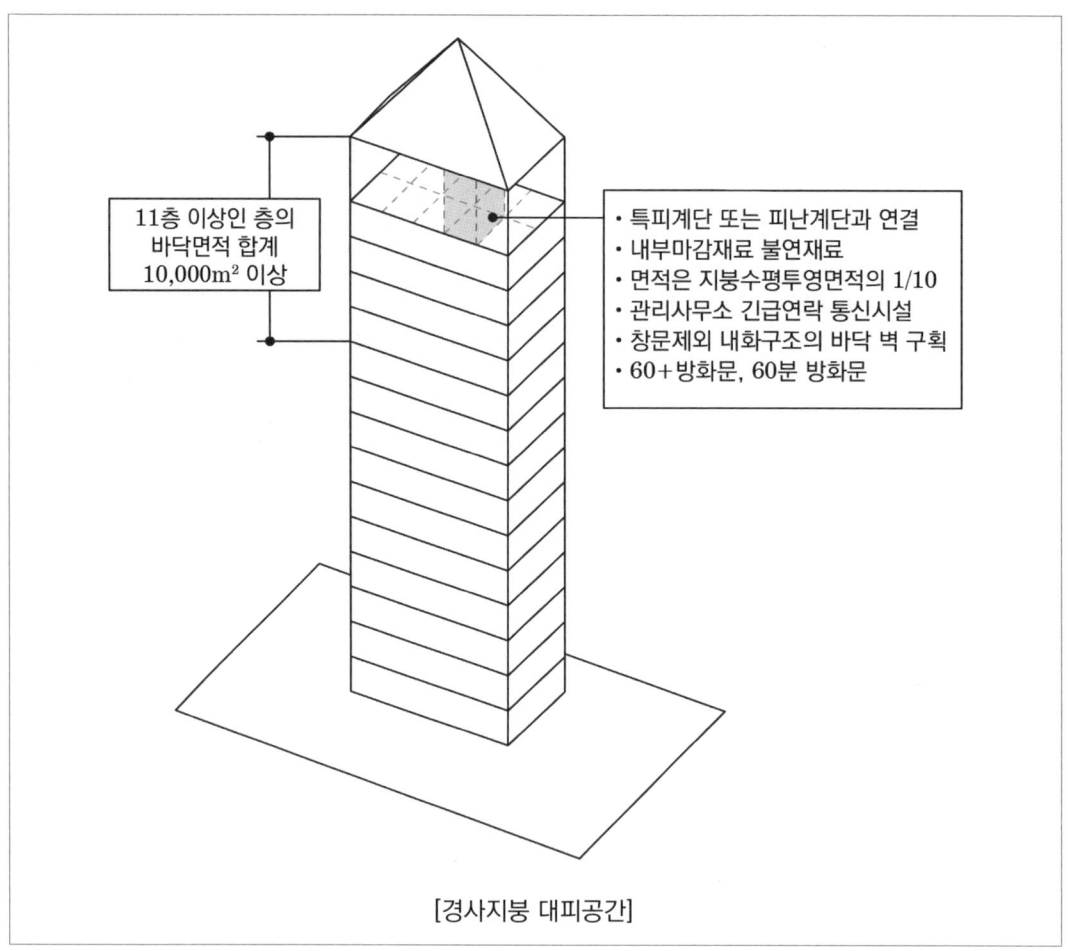

11층 이상인 층의
바닥면적 합계
10,000m² 이상

• 특피계단 또는 피난계단과 연결
• 내부마감재료 불연재료
• 면적은 지붕수평투영면적의 1/10
• 관리사무소 긴급연락 통신시설
• 창문제외 내화구조의 바닥 벽 구획
• 60+방화문, 60분 방화문

[경사지붕 대피공간]

16 지하층

1) 「건축법」에서 지하층의 정의

건축물의 바닥이 지표면 아래에 있는 층으로서 바닥에서 지표면까지 평균높이가 해당 층 높이의 2분의 1 이상인 것

2) 「건축물의 피난·방화구조 등의 기준에 관한 규칙」에서 비상탈출구의 설치기준

① 비상탈출구의 유효너비는 0.75 m 이상으로 하고, 유효높이는 1.5 m 이상으로 할 것

② 비상탈출구의 문은 피난방향으로 열리도록 하고, 실내에서 항상 열 수 있는 구조로 하여야 하며, 내부 및 외부에는 비상탈출구의 표시를 할 것

③ 비상탈출구는 출입구로부터 3 m 이상 떨어진 곳에 설치할 것

④ 지하층의 바닥으로부터 비상탈출구의 아랫부분까지의 높이가 1.2 m 이상이 되는 경우에는 벽체에 발판의 너비가 20 cm 이상인 사다리를 설치할 것

⑤ 비상탈출구는 피난층 또는 지상으로 통하는 복도나 직통계단에 직접 접하거나 통로 등으로 연결될 수 있도록 설치하여야 하며, 피난층 또는 지상으로 통하는 복도나 직통계단까지 이르는 피난통로의 유효너비는 0.75 m 이상으로 하고, 피난통로의 실내에 접하는 부분의 마감과 그 바탕은 불연재료로 할 것

⑥ 비상탈출구의 진입부분 및 피난통로에는 통행에 지장이 있는 물건을 방치하거나 시설물을 설치하지 아니할 것

⑦ 비상탈출구의 유도등과 피난통로의 비상조명등의 설치는 소방법령이 정하는 바에 의할 것

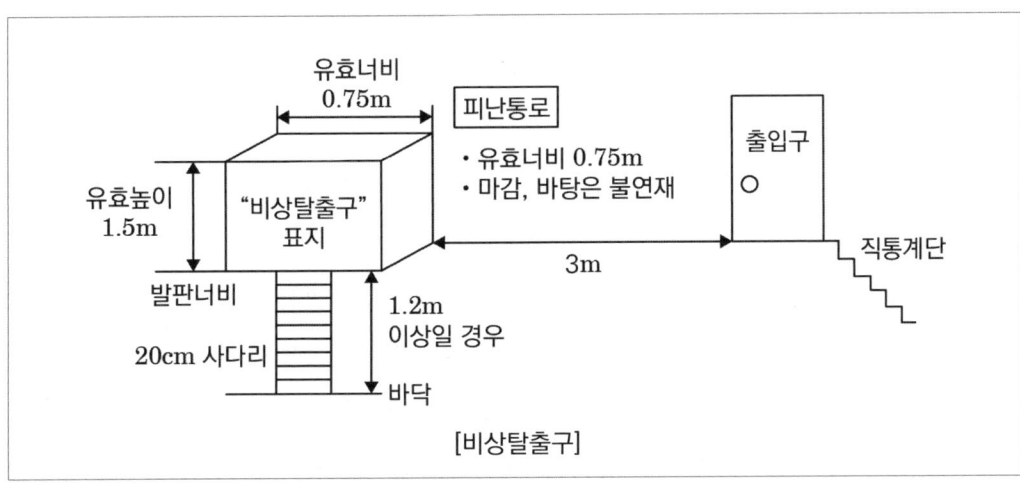

[비상탈출구]

17 건축물의 거실에 설치하는 배연설비

1) 「건축법 시행령」에서 배연설비의 설치대상

6층 이상인 건축물로서 다음 어느 하나에 해당하는 용도로 쓰는 건축물

(1) 제2종 근린생활시설 중 공연장, 종교집회장, 인터넷컴퓨터게임시설제공업소 및 다중생활시설(공연장, 종교집회장 및 인터넷컴퓨터게임시설제공업소는 해당 용도로 쓰는 바닥면적의 합계가 각각 300 m² 이상인 경우만 해당한다)

(2) 문화 및 집회시설

(3) 종교시설

(4) 판매시설

(5) 운수시설

(6) 의료시설(요양병원 및 정신병원은 제외)

⑺ 교육연구시설 중 연구소

⑻ 노유자시설 중 아동 관련 시설, 노인복지시설(노인요양시설은 제외)

⑼ 수련시설 중 유스호스텔

⑽ 운동시설

⑾ 업무시설

⑿ 숙박시설

⒀ 위락시설

⒁ 관광휴게시설

⒂ 장례시설

⒃ 다음 각 목의 어느 하나에 해당하는 용도로 쓰는 건축물

① 의료시설 중 요양병원 및 정신병원

② 노유자시설 중 노인요양시설·장애인 거주시설 및 장애인 의료재활시설

③ 제1종 근린생활시설 중 산후조리원

2) 「건축물의 설비기준 등에 관한 규칙」에서 배연설비(배연창)의 설치기준

⑴ 영 제 46조 1항에 따라 건축물이 방화구획으로 구획된 경우에는 그 구획마다 1개소 이상의 배연창을 설치하되, 배연창의 상변과 천장 또는 반자로부터 수직거리가 0.9 m 이내일 것. 다만 반자높이가 바닥으로부터 3 m 이상인 경우에는 배연창의 하변이 바닥으로부터 2.1 m 이상의 위치에 놓이도록 설치하여야 한다.

⑵ 배연창의 유효면적은 별표 2의 산정기준에 의하여 산정된 면적이 1 m² 이상으로서 그 면적의 합계가 당해 건축물의 바닥면적(영 제 46조 제1항 또는 제3항의 규정에 의하여 방화구획이 설치된 경우에는 그 구획된 부분의 바닥면적)의 100분의 1 이상일 것. 이 경우 바닥면적의 산정에 있어서 거실바닥면적의 20분의 1 이상으로 환기창을 설치한 거실의 면적은 이에 산입하지 아니한다.

⑶ 배연구는 연기감지기 또는 열감지기에 의하여 자동으로 열 수 있는 구조로 하되, 손으로도 열고 닫을 수 있도록 할 것

⑷ 배연구는 예비전원에 의하여 열 수 있도록 할 것

⑸ 기계식 배연설비를 하는 경우에는 "⑴" 내지 "⑷"의 규정에 불구하고 소방관계법령의 규정에 적합하도록 할 것

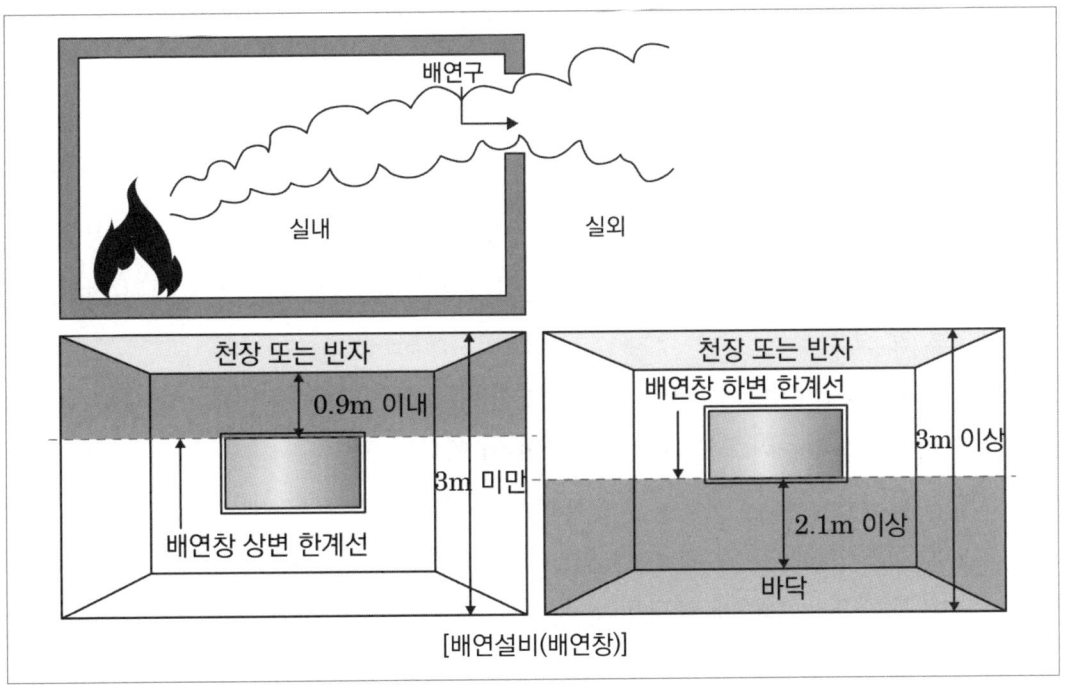

[배연설비(배연창)]

18 소방관 진입창

1) 「건축법 시행령」에서 소방관 진입창의 설치대상

건축물의 11층 이하의 층에는 소방관이 진입할 수 있는 창을 설치하고, 외부에서 주야간에 식별할 수 있는 표시를 해야 한다.

2) 소방관 진입창의 설치 제외대상이 되는 아파트

(1) 대피공간 등을 설치한 아파트

(2) 비상용 승강기를 설치한 아파트

3) 「건축물의 피난·방화구조 등의 기준에 관한 규칙」에서 소방관 진입창의 설치기준 〈개정 2024.8.26.〉

(1) 2층 이상 11층 이하인 층(직접 지상으로 통하는 출입구가 있는 층은 제외)에 각각 1개소 이상 설치할 것. 이 경우 소방관이 진입할 수 있는 창의 가운데에서 벽면 끝까지의 수평거리가 40 m 이상인 경우에는 40 m 이내마다 소방관이 진입할 수 있는 창을 추가로 설치해야 한다.

(2) 소방차 진입로 또는 소방차 진입이 가능한 공터에 면할 것

⑶ 창문의 가운데에 지름 20 cm 이상의 역삼각형을 야간에도 알아볼 수 있도록 빛 반사 등으로 붉은색으로 표시할 것

⑷ 창문의 한쪽 모서리에 타격지점을 지름 3 cm 이상의 원형으로 표시할 것

⑸ 창문의 크기는 폭 90 cm 이상, <u>높이 1 m 이상</u>으로 하고, 실내 바닥면으로부터 창의 아랫부분까지의 높이는 80 cm[난간이 설치된 노대등(영 제40조 제1항에 따른 노대 등을 말한다)에 불가피하게 소방관 진입창을 설치하는 경우에는 120센티미터] 이내 로 할 것

⑹ 다음 각 목의 어느 하나에 해당하는 유리를 사용할 것

① 플로트판유리로서 그 두께가 6 mm 이하인 것

② 강화유리 또는 배강도 유리로서 그 두께가 5 mm 이하인 것

③ "①" 또는 "②"에 해당하는 유리로 구성된 이중 유리

④ "①" 또는 "②"에 해당하는 유리로 구성된 삼중 유리. 이 경우 각각의 유리에 비 산방지필름을 부착하는 경우에는 그 필름 두께를 50마이크로미터 이하로 해야 한다.

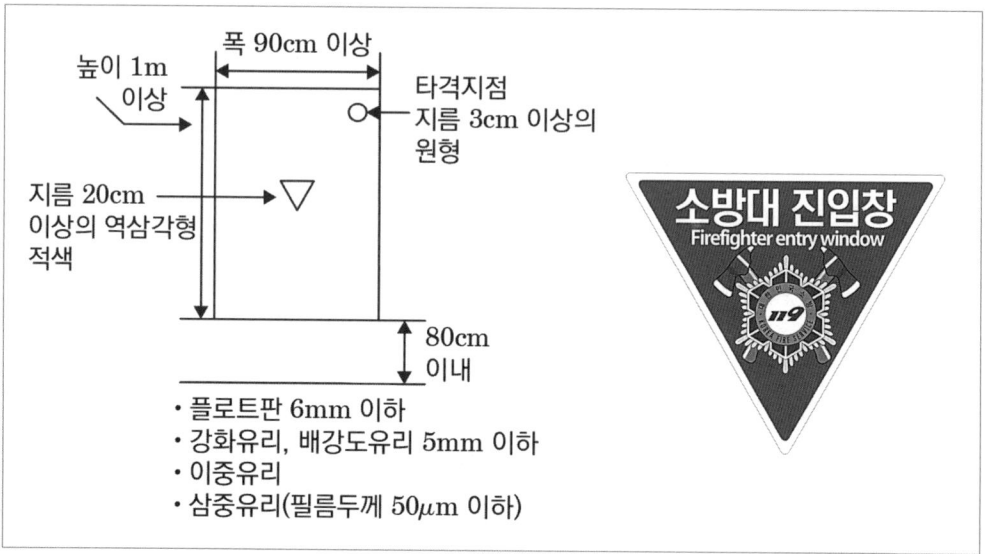

1 「소방시설 설치 및 관리에 관한 법률 시행령」(별표 2)에서 특정소방대상물의 정의

1) 공동주택

(1) 아파트등 : 주택으로 쓰는 층수가 5층 이상인 주택

(2) 연립주택 : 주택으로 쓰는 1개 동의 바닥면적(2개 이상의 동을 지하주차장으로 연결하는 경우에는 각각의 동으로 본다) 합계가 660 m²를 초과하고, 층수가 4개 층 이하인 주택(2024년 12월 1일 시행)

(3) 다세대주택 : 주택으로 쓰는 1개 동의 바닥면적(2개 이상의 동을 지하주차장으로 연결하는 경우에는 각각의 동으로 본다) 합계가 660 m² 이하이고, 층수가 4개 층 이하인 주택(2024년 12월 1일 시행)

(4) 기숙사 : 학교 또는 공장 등의 학생 또는 종업원 등을 위하여 쓰는 것으로서 1개 동의 공동취사시설 이용 세대 수가 전체의 50 % 이상인 것(「교육기본법」 제27조 제2항에 따른 학생복지주택 및 「공공주택 특별법」 제2조 제1호의3에 따른 공공매입임대주택 중 독립된 주거의 형태를 갖추지 않은 것을 포함한다)

2) 지하상가

지하의 인공구조물 안에 설치되어 있는 상점, 사무실, 그 밖에 이와 비슷한 시설이 연속하여 지하도에 면하여 설치된 것과 그 지하도를 합한 것

2 - 1) 터널

(1) 차량(궤도차량용은 제외) 등의 통행을 목적으로 지하, 수저 또는 산을 뚫어서 만든 것

(2) 도로법에 따른 방음터널

3) 지하구

(1) 전력·통신용의 전선이나 가스·냉난방용의 배관 또는 이와 비슷한 것을 집합수용하기 위하여 설치한 지하 인공구조물로서 사람이 점검 또는 보수를 하기 위하여 출입이 가능한 것 중 다음의 어느 하나에 해당하는 것

① 전력 또는 통신사업용 지하 인공구조물로서 전력구(케이블 접속부가 없는 경우에는 제외) 또는 통신구방식으로 설치된 것

② 지하 인공구조물로서 폭이 1.8 m 이상이고 높이가 2 m 이상이며 길이가 50 m 이상인 것

(2) 「국토의 계획 및 이용에 관한 법률」에 따른 공동구

4) 복합건축물

(1) 하나의 건축물에 둘 이상의 용도로 사용되는 것

(2) 하나의 건축물이 근린생활시설, 판매시설, 업무시설, 숙박시설 또는 위락시설의 용도와 주택의 용도로 함께 사용되는 것

5) 복합건축물에 해당하는 않는 경우

(1) 관계 법령에서 주된 용도의 부수시설로서 그 설치를 의무화하고 있는 용도 또는 시설

(2) 「주택법」에 따라 주택 안에 부대시설 또는 복리시설이 설치되는 특정소방대상물

(3) 건축물의 주된 용도의 기능에 필수적인 용도로서 다음의 어느 하나에 해당하는 용도

① 건축물의 설비(전기저장시설을 포함), 대피 또는 위생을 위한 용도, 그 밖에 이와 비슷한 용도

② 사무, 작업, 집회, 물품저장 또는 주차를 위한 용도, 그 밖에 이와 비슷한 용도

③ 구내식당, 구내세탁소, 구내운동시설 등 종업원후생복리시설(기숙사는 제외) 또는 구내소각시설의 용도, 그 밖에 이와 비슷한 용도

2 「소방시설 설치 및 관리에 관한 법률 시행령」(별표 2)에서 둘 이상의 특정소방대상물이 연결통로로 연결된 경우

1) 둘 이상의 특정소방대상물이 연결통로로 연결된 경우 이를 하나의 특정소방대상물로 볼 수 있는 조건 관점 10 관점 25

(1) 내화구조로 된 연결통로가 다음의 어느 하나에 해당되는 경우

① 벽이 없는 구조로서 그 길이가 6 m 이하인 경우

② 벽이 있는 구조로서 그 길이가 10 m 이하인 경우. 다만 벽 높이가 바닥에서 천장까지의 높이의 2분의 1 이상인 경우에는 벽이 있는 구조로 보고, 벽 높이가 바닥에서 천장까지의 높이의 2분의 1 미만인 경우에는 벽이 없는 구조로 본다.

(2) 내화구조가 아닌 연결통로로 연결된 경우

(3) 컨베이어로 연결되거나 플랜트설비의 배관 등으로 연결되어 있는 경우

(4) 지하보도, 지하상가, 터널로 연결된 경우

(5) 자동방화셔터 또는 60분+방화문이 설치되지 않은 피트(전기설비 또는 배관설비 등이 설치되는 공간)로 연결된 경우

(6) 지하구로 연결된 경우

2) 둘 이상의 특정소방대상물이 연결통로로 연결된 경우 각각 별 개의 소방대상물로 볼 수 있는 조건

연결통로 또는 지하구와 소방대상물의 양쪽에 다음 각 목의 어느 하나에 적합한 경우에는 각각 별개의 소방대상물로 본다.

(1) 화재 시 경보설비 또는 자동소화설비의 작동과 연동하여 자동으로 닫히는 자동방화셔터 또는 60분+방화문이 설치된 경우

(2) 화재 시 자동으로 방수되는 방식의 드렌처설비 또는 개방형 스프링클러헤드가 설치된 경우

3 「소방시설 설치 및 관리에 관한 법률 시행령」에서 무창층

1) 무창층의 정의

지상층 중 개구부(건축물에서 채광·환기·통풍 또는 출입 등을 위하여 만든 창·출입구 그 밖에 이와 비슷한 것)의 면적의 합계가 해당 층의 바닥면적의 30분의 1 이하가 되는 층

2) 무창층의 개구부 요건

(1) 크기는 지름 50 cm 이상의 원이 통과할 수 있는 크기일 것

(2) 해당 층의 바닥면으로부터 개구부 밑 부분까지의 높이가 1.2 m 이내일 것

(3) 도로 또는 차량이 진입할 수 있는 빈터를 향할 것

(4) 화재 시 건축물로부터 쉽게 피난할 수 있도록 창살이나 그 밖의 장애물이 설치되지 아니할 것

(5) 내부 또는 외부에서 쉽게 부수거나 열 수 있을 것

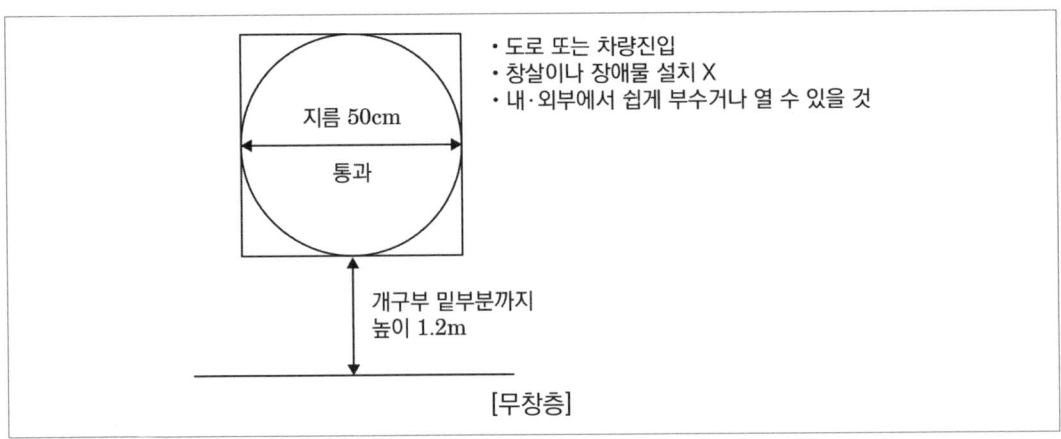

• 도로 또는 차량진입
• 창살이나 장애물 설치 X
• 내·외부에서 쉽게 부수거나 열 수 있을 것

지름 50cm
통과

개구부 밑부분까지
높이 1.2m

[무창층]

4 「소방시설 설치 및 관리에 관한 법률 시행령」(별표 7)에서 수용인원 산정방법

1) 수용인원의 산정방법

(1) 숙박시설이 있는 특정소방대상물

① 침대가 있는 숙박시설 : 해당 특정소방대상물의 종사자 수에 침대 수(2인용 침대는 2개로 산정)를 합한 수

② 침대가 없는 숙박시설 : 해당 특정소방대상물의 종사자 수에 숙박시설 바닥면적의 합계를 3 m²로 나누어 얻은 수를 합한 수

(2) 그 외 특정소방대상물

① 강의실·교무실·상담실·실습실·휴게실 용도로 쓰는 특정소방대상물 : 해당 용도로 사용하는 바닥면적의 합계를 1.9 m²로 나누어 얻은 수

② 강당, 문화 및 집회시설, 운동시설, 종교시설 : 해당 용도로 사용하는 바닥면적의 합계를 4.6 m²로 나누어 얻은 수(관람석이 있는 경우 고정식 의자를 설치한 부분은 그 부분의 의자 수로 하고, 긴 의자의 경우에는 의자의 정면너비를 0.45 m로 나누어 얻은 수)

③ 그 밖의 특정소방대상물 : 해당 용도로 사용하는 바닥면적의 합계를 3 m²로 나누어 얻은 수

(3) 비고

① 위에서 바닥면적을 산정할 때에는 복도(「건축법 시행령」에 따른 준불연재료 이상의 것을 사용하여 바닥에서 천장까지 벽으로 구획한 것), 계단 및 화장실의 바닥면적을 포함하지 않는다.

② 계산 결과 소수점 이하의 수는 반올림한다.

[문제] 침대가 없는 숙박시설 바닥면적의 합계가 260 m²이고 숙박시설 종사자가 13명인 경우, 이 숙박시설의 수용인원을 계산 과정과 함께 답하시오.

― 해 설 ―

(1) 수용인원의 산정방법

① 숙박시설이 있는 특정소방대상물

㉠ 침대가 있는 숙박시설 : 해당 특정소방대상물의 종사자 수에 침대 수(2인용 침대는 2개로 산정)를 합한 수

㉡ 침대가 없는 숙박시설 : 해당 특정소방대상물의 종사자 수에 숙박시설 바닥면적의 합계를 3 m²로 나누어 얻은 수를 합한 수

② 계산

$$종사자수\ 13명 + \frac{260 m^2}{3 m^2/명} = 99.66 \qquad \therefore 100명$$

(2) 휴게실 용도로 사용하는 바닥면적의 합계가 150 m²인 특정소방대상물의 수용인원을 계산 과정과 함께 답하시오.

① 강의실·교무실·상담실·실습실·휴게실 용도로 쓰이는 특정소방대상물 당해 용도로 사용하는 바닥면적의 합계를 1.9 m²로 나누어 얻은 수

② 계산

$$\frac{150 m^2}{1.9 m^2/명} = 78.9 \qquad \therefore 79명$$

5 「소방시설 설치 및 관리에 관한 법률 시행령」(별표 6)에서 소방시설을 설치하지 않을 수 있는 특정소방대상물 및 소방시설의 범위

구분	특정소방대상물	설치하지 않을 수 있는 소방시설
1. 화재 위험도가 낮은 특정소방대상물	석재, 불연성금속, 불연성건축재료 등의 가공공장·기계조립공장 또는 불연성물품을 저장하는 창고	옥외소화전 연결살수설비
2. 화재안전기준을 적용하기 어려운 특정소방대상물	펄프공장의 작업장, 음료수 공장의 세정 또는 충전을 하는 작업장, 그 밖에 이와 비슷한 용도로 사용하는 것	스프링클러설비 상수도소화용수설비 연결살수설비

구분	특정소방대상물	설치하지 않을 수 있는 소방시설
2. 화재안전기준을 적용하기 어려운 특정소방대상물	정수장, 수영장, 목욕장, 농예·축산·어류양식용 시설, 그 밖에 이와 비슷한 용도로 사용되는 것	자동화재탐지설비 상수도소화용수설비 연결살수설비
3. 화재안전기준을 달리 적용해야 하는 특수한 용도 또는 구조를 가진 특정소방대상물	원자력발전소, 중·저준위방사성폐기물의 저장시설	연결송수관설비 연결살수설비
4. 「위험물 안전관리법」 제19조에 따른 자체소방대가 설치된 특정소방대상물	자체소방대가 설치된 제조소등에 부속된 사무실	옥내소화전설비 소화용수설비 연결살수설비 연결송수관설비

6 「소방시설 설치 및 관리에 관한 법률」에서의 성능위주설계

1) 성능위주설계의 정의

건축물 등의 재료, 공간, 이용자, 화재 특성 등을 종합적으로 고려하여 공학적 방법으로 화재 위험성을 평가하고 그 결과에 따라 화재안전성능이 확보될 수 있도록 특정소방대상물을 설계하는 것

2) 「소방시설 설치 및 관리에 관한 법률」에서 성능위주설계를 해야 하는 특정소방대상물의 범위

(1) 연면적 20만 m² 이상인 특정소방대상물. 다만 아파트등은 제외한다.

(2) 50층 이상(지하층은 제외)이거나 지상으로부터 높이가 200 m 이상인 아파트등

(3) 30층 이상(지하층을 포함)이거나 지상으로부터 높이가 120 m 이상인 특정소방대상물(아파트등은 제외)

(4) 연면적 3만 m² 이상인 특정소방대상물로서 다음 각 목의 어느 하나에 해당하는 특정소방대상물

① 철도 및 도시철도시설

② 공항시설

(5) 창고시설 중 연면적 10만 m² 이상인 것 또는 지하층의 층수가 2개 층 이상이고 지하층의 바닥면적의 합계가 3만 m² 이상인 것

(6) 하나의 건축물에 「영화 및 비디오물의 진흥에 관한 법률」 영화상영관이 10개 이상인 특정소방대상물

(7) 「초고층 및 지하연계 복합건축물 재난관리에 관한 특별법」에 따른 지하연계 복합건축물에 해당하는 특정소방대상물

(8) 터널 중 수저(水底)터널 또는 길이가 5천 m 이상인 것

3)「소방시설 설치 및 관리에 관한 법률 시행규칙」에서 성능위주설계의 기준

    ⑴ 소방자동차 진입(통로) 동선 및 소방관 진입 경로 확보

    ⑵ 화재·피난 모의실험을 통한 화재위험성 및 피난안전성 검증

    ⑶ 건축물의 규모와 특성을 고려한 최적의 소방시설 설치

    ⑷ 소화수 공급시스템 최적화를 통한 화재피해 최소화 방안 마련

    ⑸ 특별피난계단을 포함한 피난경로의 안전성 확보

    ⑹ 건축물의 용도별 방화구획의 적정성

    ⑺ 침수 등 재난상황을 포함한 지하층 안전확보 방안 마련

7 「소방시설 설치 및 관리에 관한 법률」에서 강화된 소방시설의 적용

1) 대통령령 또는 화재안전기준이 변경되어 그 기준이 강화되는 경우 강화된 기준을 적용할 수 있는 소방시설

    ⑴ 소화기구

    ⑵ 비상경보설비

    ⑶ 자동화재탐지설비

    ⑷ 자동화재속보설비

    ⑸ 피난구조설비

2) 대통령령 또는 화재안전기준이 변경되어 그 기준이 강화되는 경우 강화된 기준을 적용할 수 있는 특정소방대상물

    ⑴ 「국토의 계획 및 이용에 관한 법률」에 따른 공동구

    ⑵ 전력 및 통신사업용 지하구

    ⑶ 노유자시설

    ⑷ 의료시설

3) 「소방시설 설치 및 관리에 관한 법률 시행령」에서 강화된 소방시설기준의 적용대상

    ⑴ 「국토의 계획 및 이용에 관한 법률」 제2조 제9호에 따른 공동구에 설치하는 소화기, 자동소화장치, 자동화재탐지설비, 통합감시시설, 유도등 및 연소방지설비

    ⑵ 전력 및 통신사업용 지하구에 설치하는 소화기, 자동소화장치, 자동화재탐지설비, 통합감시시설, 유도등 및 연소방지설비

⑶ 노유자 시설에 설치하는 간이스프링클러설비, 자동화재탐지설비 및 단독경보형 감지기

⑷ 의료시설에 설치하는 스프링클러설비, 간이스프링클러설비, 자동화재탐지설비 및 자동화재속보설비

8 「소방시설 설치 및 관리에 관한 법률 시행령」에서 특정소방대상물의 증축 또는 용도변경 시 소방시설기준 적용의 특례

1) 특정소방대상물이 증축되는 경우에는 기존 부분을 포함한 특정소방대상물의 전체에 대하여 증축 당시의 소방시설의 설치에 관한 대통령령 또는 화재안전기준을 적용해야 한다. 기존 부분에 대하여 증축 당시의 대통령령 또는 화재안전기준을 적용하지 않을 수 있는 경우

⑴ 기존 부분과 증축 부분이 내화구조(耐火構造)로 된 바닥과 벽으로 구획된 경우

⑵ 기존 부분과 증축 부분이 「건축법 시행령」 제46조 제1항 제2호에 따른 자동방화셔터 또는 같은 영 제64조 제1항 제1호에 따른 60분+방화문으로 구획되어 있는 경우

⑶ 자동차 생산공장 등 화재 위험이 낮은 특정소방대상물 내부에 연면적 33 m² 이하의 직원 휴게실을 증축하는 경우

⑷ 자동차 생산공장 등 화재 위험이 낮은 특정소방대상물에 캐노피(기둥으로 받치거나 매달아 놓은 덮개를 말하며, 3면 이상에 벽이 없는 구조의 것)를 설치하는 경우

2) 특정소방대상물이 용도 변경되는 경우에는 용도 변경되는 부분에 대해서만 용도변경 당시의 소방시설의 설치에 관한 대통령령 또는 화재안전기준을 적용한다. 특정소방대상물 전체에 대하여 용도변경 전의 대통령령 또는 화재안전기준을 적용할 수 있는 경우

⑴ 특정소방대상물의 구조·설비가 화재연소 확대 요인이 적어지거나 피난 또는 화재진압활동이 쉬워지도록 변경되는 경우

⑵ 용도변경으로 인하여 천장·바닥·벽 등에 고정되어 있는 가연성물질의 양이 줄어드는 경우

⑨ 「소방시설 설치 및 관리에 관한 법률 시행령」에서 특정소방대상물의 방염

1) 실내장식물 등을 방염성능기준 이상으로 설치해야 하는 특정소방대상물

(1) 근린생활시설 중 의원, 치과의원, 한의원, 조산원, 산후조리원, 체력단련장, 공연장 및 종교집회장

(2) 건축물의 옥내에 있는 시설로서 다음 각 목의 시설

    ① 문화 및 집회시설

    ② 종교시설

    ③ 운동시설(수영장은 제외)

(3) 의료시설

(4) 교육연구시설 중 합숙소

(5) 노유자시설

(6) 숙박이 가능한 수련시설

(7) 숙박시설

(8) 방송통신시설 중 방송국 및 촬영소

(9) 「다중이용업소의 안전관리에 관한 특별법」에 따른 다중이용업의 영업소

(10) "(1)"부터 "(9)"까지의 시설에 해당하지 않는 것으로서 층수가 11층 이상인 것(아파트 등은 제외)

2) 제조 또는 가공 공정에서 방염처리를 한 방염대상물품

(1) 창문에 설치하는 커튼류(블라인드를 포함)

(2) 카펫

(3) 벽지류(두께가 2 mm 미만인 종이벽지는 제외)

(4) 전시용 합판·목재 또는 섬유판, 무대용 합판·목재 또는 섬유판(합판·목재류의 경우 불가피하게 설치 현장에서 방염처리한 것을 포함)

(5) 암막·무대막(「영화 및 비디오물의 진흥에 관한 법률」에 따른 영화상영관에 설치하는 스크린과 「다중이용업소의 안전관리에 관한 특별법 시행령」에 따른 가상체험 체육시설업에 설치하는 스크린을 포함)

(6) 섬유류 또는 합성수지류 등을 원료로 하여 제작된 소파·의자(「다중이용업소의 안전관리에 관한 특별법 시행령」에 따른 단란주점영업, 유흥주점영업 및 노래연습장업의 영업장에 설치하는 것으로 한정)

3) 건축물 내부의 천장이나 벽에 부착하거나 설치하는 방염대상물품
  ⑴ 종이류(두께 2 mm 이상인 것)·합성수지류 또는 섬유류를 주원료로 한 물품
  ⑵ 합판이나 목재
  ⑶ 공간을 구획하기 위하여 설치하는 간이 칸막이(접이식 등 이동 가능한 벽체나 천장 또는 반자가 실내에 접하는 부분까지 구획하지 않는 벽체)
  ⑷ 흡음(吸音)을 위하여 설치하는 흡음재(흡음용 커튼을 포함)
  ⑸ 방음(防音)을 위하여 설치하는 방음재(방음용 커튼을 포함)

4) 방염대상물품의 방염성능기준
  ⑴ 버너의 불꽃을 제거한 때부터 불꽃을 올리며 연소하는 상태가 그칠 때까지 시간은 20초 이내일 것
  ⑵ 버너의 불꽃을 제거한 때부터 불꽃을 올리지 않고 연소하는 상태가 그칠 때까지 시간은 30초 이내일 것
  ⑶ 탄화(炭化)한 면적은 50 cm² 이내, 탄화한 길이는 20 cm 이내일 것
  ⑷ 불꽃에 의하여 완전히 녹을 때까지 불꽃의 접촉 횟수는 3회 이상일 것
  ⑸ 소방청장이 정하여 고시한 방법으로 발연량(發煙量)을 측정하는 경우 최대연기밀도는 400 이하일 것

10 「소방시설 설치 및 관리에 관한 법률」에서 건축허가 동의

1) 소방본부장 또는 소방서장의 동의를 받아야 하는 건축물 등의 범위
  ⑴ 연면적(「건축법 시행령」에 따라 산정된 면적)이 400 m² 이상인 건축물이나 시설. 다만 다음 각 목의 어느 하나에 해당하는 건축물이나 시설은 해당 목에서 정한 기준 이상인 건축물이나 시설로 한다.
    ① 「학교시설사업 촉진법」에 따라 건축등을 하려는 학교시설 : 100 m²
    ② 특정소방대상물 중 노유자시설 및 수련시설 : 200 m²
    ③ 「정신건강증진 및 정신질환자 복지서비스 지원에 관한 법률」에 따른 정신의료기관(입원실이 없는 정신건강의학과 의원은 제외) : 300 m²
    ④ 「장애인복지법」에 따른 장애인 의료재활시설 : 300 m²
  ⑵ 지하층 또는 무창층이 있는 건축물로서 바닥면적이 150 m²(공연장의 경우에는 100 m²) 이상인 층이 있는 것

(3) 차고 · 주차장 또는 주차 용도로 사용되는 시설로서 다음 각 목의 어느 하나에 해당하는 것

① 차고 · 주차장으로 사용되는 바닥면적이 200 m² 이상인 층이 있는 건축물이나 주차시설

② 승강기 등 기계장치에 의한 주차시설로서 자동차 20대 이상을 주차할 수 있는 시설

(4) 층수(「건축법 시행령」에 따라 산정된 층수)가 6층 이상인 건축물

(5) 항공기 격납고, 관망탑, 항공관제탑, 방송용 송수신탑

(6) 특정소방대상물 중 공동주택, 의원(입원실 또는 인공신장실이 있는 것으로 한정) · 조산원 · 산후조리원, 숙박시설, 위험물 저장 및 처리시설, 발전시설 중 풍력발전소 · 전기저장시설, 지하구(地下溝)

(7) 노유자 시설 중 다음 각 목의 어느 하나에 해당하는 시설. 다만 학대피해노인 전용쉼터 및 "②"부터 "⑥"까지의 시설 중 「건축법 시행령」의 단독주택 또는 공동주택에 설치되는 시설은 제외한다.

① 별표 2 제9호 가목에 따른 노인 관련 시설 중 다음의 어느 하나에 해당하는 시설

㉠ 「노인복지법」에 따른 노인주거복지시설, 노인의료복지시설 및 재가노인복지시설

㉡ 「노인복지법」에 따른 학대피해노인 전용쉼터

② 「아동복지법」에 따른 아동복지시설(아동상담소, 아동전용시설 및 지역아동센터는 제외)

③ 「장애인복지법」에 따른 장애인 거주시설

④ 정신질환자 관련 시설(「정신건강증진 및 정신질환자 복지서비스 지원에 관한 법률」에 따른 공동생활가정을 제외한 재활훈련시설과 종합시설 중 24시간 주거를 제공하지 않는 시설은 제외)

⑤ 노숙인 관련 시설 중 노숙인자활시설, 노숙인재활시설 및 노숙인요양시설

⑥ 결핵환자나 한센인이 24시간 생활하는 노유자 시설

(8) 「의료법」에 따른 요양병원. 다만 의료재활시설은 제외한다.

(9) 특정소방대상물 중 공장 또는 창고시설로서 「화재의 예방 및 안전관리에 관한 법률 시행령」에서 정하는 수량의 750배 이상의 특수가연물을 저장 · 취급하는 것

(10) 가스시설로서 지상에 노출된 탱크의 저장용량의 합계가 100톤 이상인 것

2) 소방본부장 또는 소방서장의 건축허가등의 동의대상에서 제외가 되는 대상물

    (1) 별표 4에 따라 특정소방대상물에 설치되는 소화기구, 자동소화장치, 누전경보기, 단독경보형 감지기, 가스누설경보기 및 피난구조설비(비상조명등은 제외)가 화재안전기준에 적합한 경우 해당 특정소방대상물

    (2) 건축물의 증축 또는 용도변경으로 인하여 해당 특정소방대상물에 추가로 소방시설이 설치되지 않는 경우 해당 특정소방대상물

    (3) 「소방시설공사업법 시행령」에 따른 소방시설공사의 착공신고 대상에 해당하지 않는 경우 해당 특정소방대상물

11 「소방시설 설치 및 관리에 관한 법률」에서 피난시설, 방화구획 및 방화시설의 유지, 관리를 위하여 특정소방대상물의 관계인이 금지해야 하는 행위

1) 피난시설, 방화구획 및 방화시설을 폐쇄하거나 훼손하는 등의 행위
2) 피난시설, 방화구획 및 방화시설의 주위에 물건을 쌓아두거나 장애물을 설치하는 행위
3) 피난시설, 방화구획 및 방화시설의 용도에 장애를 주거나 「소방기본법」 제16조에 따른 소방활동에 지장을 주는 행위
4) 그 밖에 피난시설, 방화구획 및 방화시설을 변경하는 행위

12 자체점검

1) 작동점검의 정의

    소방시설등을 인위적으로 조작하여 소방시설이 정상적으로 작동하는지를 소방청장이 정하여 고시하는 소방시설등 작동점검표에 따라 점검하는 것

2) 종합점검의 정의

    소방시설등의 작동점검을 포함하여 소방시설등의 설비별 주요 구성 부품의 구조기준이 화재안전기준과 「건축법」등 관련 법령에서 정하는 기준에 적합한 지 여부를 소방청장이 정하여 고시하는 소방시설등 종합점검표에 따라 점검하는 것을 말하며, 다음과 같이 구분한다.

    (1) 최초점검 : 소방시설이 신설된 경우 「건축법」에 따라 건축물을 사용할 수 있게 된 날부터 60일 이내 점검하는 것

    (2) 그 밖의 종합점검 : 최초점검을 제외한 종합점검

13 종합점검과 작동점검의 대상 및 제외 대상

1) 종합점검의 대상

(1) 해당 특정소방대상물의 소방시설등이 신설된 경우 : 「건축법」에 따라 건축물을 사용할 수 있게 된 날부터 60일)에 해당하는 특정소방대상물

(2) 스프링클러설비가 설치된 특정소방대상물

(3) 물분무등소화설비[호스릴(Hose reel)방식의 물분무등소화설비만을 설치한 경우는 제외]가 설치된 연면적 5,000 m^2 이상인 특정소방대상물(제조소등은 제외)

(4) 「다중이용업소의 안전관리에 관한 특별법 시행령」에서 복합영상물제공업, 안마시술소, 산후조리업, 노래연습장업, 고시원업, 단란주점영업, 유흥주점영업, 영화상영관, 비디오물감상실업의 다중이용업의 영업장이 설치된 특정소방대상물로서 연면적이 2,000 m^2 이상인 것

(5) 제연설비가 설치된 터널

(6) 「공공기관의 소방안전관리에 관한 규정」에 따른 공공기관 중 연면적(터널·지하구의 경우 그 길이와 평균 폭을 곱하여 계산된 값)이 1,000 m^2 이상인 것으로서 옥내소화전설비 또는 자동화재탐지설비가 설치된 것. 다만 「소방기본법」에 따른 소방대가 근무하는 공공기관은 제외한다.

2) 작동점검의 대상

모든 특정소방대상물

3) 작동점검의 제외 대상

(1) 특정소방대상물 중 「화재의 예방 및 안전관리에 관한 법률」에 해당하지 않는 특정소방대상물(소방안전관리자를 선임하지 않는 대상)

(2) 「위험물안전관리법」에 따른 제조소등

(3) 「화재의 예방 및 안전관리에 관한 법률 시행령」의 특급소방안전관리대상물

14 소방시설 점검자의 자격

1) 종합점검의 점검자격

(1) 관리업에 등록된 소방시설관리사

(2) 소방안전관리자로 선임된 소방시설관리사 및 소방기술사

2) 작동점검의 점검자격

(1) 간이스프링클러설비(주택전용 간이스프링클러설비는 제외) 또는 자동화재탐지설비가 설치된 특정소방대상물

① 관계인

② 관리업에 등록된 기술인력 중 소방시설관리사

③ 「소방시설공사업법 시행규칙」에 따른 특급점검자

④ 소방안전관리자로 선임된 소방시설관리사 및 소방기술사

(2) 그 외 특정소방대상물

① 관리업에 등록된 소방시설관리사

② 소방안전관리자로 선임된 소방시설관리사 및 소방기술사

15 소방시설 점검횟수 및 점검시기 등

1) 종합점검의 점검횟수 및 점검시기

(1) 종합점검의 점검횟수

① 연 1회 이상(「화재의 예방 및 안전에 관한 법률 시행령」의 특급 소방안전관리대상물은 반기에 1회 이상) 실시한다.

② 소방본부장 또는 소방서장은 소방청장이 소방안전관리가 우수하다고 인정한 특정소방대상물에 대해서는 3년의 범위에서 소방청장이 고시하거나 정한 기간 동안 종합점검을 면제할 수 있다. 다만 면제기간 중 화재가 발생한 경우는 제외한다.

(2) 종합점검의 점검시기

① 신설된 특정소방대상물은 「건축법」에 따라 건축물을 사용할 수 있게 된 날부터 60일 이내 실시한다.

② 그 외 특정소방대상물은 건축물의 사용승인일이 속하는 달에 실시한다. 다만 「공공기관의 안전관리에 관한 규정」에 따른 학교의 경우에는 해당 건축물의 사용승인일이 1월에서 6월 사이에 있는 경우에는 6월 30일까지 실시할 수 있다.

③ 건축물 사용승인일 이후 다중이용업의 영업장이 설치된 종합점검 대상에 해당하게 된 경우에는 그 다음 해부터 실시한다.

④ 하나의 대지경계선 안에 2개 이상의 자체점검 대상 건축물 등이 있는 경우에는 그 건축물 중 사용승인일이 가장 빠른 연도의 건축물의 사용승인일을 기준으로 점검할 수 있다.

2) 작동점검의 점검횟수 및 점검시기

(1) 작동점검의 점검횟수

작동점검은 연 1회 이상 실시한다.

(2) 작동점검의 점검시기

① 종합점검 대상은 종합점검(최초점검은 제외한다)을 받은 달부터 6개월이 되는 달에 실시한다.

② ①에 해당하지 않는 특정소방대상물은 특정소방대상물의 사용승인일(건축물의 경우에는 건축물관리대장 또는 건물 등기사항증명서에 기재되어 있는 날, 시설물의 경우에는 「시설물의 안전 및 유지관리에 관한 특별법」에 따른 시설물통합정보관리체계에 저장·관리되고 있는 날을 말하며, 건축물관리대장, 건물 등기사항증명서 및 시설물통합정보관리체계를 통해 확인되지 않는 경우에는 소방시설완공검사증명서에 기재된 날)이 속하는 달의 말일까지 실시한다. 다만 건축물관리대장 또는 건물 등기사항증명서 등에 기입된 날이 서로 다른 경우에는 건축물관리대장에 기재되어 있는 날을 기준으로 점검한다.

3) 공공기관의 외관점검

(1) 공공기관의 외관점검

「공공기관의 소방안전관리에 관한 규정」에 따른 공공기관의 장은 공공기관에 설치된 소방시설등의 유지·관리상태를 맨눈 또는 신체감각을 이용하여 점검하는 외관점검을 월 1회 이상 실시(작동점검 또는 종합점검을 실시한 달에는 실시하지 않을 수 있다)

(2) 외관점검의 점검자 자격

① 특정소방대상물의 관계인

② 소방안전관리자

③ 관리업자(소방시설관리사를 포함하여 등록된 기술인력)

(3) 외관점검의 점검표 보관기간

점검 결과를 2년간 자체 보관해야 한다.

16 공동주택의 세대별 점검방법 [관점 25]

1) 관리자(관리소장, 입주자대표회의 및 소방안전관리자를 포함한다. 이하 같다) 및 입주민(세대 거주자를 말한다)은 2년 주기로 모든 세대에 대하여 점검해야 한다.

2) 위 1)항에도 불구하고 아날로그감지기 등 특수감지기가 설치되어 있는 경우에는 수신기에서 원격 점검할 수 있으며, 점검할 때마다 모든 세대를 점검해야 한다. 다만 자동화재탐지설비의 선로 단선이 확인되는 때에는 단선이 난 세대 또는 그 경계구역에 대하여 현장점검을 해야 한다.

3) 관리자는 수신기에서 원격 점검이 불가능한 경우 매년 작동점검만 실시하는 공동주택은 1회 점검 시마다 전체 세대수의 50 % 이상, 종합점검을 실시하는 공동주택은 1회 점검 시마다 전체 세대수의 30 % 이상 점검하도록 자체점검 계획을 수립·시행해야 한다.

4) 관리자 또는 해당 공동주택을 점검하는 관리업자는 입주민이 세대 내에 설치된 소방시설등을 스스로 점검할 수 있도록 소방청 또는 사단법인 한국소방시설관리협회의 홈페이지에 게시되어 있는 공동주택 세대별 점검 동영상을 입주민이 시청할 수 있도록 안내하고, 소방시설 외관점검표(별지 제36호 서식)을 사전에 배부해야 한다.

5) 입주민은 점검 서식에 따라 스스로 점검하거나 관리자 또는 관리업자로 하여금 대신 점검하게 할 수 있다. 입주민이 스스로 점검한 경우에는 그 점검 결과를 관리자에게 제출하고 관리자는 그 결과를 관리업자에게 알려주어야 한다.

6) 관리자는 관리업자로 하여금 세대별 점검을 하고자 하는 경우에는 사전에 점검 일정을 입주민에게 사전에 공지하고 세대별 점검 일자를 파악하여 관리업자에게 알려주어야 한다. 관리업자는 사전 파악된 일정에 따라 세대별 점검을 한 후 관리자에게 점검 현황을 제출해야 한다.

7) 관리자는 관리업자가 점검하기로 한 세대에 대하여 입주민의 사정으로 점검을 하지 못한 경우 입주민이 스스로 점검할 수 있도록 다시 안내해야 한다. 이 경우 입주민이 관리업자로 하여금 다시 점검받기를 원하는 경우 관리업자로 하여금 추가로 점검하게 할 수 있다.

8) 관리자는 세대별 점검 현황(입주민 부재 등 불가피한 사유로 점검을 하지 못한 세대 현황을 포함한다)을 작성하여 자체점검이 끝난 날부터 2년간 자체 보관해야 한다.

17 종합점검 면제 대상 및 기간(소방시설 자체점검사항 등에 관한 고시 제9조)

소방청장, 소방본부장 또는 소방서장은 안전관리가 우수한 소방대상물을 포상하고 자율적인 안전관리를 유도하기 위해 다음의 어느 하나에 해당하는 특정소방대상물의 경우에는 다음에서 정하는 기간 동안에는 종합점검을 면제할 수 있다. 이 경우 특정소방대상물의 관계인은 1년에 1회 이상 작동점검은 실시해야 한다.

1) 대한민국 안전대상을 수상한 우수 소방대상물 : 다음에서 정하는 기간
   (1) 대통령, 국무총리 표창(상장·상패를 포함) : 3년
   (2) 장관, 소방청장 표창 : 2년
   (3) 시·도지사 표창 : 1년
2) 사단법인 한국안전인증원으로부터 공간안전인증을 받은 특정소방대상물 : 공간안전인증 기간(연장기간 포함)
3) 사단법인 국가화재평가원으로부터 화재안전등급 지정을 받은 특정소방대상물 : 화재안전등급 지정 기간
4) 시행규칙 별표 3 제3호 가목에 해당하는 특정소방대상물로서 그 안에 설치된 다중이용업소 전부가 안전관리우수업소로 인증 받은 대상 : 그 대상의 안전관리우수업소 인증기간
5) 종합점검 면제기간은 포상일(상장 명기일) 또는 인증(지정) 받은 다음 연도부터 기산한다. 다만 화재가 발생한 경우에는 그러하지 않는다.
6) 특급 소방안전관리 대상물 중 연 2회 종합점검 대상인 경우에는 종합점검 1회를 면제한다.

18 자체점검을 위한 점검장비

소방시설	장비	규격
모든 소방시설	방수압력측정계, 절연저항계(절연저항측정기), 전류전압측정계	–
소화기구	저울	–
옥내소화전설비 옥외소화전설비	소화전밸브압력계	–
스프링클러설비 포소화설비	헤드결합렌치(볼트, 너트, 나사 등을 죄거나 푸는 공구)	–

소방시설	장비	규격
이산화탄소소화설비 분말소화설비 할론소화설비 할로겐화합물 및 불활성기체 소화설비	검량계, 기동관누설시험기, 그밖에 소화약제의 저장량을 측정할 수 있는 점검기구	
자동화재탐지설비 시각경보기	열감지기시험기, 연(煙)감지기시험기, 공기주입시험기, 감지기시험기연결막대, 음량계	
누전경보기	누전계	누전전류 측정용
무선통신보조설비	무선기	통화시험용
제연설비	풍속풍압계, 폐쇄력측정기, 차압계(압력차 측정기)	
통로유도등 비상조명등	조도계(밝기 측정기)	최소눈금이 0.1 럭스 이하인 것

19 종합점검 및 작동점검 시 점검인력 배치기준(2024년 12월 1일 시행)

1) 점검인력 1단위

(1) 관리업자가 점검하는 경우에는 주된 점검인력인 특급점검자 1명과 보조 점검인력인 영 별표 9에 따른 주된 기술인력 또는 보조 기술인력 2명을 점검인력 1단위로 하되, 점검인력 1단위에 보조 점검인력으로 2명(같은 건축물을 점검할 때는 4명) 이내의 주된 기술인력 또는 보조 기술인력을 추가할 수 있다.

(2) 소방안전관리자로 선임된 소방시설관리사 또는 소방기술사가 점검하는 경우에는 주된 점검인력인 소방시설관리사 또는 소방기술사 중 1명과 보조 점검인력 2명을 점검인력 1단위로 하되, 점검인력 1단위에 2명 이내의 보조 점검인력을 추가할 수 있다. 이 경우 보조 점검인력은 해당 특정소방대상물의 관계인, 소방안전관리보조자 또는 관리업자 소속의 소방기술인력으로 할 수 있다.

(3) 관계인이 점검하는 경우에는 주된 점검인력인 관계인 1명과 보조 점검인력 2명을 점검인력 1단위로 한다. 이 경우 보조 점검인력은 해당 특정소방대상물의 관계인, 소방안전관리자, 소방안전관리보조자 또는 관리업자 소속의 소방기술인력으로 할 수 있다.

2) 관리업자가 점검하는 경우 특정소방대상물의 규모 등에 따른 점검인력의 배치기준

구분	주된 점검인력	보조 점검인력
가. 50층 이상 또는 성능위주설계를 한 특정소방대상물	소방시설관리사 경력 5년 이상인 특급점검자 1명 이상	고급점검자 이상의 기술인력 1명 이상 및 중급점검자 이상의 기술인력 1명 이상
나. 「화재의 예방 및 안전관리에 관한 법률 시행령」 별표 4 제1호에 따른 특급 소방안전관리대상물(가목의 특정소방대상물은 제외한다)	소방시설관리사 경력 3년 이상인 특급점검자 1명 이상	고급점검자 이상의 기술인력 1명 이상 및 초급점검자 이상의 기술인력 1명 이상
다. 「화재의 예방 및 안전관리에 관한 법률 시행령」 별표 4 제2호 및 제3호에 따른 1급 또는 2급 소방안전관리대상물	소방시설관리사 경력 1년 이상인 특급점검자 1명 이상	중급점검자 이상의 기술인력 1명 이상 및 초급점검자 이상의 기술인력 1명 이상
라. 「화재의 예방 및 안전관리에 관한 법률 시행령」 별표 4 제4호에 따른 3급 소방안전관리대상물	특급점검자 1명 이상	초급점검자 이상의 기술인력 2명 이상

[비고]
1. "주된 점검인력"이란 해당 점검 업무 전반을 총괄하는 사람을 말한다.
2. "보조 점검인력"이란 주된 점검인력을 보조하고, 주된 점검인력의 지시를 받아 점검 업무를 수행하는 사람을 말한다.
3. 점검인력의 등급구분(특급점검자, 고급점검자, 중급점검자, 초급점검자)은 「소방시설공사업법 시행규칙」 별표 4의2에서 정하는 기준에 따른다.

3) 점검인력 1단위가 하루 동안 점검할 수 있는 특정소방대상물의 연면적(이하 "점검한도 면적"이라 한다)은 다음과 같다.

 (1) **종합점검** : 8,000 m^2

 (2) **작동점검** : 10,000 m^2

4) 점검인력 1단위에 보조 점검인력을 1명씩 추가할 때마다 종합점검의 경우에는 2,000 m^2, 작동점검의 경우에는 2,500 m^2씩을 점검한도 면적에 더한다. 다만 하루에 2개 이상의 특정소방대상물을 배치할 경우 1일 점검 한도면적은 특정소방대상물별로 투입된 점검인력에 따른 점검 한도면적의 평균값으로 적용하여 계산한다.

구분	종합점검	작동점검
점검인력 1단위	8,000 m²	10,000 m²
점검인력 1단위 + 1명 추가 시	10,000 m²	12,500 m²
점검인력 1단위 + 2명 추가 시	12,000 m²	15,000 m²
점검인력 1단위 + 3명 추가 시	14,000 m²	17,500 m²
점검인력 1단위 + 4명 추가 시	16,000 m²	20,000 m²

5) 점검인력은 하루에 5개의 특정소방대상물에 한하여 배치할 수 있다. 다만 2개 이상의 특정소방대상물을 2일 이상 연속하여 점검하는 경우에는 배치기한을 초과해서는 안 된다.

6) 관리업자등이 하루 동안 점검한 면적은 실제 점검면적(지하구는 그 길이에 폭의 길이 1.8 m를 곱하여 계산된 값을 말하며, 터널은 3차로 이하인 경우에는 그 길이에 폭의 길이 3.5 m를 곱하고, 4차로 이상인 경우에는 그 길이에 폭의 길이 7 m를 곱한 값을 말한다. 다만 한쪽 측벽에 소방시설이 설치된 4차로 이상인 터널의 경우에는 그 길이와 폭의 길이 3.5 m를 곱한 값을 말한다)에 다음의 각 목의 기준을 적용하여 계산한 면적(이하 "점검면적"이라 한다)으로 하되, 점검면적은 점검한도 면적을 초과해서는 안 된다.

(1) 실제 점검면적에 다음의 가감계수를 곱한다.

구분	대상용도	가감계수
1류	문화 및 집회시설, 종교시설, 판매시설, 의료시설, 노유자시설, 수련시설, 숙박시설, 위락시설, 창고시설, 교정시설, 발전시설, 지하가, 복합건축물	1.1
2류	공동주택, 근린생활시설, 운수시설, 교육연구시설, 운동시설, 업무시설, 방송통신시설, 공장, 항공기 및 자동차 관련 시설, 군사시설, 관광휴게시설, 장례시설, 지하구	1.0
3류	위험물 저장 및 처리시설, 문화재, 동물 및 식물 관련 시설, 자원순환 관련 시설, 묘지 관련 시설	0.9

(2) 점검한 특정소방대상물이 다음의 어느 하나에 해당할 때에는 다음에 따라 계산된 값을 (1)에 따라 계산된 값에서 뺀다.

① 스프링클러설비가 설치되지 않은 경우 : (1)에 따라 계산된 값에 0.1을 곱한 값

② 물분무등소화설비가 설치되지 않은 경우 : (1)에 따라 계산된 값에 0.1를 곱한 값

③ 제연설비가 설치되지 않은 경우 : (1)에 따라 계산된 값에 0.1을 곱한 값

(3) 2개 이상의 특정소방대상물을 하루에 점검하는 경우에는 특정소방대상물 상호 간의 좌표 최단거리 5 km마다 점검 한도면적에 0.02를 곱한 값을 점검 한도면적에서 뺀다.

7) 제3호부터 제6호까지의 규정에도 불구하고 아파트등(공용시설, 부대시설 또는 복리시설은 포함하고, 아파트등이 포함된 복합건축물의 아파트등 외의 부분은 제외)를 점검할 때에는 다음 각 목의 기준에 따른다.

(1) 점검인력 1단위가 하루 동안 점검할 수 있는 아파트등의 세대수(점검한도 세대수)는 종합점검 및 작동점검에 관계없이 250 세대로 한다.

(2) 점검인력 1단위에 보조 점검인력을 1명씩 추가할 때마다 60세대씩을 점검한도 세대수에 더한다.

구분	점검 세대수(종합, 작동)
점검인력 1단위	250 세대
점검인력 1단위 + 1명 추가 시	310 세대
점검인력 1단위 + 2명 추가 시	370 세대
점검인력 1단위 + 3명 추가 시	430 세대
점검인력 1단위 + 4명 추가 시	490 세대

(3) 관리업자등이 하루 동안 점검한 세대수는 실제 점검 세대수에 다음의 기준을 적용하여 계산한 세대수(점검 세대수)로 하되, 점검세대수는 점검한도 세대수를 초과하여서는 안 된다.

① 점검한 아파트등이 다음의 어느 하나에 해당할 때에는 다음에 따라 계산된 값을 실제 점검 세대수에서 뺀다.

㉠ 스프링클러설비가 설치되지 않은 경우 : 실제 점검 세대수에 0.1을 곱한 값

㉡ 물분무등소화설비(호스릴방식의 물분무등소화설비는 제외)가 설치되지 않은 경우 : 실제 점검 세대수에 0.1를 곱한 값

㉢ 제연설비가 설치되지 않은 경우 : 실제 점검 세대수에 0.1을 곱한 값

② 2개 이상의 아파트를 하루에 점검하는 경우에는 아파트 상호 간의 좌표 최단거리 5 km마다 점검 한도 세대수에 0.02를 곱한 값을 점검한도 세대수에서 뺀다.

8) 아파트등과 아파트등 외 용도의 건축물을 하루에 점검할 때에는 종합점검의 경우 제7)호에 따라 계산된 값에 32, 작동점검의 경우 제7)호에 따라 계산된 값에 40을 곱한 값을 점검대상 연면적으로 보고 제2)호 및 제3)호를 적용한다.

9) 종합점검과 작동점검을 하루에 점검하는 경우에는 작동점검의 점검대상 연면적 또는 점검대상 세대수에 0.8을 곱한 값을 종합점검 점검대상 연면적 또는 점검대상 세대수로 본다.

10) 제3)호부터 제9)호까지의 규정에 따라 계산된 값은 소수점 이하 둘째 자리에서 반올림한다.

[문제 01] 조건과 같은 노유자시설에 대한 작동점검을 하고자 한다. 최소한의 점검일수를 산정하시오.

〈조 건〉

○ 대상물명 : 영등포 노인요양원
○ 건축물의 규모 : 노유자시설, 지하 1층/지상 5층, 1개동, 연면적 15,000 m²
○ SP설비 있음, 제연설비 없음, 물분무등소화설비 없음
○ 점검인력은 1단위를 기준으로 점검일수 산정

─ 해 설 ─

(1) 점검면적의 계산식

점검면적 = (실제점검면적×가감계수) - (실제점검면적×가감계수×설비계수의 합)

(2) 가감계수의 기준

구분	대상용도	가감계수
1류	문화 및 집회시설, 종교시설, 판매시설, 의료시설, 노유자시설, 수련시설, 숙박시설, 위락시설, 창고시설, 교정시설, 발전시설, 지하가, 복합건축물	1.1
2류	공동주택, 근린생활시설, 운수시설, 교육연구시설, 운동시설, 업무시설, 방송통신시설, 공장, 항공기 및 자동차 관련 시설, 군사시설, 관광휴게시설, 장례시설, 지하구	1.0
3류	위험물 저장 및 처리시설, 문화재, 동물 및 식물 관련 시설, 자원순환 관련 시설, 묘지 관련 시설	0.9

(3) 점검면적 : 15,000 m²
(4) 용도별 가감계수에 따른 실제점검면적(m²) = 15,000 m² × 1.1 = 16,500 m²
(5) 설비계수를 고려한 면적(m²) = 16,500 m² × (1 - 0.2) = 13,200 m²
   [※ 설비계수를 고려한 면적(m²) = 16,500 m² - (16,500 m² × 0.2) = 13,200 m²]

(6) 점검일수(1단위 기준) = $\dfrac{13,200 m^2}{10,000 m^2/일}$ = 1.32　　　　　　∴ 2일

[문제 02] 다음 공장에 대한 작동점검을 실시할 경우, 소방시설 설치 및 관리에 관한 법령상 점검면적과 작동점검에 필요한 최소한의 일수를 계산 과정과 함께 답하시오. (단, 소규모점검이 아니다)

〈조 건〉

○ 연면적은 50,000 m²이다.

○ 스프링클러설비, 물분무등소화설비, 제연설비는 없다.

○ 점검인력 1단위에 보조인력 1명을 추가하되 작동점검을 실시한다.

○ 다른 조건은 고려하지 않는다.

— 해 설 —

(1) 점검면적의 계산식

점검면적 = 연면적 × 가감계수 = 50,000 × 0.9 = 45,000 m²

(2) 가감계수의 기준

구분	대상용도	가감계수
1류	문화 및 집회시설, 종교시설, 판매시설, 의료시설, <u>노유자시설</u>, 수련시설, 숙박시설, 위락시설, 창고시설, 교정시설, 발전시설, 지하가, 복합건축물	1.1
2류	공동주택, 근린생활시설, 운수시설, 교육연구시설, 운동시설, 업무시설, 방송통신시설, 공장, 항공기 및 자동차 관련 시설, 군사시설, 관광휴게시설, 장례시설, 지하구	1.0
3류	위험물 저장 및 처리시설, 문화재, 동물 및 식물 관련 시설, 자원순환 관련 시설, 묘지 관련 시설	0.9

(3) 점검면적

① 점검면적 50,000 m²

② 공장의 가감계수 : 1.0

③ 설비계수에 따른 실제 점검면적

(스프링클러설비, 물분무등소화설비, 제연설비가 없으므로 0.1 + 0.1 + 0.1 = 0.3)

실제 점검면적 = 50,000 m² × (1 − 0.3) = 35,000 m²

[※ 실제 점검면적 = 50,000 m² − (50,000 m² × 0.3) = 35,000 m²]

(4) 배치하는 점검인력에 따른 점검한도 면적 및 점검일수

   ① 점검인력 1단위 + 보조인력 1인 : 10,000 m² + 2,500 m² = 12,500 m²

   ② 점검일수 = $\dfrac{35,000m^2}{12,500m^2/일}$ = 2.8   ∴ 3일

[문제 03] 조건과 같은 공동주택에 대한 종합점검을 하고자 한다. 최소한의 점검일수를 산정 하시오.

〈조 건〉

○ 대상물명 : A 아파트

○ 건축물의 규모 : 아파트 350세대, 지하 1층/지상 15층, 연면적 15,925 m²

○ 아파트 부속주차장 및 부속실 : 4,750 m²

○ SP설비 있음, 제연설비 있음, 물분무등소화설비 없음

○ 점검인력은 1단위를 기준으로 점검일수 산정

해 설

(1) 점검 세대수의 계산식

       점검 세대수 = 세대수 × 설비계수의 합

(2) 공동주택의 가감계수 : 1.0

(3) 점검 대상 세대수 : 350세대

(4) 설비계수를 고려한 세대수 = 350세대 × (1 - 0.1) = 315세대

   [※ 설비계수를 고려한 세대수 = 350세대 - (350세대 × 0.1) = 315세대]

(5) 점검일수(1단위 기준) = $\dfrac{315\,세대}{250\,세대/일}$ = 1.26   ∴ 2일

[문제 04] 조건과 같은 공동주택에 대한 종합점검을 하고자 한다. 최소한의 점검일수를 산정하시오.

> 〈조 건〉
>
> ○ 세대수는 총 2,700세대이다.
> ○ 스프링클러설비와 제연설비가 설치되어 있고, 물분무등소화설비는 없다.
> ○ 점검인력 1단위에 보조인력 2명을 추가하여 종합점검을 실시한다.
> ○ 다른 조건은 고려하지 않는다.

── 해 설 ──

(1) 점검 세대수의 계산식

> 점검 세대수 = 세대수 × 설비계수의 합

(2) 점검 세대수

① 점검 대상 세대수 : 2,700세대

② 설비계수에 따른 실제 점검 세대수(물분무등소화설비 없음)

실제 점검 세대수 = 2,700세대 × (1 - 0.1) = 2,430세대

[※실제 점검 세대수 = 2,700세대 - (2,700세대 × 0.1) = 2,430세대]

(3) 배치하는 점검인력에 따른 점검한도 세대수 및 점검일수

① 점검인력 1단위 + 보조인력 2인 = 250세대 + (60세대 × 2인) = 370세대/일

② 점검일수 = $\dfrac{2,430\,\text{세대}}{370\,\text{세대}/\text{일}}$ ─ 6.56   ∴ 7일

20 자체점검의 면제 또는 연기

1) 자체점검의 면제 또는 연기 신청 사유

(1) 「재난 및 안전관리 기본법」 제3조 1호에 해당하는 재난이 발생한 경우

(2) 경매 등의 사유로 소유권이 변동 중이거나 변동된 경우

(3) 관계인의 질병, 사고, 장기출장의 경우

(4) 그 밖에 관계인이 운영하는 사업에 부도 또는 도산 등 중대한 위기가 발생하여 자체점검을 실시하기 곤란한 경우

2) 자체점검의 면제 또는 연기 신청기간

　관계인은 자체점검의 실시 만료일 3일 전까지 소방본부장 또는 소방서장에게 신청

3) 자체점검의 면제 또는 연기 신청서류

　자체점검 면제 또는 연기신청서(전자문서로 된 신청서를 포함)에 자체점검을 실시하기 곤란함을 증명할 수 있는 서류(전자문서를 포함)

4) 소방본부장 또는 소방서장의 면제 또는 연기 결정통지서의 통보

　소방본부장 또는 소방서장은 면제 또는 연기의 신청을 받은 날부터 3일 이내에 자체점검의 면제 또는 연기 여부를 결정하여 자체점검 면제 또는 연기 신청 결과 통지서를 면제 또는 연기 신청을 한 자에게 통보

21 자체점검의 결과 제출 및 점검인력 배치

1) 관리업자는 자체점검을 실시하는 경우 점검 대상과 점검인력 배치상황을 점검인력을 배치한 날 이후 <u>자체점검이 끝난 날부터 5일 이내에</u> 관리업자에 대한 점검능력 평가 등에 관한 업무를 위탁받은 법인 또는 단체(이하 "평가기관")에 통보(점검일, 주말, 공휴일 미산입)

2) 관리업자는 점검이 끝난 날부터 10일 이내에 소방시설등점검표를 첨부하여 관계인에게 제출(점검일, 주말, 공휴일 미산입)

3) 관계인은 **자체점검이 끝난 날부터 15일 이내에** 소방시설등 자체점검 실시결과 보고서(전자문서로 된 보고서를 포함)에 다음 각 호의 서류를 첨부하여 소방본부장 또는 소방서장에게 서면이나 소방청장이 지정하는 전산망을 통하여 **보고**(점검일, 주말, 공휴일 미산입)

　⑴ 점검인력 배치확인서(관리업자가 점검한 경우만 해당)

　⑵ 소방시설등의 자체점검 결과 이행계획서

4) 소방시설등의 자체점검 결과 이행계획서를 보고받은 소방본부장 또는 소방서장은 다음 각호에 따라 이행계획의 완료 기간을 정하여 관계인에게 통보해야 함

　⑴ **소방시설등을 구성하고 있는 기계·기구를 수리하거나 정비하는 경우** : 보고일부터 10일 이내

　⑵ **소방시설등의 전부 또는 일부를 철거하고 새로 교체하는 경우** : 보고일부터 20일 이내

5) 완료기간 내에 이행계획을 완료한 관계인은 이행을 완료한 날부터 10일 이내에 소방시설등의 자체점검 결과 이행완료 보고서(전자문서로 된 보고서를 포함)에 다음 각호의 서류(전자문서를 포함)를 첨부하여 소방본부장 또는 소방서장에게 보고해야 함
   (1) 이행계획 건별 전·후 사진 증명자료
   (2) 소방시설공사 계약서

22 자체점검결과의 게시

1) 자체점검의 게시기간

소방본부장 또는 소방서장에게 자체점검 결과 보고를 한 날로부터 10일 이내 자체점검기록표를 작성하여 특정소방대상물의 출입자가 쉽게 볼 수 있는 장소에 30일 이상 게시

2) 소방시설등 자체점검기록표

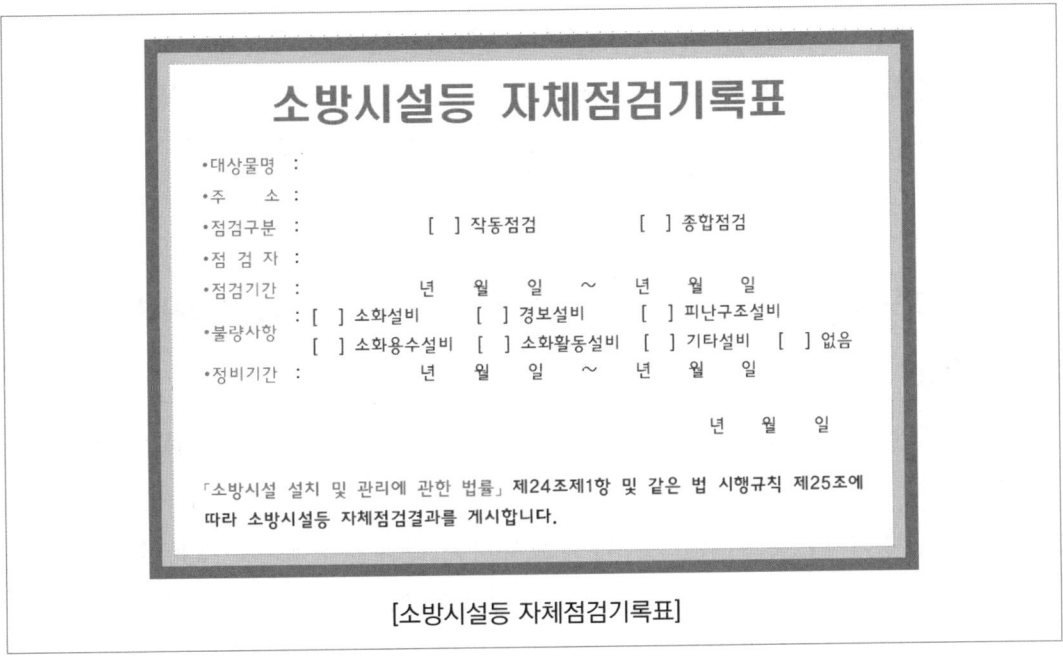

[소방시설등 자체점검기록표]

23 자체점검 결과의 조치

1) 소화펌프 고장 등 대통령령으로 정하는 중대위반사항(관계인이 지체 없이 수리 등의 필요한 조치를 해야 하는 자체점검결과 중대위반사항)
   (1) 소화펌프(가압송수장치를 포함), 동력·감시제어반 또는 소방시설용 전원(비상전원을 포함)의 고장으로 소방시설이 작동되지 않는 경우

(2) 화재 수신기의 고장으로 화재경보음이 자동으로 울리지 않거나 화재 수신기와 연동된 소방시설의 작동이 불가능한 경우

(3) 소화배관 등이 폐쇄·차단되어 소화수(消火水) 또는 소화약제가 자동 방출되지 않는 경우

(4) 방화문 또는 자동방화셔터가 훼손되거나 철거되어 본래의 기능을 못하는 경우

2) 「소방시설 폐쇄·차단 시 행동요령 등에 관한 고시」에서 관계인이 소방시설의 점검·정비를 위하여 소방시설이 폐쇄·차단된 이후 수신기 등으로 화재 신호가 수신되거나 화재상황을 인지한 경우 해야 하는 행동 관점 23

(1) 폐쇄·차단되어 있는 모든 소방시설(수신기, 스프링클러 밸브 등)을 정상상태로 복구한다.

(2) 즉시 소방관서(119)에 신고하고, 재실자를 대피시키는 등 적절한 조치를 취한다.

(3) 화재 신호가 발신된 장소로 이동하여 화재 여부를 확인한다.

(4) 화재로 확인된 경우에는 초기소화, 상황전파 등의 조치를 취한다.

(5) 화재가 아닌 것으로 확인된 경우에는 재실자에게 관련 사실을 안내하고, 수신기에서 화재경보 복구 후 비화재보 방지를 위해 적절한 조치를 취한다.

➕ 보충

■ 특정소방대상물의 관계인이 특정소방대상물에 설치·관리해야 하는 소방시설의 종류 [별표 4]

1. 소화설비

1) 화재안전기준에 따라 소화기구를 설치해야 하는 특정소방대상물은 다음의 어느 하나에 해당하는 것으로 한다.

(1) 연면적 $33\ m^2$ 이상인 것. 다만 노유자 시설의 경우에는 투척용 소화용구 등을 화재안전기준에 따라 산정된 소화기 수량의 2분의 1 이상으로 설치할 수 있다.

(2) "(1)"에 해당하지 않는 시설로서 가스시설, 발전시설 중 전기저장시설 및 국가유산

(3) 터널

(4) 지하구

2) 자동소화장치를 설치해야 하는 특정소방대상물은 다음의 어느 하나에 해당하는 특정소방대상물 중 후드 및 덕트가 설치되어 있는 주방이 있는 특정소방대상물로 한다. 이 경우 해당 주방에 자동소화장치를 설치해야 한다.

(1) 주거용 주방자동소화장치를 설치해야 하는 것 : 아파트등 및 오피스텔의 모든 층

(2) 상업용 주방자동소화장치를 설치해야 하는 것

　　① 판매시설 중 「유통산업발전법」에 해당하는 대규모점포에 입점해 있는 일반음식점

　　② 「식품위생법」에 따른 집단급식소

(3) 캐비닛형 자동소화장치, 가스자동소화장치, 분말자동소화장치 또는 고체에어로졸자동소화장치를 설치해야 하는 것 : 화재안전기준에서 정하는 장소

▣ **부속용도 별로 추가해야 하는 가스·분말·고체에어로졸 자동소화장치 또는 캐비닛형 자동소화장치의 설치장소**

　① 변전실·변압기실·배전반실·송전실·통신기기실·발전실·전산기기실·기타 이와 유사한 시설이 있는 장소[다만 관리자의 출입이 곤란한 변전실·송전실·변압기실 및 배전반실(불연재료로 된 상자 안에 장치된 것을 제외)]

　② 「위험물안전관리법 시행령」에 따른 지정수량의 1/5 이상 지정수량 미만의 위험물을 저장 또는 취급하는 장소

---

3) 옥내소화전설비를 설치해야 하는 특정소방대상물은 다음의 어느 하나에 해당하는 것으로 한다. 다만 위험물 저장 및 처리시설 중 가스시설, 지하구 및 업무시설 중 무인변전소(방재실 등에서 스프링클러설비 또는 물분무등소화설비를 원격으로 조정할 수 있는 무인변전소로 한정)는 제외한다.

(1) 다음의 어느 하나에 해당하는 경우에는 모든 층

　　① 연면적 3천 m^2 이상인 것(터널은 제외)

　　② 지하층·무창층(축사는 제외)으로서 바닥면적이 600 m^2 이상인 층이 있는 것

　　③ 4층 이상인 층 중에서 바닥면적이 600 m^2 이상인 층이 있는 것

(2) "(1)"에 해당하지 않는 근린생활시설, 판매시설, 운수시설, 의료시설, 노유자 시설, 업무시설, 숙박시설, 위락시설, 공장, 창고시설, 항공기 및 자동차 관련 시설, 교정 및 군사시설 중 국방·군사시설, 방송통신시설, 발전시설, 장례시설 또는 복합건축물로서 다음의 어느 하나에 해당하는 경우에는 모든 층

　　① 연면적 1천 5백 m^2 이상인 것

　　② 지하층·무창층으로서 바닥면적이 300 m^2 이상인 층이 있는 것

　　③ 4층 이상인 층 중에서 바닥면적이 300 m^2 이상인 층이 있는 것

⑶ 건축물의 옥상에 설치된 차고·주차장으로서 사용되는 면적이 200 m² 이상인 경우 해당 부분

⑷ 다음의 어느 하나에 해당하는 터널

① 길이가 1천 m 이상인 터널

② 예상 교통량, 경사도 등 터널의 특성을 고려하여 행정안전부령으로 정하는 터널

⑸ "⑴" 및 "⑵"에 해당하지 않는 공장 또는 창고시설로서 「화재의 예방 및 안전관리에 관한 법률 시행령」 별표 2에서 정하는 수량의 750배 이상의 특수가연물을 저장·취급하는 것

4) 스프링클러설비를 설치해야 하는 특정소방대상물(위험물 저장 및 처리시설 중 가스시설 및 지하구는 제외)은 다음의 어느 하나에 해당하는 것으로 한다.

⑴ 층수가 6층 이상인 특정소방대상물의 경우에는 모든 층. 다만 다음의 어느 하나에 해당하는 경우는 제외한다.

① 주택 관련 법령에 따라 기존의 아파트 등을 리모델링하는 경우로서 건축물의 연면적 및 층의 높이가 변경되지 않는 경우. 이 경우 해당 아파트 등의 사용검사 당시의 소방시설의 설치에 관한 대통령령 또는 화재안전기준을 적용한다.

② 스프링클러설비가 없는 기존의 특정소방대상물을 용도변경하는 경우. 다만 "⑵"부터 "⑹"까지 및 "⑼"부터 "⑿"까지의 규정에 해당하는 특정소방대상물로 용도변경하는 경우에는 해당 규정에 따라 스프링클러설비를 설치한다.

⑵ 기숙사(교육연구시설·수련시설 내에 있는 학생 수용을 위한 것) 또는 복합건축물로서 연면적 5천 m² 이상인 경우에는 모든 층

⑶ 문화 및 집회시설(동·식물원은 제외), 종교시설(주요구조부가 목조인 것은 제외), 운동시설(물놀이형 시설 및 바닥이 불연재료이고 관람석이 없는 운동시설은 제외)로서 다음의 어느 하나에 해당하는 경우에는 모든 층

① 수용인원이 100명 이상인 것

② 영화상영관의 용도로 쓰는 층의 바닥면적이 지하층 또는 무창층인 경우에는 500 m² 이상, 그 밖의 층의 경우에는 1천 m2 이상인 것

③ 무대부가 지하층·무창층 또는 4층 이상의 층에 있는 경우에는 무대부의 면적이 300 m² 이상인 것

④ 무대부가 "③"외의 층에 있는 경우에는 무대부의 면적이 500 m² 이상인 것

⑷ 판매시설, 운수시설 및 창고시설(물류터미널로 한정)로서 바닥면적의 합계가 5천 m² 이상이거나 수용인원이 500명 이상인 경우에는 모든 층

⑸ 다음의 어느 하나에 해당하는 용도로 사용되는 시설의 바닥면적의 합계가 600 m² 이상인 것은 모든 층

    ① 근린생활시설 중 조산원 및 산후조리원

    ② 의료시설 중 정신의료기관

    ③ 의료시설 중 종합병원, 병원, 치과병원, 한방병원 및 요양병원

    ④ 노유자시설

    ⑤ 숙박이 가능한 수련시설

    ⑥ 숙박시설

⑹ 창고시설(물류터미널은 제외)로서 바닥면적의 합계가 5천 m² 이상인 경우에는 모든 층

⑺ 특정소방대상물의 지하층·무창층(축사는 제외) 또는 층수가 4층 이상인 층으로서 바닥면적이 1천 m² 이상인 층이 있는 경우에는 해당 층

⑻ 랙식 창고 : 랙(물건을 수납할 수 있는 선반이나 이와 비슷한 것)을 갖춘 것으로서 천장 또는 반자(반자가 없는 경우에는 지붕의 옥내에 면하는 부분)의 높이가 10 m를 초과하고, 랙이 설치된 층의 바닥면적의 합계가 1천 5백 m² 이상인 경우에는 모든 층

⑼ 공장 또는 창고시설로서 다음의 어느 하나에 해당하는 시설

    ① 「화재의 예방 및 안전관리에 관한 법률 시행령」 별표 2에서 정하는 수량의 1천 배 이상의 특수가연물을 저장·취급하는 시설

    ② 「원자력안전법 시행령」에 따른 중·저준위방사성폐기물의 저장시설 중 소화수를 수집·처리하는 설비가 있는 저장시설

⑽ 지붕 또는 외벽이 불연재료가 아니거나 내화구조가 아닌 공장 또는 창고시설로서 다음의 어느 하나에 해당하는 것

    ① 창고시설(물류터미널로 한정)로서 바닥면적의 합계가 2천 5백 m² 이상이거나 수용인원이 250명 이상인 경우에는 모든 층

② 창고시설(물류터미널은 제외)로서 바닥면적의 합계가 2천 5백 m² 이상인 경우에는 모든 층

③ 공장 또는 창고시설로서 지하층·무창층 또는 층수가 4층 이상인 것 중 바닥면적이 500 m² 이상인 경우에는 모든 층

④ 랙식 창고로서 바닥면적의 합계가 750 m² 이상인 경우에는 모든 층

⑤ 공장 또는 창고시설로서 「화재의 예방 및 안전관리에 관한 법률 시행령」 별표 2에서 정하는 수량의 500배 이상의 특수가연물을 저장·취급하는 시설

⑪ 교정 및 군사시설 중 다음의 어느 하나에 해당하는 경우에는 해당 장소

① 보호감호소, 교도소, 구치소 및 그 지소, 보호관찰소, 갱생보호시설, 치료감호시설, 소년원 및 소년분류심사원의 수용거실

② 「출입국관리법」에 따른 보호시설(외국인보호소의 경우에는 보호대상자의 생활공간으로 한정)로 사용하는 부분. 다만 보호시설이 임차건물에 있는 경우는 제외한다.

③ 「경찰관 직무집행법」에 따른 유치장

⑫ 지하상가로서 연면적 1천 m² 이상인 것

⑬ 발전시설 중 전기저장시설

⑭ "(1)"부터 "⑬"까지의 특정소방대상물에 부속된 보일러실 또는 연결통로 등

5) 간이스프링클러설비를 설치해야 하는 특정소방대상물은 다음의 어느 하나에 해당하는 것으로 한다.

(1) 공동주택 중 연립주택 및 다세대주택(연립주택 및 다세대주택에 설치하는 간이스프링클러설비는 화재안전기준에 따른 주택전용 간이스프링클러설비를 설치한다)

(2) 근린생활시설 중 다음의 어느 하나에 해당하는 것

① 근린생활시설로 사용하는 부분의 바닥면적 합계가 1천 m² 이상인 것은 모든 층

② 의원, 치과의원 및 한의원으로서 입원실 또는 인공신장실이 있는 시설

③ 조산원 및 산후조리원으로서 연면적 600 m² 미만인 시설

(3) 의료시설 중 다음의 어느 하나에 해당하는 시설

① 종합병원, 병원, 치과병원, 한방병원 및 요양병원(의료재활시설은 제외)으로 사용되는 바닥면적의 합계가 600 m² 미만인 시설

② 정신의료기관 또는 의료재활시설로 사용되는 바닥면적의 합계가 300 m² 이상 600 m² 미만인 시설

③ 정신의료기관 또는 의료재활시설로 사용되는 바닥면적의 합계가 300 m² 미만이고, 창살(철재·플라스틱 또는 목재 등으로 사람의 탈출 등을 막기 위하여 설치한 것을 말하며, 화재 시 자동으로 열리는 구조로 되어 있는 창살은 제외)이 설치된 시설

(4) 교육연구시설 내에 합숙소로서 연면적 100 m² 이상인 경우에는 모든 층

(5) 노유자시설로서 다음의 어느 하나에 해당하는 시설

① 노유자 생활시설

② "①"에 해당하지 않는 노유자 시설로 해당 시설로 사용하는 바닥면적의 합계가 300 m² 이상 600 m² 미만인 시설

③ "①"에 해당하지 않는 노유자 시설로 해당 시설로 사용하는 바닥면적의 합계가 300 m² 미만이고, 창살(철재·플라스틱 또는 목재 등으로 사람의 탈출 등을 막기 위하여 설치한 것을 말하며, 화재 시 자동으로 열리는 구조로 되어 있는 창살은 제외)이 설치된 시설

(6) 숙박시설로 사용되는 바닥면적의 합계가 300 m² 이상 600 m² 미만인 시설

(7) 건물을 임차하여 「출입국관리법」에 따른 보호시설로 사용하는 부분

(8) 복합건축물(별표 2 제30호 나목의 복합건축물만 해당)로서 연면적 1천 m² 이상인 것은 모든 층

6) 물분무등소화설비를 설치해야 하는 특정소방대상물(위험물 저장 및 처리시설 중 가스시설, 발전시설의 전기저장시설 중 무정전전원공급장치(UPS)의 시설 및 지하구는 제외한다)은 다음의 어느 하나에 해당하는 것으로 한다.

(1) 항공기 및 자동차 관련 시설 중 항공기 격납고

(2) 차고, 주차용 건축물 또는 철골 조립식 주차시설. 이 경우 연면적 800 m² 이상인 것만 해당한다.

(3) 건축물의 내부에 설치된 차고·주차장으로서 차고 또는 주차의 용도로 사용되는 면적의 합계가 200 m² 이상인 경우 해당 부분(50세대 미만 연립주택 및 다세대주택은 제외)

⑷ 기계장치에 의한 주차시설을 이용하여 20대 이상의 차량을 주차할 수 있는 시설

⑸ 특정소방대상물에 설치된 전기실·발전실·변전실(가연성 절연유를 사용하지 않는 변압기·전류차단기 등의 전기기기와 가연성 피복을 사용하지 않은 전선 및 케이블만을 설치한 전기실·발전실 및 변전실은 제외한다)·축전지실·통신기기실 또는 전산실, 그 밖에 이와 비슷한 것으로서 바닥면적이 300 m² 이상인 것[하나의 방화구획 내에 둘 이상의 실(室)이 설치되어 있는 경우에는 이를 하나의 실로 보아 바닥면적을 산정한다]. 다만 내화구조로 된 공정제어실 내에 설치된 주조정실로서 양압시설(외부 오염 공기 침투를 차단하고 내부의 나쁜 공기가 자연스럽게 외부로 흐를 수 있도록 한 시설)이 설치되고 전기기기에 220 V 이하인 저전압이 사용되며 종업원이 24시간 상주하는 곳은 제외한다.

⑹ 소화수를 수집·처리하는 설비가 설치되어 있지 않은 중·저준위방사성폐기물의 저장시설. 이 시설에는 이산화탄소소화설비, 할론소화설비 또는 할로겐화합물 및 불활성기체 소화설비를 설치해야 한다.

⑺ 예상 교통량, 경사도 등 터널의 특성을 고려하여 행정안전부령으로 정하는 터널. 이 시설에는 물분무소화설비를 설치해야 한다.

⑻ 국가유산 중 「문화유산의 보존 및 활용에 관한 법률」 지정문화유산(문화유산자료를 제외한다) 또는 「자연유산의 보존 및 활용에 관한 법률」에 따른 천연기념물 등(자연유산자료를 제외한다)으로서 소방청장이 국가유산청장과 협의하여 정하는 것

7) 옥외소화전설비를 설치해야 하는 특정소방대상물(아파트등, 위험물 저장 및 처리시설 중 가스시설, 지하구 및 터널은 제외한다)은 다음의 어느 하나에 해당하는 것으로 한다.

⑴ 지상 1층 및 2층의 바닥면적의 합계가 9천 m² 이상인 것. 이 경우 같은 구(區) 내의 둘 이상의 특정소방대상물이 행정안전부령으로 정하는 연소(延燒) 우려가 있는 구조인 경우에는 이를 하나의 특정소방대상물로 본다.

⑵ 문화유산 중 「문화유산의 보존 및 활용에 관한 법률」에 따라 보물 또는 국보로 지정된 목조건축물

⑶ "⑴"에 해당하지 않는 공장 또는 창고시설로서 「화재의 예방 및 안전관리에 관한 법률 시행령」 별표 2에서 정하는 수량의 750배 이상의 특수가연물을 저장·취급하는 것

2. 경보설비

1) 단독경보형 감지기를 설치해야 하는 특정소방대상물은 다음의 어느 하나에 해당하는 것으로 한다. 이 경우 "(5)"의 연립주택 및 다세대주택에 설치하는 단독경보형 감지기는 연동형으로 설치해야 한다.

   (1) 교육연구시설 내에 있는 기숙사 또는 합숙소로서 연면적 2천 m^2 미만인 것

   (2) 수련시설 내에 있는 기숙사 또는 합숙소로서 연면적 2천 m^2 미만인 것

   (3) "자동화재탐지설비의 (7)"에 해당하지 않는 수련시설(숙박시설이 있는 것만 해당)

   (4) 연면적 400 m^2 미만의 유치원

   (5) 공동주택 중 연립주택 및 다세대주택

2) 비상경보설비를 설치해야 하는 특정소방대상물(모래 · 석재 등 불연재료 공장 및 창고시설, 위험물 저장 및 처리시설 중 가스시설, 사람이 거주하지 않거나 벽이 없는 축사 등 동물 및 식물 관련 시설 및 지하구는 제외한다)은 다음의 어느 하나에 해당하는 것으로 한다.

   (1) 연면적 400 m^2 이상인 것은 모든 층

   (2) 지하층 또는 무창층의 바닥면적이 150 m^2(공연장의 경우 100 m^2) 이상인 것은 모든 층

   (3) 터널로서 길이가 500 m 이상인 것

   (4) 50명 이상의 근로자가 작업하는 옥내 작업장

3) 자동화재탐지설비를 설치해야 하는 특정소방대상물은 다음의 어느 하나에 해당하는 것으로 한다.

   (1) 공동주택 중 아파트등 · 기숙사 및 숙박시설의 경우에는 모든 층

   (2) 층수가 6층 이상인 건축물의 경우에는 모든 층

   (3) 근린생활시설(목욕장은 제외), 의료시설(정신의료기관 및 요양병원은 제외), 위락시설, 장례시설 및 복합건축물로서 연면적 600 m^2 이상인 경우에는 모든 층

   (4) 근린생활시설 중 목욕장, 문화 및 집회시설, 종교시설, 판매시설, 운수시설, 운동시설, 업무시설, 공장, 창고시설, 위험물 저장 및 처리시설, 항공기 및 자동차 관련시설, 교정 및 군사시설 중 국방 · 군사시설, 방송통신시설, 발전시설, 관광휴게시설, 지하상가로서 연면적 1천 m^2 이상인 경우에는 모든 층

⑸ 교육연구시설(교육시설 내에 있는 기숙사 및 합숙소를 포함), 수련시설(수련시설 내에 있는 기숙사 및 합숙소를 포함하며, 숙박시설이 있는 수련시설은 제외), 동물 및 식물 관련 시설(기둥과 지붕만으로 구성되어 외부와 기류가 통하는 장소는 제외), 자원순환 관련 시설, 교정 및 군사시설(국방·군사시설은 제외) 또는 묘지 관련 시설로서 연면적 2천 m^2 이상인 경우에는 모든 층

⑹ 노유자 생활시설의 경우에는 모든 층

⑺ "⑹"에 해당하지 않는 노유자 시설로서 연면적 400 m^2 이상인 노유자 시설 및 숙박시설이 있는 수련시설로서 수용인원 100명 이상인 경우에는 모든 층

⑻ 의료시설 중 정신의료기관 또는 요양병원으로서 다음의 어느 하나에 해당하는 시설

　① 요양병원(의료재활시설은 제외)

　② 정신의료기관 또는 의료재활시설로 사용되는 바닥면적의 합계가 300 m^2 이상인 시설

　③ 정신의료기관 또는 의료재활시설로 사용되는 바닥면적의 합계가 300 m^2 미만이고, 창살(철재·플라스틱 또는 목재 등으로 사람의 탈출 등을 막기 위하여 설치한 것을 말하며, 화재 시 자동으로 열리는 구조로 되어 있는 창살은 제외)이 설치된 시설

⑼ 판매시설 중 전통시장

⑽ 터널로서 길이가 1천 m 이상인 것

⑾ 지하구

⑿ "⑶"에 해당하지 않는 근린생활시설 중 조산원 및 산후조리원

⒀ "⑷"에 해당하지 않는 공장 및 창고시설로서 「화재의 예방 및 안전관리에 관한 법률 시행령」 별표 2에서 정하는 수량의 500배 이상의 특수가연물을 저장·취급하는 것

⒁ "⑷"에 해당하지 않는 발전시설 중 전기저장시설

4) 시각경보기를 설치해야 하는 특정소방대상물은 "3)"에 따라 자동화재탐지설비를 설치해야 하는 특정소방대상물 중 다음의 어느 하나에 해당하는 것으로 한다.

⑴ 근린생활시설, 문화 및 집회시설, 종교시설, 판매시설, 운수시설, 의료시설, 노유자 시설

(2) 운동시설, 업무시설, 숙박시설, 위락시설, 창고시설 중 물류터미널, 발전시설 및 장례시설

(3) 교육연구시설 중 도서관, 방송통신시설 중 방송국

(4) 지하상가

5) 화재알림설비를 설치해야 하는 특정소방대상물은 판매시설 중 전통시장으로 한다.

6) 비상방송설비를 설치해야 하는 특정소방대상물(위험물 저장 및 처리시설 중 가스시설, 사람이 거주하지 않거나 벽이 없는 축사 등 동물 및 식물 관련 시설, 터널 및 지하구는 제외)은 다음의 어느 하나에 해당하는 것으로 한다.

(1) 연면적 3천 5백 m^2 이상인 것은 모든 층

(2) 층수가 11층 이상인 것은 모든 층

(3) 지하층의 층수가 3층 이상인 것은 모든 층

7) 자동화재속보설비를 설치해야 하는 특정소방대상물은 다음의 어느 하나에 해당하는 것으로 한다. 다만 방재실 등 화재 수신기가 설치된 장소에 24시간 화재를 감시할 수 있는 사람이 근무하고 있는 경우에는 자동화재속보설비를 설치하지 않을 수 있다.

(1) 노유자 생활시설

(2) 노유자 시설로서 바닥면적이 $500 \, m^2$ 이상인 층이 있는 것

(3) 수련시설(숙박시설이 있는 것만 해당)로서 바닥면적이 $500 \, m^2$ 이상인 층이 있는 것

(4) 문화재 중 「문화재보호법」에 따라 보물 또는 국보로 지정된 목조건축물

(5) 근린생활시설 중 다음의 어느 하나에 해당하는 시설

① 의원, 치과의원 및 한의원으로서 입원실이 있는 시설

② 조산원 및 산후조리원

(6) 의료시설 중 다음의 어느 하나에 해당하는 것

① 종합병원, 병원, 치과병원, 한방병원 및 요양병원(의료재활시설은 제외)

② 정신병원 및 의료재활시설로 사용되는 바닥면적의 합계가 $500 \, m^2$ 이상인 층이 있는 것

(7) 판매시설 중 전통시장

8) 통합감시시설을 설치해야 하는 특정소방대상물은 지하구로 한다.

9) 누전경보기는 계약전류용량(같은 건축물에 계약 종류가 다른 전기가 공급되는 경우에는 그 중 최대계약전류용량을 말한다)이 100 A를 초과하는 특정소방대상물(내화구조가 아닌 건축물로서 벽·바닥 또는 반자의 전부나 일부를 불연재료 또는 준불연재료가 아닌 재료에 철망을 넣어 만든 것만 해당)에 설치해야 한다. 다만 위험물 저장 및 처리시설 중 가스시설, 터널 및 지하구의 경우에는 그렇지 않다.

10) 가스누설경보기를 설치해야 하는 특정소방대상물(가스시설이 설치된 경우만 해당)은 다음의 어느 하나에 해당하는 것으로 한다.

(1) 문화 및 집회시설, 종교시설, 판매시설, 운수시설, 의료시설, 노유자 시설

(2) 수련시설, 운동시설, 숙박시설, 창고시설 중 물류터미널, 장례시설

3. 피난구조설비

1) 피난기구는 특정소방대상물의 모든 층에 화재안전기준에 적합한 것으로 설치해야 한다. 다만 피난층, 지상 1층, 지상 2층(노유자 시설 중 피난층이 아닌 지상 1층과 피난층이 아닌 지상 2층은 제외한다), 층수가 11층 이상인 층과 위험물 저장 및 처리시설 중 가스시설, 터널 및 지하구의 경우에는 그렇지 않다.

2) 인명구조기구를 설치해야 하는 특정소방대상물은 다음의 어느 하나에 해당하는 것으로 한다.

(1) 방열복 또는 방화복(안전모, 보호장갑 및 안전화를 포함), 인공소생기 및 공기호흡기를 설치해야 하는 특정소방대상물 : 지하층을 포함하는 층수가 7층 이상인 것 중 관광호텔 용도로 사용하는 층

(2) 방열복 또는 방화복(안전모, 보호장갑 및 안전화를 포함) 및 공기호흡기를 설치해야 하는 특정소방대상물 : 지하층을 포함하는 층수가 5층 이상인 것 중 병원 용도로 사용하는 층

(3) 공기호흡기를 설치해야 하는 특정소방대상물은 다음의 어느 하나에 해당하는 것으로 한다.

① 수용인원 100명 이상인 문화 및 집회시설 중 영화상영관

② 판매시설 중 대규모점포

③ 운수시설 중 지하역사

④ 지하상가

⑤ 이산화탄소소화설비(호스릴이산화탄소소화설비는 제외)를 설치해야 하는 특정 소방대상물

3) 유도등을 설치해야 하는 특정소방대상물은 다음의 어느 하나에 해당하는 것으로 한다.

(1) 피난구유도등, 통로유도등 및 유도표지는 특정소방대상물에 설치한다. 다만 다음 의 어느 하나에 해당하는 경우는 제외한다.

① 동물 및 식물 관련 시설 중 축사로서 가축을 직접 가두어 사육하는 부분

② 터널

(2) 객석유도등은 다음의 어느 하나에 해당하는 특정소방대상물에 설치한다.

① 유흥주점영업시설(「식품위생법 시행령」의 유흥주점영업 중 손님이 춤을 출 수 있는 무대가 설치된 카바레, 나이트클럽 또는 그 밖에 이와 비슷한 영업시설만 해당)

② 문화 및 집회시설

③ 종교시설

④ 운동시설

(3) 피난유도선은 화재안전기준에서 정하는 장소에 설치한다.

4) 비상조명등을 설치해야 하는 특정소방대상물(창고시설 중 창고 및 하역장, 위험물 저장 및 처리시설 중 가스시설 및 사람이 거주하지 않거나 벽이 없는 축사 등 동물 및 식물 관련 시 설은 제외한다)은 다음의 어느 하나에 해당하는 것으로 한다.

(1) 지하층을 포함하는 층수가 5층 이상인 건축물로서 연면적 3천 m^2 이상인 경우에 는 모든 층

(2) "(1)"에 해당하지 않는 특정소방대상물로서 그 지하층 또는 무창층의 바닥면적이 450 m^2 이상인 경우에는 해당 층

(3) 터널로서 그 길이가 500 m 이상인 것

5) 휴대용 비상조명등을 설치해야 하는 특정소방대상물은 다음의 어느 하나에 해당하는 것으 로 한다.

(1) 숙박시설

(2) 수용인원 100명 이상의 영화상영관, 판매시설 중 대규모점포, 철도 및 도시철도 시설 중 지하역사, 지하상가

4. 소화용수설비

상수도소화용수설비를 설치해야 하는 특정소방대상물은 다음 각 목의 어느 하나에 해당하는 것으로 한다. 다만 상수도소화용수설비를 설치해야 하는 특정소방대상물의 대지 경계선으로부터 180 m 이내에 지름 75 mm 이상인 상수도용 배수관이 설치되지 않은 지역의 경우에는 화재안전기준에 따른 소화수조 또는 저수조를 설치해야 한다.

1) 연면적 5천 m² 이상인 것. 다만 위험물 저장 및 처리시설 중 가스시설, 터널 또는 지하구의 경우에는 제외한다.

2) 가스시설로서 지상에 노출된 탱크의 저장용량의 합계가 100톤 이상인 것

3) 자원순환 관련 시설 중 폐기물재활용시설 및 폐기물처분시설

5. 소화활동설비

1) 제연설비를 설치해야 하는 특정소방대상물은 다음의 어느 하나에 해당하는 것으로 한다.

(1) 문화 및 집회시설, 종교시설, 운동시설 중 무대부의 바닥면적이 200 m² 이상인 경우에는 해당 무대부

(2) 문화 및 집회시설 중 영화상영관으로서 수용인원 100명 이상인 경우에는 해당 영화상영관

(3) 지하층이나 무창층에 설치된 근린생활시설, 판매시설, 운수시설, 숙박시설, 위락시설, 의료시설, 노유자 시설 또는 창고시설(물류터미널로 한정)로서 해당 용도로 사용되는 바닥면적의 합계가 1천 m² 이상인 경우 해당 부분

(4) 운수시설 중 시외버스정류장, 철도 및 도시철도시설, 공항시설 및 항만시설의 대기실 또는 휴게시설로서 지하층 또는 무창층의 바닥면적이 1천 m² 이상인 경우에는 모든 층

(5) 지하상가로서 연면적 1천 m² 이상인 것

(6) 예상 교통량, 경사도 등 터널의 특성을 고려하여 행정안전부령으로 정하는 터널

(7) 특정소방대상물(갓복도형 아파트등은 제외)에 부설된 특별피난계단, 비상용 승강기의 승강장 또는 피난용 승강기의 승강장

2) 연결송수관설비를 설치해야 하는 특정소방대상물(위험물 저장 및 처리시설 중 가스시설 및 지하구는 제외)은 다음의 어느 하나에 해당하는 것으로 한다.

(1) 층수가 5층 이상으로서 연면적 6천 m² 이상인 경우에는 모든 층

(2) "(1)"에 해당하지 않는 특정소방대상물로서 지하층을 포함하는 층수가 7층 이상인 경우에는 모든 층

(3) "(1)" 및 "(2)"에 해당하지 않는 특정소방대상물로서 지하층의 층수가 3층 이상이고 지하층의 바닥면적의 합계가 1천 m^2 이상인 경우에는 모든 층

(4) 터널로서 길이가 1천 m 이상인 것

3) 연결살수설비를 설치해야 하는 특정소방대상물(지하구는 제외)은 다음의 어느 하나에 해당하는 것으로 한다.

(1) 판매시설, 운수시설, 창고시설 중 물류터미널로서 해당 용도로 사용되는 부분의 바닥면적의 합계가 1천 m^2 이상인 경우에는 해당 시설

(2) 지하층(피난층으로 주된 출입구가 도로와 접한 경우는 제외)으로서 바닥면적의 합계가 150 m^2 이상인 경우에는 지하층의 모든 층. 다만 「주택법 시행령」에 따른 국민주택규모 이하인 아파트등의 지하층(대피시설로 사용하는 것만 해당)과 교육연구시설 중 학교의 지하층의 경우에는 700 m^2 이상인 것으로 한다.

(3) 가스시설 중 지상에 노출된 탱크의 용량이 30톤 이상인 탱크시설

(4) "(1)" 및 "(2)"의 특정소방대상물에 부속된 연결통로

4) 비상콘센트설비를 설치해야 하는 특정소방대상물(위험물 저장 및 처리시설 중 가스시설 및 지하구는 제외한다)은 다음의 어느 하나에 해당하는 것으로 한다.

(1) 층수가 11층 이상인 특정소방대상물의 경우에는 11층 이상의 층

(2) 지하층의 층수가 3층 이상이고 지하층의 바닥면적의 합계가 1천 m^2 이상인 것은 지하층의 모든 층

(3) 터널로서 길이가 500 m 이상인 것

5) 무선통신보조설비를 설치해야 하는 특정소방대상물(위험물 저장 및 처리시설 중 가스시설은 제외한다)은 다음의 어느 하나에 해당하는 것으로 한다.

(1) 지하상가로서 연면적 1천 m^2 이상인 것

(2) 지하층의 바닥면적의 합계가 3천 m^2 이상인 것 또는 지하층의 층수가 3층 이상이고 지하층의 바닥면적의 합계가 1천 m^2 이상인 것은 지하층의 모든 층

(3) 터널로서 길이가 500 m 이상인 것

(4) 지하구 중 공동구

(5) 층수가 30층 이상인 것으로서 16층 이상 부분의 모든 층

6) 연소방지설비는 지하구(전력 또는 통신사업용인 것만 해당한다)에 설치해야 한다.

[비고]

1. 별표 2 제1호부터 제27호까지 중 어느 하나에 해당하는 시설(근린생활시설등)의 소방시설 설치기준이 복합건축물의 소방시설 설치기준보다 강화된 경우 복합건축물 안에 있는 해당 근린생활시설등에 대해서는 그 근린생활시설등의 소방시설 설치기준을 적용한다.

2. 원자력발전소 중 「원자력안전법」에 따른 원자로 및 관계시설에 설치하는 소방시설에 대해서는 「원자력안전법」에 따른 허가기준에 따라 설치한다.

3. 특정소방대상물의 관계인은 내진설계 대상 특정소방대상물 및 성능위주설계 대상 특정소방대상물에 설치·관리해야 하는 소방시설에 대해서는 법에 따른 소방시설의 내진설계기준 및 성능위주설계의 기준에 맞게 설치·관리해야 한다.

➕ 보충

■ 특정소방대상물의 소방시설 설치의 면제기준 [별표 5]

설치가 면제되는 소방시설	설치가 면제되는 기준
1. 자동소화장치	자동소화장치(주거용 주방자동소화장치 및 상업용 주방자동소화장치는 제외한다)를 설치해야 하는 특정소방대상물에 물분무등소화설비를 화재안전기준에 적합하게 설치한 경우에는 그 설비의 유효범위(해당 소방시설이 화재를 감지·소화 또는 경보할 수 있는 부분을 말한다. 이하 같다)에서 설치가 면제된다.
2. 옥내소화전설비	소방본부장 또는 소방서장이 옥내소화전설비의 설치가 곤란하다고 인정하는 경우로서 호스릴방식의 미분무소화설비 또는 옥외소화전설비를 화재안전기준에 적합하게 설치한 경우에는 그 설비의 유효범위에서 설치가 면제된다.
3. 스프링클러설비	가. 스프링클러설비를 설치해야 하는 특정소방대상물(발전시설 중 전기저장시설은 제외한다)에 적응성 있는 자동소화장치 또는 물분무등소화설비를 화재안전기준에 적합하게 설치한 경우에는 그 설비의 유효범위에서 설치가 면제된다. 나. 스프링클러설비를 설치해야 하는 전기저장시설에 소화설비를 소방청장이 정하여 고시하는 방법에 따라 설치한 경우에는 그 설비의 유효범위에서 설치가 면제된다.

설치가 면제되는 소방시설	설치가 면제되는 기준
4. 간이스프링클러 설비	간이스프링클러설비를 설치해야 하는 특정소방대상물에 스프링클러설비, 물분무소화설비 또는 미분무소화설비를 화재안전기준에 적합하게 설치한 경우에는 그 설비의 유효범위에서 설치가 면제된다.
5. 물분무등소화설비	물분무등소화설비를 설치해야 하는 차고·주차장에 스프링클러설비를 화재안전기준에 적합하게 설치한 경우에는 그 설비의 유효범위에서 설치가 면제된다.
6. 옥외소화전설비	옥외소화전설비를 설치해야 하는 문화유산인 목조건축물에 상수도소화용수설비를 화재안전기준에서 정하는 방수압력·방수량·옥외소화전함 및 호스의 기준에 적합하게 설치한 경우에는 설치가 면제된다.
7. 비상경보설비	비상경보설비를 설치해야 할 특정소방대상물에 단독경보형 감지기를 2개 이상의 단독경보형 감지기와 연동하여 설치한 경우에는 그 설비의 유효범위에서 설치가 면제된다.
8. 비상경보설비 또는 단독경보형 감지기	비상경보설비 또는 단독경보형 감지기를 설치해야 하는 특정소방대상물에 자동화재탐지설비 또는 화재알림설비를 화재안전기준에 적합하게 설치한 경우에는 그 설비의 유효범위에서 설치가 면제된다.
9. 자동화재탐지설비	자동화재탐지설비의 기능(감지·수신·경보기능을 말한다)과 성능을 가진 화재알림설비, 스프링클러설비 또는 물분무등소화설비를 화재안전기준에 적합하게 설치한 경우에는 그 설비의 유효범위에서 설치가 면제된다.
10. 화재알림설비	화재알림설비를 설치해야 하는 특정소방대상물에 자동화재탐지설비를 화재안전기준에 적합하게 설치한 경우에는 그 설비의 유효범위에서 설치가 면제된다.
11. 비상방송설비	비상방송설비를 설치해야 하는 특정소방대상물에 자동화재탐지설비 또는 비상경보설비와 같은 수준 이상의 음향을 발하는 장치를 부설한 방송설비를 화재안전기준에 적합하게 설치한 경우에는 그 설비의 유효범위에서 설치가 면제된다.
12. 자동화재속보설비	자동화재속보설비를 설치해야 하는 특정소방대상물에 화재알림설비를 화재안전기준에 적합하게 설치한 경우에는 그 설비의 유효범위에서 설치가 면제된다.
13. 누전경보기	누전경보기를 설치해야 하는 특정소방대상물 또는 그 부분에 아크경보기(옥내 배전선로의 단선이나 선로 손상 등으로 인하여 발생하는 아크를 감지하고 경보하는 장치를 말한다) 또는 전기 관련 법령에 따른 지락차단장치를 설치한 경우에는 그 설비의 유효범위에서 설치가 면제된다.
14. 피난구조설비	피난구조설비를 설치해야 하는 특정소방대상물에 그 위치·구조 또는 설비의 상황에 따라 피난상 지장이 없다고 인정되는 경우에는 화재안전기준에서 정하는 바에 따라 설치가 면제된다.
15. 비상조명등	비상조명등을 설치해야 하는 특정소방대상물에 피난구유도등 또는 통로유도등을 화재안전기준에 적합하게 설치한 경우에는 그 유도등의 유효범위에서 설치가 면제된다.

설치가 면제되는 소방시설	설치가 면제되는 기준
16. 상수도소화용수설비	가. 상수도소화용수설비를 설치해야 하는 특정소방대상물의 각 부분으로부터 수평거리 140 m 이내에 공공의 소방을 위한 소화전이 화재안전기준에 적합하게 설치되어 있는 경우에는 설치가 면제된다. 나. 소방본부장 또는 소방서장이 상수도소화용수설비의 설치가 곤란하다고 인정하는 경우로서 화재안전기준에 적합한 소화수조 또는 저수조가 설치되어 있거나 이를 설치하는 경우에는 그 설비의 유효범위에서 설치가 면제된다.
17. 제연설비	가. 제연설비를 설치해야 하는 특정소방대상물[별표 4 제5호 가목 7)은 제외한다]에 다음의 어느 하나에 해당하는 설비를 설치한 경우에는 설치가 면제된다. 　1) 공기조화설비를 화재안전기준의 제연설비기준에 적합하게 설치하고 공기조화설비가 화재 시 제연설비기능으로 자동전환되는 구조로 설치되어 있는 경우 　2) 직접 외부 공기와 통하는 배출구의 면적의 합계가 해당 제연구역[제연경계(제연설비의 일부인 천장을 포함한다)에 의하여 구획된 건축물 내의 공간을 말한다] 바닥면적의 100분의 1 이상이고, 배출구부터 각 부분까지의 수평거리가 30 m 이내이며, 공기유입구가 화재안전기준에 적합하게(외부 공기를 직접 자연 유입할 경우에 유입구의 크기는 배출구의 크기 이상이어야 한다) 설치되어 있는 경우 나. 별표 4 제5호 가목 6)에 따라 제연설비를 설치해야 하는 특정소방대상물 중 노대(露臺)와 연결된 특별피난계단, 노대가 설치된 비상용 승강기의 승강장 또는 「건축법 시행령」 제91조 제5호의 기준에 따라 배연설비가 설치된 피난용 승강기의 승강장에는 설치가 면제된다.
18. 연결송수관설비	연결송수관설비를 설치해야 하는 소방대상물에 옥외에 연결송수구 및 옥내에 방수구가 부설된 옥내소화전설비, 스프링클러설비, 간이스프링클러설비 또는 연결살수설비를 화재안전기준에 적합하게 설치한 경우에는 그 설비의 유효범위에서 설치가 면제된다. 다만 지표면에서 최상층 방수구의 높이가 70 m 이상인 경우에는 설치해야 한다.
19. 연결살수설비	가. 연결살수설비를 설치해야 하는 특정소방대상물에 송수구를 부설한 스프링클러설비, 간이스프링클러설비, 물분무소화설비 또는 미분무소화설비를 화재안전기준에 적합하게 설치한 경우에는 그 설비의 유효범위에서 설치가 면제된다. 나. 가스관계법령에 따라 설치되는 물분무장치 등에 소방대가 사용할 수 있는 연결송수구가 설치되거나 물분무장치 등에 6시간 이상 공급할 수 있는 수원(水源)이 확보된 경우에는 설치가 면제된다.

설치가 면제되는 소방시설	설치가 면제되는 기준
20. 무선통신보조설비	무선통신보조설비를 설치해야 하는 특정소방대상물에 이동통신 구내 중계기 선로 설비 또는 무선이동중계기(「전파법」에 따른 적합성평가를 받은 제품만 해당한다) 등을 화재안전기준의 무선통신보조설비기준에 적합하게 설치한 경우에는 설치가 면제된다.
21. 연소방지설비	연소방지설비를 설치해야 하는 특정소방대상물에 스프링클러설비, 물분무소화설비 또는 미분무소화설비를 화재안전기준에 적합하게 설치한 경우에는 그 설비의 유효범위에서 설치가 면제된다.

24 과태료 부과기준(소방시설 설치 및 관리에 관한 법률 시행령 별표 10)

1) 과태료 부과권자가 과태료의 2분의 1범위에서 그 금액을 줄여서 부과할 수 있는 경우

(1) 위반행위가 사소한 부주의나 오류로 인한 것으로 인정되는 경우

(2) 위반행위자가 법 위반상태를 시정하거나 해소하기 위하여 노력한 사실이 인정되는 경우

(3) 위반행위자가 처음 위반행위를 한 경우로서 3년 이상 해당 업종을 모범적으로 영위한 사실이 인정되는 경우

(4) 위반행위자가 화재 등 재난으로 재산에 현저한 손실을 입거나 사업 여건의 악화로 그 사업이 중대한 위기에 처하는 등 사정이 있는 경우

(5) 위반행위자가 같은 위반행위로 다른 법률에 따라 과태료·벌금·영업정지 등의 처분을 받은 경우

(6) 그 밖에 위반행위의 정도, 위반행위의 동기와 그 결과 등을 고려하여 과태료 금액을 줄일 필요가 있다고 인정되는 경우

2) 소방시설을 고장상태 등으로 방치한 경우 과태료 200만 원을 부과할 수 있는 고장상태

(1) 소화펌프를 고장 상태로 방치한 경우

(2) 화재 수신기, 동력·감시제어반 또는 소방시설용 전원(비상전원을 포함)을 차단하거나, 고장난 상태로 방치하거나, 임의로 조작하여 자동으로 작동이 되지 않도록 한 경우

(3) 소방시설이 작동할 때 소화배관을 통하여 소화수가 방수되지 않는 상태 또는 소화약제가 방출되지 않는 상태로 방치한 경우

1 「화재의 예방 및 안전관리에 관한 법률」에서 화재안전조사 등

1) 화재안전조사를 실시할 수 있는 경우

(1) 「소방시설 설치 및 관리에 관한 법률」 제 22조에 따른 자체점검이 불성실하거나 불완전하다고 인정되는 경우

(2) 화재예방강화지구 등 법령에서 화재안전조사를 하도록 규정되어 있는 경우

(3) 화재예방안전진단이 불성실하거나 불완전하다고 인정되는 경우

(4) 국가적 행사 등 주요 행사가 개최되는 장소 및 그 주변의 관계 지역에 대하여 소방안전관리 실태를 조사할 필요가 있는 경우

(5) 화재가 자주 발생하였거나 발생할 우려가 뚜렷한 곳에 대한 조사가 필요한 경우

(6) 재난예측정보, 기상예보 등을 분석한 결과 소방대상물에 화재의 발생 위험이 크다고 판단되는 경우

(7) "(1)"부터 "(6)"까지에서 규정한 경우 외에 화재, 그 밖의 긴급한 상황이 발생할 경우 인명 또는 재산 피해의 우려가 현저하다고 판단되는 경우

2) 「화재의 예방 및 안전관리에 관한 법률 시행령」에서 관계인이 화재안전조사를 통지한 소방관서장에게 화재안전조사의 연기신청을 할 수 있는 사유

(1) 「재난 및 안전관리 기본법」 제3조 제1호에 해당하는 재난이 발생한 경우

(2) 관계인의 질병, 사고, 장기출장의 경우

(3) 권한 있는 기관에 자체점검기록부, 교육·훈련일지 등 화재안전조사에 필요한 장부·서류 등이 압수되거나 영치(領置)되어 있는 경우

(4) 소방대상물의 증축·용도변경 또는 대수선 등의 공사로 화재안전조사를 실시하기 어려운 경우

3) 소방관서장이 화재안전조사를 실시한 경우 인터넷 홈페이지나 전산시스템 등을 통해 공개할 수 있는 사항

   (1) 소방대상물의 위치, 연면적, 용도 등 현황

   (2) 소방시설등의 설치 및 관리 현황

   (3) 피난시설, 방화구획 및 방화시설의 설치 및 관리 현황

   (4) 그 밖에 대통령령으로 정하는 사항

> **➕ 보충**
>
> **그 밖에 대통령령으로 정하는 사항**
> ① 제조소등 설치 현황
> ② 소방안전관리자 선임 현황
> ③ 화재예방안전진단 실시 결과

❷ 「화재의 예방 및 안전관리에 관한 법률」에서 특수가연물

1) 특수가연물의 정의

   화재가 발생하는 경우 불길이 빠르게 번지는 고무류·플라스틱류·석탄 및 목탄 등 대통령령으로 정하는 것

2) 「화재의 예방 및 안전관리에 관한 법률 시행령」(별표 2)에서 특수가연물의 품명별 지정수량

품명	지정수량	품명	지정수량
면화류	200 kg 이상	가연성액체류	2 m³ 이상
나무껍질 및 대팻밥	400 kg 이상	목재가공품 및 나무부스러기	10 m³ 이상
넝마 및 종이부스러기	1,000 kg 이상	고무류·플라스틱류 (발포시킨 것)	20 m³ 이상
사류(絲類)			
볏짚류			
가연성고체류	3,000 kg 이상	고무류·플라스틱류 (그 밖의 것)	3,000 kg 이상
석탄·목탄류	10,000 kg 이상		

3) 「화재의 예방 및 안전관리에 관한 법률 시행령」(별표 3)에서 특수가연물의 저장 및 취급기준

   (1) 특수가연물의 저장·취급기준

     특수가연물은 다음 각 목의 기준에 따라 쌓아 저장해야 한다. 다만 석탄·목탄류를 발전용(發電用)으로 저장하는 경우는 제외한다.

     ① 품명별로 구분하여 쌓을 것

② 다음의 기준에 맞게 쌓을 것

구분	살수설비를 설치하거나 방사능력 범위에 해당 특수가연물이 포함되도록 대형수동식 소화기를 설치하는 경우	그 밖의 경우
높이	15 m 이하	10 m 이하
쌓는 부분의 바닥면적	200 m²(석탄·목탄류의 경우에는 300 m²) 이하	50 m²(석탄·목탄류의 경우에는 200 m²) 이하

③ 실외에 쌓아 저장하는 경우 쌓는 부분이 대지경계선, 도로 및 인접 건축물과 최소 6 m 이상 간격을 둘 것. 다만 쌓는 높이보다 0.9 m 이상 높은 「건축법 시행령」 제2조 제7호에 따른 내화구조 벽체를 설치한 경우는 그렇지 않다.

④ 실내에 쌓아 저장하는 경우 주요구조부는 내화구조이면서 불연재료여야 하고, 다른 종류의 특수가연물과 같은 공간에 보관하지 않을 것. 다만 내화구조의 벽으로 분리하는 경우는 그렇지 않다.

⑤ 쌓는 부분 바닥면적의 사이는 실내의 경우 1.2 m 또는 쌓는 높이의 1/2 중 큰 값 이상으로 간격을 두어야 하며, 실외의 경우 3 m 또는 쌓는 높이 중 큰 값 이상으로 간격을 둘 것

(2) 특수가연물 표지

① 특수가연물을 저장 또는 취급하는 장소에는 품명, 최대저장수량, 단위부피당 질량 또는 단위체적당 질량, 관리책임자 성명·직책, 연락처 및 화기취급의 금지표시가 포함된 특수가연물 표지를 설치해야 한다.

② 특수가연물 표지의 규격은 다음과 같다.

특수가연물	
화기엄금	
품 명	합성수지류
최대저장수량 (배수)	000톤(00배)
단위부피당 질량 (단위체적당 질량)	000 kg/m³
관리책임자 (직 책)	홍길동 팀장
연락처	02 - 000 - 0000

   ㉠ 특수가연물 표지는 한 변의 길이가 0.3 m 이상, 다른 한 변의 길이가 0.6 m 이상인 직사각형으로 할 것

   ㉡ 특수가연물 표지의 바탕은 흰색으로, 문자는 검은색으로 할 것. 다만 "화기엄금" 표시 부분은 제외한다.

   ㉢ 특수가연물 표지 중 화기엄금 표시 부분의 바탕은 붉은색으로, 문자는 백색으로 할 것

  ③ 특수가연물 표지는 특수가연물을 저장하거나 취급하는 장소 중 보기 쉬운 곳에 설치해야 한다.

3 **「화재의 예방 및 안전관리에 관한 법률 시행령」(별표 1)에서 보일러 등의 설비 또는 기구 등의 위치·구조 및 관리와 화재예방을 위하여 불을 사용할 때 지켜야 하는 사항**

1) 보일러의 사용에 있어서 지켜야 하는 사항 `관점 15`

 (1) 가연성 벽·바닥 또는 천장과 접촉하는 증기기관 또는 연통의 부분은 규조토 등 난연성 또는 불연성 단열재로 덮어씌워야 한다.

 (2) 경유·등유 등 액체연료를 사용할 때에는 다음 사항을 지켜야 한다.

  ① 연료탱크는 보일러 본체로부터 수평거리 1 m 이상의 간격을 두어 설치할 것

  ② 연료탱크에는 화재 등 긴급상황이 발생하는 경우 연료를 차단할 수 있는 개폐밸브를 연료탱크로부터 0.5 m 이내에 설치할 것

  ③ 연료탱크 또는 보일러 등에 연료를 공급하는 배관에는 여과장치를 설치할 것

  ④ 사용이 허용된 연료 외의 것을 사용하지 않을 것

  ⑤ 연료탱크가 넘어지지 않도록 받침대를 설치하고, 연료탱크 및 연료탱크 받침대는 「건축법 시행령」에 따른 불연재료로 할 것

 (3) 기체연료를 사용할 때에는 다음 사항을 지켜야 한다.

  ① 보일러를 설치하는 장소에는 환기구를 설치하는 등 가연성가스가 머무르지 않도록 할 것

  ② 연료를 공급하는 배관은 금속관으로 할 것

  ③ 화재 등 긴급 시 연료를 차단할 수 있는 개폐밸브를 연료용기 등으로부터 0.5 m 이내에 설치할 것

  ④ 보일러가 설치된 장소에는 가스누설경보기를 설치할 것

(4) 화목(火木) 등 고체연료를 사용할 때에는 다음 사항을 지켜야 한다.

    ① 고체연료는 보일러 본체와 수평거리 2 m 이상 간격을 두어 보관하거나 불연재료로 된 별도의 구획된 공간에 보관할 것

    ② 연통은 천장으로부터 0.6 m 떨어지고, 연통의 배출구는 건물 밖으로 0.6 m 이상 나오도록 설치할 것

    ③ 연통의 배출구는 보일러 본체보다 2 m 이상 높게 설치할 것

    ④ 연통이 관통하는 벽면, 지붕 등은 불연재료로 처리할 것

    ⑤ 연통재질은 불연재료로 사용하고 연결부에 청소구를 설치할 것

(5) 보일러 본체와 벽·천장 사이의 거리는 0.6 m 이상이어야 한다.

(6) 보일러를 실내에 설치하는 경우에는 콘크리트바닥 또는 금속 외의 불연재료로 된 바닥 위에 설치해야 한다.

2) 난로의 사용에 있어서 지켜야 하는 사항

(1) 연통은 천장으로부터 0.6 m 이상 떨어지고, 연통의 배출구는 건물 밖으로 0.6 m 이상 나오게 설치해야 한다.

(2) 가연성 벽·바닥 또는 천장과 접촉하는 연통의 부분은 규조토 등 난연성 또는 불연성의 단열재로 덮어씌워야 한다.

(3) 이동식난로는 다음의 장소에서 사용해서는 안 된다. 다만 난로가 쓰러지지 않도록 받침대를 두어 고정시키거나 쓰러지는 경우 즉시 소화되고 연료의 누출을 차단할 수 있는 장치가 부착된 경우에는 그렇지 않다.

    ① 「다중이용업소의 안전관리에 관한 특별법」에 따른 다중이용업소

    ② 「학원의 설립·운영 및 과외교습에 관한 법률」에 따른 학원

    ③ 「학원의 설립·운영 및 과외교습에 관한 법률 시행령」에 따른 독서실

    ④ 「공중위생관리법」에 따른 숙박업, 목욕장업 및 세탁업의 영업장

    ⑤ 「의료법」에 따른 의원·치과의원·한의원, 조산원 및 병원·치과병원·한방병원·요양병원·정신병원·종합병원

    ⑥ 「식품위생법 시행령」에 따른 식품접객업의 영업장

    ⑦ 「영화 및 비디오물의 진흥에 관한 법률」에 따른 영화상영관

    ⑧ 「공연법」에 따른 공연장

    ⑨ 「박물관 및 미술관 진흥법」에 따른 박물관 및 같은 조 제2호에 따른 미술관

    ⑩ 「유통산업발전법」에 따른 상점가

⑪「건축법」에 따른 가설건축물

⑫ 역·터미널

3) 건조설비의 사용에 있어서 지켜야 하는 사항

⑴ 건조설비와 벽·천장 사이의 거리는 0.5 m 이상이어야 한다.

⑵ 건조물품이 열원과 직접 접촉하지 않도록 해야 한다.

⑶ 실내에 설치하는 경우에 벽·천장 및 바닥은 불연재료로 해야 한다.

4) 가스·전기시설의 사용에 있어서 지켜야 하는 사항

⑴ 가스시설의 경우「고압가스 안전관리법」,「도시가스사업법」및「액화석유가스의 안전관리 및 사업법」에서 정하는 바에 따른다.

⑵ 전기시설의 경우「전기사업법」및「전기안전관리법」에서 정하는 바에 따른다.

5) 불꽃을 사용하는 용접·용단기구의 사용에 있어서 지켜야 하는 사항 관점 20

용접 또는 용단 작업장에서는 다음 각 목의 사항을 지켜야 한다. 다만「산업안전보건법」의 적용을 받는 사업장에는 적용하지 않는다.

⑴ 용접 또는 용단 작업장 주변 반경 5 m 이내에 소화기를 갖추어 둘 것

⑵ 용접 또는 용단 작업장 주변 반경 10 m 이내에는 가연물을 쌓아두거나 놓아두지 말 것. 다만 가연물의 제거가 곤란하여 방화포 등으로 방호조치를 한 경우는 제외한다.

6) 노·화덕설비의 사용에 있어서 지켜야 하는 사항

⑴ 실내에 설치하는 경우에는 흙바닥 또는 금속 외의 불연재료로 된 바닥에 설치해야 한다.

⑵ 노 또는 화덕을 설치하는 장소의 벽·천장은 불연재료로 된 것이어야 한다.

⑶ 노 또는 화덕의 주위에는 녹는 물질이 확산되지 않도록 높이 0.1m 이상의 턱을 설치해야 한다.

⑷ 시간당 열량이 30만 kcal 이상인 노를 설치하는 경우에는 다음의 사항을 지켜야 한다.

① 「건축법」에 따른 주요구조부는 불연재료 이상으로 할 것

② 창문과 출입구는「건축법 시행령」에 따른 60분+방화문 또는 60분 방화문으로 설치할 것

③ 노 주위에는 1m 이상 공간을 확보할 것

7) 음식조리를 위하여 설치하는 설비의 사용에 있어서 지켜야 하는 사항

「식품위생법 시행령」에 따른 식품접객업 중 일반음식점 주방에서 조리를 위하여 불을 사용하는 설비를 설치하는 경우에는 다음 각 목의 사항을 지켜야 한다.

(1) 주방설비에 부속된 배출덕트(공기 배출통로)는 0.5 mm 이상의 아연도금강판 또는 이와 같거나 그 이상의 내식성 불연재료로 설치할 것

(2) 주방시설에는 동물 또는 식물의 기름을 제거할 수 있는 필터 등을 설치할 것

(3) 열을 발생하는 조리기구는 반자 또는 선반으로부터 0.6 m 이상 떨어지게 할 것

(4) 열을 발생하는 조리기구로부터 0.15 m 이내의 거리에 있는 가연성 주요구조부는 단열성이 있는 불연재료로 덮어 씌울 것

4 「화재의 예방 및 안전관리에 관한 법률 시행령」에서 「소방시설 설치 및 관리에 관한 법률」에 따른 소방안전관리자를 선임해야 하는 건설현장 소방안전관리대상물

1) 신축·증축·개축·재축·이전·용도변경 또는 대수선을 하려는 부분의 연면적의 합계가 1만 5천 m^2 이상인 것

2) 신축·증축·개축·재축·이전·용도변경 또는 대수선을 하려는 부분의 연면적이 5천 m^2 이상인 것으로서 다음 각 목의 어느 하나에 해당하는 것

(1) 지하층의 층수가 2개 층 이상인 것

(2) 지상층의 층수가 11층 이상인 것

(3) 냉동창고, 냉장창고 또는 냉동·냉장창고

5 「화재의 예방 및 안전관리에 관한 법률」에서의 소방안전관리자 업무

1) 특정소방대상물에서 관계인과 소방안전관리자의 업무

(1) 피난계획에 관한 사항과 대통령령으로 정하는 사항이 포함된 소방계획서의 작성 및 시행

(2) 자위소방대(自衛消防隊) 및 초기대응체계의 구성, 운영 및 교육

(3) 「소방시설 설치 및 관리에 관한 법률」에 따른 피난시설, 방화구획 및 방화시설의 관리

(4) 소방시설이나 그 밖의 소방 관련 시설의 관리

(5) 소방훈련 및 교육

⑹ 화기(火氣) 취급의 감독

⑺ 행정안전부령으로 정하는 바에 따른 소방안전관리에 관한 업무수행에 관한 기록·유지("⑶"·"⑷" 및 "⑹"의 업무)

⑻ 화재 발생 시 초기대응

⑼ 그 밖에 소방안전관리에 필요한 업무

2) 건설현장 소방안전관리자의 업무

⑴ 건설현장의 소방계획서의 작성

⑵ 「소방시설 설치 및 관리에 관한 법률」에 따른 임시소방시설의 설치 및 관리에 대한 감독

⑶ 공사진행 단계별 피난안전구역, 피난로 등의 확보와 관리

⑷ 건설현장의 작업자에 대한 소방안전 교육 및 훈련

⑸ 초기대응체계의 구성·운영 및 교육

⑹ 화기취급의 감독, 화재위험작업의 허가 및 관리

⑺ 그 밖에 건설현장의 소방안전관리와 관련하여 소방청장이 고시하는 업무

6 「화재의 예방 및 안전관리에 관한 법률 시행령」에서 소방계획서에 포함되어야 할 사항

1) 소방안전관리대상물의 위치·구조·연면적(「건축법 시행령」에 따라 산정된 면적)·용도 및 수용인원 등 일반 현황

2) 소방안전관리대상물에 설치한 소방시설, 방화시설, 전기시설, 가스시설 및 위험물시설의 현황

3) 화재 예방을 위한 자체점검계획 및 대응대책

4) 소방시설·피난시설 및 방화시설의 점검·정비계획

5) 피난층 및 피난시설의 위치와 피난경로의 설정, 화재안전취약자의 피난계획 등을 포함한 피난계획

6) 방화구획, 제연구획(除煙區劃), 건축물의 내부 마감재료 및 방염대상물품의 사용 현황과 그 밖의 방화구조 및 설비의 유지·관리계획

7) 관리의 권원이 분리된 특정소방대상물의 소방안전관리에 관한 사항

8) 소방훈련·교육에 관한 계획

9) 소방안전관리대상물의 근무자 및 거주자의 자위소방대 조직과 대원의 임무(화재안전취약자의 피난 보조 임무를 포함)에 관한 사항

10) 화기 취급 작업에 대한 사전 안전조치 및 감독 등 공사 중 소방안전관리에 관한 사항

11) 소화에 관한 사항과 연소 방지에 관한 사항

12) 위험물의 저장·취급에 관한 사항(「위험물안전관리법」에 따라 예방규정을 정하는 제조소등은 제외)

13) 소방안전관리에 대한 업무수행에 관한 기록 및 유지에 관한 사항

14) 화재 발생 시 화재경보, 초기소화 및 피난유도 등 초기대응에 관한 사항

15) 그 밖에 소방본부장 또는 소방서장이 소방안전관리대상물의 위치·구조·설비 또는 관리 상황 등을 고려하여 소방안전관리에 필요하여 요청하는 사항

7 「화재의 예방 및 안전관리에 관한 법률 시행령」에서 소방안전관리 업무의 대행에 관한 사항

1) 소방안전관리업무 중 관리업자의 업무대행을 할 수 있는 소방안전관리대상물

  ⑴ 지상층의 층수가 11층 이상인 1급 소방안전관리대상물(연면적 1만 5천 m² 이상인 특정소방대상물과 아파트는 제외)

  ⑵ 2급 소방안전관리대상물

  ⑶ 3급 소방안전관리대상물

2) 업무대행을 할 수 있는 소방안전관리 업무

  ⑴ 피난시설, 방화구획 및 방화시설의 유지·관리

  ⑵ 소방시설이나 그 밖의 소방 관련 시설의 유지·관리

8 「화재의 예방 및 안전관리에 관한 법률 시행규칙」에서 소방안전관리대상물의 관계인에 의해 그 장소에 근무하거나 거주 또는 출입하는 사람들이 화재가 발생한 경우 안전하게 피난하기 위한 피난계획의 수립 등에 관한 사항

1) 피난계획을 수립하여 시행해야 하는데, 피난계획에 포함되어야 하는 사항

  ⑴ 화재경보의 수단 및 방식

  ⑵ 층별, 구역별 피난대상 인원의 연령별·성별 현황

(3) 피난약자의 현황

(4) 각 거실에서 옥외(옥상 또는 피난안전구역을 포함한다)로 이르는 피난경로

(5) 피난약자 및 피난약자를 동반한 사람의 피난동선과 피난방법

(6) 피난시설, 방화구획, 그 밖에 피난에 영향을 줄 수 있는 제반 사항

2) 피난계획의 수립, 시행에 따른 피난유도의 안내정보 제공방법

(1) 연 2회 피난안내 교육을 실시하는 방법

(2) 분기별 1회 이상 피난안내방송을 실시하는 방법

(3) 피난안내도를 층마다 보기 쉬운 위치에 게시하는 방법

(4) 엘리베이터, 출입구 등 시청이 용이한 장소에 피난안내영상을 제공하는 방법

9 소방안전관리자를 선임해야 하는 소방안전관리대상물의 범위와 소방안전관리자의 선임 대상별 자격기준

1) 특급 소방안전관리대상물의 범위와 소방안전관리자의 선임 대상별 자격기준

(1) 특급 소방안전관리대상물의 범위

「소방시설 설치 및 관리에 관한 법률 시행령」의 특정소방대상물 중 다음의 어느 하나에 해당하는 것

① 50층 이상(지하층은 제외)이거나 지상으로부터 높이가 200 m 이상인 아파트

② 30층 이상(지하층을 포함)이거나 지상으로부터 높이가 120 m 이상인 특정소방대상물(아파트는 제외)

③ 특정소방대상물로서 연면적이 10만 m² 이상인 특정소방대상물(아파트는 제외)

2) 특급 소방안전관리대상물에 선임해야 하는 소방안전관리자의 자격

다음의 어느 하나에 해당하는 사람으로서 특급 소방안전관리자 자격증을 발급받은 사람

(1) 소방기술사 또는 소방시설관리사의 자격이 있는 사람

(2) 소방설비기사의 자격을 취득한 후 5년 이상 1급 소방안전관리대상물의 소방안전관리자로 근무한 실무경력(소방안전관리자로 선임되어 근무한 경력은 제외)이 있는 사람

(3) 소방설비산업기사의 자격을 취득한 후 7년 이상 1급 소방안전관리대상물의 소방안전관리자로 근무한 실무경력이 있는 사람

(4) 소방공무원으로 20년 이상 근무한 경력이 있는 사람

⑤ 소방청장이 실시하는 특급 소방안전관리대상물의 소방안전관리에 관한 시험에 합격한 사람

3) 1급 소방안전관리대상물의 범위와 소방안전관리자의 선임 대상별 자격기준

⑴ 1급 소방안전관리대상물의 범위

「소방시설 설치 및 관리에 관한 법률 시행령」의 특정소방대상물 중 다음의 어느 하나에 해당하는 것(특급 소방안전관리대상물은 제외)

① 30층 이상(지하층은 제외)이거나 지상으로부터 높이가 120m 이상인 아파트

② 연면적 1만 5천 m² 이상인 특정소방대상물(아파트 및 연립주택은 제외)

③ ②에 해당하지 않는 특정소방대상물로서 지상층의 층수가 11층 이상인 특정소방대상물(아파트는 제외)

④ 가연성가스를 1천 톤 이상 저장·취급하는 시설

⑵ 1급 소방안전관리대상물에 선임해야 하는 소방안전관리자의 자격

다음의 어느 하나에 해당하는 사람으로서 1급 소방안전관리자 자격증을 발급받은 사람 또는 제1호에 따른 특급 소방안전관리대상물의 소방안전관리자 자격증을 발급받은 사람

① 소방설비기사 또는 소방설비산업기사의 자격이 있는 사람

② 소방공무원으로 7년 이상 근무한 경력이 있는 사람

③ 소방청장이 실시하는 1급 소방안전관리대상물의 소방안전관리에 관한 시험에 합격한 사람

4) 2급 소방안전관리대상물의 범위와 소방안전관리자의 선임 대상별 자격기준

⑴ 2급 소방안전관리대상물의 범위

「소방시설 설치 및 관리에 관한 법률 시행령」의 특정소방대상물 중 다음의 어느 하나에 해당하는 것(특급 소방안전관리대상물 및 1급 소방안전관리대상물은 제외)

① 「소방시설 설치 및 관리에 관한 법률 시행령」에 따라 옥내소화전설비를 설치해야 하는 특정소방대상물, 스프링클러설비를 설치해야 하는 특정소방대상물 또는 물분무등소화설비[화재안전기준에 따라 호스릴(Hose Reel)방식의 물분무등소화설비만을 설치할 수 있는 특정소방대상물은 제외]를 설치해야 하는 특정소방대상물

② 가스 제조설비를 갖추고 도시가스사업의 허가를 받아야 하는 시설 또는 가연성가스를 100톤 이상 1천 톤 미만 저장·취급하는 시설

③ 지하구

④ 「공동주택관리법」에 해당하는 공동주택(「소방시설 설치 및 관리에 관한 법률 시행령」에 따른 옥내소화전설비 또는 스프링클러설비가 설치된 공동주택으로 한정)

⑤ 「문화유산의 보존 및 활용에 관한 법률」에 따라 보물 또는 국보로 지정된 목조건축물

(2) 2급 소방안전관리대상물에 선임해야 하는 소방안전관리자의 자격

다음의 어느 하나에 해당하는 사람으로서 2급 소방안전관리자 자격증을 발급받은 사람, 특급 소방안전관리대상물 또는 1급 소방안전관리대상물의 소방안전관리자 자격증을 발급받은 사람

① 위험물기능장·위험물산업기사 또는 위험물기능사 자격이 있는 사람

② 소방공무원으로 3년 이상 근무한 경력이 있는 사람

③ 소방청장이 실시하는 2급 소방안전관리대상물의 소방안전관리에 관한 시험에 합격한 사람

④ 「기업활동 규제완화에 관한 특별조치법」에 따라 소방안전관리자로 선임된 사람(소방안전관리자로 선임된 기간으로 한정)

5) 3급 소방안전관리대상물의 범위와 소방안전관리자의 선임 대상별 자격기준

(1) 3급 소방안전관리대상물의 범위

「소방시설 설치 및 관리에 관한 법률 시행령」의 특정소방대상물 중 다음의 어느 하나에 해당하는 것(특급 소방안전관리대상물, 1급 소방안전관리대상물 및 2급 소방안전관리대상물은 제외)

① 「소방시설 설치 및 관리에 관한 법률 시행령」에 따라 간이스프링클러설비(주택전용 간이스프링클러설비는 제외)를 설치해야 하는 특정소방대상물

② 「소방시설 설치 및 관리에 관한 법률 시행령」에 따른 자동화재탐지설비를 설치해야 하는 특정소방대상물

(2) 3급 소방안전관리대상물에 선임해야 하는 소방안전관리자의 자격

다음의 어느 하나에 해당하는 사람으로서 3급 소방안전관리자 자격증을 발급받은 사람 또는 특급 소방안전관리대상물, 1급 소방안전관리대상물 또는 2급 소방안전관리대상물의 소방안전관리자 자격증을 발급받은 사람

① 소방공무원으로 1년 이상 근무한 경력이 있는 사람

② 소방청장이 실시하는 3급 소방안전관리대상물의 소방안전관리에 관한 시험에 합격한 사람

③ 「기업활동 규제완화에 관한 특별조치법」에 따라 소방안전관리자로 선임된 사람 (소방안전관리자로 선임된 기간으로 한정)

> **➕ 보충**
>
> 「화재의 예방 및 안전관리에 관한 법률 시행령」에서 다른 안전관리자(다른 법령에 따라 전기·가스·위험물 등의 안전관리 업무에 종사하는 자)와 소방안전관리자를 겸할 수 없는 소방안전관리 업무 전담 대상물
> ① 특급 소방안전관리대상물
> ② 1급 소방안전관리대상물

10 관리의 권원 분리

1) 관리의 권원이 분리되어 있는 특정소방대상물의 경우 관리의 권원별 관계인은 소방안전관리자를 선임하여야 한다. 관리의 권원별 관계인이 상호 협의하여 총괄소방안전관리자를 선임해야 하는 특정소방대상물

(1) 복합건축물(지하층을 제외한 층수가 11층 이상 또는 연면적 3만 m^2 이상인 건축물)

(2) 지하가(지하의 인공구조물 안에 설치된 상점 및 사무실, 그 밖에 이와 비슷한 시설이 연속하여 지하도에 접하여 설치된 것과 그 지하도를 합한 것)

(3) 그 밖에 대통령령으로 정하는 특정소방대상물(판매시설 중 도매시장, 소매시장 및 전통시장)

2) 「화재의 예방 및 안전관리에 관한 법률 시행령」에서 관리의 권원이 분리되어 있는 특정소방대상물의 관계인은 소유권, 관리권 및 점유권에 따라 각각 소방안전관리자를 선임해야 한다. 다만 2 이상의 소유권, 관리권 또는 점유권이이 동일인에게 귀속된 경우에 하나의 관리 권원으로 보아 소방안전관리자를 선임할 수 있다. 그럼에도 불구하고 관리의 권원별 소방안전관리자를 선임 및 조정할 수 있는 기준

(1) 법령 또는 계약 등에 따라 공동으로 관리하는 경우 : 하나의 관리 권원으로 보아 소방안전관리자 1명 선임

(2) 화재 수신기 또는 소화펌프(가압송수장치를 포함)가 별도로 설치되어 있는 경우 : 설치된 화재 수신기 또는 소화펌프가 화재를 감지·소화 또는 경보할 수 있는 부분을 각각 하나의 관리 권원으로 보아 각각 소방안전관리자 선임

(3) 하나의 화재 수신기 및 소화펌프가 설치된 경우 : 하나의 관리 권원으로 보아 소방안전관리자 1명 선임

11 화재예방안전진단

1) 정의

화재가 발생할 경우 사회·경제적으로 피해 규모가 클 것으로 예상되는 소방대상물에 대하여 화재위험요인을 조사하고 그 위험성을 평가하여 개선대책을 수립하는 것

2) 화재예방안전진단의 실시 절차

(1) 특별관리시설물의 관계인은 「건축법」에 따른 사용승인 또는 「소방시설공사업법」에 따른 완공검사를 받은 날부터 5년이 경과한 날이 속하는 해에 최초의 화재예방안전진단을 받아야 한다.

(2) 화재예방안전진단을 받은 소방안전 특별관리시설물의 관계인은 안전등급에 따라 정기적으로 다음의 기간에 화재예방안전진단을 받아야 한다.
  ① 안전등급이 우수인 경우 : 안전등급을 통보받은 날부터 6년이 경과한 날이 속하는 해
  ② 안전등급이 양호·보통인 경우 : 안전등급을 통보받은 날부터 5년이 경과한 날이 속하는 해
  ③ 안전등급이 미흡·불량인 경우 : 안전등급을 통보받은 날부터 4년이 경과한 날이 속하는 해

3) 화재예방안전진단의 범위

(1) 화재위험요인의 조사에 관한 사항
(2) 소방계획 및 피난계획 수립에 관한 사항
(3) 소방시설등의 유지·관리에 관한 사항
(4) 비상대응조직 및 교육훈련에 관한 사항
(5) 화재 위험성 평가에 관한 사항
(6) 그 밖에 화재예방진단을 위하여 대통령령으로 정하는 사항

4) 화재예방안전진단의 절차 및 방법

(1) 예방안전진단의 절차

화재예방안전진단의 신청을 받은 안전원 또는 진단기관은 다음의 절차에 따라 화재예방안전진단을 실시한다.

① 위험요인 조사

② 위험성 평가

③ 위험성 감소대책의 수립

(2) 화재예방안전진단의 실시방법

① 준공도면, 시설 현황, 소방계획서 등 자료수집 및 분석

② 화재위험요인 조사, 소방시설등의 성능점검 등 현장조사 및 점검

③ 정성적·정량적 방법을 통한 화재위험성 평가

④ 불시·무각본 훈련에 의한 비상대응훈련 평가

⑤ 그 밖에 지진 등 외부 환경 위험요인에 대한 예방·대비·대응태세 평가

5) 화재예방안전진단 결과 제출

(1) 화재예방안전진단을 실시한 안전원 또는 진단기관은 화재예방안전진단이 완료된 날부터 60일 이내에 소방본부장 또는 소방서장, 관계인에게 화재예방안전진단 결과 보고서(전자문서를 포함)에 다음 각 호의 서류(전자문서를 포함)를 첨부하여 제출해야 한다.

① 화재예방안전진단 결과 세부 보고서

② 화재예방안전진단기관 지정서

(2) 화재예방안전진단 결과 보고서에 포함되어야 할 사항

① 해당 소방안전 특별관리시설물 현황

② 화재예방안전진단 실시 기관 및 참여인력

③ 화재예방안전진단 범위 및 내용

④ 화재위험요인의 조사·분석 및 평가 결과

⑤ 영 제44조 제2항에 따른 안전등급 및 위험성 감소대책

⑥ 그 밖에 소방안전 특별관리시설물의 화재예방 강화를 위하여 소방청장이 정하는 사항

화재의 예방 및 안전관리에 관한 법률 시행령 [별표 7]	
화재예방안전진단 결과에 따른 안전등급 기준(제44조 제3항 관련)	
안전등급	화재예방안전진단 대상물의 상태
우수(A)	화재예방안전진단 실시 결과 문제점이 발견되지 않은 상태
양호(B)	화재예방안전진단 실시 결과 문제점이 일부 발견되었으나 대상물의 화재안전에는 이상이 없으며 대상물 일부에 대해 법 제41조 제5항에 따른 보수·보강 등의 조치명령이 필요한 상태
보통(C)	화재예방안전진단 실시 결과 문제점이 다수 발견되었으나 대상물의 전반적인 화재안전에는 이상이 없으며 대상물에 대한 다수의 조치명령이 필요한 상태
미흡(D)	화재예방안전진단 실시 결과 광범위한 문제점이 발견되어 대상물의 화재안전을 위해 조치명령의 즉각적인 이행이 필요하고 대상물의 사용 제한을 권고할 필요가 있는 상태
불량(E)	화재예방안전진단 실시 결과 중대한 문제점이 발견되어 대상물의 화재안전을 위해 조치명령의 즉각적인 이행이 필요하고 대상물의 사용 중단을 권고할 필요가 있는 상태

[비고]
안전등급의 세부적인 기준은 소방청장이 정하여 고시한다.

화재의 예방 및 안전관리에 관한 법률 시행규칙 [별표 7]	
화재예방안전진단기관의 장비기준(제43조 관련)	

다음의 분야별 장비를 모두 갖출 것. 다만 해당 장비의 기능을 2개 이상 갖춘 복합기능 장비를 갖춘 경우에는 개별 장비를 갖춘 것으로 본다.

분야	장비
소방	1) 방수압력측정계, 절연저항계, 전류전압측정계 2) 저울 3) 소화전밸브압력계 4) 헤드결합렌치 5) 검량계, 기동관누설시험기, 그 밖에 소화약제의 저장량을측정할 수 있는 점검기구 6) 열감지기시험기, 연(煙)감지기시험기, 공기주입시험기, 감지기시험기연결폴대, 음량계 7) 누전계(누전전류 측정용) 8) 무선기(통화시험용) 9) 풍속풍압계, 폐쇄력측정기, 차압계(압력차 측정기) 10) 조도계(최소눈금이 0.1럭스 이하인 것) 11) 화재 및 피난 모의시험이 가능한 컴퓨터 12) 화재 모의시험을 위한 프로그램 13) 피난 모의시험을 위한 프로그램 14) 교육·훈련 평가 기자재 　　가) 연기발생기 　　나) 초시계

분야	장비
전기	1) 정전기 전하량 측정기 2) 적외선 열화상 카메라 3) 검전기 4) 클램프미터 5) 절연안전모 6) 고압절연장갑 7) 절연장화
가스	1) 가스누출검출기 2) 가스농도측정기 3) 일산화탄소농도측정기 4) 가스누출 검지액
위험물	1) 접지저항측정기(최소눈금 0.1옴 이하) 2) 가스농도측정기(탄화수소계 가스의 농도측정 가능할 것) 3) 정전기 전위측정기 4) 토크렌치(Torque Wrench : 볼트와 너트를 규정된 회전력에 맞춰 조이는 데 사용하는 도구) 5) 진동시험기 6) 표면온도계(섭씨 영하 10 ~ 300도) 7) 두께측정기 8) 소화전밸브압력계 9) 방수압력측정계 10) 포콜렉터 11) 헤드렌치 12) 포콘테이너
건축	1) 거리측정기 2) 건축 관계 도면 검토가 가능한 프로그램(AUTO CAD 등) 3) 도막(도료, 도포막) 두께측정장비(측정범위가 0.1밀리미터 이하일 것)

12 대행인력

1) 화재의 예방 및 안전관리에 관한 법률 시행규칙 [별표 1]

　⑴ 소방안전관리업무 대행인력의 배치기준·자격 및 방법 등 준수사항(제12조 관련)

　　① 업무대행 인력의 배치기준

　　　「소방시설 설치 및 관리에 관한 법률」 제29조에 따라 소방시설관리업을 등록한 소방시설관리업자가 법 제25조 제1항에 따라 영 제28조 제2항 각 호의 소방안전관리업무를 대행하는 경우에는 다음 각 목에 따른 소방안전관리업무 대행인력(이하 "대행인력"이라 한다)을 배치해야 한다.

가. 소방안전관리대상물의 등급 및 소방시설의 종류에 따른 대행인력의 배치기준

[표 1] 소방안전관리등급 및 설치된 소방시설에 따른 대행인력의 배치 등급

소방안전관리 대상물의 등급	설치된 소방시설의 종류	대행인력의 기술등급
1급 또는 2급 관점 25	스프링클러설비, 물분무등소화설비 또는 제연설비	중급점검자 이상 1명 이상
	옥내소화전설비 또는 옥외소화전설비	초급점검자 이상 1명 이상
3급	자동화재탐지설비 또는 간이스프링클러설비	초급점검자 이상 1명 이상

[비고]
1. 소방안전관리대상물의 등급은 영 별표 4에 따른 소방안전관리대상물의 등급을 말한다.
2. 대행인력의 기술등급은 「소방시설공사업법 시행규칙」 별표 4의2에 따른 소방기술자의 자격 등급에 따른다.
3. 연면적 5천 제곱미터 미만으로서 스프링클러설비가 설치된 1급 또는 2급 소방안전관리대상물의 경우에는 초급점검자를 배치할 수 있다. 다만, 스프링클러설비 외에 제연설비 또는 물분무등소화설비가 설치된 경우에는 그렇지 않다.
4. 스프링클러설비에는 화재조기진압용 스프링클러설비를 포함하고, 물분무등소화설비에는 호스릴(Hose Reel)방식은 제외한다.

나. 대행인력 1명의 1일 소방안전관리업무 대행 업무량은 [표 2] 및 [표 3]에 따라 산정한 배점을 합산하여 산정하며, 이 합산점수는 8점(이하 "1일 한도점수"라 한다)을 초과할 수 없다.

[표 2] 하나의 소방안전관리대상물의 면적별 배점기준표(아파트는 제외한다)

소방안전관리 대상물의 등급	연면적	대행인력 등급별 배점		
		초급점검자	중급점검자	고급점검자 이상
3급	전체	0.7		
1급 또는 2급	1,500 m² 미만	0.8	0.7	0.6
	1,500 m² 이상 3,000 m² 미만	1.0	0.8	0.7
	3,000 m² 이상 5,000 m² 미만	1.2	1.0	0.8
	5,000 m² 이상 10,000 m² 이하	1.9	1.3	1.1
	10,000 m² 초과 15,000 m² 이하	–	1.6	1.4

주상복합아파트의 경우 세대부를 제외한 연면적과 세대수에 「소방시설 설치 및 관리에 관한 법률 시행규칙」 별표 3의 종합점검 대상의 경우 32, 작동점검 대상의 경우 40을 곱하여 계산된 값을 더하여 연면적을 산정한다. 다만 환산한 연면적이 1만 5천 제곱미터를 초과한 경우에는 1만 5천 제곱미터로 본다.

[표 3] 하나의 소방안전관리대상물 중 아파트 배점기준표

소방안전관리 대상물의 등급	세대구분	대행인력 등급별 배점		
		초급점검자	중급점검자	고급점검자 이상
3급	전체	0.7		
1급 또는 2급	30세대 미만	0.8	0.7	0.6
	30세대 이상 50세대 미만	1.0	0.8	0.7
	50세대 이상 150세대 미만	1.2	1.0	0.8
	150세대 이상 300세대 미만	1.9	1.3	1.1
	300세대 이상 500세대 미만	–	1.6	1.4
	500세대 이상 1,000세대 미만	–	2.0	1.8
	1,000세대 초과	–	2.3	2.1

다. 하루에 2개 이상의 대행 업무를 수행하는 경우에는 소방안전관리대상물 간의 이동거리(좌표거리를 말한다) 5킬로미터 마다 1일 한도점수에 0.01를 곱하여 계산된 값을 1일 한도점수에서 뺀다. 다만 육지와 도서지역 간에 차량 출입이 가능한 교량으로 연결되지 않은 지역 또는 소방시설관리업자가 없는 시·군 지역은 제외한다.

라. 2명 이상의 대행인력이 함께 대행업무를 수행하는 경우 [표 2] 및 [표 3]의 배점을 인원수로 나누어 적용하되, 소수점 둘째자리에서 절사한다.

마. 영 별표 4 제2호 가목3)에 해당하는 1급 소방안전관리대상물은 [표 2]의 배점에 10 %를 할증하여 적용한다.

② 대행인력의 자격기준 및 점검표

　　가. 대행인력은 「소방시설 설치 및 관리에 관한 법률」 제29조에 따라 소방시설 관리업에 등록된 기술인력을 말한다.

　　나. 대행인력의 기술등급은 「소방시설공사업법 시행규칙」 별표 4의2 제3호 다목의 소방시설 자체점검 점검자의 기술등급 자격에 따른다.

　　다. 대행인력은 소방안전관리업무 대행 시 [표 4]에 따른 소방안전관리업무 대행 점검표를 작성하고 관계인에게 제출해야 한다.

[표 4] 소방안전관리업무 대행 점검표

건물명		점검일	년　월　일(요일)
주 소			
점검업체명		건물등급	급
설비명	점검결과 세부 내용		
소방시설			
피난시설			
방화시설			
방화구획			
기타			

확인자	관계인　　　　　　　　　　　　　　(서명)
기술인력	대행인력의 기술등급: 대행인력 :　　　　　　　　　　　　(서명)

[비고]
1. 소방시설 점검 시 공용부 점검을 원칙으로 한다. 다만 단독경보형 감지기 등이 동작(오동작)한 경우에는 단독경보형 감지기 등이 동작한 장소도 점검을 실시한다.
2. 방문 시 리모델링 또는 내부 구획변경 등이 있는 경우에는 해당 부분을 점검하여 점검표에 그 결과를 기재한다.
3. 계단, 통로 등 피난통로 상에 피난에 장애가 되는 물건 등이 쌓여 있는 경우에는 즉시 이동 조치 하도록 관계인에게 설명한다.
4. 방화문은 항시 닫힘 상태를 유지하거나 정상 작동될 수 있도록 관계인에게 설명한다.
5. 점검 완료 시 해당 소방안전관리자(또는 관계인)에게 점검결과를 설명하고 점검표에 기재한다.

1 「다중이용업소의 안전관리에 관한 특별법 시행령」(별표 1)에서 안전시설등의 종류

1) 소방시설

  (1) 소화설비

    ① 소화기 또는 자동확산소화기

    ② 간이스프링클러설비(캐비닛형 간이스프링클러설비를 포함)

  (2) 경보설비

    ① 비상벨설비 또는 자동화재탐지설비

    ② 가스누설경보기

  (3) 피난설비

    ① 피난기구

      ㉠ 미끄럼대   ㉡ 피난사다리

      ㉢ 구조대   ㉣ 완강기

      ㉤ 다수인 피난장비   ㉥ 승강식 피난기

    ② 피난유도선

    ③ 유도등, 유도표지 또는 비상조명등

    ④ 휴대용 비상조명등

2) 비상구

3) 영업장 내부 피난통로

4) 그 밖의 안전시설

  (1) 영상음향차단장치

  (2) 누전차단기

  (3) 창문

2 「다중이용업소의 안전관리에 관한 특별법 시행령」(별표 1의2)에서 다중이용업소에 설치해야 하는 안전시설등에 관한 사항

1) 간이스프링클러설비(캐비닛형 간이스프링클러설비 포함)의 설치대상

　(1) 지하층에 설치된 영업장

　(2) 숙박을 제공하는 형태의 다중이용업소의 영업장 중 다음에 해당하는 영업장. 다만 지상 1층에 있거나 지상과 직접 맞닿아 있는 층(영업장의 주된 출입구가 건축물 외부의 지면과 직접 연결된 경우를 포함한다)에 설치된 영업장은 제외한다.

　　① 산후조리업의 영업장

　　② 고시원업의 영업장

　(3) 밀폐구조의 영업장

　(4) 권총사격장의 영업장

2) 경보설비의 설치대상

　(1) 비상벨설비 또는 자동화재탐지설비. 다만 노래반주기 등 영상음향장치를 사용하는 영업장에는 자동화재탐지설비를 설치하여야 한다.

　(2) 가스누설경보기. 다만 가스시설을 사용하는 주방이나 난방시설이 있는 영업장

3 「다중이용업소의 안전관리에 관한 특별법 시행규칙」(별표 2)에서 다중이용업소에 설치하는 소방시설등의 설치·유지기준에 관한 사항

1) 소화기 또는 자동확산소화기의 설치·유지기준

　영업장 안의 구획된 실마다 설치할 것

2) 간이스프링클러설비의 설치·유지기준

　「소방시설 설치 및 관리에 관한 법률」에 따른 화재안전기준에 따라 설치할 것. 다만 영업장의 구획된 실마다 간이스프링클러헤드 또는 스프링클러헤드가 설치된 경우에는 그 설비의 유효범위 부분에는 간이스프링클러설비를 설치하지 않을 수 있다.

3) 비상벨 또는 자동화재탐지설비의 설치·유지기준

 ⑴ 영업장의 구획된 실마다 비상벨설비 또는 자동화재탐지설비 중 하나 이상을 화재안전기준에 따라 설치할 것

 ⑵ 자동화재탐지설비를 설치하는 경우에는 감지기와 지구음향장치는 영업장의 구획된 실마다 설치할 것. 다만 영업장의 구획된 실에 비상방송설비의 음향장치가 설치된 경우 해당 실에는 지구음향장치를 설치하지 않을 수 있다.

 ⑶ 영상음향차단장치가 설치된 영업장에 자동화재탐지설비의 수신기를 별도로 설치할 것

4) 피난기구의 설치·유지기준

 2층 이상 4층 이하 영업장의 비상구(발코니 또는 부속실)에는 피난기구를 화재안전기준에 따라 설치할 것

5) 피난유도선의 설치·유지기준

 ⑴ 영업장 내부 피난통로 또는 복도에 「화재예방, 소방시설 설치·유지 및 안전관리에 관한 법률」에 따라 소방청장이 정하여 고시하는 유도등 및 유도표지의 화재안전기준에 따라 설치할 것

 ⑵ 전류에 의하여 빛을 내는 방식으로 할 것

6) 유도등, 유도표지 또는 비상조명등의 설치·유지기준

 영업장의 구획된 실마다 유도등, 유도표지 또는 비상조명등 중 하나 이상을 화재안전기준에 따라 설치할 것

7) 휴대용 비상조명등의 설치·유지기준

 영업장 안의 구획된 실마다 휴대용 비상조명등을 화재안전기준에 따라 설치할 것

4 「다중이용업소의 안전관리에 관한 특별법 시행규칙」(별표 2)에서 다중이용업소에 설치하는 비상구의 설치·유지기준

1) 「다중이용업소의 안전관리에 관한 특별법 시행령」에서 비상구의 정의

 주된 출입구와 주된 출입구 외에 화재 발생 시 등 비상시 영업장의 내부로부터 지상·옥상 또는 그 밖의 안전한 곳으로 피난할 수 있도록 「건축법 시행령」에 따른 직통계단·피난계단·옥외피난계단 또는 발코니에 연결된 출입구

2) 「다중이용업소의 안전관리에 관한 특별법 시행령」에서 비상구를 설치하지 않을 수 있는 경우

  (1) 주된 출입구 외에 해당 영업장 내부에서 피난층 또는 지상으로 통하는 직통계단이 주된 출입구 중심선으로부터 수평거리로 영업장의 긴 변 길이의 2분의 1 이상 떨어진 위치에 별도로 설치된 경우

  (2) 피난층에 설치된 영업장[영업장으로 사용하는 바닥면적이 $33\,m^2$ 이하인 경우로서 영업장 내부에 구획된 실(室)이 없고, 영업장 전체가 개방된 구조의 영업장]으로서 그 영업장의 각 부분으로부터 출입구까지의 수평거리가 $10\,m$ 이하인 경우

3) 비상구의 설치위치

비상구는 영업장(2개 이상의 층이 있는 경우에는 각각의 층별 영업장) 주된 출입구의 반대방향에 설치하되, 주된 출입구 중심선으로부터의 수평거리가 영업장의 가장 긴 대각선 길이, 가로 또는 세로 길이 중 가장 긴 길이의 2분의 1 이상 떨어진 위치에 설치할 것. 다만 건물구조로 인하여 주된 출입구의 반대방향에 설치할 수 없는 경우에는 주된 출입구 중심선으로부터의 수평거리가 영업장의 가장 긴 대각선 길이, 가로 또는 세로 길이 중 가장 긴 길이의 2분의 1 이상 떨어진 위치에 설치할 수 있다.

4) 비상구등의 규격기준

가로 75 cm 이상, 세로 150 cm 이상(비상구 문틀을 제외한 비상구의 가로길이 및 세로 길이)으로 할 것

5) 비상구등의 구조기준

  (1) 비상구등은 구획된 실 또는 천장으로 통하는 구조가 아닌 것으로 할 것. 다만 영업장 바닥에서 천장까지 불연재료(不燃材料)로 구획된 부속실(전실), 「모자보건법」에 따른 산후조리원에 설치하는 방풍실 또는 「녹색건축물 조성 지원법」에 따라 설계된 방풍구조는 그렇지 않다.

  (2) 비상구등은 다른 영업장 또는 다른 용도의 시설(주차장은 제외한다)을 경유하는 구조가 아닌 것이어야 할 것

6) 비상구등의 문이 열리는 방향기준

피난방향으로 열리는 구조로 할 것

7) 비상구등의 문 재질기준

주요 구조부(영업장의 벽, 천장 및 바닥)가 내화구조(耐火構造)인 경우 비상구등의 문은 방화문(防火門)으로 설치할 것. 다만 다음의 어느 하나에 해당하는 경우에는 불연재료로 설치할 수 있다.

(1) 주요구조부가 내화구조가 아닌 경우

(2) 건물의 구조상 비상구등의 문이 지표면과 접하는 경우로서 화재의 연소확대우려가 없는 경우

(3) 비상구 등의 문이 「건축법 시행령」에 따른 피난계단 또는 특별피난계단의 설치기준에 따라 설치하여야 하는 문이 아니거나 같은 법 시행령에 따라 설치되는 방화구획이 아닌 곳에 위치한 경우

8) 주된 출입구의 문이 피난계단 또는 특별피난계단의 설치기준에 따라 설치해야 하는 문이 아니거나 방화구획이 아닌 곳에 위치한 경우에 주된 출입구의 문을 자동문[미서기(슬라이딩)문]으로 설치할 수 있는 충족조건

(1) 화재감지기와 연동하여 개방되는 구조

(2) 정전 시 자동으로 개방되는 구조

(3) 정전 시 수동으로 개방되는 구조

9) 복층구조 영업장에서 비상구 설치·유지기준

(1) 각 층마다 영업장 외부의 계단 등으로 피난할 수 있는 비상구를 설치할 것

(2) 비상구등의 문이 열리는 방향은 실내에서 외부로 열리는 구조로 할 것

(3) 비상구등의 문의 재질은 "7)"의 기준을 따를 것

(4) 영업장의 위치 및 구조가 다음의 어느 하나에 해당하는 경우에는 "(1)"에도 불구하고 그 영업장으로 사용하는 어느 하나의 층에 비상구를 설치할 것

① 건축물 주요구조부를 훼손하는 경우

② 옹벽 또는 외벽이 유리로 설치된 경우 등

10) 영업장의 위치가 4층 이하인 경우에 비상구 설치·유지기준

(1) 피난 시에 유효한 발코니[활하중 5 kN/m² 이상, 가로 75 cm 이상, 세로 150 cm 이상, 면적 1.12 m² 이상, 난간의 높이 100 cm 이상인 것을 말한다] 또는 부속실(불연재료로 바닥에서 천장까지 구획된 실로서 가로 75 cm 이상, 세로 150 cm 이상, 면적 1.12 m² 이상인 것을 말한다)을 설치하고, 그 장소에 적합한 피난기구를 설치할 것

⑵ 부속실을 설치하는 경우 부속실 입구의 문과 건물 외부로 나가는 문의 규격은 "4)"에 따른 비상구등의 규격으로 할 것. 다만 120 cm 이상의 난간이 있는 경우에는 발판 등을 설치하고 건축물 외부로 나가는 문의 규격과 재질을 가로 75 cm 이상, 세로 100 cm 이상의 창호로 설치할 수 있다.

⑶ 추락 등의 방지를 위하여 다음 사항을 갖추도록 할 것

① 발코니 및 부속실 입구의 문을 개방하면 경보음이 울리도록 경보음 발생 장치를 설치하고, 추락위험을 알리는 표지를 문(부속실의 경우 외부로 나가는 문도 포함한다)에 부착할 것

② 부속실에서 건물 외부로 나가는 문 안쪽에는 기둥·바닥·벽 등의 견고한 부분에 탈착이 가능한 쇠사슬 또는 안전로프 등을 바닥에서부터 120 cm 이상의 높이에 가로로 설치할 것. 다만 120 cm 이상의 난간이 설치된 경우에는 쇠사슬 또는 안전로프 등을 설치하지 않을 수 있다.

5 「다중이용업소의 안전관리에 관한 특별법 시행규칙」에서의 설치·유지기준

1) 다중이용업소의 영업장 내부 피난통로의 설치·유지기준

⑴ 내부 피난통로의 폭은 120 cm 이상으로 할 것. 다만 양 옆에 구획된 실이 있는 영업장으로서 구획된 실의 출입문 열리는 방향이 피난통로 방향인 경우에는 150 cm 이상으로 설치하여야 한다.

⑵ 구획된 실부터 수된 줄입구 또는 비상구까지의 내부 피난통로의 구조는 세 번 이상 구부러지는 형태로 설치하지 말 것

2) 창문의 설치·유지기준(고시원업 영업장에만 설치)

⑴ 영업장 층별로 가로 50 cm 이상, 세로 50 cm 이상 열리는 창문을 1개 이상 설치할 것

⑵ 영업장 내부 피난통로 또는 복도에 바깥 공기와 접하는 부분에 설치할 것(구획된 실에 설치하는 것을 제외)

3) 영상음향차단장치의 설치기준

(1) 화재 시 자동화재탐지설비의 감지기에 의하여 자동으로 영상 및 음향이 정지될 수 있는 구조로 설치하되, 수동(하나의 스위치로 전체의 음향 및 영상장치를 제어할 수 있는 구조)으로도 조작할 수 있도록 설치할 것

(2) 영상음향차단장치의 수동차단장치를 설치하는 경우에는 관계인이 일정하게 거주하거나 일정하게 근무하는 장소에 설치할 것. 이 경우 수동차단스위치와 가장 가까운 곳에 "영상음향차단스위치"라는 표지를 부착하여야 한다.

(3) 전기로 인한 화재 발생 위험을 예방하기 위하여 부하용량에 알맞은 누전차단기(과전류차단기를 포함)를 설치할 것

(4) 영상음향차단장치 작동으로 실내등의 전원이 차단되지 않는 구조로 설치할 것

6 「다중이용업소의 안전관리에 관한 특별법」에서 다중이용업의 실내장식물에 관한 사항

1) 실내장식물의 정의

건축물 내부의 천장 또는 벽에 설치하는 것으로서 대통령령으로 정하는 것

2) 실내장식물의 재료기준 및 방염물품을 적용할 수 있는 면적기준

(1) 다중이용업소에 설치하거나 교체하는 실내장식물(반자돌림대 등의 너비가 10 cm 이하인 것은 제외)은 불연재료 또는 준불연재료로 설치하여야 한다.

(2) "(1)"에도 불구하고 합판 또는 목재로 실내장식물을 설치하는 경우로서 그 면적이 영업장 천장과 벽을 합한 면적의 10분의 3(스프링클러설비 또는 간이스프링클러설비가 설치된 경우에는 10분의 5) 이하인 부분은 「소방시설 설치 및 관리에 관한 법률」에 따른 방염성능기준 이상의 것으로 설치할 수 있다.

3) 「다중이용업소의 안전관리에 관한 특별법 시행령」에서 다중이용업소에 설치하거나 교체하는 실내장식물의 종류

(1) 종이류(두께 2 mm 이상인 것)·합성수지류 또는 섬유류를 주원료로 한 물품

(2) 합판이나 목재

(3) 공간을 구획하기 위하여 설치하는 간이칸막이(접이식 등 이동 가능한 벽체나 천장 또는 반자가 실내에 접하는 부분까지 구획하지 아니하는 벽체)

(4) 흡음(吸音)이나 방음(防音)을 위하여 설치하는 흡음재(흡음용 커튼을 포함) 또는 방음재(방음용 커튼을 포함)

4) 「다중이용업소의 안전관리에 관한 특별법 시행령」에서 실내장식물에서 제외되는 물품

<u>가구류</u>(옷장, 찬장, 식탁, 식탁용의자, 사무용책상, 사무용의자 및 계산대, 그 밖에 이와 비슷한 것)와 너비 10 cm 이하인 반자돌림대 등과 「건축법」에 따른 내부마감재료는 제외

➕ 보충

소방시설법 시행령	다중이용업소 특별법 시행령
건축물 내부의 천장이나 벽에 부착하거나 설치하는 방염대상물품 ① 종이류(두께 2 mm 이상인 것)·합성수지류 또는 섬유류를 주원료로 한 물품 ② 합판이나 목재 ③ 공간을 구획하기 위하여 설치하는 간이 칸막이(접이식 등 이동 가능한 벽체나 천장 또는 반자가 실내에 접하는 부분까지 구획하지 않는 벽체) ④ 흡음(吸音)을 위하여 설치하는 흡음재(흡음용 커튼을 포함) ⑤ 방음(防音)을 위하여 설치하는 방음재(방음용 커튼을 포함)	다중이용업소에 설치하거나 교체하는 실내장식물의 종류 ① 종이류(두께 2 mm 이상인 것)·합성수지류 또는 섬유류를 주원료로 한 물품 ② 합판이나 목재 ③ 공간을 구획하기 위하여 설치하는 간이칸막이(접이식 등 이동 가능한 벽체나 천장 또는 반자가 실내에 접하는 부분까지 구획하지 아니하는 벽체) ④ 흡음(吸音)이나 방음(防音)을 위하여 설치하는 흡음재(흡음용 커튼을 포함) 또는 방음재(방음용 커튼을 포함)

7 「다중이용업소의 안전관리에 관한 특별법 시행규칙」(별표 2의2)에서 다중이용업소에 비치해야 하는 피난안내도에 관한 사항

1) 피난안내도를 비치하지 않을 수 있는 경우

(1) 영업장으로 사용하는 바닥면적의 합계가 33 m² 이하인 경우

(2) 영업장 내 구획된 실이 없고, 영업장 어느 부분에서도 출입구 및 비상구를 확인할 수 있는 경우

2) 피난안내도의 비치 위치

(1) 영업장 주 출입구 부분의 손님이 쉽게 볼 수 있는 위치

(2) 구획된 실의 벽, 탁자 등 손님이 쉽게 볼 수 있는 위치

(3) 「게임산업진흥에 관한 법률」의 인터넷컴퓨터게임시설제공업 영업장의 인터넷컴퓨터 게임시설이 설치된 책상. 다만 책상 위에 비치된 컴퓨터에 피난안내도를 내장하여 새로운 이용객이 컴퓨터를 작동할 때마다 피난안내도가 모니터에 나오는 경우에는 책상에 피난안내도가 비치된 것으로 본다.

3) 피난안내도에 포함되어야 할 내용

(1) 화재 시 대피할 수 있는 비상구 위치

(2) 구획된 실 등에서 비상구 및 출입구까지의 피난 동선

(3) 소화기, 옥내소화전 등 소방시설의 위치 및 사용방법

(4) 피난 및 대처방법

8 「다중이용업소의 안전관리에 관한 특별법 시행규칙」(별표 2의2)에서 다중이용업소의 피난안내 영상물에 관한 사항

1) 피난안내 영상물의 상영대상

(1) 「영화 및 비디오물 진흥에 관한 법률」의 영화상영관 및 비디오물소극장업의 영업장

(2) 「음악산업 진흥에 관한 법률」의 노래연습장업의 영업장

(3) 「식품위생법 시행령」의 단란주점영업 및 유흥주점영업의 영업장. 다만 피난안내 영상물을 상영할 수 있는 시설이 설치된 경우만 해당한다.

(4) 화재위험평가 결과 화재안전등급이 디(D)등급 또는 이(E)등급에 해당하거나 화재 발생 시 인명피해가 발생할 우려가 높은 불특정다수인이 출입하는 영업으로서 행정안전부령으로 정하는 영업으로 피난안내 영상물을 상영할 수 있는 시설을 갖춘 영업장

2) 피난안내 영상물의 상영시간

(1) 영화상영관 및 비디오물소극장업 : 매 회 영화상영 또는 비디오물 상영 시작 전

(2) 노래연습장업 등 그 밖의 영업 : 매 회 새로운 이용객이 입장하여 노래방 기기(機器) 등을 작동할 때

3) 피난안내 영상물에 포함되어야 할 내용

    (1) 화재 시 대피할 수 있는 비상구 위치

    (2) 구획된 실 등에서 비상구 및 출입구까지의 피난 동선

    (3) 소화기, 옥내소화전 등 소방시설의 위치 및 사용방법

    (4) 피난 및 대처방법

9 「다중이용업소의 안전관리에 관한 특별법」에서 다중이용업을 하려는 자가 안전시설등을 설치하기 전에 미리 안전시설등의 설계도서를 첨부하여 소방본부장 또는 소방서장에게 신고해야 하는 경우

1) 안전시설등을 설치하려는 경우

2) 영업장 내부구조를 변경하려는 경우로서 다음 각 목의 어느 하나에 해당하는 경우

    (1) 영업장 면적의 증가

    (2) 영업장의 구획된 실의 증가

    (3) 내부통로 구조의 변경

3) 안전시설등의 공사를 마친 경우

10 「다중이용업소의 안전관리에 관한 특별법 시행규칙」에서 다중이용업주의 안전시설능에 대한 안전점검에 관한 사항

1) 안전점검의 대상

    다중이용업소의 영업장에 설치된 안전시설등

2) 안전점검자의 자격기준

    (1) 해당 영업장의 다중이용업주 또는 다중이용업소가 위치한 특정소방대상물의 소방안전관리자(소방안전관리자가 선임된 경우)

    (2) 해당 업소의 종업원 중 「화재의 예방 및 안전관리에 관한 법률 시행령」에 따라 소방안전관리자 자격을 취득한 자, 「국가기술자격법」에 따라 소방기술사·소방설비기사 또는 소방설비산업기사 자격을 취득한 자

    (3) 「소방시설 설치 및 관리에 관한 법률」에 따른 소방시설관리업자

3) 안전점검의 점검주기

매 분기별 1회 이상 점검. 다만 「소방시설 설치 및 관리에 관한 법률」에 따라 자체점검을 실시한 경우에는 자체점검을 실시한 그 분기에는 점검을 실시하지 아니할 수 있다.

4) 「다중이용업소의 안전관리에 관한 특별법 시행규칙」(별지 제10호 서식)에서 안전시설등 세부 점검표의 점검사항

(1) 소화기 또는 자동확산소화기의 외관점검
  ① 구획된 실마다 설치되어 있는지 확인
  ② 약제 응고상태 및 압력게이지 지시침 확인

(2) 간이스프링클러설비 작동기능점검
  ① 시험밸브 개방 시 펌프기동, 음향경보 확인
  ② 헤드의 누수·변형·손상·장애 등 확인

(3) 경보설비 작동기능점검
  ① 비상벨설비의 누름스위치, 표시등, 수신기 확인
  ② 자동화재탐지설비의 감지기, 발신기, 수신기 확인
  ③ 가스누설경보기 정상작동 여부 확인

(4) 피난설비 작동기능점검 및 외관점검
  ① 유도등·유도표지 등 부착상태 및 점등상태 확인
  ② 구획된 실마다 휴대용 비상조명등 비치 여부
  ③ 화재 신호 시 피난유도선 점등상태 확인
  ④ 피난기구(완강기, 피난사다리 등) 설치상태 확인

(5) 비상구 관리상태 확인
  ① 비상구 폐쇄·훼손, 주변 물건 적치 등 관리상태
  ② 구조변형, 금속표면 부식·균열, 용접부·접합부 손상 등 확인(건축물 외벽에 발코니 형태의 비상구를 설치한 경우만 해당)

(6) 영업장 내부 피난통로 관리상태 확인
  영업장 내부 피난통로상 물건 적치 등 관리상태

(7) 창문(고시원) 관리상태 확인

(8) 영상음향차단장치 작동기능점검
  경보설비와 연동 및 수동작동 여부 점검(화재 신호 시 영상음향차단 되는지 확인)

⑼ 누전차단기 작동 여부 확인

⑽ 피난안내도 설치위치 확인

⑾ 피난안내영상물 상영 여부 확인

⑿ 실내장식물·내부구획재료 교체 여부 확인

　　① 커튼, 카페트 등 방염선처리제품 사용 여부

　　② 합판·목재 방염성능확보 여부

　　③ 내부구획재료 불연재료 사용 여부

⒀ 방염 소파·의자 사용 여부 확인

⒁ 안전시설등 세부점검표 분기별 작성 및 1년간 보관 여부

⒂ 화재배상책임보험 가입 여부 및 계약기간 확인

■ 다중이용업소의 안전관리에 관한 특별법 시행규칙 [별지 제10호 서식] 〈개정 2023.8.1.〉

안전시설등 세부점검표

1. 점검대상

대 상 명		전화번호	
소 재 지		주 용 도	
건물구조		대표자	소방안전관리자	

2. 점검사항

점검사항	점검결과	조치사항
① 소화기 또는 자동확산소화기의 외관점검		
- 구획된 실마다 설치되어 있는지 확인		
- 약제 응고상태 및 압력게이지 지시침 확인		
② 간이스프링클러설비 작동기능점검		
- 시험밸브 개방 시 펌프기동, 음향경보 확인		
- 헤드의 누수·변형·손상·장애 등 확인		
③ 경보설비 작동기능점검		
- 비상벨설비의 누름스위치, 표시등, 수신기 확인		
- 자동화재탐지설비의 감지기, 발신기, 수신기 확인		
- 가스누설경보기 정상작동 여부 확인		
④ 피난설비 작동기능점검 및 외관점검		
- 유도등·유도표지 등 부착상태 및 점등상태 확인		
- 구획된 실마다 휴대용 비상조명등 비치 여부		
- 화재 신호 시 피난유도선 점등상태 확인		
- 피난기구(완강기, 피난사다리 등) 설치상태 확인		
⑤ 비상구 관리상태 확인		
- 비상구 폐쇄·훼손, 주변 물건 적치 등 관리상태		
- 구조변형, 금속표면 부식·균열, 용접부·접합부 손상 등 확인(건 축물 외벽에 발코니 형태의 비상구를 설치한 경우만 해당)		
⑥ 영업장 내부 피난통로 관리상태 확인		
- 영업장 내부 피난통로 상 물건 적치 등 관리상태		
⑦ 창문(고시원) 관리상태 확인		
⑧ 영상음향차단장치 작동기능점검		
- 경보설비와 연동 및 수동작동 여부 점검(화재 신호 시 영상음향이 차단되는 지 확인)		
⑨ 누전차단기 작동 여부 확인		
⑩ 피난안내도 설치위치 확인		
⑪ 피난안내영상물 상영 여부 확인		
⑫ 실내장식물·내부구획 재료 교체 여부 확인		
- 커튼, 카페트 등 방염선처리제품 사용 여부		
- 합판·목재 방염성능 확보 여부		
- 내부구획재료 불연재료 사용 여부		
⑬ 방염 소파·의자 사용 여부 확인		
⑭ 안전시설등 세부점검표 분기별 작성 및 1년간 보관 여부		
⑮ 화재배상책임보험 가입 여부 및 계약기간 확인		

점검일자 :   .   .   .   점검자 :   (서명 또는 인)

11 「다중이용업소의 안전관리에 관한 특별법」에서 다중이용업소의 화재위험평가에 관한 사항

1) 화재위험평가의 정의

다중이용업의 영업소가 밀집한 지역 또는 건축물에 대하여 화재 발생 가능성과 화재로 인한 불특정 다수인의 생명·신체·재산상의 피해 및 주변에 미치는 영향을 예측·분석하고 이에 대한 대책을 마련하는 것

2) 화재위험평가의 대상

(1) 2천 m^2 지역 안에 다중이용업소가 50개 이상 밀집하여 있는 경우

(2) 5층 이상인 건축물로서 다중이용업소가 10개 이상 있는 경우

(3) 하나의 건축물에 다중이용업소로 사용하는 영업장 바닥면적의 합계가 1천 m^2 이상인 경우

3) 「다중이용업소의 안전관리에 관한 특별법 시행령」에서 화재위험평가에 따른 화재안전등급

화재안전등급(제11조 제1항 및 제13조 관련)	
등급	평가점수
A	80 이상
B	60 이상 79 이하
C	40 이상 59 이하
D	20 이상 39 이하
F	20 미만

[비고]
"평가점수"란 다중이용업소에 대하여 화재예방, 화재감지·경보, 피난, 소화설비, 건축방재 등의 항목별로 소방청장이 정하여 고시하는 기준을 갖추었는지에 대하여 평가한 점수를 말한다.

1 「초고층 및 지하연계 복합건축물 재난관리에 관한 특별법」에서 초고층과 지하연계 복합건축물의 정의

1) 초고층 건축물의 정의

　　층수가 50층 이상 또는 높이가 200 m 이상인 건축물(「건축법」에 따른 높이 및 층수)

2) 지하연계 복합건축물의 정의(다음 각 목의 요건을 모두 갖춘 것)

　　⑴ 층수가 11층 이상이거나 1일 수용인원이 5천 명 이상인 건축물로서 지하부분이 지하역사 또는 지하도상가와 연결된 건축물

　　⑵ 건축물 안에 「건축법」에 따른 문화 및 집회시설, 판매시설, 운수시설, 업무시설, 숙박시설, 위락(慰樂)시설 중 유원시설업(遊園施設業)의 시설 또는 대통령령으로 정하는 용도의 시설이 하나 이상 있는 건축물

2 「초고층 및 지하연계 복합건축물 재난관리에 관한 특별법 시행령」에서 초고층 건축물 등에 설치해야 하는 피난안전구역에 관한 사항

1) 피난안전구역의 설치대상

　　⑴ 초고층 건축물 : 「건축법 시행령」에 따른 피난안전구역을 설치할 것

　　⑵ 30층 이상 49층 이하인 지하연계 복합건축물 : 「건축법 시행령」에 따른 피난안전구역을 설치할 것

　　⑶ 16층 이상 29층 이하인 지하연계 복합건축물 : 지상층별 거주밀도가 m²당 1.5명을 초과하는 층은 해당 층의 사용형태별 면적의 합의 10분의 1에 해당하는 면적을 피난안전구역으로 설치할 것

⑷ 초고층 건축물등의 지하층에 문화 및 집회시설, 판매시설, 운수시설, 업무시설, 숙박시설, 위락시설 중 유원시설업의 시설 종합병원과 요양병원이 하나 이상 있는 건축물 용도로 사용되는 경우 : 해당 지하층에 별표 2의 피난안전구역 면적 산정기준에 따라 피난안전구역을 설치할 것. 다만 해당 지하층이 다음 각 목의 어느 하나에 해당하는 경우에는 피난안전구역을 설치하지 않을 수 있다.

① 선큰(지표 아래에 있고 바깥 공기에 개방된 공간으로서 건축물 사용자 등의 보행·휴식 및 피난 등에 제공되는 공간)이 설치된 경우

② 「소방시설 설치 및 관리에 관한 법률 시행령」에 따른 피난층에 해당하는 경우로서 건축물의 출입구가 지상과 직접 연결된 경우

2) 지하층에 피난안전구역을 설치하는 경우 면적 산정기준[별표 2] 관점 25

⑴ 지하층이 하나의 용도로 사용되는 경우

피난안전구역 면적 = (수용인원 × 0.1) × 0.28 m²

⑵ 지하층이 둘 이상의 용도로 사용되는 경우

피난안전구역 면적 = (사용형태별 수용인원의 합 × 0.1) × 0.28 m²

3) 피난안전구역에 설치해야 하는 소방시설 관점 25

⑴ 소화설비 중 소화기구(소화기 및 간이소화용구), 옥내소화전설비 및 스프링클러설비

⑵ 경보설비 중 자동화재탐지설비

⑶ 피난설비 중 방열복, 공기호흡기(보조마스크를 포함), 인공소생기, 피난유도선(피난안전구역으로 통하는 직통계단 및 특별피난계단을 포함), 피난안전구역으로 피난을 유도하기 위한 유도등·유도표지, 비상조명등 및 휴대용 비상조명등

⑷ 소화활동설비 중 제연설비, 무선통신보조설비

4) 선큰의 설치기준

⑴ 선큰의 면적기준

① 문화 및 집회시설 중 공연장, 집회장 및 관람장은 해당 면적의 7 % 이상

② 판매시설 중 소매시장은 해당 면적의 7 % 이상

③ 그 밖의 용도는 해당 면적의 3 % 이상

⑵ 선큰의 설치기준

① 지상 또는 피난층(직접 지상으로 통하는 출입구가 있는 층 및 피난안전구역) 으로 통하는 너비 1.8 m 이상의 직통계단을 설치하거나, 너비 1.8 m 이상 및 경사도 12.5 % 이하의 경사로를 설치할 것

② 거실(건축물 안에서 거주, 집무, 작업, 집회, 오락, 그 밖에 이와 유사한 목적을 위하여 사용되는 방) 바닥면적 100 m²마다 0.6 m 이상을 거실에 접하도록 하고, 선큰과 거실을 연결하는 출입문의 너비는 거실 바닥면적 100 m²마다 0.3 m로 산정한 값 이상으로 할 것

(3) 선큰의 설비기준

① 빗물에 의한 침수방지를 위하여 차수판(遮水板), 집수정(물저장고), 역류방지기를 설치할 것

② 선큰과 거실이 접하는 부분에 제연설비[드렌처(수막)설비 또는 공기조화설비와 별도로 운용하는 제연설비]를 설치할 것. 다만 선큰과 거실이 접하는 부분에 설치된 공기조화설비가 화재안전기준에 맞게 설치되어 있고, 화재 발생 시 제연설비 기능으로 자동 전환되는 경우에는 제연설비를 설치하지 않을 수 있다.

➕ 보충

「건축물의 피난·방화구조 등의 기준에 관한 규칙」에서 피난안전구역의 설치기준

(1) 피난안전구역은 해당 건축물의 1개 층을 대피공간으로 하며, 대피에 장애가 되지 아니하는 범위에서 기계실, 보일러실, 전기실 등 건축설비를 설치하기 위한 공간과 같은 층에 설치할 수 있다. 이 경우 피난안전구역은 건축설비가 설치되는 공간과 내화구조로 구획하여야 한다.

(2) 피난안전구역에 연결되는 특별피난계단은 피난안전구역을 거쳐서 상·하층으로 갈 수 있는 구조로 설치하여야 한다.

(3) 피난안전구역의 구조 및 설비는 다음 각 호의 기준에 적합하여야 한다.

① 피난안전구역의 바로 아래층 및 위층은 「녹색건축물 조성 지원법」 제15조 제1항에 따라 국토교통부장관이 정하여 고시한 기준에 적합한 단열재를 설치할 것. 이 경우 아래층은 최상층에 있는 거실의 반자 또는 지붕 기준을 준용하고, 위층은 최하층에 있는 거실의 바닥 기준을 준용할 것

② 피난안전구역의 내부마감재료는 불연재료로 설치할 것

③ 건축물의 내부에서 피난안전구역으로 통하는 계단은 특별피난계단의 구조로 설치할 것

④ 비상용 승강기는 피난안전구역에서 승하차할 수 있는 구조로 설치할 것

⑤ 피난안전구역에는 식수공급을 위한 급수전을 1개소 이상 설치하고 예비전원에 의한 조명 설비를 설치할 것

⑥ 관리사무소 또는 방재센터 등과 긴급연락이 가능한 경보 및 통신시설을 설치할 것

⑦ 별표 1의2에서 정하는 기준에 따라 산정한 면적 이상일 것

⑧ 피난안전구역의 높이는 2.1 m 이상일 것

⑨ 「건축물의 설비기준 등에 관한 규칙」 제14조에 따른 배연설비를 설치할 것

⑩ 그 밖에 소방청장이 정하는 소방 등 재난관리를 위한 설비를 갖출 것

3 「초고층 및 지하연계 복합건축물 재난관리에 관한 특별법 시행규칙」에서 초고층 및 지하연계복합건축물에 설치해야 하는 종합방재실에 관한 사항

1) 종합방재실의 설치 개수

1개. 다만 100층 이상인 초고층 건축물등(「건축법」에 따른 공동주택은 제외)의 관리주체는 종합방재실이 그 기능을 상실하는 경우에 대비하여 종합방재실을 추가로 설치하거나, 관계지역 내 다른 종합방재실에 보조종합재난관리체제를 구축하여 재난관리 업무가 중단되지 아니하도록 하여야 한다.

2) 종합방재실의 위치기준

⑴ 1층 또는 피난층. 다만 초고층 건축물등에 「건축법 시행령」에 따른 특별피난계단이 설치되어 있고, 특별피난계단 출입구로부터 5 m 이내에 종합방재실을 설치하려는 경우에는 2층 또는 지하 1층에 설치할 수 있으며, 공동주택의 경우에는 관리사무소 내에 설치할 수 있다.

⑵ 비상용 승강장, 피난전용 승강장 및 특별피난계단으로 이동하기 쉬운 곳

⑶ 재난정보 수집 및 제공, 방재 활동의 거점(據點) 역할을 할 수 있는 곳

⑷ 소방대(消防隊)가 쉽게 도달할 수 있는 곳

⑸ 화재 및 침수 등으로 인하여 피해를 입을 우려가 적은 곳

3) 종합방재실의 구조 및 면적기준

⑴ 다른 부분과 방화구획(防火區劃)으로 설치할 것. 다만 다른 제어실 등의 감시를 위하여 두께 7 mm 이상의 망입(網入)유리(두께 16.3 mm 이상의 접합유리 또는 두께 28 mm 이상의 복층유리를 포함)로 된 4 m² 미만의 붙박이창을 설치할 수 있다.

⑵ 인력의 대기 및 휴식 등을 위하여 종합방재실과 방화구획된 부속실(附屬室)을 설치할 것

⑶ 면적은 20 m² 이상으로 할 것

⑷ 재난 및 안전관리, 방범 및 보안, 테러 예방을 위하여 필요한 시설·장비의 설치와 근무 인력의 재난 및 안전관리 활동, 재난 발생 시 소방대원의 지휘 활동에 지장이 없도록 설치할 것

⑸ 출입문에는 출입 제한 및 통제 장치를 갖출 것

4) 종합방재실의 설비 등의 기준

⑴ 조명설비(예비전원을 포함) 및 급수·배수설비

⑵ 상용전원(常用電源)과 예비전원의 공급을 자동 또는 수동으로 전환하는 설비

⑶ 급기(給氣)·배기(排氣) 설비 및 냉·난방 설비

⑷ 전력공급 상황확인시스템

⑸ 공기조화·냉난방·소방·승강기 설비의 감시 및 제어시스템

⑹ 자료저장시스템

⑺ 지진계 및 풍향·풍속계(초고층건축물에 한정)

⑻ 소화장비 보관함 및 무정전(無停電)전원공급장치

⑼ 피난안전구역, 피난용 승강기승강장 및 테러 등의 감시와 방범·보안을 위한 폐쇄회로텔레비전(CCTV)

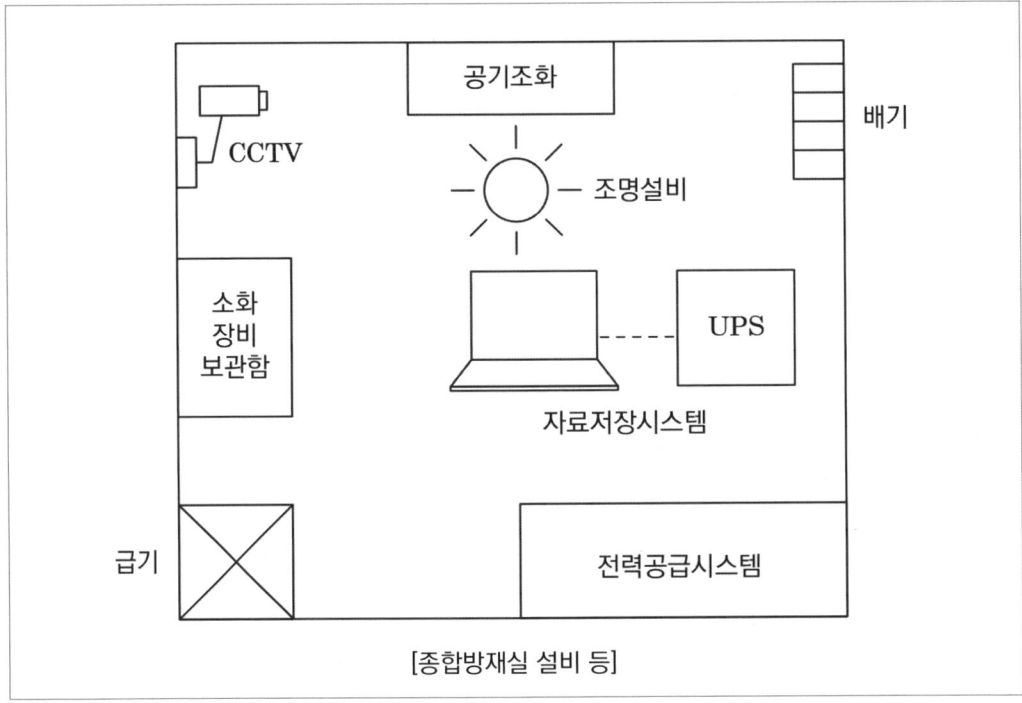

[종합방재실 설비 등]

1 「소방기본법 시행규칙」(별표 3)에서 소방용수시설에 관한 사항

1) 소화전의 설치기준

상수도와 연결하여 지하식 또는 지상식의 구조로 하고, 소방용 호스와 연결하는 소화전의 연결금속구의 구경은 65 mm로 할 것

2) 급수탑의 설치기준

급수배관의 구경은 100 mm 이상으로 하고, 개폐밸브는 지상에서 1.5 m 이상 1.7 m 이하의 위치에 설치하도록 할 것

3) 저수조의 설치기준

(1) 지면으로부터의 낙차가 4.5 m 이하일 것

(2) 흡수부분의 수심이 0.5 m 이상일 것

(3) 소방펌프자동차가 쉽게 접근할 수 있도록 할 것

(4) 흡수에 지장이 없도록 토사 및 쓰레기 등을 제거할 수 있는 설비를 갖출 것

(5) 흡수관의 투입구가 사각형의 경우에는 한 변의 길이가 60 cm 이상, 원형의 경우에는 지름이 60 cm 이상일 것

(6) 저수조에 물을 공급하는 방법은 상수도에 연결하여 자동으로 급수되는 구조일 것

2 「소방기본법」에서 비상소화장치에 관한 다음 물음에 답하시오

1) 비상소화장치의 정의

소방자동차의 진입이 곤란한 지역 등 화재 발생 시에 초기대응이 필요한 지역으로서 대통령령으로 정하는 지역에 소방호스 또는 호스릴 등을 소방용수시설에 연결하여 화재를 진압하는 시설이나 장치

2) 비상소화장치의 설치장소

소방자동차의 진입이 곤란한 지역 등 화재 발생 시에 초기대응이 필요한 지역으로 다음에 해당하는 장소

(1) 「화재의 예방 및 안전관리에 관한 법률」에 따라 지정된 화재경계지구

(2) 시·도지사가 비상소화장치의 설치가 필요하다고 인정하는 지역

3) 비상소화장치의 설치기준

(1) 비상소화장치는 비상소화장치함, 소화전, 소방호스(소화전의 방수구에 연결하여 소화용수를 방수하기 위한 도관으로서 호스와 연결금속구로 구성되어 있는 소방용릴호스 또는 소방용고무내장호스), 관창(소방호스용 연결금속구 또는 중간연결금속구 등의 끝에 연결하여 소화용수를 방수하기 위한 나사식 또는 차입식 토출기구)을 포함하여 구성할 것

(2) 소방호스 및 관창은 「소방시설 설치 및 관리에 관한 법률」에 따라 소방청장이 정하여 고시하는 형식승인 및 제품검사의 기술기준에 적합한 것으로 설치할 것

(3) 비상소화장치함은 「소방시설 설치 및 관리에 관한 법률」에 따라 소방청장이 정하여 고시하는 성능인증 및 제품검사의 기술기준에 적합한 것으로 설치할 것

3 「소방기본법 시행령」에서 소방자동차 전용구역

1) 소방자동차 전용구역의 설치대상

(1) 「건축법 시행령」의 아파트 중 세대수가 100세대 이상인 아파트

(2) 「건축법 시행령」의 기숙사 중 3층 이상의 기숙사

2) 소방자동차 전용구역의 방해 행위기준

(1) 전용구역에 물건 등을 쌓거나 주차하는 행위

(2) 전용구역의 앞면, 뒷면 또는 양 측면에 물건 등을 쌓거나 주차하는 행위. 다만 「주차장법」 제19조에 따른 부설주차장의 주차구획 내에 주차하는 경우는 제외

(3) 전용구역 진입로에 물건 등을 쌓거나 주차하여 전용구역으로의 진입을 가로 막는 행위

(4) 전용구역 노면표지를 지우거나 훼손하는 행위

(5) 그 밖의 방법으로 소방자동차가 전용구역에 주차하는 것을 방해하거나 전용구역으로 진입하는 것을 방해하는 행위

1 「소방시설공사업법 시행령」에서 공사업자는 소방시설공사를 완공하면 소방본부장 또는 소방서장의 완공검사를 받아야 한다. 소방본부장 또는 소방서장의 완공검사를 위한 현장확인 대상 특정소방대상물의 범위

1) 문화 및 집회시설, 종교시설, 판매시설, 노유자시설, 수련시설, 운동시설, 숙박시설, 창고시설, 지하상가 및 「다중이용업소의 안전관리에 관한 특별법」에 따른 다중이용업소

2) 다음 각 목의 어느 하나에 해당하는 설비가 설치되는 특정소방대상물

 (1) 스프링클러설비등

 (2) 물분무등소화설비(호스릴방식의 소화설비는 제외)

 (3) 연면적 1만 m² 이상이거나 11층 이상인 특정소방대상물(아파트는 제외)

 (4) 가연성가스를 제조 · 저장 또는 취급하는 시설 중 지상에 노출된 가연성가스탱크의 저장용량 합계가 1천 톤 이상인 시설

2 「소방시설공사업법 시행령」에서 소방시설공사의 하자보수에 관한 사항

1) 하자보수 대상 소방시설과 하자보수 보증기간

 (1) 피난기구, 유도등, 유도표지, 비상경보설비, 비상조명등, 비상방송설비 및 무선통신보조설비 : 2년

 (2) 자동소화장치, 옥내소화전설비, 스프링클러설비, 간이스프링클러설비, 물분무등소화설비, 옥외소화전설비, 자동화재탐지설비, 상수도소화용수설비 및 소화활동설비(무선통신보조설비는 제외한다) : 3년

2) 「소방시설공사업법」에서 공사의 하자보수 등과 관련하여 관계인이 소방본부장 또는 소방서장에게 알릴 수 있는 경우

  ⑴ 관계인은 하자보수기간에 소방시설의 하자가 발생하였을 때에는 공사업자에게 그 사실을 알려야 하며, 통보를 받은 공사업자는 3일 이내에 하자를 보수하거나 보수일정을 기록한 하자보수계획을 관계인에게 서면으로 알려야 한다.

  ⑵ 관계인은 공사업자가 다음 각 호의 어느 하나에 해당하는 경우에는 소방본부장이나 소방서장에게 그 사실을 알릴 수 있다.

    ① 하자보수를 이행하지 아니한 경우

    ② 하자보수 계획을 서면으로 알리지 아니한 경우

    ③ 하자보수 계획이 불합리하다고 인정되는 경우

모아북스

END UP

소방시설관리사 기본서
점검실무행정

PART 04

소방시설 자체점검사항 등에 관한 고시

분류	명칭		도시기호	분류	명칭	도시기호
배관	일반배관		———	헤드류	스프링클러헤드폐쇄형 상향식(평면도)	—●—
	옥내·외소화전		—H—		스프링클러헤드폐쇄형 하향식(평면도) 관점 12	●—
	스프링클러		—SP—		스프링클러헤드개방형 상향식(평면도)	—◯—
	물분무		—WS—		스프링클러헤드개방형 하향식(평면도) 관점 12	◯—
	포소화		—F—		스프링클러헤드폐쇄형 상향식(계통도)	▲
	배수관		—D—		스프링클러헤드폐쇄형 하향식(입면도)	▼
	전선관	입상	◯↗		스프링클러헤드폐쇄형 상·하향식(입면도)	▲▼
		입하	◯↙		스프링클러헤드 상향형(입면도)	↑
		통과	◯↗		스프링클러헤드 하향형(입면도)	↓
관이음쇠	후렌지		—┤├—		분말·탄산가스· 할로겐헤드 관설 21	⊄ ⅄
	유니온		—┤‖├—		연결살수헤드 관점 15	—⬡—
	플러그		—←┤		물분무헤드(평면도) 관점 1	—⊗—
	90°엘보 관점 18		⌐		물분무헤드(입면도)	⬇
	45°엘보		⌐		드렌처헤드(평면도)	—⊘—
	티 관점 18		┼┼		드렌처헤드(입면도)	⬇
	크로스		┼┼		포헤드(평면도) 관설 21	⬥
	맹후렌지		—┤		포헤드(입면도) 관점 17	▮
	캡		—┐		감지헤드(평면도)	—◬—

분류	명칭	도시기호	분류	명칭	도시기호
헤드류	감지헤드(입면도)		밸브류	릴리프밸브 (이산화탄소용)	
	청정소화약제방출헤드 (평면도)			릴리프밸브(일반) 관점 15 관점 19 관점 24	
	청정소화약제방출헤드 (입면도)			동체크밸브	
밸브류	체크밸브 관점 18 관점 19			앵글밸브 관점 16 관점 18	
	가스체크밸브 관점 16			FOOT밸브 관점 16	
	게이트밸브(상시개방) 관점 18			볼밸브 관점 18	
	게이트밸브(상시폐쇄)			배수밸브 관점 24	
	선택밸브			자동배수밸브 관점 16	
	조작밸브(일반)			여과망	
	조작밸브(전자식)			자동밸브	
	조작밸브(가스식)			감압밸브 관점 16	
	경보밸브(습식)			공기조절밸브	
	경보밸브(건식)		계기류	압력계	
	프리액션밸브 관점 12			연성계	
	경보델류지밸브 관점 12			유량계 관점 24	
	프리액션밸브수동조작함	SVP	소화전	옥내소화전함	
	플렉시블조인트			옥내소화전 방수용기구병설 관설 23	
	솔레노이드밸브 관점 12			옥외소화전 관설 23	
	모터밸브			포말소화전 관점 1	

분류	명칭	도시기호	분류	명칭	도시기호
소화전	송수구 관설 23		경보설비기기류	차동식 스포트형 감지기	
	방수구 관설 21			보상식 스포트형 감지기	
스트레이너	Y형			정온식 스포트형 감지기	
	U형			연기감지기	S
저장탱크류	고가수조 (물올림장치)			감지선	
	압력챔버			공기관	
	포말원액탱크	수직 수평		열전대	
레듀셔	편심레듀셔			열반도체	
	원심레듀셔			차동식 분포형 감지기의검출기	
혼합장치류	프레져프로포셔너			발신기세트 단독형	P B L
	라인프로포셔너			발신기세트 옥내소화전내장형	P B L
	프레져사이드 프로포셔너			경계구역번호	
	기타	P		비상용누름버튼	F
펌프류	일반펌프			비상전화기	ET
	펌프모터(수평)	M		비상벨	B
	펌프모토(수직)	M		사이렌	
저장용기류	분말약제 저장용기	P.D		모터사이렌	M
	저장용기 관점 1			전자사이렌	S
				조작장치	E P
				증폭기	AMP

분류	명칭	도시기호	분류	명칭	도시기호
경보설비기기류	기동누름버튼	Ⓔ	경보설비기기류	종단저항	
	이온화식 감지기 (스포트형) 관설 21	S I	제연설비	수동식 제어	
	광전식 연기감지기 (아나로그)	S A		천장용 배풍기	
	광전식 연기감지기 (스포트형)	S P		벽부착용 배풍기	
	감지기간선, HIV 1.2 mm × 4(22C)	— F ⫫		일반배풍기	
	감지기간선, HIV 1.2 mm × 8(22C)	— F ⫫⫫	배풍기	관로배풍기	
	유도등간선 HIV 2.0 mm × 3(22C)	— EX —		화재댐퍼 관점 15	
	경보부저	BZ	댐퍼	연기댐퍼	
	제어반			화재/연기 댐퍼	②
	표시반		스위치류	압력스위치	PS
	회로시험기 관점 15	◉		탬퍼스위치	T S
	화재경보벨	Ⓑ	방연·방화문	연기감지기(전용)	S
	시각경보기 (스트로브) 관점 17 관점 21			열감지기(전용)	
	수신기			자동폐쇄장치 관점 1	ER
	부수신기			연동제어기 관점 17	
	중계기 관점 1			배연창기동 모터	Ⓜ
	표시등	◖		배연창수동조작함	
	피난구유도등		피뢰침	피뢰부(평면도)	◉
	통로유도등	→		피뢰부(입면도)	
	표시판	◺		피뢰도선 및 지붕위 도체	—
	보조전원	T R			

분류	명칭	도시기호	분류	명칭	도시기호
제연설비	접지		기타	비상콘센트	
	접지저항 측정용단자			비상분전반	
소화기류	ABC소화기	소		가스계소화설비의 수동조작함	R M
	자동확산 소화기	자		전동기구동	M
	자동식 소화기	소		엔진구동	E
	이산화탄소 소화기	C		배관행거	
	할로겐화합물 소화기			기압계 관점 17	
기타	안테나			배기구	
	스피커			바닥은폐선	
	연기방연벽			노출배선	
	화재방화벽			소화가스 패키지	PAC
	화재 및 연기방벽				

※ [ ]에는 해당되는 곳에 √표를 합니다.

대상명	○○아파트	점검자	□입주자 □소방안전관리자 (인)
동호수	동 호		
점검일	년 월 일	전화번호	

점검항목			점검내용
소화설비	소화기	손쉽게 사용할 수 있는 장소에 설치 여부	□ 정 상 □ 불 량
		용기 변형·손상·부식 여부	□ 정 상 □ 불 량
		안전핀 체결 여부	□ 정 상 □ 불 량
		지시압력계의 정상 여부	□ 정 상 □ 불 량
		수동식 분말소화기 내용연수(10년) 적정 여부	□ 정 상 □ 불 량
	자동확산 소화기	설치상태 및 외형의 변형·손상·부식 여부	□ 정 상 □ 불 량
		지시압력계의 정상 여부	□ 정 상 □ 불 량
	주거용 주방자동 소화장치	소화약제용기 지시압력계의 정상 여부	□ 정 상 □ 불 량
		수신부의 전원표시등 정상 점등 여부	□ 정 상 □ 불 량
	스프링클러	헤드 변형·손상·부식 유무	□ 정 상 □ 불 량
경부설비	자동화재 탐지설비	감지기 변형·손상·탈락 여부	□ 정 상 □ 불 량
	가스누설 경보기	전원표시등 정상 점등 여부	□ 정 상 □ 불 량
피난설비	완강기	피난기구 위치 적정성 여부	□ 정 상 □ 불 량
		완강기 외형의 변형·손상·부식 여부	□ 정 상 □ 불 량
		설치 여부 및 장애물로 인한 피난 지장 여부	□ 정 상 □ 불 량
	피난구용 내림식 사다리	피난기구 위치 표지 및 사용방법 표지 유무	□ 정 상 □ 불 량
		설치 여부 및 장애물로 인한 피난 지장 여부	□ 정 상 □ 불 량
기타설비	대피공간	방화문(방화구획)의 적정 여부	□ 정 상 □ 불 량
		적치물(쌓아놓은 물건)로 인한 피난 장애 여부	□ 정 상 □ 불 량
	경량칸막이	정보를 포함한 표지 부착 여부	□ 정 상 □ 불 량
		적치물(쌓아놓은 물건)로 인한 피난 장애 여부	□ 정 상 □ 불 량
비 고		비고란에는 특정소방대상물의 위치·구조·용도 및 소방시설의 상황 등이 이 표의 항목대로 기재하기 곤란하거나 이 표에서 누락된 사항을 기재합니다.	

PART 04

소방시설등 작동점검[ ] 종합점검(최초점검[ ] 그 밖의 점검[ ]) 점검표

※ 소방시설, 다중이용업란의 [ ]란에는 해당 시설에 √ 표를 한다. 점검결과란은 양호 ○, 불량 X, 해당 없는 항목은 /표시를 한다.

□ **특정소방대상물**

건물명(상호)		대상물 구분	
소 재 지			

□ **소방시설등 점검결과**

구분	해당설비	점검결과	구분	해당설비	점검결과
소화 설비	[ ]소화기구 및 자동소화장치 　[ ]소화기구(소화기 · 자확 · 간이) 　[ ]주거용 주방자동소화장치 　[ ]상업용 주방자동소화장치 　[ ]캐비닛형 자동소화장치 　[ ]가스 · 분말 · 고체자동소화장치		피난 구조 설비	[ ]피난기구 　[ ]공기안전매트 · 피난사다리 　　(간이)완강기 · 미끄럼대 · 구조대 　[ ]다수인피난장비 　[ ]승강식 피난기 　　하향식 피난구용내림식 사다리	
	[ ]옥내소화전설비			[ ]인명구조기구	
	[ ]스프링클러설비			[ ]유도등	
	[ ]간이스프링클러설비			[ ]유도표지	
	[ ]화재조기진압용 스프링클러설비			[ ]피난유도선	
	[ ]물분무소화설비			[ ]비상조명등	
	[ ]미분무소화설비			[ ]휴대용 비상조명등	
	[ ]포소화설비		소화 용수 설비	[ ]상수도소화용수설비	
	[ ]이산화탄소소화설비			[ ]소화수조 및 저수조	
	[ ]할론소화설비				
	[ ]할로겐화합물 및 불활성기체소화설비		소화 활동 설비	[ ]거실제연설비	
	[ ]분말소화설비			[ ]부속실 등 제연설비	
	[ ]강화액소화전설비			[ ]연결송수관설비	
	[ ]고체에어로졸소화전설비			[ ]연결살수설비	
	[ ]옥외소화전설비			[ ]비상콘센트설비	
경보 설비	[ ]단독경보형 감지기			[ ]무선통신보조설비	
	[ ]비상경보설비			[ ]연소방지설비	
	[ ]자동화재탐지설비 및 시각경보기		기타	[ ]방화문, 자동방화셔터	
	[ ]비상방송설비			[ ]비상구, 피난통로	
	[ ]통합감시시설			[ ]방 염	
	[ ]자동화재속보설비		비고		
	[ ]누전경보기				
	[ ]가스누설경보기				

210 mm × 297 mm [백상지(80 g/m²)]

□ 다중이용업소 안전시설등 점검결과

구분	해당설비	점검결과	구분	해당설비	점검결과
소화 설비	[ ]소화기 또는 자동확산소화기		비상구	[ ]방화문	
	[ ]간이스프링클러설비			[ ]비상구(비상탈출구)	
경보 설비	[ ]비상경보설비 또는 자동화재탐지설비		기타	[ ]영업장 내부 피난통로	
	[ ]가스누설경보기			[ ]영상음향차단장치	
피난 구조 설비	[ ]피난기구			[ ]누전차단기	
	[ ]피난유도선			[ ]창 문	
	[ ]유도등, 유도표지 또는 비상조명등			[ ]피난안내도·피난안내영상물	
	[ ]휴대용 비상조명등		비고	[ ]방염대상물품	

□ 점검업체(점검인력) 현황

구분	성명	자격구분	자격번호	점검참여일(기간)	서명
주인력					(서명)
보조인력					(서명)
보조인력					(서명)
보조인력					(서명)
보조인력					(서명)
보조인력					(서명)
보조인력					(서명)

점검기간(일자) :   년 월 일부터   년 월 일 까지 (총 점검일수 :   일)

소방시설관리업체(등록번호) :   (제0000 – 00호)

대 표 자 :   (인)

점검번호 구분

대분류(설비구분)	소화기구 및 자동소화장치를 '1'번으로 하여 설비별 순차적으로 번호를 부여하여 다중이용업소 '32'번까지로 함
중분류(단위구분)	각 설비별 점검단위에 따라 'A'부터 알파벳 순서대로 부여함
소분류(점검항목)	각 설비별 점검단위 내의 점검항목에 따라 '001'부터 순서대로 부여함

작성 및 유의사항

1. 소방시설등 (작동, 종합)점검결과보고서의 '각 설비별 점검결과'에는 본 서식의 점검번호를 기재한다.
2. 자체점검결과(보고서 및 점검표)를 2년간 보관하여야 한다.

210 mm × 297 mm [백상지(80 g/m²)]

소방시설등의 세부현황

※ [　]에는 해당 시설에 √ 표를 하고, 수량을 기입하며, 설비현황에 대하여 기입란이 부족한 경우 서식을 추가하여 작성할 수 있습니다.

1. 소화기구, 자동소화장치

구분	[ ] 소화기		[ ] 간이소화용구		[ ] 자동 확산소화기	[ ] 자동 소화장치	비 고
	[ ] 분말	[ ] 기타	[ ] 투척용	[ ] 기타			
합계 동명							

2. 수계소화설비(공통사항)

수원	주된수원	◦ 설비의 종류 : [ ]옥내소화전설비 [ ]옥외소화전설비 [ ]스프링클러설비 　　　　　　: [ ]간이스프링클러설비 [ ]화재조기진압용 스프링클러설비 　　　　　　: [ ]물분무소화설비 [ ]미분무소화설비 [ ]포소화설비 ◦ 설치장소 : 동명(　　　) [ ]지상/[ ]지하 (　)층, 실명(　　　) ◦ 흡입방식 : [ ]정압 [ ]부압, ◦ 유효수량 : (　　　) m³
	보조수원	◦ 설치장소 : 동명(　　　) 실명(　　　), ◦ 유효수량 : (　　　) m³
가압 송수장치	[ ]고가수조	◦ 설비의 종류 : [ ]옥내소화전설비 [ ]옥외소화전설비 [ ]스프링클러설비 　　　　　　: [ ]간이스프링클러설비 [ ]화재조기진압용 스프링클러설비 　　　　　　: [ ]물분무소화설비 [ ]미분무소화설비 [ ]포소화설비 ◦ 설치장소 : 동명(　　　) 실명(　　　), ◦ 유효낙차 : (　　　) m
	[ ]압력수조	◦ 설비의 종류 : [ ]옥내소화전설비 [ ]옥외소화전설비 [ ]스프링클러설비 　　　　　　: [ ]간이스프링클러설비 [ ]화재조기진압용 스프링클러설비 　　　　　　: [ ]물분무소화설비 [ ]미분무소화설비 [ ]포소화설비 ◦ 설치장소 : 동명(　　　) [ ]지상/[ ]지하 (　)층, 실명(　　　) ◦ 수조용량 : (　　　) L, 수조가압압력 : (　　　) MPa ◦ 자동식공기압축기 용량 : (　　　) m³/min, 동력 : (　　　) kW
	[ ]가압수조	◦ 설비의 종류 : [ ]옥내소화전설비 [ ]옥외소화전설비 [ ]스프링클러설비 　　　　　　: [ ]간이스프링클러설비 [ ]화재조기진압용 스프링클러설비 　　　　　　: [ ]물분무소화설비 [ ]미분무소화설비 [ ]포소화설비 ◦ 설치장소 : 동명(　　　) [ ]지상/[ ]지하 (　)층, 실명(　　　) ◦ 수조용량 : (　　　)L, 수조가압압력 : (　　　) MPa ◦ 가압가스의 종류 : [ ]공기 [ ]불연성가스(　　　　　)

210 mm × 297 mm [백상지(80 g/m²)]

가압 송수장치	[ ]펌프방식	◦ 설비의 종류 : [ ]옥내소화전설비 [ ]옥외소화전설비 [ ]스프링클러설비 　　　　　　 : [ ]간이스프링클러설비 [ ]화재조기진압용 스프링클러설비 　　　　　　 : [ ]물분무소화설비 [ ]미분무소화설비 [ ]포소화설비 ◦ 설치장소 : 동명(　　　　) [ ]지상/[ ]지하 (　)층, 실명(　　　　) ◦ 주펌프 전양정 : (　　　)m, 토출량 : (　　　)L/min 　 [ ]전동기 [ ]내연기관(연료 : [ ]경유 [ ]기타　) ◦ 예비펌프 전양정 : (　　　)m, 토출량 : (　　　)L/min 　 [ ]전동기 [ ]내연기관(연료 : [ ]경유 [ ]기타　) ◦ 충압펌프 전양정 : (　　　)m, 토출량 : (　　　)L/min ◦ [ ]물올림장치(유효수량 : (　　　)L, 급수배관 : (　　　)mm ◦ 기동장치 : [ ]기동용 수압개폐장치, [ ]On/Off방식 　 [ ]압력챔버(용량 : (　　　)L, 사용압력 : (　　　)MPa 　 [ ]기동용 압력스위치([ ]부르동관식 [ ]전자식 [ ]그 밖의 것) ◦ [ ]감압장치 [ ]지상/[ ]지하 (　)층, 설치장소 : (　　　　　)
송수구		[ ]옥내소화전설비 [ ]옥외소화전설비 [ ]스프링클러설비 [ ]간이스프링클러설비 [ ]화재조기진압용 스프링클러설비 [ ]물분무소화설비 [ ]미분무소화설비 [ ]포소화설비 ◦ 설치장소 : (　　　　　　　), [ ]쌍구형 (　)개/[ ]단구형 (　)개
비상전원		[ ]자가발전설비([ ]소방전용 [ ]소방부하겸용 [ ]소방전원 보존형 [ ]기타(　　　)) [ ]비상전원수전설비 [ ]축전지설비 [ ]전기저장장치 ◦ 설치장소 : 동명(　　　　) [ ]지상/[ ]지하 (　)층, 실명(　　　　)

3. 수계소화설비(개별사항)

[ ]옥내소화전	◦ 설치장소 : 동명(　) [ ]전체층/[ ]일부층 [ ]지상/[ ]지하(　)층 ~ [ ]지상/[ ]지하(　)층 　　　　　　 : 동명(　) [ ]전체층/[ ]일부층 [ ]지상/[ ]지하(　)층 ~ [ ]지상/[ ]지하(　)층 ◦ 설치개수가 가장 많은 층의 설치개수 : (　)개
[ ]옥외소화전	◦ 설치개수 : (　)개
[ ]스프링클러설비	◦ 종류 : [ ]습식 [ ]부압식 [ ]준비작동식 [ ]건식 [ ]일제살수식 ◦ 설치장소 : 동명(　) [ ]전체층/[ ]일부층 [ ]지상/[ ]지하(　)층 ~ [ ]지상/[ ]지하(　)층
[ ]간이 　스프링클러설비	◦ 종류 : [ ]펌프 [ ]캐비닛 [ ]상수도 ◦ 설치장소 : 동명(　) [ ]전체층/[ ]일부층 [ ]지상/[ ]지하(　)층 ~ [ ]지상/[ ]지하(　)층
[ ]화재조기진압용	◦ 설치장소 : 동명(　) [ ]전체층/[ ]일부층 [ ]지상/[ ]지하(　)층 ~ [ ]지상/[ ]지하(　)층 　　　　　　 : 동명(　) [ ]전체층/[ ]일부층 [ ]지상/[ ]지하(　)층 ~ [ ]지상/[ ]지하(　)층
[ ]물분무소화설비	◦ 설치장소 : 동명(　) [ ]전체층/[ ]일부층 [ ]지상/[ ]지하(　)층 ~ [ ]지상/[ ]지하(　)층 　　　　　　 : 동명(　) [ ]전체층/[ ]일부층 [ ]지상/[ ]지하(　)층 ~ [ ]지상/[ ]지하(　)층
[ ]미분무소화설비	◦ 설치장소 : 동명(　) [ ]전체층/[ ]일부층 [ ]지상/[ ]지하(　)층 ~ [ ]지상/[ ]지하(　)층 　　　　　　 : 동명(　) [ ]전체층/[ ]일부층 [ ]지상/[ ]지하(　)층 ~ [ ]지상/[ ]지하(　)층
[ ]포소화설비	[ ]포워터스프링클러설비 [ ]포헤드설비 [ ]고정포방출설비 [ ]기타(　　　　) ◦ 소화약제 [ ]단백포 [ ]합성계면활성제포 [ ]수성막포 [ ]내알코올포 ◦ 설치장소 : 동명(　) [ ]전체층/[ ]일부층 [ ]지상/[ ]지하(　)층 ~ [ ]지상/[ ]지하(　)층

210 mm × 297 mm [백상지(80 g/m^2)]

4. 가스계소화설비(개별사항)

[ ]이산화탄소
[ ]할론
[ ]할로겐화합물
   및 불활성기체
[ ]분말
[ ]강화액
[ ]고체에어로졸
	[ ]전역방출 [ ]국소방출 [ ]호스릴 / [ ]고압식 [ ]저압식 / [ ]축압식 [ ]가압식
	∘ 설치장소 : 동명( ) [ ]전체층/[ ]일부층 [ ]지상/[ ]지하( )층 ~ [ ]지상/[ ]지하( )층
	∘ 저장용기 설치장소 : [ ]지상/[ ]지하 ( )층, [ ]전용실 [ ]기타( )
	   수량 : ( )[ ] kg, [ ] m³ ( ) L ( )개
	∘ 소화약제 [ ]이산화탄소 [ ]할론1301 [ ]할론2402 [ ]할론1211 [ ] 할론104
	   [ ]FC-3-1-10 [ ]HCFC BLEND A [ ]HCFC-124 [ ]HFC-125 [ ]HFC-227ea
	   [ ]HFC-23 [ ]IG-541 [ ]IG-100 [ ] 기타( )
	   [ ]제1종 분말 [ ]제2종 분말 [ ]제3종 분말 [ ]제4종 분말

5. 경보설비

[ ]단독 경보형 감지기	∘ 설치장소 : 동명( ) [ ]전체층/[ ]일부층 [ ]지상/[ ]지하( )층 ~ [ ]지상/[ ]지하( )층 ∘ 주전원 [ ]상용전원 [ ]건전지
[ ]비상경보설비	[ ]비상벨설비 [ ]자동식 사이렌설비 ∘ 설치장소 : 동명( ) [ ]전체층/[ ]일부층 [ ]지상/[ ]지하( )층 ~ [ ]지상/[ ]지하( )층 ∘ 조작장치 설치장소 : 동명( ) [ ]지상/[ ]지하 ( )층 실명( )

[ ]자동화재
   탐지설비
	∘ 수신기 위치 : 동명( ) [ ]지상/[ ]지하 ( )층 실명( )
	∘ 경보방식 [ ]전층경보 [ ]우선경보, 시각경보기 [ ]유 [ ]무
	∘ 설치장소 : 동명( ) [ ]전체층/[ ]일부층 [ ]지상/[ ]지하( )층 ~ [ ]지상/[ ]지하( )층
	        : 동명( ) [ ]전체층/[ ]일부층 [ ]지상/[ ]지하( )층 ~ [ ]지상/[ ]지하( )층
	∘ 감지기종류 [ ]열 [ ]연기 [ ]그 밖의 것([ ]불꽃 [ ]아날로그식 [ ]복합형)

[ ]비상방송설비	[ ]전용 [ ]겸용 / [ ]전층경보 [ ]우선경보 ∘ 증폭기 설치장소 : 동명( ) [ ]지상/[ ]지하 ( )층, 실명( )
[ ]자동화재 속보설비	∘ 속보기 설치장소 : 동명( ) [ ]지상/[ ]지하 ( )층, 실명( )
[ ]통합감시시설	∘ 주수신기 설치장소 : 동명( ) [ ]지상/[ ]지하 ( )층, 실명( ) ∘ 부수신기 설치장소 : 동명( ) [ ]지상/[ ]지하 ( )층, 실명( ) ∘ 정보통신망 [ ]광케이블 [ ]기타( ) / 예비선로 [ ]유 [ ]무
[ ]누전경보기	∘ 수신기 설치장소 : 동명( ) [ ]지상/[ ]지하 ( )층, 실명( ) ∘ 수신기 형식 [ ]1급 [ ]2급, 차단기구 [ ]무 [ ]유(설치장소 :)
[ ]가스누설 경보기	∘ [ ]단독형 [ ]분리형, 사용가스종류 [ ]LNG [ ]LPG, 경계구역 수 : ( )개 ∘ 수신기 설치장소 : 동명( ) [ ]지상/[ ]지하 ( )층, 실명( ) ∘ 차단기구 [ ]무 [ ]유(설치장소 :)

210 mm × 297 mm [백상지(80 g/m²)]

6. 피난구조설비

[ ]피난기구	• 종류 : [ ]피난사다리 [ ]완강기 [ ]다수인피난장비 [ ]승강식 피난기 [ ]미끄럼대
	     : [ ]피난교 [ ]피난용 트랩 [ ]구조대 [ ]간이완강기 [ ]공기안전매트
	• 설치장소 : 동명(　) [ ]전체층/[ ]일부층 [ ]지상/[ ]지하(　)층 ~ [ ]지상/[ ]지하(　)층
	     : 동명(　) [ ]전체층/[ ]일부층 [ ]지상/[ ]지하(　)층 ~ [ ]지상/[ ]지하(　)층

[ ]인명구조기구	• 종류 : [ ]방열복/ 방화복 [ ]공기호흡기 [ ]인공소생기
	• 설치장소 : 동명(　) [ ]전체층/[ ]일부층 [ ]지상/[ ]지하(　)층 ~ [ ]지상/[ ]지하(　)층
	     : 동명(　) [ ]전체층/[ ]일부층 [ ]지상/[ ]지하(　)층 ~ [ ]지상/[ ]지하(　)층
	• 대상물의 용도 : [ ] 5층 이상 병원 [ ] 7층 이상 관광호텔 [ ] 이산화탄소소화설비 설치
	     [ ] 지하역사 · 백화점 · 대형점포 · 쇼핑센타 · 지하상가 · 영화상영관

[ ]유도등	• 종류 : [ ]피난구 [ ]통로 [ ]객석유도등 [ ]유도표지 [ ]피난유도선 • 설치장소 : 동명(　) [ ]전체층/[ ]일부층 [ ]지상/[ ]지하(　)층 ~ [ ]지상/[ ]지하(　)층
[ ]비상조명등	• 설치장소 : 동명(　) [ ]전체층/[ ]일부층 [ ]지상/[ ]지하(　)층 ~ [ ]지상/[ ]지하(　)층 • 비상전원 [ ]자가발전설비 [ ]축전지설비 [ ]내장형
[ ]휴대용 비상조명등	• 설치장소 : 동명(　) [ ]전체층/[ ]일부층 [ ]지상/[ ]지하(　)층 ~ [ ]지상/[ ]지하(　)층 • 전원 [ ]건전지식 [ ]충전식 배터리식

7. 소화용수설비

[ ]상수도 소화용수	• 설치장소 : (　　　　　　　), 소화전 호칭지름 : (　　　)mm
[ ]소화수조	[ ]전용 [ ]겸용 / [ ]흡수식 [ ]가압식 / [ ]일반수조 [ ]그 밖의 것 / 유효수량 : (　　)m³ • 가압송수장치 전양정 : (　)m, 토출량 : (　)L/min, [ ]전동기/[ ]내연기관(연료 : [ ]경유 [ ]기타) • [ ]물올림장치 유효수량 : (　　)L, 급수배관 : (　　)mm • 기동스위치 설치장소 : [ ]채수구 부근 [ ]방재실 [ ]기타(　　　　　) • 채수구 구경 : (　　)mm, 흡수관 투입구 : 가로 (　)cm 세로 (　)cm / 직경 (　)cm

8. 소화활동설비

[ ]제연
설비
	[ ]거실	• 설치장소 : 동명(　) [ ]전체층/[ ]일부층 [ ]지상/[ ]지하(　)층 ~ [ ]지상/[ ]지하(　)층
		• 방식 [ ]단독 [ ]공동 [ ]상호 [ ]기타(　　　　)
		• 기동장치 [ ]자동(감지기 연동) [ ]수동 [ ]원격
		• 제연구획면적 최대 : (　　)m² / 구조 [ ]내화 [ ]불연 [ ]그 밖의 것 : (　　　)
		• 제연구역 출입문 [ ]상시폐쇄(자동폐쇄장치) [ ]상시개방(감지기에 의한 닫힘)
		• 급기용 송풍기 설치장소 : 동명(　　) [ ]지상/[ ]지하 (　)층, 실명(　　)
		  전동기 (　)kW, 풍량 (　)m³/min, 정압 (　)mmAq
		• 배출용 송풍기 설치장소 : 동명(　　) [ ]지상/[ ]지하 (　)층, 실명(　　)
		  전동기 (　)kW, 풍량 (　)m³/min, 정압 (　)mmAq
		• 배출구 [ ]천장면 [ ]천장직하 [ ]기타(　　) / 옥외배출구 [ ]옥상 [ ]기타(　　)
		  풍도구조 [ ]내화 [ ]불연 [ ]그 밖의 것(　　　) / 구획댐퍼 [ ]유 [ ]무
		• 유입공기배출 [ ]자연배출 [ ]기계배출 [ ]배출구 [ ]제연설비
		• 급기구 [ ]강제유입 [ ]자연유입 [ ]인접구역유입
		  풍도구조 [ ]내화 [ ]불연 [ ]그 밖의 것(　　　) / 구획댐퍼 [ ]유 [ ]무

210 mm × 297 mm [백상지(80 g/m²)]

[ ]제연 설비	[ ]전실	• 설치대상 : 동명(　　　,　　　,　　　,　　　,　　　) 　특별피난계단 (　　)개소, 비상용 승강기 (　　)대 • 방식 [ ]부속실 [ ]계단실 및 부속실 [ ] 계단실 [ ] 비상용 승강기승강장 • 기동방식 [ ]전층 [ ]부분층(　　개 층) / 댐퍼개방감지기 [ ]전용 [ ]겸용 • 급기용 송풍기 설치장소 : 동명(　　　) [ ]지상/[ ]지하 (　)층, 실명(　　　) 　전동기 (　　) kW, 풍량 (　　) m³/min, 정압 (　　) mmAq • 배출용 송풍기 설치장소 : 동명(　　　) [ ]지상/[ ]지하 (　)층, 실명(　　　) 　전동기 (　　) kW, 풍량 (　　) m³/min, 정압 (　　) mmAq • 제연구역 출입문 [ ]상시폐쇄(자동폐쇄장치) [ ]상시개방(연기감지기에 의한 닫힘) • 유입공기배출 [ ]자연배출 [ ]기계배출 [ ]배출구 [ ]제연설비 • 과압방지장치 [ ]플랩댐퍼 [ ]자동차압급기댐퍼 [ ]그 밖의 것 [ ]해당 없음
[ ]연결송수관		[ ]전용 [ ]겸용([ ]옥내소화전설비 [ ]스프링클러설비 [ ]기타 :　　　) • 설치장소 : 동명(　　) [ ]전체층/[ ]일부층 [ ]지상/[ ]지하( )층 ~ [ ]지상/[ ]지하( )층 • 방수구 위치 [ ]복도·통로 [ ]계단실 [ ] 계단등의 부근 • 송수구 설치장소 : (　　　　), , 중간수조용량 : (　　　) m³ • 가압송수장치 설치장소 : 동명(　　　) [ ]지상/[ ]지하 (　)층, 실명(　　　) 　전양정 : (　　　) m, 토출량 : (　　　) L/min 　[ ]전동기 [ ]내연기관(연료 : [ ]경유 [ ]기타) • 기동스위치 설치장소 [ ]송수구 [ ]방재실 [ ]기타(　　　)
[ ]연결살수		• 설치대상 : 동명(　　　,　　　,　　　,　　　,　　　) • 방식 [ ]습식 [ ]건식 / [ ]지하층 [ ]판매시설 [ ]가스시설 [ ]부속된 연결통로 • 송수구 설치장소 : (　　　　), 송수구역수 : (　　)구역
[ ]비상콘센트		• 설치장소 : 동명(　　　) [ ]지상/[ ]지하 (　)층 ~ [ ]지상/[ ]지하 (　)층 [ ]3상 380 V [ ]단상 220 V / [ ]접지형 2극 플러그접속기 [ ]접지형 3극 플러그접속기
[ ]무선통신보조		• 설치장소 : 동명(　　　) [ ]지상/[ ]지하 (　)층 ~ [ ]지상/[ ]지하 (　)층 [ ]전용 [ ]공용 / 방식 : [ ]누설동축케이블 [ ]누설동축케이블과 안테나 [ ]안테나 • 접속단자 설치장소(　　　), (　　　)
[ ]연소방지		• 방호대상물 [ ]전력사업용 [ ]통신사업용 [ ]그 밖의 것(　　　) • 송수구역수 : (　　)구역 / 구역 간의 구획 [ ]있다 [ ]일부 있다 [ ]없다
비고		※ 제연설비 설비개요 작성 시 최대 구역 1개소에 대하여 기입합니다.

210 mm × 297 mm [백상지(80 g/m²)]

목차

(작성요령) 목차에는 점검을 실시하고자 하는 소방시설명만을 순서대로 기재한다.

PART 04

1 소화기구 및 자동소화장치 점검표

번호	점검항목	점검결과
1-A. 소화기구(소화기, 자동확산소화기, 간이소화용구)		
1-A-001	○ 거주자 등이 손쉽게 사용할 수 있는 장소에 설치되어 있는지 여부	
1-A-002	○ 설치높이 적합 여부	
1-A-003	○ 배치거리(보행거리 소형 20 m 이내, 대형 30 m 이내) 적합 여부	
1-A-004	○ 구획된 거실(바닥면적 33 m² 이상)마다 소화기 설치 여부	
1-A-005	○ 소화기 표지 설치상태 적정 여부	
1-A-006	○ 소화기의 변형·손상 또는 부식 등 외관의 이상 여부	
1-A-007	○ 지시압력계(녹색범위)의 적정 여부	
1-A-008	○ 수동식 분말소화기 내용연수(10년) 적정 여부	
1-A-009	● 설치수량 적정 여부	
1-A-010	● 적응성 있는 소화약제 사용 여부	
1-B. 자동소화장치		
1-B-001	[주거용 주방 자동소화장치] ○ 수신부의 설치상태 적정 및 정상(예비전원, 음향장치 등) 작동 여부	
1-B-002	○ 소화약제의 지시압력 적정 및 외관의 이상 여부	
1-B-003	○ 소화약제 방출구의 설치상태 적정 및 외관의 이상 여부	
1-B-004	○ 감지부 설치상태 적정 여부	
1-B-005	○ 탐지부 설치상태 적정 여부	
1-B-006	○ 차단장치 설치상태 적정 및 정상 작동 여부	
1-B-011	[상업용 주방 자동소화장치] 관점 21 ○ 소화약제의 지시압력 적정 및 외관의 이상 여부	
1-B-012	○ 후드 및 덕트에 감지부와 분사헤드의 설치상태 적정 여부	
1-B-013	○ 수동기동장치의 설치상태 적정 여부	
1-B-021	[캐비닛형 자동소화장치] ○ 분사헤드의 설치상태 적합 여부	
1-B-022	○ 화재감지기 설치상태 적합 여부 및 정상 작동 여부	
1-B-023	○ 개구부 및 통기구 설치 시 자동폐쇄장치 설치 여부	
1-B-031	[가스·분말·고체에어로졸 자동소화장치] ○ 수신부의 정상(예비전원, 음향장치 등) 작동 여부	
1-B-032	○ 소화약제의 지시압력 적정 및 외관의 이상 여부	
1-B-033	○ 감지부(또는 화재감지기) 설치상태 적정 및 정상 작동 여부	
비고		

※ 점검항목 중 "●"는 종합점검의 경우에만 해당한다.

※ 점검결과란은 양호 "○", 불량 "×", 해당 없는 항목은 "/"로 표시한다.

※ 점검항목 내용 중 "설치기준" 및 "설치상태"에 대한 점검은 정상적인 작동 가능 여부를 포함한다.

※ '비고'란에는 특정소방대상물의 위치·구조·용도 및 소방시설의 상황 등이 이 표의 항목대로 기재하기 곤란하거나 이 표에서 누락된 사항을 기재한다.

2 옥내소화전설비 점검표

번호	점검항목	점검결과
2 - A. 수원		
2 - A - 001	○ 주된 수원의 유효수량 적정 여부(겸용설비 포함)	
2 - A - 002	○ 보조수원(옥상)의 유효수량 적정 여부	
2 - B. 수조		
2 - B - 001	● 동결방지조치 상태 적정 여부	
2 - B - 002	○ 수위계 설치상태 적정 또는 수위 확인 가능 여부	
2 - B - 003	● 수조 외측 고정사다리 설치상태 적정 여부(바닥보다 낮은 경우 제외)	
2 - B - 004	● 실내설치 시 조명설비 설치상태 적정 여부	
2 - B - 005	○ "옥내소화전설비용 수조" 표지 설치상태 적정 여부	
2 - B - 006	● 다른 소화설비와 겸용 시 겸용설비의 이름 표시한 표지 설치상태 적정 여부	
2 - B - 007	● 수조 - 수직배관 접속부분 "옥내소화전설비용 배관" 표지 설치상태 적정 여부	
2 - C. 가압송수장치		
2 - C - 001	[펌프방식] ● 동결방지조치 상태 적정 여부	
2 - C - 002	○ 옥내소화전 방수량 및 방수압력 적정 여부 관점 24	
2 - C - 003	● 감압장치 설치 여부(방수압력 0.7 MPa 초과 조건) 관점 24	
2 - C - 004	○ 성능시험배관을 통한 펌프 성능시험 적정 여부	
2 - C - 005	● 다른 소화설비와 겸용인 경우 펌프 성능 확보 가능 여부	
2 - C - 006	○ 펌프 흡입 측 연성계 · 진공계 및 토출 측 압력계 등 부속장치의 변형 · 손상 유무	
2 - C - 007	● 기동장치 적정 설치 및 기동압력 설정 적정 여부	
2 - C - 008	○ 기동스위치 설치 적정 여부(On/Off방식) 관점 24	
2 - C - 009	● 주펌프와 동등이상 펌프 추가설치 여부 관점 24	
2 - C - 010	● 물올림장치 설치 적정(전용 여부, 유효수량, 배관구경, 자동급수) 여부	
2 - C - 011	● 충압펌프 설치 적정(토출압력, 정격토출량) 여부	
2 - C - 012	○ 내연기관방식의 펌프 설치 적정(정상기동(기동장치 및 제어반) 여부, 축전지상태, 연료량) 여부	
2 - C - 013	○ 가압송수장치의 "옥내소화전펌프" 표지설치 여부 또는 다른 소화설비와 겸용 시 겸용설비 이름 표시 부착 여부	
2 - C - 021	[고가수조방식] ○ 수위계 · 배수관 · 급수관 · 오버플로우관 · 맨홀 등 부속장치의 변형 · 손상 유무	
2 - C - 031	[압력수조방식] ● 압력수조의 압력 적정 여부	
2 - C - 032	○ 수위계 · 급수관 · 급기관 · 압력계 · 안전장치 · 공기압축기 등 부속장치의 변형 · 손상 유무	
2 - C - 041	[가압수조방식] ● 가압수조 및 가압원 설치장소의 방화구획 여부	
2 - C - 042	○ 수위계 · 급수관 · 배수관 · 급기관 · 압력계 등 부속장치의 변형 · 손상 유무	

번호	점검항목	점검결과
2-D. 송수구		
2-D-001	○ 설치장소 적정 여부	
2-D-002	● 연결배관에 개폐밸브를 설치한 경우 개폐상태 확인 및 조작가능 여부	
2-D-003	● 송수구 설치높이 및 구경 적정 여부	
2-D-004	● 자동배수밸브(또는 배수공)·체크밸브 설치 여부 및 설치상태 적정 여부	
2-D-005	○ 송수구 마개 설치 여부	
2-E. 배관 등		
2-E-001	● 펌프의 흡입 측 배관 여과장치의 상태 확인	
2-E-002	● 성능시험배관설치(개폐밸브, 유량조절밸브, 유량측정장치) 적정 여부	
2-E-003	● 순환배관설치(설치위치·배관구경, 릴리프밸브 개방압력) 적정 여부	
2-E-004	● 동결방지조치 상태 적정 여부	
2-E-005	○ 급수배관 개폐밸브 설치(개폐표시형, 흡입 측 버터플라이 제외) 적정 여부	
2-E-006	● 다른 설비의 배관과의 구분 상태 적정 여부	
2-F. 함 및 방수구 등		
2-F-001	○ 함 개방 용이성 및 장애물 설치 여부 등 사용 편의성 적정 여부	
2-F-002	○ 위치·기동 표시등 적정 설치 및 정상 점등 여부	
2-F-003	○ "소화전" 표시 및 사용요령(외국어 병기) 기재 표지판 설치상태 적정 여부	
2-F-004	● 대형공간(기둥 또는 벽이 없는 구조) 소화전 함 설치 적정 여부	
2-F-005	● 방수구 설치 적정 여부	
2-F-006	○ 함 내 소방호스 및 관창 비치 적정 여부	
2-F-007	○ 호스의 접결상태, 구경, 방수 압력 적정 여부	
2-F-008	● 호스릴방식 노즐 개폐장치 사용 용이 여부	
2-G. 전원		
2-G-001	● 대상물 수전방식에 따른 상용전원 적정 여부	
2-G-002	● 비상전원 설치장소 적정 및 관리 여부	
2-G-003	○ 자가발전설비인 경우 연료 적정량 보유 여부	
2-G-004	○ 자가발전설비인 경우 「전기사업법」에 따른 정기점검 결과 확인	
2-H. 제어반		
2-H-001	● 겸용 감시·동력제어반 성능 적정 여부(겸용으로 설치된 경우)	
	[감시제어반]	
2-H-011	○ 펌프 작동 여부 확인 표시등 및 음향경보장치 정상작동 여부	
2-H-012	○ 펌프 별 자동·수동 전환스위치 정상작동 여부	
2-H-013	● 펌프 별 수동기동 및 수동중단 기능 정상작동 여부	
2-H-014	● 상용전원 및 비상전원 공급 확인 가능 여부(비상전원 있는 경우)	
2-H-015	● 수조·물올림탱크 저수위 표시등 및 음향경보장치 정상작동 여부	
2-H-016	○ 각 확인회로 별 도통시험 및 작동시험 정상작동 여부	
2-H-017	○ 예비전원 확보 유무 및 시험 적합 여부	

번호	점검항목	점검결과
2-H-018	● 감시제어반 전용실 적정 설치 및 관리 여부	
2-H-019	● 기계·기구 또는 시설 등 제어 및 감시설비 외 설치 여부	
2-H-021	[동력제어반] ○ 앞면은 적색으로 하고, "옥내소화전설비용 동력제어반" 표지 설치 여부	
2-H-031	[발전기제어반] ● 소방전원 보존형 발전기는 이를 식별할 수 있는 표지 설치 여부	

※ **펌프성능시험(펌프 명판 및 설계치 참조)**

구분		체절운전	정격운전 (100 %)	정격유량의 150 % 운전	적정 여부
토출량 (L/min)	주				1. 체절운전 시 토출압은 정격토출압의 140 % 이하일 것( )
	예비				2. 정격운전 시 토출량과 토출압이 규정치 이상일 것( )
토출압 (MPa)	주				3. 정격토출량의 150 %에서 토출압이 정격토출압의 65 % 이상일 것( )
	예비				

○설정압력 :
○주펌프
  기동 :   MPa
  정지 :   MPa
○예비펌프
  기동 :   MPa
  정지 :   MPa
○충압펌프
  기동 :   MPa
  정지 :   MPa

※ 릴리프밸브 작동압력 :   MPa

비고	

3 스프링클러설비 점검표

번호	점검항목	점검결과
3-A. 수원		
3-A-001	○ 주된수원의 유효수량 적정 여부(겸용설비 포함)	
3-A-002	○ 보조수원(옥상)의 유효수량 적정 여부	
3-B. 수조		
3-B-001	● 동결방지조치 상태 적정 여부	
3-B-002	○ 수위계 설치 또는 수위 확인 가능 여부	
3-B-003	● 수조 외측 고정사다리 설치 여부(바닥보다 낮은 경우 제외)	
3-B-004	● 실내설치 시 조명설비 설치 여부	
3-B-005	○ "스프링클러설비용 수조" 표지설치 여부 및 설치상태	
3-B-006	● 다른 소화설비와 겸용 시 겸용설비의 이름 표시한 표지설치 여부	
3-B-007	● 수조－수직배관 접속부분" 스프링클러설비용 배관" 표지설치 여부	
3-C. 가압송수장치		
3-C-001	[펌프방식] ● 동결방지조치 상태 적정 여부	
3-C-002	○ 성능시험배관을 통한 펌프 성능시험 적정 여부 `관점 24`	
3-C-003	● 다른 소화설비와 겸용인 경우 펌프 성능 확보 가능 여부	
3-C-004	○ 펌프 흡입 측 연성계·진공계 및 토출 측 압력계 등 부속장치의 변형·손상 유무 `관점 24`	
3-C-005	● 기동장치 적정 설치 및 기동압력 설정 적정 여부	
3-C-006	● 물올림장치 설치 적정(전용 여부, 유효수량, 배관구경, 자동급수) 여부	
3-C-007	● 충압펌프 설치 적정(토출압력, 정격토출량) 여부	
3-C-008	○ 내연기관방식의 펌프 설치 적정(정상기동(기동장치 및 제어반) 여부, 축전지 상태, 연료량) 여부 `관점 24`	
3-C-009	○ 가압송수장치의 "스프링클러펌프" 표지설치 여부 또는 다른 소화설비와 겸용 시 겸용설비 이름 표시 부착 여부	
3-C-021	[고가수조방식] ○ 수위계·배수관·급수관·오버플로우관·맨홀 등 부속장치의 변형·손상 유무	
3-C-031	[압력수조방식] ● 압력수조의 압력 적정 여부	
3-C-032	○ 수위계·급수관·급기관·압력계·안전장치·공기압축기 등 부속장치의 변형·손상 유무	
3-C-041	[가압수조방식] ● 가압수조 및 가압원 설치장소의 방화구획 여부	
3-C-042	○ 수위계·급수관·배수관·급기관·압력계 등 부속장치의 변형·손상 유무	
3-D. 폐쇄형 스프링클러설비 방호구역 및 유수검지장치		
3-D-001	● 방호구역 적정 여부	
3-D-002	● 유수검지장치 설치 적정(수량, 접근·점검 편의성, 높이) 여부	
3-D-003	○ 유수검지장치실 설치 적정(실내 또는 구획, 출입문 크기, 표지) 여부	

번호	점검항목	점검결과
3 - D - 004	● 자연낙차에 의한 유수압력과 유수검지장치의 유수검지압력 적정 여부	
3 - D - 005	● 조기반응형 헤드 적합 유수검지장치 설치 여부	

3 - E. 개방형 스프링클러설비 방수구역 및 일제개방밸브

3 - E - 001	● 방수구역 적정 여부	
3 - E - 002	● 방수구역 별 일제개방밸브 설치 여부	
3 - E - 003	● 하나의 방수구역을 담당하는 헤드 개수 적정 여부	
3 - E - 004	○ 일제개방밸브실 설치 적정(실내(구획), 높이, 출입문, 표지) 여부	

3 - F. 배관

3 - F - 001	● 펌프의 흡입 측 배관 여과장치의 상태 확인 `관점 24`	
3 - F - 002	● 성능시험배관설치(개폐밸브, 유량조절밸브, 유량측정장치) 적정 여부 `관점 24`	
3 - F - 003	● 순환배관설치(설치위치 · 배관구경, 릴리프밸브 개방압력) 적정 여부 `관점 24`	
3 - F - 004	● 동결방지조치 상태 적정 여부	
3 - F - 005	○ 급수배관 개폐밸브 설치(개폐표시형, 흡입 측 버터플라이 제외) 및 작동표시스위치 적정(제어반 표시 및 경보, 스위치 동작 및 도통시험) 여부	
3 - F - 006	○ 준비작동식 유수검지장치 및 일제개방밸브 2차 측 배관 부대설비 설치 적정(개폐표시형 밸브, 수직배수배관, 개폐밸브, 자동배수장치, 압력스위치 설치 및 감시제어반 개방 확인) 여부	
3 - F - 007	○ 유수검지장치 시험장치 설치 적정(설치위치, 배관구경, 개폐밸브 및 개방형 헤드, 물받이 통 및 배수관) 여부	
3 - F - 008	● 주차장에 설치된 스프링클러방식 적정(습식 외의 방식) 여부	
3 - F - 009	● 다른 설비의 배관과의 구분 상태 적정 여부	

3 - G. 음향장치 및 기동장치

3 - G - 001	○ 유수검지에 따른 음향장치 작동 가능 여부(습식 · 건식의 경우)	
3 - G - 002	○ 감지기 작동에 따라 음향장치 작동 여부(준비작동식 및 일제개방밸브의 경우)	
3 - G - 003	● 음향장치 설치 담당구역 및 수평거리 적정 여부	
3 - G - 004	● 주 음향장치 수신기 내부 또는 직근 설치 여부	
3 - G - 005	● 우선경보방식에 따른 경보 적정 여부	
3 - G - 006	○ 음향장치(경종 등) 변형 · 손상 확인 및 정상 작동(음량 포함) 여부	
	[펌프 작동] `관점 25`	
3 - G - 011	○ 유수검지장치의 발신이나 기동용 수압개폐장치의 작동에 따른 펌프 기동 확인(습식 · 건식의 경우)	
3 - G - 012	○ 화재감지기의 감지나 기동용 수압개폐장치의 작동에 따른 펌프 기동 확인(준비작동식 및 일제개방밸브의 경우)	
	[준비작동식 유수검지장치 또는 일제개발밸브 작동]	
3 - G - 021	○ 담당구역내 화재감지기 동작(수동 기동 포함)에 따라 개방 및 작동 여부	
3 - G - 022	○ 수동조작함(설치높이, 표시등) 설치 적정 여부	

번호	점검항목	점검결과
3-H. 헤드		
3-H-001	○ 헤드의 변형·손상 유무	
3-H-002	○ 헤드 설치위치·장소·상태(고정) 적정 여부	
3-H-003	○ 헤드 살수장애 여부	
3-H-004	● 무대부 또는 연소우려 있는 개구부 개방형 헤드 설치 여부	
3-H-005	● 조기반응형 헤드 설치 여부(의무 설치장소의 경우)	
3-H-006	● 경사진 천장의 경우 스프링클러헤드의 배치상태	
3-H-007	● 연소할 우려가 있는 개구부 헤드 설치 적정 여부	
3-H-008	● 습식·부압식 스프링클러 외의 설비 상향식 헤드 설치 여부	
3-H-009	● 측벽형 헤드 설치 적정 여부	
3-H-010	● 감열부에 영향을 받을 우려가 있는 헤드의 차폐판 설치 여부	
3-I. 송수구		
3-I-001	○ 설치장소 적정 여부	
3-I-002	● 연결배관에 개폐밸브를 설치한 경우 개폐상태 확인 및 조작가능 여부	
3-I-003	● 송수구 설치높이 및 구경 적정 여부	
3-I-004	○ 송수압력범위 표시 표지 설치 여부	
3-I-005	● 송수구 설치 개수 적정 여부(폐쇄형 스프링클러설비의 경우)	
3-I-006	● 자동배수밸브(또는 배수공)·체크밸브 설치 여부 및 설치상태 적정 여부	
3-I-007	○ 송수구 마개 설치 여부	
3-J. 전원		
3-J-001	● 대상물 수전방식에 따른 상용전원 적정 여부	
3-J-002	● 비상전원 설치장소 적정 및 관리 여부	
3-J-003	○ 자가발전설비인 경우 연료 적정량 보유 여부	
3-J-004	○ 자가발전설비인 경우 「전기사업법」에 따른 정기점검 결과 확인	
3-K. 제어반		
3-K-001	● 겸용 감시·동력제어반 성능 적정 여부(겸용으로 설치된 경우)	
	[감시제어반]	
3-K-011	○ 펌프 작동 여부 확인 표시등 및 음향경보장치 정상작동 여부	
3-K-012	○ 펌프 별 자동·수동 전환스위치 정상작동 여부	
3-K-013	● 펌프 별 수동기동 및 수동중단 기능 정상작동 여부	
3-K-014	● 상용전원 및 비상전원 공급 확인 가능 여부(비상전원 있는 경우)	
3-K-015	● 수조·물올림탱크 저수위 표시등 및 음향경보장치 정상작동 여부	
3-K-016	○ 각 확인회로 별 도통시험 및 작동시험 정상작동 여부	
3-K-017	○ 예비전원 확보 유무 및 시험 적합 여부	
3-K-018	● 감시제어반 전용실 적정 설치 및 관리 여부	
3-K-019	● 기계·기구 또는 시설 등 제어 및 감시설비 외 설치 여부	
3-K-020	○ 유수검지장치·일제개방밸브 작동 시 표시 및 경보 정상작동 여부	
3-K-021	○ 일제개방밸브 수동조작스위치 설치 여부	

번호	점검항목	점검결과
3 - K - 022	● 일제개방밸브 사용 설비 화재감지기회로별 화재표시 적정 여부	
3 - K - 023	● 감시제어반과 수신기 간 상호 연동 여부(별도로 설치된 경우)	
3 - K - 031	[동력제어반] ○ 앞면은 적색으로 하고, "스프링클러설비용 동력제어반" 표지 설치 여부	
3 - K - 041	[발전기제어반] ● 소방전원 보존형 발전기는 이를 식별할 수 있는 표지 설치 여부	

3 - L. 헤드 설치 제외

번호	점검항목	점검결과
3 - L - 001	● 헤드 설치 제외 적정 여부(설치 제외된 경우)	
3 - L - 002	● 드렌처설비 설치 적정 여부	

※ 펌프성능시험(펌프 명판 및 설계치 참조)

구분		체절운전	정격운전 (100 %)	정격유량의 150 % 운전	적정 여부
토출량 (L/min)	주				1. 체절운전 시 토출압은 정격토출압의 140 % 이하일 것( )
	예비				2. 정격운전 시 토출량과 토출압이 규정치 이상일 것( )
토출압 (MPa)	주				3. 정격토출량의 150 %에서 토출압이 정격토출압의 65 % 이상일 것( )
	예비				

○설정압력 :
○주펌프
　기동 :　　MPa
　정지 :　　MPa
○예비펌프
　기동 :　　MPa
　정지 :　　MPa
○충압펌프
　기동 :　　MPa
　정지 :　　MPa

※ 릴리프밸브 작동압력 :　　MPa

비고	

4 간이스프링클러설비 점검표

번호	점검항목	점검결과
4 - A. 수원		
4 - A - 001	○ 수원의 유효수량 적정 여부(겸용설비 포함)	
4 - B. 수조		
4 - B - 001	○ 자동급수장치 설치 여부	
4 - B - 002	● 동결방지조치 상태 적정 여부	
4 - B - 003	○ 수위계 설치 또는 수위 확인 가능 여부	
4 - B - 004	● 수조 외측 고정사다리 설치 여부(바닥보다 낮은 경우 제외)	
4 - B - 005	● 실내설치 시 조명설비 설치 여부	
4 - B - 006	○ "간이스프링클러설비용 수조" 표지 설치상태 적정 여부	
4 - B - 007	● 다른 소화설비와 겸용 시 겸용설비의 이름 표시한 표지설치 여부	
4 - B - 008	● 수조 – 수직배관 접속부분 " 간이스프링클러설비용 배관" 표지설치 여부	
3 - C. 가압송수장치		
4 - C - 001	[상수도직결형] ○ 방수량 및 방수압력 적정 여부	
4 - C - 011	[펌프방식] ● 동결방지조치 상태 적정 여부	
4 - C - 012	○ 성능시험배관을 통한 펌프 성능시험 적정 여부	
4 - C - 013	● 다른 소화설비와 겸용인 경우 펌프 성능 확보 가능 여부	
4 - C - 014	○ 펌프 흡입측 연성계·진공계 및 토출 측 압력계 등 부속장치의 변형·손상 유무	
4 - C - 015	● 기동장치 적정 설치 및 기동압력 설정 적정 여부	
4 - C - 016	● 물올림장치 설치 적정(전용 여부, 유효수량, 배관구경, 자동급수) 여부	
4 - C - 017	● 충압펌프 설치 적정(토출압력, 정격토출량) 여부	
4 - C - 018	○ 내연기관방식의 펌프 설치 적정(정상기동(기동장치 및 제어반) 여부, 축전지 상태, 연료량) 여부	
4 - C - 019	○ 가압송수장치의 "간이스프링클러펌프" 표지설치 여부 또는 다른 소화설비와 겸용 시 겸용설비 이름 표시 부착 여부	
4 - C - 031	[고가수조방식] ○ 수위계·배수관·급수관·오버플로우관·맨홀 등 부속장치의 변형·손상 유무	
4 - C - 041	[압력수조방식] ● 압력수조의 압력 적정 여부	
4 - C - 042	○ 수위계·급수관·급기관·압력계·안전장치·공기압축기 등 부속장치의 변형·손상 유무	
4 - C - 051	[가압수조방식] ● 가압수조 및 가압원 설치장소의 방화구획 여부	
4 - C - 052	○ 수위계·급수관·배수관·급기관·압력계 등 부속장치의 변형·손상 유무	
비고		

번호	점검항목	점검결과
4-D. 방호구역 및 유수검지장치		
4-D-001	● 방호구역 적정 여부	
4-D-002	● 유수검지장치 설치 적정(수량, 접근·점검 편의성, 높이) 여부	
4-D-003	○ 유수검지장치실 설치 적정(실내 또는 구획, 출입문 크기, 표지) 여부	
4-D-004	● 자연낙차에 의한 유수압력과 유수검지장치의 유수검지압력 적정 여부	
4-D-005	● 주차장에 설치된 간이스프링클러방식 적정(습식 외의 방식) 여부	
4-E. 배관 및 밸브		
4-E-001	○ 상수도직결형 수도배관 구경 및 유수검지에 따른 다른 배관 자동 송수 차단 여부	
4-E-002	○ 급수배관 개폐밸브 설치(개폐표시형, 흡입측 버터플라이 제외) 및 작동표시스위치 적정(제어반 표시 및 경보, 스위치 동작 및 도통시험) 여부	
4-E-003	● 펌프의 흡입 측 배관 여과장치의 상태 확인	
4-E-004	● 성능시험배관설치(개폐밸브, 유량조절밸브, 유량측정장치) 적정 여부	
4-E-005	● 순환배관설치(설치위치·배관구경, 릴리프밸브 개방압력) 적정 여부	
4-E-006	● 동결방지조치 상태 적정 여부	
4-E-007	○ 준비작동식 유수검지장치 2차 측 배관 부대설비 설치 적정(개폐표시형 밸브, 수직배수배관·개폐밸브, 자동배수장치, 압력스위치 설치 및 감시제어반 개방 확인) 여부	
4-E-008	○ 유수검지장치 시험장치 설치 적정(설치위치, 배관구경, 개폐밸브 및 개방형 헤드, 물받이 통 및 배수관) 여부	
4-E-009	● 간이스프링클러설비 배관 및 밸브 등의 순서의 적정 시공 여부	
4-E-010	● 다른 설비의 배관과의 구분 상태 적정 여부	
4-F. 음향장치 및 기동장치		
4-F-001	○ 유수검지에 따른 음향장치 작동 가능 여부(습식의 경우)	
4-F-002	● 음향장치 설치 담당구역 및 수평거리 적정 여부	
4-F-003	● 주 음향장치 수신기 내부 또는 직근 설치 여부	
4-F-004	● 우선경보방식에 따른 경보 적정 여부	
4-F-005	○ 음향장치(경종 등) 변형·손상 확인 및 정상 작동(음량 포함) 여부	
4-F-011	[펌프 작동] ○ 유수검지장치의 발신이나 기동용 수압개폐장치의 작동에 따른 펌프 기동 확인(습식의 경우)	
4-F-012	○ 화재감지기의 감지나 기동용 수압개폐장치의 작동에 따른 펌프 기동 확인(준비작동식의 경우)	
4-F-021	[준비작동식 유수검지장치 작동] ○ 담당구역내 화재감지기 동작(수동 기동 포함)에 따라 개방 및 작동 여부	
4-F-022	○ 수동조작함(설치높이, 표시등) 설치 적정 여부	
비고		

번호	점검항목	점검결과

4 - G. 간이헤드

4 - G - 001	○ 헤드의 변형·손상 유무	
4 - G - 002	○ 헤드 설치위치·장소·상태(고정) 적정 여부	
4 - G - 003	○ 헤드 살수장애 여부	
4 - G - 004	● 감열부에 영향을 받을 우려가 있는 헤드의 차폐판 설치 여부	
4 - G - 005	● 헤드 설치 제외 적정 여부(설치 제외된 경우)	

4 - H. 송수구

4 - H - 001	○ 설치장소 적정 여부	
4 - H - 002	● 연결배관에 개폐밸브를 설치한 경우 개폐상태 확인 및 조작가능 여부	
4 - H - 003	● 송수구 설치높이 및 구경 적정 여부	
4 - H - 004	● 자동배수밸브(또는 배수공)·체크밸브 설치 여부 및 설치상태 적정 여부	
4 - H - 005	○ 송수구 마개 설치 여부	

4 - I. 제어반

4 - I - 001	● 겸용 감시·동력제어반 성능 적정 여부(겸용으로 설치된 경우)	
	[감시제어반]	
4 - I - 011	○ 펌프 작동 여부 확인 표시등 및 음향경보장치 정상작동 여부	
4 - I - 012	○ 펌프 별 자동·수동 전환스위치 정상작동 여부	
4 - I - 013	● 펌프 별 수동기동 및 수동중단 기능 정상작동 여부	
4 - I - 014	● 상용전원 및 비상전원 공급 확인 가능 여부(비상전원 있는 경우)	
4 - I - 015	● 수조·물올림탱크 저수위 표시등 및 음향경보장치 정상작동 여부	
4 - I - 016	○ 각 확인회로 별 도통시험 및 작동시험 정상작동 여부	
4 - I - 017	○ 예비전원 확보 유무 및 시험 적합 여부	
4 - I - 018	● 감시제어반 전용실 적정 설치 및 관리 여부	
4 - I - 019	● 기계·기구 또는 시설 등 제어 및 감시설비 외 설치 여부	
4 - I - 020	○ 유수검지장치 작동 시 표시 및 경보 정상작동 여부	
4 - I - 021	● 감시제어반과 수신기 간 상호 연동 여부(별도로 설치된 경우)	
	[동력제어반]	
4 - I - 031	○ 앞면은 적색으로 하고, "간이스프링클러설비용 동력제어반" 표지 설치 여부	
	[발전기제어반]	
4 - I - 041	● 소방전원 보존형 발전기는 이를 식별할 수 있는 표지 설치 여부	

4 - J. 전원

4 - J - 001	● 대상물 수전방식에 따른 상용전원 적정 여부	
4 - J - 002	● 비상전원 설치장소 적정 및 관리 여부	
4 - J - 003	○ 자가발전설비인 경우 연료 적정량 보유 여부	
4 - J - 004	○ 자가발전설비인 경우 「전기사업법」에 따른 정기점검 결과 확인	
비고		

번호	점검항목	점검결과

※ **펌프성능시험(펌프 명판 및 설계치 참조)**

구분		체절운전	정격운전 (100 %)	정격유량의 150 % 운전	적정 여부
토출량 (L/min)	주				1. 체절운전 시 토출압은 정격토출압의 140 % 이하일 것( ) 2. 정격운전 시 토출량과 토출압이 규정치 이상일 것( ) 3. 정격토출량의 150 %에서 토출압이 정격토출압의 65 % 이상일 것( )
	예비				
토출압 (MPa)	주				
	예비				

○설정압력 :
○주펌프
　기동 :　　MPa
　정지 :　　MPa
○예비펌프
　기동 :　　MPa
　정지 :　　MPa
○충압펌프
　기동 :　　MPa
　정지 :　　MPa

※ 릴리프밸브 작동압력 :　　MPa

비고	

5 화재조기진압용 스프링클러설비 점검표

번호	점검항목	점검결과
5-A. 설치장소의 구조		
5-A-001	● 설비 설치장소의 구조(층고, 내화구조, 방화구획, 천장 기울기, 천장 자재 돌출부 길이, 보 간격, 선반 물 침투구조) 적합 여부	
5-B. 수원		
5-B-001	○ 주된 수원의 유효수량 적정 여부(겸용설비 포함)	
5-B-002	○ 보조수원(옥상)의 유효수량 적정 여부	
5-C. 수조		
5-C-001	● 동결방지조치 상태 적정 여부	
5-C-002	○ 수위계 설치 또는 수위 확인 가능 여부	
5-C-003	● 수조 외측 고정사다리 설치 여부(바닥보다 낮은 경우 제외)	
5-C-004	● 실내설치 시 조명설비 설치 여부	
5-C-005	○ "화재조기진압용 스프링클러설비용 수조" 표지설치 여부 및 설치상태	
5-C-006	● 다른 소화설비와 겸용 시 겸용설비의 이름 표시한 표지설치 여부	
5-C-007	● 수조-수직배관 접속부분" 화재조기진압용 스프링클러설비용 배관" 표지설치 여부	
5-D. 가압송수장치		
5-D-001	[펌프방식] ● 동결방지조치 상태 적정 여부	
5-D-002	○ 성능시험배관을 통한 펌프 성능시험 적정 여부	
5-D-003	● 다른 소화설비와 겸용인 경우 펌프 성능 확보 가능 여부	
5-D-004	○ 펌프 흡입 측 연성계·진공계 및 토출 측 압력계 등 부속장치의 변형·손상 유무	
5-D-005	● 기동장치 적정 설치 및 기동압력 설정 적정 여부	
5-D-006	● 물올림장치 설치 적정(전용 여부, 유효수량, 배관구경, 자동급수) 여부	
5-D-007	● 충압펌프 설치 적정(토출압력, 정격토출량) 여부	
5-D-008	○ 내연기관방식의 펌프 설치 적정(정상기동(기동장치 및 제어반) 여부, 축전지 상태, 연료량) 여부	
5-D-009	○ 가압송수장치의 "화재조기진압용 스프링클러펌프" 표지설치 여부 또는 다른 소화설비와 겸용 시 겸용설비 이름 표시 부착 여부	
5-D-021	[고가수조방식] ○ 수위계·배수관·급수관·오버플로우관·맨홀 등 부속장치의 변형·손상 유무	
5-D-031	[압력수조방식] ● 압력수조의 압력 적정 여부	
5-D-032	○ 수위계·급수관·급기관·압력계·안전장치·공기압축기 등 부속장치의 변형·손상 유무	
5-D-041	[가압수조방식] ● 가압수조 및 가압원 설치장소의 방화구획 여부	
5-D-042	○ 수위계·급수관·배수관·급기관·압력계 등 부속장치의 변형·손상 유무	
비고		

번호	점검항목	점검결과
5-E. 방호구역 및 유수검지장치		
5-E-001	● 방호구역 적정 여부	
5-E-002	● 유수검지장치 설치 적정(수량, 접근·점검 편의성, 높이) 여부	
5-E-003	○ 유수검지장치실 설치 적정(실내 또는 구획, 출입문 크기, 표지) 여부	
5-E-004	● 자연낙차에 의한 유수압력과 유수검지장치의 유수검지압력 적정 여부	
5-F. 배관		
5-F-001	● 펌프의 흡입 측 배관 여과장치의 상태 확인	
5-F-002	● 성능시험배관설치(개폐밸브, 유량조절밸브, 유량측정장치) 적정 여부	
5-F-003	● 순환배관설치(설치위치·배관구경, 릴리프밸브 개방압력) 적정 여부	
5-F-004	● 동결방지조치 상태 적정 여부	
5-F-005	○ 급수배관 개폐밸브 설치(개폐표시형, 흡입 측 버터플라이 제외) 및 작동표시스위치 적정(제어반 표시 및 경보, 스위치 동작 및 도통시험) 여부	
5-F-006	○ 유수검지장치 시험장치 설치 적정(설치위치, 배관구경, 개폐밸브 및 개방형 헤드, 물받이 통 및 배수관) 여부	
5-F-007	● 다른 설비의 배관과의 구분 상태 적정 여부	
5-G. 음향장치 및 기동장치		
5-G-001	○ 유수검지에 따른 음향장치 작동 가능 여부	
5-G-002	● 음향장치 설치 담당구역 및 수평거리 적정 여부	
5-G-003	● 주 음향장치 수신기 내부 또는 직근 설치 여부	
5-G-004	● 우선경보방식에 따른 경보 적정 여부	
5-G-005	○ 음향장치(경종 등) 변형·손상 확인 및 정상 작동(음량 포함) 여부	
5-G-011	[펌프 작동] ○ 유수검지장치의 발신이나 기동용 수압개폐장치의 작동에 따른 펌프 기동 확인	
5-H. 헤드		
5-H-001	○ 헤드의 변형·손상 유무	
5-H-002	○ 헤드 설치위치·장소·상태(고정) 적정 여부	
5-H-003	○ 헤드 살수장애 여부	
5-H-004	● 감열부에 영향을 받을 우려가 있는 헤드의 차폐판 설치 여부	
5-I. 저장물의 간격 및 환기구		
5-I-001	● 저장물품 배치 간격 적정 여부	
5-I-002	● 환기구 설치상태 적정 여부	
5-J. 송수구		
5-J-001	○ 설치장소 적정 여부	
5-J-002	● 연결배관에 개폐밸브를 설치한 경우 개폐상태 확인 및 조작가능 여부	
5-J-003	● 송수구 설치높이 및 구경 적정 여부	
5-J-004	○ 송수압력범위 표시 표지 설치 여부	
5-J-005	● 송수구 설치 개수 적정 여부	

번호	점검항목	점검결과
5 - J - 006	● 자동배수밸브(또는 배수공) · 체크밸브 설치 여부 및 설치상태 적정 여부	
5 - J - 007	○ 송수구 마개 설치 여부	

5 - K. 전원

번호	점검항목	점검결과
5 - K - 001	● 대상물 수전방식에 따른 상용전원 적정 여부	
5 - K - 002	● 비상전원 설치장소 적정 및 관리 여부	
5 - K - 003	○ 자가발전설비인 경우 연료 적정량 보유 여부	
5 - K - 004	○ 자가발전설비인 경우 「전기사업법」에 따른 정기점검 결과 확인	

5 - L. 제어반

번호	점검항목	점검결과
5 - L - 001	● 겸용 감시 · 동력제어반 성능 적정 여부(겸용으로 설치된 경우)	
5 - L - 001	[감시제어반] ○ 펌프 작동 여부 확인 표시등 및 음향경보장치 정상작동 여부	
5 - L - 002	○ 펌프 별 자동 · 수동 전환스위치 정상작동 여부	
5 - L - 003	● 펌프 별 수동기동 및 수동중단 기능 정상작동 여부	
5 - L - 004	● 상용전원 및 비상전원 공급 확인 가능 여부(비상전원 있는 경우)	
5 - L - 005	● 수조 · 물올림탱크 저수위 표시등 및 음향경보장치 정상작동 여부	
5 - L - 006	○ 각 확인회로 별 도통시험 및 작동시험 정상작동 여부	
5 - L - 007	○ 예비전원 확보 유무 및 시험 적합 여부	
5 - L - 008	● 감시제어반 전용실 적정 설치 및 관리 여부	
5 - L - 009	● 기계 · 기구 또는 시설 등 제어 및 감시설비 외 설치 여부	
5 - L - 010	○ 유수검지장치 작동 시 표시 및 경보 정상작동 여부	
5 - L - 011	○ 감시제어반과 수신기 간 상호 연동 여부(별도로 설치된 경우)	
5 - L - 021	[동력제어반] ○ 앞면은 적색으로 하고, "화재조기진압용 스프링클러설비용 동력제어반" 표지 설치 여부	
5 - L - 031	[발전기제어반] ● 소방전원보존형 발전기는 이를 식별할 수 있는 표지 설치 여부	

5 - M. 설치금지 장소

번호	점검항목	점검결과
5 - M - 001	● 설치가 금지된 장소(제4류 위험물 등이 보관된 장소) 설치 여부	

※ 펌프성능시험(펌프 명판 및 설계치 참조)

구분		체절운전	정격운전 (100 %)	정격유량의 150 % 운전	적정 여부
토출량 (L/min)	주				1. 체절운전 시 토출압은 정격토출압의 140 % 이하일 것( ) 2. 정격운전 시 토출량과 토출압이 규정치 이상일 것( ) 3. 정격토출량의 150 %에서 토출압이 정격토출압의 65 % 이상일 것( )
	예비				
토출압 (MPa)	주				
	예비				

○설정압력 :
○주펌프
  기동 :   MPa
  정지 :   MPa
○예비펌프
  기동 :   MPa
  정지 :   MPa
○충압펌프
  기동 :   MPa
  정지 :   MPa

※ 릴리프밸브 작동압력 :   MPa

비고	

6 물분무소화설비 점검표

번호	점검항목	점검결과
6-A. 수원		
6-A-001	○ 수원의 유효수량 적정 여부(겸용설비 포함)	
6-B. 수조		
6-B-001	● 동결방지조치 상태 적정 여부	
6-B-002	○ 수위계 설치 또는 수위 확인 가능 여부	
6-B-003	● 수조 외측 고정사다리 설치 여부(바닥보다 낮은 경우 제외)	
6-B-004	● 실내설치 시 조명설비 설치 여부	
6-B-005	○ "물분무소화설비용 수조" 표지 설치상태 적정 여부	
6-B-006	● 다른 소화설비와 겸용 시 겸용설비의 이름 표시한 표지설치 여부	
6-B-007	● 수조-수직배관 접속부분 "물분무소화설비용 배관" 표지설치 여부	
6-C. 가압송수장치		
6-C-001	[펌프방식] ● 동결방지조치 상태 적정 여부	
6-C-002	○ 성능시험배관을 통한 펌프 성능시험 적정 여부	
6-C-003	● 다른 소화설비와 겸용인 경우 펌프 성능 확보 가능 여부	
6-C-004	○ 펌프 흡입 측 연성계·진공계 및 토출 측 압력계 등 부속장치의 변형·손상 유무	
6-C-005	● 기동장치 적정 설치 및 기동압력 설정 적정 여부	
6-C-006	● 물올림장치 설치 적정(전용 여부, 유효수량, 배관구경, 자동급수) 여부	
6-C-007	● 충압펌프 설치 적정(토출압력, 정격토출량) 여부	
6-C-008	○ 내연기관방식의 펌프 설치 적정[정상기동(기동장치 및 제어반) 여부, 축전지 상태, 연료량] 여부	
6-C-009	○ 가압송수장치의 "물분무소화설비펌프" 표지설치 여부 또는 다른 소화설비와 겸용 시 겸용설비 이름 표시 부착 여부	
6-C-021	[고가수조방식] ○ 수위계·배수관·급수관·오버플로우관·맨홀 등 부속장치의 변형·손상 유무	
6-C-031	[압력수조방식] ● 압력수조의 압력 적정 여부	
6-C-032	○ 수위계·급수관·급기관·압력계·안전장치·공기압축기 등 부속장치의 변형·손상 유무	
6-C-041	[가압수조방식] ● 가압수조 및 가압원 설치장소의 방화구획 여부	
6-C-042	○ 수위계·급수관·배수관·급기관·압력계 등 부속장치의 변형·손상 유무	
6-D. 기동장치		
6-D-001	○ 수동식 기동장치 조작에 따른 가압송수장치 및 개방밸브 정상 작동 여부	
6-D-002	○ 수동식 기동장치 인근 "기동장치" 표지설치 여부	
6-D-003	○ 자동식 기동장치는 화재감지기의 작동 및 헤드 개방과 연동하여 경보를 발하고, 가압송수장치 및 개방밸브 정상 작동 여부	

번호	점검항목	점검결과

6 – E. 제어밸브 등

6 – E – 001	○ 제어밸브 설치위치(높이) 적정 및 "제어밸브" 표지 설치 여부	
6 – E – 002	● 자동개방밸브 및 수동식 개방밸브 설치위치(높이) 적정 여부	
6 – E – 003	● 자동개방밸브 및 수동식 개방밸브 시험장치 설치 여부	

6 – F. 물분무헤드

6 – F – 001	○ 헤드의 변형·손상 유무	
6 – F – 002	○ 헤드 설치위치·장소·상태(고정) 적정 여부	
6 – F – 003	● 전기절연 확보 위한 전기기기와 헤드 간 거리 적정 여부	

6 – G. 배관 등

6 – G – 001	● 펌프의 흡입 측 배관 여과장치의 상태 확인	
6 – G – 002	● 성능시험배관설치(개폐밸브, 유량조절밸브, 유량측정장치) 적정 여부	
6 – G – 003	● 순환배관설치(설치위치·배관구경, 릴리프밸브 개방압력) 적정 여부	
6 – G – 004	● 동결방지조치 상태 적정 여부	
6 – G – 005	○ 급수배관 개폐밸브 설치(개폐표시형, 흡입 측 버터플라이 제외) 및 작동표시스위치 적정(제어반 표시 및 경보, 스위치 동작 및 도통시험) 여부	
6 – G – 006	● 다른 설비의 배관과의 구분 상태 적정 여부	

6 – H. 송수구

6 – H – 001	○ 설치장소 적정 여부	
6 – H – 002	● 연결배관에 개폐밸브를 설치한 경우 개폐상태 확인 및 조작가능 여부	
6 – H – 003	● 송수구 설치높이 및 구경 적정 여부	
6 – H – 004	○ 송수압력범위 표시 표지 설치 여부	
6 – H – 005	● 송수구 설치 개수 적정 여부	
6 – H – 006	● 자동배수밸브(또는 배수공)·체크밸브 설치 여부 및 설치상태 적정 여부	
6 – H – 007	○ 송수구 마개 설치 여부	

6 – I. 배수설비(차고·주차장의 경우)

| 6 – I – 001 | ● 배수설비(배수구, 기름분리장치 등) 설치 적정 여부 | |

6 – J. 제어반

6 – J – 001	● 겸용 감시·동력제어반 성능 적정 여부(겸용으로 설치된 경우)	
	[감시제어반]	
6 – J – 011	○ 펌프 작동 여부 확인 표시등 및 음향경보장치 정상작동 여부	
6 – J – 012	○ 펌프 별 자동·수동 전환스위치 정상작동 여부	
6 – J – 013	● 펌프 별 수동기동 및 수동중단 기능 정상작동 여부	
6 – J – 014	● 상용전원 및 비상전원 공급 확인 가능 여부(비상전원 있는 경우)	
6 – J – 015	● 수조·물올림탱크 저수위 표시등 및 음향경보장치 정상작동 여부	
6 – J – 016	○ 각 확인회로 별 도통시험 및 작동시험 정상작동 여부	
6 – J – 017	○ 예비전원 확보 유무 및 시험 적합 여부	
6 – J – 018	● 감시제어반 전용실 적정 설치 및 관리 여부	

번호	점검항목	점검결과
6-J-019	● 기계·기구 또는 시설 등 제어 및 감시설비 외 설치 여부	
6-J-031	[동력제어반] ○ 앞면은 적색으로 하고, "물분무소화설비용 동력제어반" 표지 설치 여부	
6-J-041	[발전기제어반] ● 소방전원 보존형 발전기는 이를 식별할 수 있는 표지 설치 여부	
6-K. 전원		
6-K-001	● 대상물 수전방식에 따른 상용전원 적정 여부	
6-K-002	● 비상전원 설치장소 적정 및 관리 여부	
6-K-003	○ 자가발전설비인 경우 연료 적정량 보유 여부	
6-K-004	○ 자가발전설비인 경우 「전기사업법」에 따른 정기점검 결과 확인	
6-L. 물분무헤드의 제외		
6-L-001	● 헤드 설치 제외 적정 여부(설치 제외된 경우)	

※ **펌프성능시험(펌프 명판 및 설계치 참조)**

구분		체절운전	정격운전 (100 %)	정격유량의 150 % 운전	적정 여부
토출량 (L/min)	주				1. 체절운전 시 토출압은 정격토출압의 140 % 이하일 것( )
	예비				2. 정격운전 시 토출량과 토출압이 규정치 이상일 것( )
토출압 (MPa)	주				3. 정격토출량의 150 %에서 토출압이 정격토출압의 65 % 이상일 것( )
	예비				

○설정압력 :
○주펌프
　기동 :　　MPa
　정지 :　　MPa
○예비펌프
　기동 :　　MPa
　정지 :　　MPa
○충압펌프
　기동 :　　MPa
　정지 :　　MPa

※ 릴리프밸브 작동압력 :　　MPa

비고	

7 미분무소화설비 점검표

번호	점검항목	점검결과
7 – A. 수원		
7 – A – 001	○ 수원의 수질 및 필터(또는 스트레이너) 설치 여부	
7 – A – 002	● 주배관 유입측 필터(또는 스트레이너) 설치 여부	
7 – A – 003	○ 수원의 유효수량 적정 여부	
7 – A – 004	● 첨가제의 양 산정 적정 여부(첨가제를 사용한 경우)	
7 – B. 수조		
7 – B – 001	○ 전용 수조 사용 여부	
7 – B – 002	● 동결방지조치 상태 적정 여부	
7 – B – 003	○ 수위계 설치 또는 수위 확인 가능 여부	
7 – B – 004	● 수조 외측 고정사다리 설치 여부(바닥보다 낮은 경우 제외)	
7 – B – 005	● 실내설치 시 조명설비 설치 여부	
7 – B – 006	○ "미분무설비용 수조" 표지 설치상태 적정 여부	
7 – B – 007	● 수조 – 수직배관 접속부분 "미분무설비용 배관" 표지설치 여부	
7 – C. 가압송수장치		
	[펌프방식]	
7 – C – 001	● 동결방지조치 상태 적정 여부	
7 – C – 002	● 전용 펌프 사용 여부	
7 – C – 003	○ 펌프 토출 측 압력계 등 부속장치의 변형·손상 유무	
7 – C – 004	○ 성능시험배관을 통한 펌프 성능시험 적정 여부	
7 – C – 005	○ 내연기관방식의 펌프 설치 적정[정상기동(기동장치 및 제어반) 여부, 축전지 상태, 연료량] 여부	
7 – C – 006	○ 가압송수장치의 "미분무펌프" 등 표지설치 여부	
	[압력수조방식]	
7 – C – 011	○ 동결방지조치 상태 적정 여부	
7 – C – 012	● 전용 압력수조 사용 여부	
7 – C – 013	○ 압력수조의 압력 적정 여부	
7 – C – 014	○ 수위계·급수관·급기관·압력계·안전장치·공기압축기 등 부속장치의 변형·손상 유무	
7 – C – 015	○ 압력수조 토출 측 압력계 설치 및 적정 범위 여부	
7 – C – 016	○ 작동장치 구조 및 기능 적정 여부	
	[가압수조방식]	
7 – C – 021	● 전용 가압수조 사용 여부	
7 – C – 022	● 가압수조 및 가압원 설치장소의 방화구획 여부	
7 – C – 023	○ 수위계·급수관·배수관·급기관·압력계 등 구성품의 변형·손상 유무	
7 – D. 폐쇄형 미분무소화설비의 방호구역 및 개방형 미분무소화설비의 방수구역		
7 – D – 001	○ 방호(방수)구역의 설정기준(바닥면적, 층 등) 적정 여부	

번호	점검항목	점검결과
7 - E. 배관 등		
7 - E - 001	○ 급수배관 개폐밸브 설치(개폐표시형, 흡입 측 버터플라이 제외) 및 작동표시스위치 적정(제어반 표시 및 경보, 스위치 동작 및 도통시험) 여부	
7 - E - 002	● 성능시험배관설치(개폐밸브, 유량조절밸브, 유량측정장치) 적정 여부	
7 - E - 003	● 동결방지조치 상태 적정 여부	
7 - E - 004	○ 유수검지장치 시험장치 설치 적정(설치위치, 배관구경, 개폐밸브 및 개방형 헤드, 물받이 통 및 배수관) 여부	
7 - E - 005	● 주차장에 설치된 미분무소화설비방식 적정(습식 외의 방식) 여부	
7 - E - 006	● 다른 설비의 배관과의 구분 상태 적정 여부	
	[호스릴방식]	
7 - E - 011	● 방호대상물 각 부분으로부터 호스접결구까지 수평거리 적정 여부	
7 - E - 012	○ 소화약제저장용기의 위치표시등 정상 점등 및 표지 설치 여부	
7 - F. 음향장치		
7 - F - 001	○ 유수검지에 따른 음향장치 작동 가능 여부	
7 - F - 002	○ 개방형 미분무설비는 감지기 작동에 따라 음향장치 작동 여부	
7 - F - 003	● 음향장치 설치 담당구역 및 수평거리 적정 여부	
7 - F - 004	● 주 음향장치 수신기 내부 또는 직근 설치 여부	
7 - F - 005	● 우선경보방식에 따른 경보 적정 여부	
7 - F - 006	○ 음향장치(경종 등) 변형·손상 확인 및 정상 작동(음량 포함) 여부	
7 - F - 007	○ 발신기(설치높이, 설치거리, 표시등) 설치 적정 여부	
7 - G. 헤 드		
7 - G - 001	○ 헤드 설치위치·장소·상태(고정) 적정 여부	
7 - G - 002	○ 헤드의 변형·손상 유무	
7 - G - 003	○ 헤드 살수장애 여부	
7 - H. 전원		
7 - H - 001	● 대상물 수전방식에 따른 상용전원 적정 여부	
7 - H - 002	● 비상전원 설치장소 적정 및 관리 여부	
7 - H - 003	○ 자가발전설비인 경우 연료 적정량 보유 여부	
7 - H - 004	○ 자가발전설비인 경우 「전기사업법」에 따른 정기점검 결과 확인	
7 - I. 제어반		
	[감시제어반]	
7 - I - 001	○ 펌프 작동 여부 확인 표시등 및 음향경보장치 정상작동 여부	
7 - I - 002	○ 펌프 별 자동·수동 전환스위치 정상작동 여부	
7 - I - 003	● 펌프 별 수동기동 및 수동중단 기능 정상작동 여부	
7 - I - 004	● 상용전원 및 비상전원 공급 확인 가능 여부(비상전원 있는 경우)	
7 - I - 005	● 수조·물올림탱크 저수위 표시등 및 음향경보장치 정상작동 여부	
7 - I - 006	○ 각 확인회로 별 도통시험 및 작동시험 정상작동 여부	

번호	점검항목	점검결과
7-I-007	○ 예비전원 확보 유무 및 시험 적합 여부	
7-I-008	● 감시제어반 전용실 적정 설치 및 관리 여부	
7-I-009	● 기계·기구 또는 시설 등 제어 및 감시설비 외 설치 여부	
7-I-010	○ 감시제어반과 수신기 간 상호 연동 여부(별도로 설치된 경우)	
7-I-021	[동력제어반] ○ 앞면은 적색으로 하고, "미분무소화설비용 동력제어반" 표지 설치 여부	
7-I-031	[발전기제어반] ● 소방전원 보존형 발전기는 이를 식별할 수 있는 표지 설치 여부	

※ 펌프성능시험(펌프 명판 및 설계치 참조)

구분		체절운전	정격운전 (100 %)	정격유량의 150 % 운전	적정 여부
토출량 (L/min)	주				1. 체절운전 시 토출압은 정격토출압의 140 % 이하일 것( )
	예비				2. 정격운전 시 토출량과 토출압이 규정치 이상 일 것( )
토출압 (MPa)	주				3. 정격토출량의 150 %에서 토출압이 정격토 출압의 65 % 이상일 것( )
	예비				

○설정압력 :
○주펌프
  기동 :   MPa
  정지 :   MPa
○예비펌프
  기동 :   MPa
  정지 :   MPa
○충압펌프
  기동 :   MPa
  정지 :   MPa

※ 릴리프밸브 작동압력 :   MPa

비고	

8 포소화설비 점검표

번호	점검항목	점검결과
8-A. 종류 및 적응성		
8-A-001	● 특정소방대상물 별 포소화설비 종류 및 적응성 적정 여부	
8-B. 수원		
8-B-001	○ 수원의 유효수량 적정 여부(겸용설비 포함)	
8-C. 수조		
8-C-001	● 동결방지조치 상태 적정 여부	
8-C-002	○ 수위계 설치 또는 수위 확인 가능 여부	
8-C-003	● 수조 외측 고정사다리 설치 여부(바닥보다 낮은 경우 제외)	
8-C-004	● 실내설치 시 조명설비 설치 여부	
8-C-005	○ "포소화설비용 수조" 표지설치 여부 및 설치상태	
8-C-006	● 다른 소화설비와 겸용 시 겸용설비의 이름 표시한 표지설치 여부	
8-C-007	● 수조 – 수직배관 접속부분 "포소화설비용 배관" 표지설치 여부	
8-D. 가압송수장치		
8-D-001	[펌프방식] ● 동결방지조치 상태 적정 여부	
8-D-002	○ 성능시험배관을 통한 펌프 성능시험 적정 여부	
8-D-003	● 다른 소화설비와 겸용인 경우 펌프 성능 확보 가능 여부	
8-D-004	○ 펌프 흡입 측 연성계·진공계 및 토출 측 압력계 등 부속장치의 변형·손상 유무	
8-D-005	● 기동장치 적정 설치 및 기동압력 설정 적정 여부	
8-D-006	● 물올림장치 설치 적정(전용 여부, 유효수량, 배관구경, 자동급수) 여부	
8-D-007	● 충압펌프 설치 적정(토출압력, 정격토출량) 여부	
8-D-008	○ 내연기관방식의 펌프 설치 적정[정상기동(기동장치 및 제어반) 여부, 축전지 상태, 연료량] 여부	
8-D-009	○ 가압송수장치의 "포소화설비펌프" 표지설치 여부 또는 다른 소화설비와 겸용 시 겸용설비 이름 표시 부착 여부	
8-D-021	[고가수조방식] ○ 수위계·배수관·급수관·오버플로우관·맨홀 등 부속장치의 변형·손상 유무	
8-D-031	[압력수조방식] ● 압력수조의 압력 적정 여부	
8-D-032	○ 수위계·급수관·급기관·압력계·안전장치·공기압축기 등 부속장치의 변형·손상 유무	
8-D-041	[가압수조방식] ● 가압수조 및 가압원 설치장소의 방화구획 여부	
8-D-042	○ 수위계·급수관·배수관·급기관·압력계 등 부속장치의 변형·손상 유무	
비고		

번호	점검항목	점검결과
8-E. 배관 등		
8-E-001	● 송액관 기울기 및 배액밸브 설치 적정 여부	
8-E-002	● 펌프의 흡입 측 배관 여과장치의 상태 확인	
8-E-003	● 성능시험배관설치(개폐밸브, 유량조절밸브, 유량측정장치) 적정 여부	
8-E-004	● 순환배관설치(설치위치·배관구경, 릴리프밸브 개방압력) 적정 여부	
8-E-005	● 동결방지조치 상태 적정 여부	
8-E-006	○ 급수배관 개폐밸브 설치(개폐표시형, 흡입 측 버터플라이 제외) 적정 여부	
8-E-007	○ 급수배관 개폐밸브 작동표시스위치 설치 적정(제어반 표시 및 경보, 스위치 동작 및 도통시험, 전기배선 종류) 여부	
8-E-008	● 다른 설비의 배관과의 구분 상태 적정 여부	
8-F. 송수구		
8-F-001	○ 설치장소 적정 여부	
8-F-002	● 연결배관에 개폐밸브를 설치한 경우 개폐상태 확인 및 조작가능 여부	
8-F-003	● 송수구 설치높이 및 구경 적정 여부	
8-F-004	○ 송수압력범위 표시 표지 설치 여부	
8-F-005	● 송수구 설치 개수 적정 여부	
8-F-006	● 자동배수밸브(또는 배수공)·체크밸브 설치 여부 및 설치상태 적정 여부	
8-F-007	○ 송수구 마개 설치 여부	
8-G. 저장탱크		
8-G-001	● 포약제 변질 여부	
8-G-002	● 액면계 또는 계량봉 설치상태 및 저장량 적정 여부	
8-G-003	● 그라스게이지 설치 여부(가압식이 아닌 경우)	
8-G-004	○ 포소화약제 저장량의 적정 여부	
8-H. 개방밸브		
8-H-001	○ 자동개방밸브 설치 및 화재감지장치의 작동에 따라 자동으로 개방되는지 여부	
8-H-002	○ 수동식 개방밸브 적정 설치 및 작동 여부	
8-I. 기동장치		
8-I-001	[수동식 기동장치] ○ 직접·원격조작 가압송수장치·수동식 개방밸브·소화약제혼합장치 기동 여부	
8-I-002	● 기동장치 조작부의 접근성 확보, 설치높이, 보호장치 설치 적정 여부	
8-I-003	○ 기동장치 조작부 및 호스접결구 인근 "기동장치의 조작부" 및 "접결구" 표지설치 여부	
8-I-004	● 수동식 기동장치 설치개수 적정 여부	
8-I-011	[자동식 기동장치] ○ 화재감지기 또는 폐쇄형 스프링클러헤드의 개방과 연동하여 가압송수장치·일제개방밸브 및 포소화약제 혼합장치 기동 여부	
8-I-012	● 폐쇄형 스프링클러헤드 설치 적정 여부	
8-I-013	● 화재감지기 및 발신기 설치 적정 여부	

번호	점검항목	점검결과
8-I-014	● 동결우려 장소 자동식 기동장치 자동화재탐지설비 연동 여부	
8-I-021	[자동경보장치] ○ 방사구역마다 발신부(또는 층별 유수검지장치) 설치 여부	
8-I-022	○ 수신기는 설치장소 및 헤드개방·감지기 작동 표시장치 설치 여부	
8-I-023	● 2 이상 수신기 설치 시 수신기간 상호 동시 통화 가능 여부	

8-J. 포헤드 및 고정포방출구

번호	점검항목	점검결과
8-J-001	[포헤드] ○ 헤드의 변형·손상 유무	
8-J-002	○ 헤드 수량 및 위치 적정 여부	
8-J-003	○ 헤드 살수장애 여부	
8-J-011	[호스릴포소화설비 및 포소화전설비] ○ 방수구와 호스릴함 또는 호스함 사이의 거리 적정 여부	
8-J-012	○ 호스릴함 또는 호스함 설치높이, 표지 및 위치표시등 설치 여부	
8-J-013	● 방수구 설치 및 호스릴·호스 길이 적정 여부	
8-J-021	[전역방출방식의 고발포용 고정포 방출구] ○ 개구부 자동폐쇄장치 설치 여부	
8-J-022	● 방호구역의 관포체적에 대한 포수용액 방출량 적정 여부	
8-J-023	● 고정포방출구 설치 개수 적정 여부	
8-J-024	○ 고정포방출구 설치위치(높이) 적정 여부	
8-J-031	[국소방출방식의 고발포용 고정포 방출구] ● 방호대상물 범위 설정 적정 여부	
8-J-032	● 방호대상물별 방호면적에 대한 포수용액 방출량 적정 여부	

8-K. 전원

번호	점검항목	점검결과
8-K-001	● 대상물 수전방식에 따른 상용전원 적정 여부	
8-K-002	● 비상전원 설치장소 적정 및 관리 여부	
8-K-003	○ 자가발전설비인 경우 연료 적정량 보유 여부	
8-K-004	○ 자가발전설비인 경우 「전기사업법」에 따른 정기점검 결과 확인	

8-L. 제어반

번호	점검항목	점검결과
8-L-001	● 겸용 감시·동력제어반 성능 적정 여부(겸용으로 설치된 경우)	
8-L-011	[감시제어반] ○ 펌프 작동 여부 확인 표시등 및 음향경보장치 정상작동 여부	
8-L-012	○ 펌프 별 자동·수동 전환스위치 정상작동 여부	
8-L-013	● 펌프 별 수동기동 및 수동중단 기능 정상작동 여부	
8-L-014	● 상용전원 및 비상전원 공급 확인 가능 여부(비상전원 있는 경우)	
8-L-015	● 수조·물올림탱크 저수위 표시등 및 음향경보장치 정상작동 여부	
8-L-016	○ 각 확인회로 별 도통시험 및 작동시험 정상작동 여부	
8-L-017	○ 예비전원 확보 유무 및 시험 적합 여부	

번호	점검항목	점검결과
8-L-018	● 감시제어반 전용실 적정 설치 및 관리 여부	
8-L-019	● 기계·기구 또는 시설 등 제어 및 감시설비 외 설치 여부	
8-L-031	[동력제어반] ○ 앞면은 적색으로 하고, "포소화설비용 동력제어반" 표지 설치 여부	
8-L-041	[발전기제어반] ● 소방전원 보존형 발전기는 이를 식별할 수 있는 표지 설치 여부	

※ 펌프성능시험(펌프 명판 및 설계치 참조)

구분		체절운전	정격운전 (100 %)	정격유량의 150 % 운전	적정 여부
토출량 (L/min)	주				1. 체절운전 시 토출압은 정격토출압의 140 % 이하일 것( ) 2. 정격운전 시 토출량과 토출압이 규정치 이상일 것( ) 3. 정격토출량의 150 %에서 토출압이 정격토출압의 65 % 이상일 것( )
	예비				
토출압 (MPa)	주				
	예비				

○설정압력 :
○주펌프
  기동 :   MPa
  정지 :   MPa
○예비펌프
  기동 :   MPa
  정지 :   MPa
○충압펌프
  기동 :   MPa
  정지 :   MPa

※ 릴리프밸브 작동압력 :   MPa

비고	

9 이산화탄소소화설비 점검표

번호	점검항목	점검결과
9-A. 저장용기		
9-A-001	● 설치장소 적정 및 관리 여부	
9-A-002	○ 저장용기 설치장소 표지 설치 여부	
9-A-003	● 저장용기 설치 간격 적정 여부	
9-A-004	○ 저장용기 개방밸브 자동·수동 개방 및 안전장치 부착 여부	
9-A-005	● 저장용기와 집합관 연결배관 상 체크밸브 설치 여부	
9-A-006	● 저장용기와 선택밸브(또는 개폐밸브) 사이 안전장치 설치 여부	
	[저압식]	
9-A-011	● 안전밸브 및 봉판 설치 적정(작동 압력) 여부	
9-A-012	● 액면계·압력계 설치 여부 및 압력강하경보장치 작동 압력 적정 여부	
9-A-013	○ 자동냉동장치의 기능	
9-B. 소화약제		
9-B-001	○ 소화약제 저장량 적정 여부	
9-C. 기동장치		
9-C-001	○ 방호구역별 출입구 부근 소화약제 방출표시등 설치 및 정상 작동 여부	
	[수동식 기동장치] 관점 22	
9-C-011	○ 기동장치 부근에 비상스위치 설치 여부	
9-C-012	● 방호구역별 또는 방호대상별 기동장치 설치 여부	
9-C-013	○ 기동장치 설치 적정(출입구 부근 등, 높이, 보호장치, 표지, 전원표시등) 여부	
9-C-014	○ 방출용 스위치 음향경보장치 연동 여부	
	[자동식 기동장치] 관점 25	
9-C-021	○ 감지기 작동과의 연동 및 수동기동 가능 여부	
9-C-022	● 저장용기 수량에 따른 전자 개방밸브 수량 적정 여부(전기식 기동장치의 경우)	
9-C-023	○ 기동용 가스용기의 용적, 충전압력 적정 여부(가스압력식 기동장치의 경우)	
9-C-024	● 기동용 가스용기의 안전장치, 압력게이지 설치 여부(가스압력식 기동장치의 경우)	
9-C-025	● 저장용기 개방구조 적정 여부(기계식 기동장치의 경우)	
9-D. 제어반 및 화재표시반		
9-D-001	○ 설치장소 적정 및 관리 여부	
9-D-002	○ 회로도 및 취급설명서 비치 여부	
9-D-003	● 수동잠금밸브 개폐 여부 확인 표시등 설치 여부	
	[제어반]	
9-D-011	○ 수동기동장치 또는 감지기 신호 수신 시 음향경보장치 작동기능 정상 여부	
9-D-012	○ 소화약제 방출·지연 및 기타 제어 기능 적정 여부	
9-D-013	○ 전원표시등 설치 및 정상 점등 여부	
비고		

번호	점검항목	점검결과
9 - D - 021 9 - D - 022 9 - D - 023 9 - D - 024	[화재표시반] ○ 방호구역별 표시등(음향경보장치 조작, 감지기 작동), 경보기 설치 및 작동 여부 ○ 수동식 기동장치 작동표시 표시등 설치 및 정상 작동 여부 ○ 소화약제 방출표시등 설치 및 정상 작동 여부 ● 자동식 기동장치 자동·수동 절환 및 절환표시등 설치 및 정상 작동 여부	

9 - E. 배관 등

9 - E - 001 9 - E - 002	○ 배관의 변형·손상 유무 ● 수동잠금밸브 설치위치 적정 여부	

9 - F. 선택밸브

9 - F - 001	● 선택밸브 설치기준 적합 여부	

9 - G. 분사헤드

9 - G - 001 9 - G - 002	[전역방출방식] ○ 분사헤드의 변형·손상 유무 ● 분사헤드의 설치위치 적정 여부	
9 - G - 011 9 - G - 012	[국소방출방식] ○ 분사헤드의 변형·손상 유무 ● 분사헤드의 설치장소 적정 여부	
9 - G - 021 9 - G - 022 9 - G - 023	[호스릴방식] ● 방호대상물 각 부분으로부터 호스접결구까지 수평거리 적정 여부 ○ 소화약제저장용기의 위치표시등 정상 점등 및 표지 설치 여부 ● 호스릴소화설비 설치장소 적정 여부	

9 - H. 화재감지기

9 - H - 001 9 - H - 002 9 - H - 003	○ 방호구역별 화재감지기 감지에 의한 기동장치 작동 여부 ● 교차회로(또는 NFSC 203 제7조 제1항 단서 감지기) 설치 여부 ● 화재감지기별 유효 바닥면적 적정 여부	

9 - I. 음향경보장치

9 - I - 001 9 - I - 002 9 - I - 003	○ 기동장치 조작 시(수동식 - 방출용 스위치, 자동식 - 화재감지기) 경보 여부 ○ 약제 방사 개시(또는 방출 압력스위치 작동) 후 경보 적정 여부 ● 방호구역 또는 방호대상물 구획 안에서 유효한 경보 가능 여부	
9 - I - 011 9 - I - 012 9 - I - 013	[방송에 따른 경보장치] ● 증폭기 재생장치의 설치장소 적정 여부 ● 방호구역·방호대상물에서 확성기 간 수평거리 적정 여부 ● 제어반 복구스위치 조작 시 경보 지속 여부	

9 - J. 자동폐쇄장치

9 - J - 001 9 - J - 002	○ 환기장치 자동정지 기능 적정 여부 ○ 개구부 및 통기구 자동폐쇄장치 설치장소 및 기능 적합 여부	

번호	점검항목	점검결과
9 - J - 003	● 자동폐쇄장치 복구장치 설치기준 적합 및 위치표지 적합 여부	
9 - K. 비상전원		
9 - K - 001	● 설치장소 적정 및 관리 여부	
9 - K - 002	○ 자가발전설비인 경우 연료 적정량 보유 여부	
9 - K - 003	○ 자가발전설비인 경우 「전기사업법」에 따른 정기점검 결과 확인	
9 - L. 배출설비		
9 - L - 001	● 배출설비 설치상태 및 관리 여부	
9 - M. 과압배출구		
9 - M - 001	● 과압배출구 설치상태 및 관리 여부	
9 - N. 안전시설 등 관점 22 관점 24		
9 - N - 001	○ 소화약제 방출알림 시각경보장치 설치기준 적합 및 정상 작동 여부	
9 - N - 002	○ 방호구역 출입구 부근 잘 보이는 장소에 소화약제 방출 위험경고표지 부착 여부	
9 - N - 003	○ 방호구역 출입구 외부 인근에 공기호흡기 설치 여부	
비고		

※ 약제저장량 점검리스트

설치위치	용기 No.	실내 온도(℃)	약제높이 (cm)	충전량 (kg)	손실량 (kg)	점검 결과	비고
							※ 약제량 손실 5 % 초과 시 불량으로 판정합니다.

🔟 할론소화설비 점검표

번호	점검항목	점검결과
10-A. 저장용기		
10-A-001	● 설치장소 적정 및 관리 여부	
10-A-002	○ 저장용기 설치장소 표지 설치상태 적정 여부	
10-A-003	● 저장용기 설치 간격 적정 여부	
10-A-004	○ 저장용기 개방밸브 자동·수동 개방 및 안전장치 부착 여부	
10-A-005	● 저장용기와 집합관 연결배관 상 체크밸브 설치 여부	
10-A-006	● 저장용기와 선택밸브(또는 개폐밸브) 사이 안전장치 설치 여부	
10-A-007	○ 축압식 저장용기의 압력 적정 여부	
10-A-008	● 가압용 가스용기 내 질소가스 사용 및 압력 적정 여부	
10-A-009	● 가압식 저장용기 압력조정장치 설치 여부	
10-B. 소화약제		
10-B-001	○ 소화약제 저장량 적정 여부	
10-C. 기동장치		
10-C-001	○ 방호구역별 출입구 부근 소화약제 방출표시등 설치 및 정상 작동 여부	
	[수동식 기동장치]	
10-C-011	○ 기동장치 부근에 비상스위치 설치 여부	
10-C-012	● 방호구역별 또는 방호대상별 기동장치 설치 여부	
10-C-013	○ 기동장치 설치상태 적정(출입구 부근 등, 높이, 보호장치, 표지, 전원표시등) 여부	
10-C-014	○ 방출용 스위치 음향경보장치 연동 여부	
	[자동식 기동장치]	
10-C-021	○ 감지기 작동과의 연동 및 수동기동 가능 여부	
10-C-022	● 저장용기 수량에 따른 전자 개방밸브 수량 적정 여부(전기식 기동장치의 경우)	
10-C-023	○ 기동용 가스용기의 용적, 충전압력 적정 여부(가스압력식 기동장치의 경우)	
10 C 024	● 기동용 가스용기의 안전장치, 압력게이지 설치 여부(가스압력식 기동장치의 경우)	
10-C-025	● 저장용기 개방구조 적정 여부(기계식 기동장치의 경우)	
10-D. 제어반 및 화재표시반		
10-D-001	○ 설치장소 적정 및 관리 여부	
10-D-002	○ 회로도 및 취급설명서 비치 여부	
	[제어반]	
10-D-011	○ 수동기동장치 또는 감지기 신호 수신 시 음향경보장치 작동기능 정상 여부	
10-D-012	○ 소화약제 방출·지연 및 기타 제어 기능 적정 여부	
10-D-013	○ 전원표시등 설치 및 정상 점등 여부	
	[화재표시반]	
10-D-021	○ 방호구역별 표시등(음향경보장치 조작, 감지기 작동), 경보기 설치 및 작동 여부	
10-D-022	○ 수동식 기동장치 작동표시 표시등 설치 및 정상 작동 여부	
10-D-023	○ 소화약제 방출표시등 설치 및 정상 작동 여부	

PART 04

번호	점검항목	점검결과
10 – D – 024	● 자동식 기동장치 자동·수동 절환 및 절환표시등 설치 및 정상 작동 여부	
10 – E. 배관 등		
10 – E – 001	○ 배관의 변형·손상 유무	
10 – F. 선택밸브		
10 – F – 001	● 선택밸브 설치기준 적합 여부	
10 – G. 분사헤드		
10 – G – 001 10 – G – 002	[전역방출방식] ○ 분사헤드의 변형·손상 유무 ● 분사헤드의 설치위치 적정 여부	
10 – G – 011 10 – G – 012	[국소방출방식] ○ 분사헤드의 변형·손상 유무 ● 분사헤드의 설치장소 적정 여부	
10 – G – 021 10 – G – 022 10 – G – 023	[호스릴방식] ● 방호대상물 각 부분으로부터 호스접결구까지 수평거리 적정 여부 ○ 소화약제저장용기의 위치표시등 정상 점등 및 표지 설치상태 적정 여부 ● 호스릴소화설비 설치장소 적정 여부	
10 – H. 화재감지기		
10 – H – 001 10 – H – 002 10 – H – 003	○ 방호구역별 화재감지기 감지에 의한 기동장치 작동 여부 ● 교차회로(또는 NFSC 203 제7조 제1항 단서 감지기) 설치 여부 ● 화재감지기별 유효 바닥면적 적정 여부	
10 – I. 음향경보장치		
10 – I – 001 10 – I – 002 10 – I – 003	○ 기동장치 조작 시(수동식 – 방출용 스위치, 자동식 – 화재감지기) 경보 여부 ○ 약제 방사 개시(또는 방출 압력스위치 작동) 후 경보 적정 여부 ● 방호구역 또는 방호대상물 구획 안에서 유효한 경보 가능 여부	
10 – I – 011 10 – I – 012 10 – I – 013	[방송에 따른 경보장치] ● 증폭기 재생장치의 설치장소 적정 여부 ● 방호구역·방호대상물에서 확성기 간 수평거리 적정 여부 ● 제어반 복구스위치 조작 시 경보 지속 여부	
10 – J. 자동폐쇄장치		
10 – J – 001 10 – J – 002 10 – J – 003	○ 환기장치 자동정지 기능 적정 여부 ○ 개구부 및 통기구 자동폐쇄장치 설치장소 및 기능 적합 여부 ● 자동폐쇄장치 복구장치 및 위치표지 설치상태 적정 여부	
10 – K. 비상전원		
10 – K – 001 10 – K – 002 10 – K – 003	● 설치장소 적정 및 관리 여부 ○ 자가발전설비인 경우 연료 적정량 보유 여부 ○ 자가발전설비인 경우 「전기사업법」에 따른 정기점검 결과 확인	

※ 약제저장량 점검리스트

설치위치	용기 No.	실내 온도(℃)	약제높이 (cm)	충전량 (kg)	손실량 (kg)	점검 결과	비고
							※ 약제량 손실 5 % 초과 시 불량으로 판정합니다.

11 할로겐화합물 및 불활성기체소화설비 점검표

번호	점검항목	점검결과
11-A. 저장용기		
11-A-001	● 설치장소 적정 및 관리 여부	
11-A-002	○ 저장용기 설치장소 표지 설치 여부	
11-A-003	● 저장용기 설치 간격 적정 여부	
11-A-004	○ 저장용기 개방밸브 자동·수동 개방 및 안전장치 부착 여부	
11-A-005	● 저장용기와 집합관 연결배관 상 체크밸브 설치 여부	
11-B. 소화약제		
11-B-001	○ 소화약제 저장량 적정 여부	
11-C. 기동장치		
11-C-001	○ 방호구역별 출입구 부근 소화약제 방출표시등 설치 및 정상 작동 여부	
11-C-011	[수동식 기동장치] ○ 기동장치 부근에 비상스위치 설치 여부	
11-C-012	● 방호구역별 또는 방호대상별 기동장치 설치 여부	
11-C-013	○ 기동장치 설치 적정(출입구 부근 등, 높이, 보호장치, 표지, 전원표시등) 여부	
11-C-014	○ 방출용 스위치 음향경보장치 연동 여부	
11-C-021	[자동식 기동장치] ○ 감지기 작동과의 연동 및 수동기동 가능 여부	
11-C-022	● 저장용기 수량에 따른 전자 개방밸브 수량 적정 여부(전기식 기동장치의 경우)	
11-C-023	○ 기동용 가스용기의 용적, 충전압력 적정 여부(가스압력식 기동장치의 경우)	
11-C-024	● 기동용 가스용기의 안전장치, 압력게이지 설치 여부(가스압력식 기동장치의 경우)	
11-C-025	● 저장용기 개방구조 적정 여부(기계식 기동장치의 경우)	
11-D. 제어반 및 화재표시반		
11-D-001	○ 설치장소 적정 및 관리 여부	
11-D-002	○ 회로도 및 취급설명서 비치 여부	
11-D-011	[제어반] ○ 수동기동장치 또는 감지기 신호 수신 시 음향경보장치 작동기능 정상 여부	
11-D-012	○ 소화약제 방출·지연 및 기타 제어 기능 적정 여부	
11-D-013	○ 전원표시등 설치 및 정상 점등 여부	
11-D-021	[화재표시반] ○ 방호구역별 표시등(음향경보장치 조작, 감지기 작동), 경보기 설치 및 작동 여부	
11-D-022	○ 수동식 기동장치 작동표시 표시등 설치 및 정상 작동 여부	
11-D-023	○ 소화약제 방출표시등 설치 및 정상 작동 여부	
11-D-024	● 자동식 기동장치 자동·수동 절환 및 절환표시등 설치 및 정상 작동 여부	
11-E. 배관 등		
11-E-001	○ 배관의 변형·손상 유무	

번호	점검항목	점검결과
11 – F. 선택밸브		
11 – F – 001	○ 선택밸브 설치기준 적합 여부	
11 – G. 분사헤드		
11 – G – 001	○ 분사헤드의 변형·손상 유무	
11 – G – 002	● 분사헤드의 설치높이 적정 여부	
11 – H. 화재감지기		
11 – H – 001	○ 방호구역별 화재감지기 감지에 의한 기동장치 작동 여부	
11 – H – 002	● 교차회로(또는 NFSC 203 제7조 제1항 단서 감지기) 설치 여부	
11 – H – 003	● 화재감지기별 유효 바닥면적 적정 여부	
11 – I. 음향경보장치		
11 – I – 001	○ 기동장치 조작 시(수동식 – 방출용 스위치, 자동식 – 화재감지기) 경보 여부	
11 – I – 002	○ 약제 방사 개시(또는 방출 압력스위치 작동) 후 경보 적정 여부	
11 – I – 003	● 방호구역 또는 방호대상물 구획 안에서 유효한 경보 가능 여부	
11 – I – 011	[방송에 따른 경보장치] ● 증폭기 재생장치의 설치장소 적정 여부	
11 – I – 012	● 방호구역·방호대상물에서 확성기 간 수평거리 적정 여부	
11 – I – 013	● 제어반 복구스위치 조작 시 경보 지속 여부	
11 – J. 자동폐쇄장치		
11 – J – 001	[화재표시반] ○ 환기장치 자동정지 기능 적정 여부	
11 – J – 002	○ 개구부 및 통기구 자동폐쇄장치 설치장소 및 기능 적합 여부	
11 – J – 003	● 자동폐쇄장치 복구장치 설치기준 적합 및 위치표지 적합 여부	
11 – K. 비상전원		
11 – K – 001	● 설치장소 적정 및 관리 여부	
11 – K – 002	○ 자가발전설비인 경우 연료 적정량 보유 여부	
11 – K – 003	○ 자가발전설비인 경우 「전기사업법」에 따른 정기점검 결과 확인	
11 – L. 과압배출구		
11 – L – 001	● 과압배출구 설치상태 및 관리 여부	
비고		

※ 약제저장량 점검리스트

설치위치	용기 No.	실내온도 (℃)	약제높이 (cm)	충전량(압) (kg)(kg/㎠)	손실량 (kg)	점검 결과	비고 (손실5 %초과)
							※ 약제량 손실 (불
							활성기체는 압
							력손실) 5 % 초
							과 시 불량으로
							판정합니다.
							※ 불활성기체는
							손실량에 압력
							게이지 값을 기
							록합니다.

12 분말소화설비 점검표

번호	점검항목	점검결과
12 – A. 저장용기		
12 – A – 001	● 설치장소 적정 및 관리 여부	
12 – A – 002	○ 저장용기 설치장소 표지 설치 여부	
12 – A – 003	● 저장용기 설치 간격 적정 여부	
12 – A – 004	○ 저장용기 개방밸브 자동·수동 개방 및 안전장치 부착 여부	
12 – A – 005	● 저장용기와 집합관 연결배관 상 체크밸브 설치 여부	
12 – A – 006	● 저장용기 안전밸브 설치 적정 여부	
12 – A – 007	● 저장용기 정압작동장치 설치 적정 여부	
12 – A – 008	● 저장용기 청소장치 설치 적정 여부	
12 – A – 009	○ 저장용기 지시압력계 설치 및 충전압력 적정 여부(축압식의 경우)	
12 – B. 가압용 가스용기 관점 21		
12 – B – 001	○ 가압용 가스용기 저장용기 접속 여부	
12 – B – 002	○ 가압용 가스용기 전자개방밸브 부착 적정 여부	
12 – B – 003	○ 가압용 가스용기 압력조정기 설치 적정 여부	
12 – B – 004	○ 가압용 또는 축압용 가스 종류 및 가스량 적정 여부	
12 – B – 005	● 배관 청소용 가스 별도 용기 저장 여부	
12 – C. 소화약제		
12 – C – 001	○ 소화약제 저장량 적정 여부	
12 – D. 기동장치		
12 – D – 001	○ 방호구역별 출입구 부근 소화약제 방출표시등 설치 및 정상 작동 여부	
12 – D – 011	[수동식 기동장치] ○ 기동장치 부근에 비상스위치 설치 여부	
12 – D – 012	● 방호구역별 또는 방호대상별 기동장치 설치 여부	
12 – D – 013	○ 기동장치 설치 적정(출입구 부근 등, 높이, 보호장치, 표지, 전원표시등) 여부	
12 – D – 014	○ 방출용 스위치 음향경보장치 연동 여부	
12 – D – 021	[자동식 기동장치] ○ 감지기 작동과의 연동 및 수동기동 가능 여부	
12 – D – 022	● 저장용기 수량에 따른 전자 개방밸브 수량 적정 여부(전기식 기동장치의 경우)	
12 – D – 023	○ 기동용 가스용기의 용적, 충전압력 적정 여부(가스압력식 기동장치의 경우)	
12 – D – 024	● 기동용 가스용기의 안전장치, 압력게이지 설치 여부(가스압력식 기동장치의 경우)	
12 – D – 025	● 저장용기 개방구조 적정 여부(기계식 기동장치의 경우)	
12 – E. 제어반 및 화재표시반		
12 – E – 001	○ 설치장소 적정 및 관리 여부	
12 – E – 002	○ 회로도 및 취급설명서 비치 여부	
비고		

PART 04

번호	점검항목	점검결과
12 - E - 011	[제어반] ○ 수동기동장치 또는 감지기 신호 수신 시 음향경보장치 작동기능 정상 여부	
12 - E - 012	○ 소화약제 방출·지연 및 기타 제어 기능 적정 여부	
12 - E - 013	○ 전원표시등 설치 및 정상 점등 여부	
12 - E - 021	[화재표시반] ○ 방호구역별 표시등(음향경보장치 조작, 감지기 작동), 경보기 설치 및 작동 여부	
12 - E - 022	○ 수동식 기동장치 작동표시 표시등 설치 및 정상 작동 여부	
12 - E - 023	○ 소화약제 방출표시등 설치 및 정상 작동 여부	
12 - E - 024	● 자동식 기동장치 자동·수동 절환 및 절환표시등 설치 및 정상 작동 여부	

12 - F. 배관 등

번호	점검항목	점검결과
12 - F - 001	○ 배관의 변형·손상 유무	

12 - G. 선택밸브

번호	점검항목	점검결과
12 - G - 001	○ 선택밸브 설치기준 적합 여부	

12 - H. 분사헤드

번호	점검항목	점검결과
12 - H - 001	[전역방출방식] ○ 분사헤드의 변형·손상 유무	
12 - H - 002	● 분사헤드의 설치위치 적정 여부	
12 - H - 011	[국소방출방식] ○ 분사헤드의 변형·손상 유무	
12 - H - 012	● 분사헤드의 설치장소 적정 여부	
12 - H - 021	[호스릴방식] ● 방호대상물 각 부분으로부터 호스접결구까지 수평거리 적정 여부	
12 - H - 022	○ 소화약제저장용기의 위치표시등 정상 점등 및 표지 설치 여부	
12 - H - 023	● 호스릴소화설비 설치장소 적정 여부	

12 - I. 화재감지기

번호	점검항목	점검결과
12 - I - 001	○ 방호구역별 화재감지기 감지에 의한 기동장치 작동 여부	
12 - I - 002	● 교차회로(또는 NFSC 203 제7조 제1항 단서 감지기) 설치 여부	
12 - I - 003	● 화재감지기별 유효 바닥면적 적정 여부	

12 - J. 음향경보장치

번호	점검항목	점검결과
12 - J - 001	○ 기동장치 조작 시(수동식 - 방출용 스위치, 자동식 - 화재감지기) 경보 여부	
12 - J - 002	○ 약제 방사 개시(또는 방출 압력스위치 작동) 후 1분 이상 경보 여부	
12 - J - 003	● 방호구역 또는 방호대상물 구획 안에서 유효한 경보 가능 여부	
12 - J - 011	[방송에 따른 경보장치] ● 증폭기 재생장치의 설치장소 적정 여부	
12 - J - 012	● 방호구역·방호대상물에서 확성기 간 수평거리 적정 여부	
12 - J - 013	● 제어반 복구스위치 조작 시 경보 지속 여부	

번호	점검항목	점검결과
12 – K. 비상전원		
12 – K – 001	● 설치장소 적정 및 관리 여부	
12 – K – 002	○ 자가발전설비인 경우 연료 적정량 보유 여부	
12 – K – 003	○ 자가발전설비인 경우 「전기사업법」에 따른 정기점검 결과 확인	
비고		

PART 04

13 옥외소화전설비 점검표

번호	점검항목	점검결과
13-A. 수원		
13-A-001	○ 수원의 유효수량 적정 여부(겸용설비 포함)	
13-B. 수조		
13-B-001	● 동결방지조치 상태 적정 여부	
13-B-002	○ 수위계 설치 또는 수위 확인 가능 여부	
13-B-003	● 수조 외측 고정사다리 설치 여부(바닥보다 낮은 경우 제외)	
13-B-004	● 실내설치 시 조명설비 설치 여부	
13-B-005	○ "옥외소화전설비용 수조" 표지설치 여부 및 설치상태	
13-B-006	● 다른 소화설비와 겸용 시 겸용설비의 이름 표시한 표지설치 여부	
13-B-007	● 수조-수직배관 접속부분"옥외소화전설비용 배관" 표지설치 여부	
13-C. 가압송수장치		
13-C-001	[펌프방식] ● 동결방지조치 상태 적정 여부	
13-C-002	○ 옥외소화전 방수량 및 방수압력 적정 여부	
13-C-003	● 감압장치 설치 여부(방수압력 0.7 MPa 초과 조건)	
13-C-004	○ 성능시험배관을 통한 펌프 성능시험 적정 여부	
13-C-005	● 다른 소화설비와 겸용인 경우 펌프 성능 확보 가능 여부	
13-C-006	○ 펌프 흡입 측 연성계·진공계 및 토출 측 압력계 등 부속장치의 변형·손상 유무	
13-C-007	● 기동장치 적정 설치 및 기동압력 설정 적정 여부	
13-C-008	○ 기동스위치 설치 적정 여부(On/Off방식)	
13-C-009	● 물올림장치 설치 적정(전용 여부, 유효수량, 배관구경, 자동급수) 여부	
13-C-010	● 충압펌프 설치 적정(토출압력, 정격토출량) 여부	
13-C-011	○ 내연기관방식의 펌프 설치 적정(정상기동(기동장치 및 제어반) 여부, 축전지 상태, 연료량) 여부	
13-C-012	○ 가압송수장치의 "옥외소화전펌프" 표지설치 여부 또는 다른 소화설비와 겸용 시 겸용설비 이름 표시 부착 여부	
13-C-021	[고가수조방식] ○ 수위계·배수관·급수관·오버플로우관·맨홀 등 부속장치의 변형·손상 유무	
13-C-031	[압력수조방식] ● 압력수조의 압력 적정 여부	
13-C-032	○ 수위계·급수관·급기관·압력계·안전장치·공기압축기 등 부속장치의 변형·손상 유무	
13-C-041	[가압수조방식] ● 가압수조 및 가압원 설치장소의 방화구획 여부	
13-C-042	○ 수위계·급수관·배수관·급기관·압력계 등 부속장치의 변형·손상 유무	

번호	점검항목	점검결과
13 - D. 배관 등		
13 - D - 001	● 호스접결구 높이 및 각 부분으로부터 호스접결구까지의 수평거리 적정 여부	
13 - D - 002	○ 호스 구경 적정 여부	
13 - D - 003	● 펌프의 흡입 측 배관 여과장치의 상태 확인	
13 - D - 004	● 성능시험배관설치(개폐밸브, 유량조절밸브, 유량측정장치) 적정 여부	
13 - D - 005	● 순환배관설치(설치위치 · 배관구경, 릴리프밸브 개방압력) 적정 여부	
13 - D - 006	● 동결방지조치 상태 적정 여부	
13 - D - 007	○ 급수배관 개폐밸브 설치(개폐표시형, 흡입 측 버터플라이 제외) 적정 여부	
13 - D - 008	● 다른 설비의 배관과의 구분 상태 적정 여부	
13 - E. 소화전함 등		
13 - E - 001	○ 함 개방 용이성 및 장애물 설치 여부 등 사용 편의성 적정 여부	
13 - E - 002	○ 위치 · 기동 표시등 적정 설치 및 정상 점등 여부	
13 - E - 003	○ "옥외소화전" 표시 설치 여부	
13 - E - 004	● 소화전함 설치수량 적정 여부	
13 - E - 005	○ 옥외소화전함 내 소방호스, 관창, 옥외소화전개방 장치 비치 여부	
13 - E - 006	○ 호스의 접결상태, 구경, 방수 거리 적정 여부	
13 - F. 전원		
13 - F - 001	● 대상물 수전방식에 따른 상용전원 적정 여부	
13 - F - 002	● 비상전원 설치장소 적정 및 관리 여부	
13 - F - 003	○ 자가발전설비인 경우 연료 적정량 보유 여부	
13 - F - 004	○ 자가발전설비인 경우 「전기사업법」에 따른 정기점검 결과 확인	
13 - G. 제어반		
13 - G - 001	● 겸용 감시 · 동력제어반 성능 적정 여부(겸용으로 설치된 경우)	
	[감시제어반]	
13 - G - 011	○ 펌프 작동 여부 확인 표시등 및 음향경보장치 정상작동 여부	
13 - G - 012	○ 펌프 별 자동 · 수동 전환스위치 정상작동 여부	
13 - G - 013	● 펌프 별 수동기동 및 수동중단 기능 정상작동 여부	
13 - G - 014	● 상용전원 및 비상전원 공급 확인 가능 여부(비상전원 있는 경우)	
13 - G - 015	● 수조 · 물올림탱크 저수위 표시등 및 음향경보장치 정상작동 여부	
13 - G - 016	○ 각 확인회로 별 도통시험 및 작동시험 정상작동 여부	
13 - G - 017	○ 예비전원 확보 유무 및 시험 적합 여부	
13 - G - 018	● 감시제어반 전용실 적정 설치 및 관리 여부	
13 - G - 019	● 기계 · 기구 또는 시설 등 제어 및 감시설비 외 설치 여부	

PART 04

번호	점검항목	점검결과
13 – G – 031	[동력제어반] ○ 앞면은 적색으로 하고, "옥외소화전설비용 동력제어반" 표지 설치 여부	
13 – G – 041	[발전기제어반] ● 소방전원 보존형 발전기는 이를 식별할 수 있는 표지 설치 여부	

※ 펌프성능시험(펌프 명판 및 설계치 참조)

구분		체절운전	정격운전 (100 %)	정격유량의 150 % 운전	적정 여부

토출량
(L/min)
	주				1. 체절운전 시 토출압은 정격토출압의 140
					   % 이하일 것( )
					2. 정격운전 시 토출량과 토출압이 규정치 이
					   상일 것( )
					3. 정격토출량의 150 %에서 토출압이 정격토
					   출압의 65 % 이상일 것( )

	예비				
토출압 (MPa)	주				
	예비				

○설정압력 :
○주펌프
　기동 :　　MPa
　정지 :　　MPa
○예비펌프
　기동 :　　MPa
　정지 :　　MPa
○충압펌프
　기동 :　　MPa
　정지 :　　MPa

※ 릴리프밸브 작동압력 :　　MPa

비고	

14 비상경보설비 및 단독경보형 감지기 점검표

번호	점검항목	점검결과
14-A. 비상경보설비 관점 22		
14-A-001	○ 수신기 설치장소 적정(관리용이) 및 스위치 정상 위치 여부	
14-A-002	○ 수신기 상용전원 공급 및 전원표시등 정상점등 여부	
14-A-003	○ 예비전원(축전지) 상태 적정 여부(상시 충전, 상용전원 차단 시 자동절환)	
14-A-004	○ 지구음향장치 설치기준 적합 여부	
14-A-005	○ 음향장치(경종 등) 변형·손상 확인 및 정상 작동(음량 포함) 여부	
14-A-006	○ 발신기 설치장소, 위치(수평거리) 및 높이 적정 여부	
14-A-007	○ 발신기 변형·손상 확인 및 정상 작동 여부	
14-A-008	○ 위치표시등 변형·손상 확인 및 정상 점등 여부	
14-B. 단독경보형 감지기		
14-B-001	○ 설치위치(각 실, 바닥면적 기준 추가설치, 최상층 계단실) 적정 여부	
14-B-002	○ 감지기의 변형 또는 손상이 있는지 여부	
14-B-003	○ 정상적인 감시상태를 유지하고 있는지 여부(시험작동 포함)	
비고		

15 자동화재탐지설비 및 시각경보장치 점검표

번호	점검항목	점검결과
15-A. 경계구역		
15-A-001	● 경계구역 구분 적정 여부	
15-A-002	● 감지기를 공유하는 경우 스프링클러·물분무소화·제연설비 경계구역 일치 여부	
15-B. 수신기 관점 25 [종합만 5가지]		
15-B-001	○ 수신기 설치장소 적정(관리용이) 여부	
15-B-002	○ 조작스위치의 높이는 적정하며 정상 위치에 있는지 여부	
15-B-003	● 개별 경계구역 표시 가능 회선수 확보 여부	
15-B-004	● 축적기능 보유 여부(환기·면적·높이 조건 해당할 경우)	
15-B-005	○ 경계구역 일람도 비치 여부	
15-B-006	○ 수신기 음향기구의 음량·음색 구별 가능 여부	
15-B-007	● 감지기·중계기·발신기 작동 경계구역 표시 여부(종합방재반 연동 포함)	
15-B-008	● 1개 경계구역 1개 표시등 또는 문자 표시 여부	
15-B-009	● 하나의 대상물에 수신기가 2 이상 설치된 경우 상호 연동되는지 여부	
15-B-010	○ 수신기 기록장치 데이터 발생 표시시간과 표준시간 일치 여부	
15-C. 중계기		
15-C-001	● 중계기 설치위치 적정 여부(수신기에서 감지기회로 도통시험하지 않는 경우)	
15-C-002	● 설치장소(조작·점검 편의성, 화재·침수 피해 우려) 적정 여부	
15-C-003	● 전원입력 측 배선상 과전류차단기 설치 여부	
15-C-004	● 중계기 전원 정전 시 수신기 표시 여부	
15-C-005	● 상용전원 및 예비전원 시험 적정 여부	
15-D. 감지기		
15-D-001	● 부착 높이 및 장소별 감지기 종류 적정 여부	
15-D-002	● 특정 장소(환기불량, 면적협소, 저층고)에 적응성이 있는 감지기 설치 여부	
15-D-003	○ 연기감지기 설치장소 적정 설치 여부	
15-D-004	● 감지기와 실내로의 공기유입구 간 이격거리 적정 여부	
15-D-005	● 감지기 부착면 적정 여부	
15-D-006	○ 감지기 설치(감지면적 및 배치거리) 적정 여부	
15-D-007	● 감지기별 세부 설치기준 적합 여부	
15-D-008	● 감지기 설치 제외 장소 적합 여부	
15-D-009	○ 감지기 변형·손상 확인 및 작동시험 적합 여부	
15-E. 음향장치		
15-E-001	○ 주음향장치 및 지구음향장치 설치 적정 여부	
15-E-002	○ 음향장치(경종 등) 변형·손상 확인 및 정상 작동(음량 포함) 여부	
15-E-003	● 우선경보 기능 정상작동 여부	

번호	점검항목	점검결과
15-F. 시각경보장치		
15-F-001	○ 시각경보장치 설치장소 및 높이 적정 여부	
15-F-002	○ 시각경보장치 변형·손상 확인 및 정상 작동 여부	
15-G. 발신기		
15-G-001	○ 발신기 설치장소, 위치(수평거리) 및 높이 적정 여부	
15-G-002	○ 발신기 변형·손상 확인 및 정상 작동 여부	
15-G-003	○ 위치표시등 변형·손상 확인 및 정상 점등 여부	
15-H. 전원		
15-H-001	○ 상용전원 적정 여부	
15-H-002	○ 예비전원 성능 적정 및 상용전원 차단 시 예비전원 자동전환 여부	
15-I. 배선		
15-I-001	● 종단저항 설치장소, 위치 및 높이 적정 여부	
15-I-002	● 종단저항 표지 부착 여부(종단감지기에 설치할 경우)	
15-I-003	○ 수신기 도통시험회로 정상 여부	
15-I-004	● 감지기회로 송배전식 적용 여부	
15-I-005	● 1개 공통선 접속 경계구역 수량 적정 여부(P형 또는 GP형의 경우)	
비고		

PART 04

16 비상방송설비 점검표

번호	점검항목	점검결과
16 - A. 음향장치		
16 - A - 001	● 확성기 음성입력 적정 여부	
16 - A - 002	● 확성기 설치 적정(층마다 설치, 수평거리, 유효하게 경보) 여부	
16 - A - 003	● 조작부 조작스위치 높이 적정 여부	
16 - A - 004	● 조작부 상 설비 작동층 또는 작동구역 표시 여부	
16 - A - 005	● 증폭기 및 조작부 설치장소 적정 여부	
16 - A - 006	● 우선경보방식 적용 적정 여부	
16 - A - 007	● 겸용설비 성능 적정(화재 시 다른 설비 차단) 여부	
16 - A - 008	● 다른 전기회로에 의한 유도장애 발생 여부	
16 - A - 009	● 2 이상 조작부 설치 시 상호 동시통화 및 전 구역 방송 가능 여부	
16 - A - 010	● 화재 신호 수신 후 방송개시 소요시간 적정 여부	
16 - A - 011	○ 자동화재탐지설비 작동과 연동하여 정상 작동 가능 여부	
16 - B. 배선 등		
16 - B - 001	● 음량조절기를 설치한 경우 3선식 배선 여부	
16 - B - 002	● 하나의 층에 단락, 단선 시 다른 층의 화재통보 적부	
16 - C. 전원		
16 - C - 001	○ 상용전원 적정 여부	
16 - C - 002	● 예비전원 성능 적정 및 상용전원 차단 시 예비전원 자동전환 여부	
비고		

17 자동화재속보설비 및 통합감시시설 점검표

번호	점검항목	점검결과
17 - A. 자동화재속보설비		
17 - A - 001	○ 상용전원 공급 및 전원표시등 정상 점등 여부	
17 - A - 002	○ 조작스위치 높이 적정 여부	
17 - A - 003	○ 자동화재탐지설비 연동 및 화재 신호 소방관서 전달 여부	
17 - B. 통합감시시설		
17 - B - 001	● 주·보조 수신기 설치 적정 여부	
17 - B - 002	○ 수신기 간 원격제어 및 정보공유 정상 작동 여부	
17 - B - 003	● 예비선로 구축 여부	
비고		

18 누전경보기 점검표

번호	점검항목	점검결과
18 – A. 설치방법		
18 – A – 001	● 정격전류에 따른 설치 형태 적정 여부	
18 – A – 002	● 변류기 설치위치 및 형태 적정 여부	
18 – B. 수신부 관점 22		
18 – B – 001	○ 상용전원 공급 및 전원표시등 정상 점등 여부	
18 – B – 002	● 가연성증기, 먼지 등 체류 우려 장소의 경우 차단기구 설치 여부	
18 – B – 003	○ 수신부의 성능 및 누전경보 시험 적정 여부	
18 – B – 004	○ 음향장치 설치장소(상시 사람이 근무) 및 음량·음색 적정 여부	
18 – C. 전원		
18 – C – 001	● 분전반으로부터 전용회로 구성 여부	
18 – C – 002	● 개폐기 및 과전류차단기 설치 여부	
18 – C – 003	● 다른 차단기에 의한 전원차단 여부(전원을 분기할 경우)	
비고		

19 가스누설경보기 점검표

번호	점검항목	점검결과
19 - A. 수신부 관점 25		
19 - A - 001	○ 수신부 설치장소 적정 여부	
19 - A - 002	○ 상용전원 공급 및 전원표시등 정상 점등 여부	
19 - A - 003	○ 음향장치의 음량·음색·음압 적정 여부	
19 - B. 탐지부		
19 - B - 001	○ 탐지부의 설치방법 및 설치상태 적정 여부	
19 - B - 002	○ 탐지부의 정상 작동 여부	
19 - C. 차단기구		
19 - C - 001	○ 차단기구는 가스 주배관에 견고히 부착되어 있는지 여부	
19 - C - 002	○ 시험장치에 의한 가스차단밸브의 정상 개·폐 여부	
비고		

PART 04

20 피난기구 및 인명구조기구 점검표

번호	점검항목	점검결과
20 - A. 피난기구 공통사항		
20 - A - 001	● 대상물 용도별·층별·바닥면적별 피난기구 종류 및 설치개수 적정 여부	
20 - A - 002	○ 피난에 유효한 개구부 확보(크기, 높이에 따른 발판, 창문 파괴장치) 및 관리상태	
20 - A - 003	● 개구부 위치 적정(동일직선상이 아닌 위치) 여부	
20 - A - 004	○ 피난기구의 부착 위치 및 부착방법 적정 여부	
20 - A - 005	○ 피난기구(지지대 포함)의 변형·손상 또는 부식이 있는지 여부	
20 - A - 006	○ 피난기구의 위치표시 표지 및 사용방법 표지 부착 적정 여부	
20 - A - 007	● 피난기구의 설치 제외 및 설치감소 적합 여부	
20 - B. 공기안전매트·피난사다리·(간이)완강기·미끄럼대·구조대		
20 - B - 001	● 공기안전매트 설치 여부	
20 - B - 002	● 공기안전매트 설치 공간 확보 여부	
20 - B - 003	● 피난사다리(4층 이상의 층)의 구조(금속성 고정사다리) 및 노대 설치 여부	
20 - B - 004	● (간이)완강기의 구조(로프 손상방지) 및 길이 적정 여부	
20 - B - 005	● 숙박시설의 객실마다 완강기(1개) 또는 간이완강기(2개 이상) 추가 설치 여부	
20 - B - 006	● 미끄럼대의 구조 적정 여부	
20 - B - 007	● 구조대의 길이 적정 여부	
20 - C. 다수인 피난장비		
20 - C - 001	● 설치장소 적정(피난용이, 안전하게 하강, 피난층의 충분한 착지 공간) 여부	
20 - C - 002	● 보관실 설치 적정(건물외측 돌출, 빗물·먼지 등으로부터 장비 보호) 여부	
20 - C - 003	● 보관실 외측문 개방 및 탑승기 자동 전개 여부	
20 - C - 004	● 보관실 문 오작동 방지조치 및 문 개방 시 경보설비 연동(경보) 여부	
20 - D. 승강식 피난기·하향식 피난구용 내림식 사다리		
20 - D - 001	● 대피실 출입문 60분+방화문 또는 60분방화문 설치 및 표지 부착 여부	
20 - D - 002	● 대피실 표지(층별 위치표시, 피난기구 사용설명서 및 주의사항) 부착 여부	
20 - D - 003	● 대피실 출입문 개방 및 피난기구 작동 시 표시등·경보장치 작동 적정 여부 및 감시제어반 피난기구 작동 확인 가능 여부	
20 - D - 004	● 대피실 면적 및 하강구 규격 적정 여부	
20 - D - 005	● 하강구 내측 연결금속구 존재 및 피난기구 전개 시 장애발생 여부	
20 - D - 006	● 대피실 내부 비상조명등 설치 여부	
20 - E. 인명구조기구		
20 - E - 001	○ 설치장소 적정(화재 시 반출 용이성) 여부	
20 - E - 002	○ "인명구조기구" 표시 및 사용방법 표지 설치 적정 여부	
20 - E - 003	○ 인명구조기구의 변형 또는 손상이 있는지 여부	
20 - E - 004	● 대상물 용도별·장소별 설치 인명구조기구 종류 및 설치개수 적정 여부	
비고		

21 유도등 및 유도표지 점검표

번호	점검항목	점검결과
21 – A. 유도등		
21 – A – 001	○ 유도등의 변형 및 손상 여부	
21 – A – 002	○ 상시(3선식의 경우 점검스위치 작동시) 점등 여부	
21 – A – 003	○ 시각장애(규정된 높이, 적정위치, 장애물 등으로 인한 시각장애 유무) 여부	
21 – A – 004	○ 비상전원 성능 적정 및 상용전원 차단 시 예비전원 자동전환 여부	
21 – A – 005	● 설치장소(위치) 적정 여부	
21 – A – 006	● 설치높이 적정 여부	
21 – A – 007	● 객석유도등의 설치 개수 적정 여부	
21 – B. 유도표지		
21 – B – 001	○ 유도표지의 변형 및 손상 여부	
21 – B – 002	○ 설치상태(유사 등화광고물 · 게시물 존재, 쉽게 떨어지지 않는 방식) 적정 여부	
21 – B – 003	○ 외광 · 조명장치로 상시 조명 제공 또는 비상조명등 설치 여부	
21 – B – 004	○ 설치방법(위치 및 높이) 적정 여부	
21 – C. 피난유도선		
21 – C – 001	○ 피난유도선의 변형 및 손상 여부	
21 – C – 002	○ 설치방법(위치 · 높이 및 간격) 적정 여부	
	[축광방식의 경우]	
21 – C – 011	● 부착대에 견고하게 설치 여부	
21 – C – 012	○ 상시조명 제공 여부	
	[광원점등방식의 경우]	
21 – C – 021	○ 수신기 화재 신호 및 수동조작에 의한 광원점등 여부	
21 – C – 022	○ 비상전원 상시 충전상태 유지 여부	
21 – C – 023	● 바닥에 설치되는 경우 매립방식 설치 여부	
21 – C – 024	● 제어부 설치위치 적정 여부	
비고		

22 비상조명등 및 휴대용 비상조명등 점검표

번호	점검항목	점검결과
22 – A. 비상조명등		
22 – A – 001	○ 설치위치(거실, 지상에 이르는 복도·계단, 그 밖의 통로) 적정 여부	
22 – A – 002	○ 비상조명등 변형·손상 확인 및 정상 점등 여부	
22 – A – 003	● 조도 적정 여부	
22 – A – 004	○ 예비전원 내장형의 경우 점검스위치 설치 및 정상 작동 여부	
22 – A – 005	● 비상전원 종류 및 설치장소 기준 적합 여부	
22 – A – 006	○ 비상전원 성능 적정 및 상용전원 차단 시 예비전원 자동전환 여부	
22 – B. 휴대용 비상조명등 관점 22		
22 – B – 001	○ 설치대상 및 설치수량 적정 여부	
22 – B – 002	○ 설치높이 적정 여부	
22 – B – 003	○ 휴대용 비상조명등의 변형 및 손상 여부	
22 – B – 004	○ 어둠 속에서 위치를 확인할 수 있는 구조인지 여부	
22 – B – 005	○ 사용 시 자동으로 점등되는지 여부	
22 – B – 006	○ 건전지를 사용하는 경우 유효한 방전 방지조치가 되어 있는지 여부	
22 – B – 007	○ 충전식 배터리의 경우에는 상시 충전되도록 되어 있는지의 여부	
비고		

23 소화용수설비 점검표

번호	점검항목	점검결과
23 - A. 소화수조 및 저수조		
23 - A - 001	[수원] ○ 수원의 유효수량 적정 여부	
23 - A - 011 23 - A - 012 23 - A - 013	[흡수관투입구] ○ 소방차 접근 용이성 적정 여부 ● 크기 및 수량 적정 여부 ○ "흡수관투입구" 표지 설치 여부	
23 - A - 021 23 - A - 022 23 - A - 023 23 - A - 024	[채수구] 관점 24 ○ 소방차 접근 용이성 적정 여부 ● 결합금속구 구경 적정 여부 ● 채수구 수량 적정 여부 ○ 개폐밸브의 조작 용이성 여부	
23 - A - 031 23 - A - 032 23 - A - 033 23 - A - 034 23 - A - 035 23 - A - 036 23 - A - 037 23 - A - 038	[가압송수장치] ○ 기동스위치 채수구 직근 설치 여부 및 정상 작동 여부 ○ "소화용수설비펌프" 표지 설치상태 적정 여부 ● 동결방지조치 상태 적정 여부 ● 토출 측 압력계, 흡입 측 연성계 또는 진공계 설치 여부 ○ 성능시험배관 적정 설치 및 정상작동 여부 ○ 순환배관설치 적정 여부 ● 물올림장치 설치 적정(전용 여부, 유효수량, 배관구경, 자동급수) 여부 ○ 내연기관방식의 펌프 설치 적정(제어반 기동, 채수구 원격조작, 기동표시등 설치, 축전지 설비) 여부	
23 - B. 상수도소화용수설비		
23 - B - 001 23 - B - 002	○ 소화전 위치 적정 여부 ○ 소화전 관리상태(변형·손상 등) 및 방수 원활 여부	
비고		

24 제연설비 점검표

번호	점검항목	점검결과
24 - A. 제연구역의 구획		
24 - A - 001	● 제연구역의 구획방식 적정 여부 　－ 제연경계의 폭, 수직거리 적정 설치 여부 　－ 제연경계벽은 가동 시 급속하게 하강되지 아니하는 구조	
24 - B. 배출구		
24 - B - 001	● 배출구 설치위치(수평거리) 적정 여부	
24 - B - 002	○ 배출구 변형·훼손 여부	
24 - C. 유입구		
24 - C - 001	○ 공기유입구 설치위치 적정 여부	
24 - C - 002	○ 공기유입구 변형·훼손 여부	
24 - C - 003	● 옥외에 면하는 배출구 및 공기유입구 설치 적정 여부	
24 - D. 배출기 관점 21		
24 - D - 001	● 배출기와 배출풍도 사이 캔버스 내열성 확보 여부	
24 - D - 002	○ 배출기 회전이 원활하며 회전방향 정상 여부	
24 - D - 003	○ 변형·훼손 등이 없고 V - 벨트 기능 정상 여부	
24 - D - 004	○ 본체의 방청, 보존상태 및 캔버스 부식 여부	
24 - D - 005	● 배풍기 내열성 단열재 단열처리 여부	
24 - E. 비상전원		
24 - E - 001	● 비상전원 설치장소 적정 및 관리 여부	
24 - E - 002	○ 자가발전설비인 경우 연료 적정량 보유 여부	
24 - E - 003	○ 자가발전설비인 경우 「전기사업법」에 따른 정기점검 결과 확인	
24 - F. 기 동		
24 - F - 001	○ 가동식의 벽·제연경계벽·댐퍼 및 배출기 정상 작동(화재감지기 연동) 여부	
24 - F - 002	○ 예상제연구역 및 제어반에서 가동식의 벽·제연경계벽·댐퍼 및 배출기 수동 기동 가능 여부	
24 - F - 003	○ 제어반 각종 스위치류 및 표시장치(작동표시등 등) 기능의 이상 여부	
비고		

25 특별피난계단의 계단실 및 부속실 제연설비 점검표

번호	점검항목	점검결과
25 - A. 과압방지조치		
25 - A - 001	● 자동차압·과압조절형 댐퍼(또는 플랩댐퍼)를 사용한 경우 성능 적정 여부	
25 - B. 수직풍도에 따른 배출		
25 - B - 001	○ 배출댐퍼 설치(개폐 여부 확인 기능, 화재감지기 동작에 따른 개방) 적정 여부	
25 - B - 002	○ 배출용 송풍기가 설치된 경우 화재감지기 연동 기능 적정 여부	
25 - C. 급기구		
25 - C - 001	○ 급기댐퍼 설치상태(화재감지기 동작에 따른 개방) 적정 여부	
25 - D. 송풍기		
25 - D - 001	○ 설치장소 적정(화재영향, 접근·점검 용이성) 여부	
25 - D - 002	○ 화재감지기 동작 및 수동조작에 따라 작동하는지 여부	
25 - D - 003	● 송풍기와 연결되는 캔버스 내열성 확보 여부	
25 - E. 외기취입구		
25 - E - 001	○ 설치위치(오염공기 유입방지, 배기구 등으로부터 이격거리) 적정 여부	
25 - E - 002	● 설치구조(빗물·이물질 유입방지, 옥외의 풍속과 풍향에 영향) 적정 여부	
25 - F. 제연구역의 출입문		
25 - F - 001	○ 폐쇄상태 유지 또는 화재 시 자동폐쇄 구조 여부	
25 - F - 002	● 자동폐쇄장치 폐쇄력 적정 여부	
25 - G. 수동기동장치		
25 - G - 001	○ 기동장치 설치(위치, 전원표시등 등) 적정 여부	
25 - G - 002	○ 수동기동장치(옥내 수동발신기 포함) 조작 시 관련 장치 정상 작동 여부	
25 - H. 제어반		
25 - H - 001	○ 비상용 축전지의 정상 여부	
25 - H - 002	○ 제어반 감시 및 원격조작 기능 적정 여부	
25 - I. 비상전원		
25 - I - 001	● 비상전원 설치장소 적정 및 관리 여부	
25 - I - 002	○ 자가발전설비인 경우 연료 적정량 보유 여부	
25 - I - 003	○ 자가발전설비인 경우 「전기사업법」에 따른 정기점검 결과 확인	
비고		

26 연결송수관설비 점검표

번호	점검항목	점검결과
26 – A. 송수구		
26 – A – 001	○ 설치장소 적정 여부	
26 – A – 002	○ 지면으로부터 설치높이 적정 여부	
26 – A – 003	○ 급수개폐밸브가 설치된 경우 설치상태 적정 및 정상 기능 여부	
26 – A – 004	○ 수직배관별 1개 이상 송수구 설치 여부	
26 – A – 005	○ "연결송수관설비송수구" 표지 및 송수압력범위 표지 적정 설치 여부	
26 – A – 006	○ 송수구 마개 설치 여부	
26 – B. 배관 등		
26 – B – 001	● 겸용 급수배관 적정 여부	
26 – B – 002	● 다른 설비의 배관과의 구분 상태 적정 여부	
26 – C. 방수구		
26 – C – 001	● 설치기준(층, 개수, 위치, 높이) 적정 여부	
26 – C – 002	○ 방수구 형태 및 구경 적정 여부	
26 – C – 003	○ 위치표시(표시등, 축광식 표지) 적정 여부	
26 – C – 004	○ 개폐기능 설치 여부 및 상태 적정(닫힌 상태) 여부	
26 – D. 방수기구함		
26 – D – 001	● 설치기준(층, 위치) 적정 여부	
26 – D – 002	○ 호스 및 관창 비치 적정 여부	
26 – D – 003	○ "방수기구함" 표지 설치상태 적정 여부	
26 – E. 가압송수장치		
26 – E – 001	● 가압송수장치 설치장소 기준 적합 여부	
26 – E – 002	● 펌프 흡입 측 연성계·진공계 및 토출 측 압력계 설치 여부	
26 – E – 003	● 성능시험배관 및 순환배관설치 적정 여부	
26 – E – 004	○ 펌프 토출량 및 양정 적정 여부	
26 – E – 005	○ 방수구 개방 시 자동기동 여부	
26 – E – 006	○ 수동기동스위치 설치상태 적정 및 수동스위치 조작에 따른 기동 여부	
26 – E – 007	○ 가압송수장치"연결송수관펌프" 표지 설치 여부	
26 – E – 008	● 비상전원 설치장소 적정 및 관리 여부	
26 – E – 009	○ 자가발전설비인 경우 연료 적정량 보유 여부	
26 – E – 010	○ 자가발전설비인 경우 「전기사업법」에 따른 정기점검 결과 확인	
비고		

27 연결살수설비 점검표

번호	점검항목	점검결과
27 – A. 송수구		
27 – A – 001	○ 설치장소 적정 여부	
27 – A – 002	○ 송수구 구경(65 mm) 및 형태(쌍구형) 적정 여부	
27 – A – 003	○ 송수구역별 호스접결구 설치 여부(개방형 헤드의 경우)	
27 – A – 004	○ 설치높이 적정 여부	
27 – A – 005	● 송수구에서 주배관 상 연결배관 개폐밸브 설치 여부	
27 – A – 006	○ "연결살수설비 송수구" 표지 및 송수구역 일람표 설치 여부	
27 – A – 007	○ 송수구 마개 설치 여부	
27 – A – 008	○ 송수구의 변형 또는 손상 여부	
27 – A – 009	● 자동배수밸브 및 체크밸브 설치 순서 적정 여부	
27 – A – 010	○ 자동배수밸브 설치상태 적정 여부	
27 – A – 011	● 1개 송수구역 설치 살수헤드 수량 적정 여부(개방형 헤드의 경우)	
27 – B. 선택밸브		
27 – B – 001	○ 선택밸브 적정 설치 및 정상 작동 여부	
27 – B – 002	○ 선택밸브 부근 송수구역 일람표 설치 여부	
27 – C. 배관 등		
27 – C – 001	○ 급수배관 개폐밸브 설치 적정(개폐표시형, 흡입 측 버터플라이 제외) 여부	
27 – C – 002	● 동결방지조치 상태 적정 여부(습식의 경우)	
27 – C – 003	● 주배관과 타 설비 배관 및 수조 접속 적정 여부(폐쇄형 헤드의 경우)	
27 – C – 004	○ 시험장치 설치 적정 여부(폐쇄형 헤드의 경우)	
27 – C – 005	● 다른 설비의 배관과의 구분 상태 적정 여부	
27 – D. 헤드		
27 – D – 001	○ 헤드의 변형·손상 유무	
27 – D – 002	○ 헤드 설치위치·장소·상태(고정) 적정 여부	
27 – D – 003	○ 헤드 살수장애 여부	
비고		

28 비상콘센트설비 점검표

번호	점검항목	점검결과
28 – A. 전원		
28 – A – 001	● 상용전원 적정 여부	
28 – A – 002	● 비상전원 설치장소 적정 및 관리 여부	
28 – A – 003	○ 자가발전설비인 경우 연료 적정량 보유 여부	
28 – A – 004	○ 자가발전설비인 경우 「전기사업법」에 따른 정기점검 결과 확인	
28 – B. 전원회로		
28 – B – 001	● 전원회로방식(단상교류 220 V) 및 공급용량(1.5 kVA 이상) 적정 여부	
28 – B – 002	● 전원회로 설치개수(각 층에 2 이상) 적정 여부	
28 – B – 003	● 전용 전원회로 사용 여부	
28 – B – 004	● 1개 전용회로에 설치되는 비상콘센트 수량 적정(10개 이하) 여부	
28 – B – 005	● 보호함 내부에 분기배선용 차단기 설치 여부	
28 – C. 콘센트		
28 – C – 001	○ 변형·손상·현저한 부식이 없고 전원의 정상 공급 여부	
28 – C – 002	● 콘센트별 배선용 차단기 설치 및 충전부 노출 방지 여부	
28 – C – 003	○ 비상콘센트 설치높이, 설치위치 및 설치수량 적정 여부	
28 – D. 보호함 및 배선		
28 – D – 001	○ 보호함 개폐용이한 문 설치 여부	
28 – D – 002	○ "비상콘센트" 표지 설치상태 적정 여부	
28 – D – 003	○ 위치표시등 설치 및 정상 점등 여부	
28 – D – 004	○ 점검 또는 사용상 장애물 유무	
비고		

29 무선통신보조설비 점검표

번호	점검항목	점검결과
29 – A. 누설동축케이블등 관점 22		
29 – A – 001	○ 피난 및 통행 지장 여부(노출하여 설치한 경우)	
29 – A – 002	● 케이블 구성 적정(누설동축케이블 + 안테나 또는 동축케이블 + 안테나) 여부	
29 – A – 003	● 지지금구 변형·손상 여부	
29 – A – 004	● 누설동축케이블 및 안테나 설치 적정 및 변형·손상 여부	
29 – A – 005	● 누설동축케이블 말단'무반사 종단저항'설치 여부	
29 – B. 무선기기접속단자, 옥외안테나		
29 – B – 001	○ 설치장소(소방활동 용이성, 상시 근무장소) 적정 여부	
29 – B – 002	● 단자 설치높이 적정 여부	
29 – B – 003	● 지상 접속단자 설치거리 적정 여부	
29 – B – 004	● 접속단자 보호함 구조 적정 여부	
29 – B – 005	○ 접속단자 보호함 "무선기기접속단자" 표지 설치 여부	
29 – B – 006	○ 옥외안테나 통신장애 발생 여부	
29 – B – 007	○ 안테나 설치 적정(견고함, 파손우려) 여부	
29 – B – 008	○ 옥외안테나에 "무선통신보조설비 안테나" 표지 설치 여부	
29 – B – 009	○ 옥외안테나 통신 가능거리 표지 설치 여부	
29 – B – 0010	○ 수신기 설치장소 등에 옥외안테나 위치표시도 비치 여부	
29 – C. 분배기, 분파기, 혼합기		
29 – C – 001	● 먼지, 습기, 부식 등에 의한 기능 이상 여부	
29 – C – 002	● 설치장소 적정 및 관리 여부	
29 – D. 증폭기 및 무선중계기 관점 22		
29 – D – 001	● 상용전원 적정 여부	
29 – D – 002	○ 전원표시등 및 전압계 설치상태 적정 여부	
29 – D – 003	● 증폭기 비상전원 부착 상태 및 용량 적정 여부	
29 – D – 004	○ 적합성 평가 결과 임의 변경 여부	
29 – E. 기능점검		
29 – E – 001	● 무선통신 가능 여부	
비고		

30 연소방지설비 점검표

번호	점검항목	점검결과
30 - A. 배관		
30 - A - 001	○ 급수배관 개폐밸브 적정(개폐표시형) 설치 및 관리상태 적합 여부	
30 - A - 002	● 다른 설비의 배관과의 구분 상태 적정 여부	
30 - B. 방수헤드		
30 - B - 001	○ 헤드의 변형·손상 유무	
30 - B - 002	○ 헤드 살수장애 여부	
30 - B - 003	○ 헤드상호 간 거리 적정 여부	
30 - B - 004	● 살수구역 설정 적정 여부	
30 - C. 송수구		
30 - C - 001	○ 설치장소 적정 여부	
30 - C - 002	● 송수구 구경(65 mm) 및 형태(쌍구형) 적정 여부	
30 - C - 003	○ 송수구 1 m 이내 살수구역 안내표지 설치상태 적정 여부	
30 - C - 004	○ 설치높이 적정 여부	
30 - C - 005	● 자동배수밸브 설치상태 적정 여부	
30 - C - 006	● 연결배관에 개폐밸브를 설치한 경우 개폐상태 확인 및 조작 가능 여부	
30 - C - 007	○ 송수구 마개 설치상태 적정 여부	
30 - D. 방화벽		
30 - D - 001	● 방화문 관리상태 및 정상기능 적정 여부	
30 - D - 002	● 관통부위 내화성 화재차단제 마감 여부	
비고		

31 기타사항 점검표

번호	점검항목	점검결과
31 - A. 피난 · 방화시설 관점 24		
31 - A - 001	○ 방화문 및 방화셔터의 관리 상태(폐쇄 · 훼손 · 변경) 및 정상 기능 적정 여부	
31 - A - 002	● 비상구 및 피난통로 확보 적정 여부(피난 · 방화시설 주변 장애물 적치 포함)	
31 - B. 방염		
31 - B - 001	● 선처리 방염대상물품의 적합 여부(방염성능시험성적서 및 합격표시 확인)	
31 - B - 002	● 후처리 방염대상물품의 적합 여부(방염성능검사결과 확인)	
비고	※ 방염성능시험성적서, 합격표시 및 방염성능검사결과의 확인이 불가한 경우 비고에 기재한다.	

32 다중이용업소 점검표

번호	점검항목	점검결과

32 - A. 소화설비

번호	점검항목	점검결과
	[소화기구(소화기, 자동확산소화기)]	
32 - A - 001	○ 설치수량(구획된 실 등) 및 설치거리(보행거리) 적정 여부	
32 - A - 002	○ 설치장소(손쉬운 사용) 및 설치높이 적정 여부	
32 - A - 003	○ 소화기 표지 설치상태 적정 여부	
32 - A - 004	○ 외형의 이상 또는 사용상 장애 여부	
32 - A - 005	○ 수동식 분말소화기 내용연수 적정 여부	
	[간이스프링클러설비]	
32 - A - 011	○ 수원의 양 적정 여부	
32 - A - 012	○ 가압송수장치의 정상 작동 여부	
32 - A - 013	○ 배관 및 밸브의 파손, 변형 및 잠김 여부	
32 - A - 014	○ 상용전원 및 비상전원의 이상 여부	
32 - A - 015	● 유수검지장치의 정상 작동 여부	
32 - A - 016	● 헤드의 적정 설치 여부(미설치, 살수장애, 도색 등)	
32 - A - 017	● 송수구 결합부의 이상 여부	
32 - A - 018	● 시험밸브 개방 시 펌프기동 및 음향 경보 여부	

※ 펌프성능시험(펌프 명판 및 설계치 참조)

구분		체절운전	정격운전 (100 %)	정격유량의 150 % 운전	적정 여부
토출량 (L/min)	주				1. 체절운전 시 토출압은 정격토출압의 140 % 이하일 것( )
	예비				2. 정격운전 시 토출량과 토출압이 규정치 이상일 것( )
토출압 (MPa)	주				3. 정격토출량의 150 %에서 토출압이 정격토출압의 65 % 이상일 것( )
	예비				

○ 설정압력 :
○ 주펌프
  기동 :   MPa
  정지 :   MPa
○ 예비펌프
  기동 :   MPa
  정지 :   MPa
○ 충압펌프
  기동 :   MPa
  정지 :   MPa

※ 릴리프밸브 작동압력 :   MPa

32 - B. 경보설비

번호	점검항목	점검결과
	[비상벨 · 자동화재탐지설비]	
32 - B - 001	○ 구획된 실마다 감지기(발신기), 음향장치 설치 및 정상 작동 여부	
32 - B - 002	○ 전용 수신기가 설치된 경우 주수신기와 상호 연동되는지 여부	
32 - B - 003	○ 수신기 예비전원(축전지) 상태 적정 여부(상시 충전, 상용전원 차단 시 자동절환)	
	[가스누설경보기]	
32 - B - 011	● 주방 또는 난방시설이 설치된 장소에 설치 및 정상 작동 여부	

32 - C. 피난구조설비

번호	점검항목	점검결과
	[피난기구]	
32 - C - 001	● 피난기구 종류 및 설치개수 적정 여부	

번호	점검항목	점검결과
32 – C – 002	○ 피난기구의 부착 위치 및 부착방법 적정 여부	
32 – C – 003	○ 피난기구(지지대 포함)의 변형 · 손상 또는 부식이 있는지 여부	
32 – C – 004	○ 피난기구의 위치표시 표지 및 사용방법 표지 부착 적정 여부	
32 – C – 005	● 피난에 유효한 개구부 확보(크기, 높이에 따른 발판, 창문 파괴장치) 및 관리상태	
	[피난유도선]	
32 – C – 011	○ 피난유도선의 변형 및 손상 여부	
32 – C – 012	● 정상 점등(화재 신호와 연동 포함) 여부	
	[유도등]	
32 – C – 021	○ 상시(3선식의 경우 점검스위치 작동시) 점등 여부	
32 – C – 022	○ 시각장애(규정된 높이, 적정위치, 장애물 등으로 인한 시각장애 유무) 여부	
32 – C – 023	○ 비상전원 성능 적정 및 상용전원 차단 시 예비전원 자동전환 여부	
	[유도표지]	
32 – C – 031	○ 설치상태(유사 등화광고물 · 게시물 존재, 쉽게 떨어지지 않는 방식) 적정 여부	
32 – C – 032	○ 외광 · 조명장치로 상시 조명 제공 또는 비상조명등 설치 여부	
	[비상조명등]	
32 – C – 041	○ 설치위치의 적정 여부	
32 – C – 042	● 예비전원 내장형의 경우 점검스위치 설치 및 정상 작동 여부	
	[휴대용 비상조명등]	
32 – C – 051	○ 영업장안의 구획된 실마다 잘 보이는 곳에 1개 이상 설치 여부	
32 – C – 052	● 설치높이 및 표지의 적합 여부	
32 – C – 053	● 사용 시 자동으로 점등되는지 여부	
32 – D. 비상구		
32 – D – 001	○ 피난동선에 물건을 쌓아두거나 장애물 설치 여부	
32 – D – 002	○ 피난구, 발코니 또는 부속실의 훼손 여부	
32 – D – 003	○ 방화문 · 방화셔터의 관리 및 작동상태	
32 – E. 영업장 내부 피난통로 · 영상음향차단장치 · 누전차단기 · 창문		
32 – E – 001	○ 영업장 내부 피난통로 관리상태 적합 여부	
32 – E – 002	● 영상음향차단장치 설치 및 정상작동 여부	
32 – E – 003	● 누전차단기 설치 및 정상작동 여부	
32 – E – 004	○ 영업장 창문 관리상태 적합 여부	
32 – F. 피난안내도 · 피난안내영상물		
32 – F – 001	○ 피난안내도의 정상 부착 및 피난안내영상물 상영 여부	
32 – G. 방염		
32 – G – 001	● 선처리 방염대상물품의 적합 여부(방염성능시험성적서 및 합격표시 확인)	
32 – G – 002	● 후처리 방염대상물품의 적합 여부(방염성능검사결과 확인)	
비고	※ 방염성능시험성적서, 합격표시 및 방염성능검사결과의 확인이 불가한 경우 비고에 기재한다.	

■ 소방시설 자체점검사항 등에 관한 고시[별지 제6호 서식] 〈개정 2022.12.1.〉

소방시설등 외관점검표

※ [ ]에는 해당되는 곳에 √ 표기를 합니다.

특정소방 대 상 물	기관명		대상물 구분	
	소재지			
	소방안전관리자			
	직위 : 직급 : 성명 : 전화번호 :			

	점검월일	점검결과	점검자	확인자
소방시설등 점검내역	월 일	[ ]양호 [ ]불량		(서명)
	월 일	[ ]양호 [ ]불량		(서명)
	월 일	[ ]양호 [ ]불량		(서명)
	월 일	[ ]양호 [ ]불량		(서명)
	월 일	[ ]양호 [ ]불량		(서명)
	월 일	[ ]양호 [ ]불량		(서명)
	월 일	[ ]양호 [ ]불량		(서명)
	월 일	[ ]양호 [ ]불량		(서명)
	월 일	[ ]양호 [ ]불량		(서명)
	월 일	[ ]양호 [ ]불량		(서명)
	월 일	[ ]양호 [ ]불량		(서명)
	월 일	[ ]양호 [ ]불량		(서명)
비고	※ 확인자는 해당 공공기관 소방안전 관련 부서 또는 소방안전관리자가 선임된 부서의 책임자를 말합니다.			

1. 소화기구 및 자동소화장치

점검내용	(년도) 점검결과											
	1월	2월	3월	4월	5월	6월	7월	8월	9월	10월	11월	12월
소화기(간이소화용구 포함)												
거주자 등이 손쉽게 사용할 수 있는 장소에 설치되어 있는지 여부												
구획된 거실(바닥면적 33 m^2 이상)마다소화기 설치 여부												
소화기 표지 설치 여부												
소화기의 변형·손상 또는 부식이 있는지 여부												
지시압력계(녹색범위)의 적정 여부												
수동식 분말소화기 내용연수(10년) 적정 여부												
자동확산소화기												
견고하게 고정되어 있는지 여부												
소화기의 변형·손상 또는 부식이있는지 여부												
지시압력계(녹색범위)의 적정 여부												
자동소화장치												
수신부가 설치된 경우 수신부 정상(예비 전원, 음향장치 등) 여부												
본체용기, 방출구, 분사헤드 등의 변형·손상 또는 부식이 있는지 여부												
소화약제의 지시압력 적정 및 외관의 이상 여부												
감지부(또는 화재감지기) 및 차단장치 설치상태 적정 여부												

※ 점검결과란은 양호 "○", 불량 "×", 해당 없는 항목은 "/"로 표시한다.

2. 옥내·외 소화전 설비

점검내용	(년도) 점검결과											
	1월	2월	3월	4월	5월	6월	7월	8월	9월	10월	11월	12월
수원												
주된수원의 유효수량 적정 여부(겸용설비 포함)												
보조수원(옥상)의 유효수량 적정 여부												
수조 표시 설치상태 적정 여부												
가압송수장치												
펌프 흡입 측 연성계·진공계 및 토출 측 압력계 등 부속장치의 변형·손상 유무												
송수구												
송수구 설치장소 적정 여부(소방차가 쉽게 접근할 수 있는 장소)												
배관												
급수배관 개폐밸브 설치(개폐표시형, 흡입 측 버터플라이 제외) 적정 여부												
함 및 방수구 등												
함 개방 용이성 및 장애물 설치 여부 등 사용 편의성 적정 여부												
위치표시등 적정 설치 및 정상 점등 여부												
소화전 표시 및 사용요령(외국어 병기) 기재 표지판 설치상태 적정 여부												
함 내 소방호스 및 관창 비치 적정 여부												
제어반												
펌프 별 자동·수동 전환스위치 위치 적정 여부												

※ 점검결과란은 양호 "○", 불량 "×", 해당 없는 항목은 "/"로 표시한다.

3. (간이)스프링클러설비, 물분무소화설비, 미분무소화설비, 포소화설비

점검내용	(년도) 점검결과											
	1월	2월	3월	4월	5월	6월	7월	8월	9월	10월	11월	12월
수원												
주된수원의 유효수량 적정 여부(겸용설비 포함)												
보조수원(옥상)의 유효수량 적정 여부												
수조 표시 설치상태 적정 여부												
저장탱크(포소화설비)												
포소화약제 저장량의 적정 여부												
가압송수장치												
펌프 흡입 측 연성계·진공계 및 토출 측 압력계 등 부송장치의 변형·손상 유무												
유수검지장치												
유수검지장치실 설치 적정(실내 또는 구획, 출입문 크기, 표지) 여부												
배관												
급수배관 개폐밸브 설치(개폐표시형, 흡입 측 버터플라이 제외) 적정 여부												
준비작동식 유수검지장치 및 일제개방밸브 2차 측 배관 부대설비 설치 적정												
유수검지장치 시험장치 설치 적정(설치 위치, 배관구경, 개폐밸브 및 개방형 헤드, 물받이통 및 배수관) 여부												
다른 설비의 배관과의 구분 상태 적정 여부												
기동장치												
수동조작함(설치높이, 표시등) 설치 적정 여부												
제어밸브 등(물분무소화설비)												
제어밸브 설치위치 적정 및 표지 설치 여부												
배수설비(물분무소화설비가 설치된 차고·주차장)												
배수설비(배수구, 기름분리장치 등) 설치적정 여부												
헤드												
헤드의 변형·손상 유무 및 살수장애 여부												
호스릴방식(미분무소화설비, 포소화설비)												
소화약제저장용기 근처 및 호스릴함 위치표시등 정상 점등 및 표지 설치 여부												
송수구												
송수구 설치장소 적정 여부(소방차가 쉽게 접근할 수 있는 장소)												
제어반												
펌프 별 자동·수동전환스위치 정상위치에 있는지 여부												

※ 점검결과란은 양호 "○", 불량 "×", 해당 없는 항목은 "/"로 표시한다.

4. 이산화탄소, 할론소화설비, 할로겐화합물 및 불활성기체소화설비, 분말소화설비

점검내용	(년도) 점검결과											
	1월	2월	3월	4월	5월	6월	7월	8월	9월	10월	11월	12월
저장용기												
설치장소 적정 및 관리 여부												
저장용기 설치장소 표지 설치 여부												
소화약제 저장량 적정 여부												
기동장치												
기동장치 설치 적정(출입구 부근 등, 높이 보호장치, 표지 전원표시등) 여부												
배관 등												
배관의 변형·손상 유무												
분사헤드												
분사헤드의 변형·손상 유무												
호스릴방식												
소화약제저장용기의 위치표시등 정상 점등 및 표지 설치 여부												
안전시설 등(이산화탄소소화설비)												
방호구역 출입구 부근 잘 보이는 장소에 소화약제 방출 위험경고표지 부착 여부												
방호구역 출입구 외부 인근에 공기호흡기 설치 여부												

※ 점검결과란은 양호 "○", 불량 "×", 해당 없는 항목은 "/"로 표시한다.

5. 자동화재탐지설비, 비상경보설비, 시각경보기, 비상방송설비, 자동화재속보설비

점검내용	(년도) 점검결과											
	1월	2월	3월	4월	5월	6월	7월	8월	9월	10월	11월	12월
수신기												
설치장소 적정 및 스위치 정상 위치 여부												
상용전원 공급 및 전원표시등 정상점등 여부												
예비전원(축전지) 상태 적정 여부												
감지기												
감지기의 변형 또는 손상이 있는지 여부(단독경보형 감지기 포함)												
음향장치												
음향장치(경종 등) 변형·손상 여부												
시각경보장치												
시각경보장치 변형·손상 여부												
발신기												
발신기 변형·손상 여부												
위치표시등 변형·손상 및 정상점등 여부												
비상방송설비												
확성기 설치 적정(층마다 설치, 수평거리) 여부												
조작부 상 설비 작동층 또는 작동구역 표시 여부												
자동화재속보설비												
상용전원 공급 및 전원표시등 정상 점등 여부												

※ 점검결과란은 양호 "○", 불량 "×", 해당 없는 항목은 "/"로 표시한다.

6. 피난기구, 유도등(유도표지), 비상조명등 및 휴대용 비상조명등

점검내용	(년도) 점검결과											
	1월	2월	3월	4월	5월	6월	7월	8월	9월	10월	11월	12월
피난기구												
피난에 유효한 개구부 확보(크기, 높이에 따른 발판, 창문 파괴장치) 및 관리 상태												
피난기구(지지대 포함)의 변형·손상 또는 부식이 있는지 여부												
피난기구의 위치표시 표지 및 사용방법 표지 부착 적정 여부												
유도등												
유도등 상시(3선식의 경우 점검스위치 작동 시) 점등 여부												
유도등의 변형 및 손상 여부												
장애물 등으로 인한 시각장애 여부												
유도표지												
유도표지의 변형 및 손상 여부												
설치상태(쉽게 떨어지지 않는 방식, 장애물 등으로 시각장애 유무) 적정 여부												
비상조명등												
비상조명등 변형·손상 여부												
예비전원 내장형의 경우 점검스위치 설치 및 정상 작동 여부												
휴대용 비상조명등												
휴대용 비상조명등의 변형 및 손상 여부												
사용 시 자동으로 점등되는지 여부												

※ 점검결과란은 양호 "○", 불량 "×", 해당 없는 항목은 "/"로 표시한다.

7. 제연설비, 특별피난계단의 계단실 및 부속실 제연설비

점검내용	(년도) 점검결과											
	1월	2월	3월	4월	5월	6월	7월	8월	9월	10월	11월	12월
제연구역의 구획												
제연경계의 폭, 수직거리 적성 설치 여부												
배출구, 유입구												
배출구, 공기유입구 변형·훼손 여부												
기동장치												
제어반 각종 스위치류 표시장치(작동표시등 등) 정상 여부												
외기취입구(특별피난계단의 계단실 및 부속실 제연설비)												
설치위치(오염공기 유입방지, 배기구 등으로부터 이격거리) 적정 여부												
설치구조(빗물·이물질 유입방지 등) 적정 여부												
제연구역의 출입문(특별피난계단의 계단실 및 부속실 제연설비)												
폐쇄상태 유지 또는 화재 시 자동폐쇄 구조 여부												
수동기동장치(특별피난계단의 계단실 및 부속실 제연설비)												
기동장치 설치(위치,전원표시등 등) 적정 여부												

※ 점검결과란은 양호 "○", 불량 "×", 해당 없는 항목은 "/"로 표시한다.

8. 연결송수관설비, 연결살수설비

점검내용	(년도) 점검결과											
	1월	2월	3월	4월	5월	6월	7월	8월	9월	10월	11월	12월
연결송수관설비 송수구												
표지 및 송수압력범위 표지 적정 설치 여부												
방수구												
위치표시(표시등, 축광식 표지) 적정 여부												
방수기구함												
호스 및 관창 비치 적정 여부												
'방수기구함' 표지 설치상태 적정 여부												
연결살수설비 송수구												
표지 및 송수구역 일람표 설치 여부												
송수구의 변형 또는 손상 여부												
연결살수설비 헤드												
헤드의 변형·손상 유무												
헤드 살수장애 여부												

※ 점검결과란은 양호 "○", 불량 "×", 해당 없는 항목은 "/"로 표시한다.

9. 비상콘센트설비, 무선통신보조설비, 지하구

점검내용	(년도) 점검결과											
	1월	2월	3월	4월	5월	6월	7월	8월	9월	10월	11월	12월
비상콘센트설비 콘센트												
변형·손상·현저한 부식이 없고 전원의 정상 공급 여부												
비상콘센트설비 보호함												
'비상콘센트'표지 설치상태 적정 여부												
위치표시등 설치 및 정상 점등 여부												
무선통신보조설비 무선기기접속단자												
설치장소(소방활동 용이성, 상시 근무장소) 적정 여부												
보호함 '무선기기접속단지' 표지 설치 여부												
지하구(연소방지설비 등)												
연소방지설비 헤드의 변형·손상 여부												
연소방지설비 송수구 1 m 이내 살수구역 안내표지 설치상태 적정 여부												
방화벽												
방화문 관리상태 및 정상기능 적정 여부												

※ 점검결과란은 양호 "○", 불량 "×", 해당 없는 항목은 "/"로 표시한다.

10. 기타사항 점검표

점검내용	(년도) 점검결과											
	1월	2월	3월	4월	5월	6월	7월	8월	9월	10월	11월	12월
피난·방화시설												
방화문 및 방화셔터의 관리 상태(폐쇄·훼손·변경) 및 정상기능 적정 여부												
비상구 및 피난통로 확보 적정 여부(피난·방화시설 주변 장애물 적치 포함)												
방염												
선처리 방염대상물품의 적합 여부(방염성능시험성적서 및 합격표시 확인)												
후처리 방염대상물품의 적합 여부(방염성능검사결과 확인)												

※ 점검결과란은 양호 "○", 불량 "×", 해당 없는 항목은 "/"로 표시한다.

11. 위험물 저장·취급시설

점검내용	(년도) 점검결과											
	1월	2월	3월	4월	5월	6월	7월	8월	9월	10월	11월	12월
가연물 방치 여부												
채광 및 환기 설비 관리상태 이상 유무												
위험물 종류에 따른 주의사항을 표시한 게시판 설치 유무												
기름찌꺼기나 폐액 방치 여부												
위험물 안전관리자 선임 여부												
화재 시 응급조치 방법 및 소방관서 등 비상연락망 확보 여부												

※ 점검결과란은 양호 "○", 불량 "×", 해당 없는 항목은 "/"로 표시한다.

12. 화기시설

점검내용	(년도) 점검결과											
	1월	2월	3월	4월	5월	6월	7월	8월	9월	10월	11월	12월
화기시설 주변 적정(거리,수량,능력단위) 소화기 설치 유무												
건축물의 가연성부분 및 가연성물질로부터 1 m 이상의 안전거리 확보 유무												
가연성가스 또는 증기가 발생하거나 체류할 우려가 없는 장소에 설치 유무												
연료탱크가 연소기로부터 2 m이상의 수평 거리 확보 유무												
채광 및 환기설비 설치 유무												
방화환경조성 및 주의, 경고표시 유무												

※ 점검결과란은 양호 "○", 불량 "×", 해당 없는 항목은 "/"로 표시한다.

13. 가연성가스시설

점검내용	(년도) 점검결과											
	1월	2월	3월	4월	5월	6월	7월	8월	9월	10월	11월	12월
「도시가스사업법」등에 따른 검사 실시 유무												
채광이 되어 있고 환기 및 비를 피할 수 있는 장소에 용기 설치 유무												
가스누설경보기 설치 유무												
용기, 배관, 밸브 및 연소기의 파손, 변형, 노후 또는 부식 여부												
환기설비 설치 유무												
화재 시 연료를 차단할 수 있는 개폐밸브 설치상태 적정 여부												
방화환경조성 및 주의, 경고표시 유무												

※ 점검결과란은 양호 "○", 불량 "×", 해당 없는 항목은 "/"로 표시한다.

14. 전기시설

점검내용	(년도) 점검결과											
	1월	2월	3월	4월	5월	6월	7월	8월	9월	10월	11월	12월
「전기사업법」에 따른 점검 또는 검사 실시 유무												
개폐기 설치상태 등 손상 여부												
규격 전선 사용 여부												
전선의 접속 상태 및 전선피복의 손상 여부												
누전차단기 설치상태 적정 여부												
방화환경조성 및 주의, 경고표시 설치 유무												
전기 관련 기술자 등의 근무 여부												

※ 점검결과란은 양호 "○", 불량 "×", 해당 없는 항목은 "/"로 표시한다.

모아북스

END UP

소방시설관리사 기본서
점검실무행정

PART 05

과년도 기출문제

* 2008년 이전 기출[1~9회]은 법령개정 등의 문제로 해설이 첨부되지 않았습니다.

[문제 1] 다음의 사항을 도시기호로 표시하시오. (5점)
   (1) 경보설비의 중계기
   (2) 포말소화전
   (3) 이산화탄소의 저장용기
   (4) 물분무헤드(평면도)
   (5) 자동방화문의 폐쇄장치

[문제 2] 유도등의 3선식 배관과 2선식 배선을 간략하게 설명하고, 점멸기를 설치할 경우, 점등되어야 할 때를 기술하시오. (10점)

[문제 3] 옥외소화전설비의 법정 점검기구를 기술하시오. (10점)

[문제 4] 위험물안전관리자(기능사, 취급자)의 선임대상을 기술하시오. (15점)

[문제 5] 연결살수설비의 살수헤드 점검항목과 내용을 기술하시오. (10점)

[문제 6] 소방시설 자체점검기록부 작성 종목 8가지 작성요령을 기술하시오. (10점)

[문제 7] 소방시설의 설치유지관리 규정의 누전경보기의 수신기 설치가 제외되는 장소 5곳을 기술하시오. (10점)

[문제 8] 스프링클러설비의 말단시험밸브의 시험작동 시 확인될 수 있는 사항을 간기하시오. (10점)

[문제 9] 스프링클러설비 헤드의 감열부 유무에 따른 헤드의 설치 수와 급수관 구경과의 관계를 도표로 나타내고 설치된 헤드의 종류별로 점검착안 사항을 열거하시오. (10점)

[문제 10] 고정포소화설비의 종합점검 방법을 기술하시오. (10점)

[문제 1] 스프링클러 준비작동밸브(SDV)형의 구성 명칭은 다음과 같다. 이때 작동순서, 작동 후 조치(배수 및 복구), 경보장치 작동시험방법을 설명하시오. (20점)

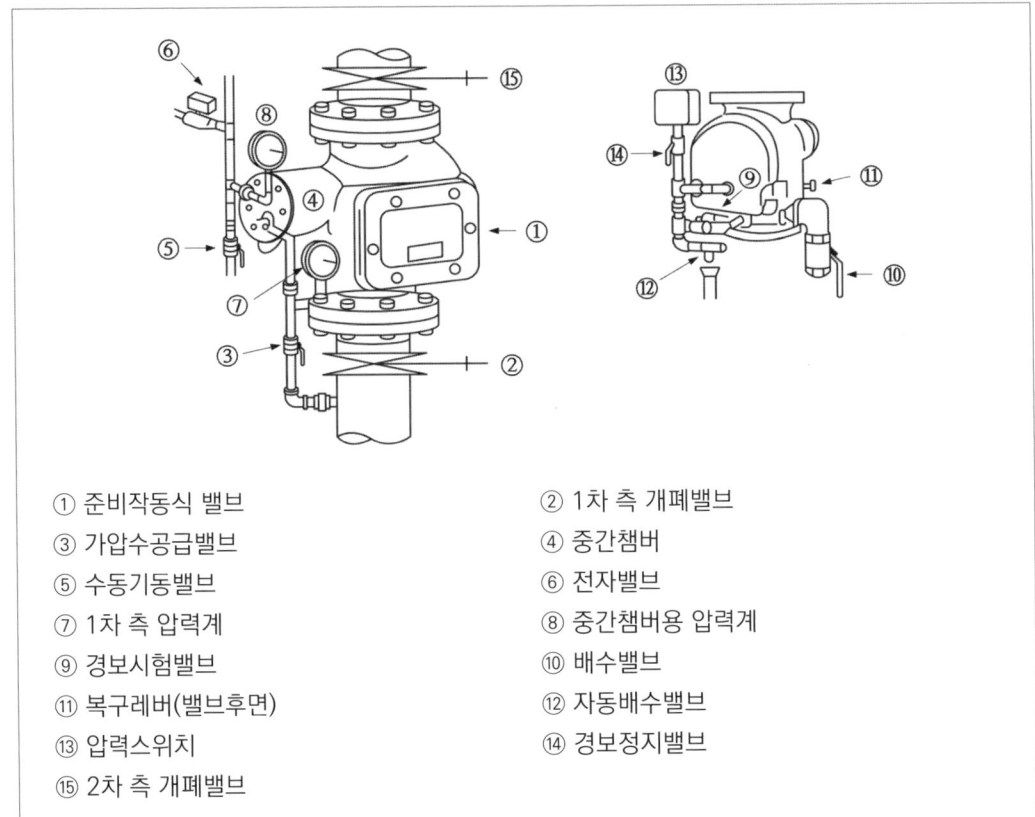

① 준비작동식 밸브   ② 1차 측 개폐밸브
③ 가압수공급밸브   ④ 중간챔버
⑤ 수동기동밸브   ⑥ 전자밸브
⑦ 1차 측 압력계   ⑧ 중간챔버용 압력계
⑨ 경보시험밸브   ⑩ 배수밸브
⑪ 복구레버(밸브후면)   ⑫ 자동배수밸브
⑬ 압력스위치   ⑭ 경보정지밸브
⑮ 2차 측 개폐밸브

[문제 2] 전류전압 측정계의 0점 조정 콘덴서의 품질시험방법 및 사용상의 주의사항에 대하여 설명하시오. (20점)

[문제 3] 자동화재탐지설비 수신기의 화재표시 작동시험, 도통시험, 공통선시험, 예비전원시험, 동시 작동시험 및 회로저항시험의 작동시험방법과 가부 판정기준에 대하여 기술하시오.

(30점)

[문제 4] 옥내소화전설비의 기동용 수압개폐장치를 점검결과 압력챔버 내에 공기를 모두 배출하고 물만 가득 채워져 있다. 기동용 수압개폐장치 압력챔버를 재조정하는 방법을 기술하시오.

(20점)

[문제 5] 소방시설 자체점검자가 소방시설에 대하여 자체 점검하였을 때 그 점검결과에 대한 요식 절차를 간기하시오.

(20점)

제3회 소방시설관리사 점검실무행정 [1996년 3월 31일 시행]

[문제 1] 습식 유수검지장치의 시험작동 시 나타나는 현상과 작동시험방법을 기술하시오. (20점)

[문제 2] 소방시설의 자체점검에서 사용하는 소방시설별 점검기구를 다음과 같이 칸을 그리고 10개의 항목으로 작성하시오. (단, 절연저항계의 규격은 비고에 기술하시오) (30점)

구분	설비별	점검 기구명	규격
①			
②			
…			
⑧			
⑨			
⑩			

[문제 3] 공기주입시험기를 이용한 공기관식 감지기의 작동시험방법과 주의사항에 대하여 기술하시오. (10점)

[문제 4] 자동기동방식인 경우 펌프의 성능시험방법을 기술하시오. (20점)

[문제 5] 다음 그림은 이산화탄소소화설비의 계통도이다. 그림을 참고하여 다음 물음에 답하시오. (20점)

(1) 이산화탄소소화설비의 분사헤드 설치 제외 장소를 기술하시오.

(2) 전역방출방식에서 화재 발생시부터 헤드 방사까지의 동작흐름을 제시된 그림을 이용하여 Block Diagram으로 표시하시오.

[문제 1] 다음 건식 밸브의 도면을 보고 물음에 답하시오. (20점)

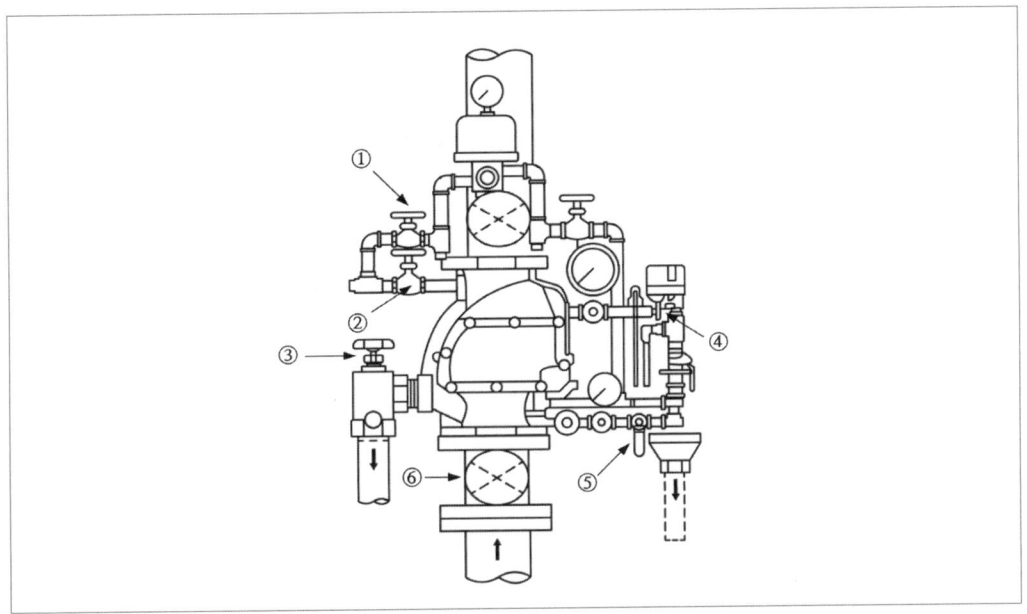

(1) 건식 밸브의 작동시험방법을 간략히 설명하시오. (단, 작동시험은 2차 측 개폐밸브를 잠그고, ④번 밸브를 이용하여 시험한다)

(2) 다음의 (예)와 같이 ①번에서 ⑤번까지의 밸브의 명칭, 밸브의 기능, 평상시 유지 상태를 설명하시오.

    [예] ⑥ - 개폐표시형 밸브
         - 건식 밸브 1차 측 급수제어용 밸브
         - 개방

[문제 2] 준비작동식 스프링클러설비에 대하여 다음 물음에 답하시오. (20점)

(1) 준비작동식 밸브의 동작 방법을 기술하시오.

(2) 준비작동식 밸브의 오동작 원인을 기술하시오. (단, 사람에 의한 것도 포함할 것)

[문제 3] 불연성가스계소화설비의 가스압력식 기동방식 점검 시 오동작으로 가스방출이 일어날 수 있다. 소화약제의 방출을 방지하기 위한 대책을 쓰시오. (20점)

[문제 4] 열감지기시험기(SH – H – 119형)에 대하여 다음 물음에 답하시오. (20점)

(1) 미부착 감지기와 시험기의 접속방법을 그리시오.

(2) 미부착 감지기의 시험방법을 쓰시오.

[문제 5] 봉인과 검인의 정의를 쓰고, 다음 각 설비의 봉인과 검인의 표시위치를 쓰시오(스프링클러설비, 분말소화설비, 자동화재탐지설비, 연결 송수관설비). (20점)

[문제 1] 이산화탄소소화설비가 오작동으로 방출되었다. 방출 시 미치는 영향에 대하여 농도별로 쓰시오. (20점)

[문제 2] 피난기구의 점검착안 사항에 대하여 쓰시오. (20점)

[문제 3] 소화펌프의 성능시험방법 중 무부하, 정격부하, 피크부하 시험방법에 대하여 쓰고, 펌프의 성능곡선을 그리시오. (20점)

[문제 4] 특별피난계단의 계단실 및 부속실의 제연설비의 종합점검항목을 쓰시오. (20점)

[문제 5] 옥내외소화전설비의 직사노즐과 분무노즐 방수 시의 방수압력 측정방법에 대하여 쓰고, 옥외소화전 방수압력이 75.42 Psi일 경우 방수량은 몇 m³/min인가? 계산하시오. (20점)

[문제 1] 가스계소화설비의 이너젠가스 저장용기, 이산화탄소저장용기, 기동용 가스용기의 가스량 산정(점검)방법을 각각 설명하시오. (20점)

[문제 2] 준비작동식 밸브의 작동 방법(3가지) 및 복구방법을 기술하시오. (20점)

[문제 3] 자동화재탐지설비 P형 1급 수신기의 화재작동시험, 회로도통시험, 공통선시험, 동시작동 시험, 저전압시험의 작동시험방법과 가부판정의 기준을 기술하시오. (20점)

[문제 4] 이산화탄소소화설비 기동장치의 설치기준을 기술하시오. (20점)

[문제 5] 소방용수시설에 있어서 수원의 기준과 종합점검의 점검항목을 기술하시오. (20점)

[문제 1] 스프링클러설비 중 준비작동식(프리액션) 밸브의 작동방법 및 복구방법을 구체적으로 기술하시오. (단, 준비작동식 밸브의 1, 2차 양측에 개폐밸브가 모두 설치된 것으로 가정)
(30점)

[문제 2] 지하층을 제외한 11층 건물의 비상콘센트설비의 종합점검을 실시하려 한다. 비상콘센트설비의 화재안전기준(NFSC 504)에 의거하여 다음 각 물음에 답하시오. (40점)

(1) 원칙적으로 설치 가능한 비상전원의 종류 2가지를 쓰시오.

(2) 전원회로별 공급용량 2종류를 쓰시오.

(3) 층별 비상콘센트가 5개씩 설치되어 있다면 전원회로의 최소 회로수를 쓰시오.

(4) 비상콘센트의 설치높이를 쓰시오.

(5) 보호함의 설치기준 3가지를 쓰시오.

[문제 3] 소방시설 등의 자체점검에 있어서 작동점검과 종합점검의 대상, 점검자의 자격, 점검횟수를 기술하시오.
(30점)

[문제 1] 방화구획기준에 대하여 다음 물음에 답하시오. (30점)

   (1) 10층 이하의(층면적 단위) 구획의 기준을 쓰시오.(단, 자동식 소화설비가 설치된 경우와 그렇지 않은 경우 (8점)

   (2) 자동식 소화설비가 설치된 11층 이상(층면적 단위)의 구획기준을 쓰시오. (벽 및 반자의 실내의 접하는 부분의 마감을 불연재료로 사용한 경우와 그렇지 않은 경우) (8점)

   (3) 층단위의 구획기준을 쓰시오. (8점)

   (4) 용도단위의 구획기준을 쓰시오. (6점)

[문제 2] 유도등에 대한 다음 물음에 답하시오. (30점)

   (1) 유도등의 평상시 점등상태 (6점)

   (2) 예비전원감시등이 점등되었을 경우의 원인 (12점)

   (3) 3선식 유도등이 점등되어야 하는 경우 (12점)

[문제 3] 다음 각 설비의 구성요소에 대한 점검항목 중 소방시설 종합점검표의 내용에 따라 답하시오. (40점)

   (1) 옥내소화전설비의 구성요소 중 하나인 "수조"의 점검항목 중 5개 항목을 기술하시오. (10점)

   (2) 스프링클러설비의 구성요소 중 하나인 "가압송수장치(펌프방식)"의 점검항목 중 5개 항목을 기술하시오. (10점)

   (3) 할로겐화합물 및 불활성기체소화설비의 구성요소 중 하나인 "저장용기"의 점검항목 중 5개 항목을 기술하시오. (10점)

   (4) 지하 3층, 지상 5층, 연면적 5,000 m^2인 경우 화재 층이 다음과 같을 때 경보되는 층을 모두 쓰시오. (10점)

     ① 지하 2층

     ② 지상 1층

     ③ 지상 2층

[문제 1] 다음 물음에 답하시오. (35점)

   (1) 특별피난계단의 계단실 및 부속실의 제연설비 종합점검표에 나와 있는 점검항목 20 가지를 쓰시오. (20점)

   (2) 다중이용업소에 설치하여야 하는 안전시설등의 종류를 모두 쓰시오. (15점)

[문제 2] 다음 그림은 차동식 분포형 공기관식 감지기의 계통도를 나타낸 것이다. 각 물음에 답하시오. (25점)

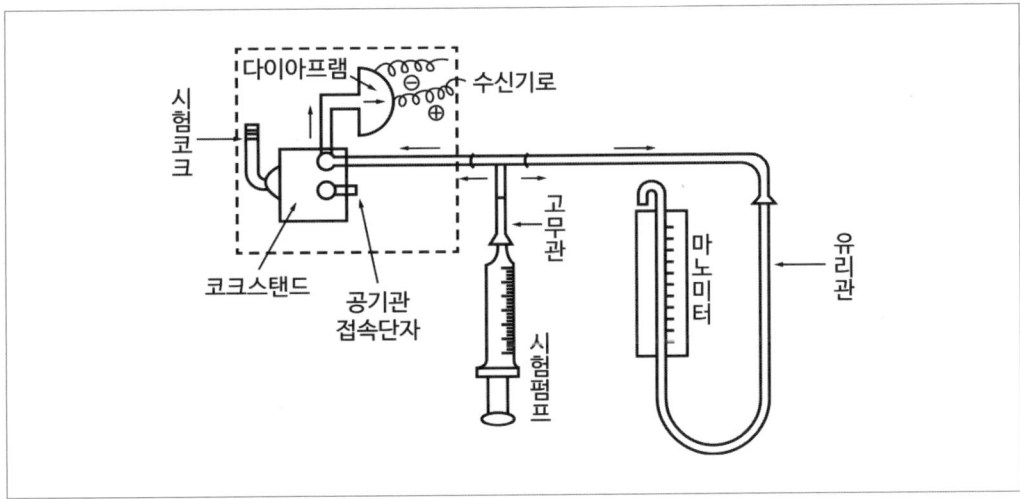

   (1) 동작시험방법을 쓰시오. (5점)

   (2) 동작에 이상이 있는 경우를 2가지 쓰시오. (20점)

PART 05

[문제 3] **다음 물음에 답하시오.** (40점)

> **조 건**
>
> ① 수조의 수위보다 펌프가 높게 설치되어 있다.
> ② 물올림장치 부분의 부속류를 도시한다.
> ③ 펌프 흡입 측 배관의 밸브 및 부속류를 도시한다.
> ④ 펌프 토출 측 배관의 밸브 및 부속류를 도시한다.
> ⑤ 성능시험배관의 밸브 및 부속류를 도시한다.

(1) 펌프 주변의 계통도를 그리고 각 기기의 명칭을 표시하고, 기능을 설명하시오. (20점)

(2) 충압펌프가 5분마다 기동 및 정지를 반복한다. 그 원인으로 생각되는 사항 2가지를 쓰시오. (10점)

(3) 방수시험을 하였으나 펌프가 기동하지 않았다. 원인으로 생각되는 사항 5가지를 쓰시오. (10점)

[문제 1] 다음 각 물음에 답하시오. (40점)

(1) 다중이용업소에 설치하는 비상구 위치기준과 비상구 규격기준에 대하여 설명하시오. (5점)

해설
---

① 비상구의 설치위치

비상구는 영업장(2개 이상의 층이 있는 경우에는 각각의 층별 영업장) 주된 출입구의 반대 방향에 설치하되, 주된 출입구 중심선으로부터의 수평거리가 영업장의 긴 변 길이의 2분의 1 이상 떨어진 위치에 설치할 것. 다만 건물구조로 인하여 주된 출입구의 반대방향에 설치할 수 없는 경우에는 주된 출입구 중심선으로부터의 수평거리가 영업장의 긴 변 길이의 2분의 1 이상 떨어진 위치에 설치할 수 있다.

② 비상구 규격

가로 75 cm 이상, 세로 150 cm 이상(비상구 문틀을 제외한 비상구의 가로길이 및 세로길이)으로 할 것

(2) 종합점검을 받아야 하는 공공기관의 대상에 대하여 쓰시오. (5점)

해설

공공기관 중 연면적(터널·지하구의 경우 그 길이와 평균 폭을 곱하여 계산된 값)이 1,000 m² 이상인 것으로서 옥내소화전설비 또는 자동화재탐지설비가 설치된 것. 다만 소방대가 근무하는 공공기관은 제외

(3) 2 이상의 특정소방대상물이 연결통로로 연결된 경우 다음 물음에 대하여 답하시오. (30점)

  ① 하나의 소방대상물로 보는 조건 중 내화구조로 벽이 없는 통로와 벽이 있는 통로를 구분하여 쓰시오. (10점)

  ② 위 '①' 외에 하나의 소방대상물로 볼 수 있는 조건 5가지를 쓰시오. (10점)

  ③ 별개의 소방대상물로 볼 수 있는 조건에 대하여 쓰시오. (10점)

해설

① 하나의 소방대상물로 보는 조건 중 내화구조로 벽이 없는 통로와 벽이 있는 통로를 구분

  ㉠ 벽이 없는 구조로서 그 길이가 6 m 이하인 경우

  ㉡ 벽이 있는 구조로서 그 길이가 10 m 이하인 경우. 다만 벽 높이가 바닥에서 천장까지의 높이의 2분의 1 이상인 경우에는 벽이 있는 구조로 보고, 벽 높이가 바닥에서 천장까지의 높이의 2분의 1 미만인 경우에는 벽이 없는 구조로 본다.

② 위 '①' 외에 하나의 소방대상물로 볼 수 있는 조건

  ㉠ 내화구조가 아닌 연결통로로 연결된 경우

  ㉡ 컨베이어로 연결되거나 플랜트설비의 배관 등으로 연결되어 있는 경우

  ㉢ 지하보도, 지하상가, 터널로 연결된 경우

  ㉣ 방화셔터 또는 60분+방화문 또는 60분방화문이 설치되지 않은 피트로 연결된 경우

  ㉤ 지하구로 연결된 경우

③ 별개의 소방대상물로 볼 수 있는 조건

  ㉠ 화재 시 경보설비 또는 자동소화설비의 작동과 연동하여 자동으로 닫히는 방화셔터 또는 60분+방화문 또는 60분방화문이 설치된 경우

  ㉡ 화재 시 자동으로 방수되는 방식의 드렌처설비 또는 개방형 스프링클러헤드가 설치된 경우

[문제 2] 이산화탄소소화설비에 대하여 다음 물음에 각각 답하시오. (36점)

(1) 가스압력식 기동장치가 설치된 이산화탄소소화설비의 작동시험 관련 물음에 답하시오. (18점)

① 작동시험 시 가스압력식 기동장치의 전자개방밸브 작동 방법 중 4가지만 쓰시오. (8점)

② 방호구역 내에 설치된 교차회로 감지기를 동시에 작동시킨 후 이산화탄소소화설비의 정상작동 여부를 판단할 수 있는 확인사항들에 대해 쓰시오. (10점)

해설

① 작동시험 시 가스압력식 기동장치의 전자개방밸브 작동방법

  ㉠ 수동조작함의 기동스위치 작동

  ㉡ 제어반에서 수동기동 스위치 작동

  ㉢ 제어반에서 동작시험 스위치를 누르고 회로선택스위치를 이용하여 감지기 교차회로 작동

  ㉣ 기동용 용기에 연결된 솔레노이드밸브의 수동기동 장치의 작동

② 방호구역 내에 설치된 교차회로 감지기를 동시에 작동시킨 후 이산화탄소소화설비의 정상작동 여부를 판단할 수 있는 확인사항

  ㉠ 제어반의 화재표시등 및 방호구역의 감지기 작동 표시등 점등

  ㉡ 해당 방호구역의 음향경보장치 동작

  ㉢ 제어반의 지연장치 작동 확인

  ㉣ 솔레노이드밸브(Solenoid Valve)의 작동 확인

  ㉤ 자동폐쇄장치(MD Type) 및 환기장치등의 정지 상태 확인

(2) 화재안전기준에서 정하는 소화약제 저장용기를 설치하기에 적합한 장소에 대한 기준 6가지만 쓰시오. (12점)

해 설

① 방호구역 외의 장소에 설치할 것. 다만 방호구역 내에 설치할 경우에는 피난 및 조작이 용이하도록 피난구 부근에 설치하여야 한다.
② 온도가 40 ℃ 이하이고 온도변화가 적은 곳에 설치할 것
③ 직사광선 및 빗물이 침투할 우려가 없는 곳에 설치할 것
④ 방화문으로 구획된 실에 설치할 것
⑤ 용기의 설치장소에는 해당 용기가 설치된 곳임을 표시하는 표지를 할 것
⑥ 용기 간의 간격은 점검에 지장이 없도록 3 cm 이상의 간격을 유지할 것
⑦ 저장용기와 집합관을 연결하는 연결배관에는 체크밸브를 설치할 것. 다만 저장용기가 하나의 방호구역만을 담당하는 경우에는 그렇지 않다

[문제 3] **다음 옥내소화전설비에 관한 물음에 답하시오.** (30점)

(1) 화재안전기준에서 정하는 감시제어반의 기능에 대한 기준을 5가지만 쓰시오. (10점)

해 설

① 각 펌프의 작동 여부를 확인할 수 있는 표시등 및 음향경보기능이 있어야 할 것
② 각 펌프를 자동 및 수동으로 작동시킬 수 있어야 한다
③ 비상전원을 설치한 경우에는 상용전원 및 비상전원의 공급 여부를 확인할 수 있어야 하고, 자동 또는 수동으로 상용전원 또는 비상전원으로의 전환이 가능할 것
④ 수조 또는 물올림탱크가 저수위로 될 때 표시등 및 음향으로 경보할 것
⑤ 각 확인회로(기동용 수압개폐장치의 압력스위치회로·수조 또는 물올림탱크의 감시회로)마다 도통시험 및 작동시험을 할 수 있어야 할 것
⑥ 예비전원이 확보되고 예비전원의 적합 여부를 시험할 수 있어야 할 것

---

(2) 다음 그림을 보고 펌프를 운전하여 체절압력을 확인하고, 릴리프밸브의 개방압력을 조정하는 방법을 기술하시오. (20점)

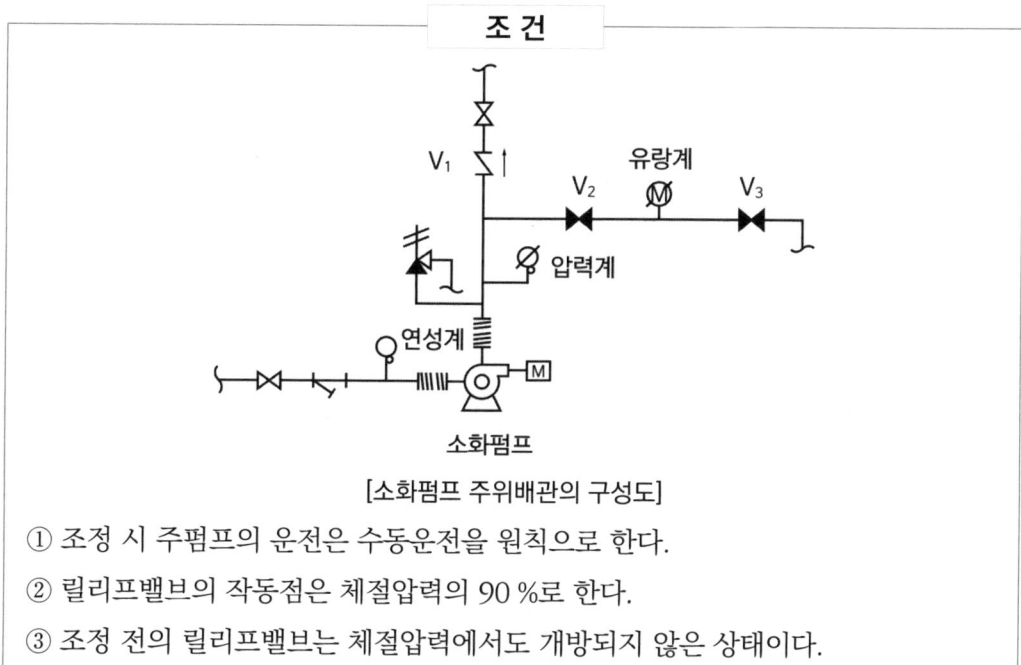

조 건

[소화펌프 주위배관의 구성도]

① 조정 시 주펌프의 운전은 수동운전을 원칙으로 한다.
② 릴리프밸브의 작동점은 체절압력의 90 %로 한다.
③ 조정 전의 릴리프밸브는 체절압력에서도 개방되지 않은 상태이다.

해설

① "V_1"(개폐밸브), "V_2"(개폐밸브) 및 "V_3"(유량조절밸브)의 폐쇄 상태 확인
② 동력제어반에서 펌프를 수동기동
③ 펌프 토출 측 압력계를 통한 체절압력 확인
④ 동력제어반에서 펌프정지
⑤ 릴리프밸브의 개방 압력 계산(체절압력 × 0.9)
⑥ 주밸브 "V_1"(개폐밸브)는 폐쇄, "V_2"(개폐밸브)는 개방된 상태에서 펌프의 수동기동
⑦ "V_3"(유량조절밸브)를 서서히 폐쇄하여 압력이 체절압력 이하가 되도록 한다.
⑧ 릴리프밸브의 캡을 개방한 후 조절나사를 조절하여(반시계방향으로 개방) 릴리프밸브에서 소화수가 방수될 때까지 개방
⑨ 동력제어반에서 펌프 정지 후 다시 수동 기동하여 릴리프밸브의 작동압력 재확인
⑩ 펌프 정지 후 "V_1"개방, 동력제어반의 선택스위치를 정위치(자동에 위치) 확인

[문제 1] 다음 각 물음에 답하시오. (30점)

(1) 스프링클러설비의 화재안전기준에서 정하는 감시제어반의 설치기준 중 도통시험 작동시험을 하여야 하는 확인회로 5가지를 쓰시오. (10점)

> **해설**
>
> ① 기동용 수압개폐장치의 압력스위치회로
> ② 수조 또는 물올림 탱크의 저수위감시회로
> ③ 유수검지장치 또는 일제개방밸브의 압력스위치회로
> ④ 일제개방밸브를 사용하는 설비의 화재감지기회로
> ⑤ 개폐밸브의 폐쇄상태 확인회로
> ⑥ 그 밖의 이와 비슷한 회로

(2) 소방시설 종합점검표에서 자동화재탐지설비의 시각경보장치 점검항목 5가지를 쓰시오. (10점)

> **해설**
>
> ① 변형·손상·탈락·현저한 부식 등의 유무
> ② 바닥으로부터 2 m 이상 2.5 m 이하의 장소에 설치 여부
> ③ 복도·통로·청각장애인용 객실 및 공용으로 사용하는 거실에 설치 여부
> ④ 각 부분에 유효하게 경보를 발할 수 있는 위치에 설치 여부
> ⑤ 감지기 또는 발신기 동작 시 정상작동 여부

⑶ 소방시설 종합점검표에서 할로겐화합물 및 불활성기체소화설비의 수동식 기동장치 점검항목 5가지를 쓰시오. (10점)

> **해 설**
>
> ① 방호구역별 또는 방호대상별 설치위치(높이 포함) 및 기능
> ② 조작부의 보호판 및 기동장치의 표지상태
> ③ 전원 및 위치표시등 상태
> ④ 음향경보장치와 연동기능
> ⑤ 방출 지연비상스위치의 기능

[문제 2]   다음 각 물음에 답하시오. (30점)

⑴ 다중이용업소의 영업주는 안전시설등을 정기적으로 "안전시설등 세부점검표"를 사용하여 점검하여야 한다. "안전시설 등 세부 점검표"의 점검사항 9가지만 쓰시오. (18점)

> **해 설**
>
> ① 소화기 또는 자동확산소화기의 외관점검
>   ㉠ 구획된 실마다 설치되어 있는지 확인
>   ㉡ 약제 응고상태 및 압력게이지 지시침 확인
> ② 간이스프링클러설비 작동점검
>   ㉠ 시험밸브 개방 시 펌프기동, 음향경보 확인
>   ㉡ 헤드의 누수·변형·손상·장애 등 확인
> ③ 경보설비 작동점검
>   ㉠ 비상벨설비의 누름스위치, 표시등, 수신기 확인
>   ㉡ 자동화재탐지설비의 감지기, 발신기, 수신기 확인
>   ㉢ 가스누설경보기 정상작동 여부 확인
> ④ 피난설비 작동점검 및 외관점검
>   ㉠ 유도등·유도표지 등 부착상태 및 점등상태 확인
>   ㉡ 구획된 실마다 휴대용 비상조명등 비치 여부
>   ㉢ 화재 신호 시 피난유도선 점등상태 확인
>   ㉣ 피난기구(완강기, 피난사다리 등) 설치상태 확인
> ⑤ 비상구 관리상태 확인

⑥ 영업장 내부 피난통로 관리상태 확인

영업장 내부 피난통로 상 물건 적치 등 관리상태

⑦ 창문(고시원) 관리상태 확인

⑧ 영상음향차단장치 작동점검

경보설비와 연동 및 수동작동 여부 점검(화재 신호 시 영상음향차단 되는지 확인)

⑨ 누전차단기 작동 여부 확인

⑩ 피난안내도 설치위치 확인

⑪ 피난안내영상물 상영 여부 확인

⑫ 실내장식물·내부구획재료 교체 여부 확인

　　㉠ 커튼, 카페트 등 방염선처리제품 사용 여부

　　㉡ 합판·목재 방염성능확보 여부

　　㉢ 내부구획재료 불연재료 사용 여부

⑬ 방염 소파·의자 사용 여부 확인

⑭ 안전시설등 세부점검표 분기별 작성 및 1년간 보관 여부

⑮ 화재배상책임보험 가입 여부 및 계약기간 확인

(2) 소방시설관리업자가 영업정지에 해당하는 법령을 위반한 경우 위반행위의 동기 등을 고려하여 그 처분기준의 2분의 1까지 경감하여 처분할 수 있다. 경감처분 요건 중 경미한 위반사항에 해당하는 요건 3가지만 쓰시오. (6점)

해 설

① 스프링클러설비 헤드가 살수반경에 미달되는 경우
② 유도등이 일시적으로 점등되지 않는 경우
③ 유도표지가 탈락된 경우

(3) 화재안전기준의 변경으로 그 기준이 강화되는 경우 기존의 특정소방대상물의 소방시설 등에 대하여 변경 전의 화재안전기준을 적용한다. 그러나 일부 소방시설 등의 경우에는 화재안전기준 의 변경으로 강화된 기준을 적용한다. 강화된 화재안전기준을 적용하는 소방시설 등 3가지만 쓰시오. (6점)

① 소화기구

② 비상경보설비

③ 자동화재속보설비

④ 피난설비

⑤ 지하구 가운데 공동구에 설치하여야 하는 소방시설등

[문제 3] 다음은 방화구획선상에 설치되는 자동방화셔터(국토해양부 고시)에 관한 내용이다. 각 물음에 답하시오. (40점)

(1) 자동방화셔터의 정의를 쓰시오. (5점)

자동방화셔터라 함은 방화구획의 용도로 화재 시 연기 및 열을 감지하여 자동폐쇄되는 것으로서, 공항·체육관 등 넓은 공간에 부득이 하게 내화구조로 된 벽을 설치하지 못하는 경우에 사용하는 방화셔터

(2) 다음 문장의 ① ~ ⑥ 빈칸에 알맞은 용어를 쓰시오. (18점)

- 자동방화셔터는 화재 발생 시 (①)에 의한 일부 폐쇄와 (②)에 의한 완전 폐쇄가 이루어질 수 있는 구조를 가진 것이어야 한다.
- 자동방화셔터에 사용되는 열감지기는 소방시설 설치유지 및 안전관리에 관한 법률 제36조에서 정한 형식승인에 합격한 (③) 또는 (④)의 것으로서 특종의 공칭 작동온도가 각각 (⑤) ~ (⑥) ℃인 것으로 하여야 한다.

① 연기감지기	② 열감지기
③ 보상식	④ 정온식
⑤ 60 ℃	⑥ 70 ℃

(3) 일체형 자동방화셔터의 출입구 설치기준을 쓰시오. (9점)

> **해설**
>
> ① 행정안전부장관이 정하는 기준에 적합한 비상구유도등 또는 비상구유도표지를 하여야 한다.
> ② 출입구 부분은 셔터의 다른 부분과 색상을 달리하여 쉽게 구분되도록 하여야 한다.
> ③ 출입구의 유효너비는 0.9 m 이상, 유효높이는 2 m 이상이어야 한다.

(4) 자동방화셔터의 작동점검을 하고자 한다. 셔터 작동 시 확인사항 4가지를 쓰시오. (8점)

> **해설**
>
> ① 작동점검 전 확인사항
>   ㉠ 자동방화셔터 주변에 장애물의 존재 여부 확인
>   ㉡ 연동제어기의 수동조작스위치에 따른 작동 상태 확인
>   ㉢ 방화셔터의 바닥부분의 완전 폐쇄 여부(Setting 여부) 확인
> ② 작동점검 시 확인사항
>   ㉠ 연기감지기(광전식 스포트형), 열감지기(정온식 스포트형)에 작동에 따른 1, 2단 강하의 상태확인
>   ㉡ 방화셔터 동작에 따른 음향장치 작동 상태 확인
>   ㉢ 수동조작함(수동조작스위치)에 따른 작동 상태 확인
>   ㉣ 엘리베이터 주변 등 다수의 자동방화셔터에 대한 일체 동작상태
>   ㉤ 방화셔터 동작에 따른 운송설비(에스컬레이터, 무빙워크 등)의 정지 여부 확인

[문제 1] 다음 물음에 답하시오. (40점)

(1) 불꽃감지기 설치기준 5가지를 쓰시오. (10점)

> **해 설**
>
> ① 공칭감시거리 및 공칭시야각은 형식승인 내용에 따를 것
> ② 감지기는 공칭감시거리와 공칭시야각을 기준으로 감시구역이 모두 포용될 수 있도록 설치할 것
> ③ 감지기는 화재감지를 유효하게 감지할 수 있는 모서리 또는 벽 등에 설치할 것
> ④ 감지기를 천장에 설치하는 경우에는 감지기는 바닥을 향하여 설치할 것
> ⑤ 수분이 많이 발생할 우려가 있는 장소에는 방수형으로 설치할 것
> ⑥ 그 밖의 설치기준은 형식승인 내용에 따르며 형식승인 사항이 아닌 것은 제조사의 시방에 따라 설치할 것

(2) 광원점등방식 피난유도선의 설치기준 6가지를 쓰시오. (12점)

> **해 설**
>
> ① 구획된 각 실로부터 주출입구 또는 비상구까지 설치할 것
> ② 피난유도표시부는 바닥으로부터 높이 1 m 이하의 위치 또는 바닥 면에 설치할 것
> ③ 피난유도표시부는 50 cm 이내의 간격으로 연속되도록 설치하되 실내장식물 등으로 설치가 곤란할 경우 1 m 이내로 설치할 것
> ④ 수신기로부터의 화재 신호 및 수동조작에 의하여 광원이 점등되도록 설치할 것
> ⑤ 비상전원이 상시 충전상태를 유지하도록 설치할 것
> ⑥ 바닥에 설치되는 피난유도표시부는 매립하는 방식을 사용할 것
> ⑦ 피난유도 제어부는 조작 및 관리가 용이하도록 바닥으로부터 0.8 m 이상 1.5 m 이하의 높이에 설치할 것
> ⑧ 피난유도선은 소방청장이 고시한 「피난유도선의 성능인증 및 제품검사의 기술기준」에 적합한 것으로 설치하여야 한다.

PART 05

(3) 자동화재탐지설비의 설치장소별 감지기 적용성기준 [별표 1]에서 연기감지기를 설치할 수 없는 장소에서 "먼지 또는 미분 등이 다량으로 체류하는 장소"에 감지기를 설치할 때 확인사항 5가지를 쓰시오. (10점)

해설

① 불꽃감지기에 따라 감시가 곤란한 장소는 적응성이 있는 열감지기를 설치할 것

② 차동식 분포형 감지기를 설치하는 경우에는 검출부에 먼지, 미분 등이 침입하지 않도록 조치할 것

③ 차동식 스포트형 감지기 또는 보상식 스포트형 감지기를 설치하는 경우에는 검출부에 먼지, 미분 등이 침입하지 않도록 조치할 것

④ 정온식 감지기를 설치하는 경우에는 특종으로 설치할 것

⑤ 섬유, 목재가공 공장 등 화재확대가 급속하게 진행될 우려가 있는 장소에 설치하는 경우 정온식 감지기는 특종으로 설치할 것, 공칭작동 온도 75 ℃ 이하, 열아날로그식 스포트형 감지기는 화재표시 설정은 80 ℃ 이하가 되도록 할 것

(4) 피난구유도등의 설치 제외 조건 4가지를 쓰시오. (8점)

해설

① 바닥면적이 1,000 m² 미만인 층으로서 옥내로부터 직접 지상으로 통하는 출입구(외부의 식별이 용이한 경우에 한한다)

② 대각선 길이가 15 m 이내인 구획된 실의 출입구

③ 거실 각 부분으로부터 하나의 출입구에 이르는 보행거리가 20 m 이하이고, 비상조명등과 유도표지가 설치된 거실의 출입구

④ 출입구가 3 이상 있는 거실로서 그 거실 각 부분으로부터 하나의 출입구에 이르는 보행거리가 30 m 이하인 경우에는 주된 출입구 2개소 외의 출입구(유도표지가 부착된 출입구). 다만 공연장·집회장·관람장·전시장·판매시설·운수시설·숙박시설·노유자시설·의료시설·장례식장의 경우에는 그렇지 않다.

[문제 2] 다음 물음에 답하시오. (30점)

(1) 특정소방대상물에서 일반대상물과 공공기관대상물의 종합점검시기 및 면제조건을 각각 쓰시오. (10점)

> **해 설**
>
> ① 일반대상물
>   ㉠ 종합점검 점검시기
>   건축물 사용승인일(건축물관리대장 또는 건축물의 등기부등본에 기재된 날을 말한다)이 속하는 달까지 실시. 다만 소방시설완공검사필증을 발급받은 신축 건축물의 경우에는 다음 연도부터 실시한다.
>   ㉡ 면제조건
>   소방본부장 또는 소방서장은 소방방재청장이 소방안전관리가 우수하다고 인정한 특정소방대상물의 경우에는 해당 연도부터 3년간 종합점검을 면제할 수 있되, 면제기간 중 화재가 발생한 경우를 제외한다.
> ② 공공기관대상물
>   ㉠ 종합점검 점검시기
>   ▪ 해당 공공기관의 건축물의 사용승인일(건축물대장 또는 건축물의 등기부등본에 기재된 날)이 속하는 해의 다음 해부터 건축물의 사용승인일이 속하는 달의 말일까지
>   ▪ 학교의 경우 해당 건축물의 사용승인일이 1월에서 6월 사이인 경우에는 6월 30일까지
>   ㉡ 면제조건
>   소방대가 근무하는 공공기관은 제외한다.

(2) 소방시설별 점검장비 및 규격을 나타내는 표이다. 표가 완성되도록 번호에 맞는 답을 쓰시오. (10점) - 개정 전 장비

구분	장비	규격
소화기구	①	-
스프링클러설비 포소화설비	②	③
이산화탄소소화설비 분말소화설비 할로겐화합물소화설비 할로겐화합물 및 불활성기체소화약제소화설비	④	⑤

① 소화기고정틀·저울·내부조명기·반사경·메스시린더 또는 비커·캡스퍼너·가압용 가스퍼너

② 포콜렉터·헤드취부랜치·포콘테이너·방수압력측정계·절연저항계·전류전압측정계

③ 1,400 mm 또는 1400 mL

④ 입도계·검량계·토크렌치·기동관누설시험기·습도계(수분계)·절연저항계·전류전압 측정계

⑤ 표준체(80, 100, 200, 325 mesh)

(3) 소방시설 설치유지 및 안전관리에 관한 법령에 의거한 숙박시설이 없는 특정소방대 상물의 수용인원 산정방법을 쓰시오. (10점)

① 강의실·교무실·상담실·실습실·휴게실 용도로 쓰이는 특정소방대상물 당해 용도로 사용하는 바닥면적의 합계를 $1.9 \, m^2$로 나누어 얻은 수

② 강당, 문화 및 집회시설, 운동시설, 종교시설 당해 용도로 사용하는 바닥면적의 합계 를 $4.6 \, m^2$로 나누어 얻은 수(관람석이 있는 경우 고정식 의자를 설치한 부분에 있어서 는 당해 부분의 의자수로 하고, 긴 의자의 경우에는 의자의 정면너비를 $0.45 \, m$로 나 누어 얻은 수로 한다)

③ 그 밖의 특정소방대상물은 당해 용도로 사용하는 바닥면적의 합계를 $3 \, m^2$로 나누어 얻은 수

[문제 3] 스프링클러헤드의 형식승인 및 검정기술기준에 의거하여 다음 물음에 답하시오. (30점)

(1) 반응시간지수(RTI) 계산식을 쓰고 설명하시오. (5점)

① 반응시간지수(RTI : Response Time Index)의 정의
기류의 온도·속도 및 작동시간에 대하여 스프링클러헤드의 반응을 예상한 지수

② 반응시간지수(RTI)의 식

$$RTI = \tau \sqrt{v} \quad \rightarrow \quad 여기서, \ \tau = \frac{m \cdot c}{h \cdot A} = \frac{g \times J/g \cdot ℃}{J/s \cdot m^2 \cdot ℃ \times m^2}$$

여기서,　τ : 감열체의 시간상수(s)

　　　　　v : 열기류속도(m/s)

　　　　　m : 감열체의 질량(g)

　　　　　c : 감열체의 비열(J/g·℃)

　　　　　h : 대류열전달계수(W/m²·℃)

　　　　　A : 감열체의 면적(m²)

(2) 스프링클러 폐쇄형 헤드에 반드시 표시할 사항 5가지를 쓰시오. (5점)

해설

① 종별
② 형식
③ 형식승인번호
④ 제조번호 또는 로트번호
⑤ 제조년도
⑥ 제조업체명 또는 약호
⑦ 표시온도(폐쇄형 헤드에 한한다)
⑧ 최고주위온도(폐쇄형 헤드에 한한다)
⑨ 취급상의 주의사항
⑩ 품질보증에 관한 사항(보증기간, 보증내용, A/S방법, 자체검사필증 등)

(3) 아래의 폐쇄형 유리벌브형과 퓨즈블링크형의 표시온도에 따른 색상을 쓰시오. (10점)

유리벌브형		퓨즈블링크형	
표시온도[℃]	액체의 식별	표시온도[℃]	프레임의 식별
57 ℃	①	77 ℃ 미만	⑥
68 ℃	②	78 ~ 120 ℃	⑦
79 ℃	③	121 ~ 162 ℃	⑧
141 ℃	④	163 ~ 203 ℃	⑨
227 ℃ 이상	⑤	204 ~ 259 ℃	⑩

① 오렌지

② 빨강

③ 노랑

④ 파랑

⑤ 검정

⑥ 색 표시 안 함

⑦ 흰색

⑧ 파랑

⑨ 빨강

⑩ 초록

(4) 다음의 도시기호를 그리시오. (10점)

    ① 스프링클러헤드 개방형 하향식(평면도)

    ② 스프링클러헤드 폐쇄형 하향식(평면도)

    ③ 프리액션밸브

    ④ 경보델류지밸브

    ⑤ 솔레노이드밸브

명칭	도시기호	명칭	도시기호
① 스프링클러헤드 개방형 하향식(평면도)		④ 경보델류지밸브	
② 스프링클러헤드 폐쇄형 하향식(평면도)		⑤ 솔레노이드밸브	
③ 프리액션밸브			

[문제 1] 다음 각 물음에 답하시오. (40점)

(1) 연소방지도료를 도포하여야 할 장소를 쓰시오. (10점)

해설

연소방지도료는 다음 각 목 부분의 중심으로부터 양쪽방향으로 전력용케이블의 경우에는 20 m(단, 통신케이블의 경우에는 10 m) 이상 도포할 것

① 지하구와 교차된 수직구 또는 분기구

② 집수정 또는 환풍기가 설치된 부분

③ 지하구로 인입 및 인출되는 부분

④ 분전반, 절연유 순환펌프 등이 설치된 부분

⑤ 케이블이 상호 연결된 부분

⑥ 기타 화재 발생 위험이 우려되는 부분

(2) 거실제연설비의 제어반에 대한 종합점검항목을 쓰시오. (10점)

해설

① 스위치등 조작 시 표시등은 정상적으로 점등되는지 여부

② 배선의 단선, 단자의 풀림은 없는지 확인

③ 계전기류 단자의 풀림, 접점이 손상 및 기능의 정상 여부

④ 감시제어반의 확인표시는 정상적으로 확인되는지 여부

⑤ 제어반에서 제연설비의 수동 기동 시 정상적으로 동작되는지 여부

(3) 폐쇄형 스프링클러헤드를 사용하는 설비의 유수검지장치 설치기준을 쓰시오. (10점)

해 설

① 하나의 방호구역의 바닥면적은 3,000 m²를 초과하지 아니할 것. 다만 폐쇄형 스프링클러설비에 격자형배관방식(2 이상의 수평주행배관 사이를 가지배관으로 연결하는 방식)을 채택하는 때에는 3,700 m² 범위 내에서 펌프용량, 배관구경 등을 수리학적으로 계산한 결과 헤드의 방수압 및 방수량이 방호구역 범위 내에서 소화목적을 달성하는 데 충분할 것

② 하나의 방호구역에는 1개 이상의 유수검지장치를 설치하되, 화재 발생 시 접근이 쉽고 점검하기 편리한 장소에 설치할 것

③ 하나의 방호구역은 2개 층에 미치지 않도록 할 것. 다만 1개 층에 설치되는 스프링클러헤드의 수가 10개 이하인 경우와 복층형구조의 공동주택에는 3개 층 이내로 할 수 있다.

④ 유수검지장치를 실내에 설치하거나 보호용철망 등으로 구획하여 바닥으로부터 0.8 m 이상 1.5 m 이하의 위치에 설치하되, 그 실 등에는 가로 0.5 m 이상 세로 1 m 이상의 출입문을 설치하고 그 출입문 상단에 "유수검지장치실"이라고 표시한 표지를 설치할 것. 다만 유수검지장치를 기계실(공조용기계실을 포함) 안에 설치하는 경우에는 별도의 실 또는 보호용 철망을 설치하지 아니하고 기계실 출입문 상단에 "유수검지 장치실"이라고 표시한 표지를 설치할 수 있다.

⑤ 스프링클러헤드에 공급되는 물은 유수검지장치를 지나도록 할 것. 다만 송수구를 통하여 공급되는 물은 그렇지 않다.

⑥ 자연낙차에 따른 압력수가 흐르는 배관 상에 설치된 유수검지장치는 화재 시 물의 흐름을 검지할 수 있는 최소한의 압력이 얻어질 수 있도록 수조의 하단으로부터 낙차를 두어 설치할 것

⑦ 조기반응형 스프링클러헤드를 설치하는 경우에는 습식 유수검지장치 또는 부압식 스프링클러설비를 설치할 것

(4) 공공기관 종합점검 점검인력 배치기준을 쓰시오. (10점)

해 설

개정으로 삭제되어 일반특정소방대상물과 동일

[문제 2] **초고층 및 지하연계 복합건축물 재난관리에 관한 물음에 답하시오.** (30점)

(1) 초고층건축물의 정의를 쓰시오. (3점)

> **해 설**
>
> 층수가 50층 이상 또는 높이가 200 m 이상인 건축물

(2) 피난안전구역의 설치대상을 쓰시오. (6점)

> **해 설**

피난안전구역 설치대상	설치조건
층수가 50층 이상 또는 높이가 200 m 이상인 건축물	「건축법 시행령」에 따른 피난 안전 구역을 설치할 것
30층 이상 49층 이하인 지하연계 복합건축물	
16층 이상 29층 이하인 지하연계 복합건축물	지상층별 거주밀도가 m^2당 1.5명을 초과하는 층은 해당 층의 사용형태별 면적의 합의 10분의 1에 해당하는 면적을 피난안전구역으로 설치할 것
초고층건축물등의 지하층이 문화 및 집회시설, 판매 시설, 운수시설, 업무시설, 숙박시설, 위락시설 중 유원 시설업의 시설 용도로 사용되는 경우	해당 지하층에 피난안전구역을 설치하거나, 선큰을 설치할 것

(3) 피난안전구역에 설치하는 피난설비의 종류를 5가지 쓰시오. (단, 피난안전구역으로 피난을 유도하기 위한 유도등·유도표지는 제외) (5점)

> **해 설**
>
> ① 방열복 또는 방화복
> ② 공기호흡기(보조마스크를 포함)
> ③ 인공소생기
> ④ 피난유도선(피난안전구역으로 통하는 직통계단 및 특별피난계단을 포함)
> ⑤ 피난안전구역으로 피난을 유도하기 위한 유도등
> ⑥ 비상조명등
> ⑦ 휴대용 비상조명등

PART 05

(4) 피난안전구역의 면적 산출기준을 쓰시오. (8점)

① 지하층이 하나의 용도로 사용되는 경우

피난안전구역 면적 = (수용인원 × 0.1) × 0.28 m²

② 지하층이 둘 이상의 용도로 사용되는 경우

피난안전구역 면적 = (사용형태별 수용인원의 합 × 0.1) × 0.28 m²

(5) 95층 건축물에 종합방재실의 최소 설치개수 및 위치기준을 쓰시오. (8점)

① 최소 설치개수 : 1개 이상
② 위치기준
ㄱ 1층 또는 피난층. 다만 초고층건축물 등에 특별피난계단이 설치되어 있고, 특별피난 계단 출입구로부터 5 m 이내에 종합방재실을 설치하려는 경우에는 2층 또는 지하 1층에 설치할 수 있으며, 공동주택의 경우에는 관리사무소 내에 설치할 수 있다.
ㄴ 비상용 승강장, 피난전용 승강장 및 특별피난계단으로 이동하기 쉬운 곳
ㄷ 재난정보 수집 및 제공, 방재활동의 거점(據點) 역할을 할 수 있는 곳
ㄹ 소방대(消防隊)가 쉽게 도달할 수 있는 곳
ㅁ 화재 및 침수 등으로 인하여 피해를 입을 우려가 적은 곳

[문제 3] **다음 각 물음에 답하시오.** (30점)

(1) 위험물안전관리에 대한 세부기준에 따른 이산화탄소소화설비의 배관기준을 쓰시오. (10점)

① 전용으로 할 것
② 이산화탄소를 방사하는 것은 다음에 의할 것
ㄱ 강관의 배관은 「압력 배관용 탄소 강관」(KS D 3562) 중에서 고압식인 것은 스케줄 80 이상, 저압식인 것은 스케줄40 이상의 것 또는 이와 동등 이상의 강도를 갖는 것 으로서 아연도금 등에 의한 방식처리를 한 것을 사용할 것

ⓛ 동관의 배관은 「이음매 없는 구리 및 구리합금 관」(KS D 5301) 또는 이와 동등 이상의 강도를 갖는 것으로서 고압식인 것은 16.5 MPa 이상, 저압식인 것은 3.75 MPa 이상의 압력에 견딜 수 있는 것을 사용할 것

ⓒ 관이음쇠는 고압식인 것은 16.5 MPa 이상, 저압식인 것은 3.75 MPa 이상의 압력에 견딜 수 있는 것으로서 적절한 방식처리를 한 것을 사용할 것

ⓔ 낙차(배관의 가장 낮은 위치로부터 가장 높은 위치까지의 수직거리를 말한다. 제135조에서 같다)는 50 m 이하일 것

③ 관이음쇠는 고압식인 것은 16.5 MPa 이상, 저압식인 것은 3.75 MPa 이상의 압력에 견딜 수 있는 것으로서 적절한 방식처리를 한 것을 사용할 것

④ 낙차(배관의 가장 낮은 위치로부터 가장 높은 위치까지의 수직거리를 말한다. 제135조에서 같다)는 50 m 이하일 것

(2) 위험물 안전관리에 관한 세부기준에 따른 II형 고정포방출구, IV형 고정포방출구의 정의를 쓰시오. (10점)

해설

① II형 고정포방출의 정의

고정지붕구조 또는 부상덮개부착고정지붕구조의 탱크에 상부포주입법을 이용하는 것으로서 방출된 포가 탱크옆판의 내면을 따라 흘러내려 가면서 액면 아래로 몰입되거나 액면을 뒤섞지 않고 액면상을 덮을 수 있는 반사판 및 탱크내의 위험물증기가 외부로 역류되는 것을 저지할 수 있는 구조·기구를 갖는 포방출구

② IV형 고정포방출구의 정의

고정지붕구조의 탱크에 저부포주입법을 이용하는 것으로서 평상시에는 탱크의 액면 하의 저부에 설치된 격납통에 수납되어 있는 특수호스 등이 송포관의 말단에 접속되어 있다가 포를 보내는 것에 의하여 특수호스 등이 전개되어 그 선단이 액면까지 도달한 후 포를 방출하는 포방출구

(3) 다수인 피난장비의 설치기준 9가지를 쓰시오. (10점)

해설

① 피난에 용이하고 안전하게 하강할 수 있는 장소에 적재 하중을 충분히 견딜 수 있도록 「건축물의 구조기준 등에 관한 규칙」 제3조에서 정하는 구조안전의 확인을 받아 견고하게 설치할 것

② 다수인피난장비 보관실은 건물 외측보다 돌출되지 아니하고, 빗물·먼지 등으로부터 장비를 보호할 수 있는 구조 일 것

③ 사용 시에 보관실 외측 문이 먼저 열리고 탑승기가 외측으로 자동으로 전개될 것

④ 하강 시에 탑승기가 건물 외벽이나 돌출물에 충돌하지 않도록 설치할 것

⑤ 상·하층에 설치할 경우에는 탑승기의 하강경로가 중첩되지 않도록 할 것

⑥ 하강 시에는 안전하고 일정한 속도를 유지하도록 하고 전복, 흔들림, 경로이탈 방지를 위한 안전조치를 할 것

⑦ 보관실의 문에는 오작동 방지조치를 하고, 문 개방 시에는 당해 소방대상물에 설치된 경보설비와 연동하여 유효한 경보음을 발하도록 할 것

⑧ 피난층에는 해당 층에 설치된 피난기구가 착지에 지장이 없도록 충분한 공간을 확보할 것

⑨ 한국소방산업기술원 또는 법 제42조 제1항에 따라 성능시험기관으로 지정받은 기관에서 그 성능을 검증받은 것으로 설치할 것

[문제 1] 다음 각 물음에 답하시오.   (40점)

(1) 일시적으로 발생한 열·연기 또는 먼지 등으로 인하여 화재 신호를 발신할 우려가 있는 장소에 설치장소별 적응성 있는 감지기를 설치하기 위한 별표 2의 환경상태 구분 장소 7가지를 쓰시오. (7점)

해 설

① 흡연에 의해 연기가 체류하며 환기가 되지 않는 장소

② 취침시설로 사용하는 장소

③ 연기 이외의 미분이 떠다니는 장소

④ 바람에 영향을 받기 쉬운 장소

⑤ 연기가 멀리 이동해서 감지기에 도달하는 장소

⑥ 훈소 화재의 우려가 있는 장소

⑦ 넓은 공간으로 천장이 높아 열 및 연기가 확산하는 장소

(2) 정온식 감지선형 감지기 설치기준 8가지를 쓰시오. (16점)

해 설

① 보조선이나 고정금구를 사용하여 감지선이 늘어지지 않도록 설치할 것

② 단자부와 마감 고정금구와의 설치간격은 10 cm 이내로 설치할 것

③ 감지선형 감지기의 굴곡반경은 5 cm 이상으로 할 것

④ 감지기와 감지구역의 각 부분과의 수평거리가 내화구조의 경우 1종 4.5 m 이하, 2종 3 m 이하로 할 것. 기타 구조의 경우 1종 3 m 이하, 2종 1 m 이하로 할 것

⑤ 케이블트레이에 감지기를 설치하는 경우에는 케이블트레이 받침대에 마감금구를 사용하여 설치할 것

⑥ 창고의 천장 등에 지지물이 적당하지 않는 장소에서는 보조선을 설치하고 그 보조선에 설치할 것

⑦ 분전반 내부에 설치하는 경우 접착제를 이용하여 돌기를 바닥에 고정시키고 그곳에 감지기를 설치할 것
⑧ 그 밖의 설치방법은 형식승인 내용에 따르며 형식승인 사항이 아닌 것은 제조사의 시방에 따라 설치할 것

(3) 호스릴이산화탄소소화설비의 설치기준 5가지를 쓰시오. (10점)

① 방호대상물의 각 부분으로부터 하나의 호스접결구까지의 수평거리가 15 m 이하가 되도록 할 것
② 노즐은 20 ℃에서 하나의 노즐마다 60 kg/min 이상의 소화약제를 방사할 수 있는 것으로 할 것
③ 소화약제 저장용기는 호스릴을 설치하는 장소마다 설치할 것
④ 소화약제 저장용기의 개방밸브는 호스의 설치장소에서 수동으로 개폐할 수 있는 것으로 할 것
⑤ 소화약제 저장용기의 가장 가까운 곳의 보기 쉬운 곳에 표시등을 설치하고, 호스릴이산화탄소소화설비가 있다는 뜻을 표시한 표지를 할 것

(4) 옥외소화전설의 화재안전기준에서 옥외소화전설비에 표시해야 할 표지의 명칭과 설치위치 7가지를 쓰시오. (7점)

① 수조의 외측의 보기 쉬운 곳에 "옥외소화전설비용 수조"라고 표시한 표지를 할 것. 이 경우 그 수조를 다른 설비와 겸용하는 때에는 그 겸용되는 설비의 이름을 표시한 표지를 함께 하여야 한다.
② 옥외소화전펌프의 흡수배관 또는 옥외소화전설비의 수직배관과 수조의 접속부분에는 "옥외소화전설비용 배관"이라고 표시한 표지를 할 것. 다만 수조와 가까운 장소에 옥외소화전펌프가 설치되고 옥외소화전펌프에 제5조 제1항 제13호에 따른 표지를 설치한 때에는 그렇지 않다
③ 가압송수장치에는 "옥외소화전펌프"라고 표시한 표지를 할 것. 이 경우 그 가압송수장치를 다른 설비와 겸용하는 때에는 그 겸용되는 설비의 이름을 표시한 표지를 함께 하여야 한다.

④ 옥외소화전설비의 소화전함 표면에는 "옥외소화전"이라고 표시한 표지를 하고, 가압 송수장치의 조작부 또는 그 부근에는 가압송수장치의 기동을 명시하는 적색등을 설치 하여야 한다.

⑤ 동력제어반의 앞면은 적색으로 하고 "옥외소화전설비용 동력제어반"이라고 표시한 표지를 설치할 것

⑥ 옥외소화전설비의 과전류차단기 및 개폐기에는 "옥외소화전설비용"이라고 표시한 표 지를 하여야 한다.

⑦ 옥외소화전설비용 전기배선의 양단 및 접속단자에는 "옥외소화전단자"라고 표시한 표지를 부착한다.

[문제 2] 다음 각 물음에 답하시오. (30점)

(1) 무선통신보조설비 종합점검표에서 분배기, 분파기, 혼합기의 점검항목 2가지를 쓰 시오. (2점)

해설

① 먼지, 습기, 부식 등에 의한 기능의 이상 여부
② 설치장소 환경의 적부

(2) 무신통신보조실비 종합점섬표에서 누설농축케이블등의 점검항목 6가지를 쓰시오. (12점)

해설

① 소방전용주파수대에서 전송 또는 복사의 적부
② 누설동축케이블인 경우 공중선과 접속 적부
③ 동축케이블인 경우 공중선과 접속 적부
④ 누설동축케이블의 고정·지지 적부
⑤ 누설동축케이블 및 공중선의 설치위치의 적부
⑥ 누설동축케이블의 말단에 종단저항 설치 적부

(3) 예상제연구역의 바닥면적이 $400 \ m^2$ 미만인 예상제연구역(통로인 예상제연구역 제외)에 대한 배출구의 설치기준 2가지를 쓰시오. (4점)

해설

① 예상제연구역이 벽으로 구획되어 있는 경우의 배출구는 천장 또는 반자와 바닥 사이의 중간 윗부분에 설치할 것
② 예상제연구역 중 어느 한 부분이 제연경계로 구획되어 있는 경우에는 천장, 반자 또는 이에 가까운 벽의 부분에 설치할 것. 다만 배출구를 벽에 설치하는 경우에는 배출구의 하단이 당해 예상제연구역에서 제연경계의 폭이 가장 짧은 제연경계의 하단보다 높이 되도록 하여야 한다.

(4) 제연설비 작동점검표에서 배연기의 점검항목 및 점검내용 4가지를 쓰시오. (12점)

해설

① 전동기
  ㉠ 회전축 : 회전이 원활한지 여부
  ㉡ 동력전달장치 : 변형, 손실등이 없고 V - 벨트의 기능이 정상인지 여부 확인
  ㉢ 본체 : 기동장치 조작에 의해 기능의 정상 여부 확인
② 회전날개
  회전축 : 전동기를 회전시켜 날개가 정상 방향으로 원활하게 회전하는지 여부

[문제 3] 다음 각 물음에 답하시오. (30점)

(1) 특정소방대상물 (별표 2)의 복합건축물 구분항목에서 하나의 건축물에 둘 이상의 용도로 사용되는 경우에도 복합건축물에 해당되지 않는 경우를 쓰시오. (10점)

해설

① 관계 법령에서 주된 용도의 부수시설로서 그 설치를 의무화하고 있는 용도 또는 시설
② 주택 안에 부대시설 또는 복리시설이 설치되는 특정소방대상물
③ 건축물의 주된 용도의 기능에 필수적인 용도로서 다음의 어느 하나에 해당하는 용도
  ㉠ 건축물의 설비, 대피 또는 위생을 위한 용도, 그 밖에 이와 비슷한 용도
  ㉡ 사무, 작업, 집회, 물품저장 또는 주차를 위한 용도, 그 밖에 이와 비슷한 용도

ⓒ 구내식당, 구내세탁소, 구내운동시설 등 종업원후생복리시설(기숙사는 제외) 또는 구내소각시설의 용도, 그 밖에 이와 비슷한 용도

(2) 국민안전처장관의 형식승인을 받아야 하는 소방용품 중 소화설비, 경보설비, 피난설비를 구성하는 제품 또는 기기를 각각 쓰시오. (10점)

해설

① 소화설비를 구성하는 제품 또는 기기
　　㉠ 소화기구(소화약제 외의 것을 이용한 간이소화용구는 제외)
　　㉡ 자동소화장치(주거용 주방자동소화장치, 캐비닛형 자동소화장치, 가스자동소화장치, 분말자동소화장치, 고체에어로졸자동소화장치)
　　㉢ 소화설비를 구성하는 소화전, 관창(管槍), 소방호스, 스프링클러헤드, 기동용 수압개폐장치, 유수제어밸브 및 가스관선택밸브
② 경보설비를 구성하는 제품 또는 기기
　　㉠ 누전경보기 및 가스누설경보기
　　㉡ 경보설비를 구성하는 발신기, 수신기, 중계기, 감지기 및 음향장치(경종만 해당)
③ 피난구조설비를 구성하는 제품 또는 기기
　　㉠ 피난사다리, 구조대, 완강기(간이완강기 및 지지대를 포함)
　　㉡ 공기호흡기(충전기를 포함)
　　㉢ 피난구유도등, 통로유도등, 객석유도등 및 예비전원이 내장된 비상조명등

(3) 소방시설용 비상전원수전설비에 대한 것이다. 다음 각 물음에 답하시오.
　① 인입선 및 인입구 배선의 시설기준 2가지를 쓰시오. (2점)
　② 특별고압 또는 고압으로 수전하는 경우 큐비클형 방식의 설치기준 중 환기장치 설치기준 4가지를 쓰시오. (8점)

해설

① 인입선 및 인입구 배선의 시설기준
　　㉠ 인입선은 특정소방대상물에 화재가 발생할 경우에도 화재로 인한 손상을 받지 않도록 설치하여야 한다.
　　㉡ 인입구배선은 「옥내소화전설비의 화재안전기준(NFSC 102)」 별표 1에 따른 내화배선으로 하여야 한다.

② 특별고압 또는 고압으로 수전하는 경우 큐비클형 방식의 설치기준 중 환기장치 설치 기준

㉠ 내부의 온도가 상승하지 않도록 환기장치를 할 것

㉡ 자연환기구의 개부구 면적의 합계는 외함의 한 면에 대하여 해당 면적의 3분의 1 이하로 할 것. 이 경우 하나의 통기구의 크기는 직경 10 mm 이상의 둥근 막대가 들어가서는 아니 된다.

㉢ 자연환기구에 따라 충분히 환기할 수 없는 경우에는 환기설비를 설치할 것

㉣ 환기구에는 금속망, 방화댐퍼 등으로 방화조치를 하고, 옥외에 설치하는 것은 빗물 등이 들어가지 않도록 할 것

[문제 1] 다음 각 물음에 답하시오. (40점)

(1) 「기존다중이용업소 건축물의 구조상 비상구를 설치할 수 없는 경우에 관한고시」에서 규정한 기존다중이용업소 건축물의 구조상 비상구를 설치할 수 없는 경우를 쓰시오. (15점)

해설

① 비상구 설치를 위하여 건축법 제2조 제1항 제7호 규정의 주요구조부를 관통하여야 하는 경우

② 비상구를 설치하여야 하는 영업장이 인접 건축물과의 이격거리(건축물 외벽과 외벽 사이의 거리)가 1 m 이하인 경우

③ 다음 각 목의 어느 하나에 해당하는 경우

　㉠ 비상구설치를 위하여 당해 영업장 또는 다른 영업장의 공조설비, 냉·난방설비, 수도설비 등 고정설비를 철거 또는 이전하여야 하는 등 그 설비의 기능과 성능에 지장을 초래하는 경우

　㉡ 비상구설치를 위하여 인접건물 또는 다른 사람 소유의 대지경계선을 침범하는 등 재산권분쟁의 우려가 있는 경우

　㉢ 영업장이 도시미관지구에 위치하여 비상구를 설치하는 경우 건축물 미관을 훼손한다고 인정되는 경우

　㉣ 당해 영업장으로 사용부분의 바닥면적 합계가 33 m² 이하인 경우

④ 그 밖에 관할 소방서장이 현장여건 등을 고려하여 비상구를 설치할 수 없다고 인정하는 경우

(2) 「소방기본법 시행령」 제5조 관련 "보일러 등의 위치·구조 및 관리와 화재예방을 위하여 불의 사용에 있어서 지켜야 하는 사항" 중 보일러 사용 시 지켜야 하는 사항에 대해 쓰시오. (12점)

① 가연성 벽·바닥 또는 천장과 접촉하는 증기기관 또는 연통의 부분은 규조토·석면 등 난연성 단열재로 덮어씌워야 한다.

② 경유·등유 등 액체연료를 사용하는 경우에는 다음 각 목의 사항을 지켜야 한다.

    ㉠ 연료탱크는 보일러본체로부터 수평거리 1 m 이상의 간격을 두어 설치할 것

    ㉡ 연료탱크에는 화재 등 긴급상황이 발생하는 경우 연료를 차단할 수 있는 개폐밸브를 연료탱크로부터 0.5 m 이내에 설치할 것

    ㉢ 연료탱크 또는 연료를 공급하는 배관에는 여과장치를 설치할 것

    ㉣ 사용이 허용된 연료 외의 것을 사용하지 아니할 것

    ㉤ 연료탱크에는 불연재료로 된 받침대를 설치하여 연료탱크가 넘어지지 아니하도록 할 것

③ 기체연료를 사용하는 경우에는 다음 각 목에 의한다.

    ㉠ 보일러를 설치하는 장소에는 환기구를 설치하는 등 가연성가스가 머무르지 아니하도록 할 것

    ㉡ 연료를 공급하는 배관은 금속관으로 할 것

    ㉢ 화재 등 긴급 시 연료를 차단할 수 있는 개폐밸브를 연료용기 등으로부터 0.5 m 이내에 설치할 것

    ㉣ 보일러가 설치된 장소에는 가스누설경보기를 설치할 것

④ 보일러와 벽·천장 사이의 거리는 0.6 m 이상 되도록 하여야 한다.

⑤ 보일러를 실내에 설치하는 경우에는 콘크리트바닥 또는 금속 외의 불연재료로 된 바닥 위에 설치하여야 한다.

⑶ 「소방시설 설치·유지 및 안전관리에 관한 법률 시행령」의 임시소방시설과 기능 및 성능이 유사한 소방시설로서 임시소방시설을 설치한 것으로 보는 소방시설을 쓰시오. (6점)

① 간이소화장치를 설치한 것으로 보는 소방시설 : 옥내소화전 또는 소방청장이 정하여 고시하는 기준에 맞는 소화기

② 비상경보장치를 설치한 것으로 보는 소방시설 : 비상방송설비 또는 자동화재탐지설비

③ 간이피난유도선을 설치한 것으로 보는 소방시설 : 피난유도선, 피난구유도등, 통로유도등 또는 비상조명등

(4) 「다중이용업소의 안전관리에 관한 특별법」에서 다음 각 물음에 답하시오.

　① 밀폐구조의 영업장에 대한 정의를 쓰시오. (1점)

　② 밀폐구조의 영업장에 대한 요건을 쓰시오. (6점)

해설

① 밀폐구조의 영업장에 대한 정의

　지상층에 있는 다중이용업소의 영업장 중 채광·환기·통풍 및 피난 등이 용이하지 못한 구조로 되어 있으면서 대통령령으로 정하는 기준에 해당하는 영업장으로서 다음 요건을 모두 갖춘 개구부의 면적의 합계가 영업장으로 사용하는 바닥면적의 1/30 이하가 되는 것

② 밀폐구조의 영업장에 대한 요건

　㉠ 크기는 지름 50 cm 이상의 원이 통과할 수 있는 크기일 것

　㉡ 해당 층의 바닥면으로부터 개구부 밑부분까지의 높이가 1.2 m 이내일 것

　㉢ 도로 또는 차량이 진입할 수 있는 빈터를 향할 것

　㉣ 화재 시 건축물로부터 쉽게 피난할 수 있도록 창살이나 그 밖의 장애물이 설치되지 아니할 것

　㉤ 내부 또는 외부에서 쉽게 부수거나 열 수 있을 것

[문제 2]　다음 각 물음에 답하시오.　　　　　　　　　　　　　　(30점)

(1) 소방시설 종합점검표에서 기타사항 확인표의 피난·방화시설 점검내용 2가지를 쓰시오. (8점)

해설

① 방화문 및 방화셔터 관리상태

② 비상구 및 피난통로 확보 여부

(2) 자동화재탐지설비·시각경보기·자동화재속보설비의 작동점검표에서 수신기의 점검항목 및 점검내용 10가지를 쓰시오. (10점)

해 설

① 수신기 설치장소 적정(관리용이) 여부

② 조작스위치의 높이는 적정하며 정상 위치에 있는지 여부

③ 개별 경계구역 표시 가능 회선수 확보 여부

④ 축적기능 보유 여부(환기·면적·높이 조건 해당할 경우)

⑤ 경계구역 일람도 비치 여부

⑥ 수신기 음향기구의 음량·음색 구별 가능 여부

⑦ 감지기·중계기·발신기 작동 경계구역 표시 여부(종합방재반 연동 포함)

⑧ 1개 경계구역 1개 표시등 또는 문자 표시 여부

⑨ 하나의 대상물에 수신기가 2 이상 설치된 경우 상호 연동되는지 여부

⑩ 수신기 기록장치 데이터 발생 표시시간과 표준시간 일치 여부

---

(3) 다음 명칭에 대한 소방시설 도시기호를 그리시오. (4점)

명칭	도시기호
(가) 릴리프밸브(일반)	
(나) 회로시험기	
(다) 연결살수헤드	
(라) 화재댐퍼	

해 설

명칭	도시기호	명칭	도시기호
(가) 릴리프밸브(일반)		(다) 연결살수헤드	
(나) 회로시험기		(라) 화재댐퍼	

(4) 이산화탄소소화설비 종합점검표에서 제어반 및 화재표시등의 점검항목 8가지를 쓰시오. (8점)

① 자동화재탐지설비 수신기로 제어반과 화재표시반을 대신하는 경우 자동화재탐지설비 수신기의 정상 기능 유무
② 제어반의 신호수신방법·상태, 음향경보장치의 작동, 소화약제 방출 및 방출시간 지연 등의 기능상태
③ 화재표시반의 각 방호구역별 음향경보장치 작동과 감지기작동의 명시표시, 벨 및 부자등 경보기의 기능상태
④ 수동식 기동장치 작동 시 화재표시반의 방출 스위치의 작동표시등의 점등상태
⑤ 화재표시반의 소화약제 방출표시등의 설치위치 점등상태
⑥ 자동식 기동장치방식의 경우 자동·수동 절환기능 절환표시등의 점등상태
⑦ 제어반 및 화재표시반의 설치장소·환경 적정 여부 및 점검의 용이성 여부
⑧ 제어반 및 화재표시반의 취급설명서의 비치 및 적합 여부
⑨ 수동잠금밸브의 개폐 여부 확인 표시등 점등 여부

[문제 3] 다음 각 물음에 답하시오. (30점)

(1) 「소방시설 설치·유지 및 안전관리에 관한 법률 시행규칙」별표 8에서 규정하는 행정처분 일반기준에 대하여 쓰시오. (15점)

(1) 위반행위가 동시에 둘 이상 발생한 때에는 그중 중한 처분기준(중한 처분기준이 동일한 경우에는 그중 하나의 처분기준)에 의하되, 둘 이상의 처분기준이 동일한 영업정지이거나 사용정지인 경우에는 중한 처분의 2분의 1까지 가중하여 처분할 수 있다.
(2) 영업정지 또는 사용정지 처분기간 중 영업정지 또는 사용정지에 해당하는 위반사항이 있는 경우에는 종전의 처분기간 만료일의 다음 날부터 새로운 위반사항에 의한 영업정지 또는 사용정지의 행정처분을 한다.
(3) 위반행위의 차수에 따른 행정처분의 가중된 처분기준은 최근 1년간 같은 위반행위로 행정처분을 받은 경우에 적용한다. 이 경우 기간의 계산은 위반행위에 대하여 행정처분을 받은 날과 그 처분 후 다시 같은 위반행위를 하여 적발된 날을 기준으로 한다.

(4) "(3)"목에 따라 가중된 행정처분을 하는 경우 가중처분의 적용 차수는 그 위반행위 전 행정처분 차수("(3)"목에 따른 기간 내에 행정처분이 둘 이상 있었던 경우에는 높은 차수)의 다음 차수로 한다.

(5) 영업정지 등에 해당하는 위반사항으로서 위반행위의 동기·내용·횟수·사유 또는 그 결과를 고려하여 다음의 어느 하나에 해당하는 경우에는 그 처분을 가중하거나 감경할 수 있다. 이 경우 그 처분이 영업정지 또는 자격정지일 때에는 그 처분기준의 2분의 1의 범위에서 가중하거나 감경할 수 있고, 등록취소 또는 자격취소일 때에는 등록취소 또는 자격취소 전 차수의 행정처분이 영업정지 또는 자격정지이면 그 처분기준의 2배 이상의 영업정지 또는 자격정지로 감경(법 제19조 제1항 제1호·제3호, 법 제28조 제1호·제4호·제5호·제7호, 및 법 제34조 제1항 제1호·제4호·제7호를 위반하여 등록취소 또는 자격취소된 경우는 제외한다)할 수 있다.

① 가중 사유

  ㉠ 위반행위가 사소한 부주의나 오류가 아닌 고의나 중대한 과실에 의한 것으로 인정되는 경우

  ㉡ 위반의 내용·정도가 중대하여 관계인에게 미치는 피해가 크다고 인정되는 경우

② 감경 사유

  ㉠ 위반행위가 사소한 부주의나 오류 등 과실에 의한 것으로 인정되는 경우

  ㉡ 위반의 내용·정도가 경미하여 관계인에게 미치는 피해가 적다고 인정되는 경우

  ㉢ 위반행위를 처음으로 한 경우로서, 5년 이상 방염처리업, 소방시설관리업 등을 모범적으로 해 온 사실이 인정되는 경우

  ㉣ 그 밖에 다음의 경미한 위반사항에 해당되는 경우

    ▪ 스프링클러설비 헤드가 살수(撒水) 반경에 미치지 못하는 경우

    ▪ 자동화재탐지설비 감지기 2개 이하가 설치되지 않은 경우

    ▪ 유도등(誘導燈)이 일시적으로 점등(點燈)되지 않는 경우

    ▪ 유도표지(誘導標識)가 정해진 위치에 붙어 있지 않은 경우

(2) 「자동화재탐지설비 및 시각경보장치의 화재안전기준(NFSC 203)」 별표 1에서 규정한 연기감지기를 설치할 수 없는 장소 중 도금공장 또는 축전기실과 같이 부식성가스의 발생우려가 있는 장소에 감지기 설치 시 유의사항을 쓰시오. (5점)

① 차동식 분포형 감지기를 설치하는 경우에는 감지부가 피복되어 있고 검출부가 부식성 가스에 영향을 받지 않는 것 또는 검출부에 부식성가스가 침입하지 않도록 조치할 것

② 보상식 스포트형 감지기, 정온식 감지기 또는 열아날로그식 스포트형 감지기를 설치 하는 경우에는 부식성가스의 성상에 반응하지 않는 내산형 또는 내알칼리형으로 설치 할 것

③ 정온식 감지기를 설치하는 경우에는 특종으로 설치할 것

(3) 「피난기구의 화재안전기준(NFSC 301)」 제6조 피난기구설치의 감소기준을 쓰시 오. (10점)

① 피난기구를 설치하여야 할 층에서 피난기구를 1/2로 감소할 수 있는 경우
   ㉠ 주요구조부가 내화구조로 되어 있을 것
   ㉡ 직통계단인 피난계단 또는 특별피난계단이 2 이상 설치되어 있을 것

② 주요구조부가 내화구조이고 건널 복도가 설치되어 있는 층에서 피난기구의 수에서 해 당 건널복도의 수 2배수를 뺄 수 있는 경우
   ㉠ 내화구조 또는 철골조로 되어 있을 것
   ㉡ 건널 복도 양단의 출입구에 자동폐쇄장치를 한 60분+방화문 또는 60분방화문(방 화셔터 제외)이 설치되어 있을 것
   ㉢ 피난·통행 또는 운반의 전용 용도일 것

③ 노대가 설치된 거실의 피난기구 설치개수 산정을 위한 바닥면적에서 이를 제외할 수 있는 경우
   ㉠ 노대를 포함한 소방대상물의 주요구조부가 내화구조일 것
   ㉡ 노대가 거실의 외기에 면하는 부분에 피난상 유효하게 설치되어 있어야 할 것
   ㉢ 노대가 소방사다리차가 쉽게 통행할 수 있는 도로 또는 공지에 면하여 설치되어 있 거나, 거실부분과 방화구획되어 있거나, 노대에 지상으로 통하는 계단 및 그 밖의 피난기구가 설치되어 있어야 할 것

PART 05

[문제 1] 다음 물음에 답하시오. (40점)

(1) 펌프를 작동시키는 압력챔버방식에서 압력챔버 공기 교체방법을 쓰시오. (14점)

> **해설**
>
> ① 동력제어반(MCC)에서 주펌프, 충압펌프의 "선택스위치"를 수동전환으로 한다.
>
>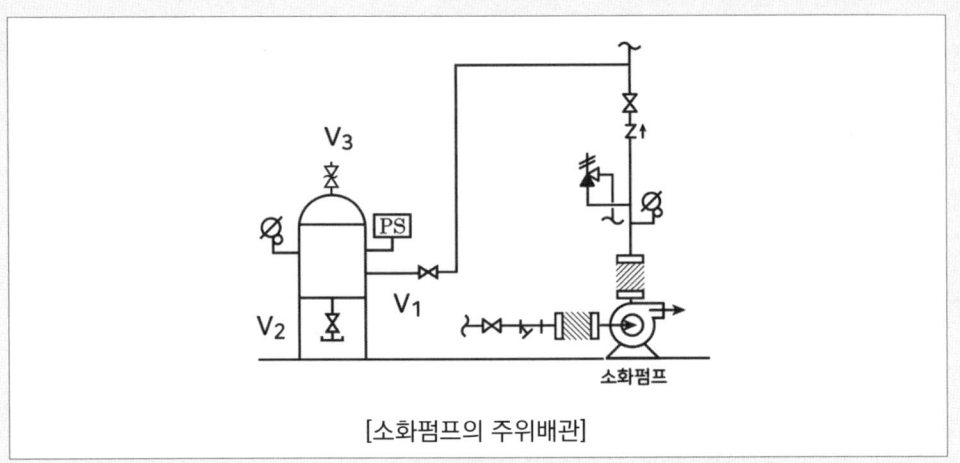
>
> [소화펌프의 주위배관]
>
> ② "V₁"개폐밸브를 폐쇄한다.
>
> ③ "V₂" 배수밸브 개방하고 "V₃"를 개방하면 물이 배수된다.
>
> ④ "V₂"를 통하여 물이 완전히 배수된 후 "V₂"를 폐쇄시킨다.
>
> ⑤ "V₁"밸브를 서서히 개방하여 압력챔버 내에 물을 채운다.
>
> ⑥ 동력제어반에서 충압펌프를 자동으로 하면 압력챔버가 가압되면서 일정압력에 도달하면 충압펌프가 정지된다.
>
> ⑦ 동력제어반(MCC)에서 주펌프의 "선택스위치"를 정상(자동)으로 한다.

(2) 특정소방대상물의 규모, 용도 및 수용인원 등을 고려하여 갖추어야 하는 소방시설의 종류 중 제연설비에 대하여 다음 물음에 답하시오. (15점)

    ① 화재예방, 소방시설 설치·유지 및 안전관리에 관한 법령에 따라 '제연설비를 설치하여야 하는 특정소방대상물' 6가지를 쓰시오. (6점)

② 화재예방, 소방시설 설치·유지 및 안전관리에 관한 법령에 따라 '제연설비를 면제할 수 있는 기준'을 쓰시오. (6점)

③ 제연설비의 화재안전기준(NFSC 501)에 따라 '제연설비를 설치하여야 할 특정소방대상물 중 배출구·공기유입구의 설치 및 배출량 산정에서 이를 제외할 수 있는 부분(장소)'을 쓰시오. (3점)

해설

① 화재예방, 소방시설 설치·유지 및 안전관리에 관한 법령에 따라 '제연설비를 설치하여야 하는 특정소방대상물'

㉠ 문화 및 집회시설, 종교시설, 운동시설로서 무대부의 바닥면적이 200 m² 이상 또는 문화 및 집회시설 중 영화상영관으로서 수용인원 100명 이상인 것

㉡ 지하층이나 무창층에 설치된 근린생활시설, 판매시설, 운수시설, 숙박시설, 위락시설, 의료시설, 노유자시설 또는 창고시설(물류터미널만 해당한다)로서 해당 용도로 사용되는 바닥면적의 합계가 1천 m² 이상인 층

㉢ 운수시설 중 시외버스정류장, 철도 및 도시철도시설, 공항시설 및 항만시설의 대기실 또는 휴게시설로서 지하층 또는 무창층의 바닥면적이 1천 m² 이상인 것

㉣ 지하상가로서 연면적 1천 m² 이상인 것

㉤ 예상 교통량, 경사도 등 터널의 특성을 고려하여 총리령으로 정하는 터널

㉥ 특정소방대상물(갓복도형 아파트등은 제외)에 부설된 특별피난계단 또는 비상용 승강기의 승강장

② 화재예방, 소방시설 설치·유지 및 안전관리에 관한 법령에 따라 '제연설비를 면제할 수 있는 기준'

㉠ 제연설비를 설치하여야 하는 특정소방대상물(부속실 제연설비는 제외한다)에 다음의 어느 하나에 해당하는 설비를 설치한 경우에는 설치가 면제된다.

- 공기조화설비를 화재안전기준의 제연설비기준에 적합하게 설치하고 공기조화설비가 화재 시 제연설비 기능으로 자동전환되는 구조로 설치되어 있는 경우
- 직접 외부 공기와 통하는 배출구의 면적의 합계가 해당 제연구역[제연경계(제연설비의 일부인 천장을 포함)에 의하여 구획된 건축물 내의 공간을 말한다] 바닥면적의 100분의 1 이상이고, 배출구부터 각 부분까지의 수평거리가 30 m 이내이며, 공기유입구가 화재안전기준에 적합하게(외부 공기를 직접 자연 유입할 경우에 유입구의 크기는 배출구의 크기 이상이어야 한다) 설치되어 있는 경우

㉡ 부속실 제연설비에 따라 제연설비를 설치하여야 하는 특정소방대상물 중 노대와 연결된 특별피난계단 또는 노대가 설치된 비상용 승강기의 승강장에는 설치가 면제된다.

③ 제연설비의 화재안전기준(NFSC 501)에 따라 '제연설비를 설치하여야 할 특정소방대상물 중 배출구·공기유입구의 설치 및 배출량 산정에서 이를 제외할 수 있는 부분(장소)' 제연설비를 설치하여야 할 특정소방대상물 중 화장실·주차장·목욕실·발코니를 설치한 숙박시설(휴양콘도미니엄 및 가족호텔에 한한다)의 객실과 사람이 상주하지 아니하는 전기실·기계실·공조실·50 m² 미만의 창고 등으로 사용되는 부분에 대하여는 배출구·공기유입구의 설치 및 배출량 산정에서 이를 제외한다.

(3) 다음은 종합점검표에 관한 사항이다. 각 물음에 답하시오. (11점)
① 다중이용업소의 종합점검 시 "가스누설경보기" 점검내용 5가지를 쓰시오. (5점)
② 할로겐화합물 및 불활성기체소화약제 소화설비의 "개구부의 자동폐쇄장치" 점검항목 3가지를 쓰시오. (3점)
③ 거실제연설비의 "기동장치" 점검항목 3가지를 쓰시오. (3점)

해설

① 다중이용업소의 종합점검 시 "가스누설경보기" 점검내용
㉠ 표시등에 의하여 전기가 통하는가 확인
㉡ 주방 또는 난방시설이 설치된 장소에 설치 유무 확인
㉢ 변형·손상·탈락·현저한 부식 등의 유무
㉣ 가스누설 시 적정하게 경보가 발하는지 확인
㉤ 시험장치에 의한 가스차단밸브의 정상 개·폐 여부
② 할로겐화합물 및 불활성기체소화약제 소화설비의 "개구부의 자동폐쇄장치" 점검항목
㉠ 환기장치 자동정지기능 적합 여부
㉡ 자동폐쇄장치의 복구장치의 위치 및 표지 적합 여부
㉢ 개구부 및 통기구의 자동폐쇄장치 설치 및 기능의 적합 여부
③ 거실제연설비의 "기동장치" 점검항목
㉠ 수동기동조작 장치에 의해 정상적으로 작동되는지 여부
㉡ 자동화재탐지설비 연기감지기의 동작에 의해 자동으로 제연설비가 작동되는지 여부
㉢ 비상전원 확보 여부

[문제 2] 다음 물음에 답하시오.

(30점)

(1) 소방시설관리사가 건물의 소방펌프를 점검한 결과 에어락 현상(Air Lock)이라고 판단하였다. 에어락 현상이라고 판단한 이유와 적절한 대책을 쓰시오. (8점)

해설

① 에어락 현상이라고 판단한 이유

   소화펌프의 내부에 부분적으로 공기고임에 의해 유체가 흐를 수 없거나 방해하는 현상

② 에어락 현상의 대책

   ㉠ 소화펌프의 물올림컵을 개방하여 펌프 내부의 공기 빼기

   ㉡ 소화펌프 상단의 압력계를 분리하여 분기배관을 이용한 공기 빼기

(2) 특별피난계단의 계단실 및 부속실의 제연설비 점검항목 중 방연풍속과 유입공기 배출량 측정방법을 각각 쓰시오. (12점)

해설

① 방연풍속의 측정방법

   ㉠ 송풍기에서 가장 먼 층을 기준으로 제연구역 1개 층(20층 초과 시 연속되는 2개 층) 제연구역과 옥내 간의 측정을 원칙으로 하며 필요시 그 이상으로 할 수 있다.

   ㉡ 방연풍속은 최소 10점 이상 균등 분할하여 측정하며, 측정 시 각 측정점에 대해 제연구역을 기준으로 기류가 유입(-) 또는 배출(+) 상태를 측정지에 기록한다.

   ㉢ 유입공기배출장치(있는 경우)는 방연풍속을 측정하는 층만 개방한다.

   ㉣ 직통계단식 공동주택은 방화문 개방층의 제연구역과 연결된 세대와 면하는 외기문을 개방할 수 있다.

② 유입공기 배출량의 측정방법

   ㉠ 기계배출식은 송풍기에서 가장 먼 층의 유입공기배출댐퍼를 개방하여 측정하는 것을 원칙으로 한다.

   ㉡ 기타 방식은 설계조건에 따라 적정한 위치의 유입공기배출구를 개방하여 측정하는 것을 원칙으로 한다

PART 05

(3) 소화설비에 사용되는 밸브류에 관하여 다음의 명칭에 맞는 도시기호를 표시하고 그 기능을 쓰시오. (10점)

명칭	도시기호	기능
(가) 가스체크밸브		
(나) 앵글밸브		
(다) 후드(Foot)밸브		
(라) 자동배수밸브		
(마) 감압밸브		

해설

명칭	도시기호	기능
(가) 가스체크밸브		가스계소화설비의 선택밸브방식에서 해당 방호구역의 가스 용기를 구분하기 위해 기동용 동관관로에 설치되는 체크밸브
(나) 앵글밸브		옥내소화전등의 방수구 용도로 사용되는 유수의 흐름을 90°로 전환시킬 수 있는 밸브
(다) 후드(Foot)밸브		부압방식에서 소화펌프의 흡입 측 부분에 설치되는 역류방지 및 여과기능이 있는 밸브
(라) 자동배수밸브		연결송수관 설비의 송수구 부분에 설치하여 배관관로의 물을 배수시키는 밸브
(마) 감압밸브		소화설비 등에서 1차 측의 과압을 방지를 위하여 사용되는 밸브

[문제 3] 다음 물음에 답하시오. (30점)

(1) 복도통로유도등과 계단통로유도등의 정의와 각 조도기준을 쓰시오. (8점)

해설

① 복도통로유도등과 계단통로유도등의 정의
  ㉠ 복도통로유도등 : 피난통로가 되는 복도에 설치하는 통로유도등으로서 피난구의 방향을 명시하는 것
  ㉡ 계단통로유도등 : 피난통로가 되는 계단이나 경사로에 설치하는 통로유도등으로 바닥면 및 디딤 바닥면을 비추는 것

② 조도기준(「유도등의 형식승인 및 제품검사의 기술기준」)

통로유도등 및 객석유도등은 그 비상전원의 성능에 따라 유효점등시간 동안 등을 켠 후 주위 조도가 0 lx인 상태에서 다음과 같은 방법으로 측정 다음에 적합하여야 한다.

⊙ 계단통로유도등 : 바닥면 또는 디딤바닥면으로부터 높이 2.5 m의 위치에 그 유도등을 설치하고 그 유도등의 바로 밑으로부터 수평거리로 10 m 떨어진 위치에서의 법선조도가 0.5 lx 이상이어야 한다.

⊙ 복도통로유도등 : 바닥면으로부터 1 m 높이에, 거실통로유도등은 바닥면으로부터 2 m 높이에 설치하고 그 유도등의 중앙으로부터 0.5 m 떨어진 위치의 바닥면조도와 유도등의 전면 중앙으로부터 0.5 m 떨어진 위치의 조도가 1 lx 이상이어야 한다. 다만 바닥면에 설치하는 통로유도등은 그 유도등의 바로 윗부분 1 m의 높이에서 법선조도가 1 lx 이상이어야 한다.

⑵ 화재 시 감지기가 동작하지 않고 화재 발견자가 화재구역에 있는 발신기를 눌렀을 경우 자동화재탐지설비 수신기에서 발신기 동작상황 및 화재구역을 확인하는 방법을 쓰시오. (3점)

해설

발신기의 응답램프 점등을 확인하며, 수신기에서 해당 지구의 화재표시등 및 지구표시등 점등, 지구경종의 작동상태 확인

⑶ P형 1급 수신기(10회로 미만)에 대한 절연저항시험과 절연내력시험을 실시하였다. (9점)

① 수신기의 절연저항시험방법(측정개소, 계측기, 측정값)을 쓰시오. (3점)

② 수신기의 절연내력시험방법을 쓰시오. (3점)

③ 절연저항시험과 절연내력시험의 목적을 각각 쓰시오. (3점)

해설

① 수신기의 절연저항시험방법(측정개소, 계측기, 측정값)

⊙ 수신기의 절연된 충전부와 외함 간의 절연저항은 직류 500 V의 절연저항계로 측정한 값이 5 MΩ(교류 입력 측과 외함 간에는 20 MΩ) 이상이어야 한다. 다만 P형, P형 복합식, GP형 및 GP형 복합식의 수신기로서 접속되는 회선수가 10 이상인 것 또는

R형, R형 복합식, GR형 및 GR형 복합식의 수신기로서 접속되는 중계기가 10 이상인 것은 교류입력 측과 외함 간을 제외하고 1회선당 50 MΩ 이상이어야 한다.

ⓛ 절연된 선로 간의 절연저항은 직류 500 V의 절연저항계로 측정한 값이 20 MΩ 이상이어야 한다.

② 수신기의 절연내력시험방법

절연내력은 60 Hz의 정현파에 가까운 실효전압 500 V(정격전압이 60 V를 초과하고 150 V 이하인 것은 1,000 V, 정격전압이 150 V를 초과하는 것은 그 정격전압에 2를 곱하여 1천을 더한 값)의 교류전압을 가하는 시험에서 1분간 견디는 것이어야 한다.

③ 절연저항시험과 절연내력시험의 목적

㉠ 절연내력(Insulating Strength)시험의 목적

절연을 파괴하는데 이르는 전압을 시료의 두께로 나눈 것으로 충전부와 외함 사이의 절연이 시험전압에 견디는지 확인하기 위한 시험

㉡ 절연저항(Insulation Resistance)의 목적

절연된 두 물체 간에 시험전압을 인가했을 때 전압과 누설전류의 비로서, 절연된 선로 간에 절연의 적합성을 확인하기 위한 시험

⑷ P형 수신기에 연결된 지구경종이 작동되지 않는 경우 그 원인 5가지를 쓰시오. (10점)

해 설

① 지구경종의 정지스위치 누름상태인 경우
② 지구경종의 정지스위치가 불량인 경우
③ 수신기의 출력선의 단선인 경우
④ 수신기의 작동 릴레이(Relay) 고장인 경우
⑤ 지구경종 자체가 불량인 경우

[문제 1] 다음 물음에 답하시오.　　　　　　　　　　　　　　　　　(40점)

(1) 자동화재탐지설비의 감지기 설치기준에서 다음 물음에 답하시오. (7점)

　① 설치장소별 감지기 적응성(연기감지기를 설치할 수 없는 경우 적용)에서 설치장소의 환경 상태가 "물방울이 발생하는 장소"에 설치할 수 있는 감지기의 종류별 설치조건을 쓰시오. (3점)

　② 설치장소별 감지기 적응성(연기감지기를 설치할 수 없는 경우 적용)에서 설치장소의 환경상태가 "부식성가스가 발생할 우려가 있는 장소"에 설치할 수 있는 감지기의 종류별 설치조건을 쓰시오. (4점)

해설

① 설치장소별 감지기 적응성에서 설치장소의 환경 상태가 "물방울이 발생하는 장소"에 설치할 수 있는 감지기의 종류별 설치조건

　㉠ 보상식 스포트형 감지기, 정온식 감지기 또는 열아날로그식 스포트형 감지기를 설치하는 경우에는 방수형으로 설치할 것

　㉡ 보상식 스포트형 감지기는 급격한 온도변화가 없는 장소에 한하여 설치할 것

　㉢ 불꽃감지기를 설치하는 경우에는 방수형으로 설치할 것

② 설치장소별 감지기 적응성에서 설치장소의 환경상태가 "부식성가스가 발생할 우려가 있는 장소"에 설치할 수 있는 감지기의 종류별 설치조건

　㉠ 차동식 분포형 감지기를 설치하는 경우에는 감지부가 피복되어 있고 검출부가 부식성가스에 영향을 받지 않는 것 또는 검출부에 부식성가스가 침입하지 않도록 조치할 것

　㉡ 보상식 스포트형 감지기, 정온식 감지기 또는 열아날로그식 스포트형 감지기를 설치하는 경우에는 부식성가스의 성상에 반응하지 않는 내산형 또는 내알칼리형으로 설치할 것

　㉢ 정온식 감지기를 설치하는 경우에는 특종으로 설치할 것

(2) 다음 국가화재안전기준(NFSC)에 대하여 각 물음에 답하시오. (5점)

　① 무선통신보조설비를 설치하지 아니할 수 있는 경우의 특정소방 대상물의 조건을 쓰시오. (2점)

　② 분말소화설비의 자동식 기동장치에서 가스압력식 기동장치의 설치기준 3가지를 쓰시오. (3점)

해설

① 무선통신보조설비를 설치하지 아니할 수 있는 경우의 특정소방 대상물

　지하층으로서 특정소방대상물의 바닥부분 2면 이상이 지표면과 동일하거나 지표면으로부터의 깊이가 1 m 이하인 경우에는 해당 층에 한하여 무선통신보조설비를 설치하지 아니할 수 있다.

② 분말소화설비의 자동식 기동장치에서 가스압력식 기동장치의 설치기준

　㉠ 기동용 가스용기 및 해당 용기에 사용하는 밸브는 25 MPa 이상의 압력에 견딜 수 있는 것으로 할 것

　㉡ 기동용 가스용기에는 내압시험압력의 0.8배 내지 내압시험압력 이하에서 작동하는 안전장치를 설치할 것

　㉢ 기동용 가스용기의 용적은 1L 이상으로 하고, 해당 용기에 저장하는 이산화탄소의 양은 0.6 kg 이상으로 하며, 충전비는 1.5 이상으로 할 것

---

(3) 「소방용품의 품질관리 등에 관한 규칙」에서 성능인증을 받아야 하는 대상의 종류 중 "그 밖에 소방청장이 고시하는 소방용품"에 대하여 아래의 괄호에 적합한 품명을 쓰시오. (6점)

① 분기배관	⑧ 승강식 피난기	⑮ (B)
② 시각경보장치	⑨ 미분무헤드	⑯ (C)
③ 자동폐쇄장치	⑩ 압축공기포헤드	⑰ (D)
④ 피난유도선	⑪ 플랩댐퍼	⑱ (E)
⑤ 방열복	⑫ 비상문자동개폐장치	⑲ (F)
⑥ 방염제품	⑬ 포소화약제혼합장치	
⑦ 다수인피난장비	⑭ (A)	

A. 가스계소화설비 설계프로그램
B. 자동차압·과압조절형댐퍼
C. 가압수조식가압송수장치
D. 캐비닛형 간이스프링클러설비
E. 상업용 주방자동소화장치
F. 압축공기포혼합장치

(4) 다음 빈칸에 소방시설 도시기호를 넣고 그 기능을 설명하시오. (6점)

명칭	도시기호	기능
시각경보기	A	시각경보기는 소리를 듣지 못하는 청각장애인을 위하여 화재나 피난 등 긴급한 상태를 볼 수 있도록 알리는 기능을 한다.
기압계	B	E
방화문 연동제어기	C	F
포헤드(입면도)	D	포소화설비가 화재 등으로 작동되어 포소화약제가 방호구역에 방출될 때 포헤드에서 공기와 혼합하면서 포를 발포한다.

명칭	도시기호	기능
시각경보기	▷◁	시각경보기는 소리를 듣지 못하는 청각장애인을 위하여 화재나 피난 등 긴급한 상태를 볼 수 있도록 알리는 기능을 한다.
기압계		기압은 해수면을 기준으로 고도에 따라 변하므로 기압계는 고도를 측정하는 데 사용하는 계측기
방화문 연동제어기		개방되어 고정된 방화문의 화재 신호에 따른 폐쇄를 위하여 사용되는 제어기
포헤드(입면도)		포소화설비가 화재 등으로 작동되어 포소화약제가 방호구역에 방출될 때 포헤드에서 공기와 혼합하면서 포를 발포한다.

(5) 특정소방대상물 가운데 대통령령으로 정하는 "소방시설을 설치하지 아니할 수 있는 특정소방대상물과 그에 따른 소방시설의 범위"를 다음 빈칸에 각각 쓰시오. (4점)

구분	특정소방대상물	소방시설
화재안전기준을 적용하기 어려운 특정소방대상물	A	B
	C	D

해 설

A. 펄프공장의 작업장, 음료수 공장의 세정 또는 충전을 하는 작업장, 그 밖에 이와 비슷한 용도로 사용하는 것
B. 연결살수설비, 상수도소화용수설비 및 스프링클러설비
C. 정수장, 수영장, 목욕장, 축산·농예·어류양식용시설, 그 밖에 이와 비슷한 용도로 사용되는 것
D. 연결살수설비, 상수도소화용수설비 및 자동화재탐지설비

(6) 다음 조건을 참조하여 물음에 답하시오. (단, 아래 조건에서 제시하지 않은 사항은 고려하지 않는다) (12점)

조 건

○ 최근에 준공한 내화구조의 건축물로서 소방대상물의 용도는 복합건축물이며, 지하 3층 지상 11층으로 1개 층의 바닥면적은 $1,000 \text{ m}^2$이다.
○ 지하 3층부터 지하 2층까지 주차장, 지하 1층은 판매시설, 지상 1층부터 11층까지는 업무시설이다.
○ 소방대상물의 각 층별 높이는 5.0 m이다.
○ 물탱크는 지하 3층 기계실에 설치되어 있고 소화펌프 흡입구보다 높으며, 기계실과 물탱크실은 별도로 구획되어 있다.
○ 옥상에는 옥상수조가 설치되어 있다.
○ 펌프의 기동을 위해 기동용 수압개폐장치가 설치되어 있다.
○ 한 개 층에 설치된 스프링클러헤드 개수는 160개이고, 지하 1층부터 11층까지 모두 하향식 헤드만 설치되어 있다.
○ 스프링클러설비 적용현황
  - 지하 3층, 지하 1층 ~ 지상 11층은 습식 스프링클러설비(알람밸브)방식이다.
  - 지하 2층은 준비작동식 스프링클러설비방식이다.
○ 옥내소화전은 층별로 5개가 설치되어 있다.

○ 소화 주 펌프의 명판을 확인한 결과 정격양정은 105 m이다.

○ 체절양정은 정격양정의 140 %이다.

○ 소화펌프 및 소화배관은 스프링클러설비와 옥내소화전설비를 겸용으로 사용한다.

○ 지하 1층과 지상 11층은 콘크리트 슬래브(천장) 하단에 가연성단열재(100 mm)로 시공되었다.

○ 반자의 재질
  - 지상 1층, 11층은 준불연재료이다.
  - 지하 1층, 지상 2층 ~ 10층은 불연재료이다.

○ 반자와 콘크리트 슬래브(천장) 하단까지의 거리는 아래와 같다(주차장 제외).
  - 지하 1층은 2.2 m, 지상 1층은 1.9 m이며, 그 외의 층은 모두 0.7 m이다.

① 상기 건축물의 점검과정에서 소화수원의 적정 여부를 확인하고자 한다. 모든 수원용량 (저수조 및 옥상수조)을 구하시오. (2점)

② 스프링클러헤드의 설치상태를 점검한 결과, 일부 층에서 천장과 반자 사이에 스프링클러 헤드가 누락된 것이 확인되었다. 지하주차장을 제외한 층 중 천장과 반자 사이에 스프링클러 헤드를 화재안전기준에 적합하게 설치해야 하는 층과 스프링클러헤드가 설치되어야 하는 이유를 쓰시오. (4점)

③ 무부하시험, 정격부하시험 및 최대부하 시 점검방법을 설명하고, 실제 성능시험을 실시하여 그 값을 토대로 펌프성능시험곡선을 작성하시오. (6점)

해설

① 상기 건축물의 점검과정에서 소화수원의 적정 여부를 확인하고자 한다. 모든 수원용량
  ㉠ 스프링클러설비 설치장소별 스프링클러헤드의 기준개수(폐쇄형 헤드)

스프링클러 설비 설치장소			기준개수
층수 10층 이하(지하층 제외)	공장 또는 창고	특수가연물을 저장·취급하는 것	30
		그 밖의 것	20
	복합건축물, 근린생활시설, 판매시설 및 운수시설	판매시설 또는 복합건축물(판매시설이 있는 경우)	30
		그 밖의 것	20
	그 밖의 것	헤드의 부착높이가 8 m 이상	20
		헤드의 부착높이가 8 m 미만	10
아파트			10
층수가 11층 이상인 소방대상물(아파트 제외)·지하가 또는 지하역사			30

ⓛ 옥내소화전설비 및 스프링클러설비의 수원량

구분	옥내소화전설비	스프링클러설비
저수조	130L/min × 2개 × 20 min = 5,200L ∴ 5.2 m³	80L/min × 30개 × 20 min = 48,000L ∴ 48 m³
옥상수조	5.2 m³ × 1/3 = 1.73 m³	48 m³ × 1/3 = 16 m³
소계	5.2 m³ + 1.73 m³ = 6.93 m³	48 m³ + 16 m³ = 64 m³
수원량	6.93 m³ + 64 m³ = 70.93 m³	

② 스프링클러헤드의 설치상태를 점검한 결과, 일부 층에서 천장과 반자 사이에 스프링 클러 헤드가 누락된 것이 확인되었다. 지하주차장을 제외한 층 중 천장과 반자 사이에 스프링클러헤드를 화재안전기준에 적합하게 설치해야 하는 층과 스프링클러헤드가 설치되어야 하는 이유

ⓐ 천장과 반자 사이의 재질 및 구조에 따라 설치 제외하는 경우

> ▣ **천장과 반자 양쪽이 불연재료로 되어 있는 경우로서 그 사이의 거리 및 구조가 다음의 어느 하나에 해당하는 부분**
> ⓐ 천장과 반자 사이의 거리가 2 m 미만인 부분
> ⓑ 천장과 반자 사이의 벽이 불연재료이고 천장과 반자 사이의 거리가 2 m 이상으로서 그 사이에 가연물이 존재하지 아니하는 부분
> ■ 천장·반자 중 한쪽이 불연재료로 되어 있고 천장과 반자 사이의 거리가 1 m 미만인 부분
> ■ 천장 및 반자가 불연재료 외의 것으로 되어 있고 천장과 반자 사이의 거리가 0.5 m 미만인 부분

ⓑ 스프링클러헤드를 화재안전기준에 적합하게 설치해야 하는 층과 그 이유

구분	천장재질	반자재질	천장반자거리	헤드설치 여부
11층	가연성단열재	준불연재료	0.7 m	헤드 설치
지상 2층 ~ 10층	콘크리트 슬래브	불연재료	0.7 m	헤드 제외
지상 1층	콘크리트 슬래브	준불연재료	1.9 m	헤드 설치
지하 1층	가연성단열재	불연재료	2.2 m	헤드 설치

③ 무부하시험, 정격부하시험 및 최대부하 시 점검방법을 설명하고, 실제 성능시험을 실시하여 그 값을 토대로 펌프성능시험곡선을 작성

소방펌프의 성능 : 체절 운전 시 정격토출압력의 140 %를 초과하지 아니하고, 정격토출량의 150 %로 운전 시 정격토출압력의 65 % 이상이 될 것

ⓐ 무부하시험 : 토출량이 0인 상태로 운전 시 압력은 정격압력의 140 %를 넘지 않을 것

ⓑ 정격부하시험 : 정격토출량으로 운전 시 압력은 정격압력 이상일 것

© 최대부하시험 : 정격토출량의 1.5배의 유량으로 운전 시 정격압력의 65 % 이상일 것

② 펌프성능시험곡선

- 펌프의 토출량(L/min) = 옥내소화전 토출량 + 스프링클러설비 토출량

   = 130 L/min × 2개 + 80 L/min × 30개 = 2,660   ∴ 2,660 L/min

- 펌프성능시험 결과표

구분	체절운전 시	정격운전 시	과부하운전 시
유량(L/min)	0 L/min	2,660 L/min	2,660 × 1.5 = 3,990L/min
양정(m)	105 × 1.4 = 147 m	105 m	105 × 0.65 = 68.25 m

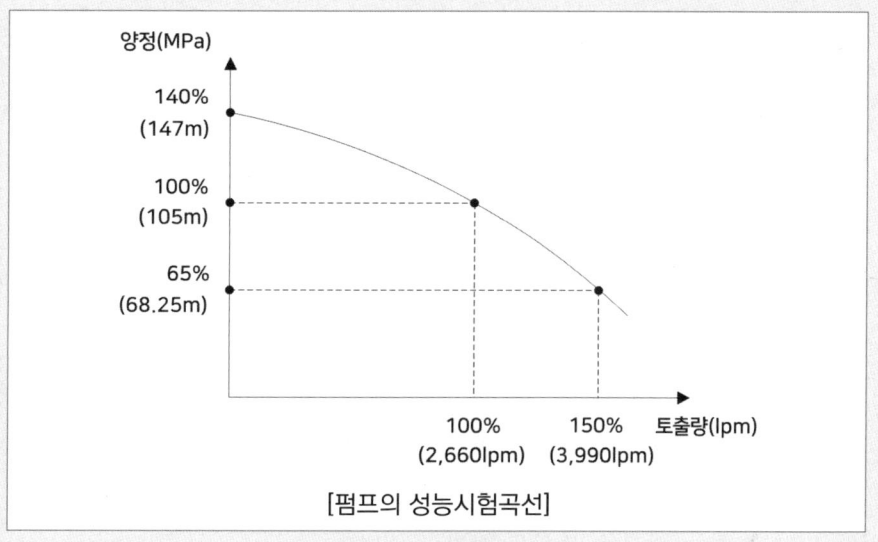

[펌프의 성능시험곡선]

[문제 2] 다음 물음에 답하시오.   (30점)

(1) 「건축물의 피난·방화구조 등의 기준에 관한 규칙」에 따라 다음 물음에 답하시오. (8점)

① 방화지구 내 건축물의 인접대지경계선에 접하는 외벽에 설치하는 창문등으로서 연소할 우려가 있는 부분에 설치하는 설비를 쓰시오. (4점)

② 피난용 승강기 전용 예비전원의 설치기준을 쓰시오. (4점)

해 설

① 방화지구 내 건축물의 인접대지경계선에 접하는 외벽에 설치하는 창문등으로서 연소할 우려가 있는 부분에 설치하는 설비

    ㉠ 60분+방화문 또는 60분방화문

    ㉡ 소방법령이 정하는 기준에 적합하게 창문 등에 설치하는 드렌처

    ㉢ 당해 창문등과 연소할 우려가 있는 다른 건축물의 부분을 차단하는 내화구조나 불연재료로 된 벽·담장 기타 이와 유사한 방화설비

    ㉣ 환기구멍에 설치하는 불연재료로 된 방화커버 또는 그물눈이 2 mm 이하인 금속망

② 피난용 승강기 전용 예비전원의 설치기준

    ㉠ 정전 시 피난용 승강기, 기계실, 승강장 및 폐쇄회로 텔레비전 등의 설비를 작동할 수 있는 별도의 예비전원 설비를 설치할 것

    ㉡ 예비전원은 초고층 건축물의 경우에는 2시간 이상, 준초고층 건축물의 경우에는 1시간 이상작동이 가능한 용량일 것

    ㉢ 상용전원과 예비전원의 공급을 자동 또는 수동으로 전환이 가능한 설비를 갖출 것

    ㉣ 전선관 및 배선은 고온에 견딜 수 있는 내열성 자재를 사용하고, 방수조치를 할 것

(2) 소방시설관리사가 종합점검 과정에서 해당 건축물 내 다중이용업소 수가 지난해보다 크게 증가하여 이에 대한 화재위험평가를 해야 한다고 판단하였다. 「다중이용업소의 안전관리에 관한 특별법」에 따라 다중이용업소에 대한 화재위험평가를 해야 하는 경우를 쓰시오. (3점)

해 설

① 2천 m² 지역 안에 다중이용업소가 50개 이상 밀집하여 있는 경우

② 5층 이상인 건축물로서 다중이용업소가 10개 이상 있는 경우

③ 하나의 건축물에 다중이용업소로 사용하는 영업장 바닥면적의 합계가 1천 m² 이상인 경우

(3) 방화구획 대상건축물에 방화구획을 적용하지 아니하거나 그 사용에 지장이 없는 범위에서 방화구획을 완화하여 적용할 수 있는 경우 7가지를 쓰시오. (7점)

해설

① 문화 및 집회시설(동·식물원은 제외), 종교시설, 운동시설 또는 장례시설의 용도로 쓰는 거실로서 시선 및 활동공간의 확보를 위하여 불가피한 부분

② 물품의 제조·가공·보관 및 운반 등에 필요한 고정식 대형기기 설비의 설치를 위하여 불가피한 부분. 다만 지하층인 경우에는 지하층의 외벽 한쪽 면(지하층의 바닥면에서 지상층 바닥 아래면까지의 외벽 면적 중 4분의 1 이상이 되는 면) 전체가 건물 밖으로 개방되어 보행과 자동차의 진입·출입이 가능한 경우에 한정한다.

③ 계단실·복도 또는 승강기의 승강장 및 승강로로서 그 건축물의 다른 부분과 방화구획으로 구획된 부분. 다만 해당 부분에 위치하는 설비배관 등이 바닥을 관통하는 부분은 제외한다.

④ 건축물의 최상층 또는 피난층으로서 대규모 회의장·강당·스카이라운지·로비 또는 피난안전구역 등의 용도로 쓰는 부분으로서 그 용도로 사용하기 위하여 불가피한 부분

⑤ 복층형 공동주택의 세대별 층간 바닥 부분

⑥ 주요구조부가 내화구조 또는 불연재료로 된 주차장

⑦ 단독주택, 동물 및 식물 관련 시설 또는 교정 및 군사시설 중 군사시설(집회, 체육, 창고 등의 용도로 사용되는 시설만 해당)로 쓰는 건축물

⑧ 건축물의 1층과 2층의 일부를 동일한 용도로 사용하며 그 건축물의 다른 부분과 방화구획으로 구획된 부분(바닥면적의 합계가 500 m² 이하인 경우로 한정)

(4) 제연 TAB(Testing Adjusting Balancing) 과정에서 소방시설관리사가 제연설비 작동 중에 거실에서 부속실로 통하는 출입문 개방에 필요한 힘을 구하려고 한다. 다음 조건을 보고 물음에 답하시오. (단, 계산 과정을 쓰고, 답은 소수점 셋째자리에서 반올림하여 둘째자리까지 구하시오) (7점)

조 건

○ 지하 2층, 지상 20층 공동주택
○ 부속실과 거실 사이의 차압은 50 Pa
○ 제연설비 작동 전 거실에서 부속실로 통하는 출입문 개방에 필요한 힘은 60 N
○ 출입문 높이 2.1 m, 폭은 1.1 m
○ 문의 손잡이에서 문의 모서리까지의 거리 0.1 m
○ Kd = 상수(1.0)

---

① 제연설비 작동 중에 거실에서 부속실로 통하는 출입문 개방에 필요한 힘[N]을 구하시오. (5점)

② 국가화재안전기준(NFSC 501A)의 제연설비가 작동되었을 경우 출입문의 개방에 필요한 최대 힘[N]과 ①에서 구한 거실에서 부속실로 통하는 출입문 개방에 필요한 힘[N]의 차이를 구하시오. (2점)

해 설

① 제연설비 작동 중에 거실에서 부속실로 통하는 출입문 개방에 필요한 힘[N]

㉠ 부속실 출입문을 개방하기 위한 힘의 계산식

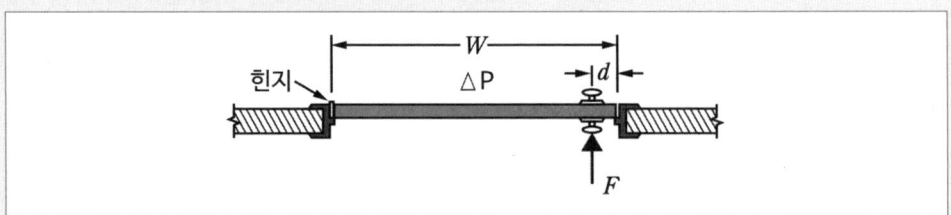

$$F = F_{dc} + F_p \quad \text{여기서,} \quad F_p = \frac{K_d(W \times A \times \triangle P)}{2(W-d)}$$

F_{dc} : 도어체크의 개방력(N)　　　　　K_d : 출입문의 마찰계수

W : 출입문의 폭(m)　　　　　　　　　A : 출입문의 크기(m²)

$\triangle P$: 부속실과의 차압(Pa)　　　　　　d : 출입문에서 손잡이까지의 거리(m)

F_p : 차압이 작용할 때 방화문을 개방하기 위한 힘(N)

ⓛ 출입문을 개방하는 데 필요한 힘(N)

$$개방력(N) = 60N + \frac{1 \times 1.1m \times (1.1m \times 2.1m) \times 50Pa}{2(1.1m - 0.1m)} = 123.53 \text{ N}$$

② 국가화재안전기준(NFSC 501A)의 제연설비가 작동되었을 경우 출입문의 개방에 필요한 최대 힘[N]과 ①에서 구한 거실에서 부속실로 통하는 출입문 개방에 필요한 힘[N]의 차이

출입문 개방력의 힘차이(N) = 123.53 N - 110 N = 13.53   ∴ 13.53 N

(5) 소방시설관리사가 종합점검 중에 연결수송관설비 가압송수장치를 기동하여 연결송수관용 방수구에서 피토게이지(Pitot Gauge)로 측정한 방수압력이 72.54 Psi일 때 방수량(m³/min)을 계산하시오. (단, 계산과정을 쓰고, 답은 소수점 셋째자리에서 반올림하여 둘째자리까지 구하시오) (5점)

해 설

① 방수압력에 따른 방수량(L/min)

$$Q = 2.107 \times D^2 \sqrt{P}$$

여기서, Q : 유량(L/min)
           D : 관경(mm)
           P : 방수압력(MPa)

② 방수압력(Psi)의 단위환산(MPa) = $\frac{72.54P \text{ si}}{14.7P \text{ si}} \times 0.101325MPa = 0.5$ MPa

③ 방수량(m³/min) = $2.107 \times 19^2 \sqrt{0.5MPa} = 537.48$ L/min   ∴ 0.54 m³/min

[문제 3] 다음 물음에 답하시오.   (24점)

(1) 종합점검표에 관하여 다음 물음에 답하시오. (12점)

① 화재조기진압용 스프링클러설비의 설치금지 장소 2가지를 쓰시오. (2점)

② 미분무소화설비의 가압송수장치 중 압력수조를 이용한 가압송수장치 점검항목 4가지를 쓰시오. (4점)

③ 피난기구 및 인명구조기구의 공통사항을 제외한 승강식 피난기·피난사다리 점검항목을 모두 쓰시오. (6점)

① 화재조기진압용 스프링클러설비의 설치금지 장소
  ㉠ 제4류 위험물 저장장소 설치금지
  ㉡ 타이어, 두루마리 종이 및 섬유류, 섬유제품 등 화염의 속도가 빠르고 방사된 물이 하부에 도달하지 못하는 물품의 설치금지

② 미분무소화설비의 가압송수장치 중 압력수조를 이용한 가압송수장치 점검항목
  ㉠ 압력수조 방청조치
  ㉡ 압력수조의 경우 수조의 내용적·내용적과 저수량의 비율·가압가스의 평상시 압력·수위계·급수관·배수관·급기관·맨홀·압력계·안전장치 및 압력저하 방지장치 설치상태
  ㉢ 토출 측에 설치된 압력계의 측정 범위 적정성
  ㉣ 작동장치의 구조 및 기능 적합성 여부(감지기 신호에 의한 자동작동 및 수동 작동장치의 오동작보호 장치 설치 여부)

③ 피난기구 및 인명구조기구의 공통사항을 제외한 승강식 피난기·피난사다리 점검항목
  ㉠ 구동장치 외장 커버의 봉인상태 등 적정 여부
  ㉡ 구동부 이상음 발생 등 기능상 적정 여부
  ㉢ 하강구 내측에 금속구 등 장애요소 적정 여부
  ㉣ 대피실의 면적과 하강구 크기 적정 여부
  ㉤ 비상제어장치, 안전 손잡이 적정 여부
  ㉥ 레일, 로프의 휨이나 변형 등의 적정 여부
  ㉦ 대피실 방화구획 및 출입문의 적정 여부
  ㉧ 대피실 비상조명등의 적정 여부
  ㉨ 각종 표지판(층의 위치표시와 사용설명서 및 주의사항 표지판)의 적정 여부

(2) 소방시설관리사가 지상 53층인 건축물의 점검과정에서 설계도면상 자동화재탐지설비의 통신 및 신호배선방식의 적합성 판단을 위해 「고층건축물의 화재안전기준 (NFSC604)」에서 확인해야 할 배선 관련 사항을 모두 쓰시오. (2점)

50층 이상인 건축물에 설치하는 통신·신호배선은 이중배선을 설치하도록 하고 단선(斷線) 시에도 고장표시가 되며 정상 작동할 수 있는 성능을 갖도록 설비를 하여야 한다.

① 수신기와 수신기 사이의 통신배선

② 수신기와 중계기 사이의 신호배선

③ 수신기와 감지기 사이의 신호배선

⑶ 소방기본법령상 특수가연물의 저장 및 취급기준을 쓰시오. (3점)

① 특수가연물을 저장 또는 취급하는 장소에는 품명·최대수량 및 화기취급의 금지표지를 설치할 것

② 다음의 기준에 따라 쌓아 저장할 것. 다만 석탄·목탄류를 발전(發電)용으로 저장하는 경우에는 그러하지 아니하다.

   ㉠ 품명별로 구분하여 쌓을 것

   ㉡ 쌓는 높이는 10 m 이하가 되도록 하고, 쌓는 부분의 바닥면적은 50 m²(석탄·목탄류의 경우에는 200 m²) 이하가 되도록 할 것. 다만 살수설비를 설치하거나, 방사능력 범위에 해당 특수가연물이 포함되도록 대형수동식 소화기를 설치하는 경우에는 쌓는 높이를 15 m 이하, 쌓는 부분의 바닥면적을 200 m²(석탄·목탄류의 경우에는 300 m²) 이하로 할 수 있다.

   ㉢ 쌓는 부분의 바닥면적 사이는 1 m 이상이 되도록 할 것

⑷ 포소화약제 저장탱크 내 약제를 보충하고자 한다. 다음 그림을 보고 그 조작순서를 쓰시오. (단, 모든 설비는 정상상태로 유지되어 있었다) (6점)

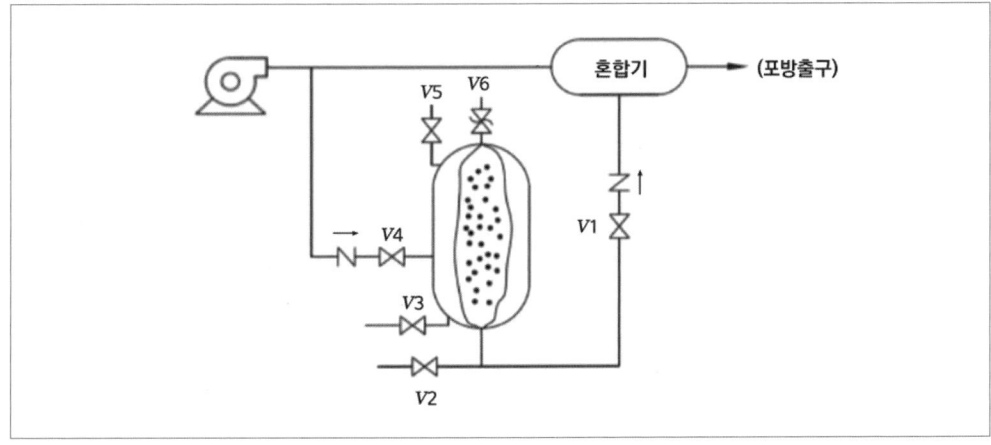

① V_1, V_4 폐쇄(V_1 : 혼합장치로 포수용액의 공급 차단, V_4 : 포소화약제탱크로 소화수 공급을 차단)

② V_6 개방

③ V_3, V_5를 개방하여 포소화약제탱크 내 물을 배수 후 V_3만 폐쇄한다(V_5는 공기 제거용으로 개방).

④ V_2에 포소화약제 송액장치를 접속하여 포소화약제를 주입(송액)하여 보충 완료 후 V_2 및 V_6을 폐쇄한다. V_5는 공급되는 약제에 의해 포소화약제탱크 내의 공기를 제거한 후 폐쇄한다.

⑤ V_4를 개방 후 동력제어반에서 충압펌프를 기동시켜 포소화약제탱크를 서서히 가압한다.

⑥ 충압 완료 후 펌프 정지 및 V_1을 개방한다.

(5) 할로겐화합물 및 불활성기체소화약제설비 점검과정에서 점검자의 실수로 감지기 A, B가 동시에 작동하여 소화약제가 방출되기 전에 해당 방호구역 앞에서 점검자가 즉시 적절한 조치를 취하여 약제방출을 방지했다. 아래 물음에 답하시오. (단, 여기서 약제방출 지연시간은 30초이며, 제3자의 개입은 없었다) (3점)

① 조치를 취한 장치의 명칭 및 설치위치 (2점)

② 조치를 취한 장치의 기능 (1점)

① 조치를 취한 장치의 명칭 및 설치위치

  ㉠ 명칭 : 비상스위치

  ㉡ 설치위치 : 수동식 기동장치의 부근

② 조치를 취한 장치의 기능

  자동복귀형 스위치로서 수동식 기동장치의 타이머를 순간 정지시키는 기능의 스위치

(6) 지하 3층 지상 5층 복합건축물의 소방안전관리자가 소방시설을 유지·관리하는 과정에서 고의로 제어반에서 화재 발생 시 소화펌프 및 제연 설비가 자동으로 작동되지 않도록 조작하여 실제 화재가 발생했을 때 소화설비와 제연설비가 작동하지 않았다. 아래 물음에 답하시오. (단, 이 사고는 「화재예방, 소방시설 설치·유지 및 안전관리에 관한 법률」 제9조 제3항을 위반하여 동법 제48조의 벌칙을 적용받았다) (4점)

① 위 사례에서 소방안전관리자의 위반사항과 그에 따른 벌칙을 쓰시오. (2점)

② 위 사례에서 화재로 인해 사람이 상해를 입은 경우, 소방안전관리자가 받게 될 벌칙을 쓰시오. (2점)

해 설

① 위 사례에서 소방안전관리자의 위반사항과 그에 따른 벌칙

　㉠ 위반내용 : 특정소방대상물의 관계인은 제1항에 따라 소방시설을 유지·관리할 때 소방시설의 기능과 성능에 지장을 줄 수 있는 폐쇄(잠금을 포함한다)·차단 등의 행위를 하여서는 아니 된다. 다만 소방시설의 점검·정비를 위한 폐쇄·차단은 할 수 있다.

　㉡ 벌칙 : 제9조 제3항 본문을 위반하여 소방시설에 폐쇄·차단 등의 행위를 한 자는 5년 이하의 징역 또는 5천만 원 이하의 벌금에 처한다.

② 위 사례에서 화재로 인해 사람이 상해를 입은 경우, 소방안전관리자가 받게 될 벌칙
"①"항의 죄를 범하여 사람을 상해에 이르게 한 때에는 7년 이하의 징역 또는 7천만 원 이하의 벌금에 처하며, 사망에 이르게 한 때에는 10년 이하의 징역 또는 1억 원 이하의 벌금에 처한다.

[문제 1] 다음 물음에 답하시오. (40점)

(1) R형 복합형 수신기 화재표시 및 제어기능(스프링클러설비)의 조작·시험 시 표시창에 표시되어야 하는 성능시험 항목에 대하여 세부 확인 사항 5가지를 각각 쓰시오. (10점)

> **해설**
>
> ① 각 유수검지장치, 일제개방밸브 및 펌프의 작동 여부를 확인할 수 있는 표시기능
> ② 수원 또는 물올림탱크의 저수위 감시 표시기능
> ③ 일제개방밸브를 개방시킬 수 있는 스위치의 작동기능
> ④ 각 펌프를 수동으로 작동 또는 중단시킬 수 있는 스위치의 작동기능
> ⑤ 일제개방밸브를 사용하는 설비의 화재감지를 화재감지기에 의하는 경우에는 경계회로 별로 화재표시

(2) R형 복합형 수신기 점검 중 1계통에 있는 전체 중계기의 통신램프가 점멸되지 않을 경우 발생 원인과 확인 절차를 각각 쓰시오. (6점)

> **해설**
>
> ① 고장원인 : 수신기의 1계통 통신램프가 점등되지 않는 경우이므로 수신기 자체고장, 중계기 전원선로 및 통신설로의 단선 및 단자의 풀림 소손 등의 원인
> ㉠ 수신기 통신카드 불량 등(통신용 회로기판 등의 불량 등)
> ㉡ 수신기 및 중계기 통신선로 단선, 단자의 풀림 소손 등
> ㉢ 수신기 및 중계기 전원선로 단선, 단자의 풀림 소손 등
> ② 확인절차
> ㉠ 전류전압측정기(테스터기)를 DC로 전환한다.
> ㉡ 통신 + 단자와 통신 − 단자에 리드봉을 접속한다(전원 단자로 전원 유무 확인 가능).
> ㉢ 전압 출력이 없을 경우 통신이 되지 않는 상황이다[정상일 경우에는 수신기와 중계기 간 통신프로토콜을 주고받으므로 일정한 전압값이 아니라, 전위변동이 있다(전압차는 제조사별로 차이가 있음)].

(3) 소방펌프 동력제어반의 점검 시 화재 신호가 정상 출력되었음에도 동력제어반의 전로기구 및 관리상태 이상으로 소방펌프의 자동기동이 되지 않을 수 있는 주요 원인 5가지를 쓰시오. (5점)

해설

① 동력제어반 배선용 차단기에 전원이 공급되지 않은 경우
② 동력제어반 내 다이젯 퓨즈(Diazed Fuse)가 용단된 경우
③ 전동기 과부하 등에 의한 열동계전기 또는 전자계전기(EOCR)이 트립(Trip)된 경우
④ 계전기(Relay), 타이머의 접점 불량 등
⑤ 전자접촉기, 릴레이 등 코일의 단선 등

(4) 소방펌프용 농형유도전동기에서 Y결선과 △결선의 피상전력이 $\sqrt{3}\,VI$ [VA]으로 동일함을 전류, 전압을 이용하여 증명하시오. (5점)

해설

① 3상 Y부하

3상 Y부하	내용
관련 공식	$I_p = I_\ell \qquad V_p = \dfrac{V_\ell}{\sqrt{3}} \qquad P_a = 3\,I_p V_p$ I_p : 상전류 I_ℓ : 선간전류 V_p : 상전압 V_ℓ : 선간전압
피상전력	$P_a = 3\,V_p I_p = 3 \times \dfrac{V_\ell}{\sqrt{3}} \times I_\ell = \sqrt{3}\,V_\ell I_\ell$

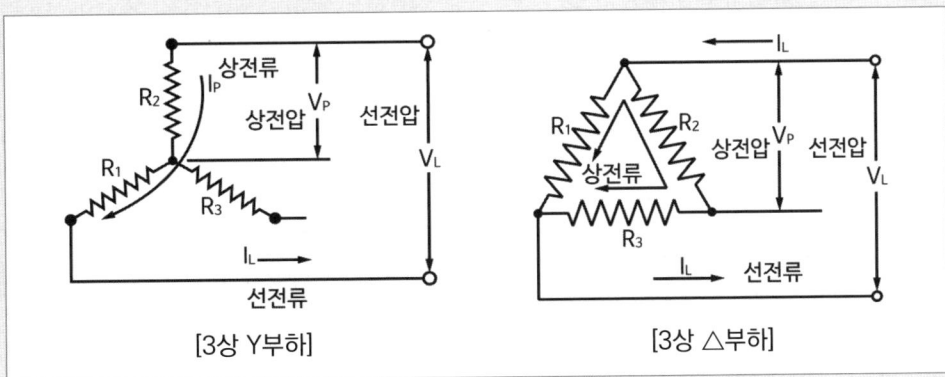

[3상 Y부하]   [3상 △부하]

② 3상 △부하

3상 △부하	내용
관련 공식	$V_p = V_\ell \quad I_p = \dfrac{I_\ell}{\sqrt{3}} \quad P_a = 3\,I_p V_p$ I_p : 상전류 I_ℓ : 선간전류 V_p : 상전압 V_ℓ : 선간전압
피상전력	$P_a = 3\,V_p I_p = 3 \times V_\ell \times \dfrac{I_\ell}{\sqrt{3}} = \sqrt{3}\,V_\ell I_\ell$

(5) 아날로그방식 감지기에 관하여 다음 물음에 답하시오. (9점)

　① 감지기의 동작특성에 대하여 설명하시오. (3점)

　② 감지기의 시공방법에 대하여 설명하시오. (3점)

　③ 수신반회로수 산정에 대하여 설명하시오. (3점)

해설

① 감지기의 동작특성

　감지기별로 열 또는 연기 등의 농도 변화 값을 통신 선로를 통하여 수신기로 전달하여 감지기별로 수신기에 입력된 프로그램에 의해 단계적(예비경보, 화재경보, 설비연동 등)으로 출력한다.

② 감지기의 시공방법

　감지기별로 고유의 주소(Address)가 있으며, 통신선(2가닥)으로 수신기에 연결하여, 감지기의 작동 신호를 확인할 수 있다.

③ 수신반회로수 산정

　감지기별로 고유의 주소(Address)가 있음에 따라 회로수는 수신반의 특성에 의해 결정

(6) 중계기 점검 중 감지기가 정상동작 하여도 중계기가 신호입력을 못 받을 때의 확인 절차를 쓰시오. (5점)

해설

① 전류전압측정기(테스터기)를 DC로 전환한다.

② 해당구역 중계기의 회로단자와 공통단자에 리드봉을 접속한다.

③ 전압출력(정상 출력 24 V, 감지기 작동 시 약 3 ~ 4 V)이 없을 경우 신호입력을 하지 못하는 상황이다.

[문제 2] 다음 물음에 답하시오. (30점)

(1) 물계통 소화설비의 관부속(90도 엘보, 티(분류) 및 밸브류(볼밸브, 게이트밸브, 체크밸브, 앵글밸브) 상당 직관장(등가길이)이 작은 것부터 순서대로 도시기호를 그리시오. (단, 상당 직관장 배관경은 65 mm이고 동일 시험조건이다) (8점)

해설

-ASTM A54 - A SCH.40 배관을 적용

구분	게이트밸브	90도 엘보	분류티	체크밸브	앵글밸브	볼밸브
상당길이(m)	0.48	2.4	3.6	4.6	10.2	19.5
도시기호	(게이트밸브 기호)	(90도 엘보 기호)	(분류티 기호)	(체크밸브 기호)	(앵글밸브 기호)	(볼밸브 기호)

(2) "소방시설 자체점검사항 등에 관한 고시" 중 소방시설외관점검표에 의한 스프링클러, 물분무, 포소화설비의 점검내용 6가지를 쓰시오. (4점)

해설

① 수원의 양 적정 여부
② 동결 또는 부식할 우려가 있는 부분에 보온, 방호조치가 되고 있는지 여부
③ 헤드 감열 및 살수 분포의 방해물 설치 여부
④ 제어밸브의 개폐, 작동, 접근 등의 용이성 여부
⑤ 배관 및 헤드의 누수 여부
⑥ 제어밸브의 수압 및 공기압 계기가 정상압으로 유지되고 있는지 여부

(3) 고시원업[구획된 실(室) 안에 학습자가 공부할 수 있는 시설을 갖추고 숙박 또는 숙식을 제공하는 형태의 영업]의 영업장에 설치된 간이스프링클러설비에 대하여 작동점검표에 의한 점검내용과 종합점검표에 의한 점검내용을 모두 쓰시오. (10점)

해설

① 간이스프링클러설비 작동점검내용
 ㉠ 물탱크는 항상 충분한 양의 물이 들어 있는가 확인
 ㉡ 전동기 및 펌프작동 확인

ⓒ 배관은 파손, 변형 및 밸브가 잠겨 있나 확인

ⓔ 제어반의 사용전원과 비상전원의 이상 유무 확인

ⓜ 경보장치 스위치는 항상 On인가 확인

② 간이스프링클러설비 종합점검내용

㉠ 수원의 양은 적정한가 확인

㉡ 가압송수장치의 작동 확인

㉢ 배관 및 밸브 등의 설치순서 확인

㉣ 배관 및 밸브의 파손, 변형 확인

㉤ 습식 유수검지장치 유무 확인

㉥ 헤드의 감열 및 살수 장애 확인

㉦ 헤드의 누수·변형·손상·도색 등이 있는지 여부

㉧ 칸막이 설치 등으로 인한 헤드의 미설치 부분 유무

㉨ 송수구 패킹의 노화 및 결합 여부

㉩ 시험밸브 개방 시 해당 영업장 내 음향경보 확인

㉠ 유수검지장치의 알람스위치 작동 및 수신반의 화재표시등 점등 확인

㉣ 기동용 수압개폐장치의 작동과 가압송수장치의 기동 확인

㉤ 제어반의 사용전원과 비상전원의 이상 유무 확인

(4) 하나의 특정소방대상물에 특별피난계단의 계단실 및 부속실 제연설비를 화재안전기준 (NFSC 501A)에 의하여 설치한 경우 "시험, 측정 및 조정 등"에 관한 "제연설비시험 등의 실시기준"을 모두 쓰시오. (8점)

> **해 설**
>
> ① 부속실과 면하는 옥내 및 계단실의 출입문을 동시에 개방할 경우, 유입공기의 풍속이 제10조의 규정에 따른 방연풍속에 적합한지 여부를 확인하고, 적합하지 아니한 경우에는 급기구의 개구율과 송풍기의 풍량조절댐퍼 등을 조정하여 적합하게 할 것. 이 경우 유입공기의 풍속은 출입문의 개방에 따른 개구부를 대칭적으로 균등 분할하는 10 이상의 지점에서 측정하는 풍속의 평균치로 할 것
> ② "①"의 기준에 따른 시험등의 과정에서 출입문을 개방하지 아니하는 제연구역의 실제 차압이 제6조 제3항의 기준에 적합한지 여부를 출입문 등에 차압측정공을 설치하고 이를 통하여 차압측정기구로 실측하여 확인·조정할 것

③ 제연구역의 출입문이 모두 닫혀 있는 상태에서 제연설비를 가동시킨 후 출입문의 개방에 필요한 힘을 측정하여 제6조 제2항의 규정에 따른 개방력에 적합한지 여부를 확인하고, 적합하지 아니한 경우에는 급기구의 개구율 조정 및 플랩댐퍼(설치하는 경우에 한한다)와 풍량조절용댐퍼 등의 조정에 따라 적합하도록 조치할 것

④ "①"의 기준에 따른 시험 등의 과정에서 부속실의 개방된 출입문이 자동으로 완전히 닫히는지 여부를 확인하고, 닫힌 상태를 유지할 수 있도록 조정할 것

[문제 3] 다음 물음에 답하시오. (30점)

(1) 피난안전구역에 설치하는 소방시설 중 제연설비 및 휴대용 비상조명등의 설치기준을 고층 건축물의 화재안전기준(NFSC 604)에 따라 각각 쓰시오. (6점)

해설

① 제연설비

피난안전구역과 비제연구역간의 차압은 50 Pa(옥내에 스프링클러설비가 설치된 경우에는 12.5 Pa) 이상으로 하여야 한다. 다만 피난안전구역의 한쪽 면 이상이 외기에 개방된 구조의 경우에는 설치하지 아니할 수있다.

② 휴대용 비상조명등

㉠ 피난안전구역에는 휴대용 비상조명등을 다음의 기준에 따라 설치하여야 한다.

- 초고층건축물에 설치된 피난안전구역 : 피난안전구역 위층의 재실자수(「건축물의 피난·방화구소등의 기준에 관한 규칙」 별표 1의2에 따라 산정된 재실자 수를 말한다)의 10분의 1 이상
- 지하연계복합건축물에 설치된 피난안전구역 : 피난안전구역이 설치된 층의 수용인원(영 별표 2에 따라 산정된 수용인원을 말한다)의 10분의 1 이상

㉡ 건전지 및 충전식 건전지의 용량은 40분 이상 유효하게 사용할 수 있는 것으로 한다. 다만 피난안전구역이 50층 이상에 설치되어 있을 경우의 용량은 60분 이상으로 할 것

(2) 연소방지시설의 화재안전기준(NFSC 506)에 관하여 다음 물음에 답하시오. (5점)

① 연소방지도료와 난연테이프의 용어 정의를 각각 쓰시오. (2점)

② 방화벽의 용어 정의와 설치기준을 각각 쓰시오. (3점)

① 연소방지도료와 난연테이프의 정의

　　㉠ 연소방지도료 : 케이블·전선 등에 칠하여 가열할 경우 칠한 막의 부분이 발포(發泡)하거나 단열의 효과가 있어 케이블·전선 등이 연소하는 것을 지연시키는 도료

　　㉡ 난연테이프 : 케이블·전선 등에 감아 케이블·전선등이 연소하는 것을 지연시키는 테이프

② 방화벽의 정의와 설치기준

　　㉠ 방화벽 : 화재의 연소를 방지하기 위하여 설치하는 벽

　　㉡ 설치기준

　　　▪ 내화구조로서 홀로 설 수 있는 구조일 것

　　　▪ 방화벽의 출입문은 60분+방화문 또는 60분방화문으로 설치할 것

　　　▪ 방화벽을 관통하는 케이블·전선 등에는 국토교통부 고시(내화구조의 인정 및 관리기준)에 따라 내화충전 구조로 마감할 것

　　　▪ 방화벽은 분기구 및 국사·변전소 등의 건축물과 지하구가 연결되는 부위(건축물로부터 20 m 이내)에 설치할 것

　　　▪ 자동폐쇄장치를 사용하는 경우에는 「자동폐쇄장치의 성능인증 및 제품검사의 기술기준」에 적합한 것으로 설치할 것

⑶ 화재예방, 소방시설 설치·유지 및 안전관리에 관한 법률 시행령 제15조에 근거한 인명구조기구 중 공기호흡기를 설치해야 할 특정소방대상물과 설치기준을 각각 쓰시오. (7점)

① 공기호흡기를 설치하여야 하는 특정소방대상물

　　㉠ 지하층을 포함하는 층수가 7층 이상인 관광호텔 및 5층 이상인 병원

　　㉡ 수용인원 100명 이상인 문화 및 집회시설 중 영화상영관

　　㉢ 판매시설 중 대규모점포

　　㉣ 운수시설 중 지하역사

　　㉤ 지하상가

　　㉥ 물분무등소화설비를 설치하는 특정소방대상물 및 화재안전기준에 따라 이산화탄소소화설비(호스릴 이산화탄소소화설비는 제외)를 설치하여야 하는 특정소방대상물

② 인명구조기구의 설치기준

 ㉠ 특정소방대상물의 용도 및 장소별로 설치하여야 할 인명구조기구는 별표 1에 따라 설치하여야 한다.

 ㉡ 화재 시 쉽게 반출 사용할 수 있는 장소에 비치할 것

 ㉢ 인명구조기구가 설치된 가까운 장소의 보기 쉬운 곳에 "인명구조기구"라는 축광식 표지와 그 사용방법을 표시한 표시를 부착하되, 축광식 표지는 소방청장이 고시한 「축광표지의 성능인증 및 제품검사의 기술기준」에 적합한 것으로 할 것

 ㉣ 방열복은 소방청장이 고시한 「소방용 방열복의 성능인증 및 제품검사의 기술기준」에 적합한 것으로 설치할 것

 ㉤ 방화복(헬멧, 보호장갑 및 안전화를 포함)은 「소방장비 표준규격 및 내용연수에 관한 규정」 제3조에 적합한 것으로 설치할 것

(4) 다음 물음에 답하시오. (12점)

 ① LCX 케이블(LCX - FR - SS - 42D - 146)의 표시사항을 빈칸에 각각 쓰시오. (5점)

표시	설명
LCX	누설동축케이블
FR	난연성(내열성)
SS	(ㄱ)
42	(ㄴ)
D	(ㄷ)
'14	(ㄹ)
6	(ㅁ)

 ② 위험물안전관리법 시행규칙에 따른 제5류 위험물에 적응성이 있는 대형·소형소화기의 종류를 모두 쓰시오. (7점)

해설

① LCX 케이블(LCX - FR - SS - 42D - 146)의 표시사항

 ㉠ 자기지지(Self Supporting)

 ㉡ 절연체의 외경

 ㉢ 특성임피던스 50 Ω

 ㉣ 사용주파수(150 ~ 400 MHz 대역전용)[1 : 150 MHz 대역전용 / 4 : 400 MHz 대역전용 / 8 : 800 MHz 대역전용]

 ㉤ 결합손실(6dB)

② 위험물안전관리법 시행규칙에 따른 제5류 위험물에 적응성이 있는 대형·소형소화기의 종류
　㉠ 봉상수(棒狀水)소화기
　㉡ 무상수(霧狀水)소화기
　㉢ 봉상강화액소화기
　㉣ 무상강화액소화기
　㉤ 포소화기

[문제 1] 다음 물음에 답하시오. (40점)

(1) 공동주택(아파트)에 설치된 옥내소화전설비에 대해 작동점검을 실시하려고 한다. 소화전 방수압시험의 점검내용과 점검결과에 따른 가부판정기준에 관하여 각각 쓰시오. (5점)

① 점검내용 (2점)

② 방사시간, 방사압력과 방사거리에 대한 가부판정기준 (3점)

해 설

① 점검내용(최상층 소화전을 이용한 방수상태 확인점검)
  ㉠ 방수압력 및 거리(관계인)적정 확인
  ㉡ 최상층 소화전 개방 시 소화펌프 자동기동 및 기동표시등 점등 확인
② 방사시간, 방사압력과 방사거리에 대한 가부판정기준
  ㉠ 방수시간 : 3분
  ㉡ 방수압력 : 0.17 Mpa 이상
  ㉢ 방사거리 : 8 m 이상

---

(2) 공동주택(아파트)지하 주차장에 설치되어 있는 준비작동식 스프링클러설비에 대해 작동점검을 실시하려고 한다. 다음 물음에 관하여 각각 쓰시오. (단, 작동점검을 위해 사전조치사항으로 2차 측 개폐밸브는 폐쇄하였다) (9점)

① 준비작동식 밸브(프리액션밸브)를 작동시키는 방법에 관하여 모두 쓰시오. (4점)

② 작동점검 후 복구절차이다. ( )에 들어갈 내용을 쓰시오. (5점)

| 1. 펌프를 정지시키기 위해 1차 측 개폐밸브 폐쇄 |
| 2. 수신기의 복구스위치를 눌러 경보를 정지, 화재표시등을 끈다. |
| 3. (ㄱ) |
| 4. (ㄴ) |
| 5. 급수밸브(세팅밸브) 개방하여 급수 |

6. (ㄷ)
7. (ㄹ)
8. (ㅁ)
9. 펌프를 수동으로 정지한 경우 수신반을 자동으로 놓는다(복구완료).

해 설

① 준비작동식 밸브(프리액션밸브)를 작동시키는 방법

　㉠ 방호구역 내 A,B 교차회로의 감지기를 작동시키는 경우

　㉡ 수동조작합(SVP)의 수동조작스위치를 작동시키는 경우

　㉢ 준비작동식 밸브에 설치된 수동개방밸브를 작동시키는 경우

　㉣ 감시제어반(복합수신기)에서 준비작동식 밸브의 수동으로 작동시키는 경우

　㉤ 감시제어반(복합수신기)에서 작동시험스위치를 통하여 작동시키는 경우

② 작동점검 후 복구절차

　㉠ 솔레노이드밸브 복구

　㉡ 클래퍼를 복구 또는 배수밸브 폐쇄

　㉢ 1차 측 개폐밸브 서서히 개방. 다만 2차 측 압력상승 시 선행 복구동작 재실시

　㉣ 세팅밸브 폐쇄

　㉤ 2차 측 개폐밸브 서서히 개방

(3) 이산화탄소소화설비의 종합점검 시 '전원 및 배선'에 대한 점검항목 중 5가지를 쓰시오. (5점)

해 설

① 수전전압에 따른 배선방식

② 비상전원의 화재침수 등 재해방지환경

③ 비상전원의 종류

④ 비상전원에 대한 전기사업법에 따른 정기점검 결과 확인

⑤ 연료보유 적정 여부

⑥ 비상전원의 조명 방화구획 및 비상전원설비 외 다른 설비 물품의 설치 또는 비치 여부

(4) 소방대상물의 주요구조부가 내화구조인 장소에 공기관식 차동식 분포형 감지기가 설치되어 있다. 다음 물음에 답하시오. (13점)

① 공기관식 차동식 분포형 감지기의 설치기준에 관하여 쓰시오. (6점)

② 공기관식 차동식 분포형 감지기의 작동계속시험방법에 관하여 ( )에 들어갈 내용을 쓰시오. (4점)

| 1. 검출부의 시험구멍에 (ㄱ)을/를 접속한다. |
| 2. 시험코크를 조작해서 (ㄴ)에 놓는다. |
| 3. 검출부에 표시된 공기량을 (ㄷ)에 투입한다. |
| 4. 공기를 투입한 후 (ㄹ)을/를 측정한다. |

③ 작동계속시험 결과 작동지속시간이 기준치 미만으로 측정되었다. 이러한 결과가 나타나는 경우의 조건 3가지를 쓰시오. (3점)

해설

① 공기관식 차동식 분포형 감지기의 설치기준
  ㉠ 공기관의 노출부분은 감지구역마다 20 m 이상이 되도록 할 것
  ㉡ 공기관과 감지구역의 각변과의 수평거리는 1.5 m 이하가 되도록 하고 공기관 상호 간의 거리는 6 m(주요구조부를 내화구조로 한 특정소방대상물 또는 그 부분에 있어서는 9 m 이하) 이하가 되도록 할 것
  ㉢ 공기관은 도중에서 분기하지 아니하도록 할 것
  ㉣ 하나의 검출부분에 접속하는 공기관의 길이는 100 m 이하로 할 것
  ㉤ 검출부는 5도 이상 경사되지 아니하도록 부착할 것
  ㉥ 검출부는 바닥으로부터 0.8 m 이상 1.5 m 이하의 위치에 설치할 것
② 공기관식 차동식 분포형 감지기의 작동계속시험방법
  ㉠ 공기주입시험기
  ㉡ 시험위치 P.A
  ㉢ 공기관
  ㉣ 작동시간
③ 작동계속시험 결과 작동지속시간이 기준치 미만의 경우
  ㉠ 공기관의 길이가 짧은 경우
  ㉡ 공기관이 누설된 경우
  ㉢ 리크저항 값이 낮은 경우(리크홀이 크다)
  ㉣ 접점수고 값이 높은 경우

(5) 자동화재탐지설비에 대한 작동점검을 실시하고자 한다. 다음 물음에 답하시오. (8점)

① 수신기에 관한 점검항목과 점검내용이다. ( )에 들어갈 내용을 쓰시오. (4점)

점검항목	점검내용
(ㄱ)	(ㄴ)
절환장치(예비전원)	상용전원 Off 시 자동 예비전원 절환 여부
스위치	스위치 정위치(자동) 여부
(ㄷ)	(ㄹ)
(ㅁ)	(ㅂ)
(ㅅ)	(ㅇ)

② 수신기에서 예비전원 감시등이 소등상태일 경우 예상원인과 점검방법이다. ( )에 들어간 내용을 쓰시오. (4점)

예상원인	조치 및 점검방법
1. 퓨즈단선	(ㄴ)
2. 충전불량	(ㄷ)
3. (ㄱ)	(ㄹ)
4. 배터리 완전방전	

해 설

① 수신기에 관한 점검항목과 점검내용
  ㉠ 전원
  ㉡ 전원공급 및 전원표시등 정상 여부 확인
  ㉢ 경계구역 일람도
  ㉣ 경계구역일람도 비치 여부
  ㉤ 도통시험
  ㉥ 회로단선 여부
  ㉦ 동작시험
  ㉧ 주·지구경종 및 시각경보기 작동상태
② 수신기에서 예비전원 감시등이 소등상태일 경우 예상원인과 점검방법
  ㉠ 연결 컨넥터 불량
  ㉡ 퓨즈단선이 없을 시에는 전원스위치를 끄고 예비전원 컨넥터 분리 후 기판에 표시된 용량의 퓨즈로 교체
  ㉢ 연결 컨넥터를 분리하고 예비전원을 교체
  ㉣ 컨넥터 미연결 시에는 연결조치 하고 예비전원을 충전하도록 한다.

[문제 2] 다음 물음에 답하시오. (30점)

(1) 화재예방, 소방시설 설치·유지 및 안전관이레 관한 법령에 따른 특정소방 대상물의 관계인이 특정소방대상물의 규모·용도 및 수용인원 등을 고려하여 갖추어야 하는 소방시설의 종류에서 다음 물음에 답하시오. (13점)

① 단독경보형 감지기를 설치하여야 하는 특정소방대상물에 관하여 쓰시오. (6점)

② 시각경보기를 설치하여야 하는 특정소방대상물에 관하여 쓰시오. (4점)

③ 자동화재탐지설비와 시각경보기 점검에 필요한 점검장비에 관하여 쓰시오. (3점)

해설

① 단독경보형 감지기를 설치하여야 하는 특정소방대상물

ⓐ 연면적 1,000 m² 미만의 아파트 등

ⓑ 연면적 1,000 m² 미만의 기숙사

ⓒ 교육연구시설 또는 수련시설 내에 있는 합숙소 또는 기숙사로서 연면적 2,000 m² 미만인 것

ⓓ 연면적 600 m² 미만의 숙박시설

ⓔ 숙박시설이 있는 수련시설로서 수용인원 100명 미만인 것

ⓕ 연면적 400 m² 미만의 유치원

② 시각경보기를 설치하여야 하는 특정소방대상물

ⓐ 근린생활시설, 문화 및 집회시설, 종교시설, 판매시설, 운수시설, 운동시설, 위락시설, 창고시설 중 물류터미널

ⓑ 의료시설, 노유자시설, 업무시설, 숙박시설, 발전시설 및 장례시설

ⓒ 교육연구시설 중 도서관, 방송통신시설 중 방송국

ⓓ 지하가 중 지하상가

③ 자동화재탐지설비와 시각경보기 점검에 필요한 점검장비

ⓐ 열감지기시험기

ⓑ 연(煙)감지기시험기

ⓒ 공기주입시험기

ⓓ 감지기시험기연결폴대

ⓔ 음량계

(2) 화재안전기준 및 다음 조건에 따라 물음에 답하시오. (6점)

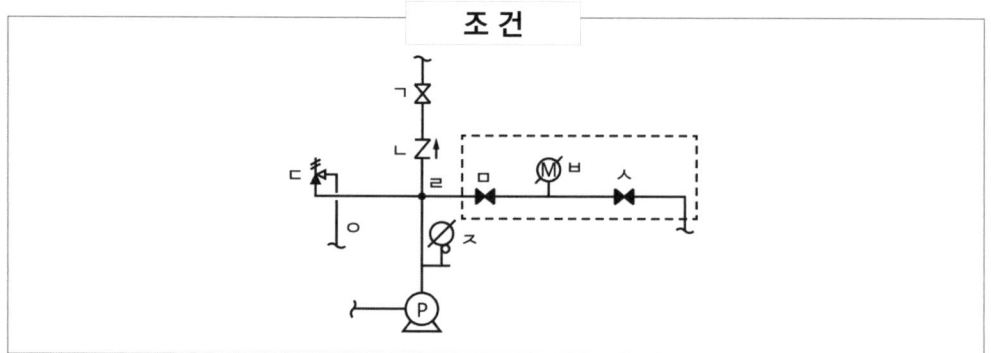

① ( )에 들어갈 내용을 쓰시오. (2점)

기호	소방시설도시기호	명칭 및 기능
ㄴ		(㉠)
ㄷ		(㉡)

② 점선 부분의 설치기준 2가지를 쓰시오. (2점)

③ 펌프성능시험방법을 ( )에 순서대로 쓰시오. (2점)

보 기

1. 주펌프 기동	2. 주펌프 정지	3. 'ㄱ' 폐쇄
4. 'ㄷ' 개방	5. 'ㅁ' 개방	6. 'ㅂ' 확인
7. 'ㅅ' 개방	8. 'ㅇ' 확인	9. 'ㅈ' 확인

㉠ 체절운전 시 : 3 - ( ) - ( ) - ( ) - ( ) - ( ) (1점)
㉡ 정격운전 시 : 3 - ( ) - ( ) - ( ) - ( ) - ( ) (1점)

해 설

① 성능시험배관의 도시기호 명칭 및 기능
   ㉠ 명칭 : 체크밸브, 기능 : 역류방지기능
   ㉡ 명칭 : 릴리프밸브, 기능 : 체절운전 시 공회전에 위한 수온 상승의 방지
② 성능시험배관의 설치기준
   ㉠ 성능시험배관은 펌프의 토출 측에 설치된 개폐밸브 이전에서 분기하여 설치하고,
      유량측정장치를 기준으로 전단 직관부에 개폐밸브를 후단 직관부에는 유량조절밸
      브를 설치할 것

ⓛ 유량측정장치는 성능시험배관의 직관부에 설치하되, 펌프의 정격토출량의 175 %
　이상 측정할 수 있는 성능이 있을 것
③ 펌프성능시험방법
　㉠ 체절운전 시 : 3(주밸브 폐쇄) - 1(주 펌프 기동) - 9(압력계 확인) - 4(릴리이프밸브
　　개방) - 8(순환배관 방출) - 2(주펌프 정지)
　ⓛ 정격운전 시 : 3(주밸브 폐쇄) - 5(개폐밸브 개방) - 7(성능시험밸브 개방) - 1(주 펌
　　프 기동) - 6(유량계 확인) - 9(압력계 확인) - 2(주펌프 정지)

(3) 소방시설관리사시험의 응시자격에 소방안전관리자 자격을 가진 사람은 최소 몇 년
　이상의 실무경력이 필요한지 각각 쓰시오. (3점)

> ○ 특급 소방안전관리자로 (ㄱ)년 이상 근무한 실무 경력이 있는 사람
> ○ 1급 소방안전관리자로 (ㄴ)년 이상 근무한 실무 경력이 있는 사람
> ○ 3급 소방안전관리자로 (ㄷ)년 이상 근무한 실무 경력이 있는 사람

해 설

㉠ 특급 소방안전관리자로 2년 이상 근무한 실무 경력이 있는 사람
ⓛ 1급 소방안전관리자로 3년 이상 근무한 실무 경력이 있는 사람
ⓒ 3급 소방안전관리자로 7년 이상 근무한 실무 경력이 있는 사람

(4) 제연설비의 설치장소 및 제연구획의 설치기준에 관하여 각각 쓰시오. (8점)
　① 설치장소에 대한 구획기준 (5점)
　② 제연구획의 설치기준 (3점)

해 설

① 설치장소에 대한 구획기준
　㉠ 하나의 제연구역의 면적은 1,000 m² 이내로 할 것
　ⓛ 거실과 통로(복도를 포함한다)는 상호 제연구획할 것
　ⓒ 통로상의 제연구역은 보행중심선의 길이가 60 m를 초과하지 아니할 것
　ⓔ 하나의 제연구역은 직경 60 m 원내에 들어갈 수 있을 것
　ⓜ 하나의 제연구역은 2개 이상 층에 미치지 아니하도록 할 것. 다만 층의 구분이 불분
　　명한 부분은 그 부분을 다른 부분과 별도로 제연구획 하여야 한다.

② 제연구획의 설치기준

　　㉠ 재질은 내화재료, 불연재료 또는 제연경계벽으로 성능을 인정받은 것으로서 화재 시 쉽게 변형·파괴되지 아니하고 연기가 누설되지 않는 기밀성 있는 재료로 할 것

　　㉡ 제연경계는 제연경계의 폭이 0.6 m 이상이고, 수직거리는 2 m 이내이어야 한다. 다만 구조상 불가피한 경우는 2 m를 초과할 수 있다.

　　㉢ 제연경계벽은 배연 시 기류에 따라 그 하단이 쉽게 흔들리지 아니하여야 하며, 또한 가동식의 경우에는 급속히 하강하여 인명에 위해를 주지 아니하는 구조일 것

[문제 3] 다음 물음에 답하시오. (30점)

(1) 이산화탄소소화설비(NFSC 106)에 관하여 다음 물음에 답하시오. (8점)

　① 이산화탄소소화설비의 비상스위치 작동점검 순서를 쓰시오. (4점)

　② 분사헤드의 오리피스구경 등에 관하여 ( )에 들어갈 내용을 쓰시오. (4점)

구분	기준
표시내용	(ㄱ)
분사헤드의 개수	(ㄴ)
방출율 및 방출압력	(ㄷ)
오리피스의 면적	(ㄹ)

해 설

① 이산화탄소소화설비의 비상스위치 작동점검 순서

　㉠ 작동시험 전 기동용 솔레노이드의 분리

　㉡ 방호구역 내 A,B 교차회로의 감지기를 작동 또는 수동조작함(RM)의 누름스위치를 작동

　㉢ 지연타이머 작동 중에 비상스위치를 누름

　㉣ 타이머 정지확인

　㉤ 비상스위치 누름 해제에 따른 타이머 동작 확인(솔레노이드 작동 확인)

② 분사헤드의 오리피스구경 기준

　㉠ 오리피스 크기, 제조일자, 제조업체

　㉡ 방호구역에 방사시간이 충족되도록 설치

　㉢ 제조업체에서 정한 값

　㉣ 분사헤드가 연결되는 배관구경면적의 70 % 초과하지 아니할 것

(2) 자동화재탐지설비(NFSC 203)에 관하여 다음 물음에 답하시오. (17점)

　① 중계기의 설치기준 3가지를 쓰시오. (3점)

　② 다음 표에 따른 설비별 중계기 입력 및 출력회로수를 각각 구분하여 쓰시오. (4점)

설비별	회로	입력(감시)	출력(제어)
자동화재탐지설비	발신기, 경종, 시각경보기	(ㄱ)	(ㄴ)
습식 스프링클러설비	압력스위치, 탬퍼스위치, 사이렌	(ㄷ)	(ㄹ)
준비작동식 스프링클러설비	감지기A, 감지기B, 압력스위치, 탬퍼스위치, 솔레노이드, 사이렌	(ㅁ)	(ㅂ)
할로겐화합물 및 불활성기체소화설비	감지기A, 감지기B, 압력스위치, 지연스위치, 솔레노이드, 사이렌, 방출표시등	(ㅅ)	(ㅇ)

　③ 광전식 분리형 감지기 설치기준 6가지를 쓰시오. (6점)

　④ 취침·숙박·입원 등 이와 유사한 용도로 사용되는 거실에 설치하여야 하는 연기감지기 설치대상 특정소방대상물 4가지를 쓰시오. (4점)

해설

① 중계기 설치기준

　㉠ 수신기에서 직접 감지기회로의 도통시험을 하지 아니하는 것에 있어서는 수신기와 감지기 사이에 설치할 것

　㉡ 조작 및 점검에 편리하고 화재 및 침수 등의 재해로 인한 피해를 받을 우려가 없는 장소에 설치할 것

　㉢ 수신기에 따라 감시되지 아니하는 배선을 통하여 전력을 공급받는 것에 있어서는 전원입력 측의 배선에 과전류 차단기를 설치하고 해당 전원의 정전이 즉시 수신기에 표시되는 것으로 하며, 상용전원 및 예비전원의 시험을 할 수 있도록 할 것

② 설비별 중계기 입력 및 출력회로수

설비별	회로	입력(감시)	출력(제어)
자동화재탐지설비	발신기, 경종, 시각경보기	(1개)	(2개)
습식 스프링클러설비	압력스위치, 탬퍼스위치, 사이렌	(2개)	(1개)
준비작동식 스프링클러설비	감지기A, 감지기B, 압력스위치, 탬퍼스위치, 솔레노이드, 사이렌	(4개)	(2개)
할로겐화합물 및 불활성기체소화설비	감지기A, 감지기B, 압력스위치, 지연스위치, 솔레노이드, 사이렌, 방출표시등	(4개)	(3개)

③ 광전식 분리형 감지기 설치기준
  ㉠ 감지기의 수광면은 햇빛을 직접 받지 않도록 설치할 것
  ㉡ 광축(송광면과 수광면의 중심을 연결한 선)은 나란한 벽으로부터 0.6 m 이상 이격하여 설치할 것
  ㉢ 감지기의 송광부와 수광부는 설치된 뒷벽으로부터 1 m 이내 위치에 설치할 것
  ㉣ 광축의 높이는 천장 등(천장의 실내에 면한 부분 또는 상층의 바닥하부면을 말한다) 높이의 80 % 이상일 것
  ㉤ 감지기의 광축의 길이는 공칭감시거리 범위 이내일 것
  ㉥ 그 밖의 설치기준은 형식승인 내용에 따르며 형식승인 사항이 아닌 것은 제조사의 시방에 따라 설치할 것
④ 취침·숙박·입원 등 이와 유사한 용도로 사용되는 거실에 설치하여야 하는 연기감지기 설치대상 특정소방대상물
  ㉠ 공동주택·오피스텔·숙박시설·노유자시설·수련시설
  ㉡ 교육연구시설 중 합숙소
  ㉢ 의료시설, 근린생활시설 중 입원실이 있는 의원·조산원
  ㉣ 교정 및 군사시설
  ㉤ 근린생활시설 중 고시원

⑶ 연소방지설비의 화재안전기준(NFSC 506)에서 정하는 방수헤드의 설치기준 3가지를 쓰시오. (3점)

해설

① 천장 또는 벽면에 설치할 것
② 방수헤드 간의 수평거리는 연소방지설비 전용헤드의 경우에는 2 m 이하, 스프링클러헤드의 경우에는 1.5 m 이하로 할 것
③ 살수구역은 환기구 등을 기준으로 지하구의 길이방향으로 350 m 이내마다 1개 이상 설치하되, 하나의 살수구역의 길이는 3 m 이상으로 할 것

⑷ 간이스프링클러설비(NFSC 103A)의 간이헤드에 관한 것이다. (   )에 들어갈 내용을 쓰시오. (2점)

> 간이헤드의 작동온도는 실내의 최대 주위천정온도가 0 ℃ 이상 38 ℃ 이하인 경우 공칭작동온도가 (①)의 것을 사용하고, 39 ℃ 이상 66 ℃ 이하인 경우에는 공칭작동온도가 (②)의 것을 사용한다.

해설

① 57 ℃에서 77 ℃
② 79 ℃에서 109 ℃

[문제 1] 다음 물음에 답하시오. (40점)

물음 1) 복합건축물에 관한 다음 물음에 답하시오. (20점)

조 건

○ 건축물의 개요 : 철근콘크리트조, 지하 2층 ~ 지상 8층, 바닥면적 200 m², 연면적 2,000 m², 1개동

○ 지상 1층·지하 2층 : 주차장

○ 1층(피난층) ~ 3층 : 근린생활시설(소매점)

○ 4 ~ 8층 : 공동주택(아파트등), 각 층에 주방(LNG사용) 설치

○ 층고 3 m, 무창층 및 복도식 구조 없음, 계단 1개 설치

○ 소화기구, 유도등·유도표지는 제외하고 소방시설을 산출하되, 법정 용어를 사용할 것

○ 화재예방, 소방시설 설치·유지 및 안전관리에 관한 법령상 특정소방대상물의 소방시설 설치의 면제기준을 적용할 것

○ 주어진 조건 외에는 고려하지 않는다.

---

(1) 화재예방, 소방시설 설치·유지 및 안전관리에 관한 법령상 설치되어야 하는 소방시설의 종류 6가지를 쓰시오. (단, 물분무등소화설비 및 연결송수관설비는 제외함) (6점)

해 설

① 주거용 주방 자동소화장치 : 아파트 등 및 30층 이상 오피스텔의 모든 층

② 옥내소화전설비 : 근린생활시설, 판매시설, 운수시설, 의료시설, 노유자시설, 업무시설, 숙박시설, 위락시설, 공장, 창고시설, 항공기 및 자동차 관련 시설, 교정 및 군사시설 중 국방·군사시설, 방송통신시설, 발전시설, 장례시설 또는 복합건축물로서 연면적 1천 5백 m² 이상

③ 스프링클러설비 : 층수가 6층 이상인 특정소방대상물의 경우에는 모든 층

④ 자동화재탐지설비 : 근린생활시설 등 및 복합건축물로 연면적 600 m² 이상

⑤ 시각경보기 : 자동화재탐지설비 설치대상물 중 다음의 것에 해당 시

  ㉠ 근린생활시설 등

  ㉡ 업무시설 등

⑥ 피난기구 : 특정소방대상물의 모든 층(다만 1층, 2층은 제외)

(2) 연결송수관설비의 화재안전기준(NFSC 502)상 연결송수관설비 방수구의 설치 제외가 가능한 층과 제외기준을 위의 조건을 적용하여 각각 쓰시오. (3점)

해 설

① 방수구의 설치 제외가 가능한 층

  ㉠ 피난층

  ㉡ 지하 1, 2층

② 방수구를 설치하지 아니할 수 있는 기준

  ㉠ 아파트의 1층 및 2층

  ㉡ 소방차의 접근이 가능하고 소방대원이 소방차로부터 각 부분에 쉽게 도달할 수 있는 피난층

  ㉢ 송수구가 부설된 옥내소화전을 설치한 특정소방대상물(집회장·관람장·백화점·도매시장·소매시장·판매시설·공장·창고시설 또는 지하가를 제외)로서 다음의 어느 하나에 해당하는 층

    ▪ 지하층을 제외한 층수가 4층 이하이고 연면적이 6,000 m² 미만인 특정소방대상물의 지상층

    ▪ 지하층의 층수가 2 이하인 특정소방대상물의 지하층

(3) 2층을 노인의료복지시설(노인요양시설)로 구조변경 없이 용도 변경하려고 한다. 다음에 답하시오. (4점)

① 화재예방, 소방시설 설치·유지 및 안전관리에 관한 법령상 2층에 추가로 설치되어야 하는 소방시설의 종류를 쓰시오.

② 소방기본법령상 불꽃을 사용하는 용접·용단기구로서 용접 또는 용단하는 작업장에서 지켜야 하는 사항을 쓰시오. (단, 산업안전보건법 제28조의 적용을 받는 사업장은 제외함)

① 화재예방, 소방시설 설치·유지 및 안전관리에 관한 법령상 2층에 추가로 설치되어야 하는 소방시설의 종류

ㄱ 자동화재속보설비

ㄴ 가스누설경보기(노유자시설 가스시설이 설치된 경우)

② 소방기본법령상 불꽃을 사용하는 용접·용단기구로서 용접 또는 용단하는 작업장에서 지켜야 하는 사항

ㄱ 용접 또는 용단 작업자로부터 반경 5 m 이내에 소화기를 갖추어 둘 것

ㄴ 용접 또는 용단 작업장 주변 반경 10 m 이내에는 가연물을 쌓아두거나 놓아두지 말 것. 다만 가연물의 제거가 곤란하여 방지포 등으로 방호조치를 한 경우는 제외한다.

(4) 2층에 일반음식점영업(영업장 사용면적 100 m²)을 하고자 한다. 다음에 답하시오. (7점)

① 다중이용업소의 안전관리에 관한 특별법령상 영업장의 비상구에 부속실을 설치하는 경우 부속실 입구의 문과 부속실에서 건물 외부로 나가는 문(난간 높이 1 m)에 설치하여야 하는 추락 등의 방지를 위한 시설을 각각 쓰시오.

② 다중이용업소의 안전관리에 관한 특별법령상 안전시설등 세부점검표의 점검사항 중 피난설비 작동점검 및 외관점검에 관한 확인사항 4가지를 쓰시오.

① 다중이용업소의 안전관리에 관한 특별법령상 영업장의 비상구에 부속실을 설치하는 경우 부속실 입구의 문과 부속실에서 건물 외부로 나가는 문에 설치하여야 하는 추락 등의 방지를 위한 시설

ㄱ 발코니 및 부속실 입구의 문을 개방하면 경보음이 울리도록 경보음 발생장치를 설치하고, 추락위험을 알리는 표지를 문(부속실의 경우 외부로 나가는 문도 포함)에 부착할 것

ㄴ 부속실에서 건물 외부로 나가는 문 안쪽에는 기둥·바닥·벽 등의 견고한 부분에 탈착이 가능한 쇠사슬 또는 안전로프 등을 바닥에서부터 120 cm 이상의 높이에 가로로 설치할 것. 다만 120 cm 이상의 난간이 설치된 경우에는 쇠사슬 또는 안전로프 등을 설치하지 않을 수 있다.

② 다중이용업소의 안전관리에 관한 특별법령상 안전시설등 세부점검표의 점검사항 중 피난설비 작동점검 및 외관점검에 관한 확인사항

　㉠ 유도등·유도표지 등 부착상태 및 점등상태 확인

　㉡ 구획된 실마다 휴대용 비상조명등 비치 여부

　㉢ 화재 신호 시 피난유도선 점등상태 확인

　㉣ 피난기구(완강기, 피난사다리 등) 설치상태 확인

물음 2) 다음 물음에 답하시오. (20점)

(1) 특별피난계단의 계단실 및 부속실 제연설비의 화재안전기준(NFSC 501A)상 방연풍속 측정방법, 측정결과 부적합 시 조치방법을 각각 쓰시오. (4점)

해 설

① 방연풍속의 측정방법

　㉠ 부속실제연설비의 작동

　　부속실 제연설비의 옥내 화재감지기 동작 또는 수동조작함의 조작

　㉡ 부속실과 면하는 옥내 및 계단실의 출입문을 동시에 개방할 경우, 유입공기의 풍속이 제10조의 규정에 따른 방연풍속에 적합한지 여부를 확인하고, 적합하지 아니한 경우에는 급기구의 개구율과 송풍기의 풍량조절댐퍼 등을 조정하여 적합하게 할 것. 이 경우 유입공기의 풍속은 출입문의 개방에 따른 개구부를 대칭적으로 균등 분할하는 10 이상의 지점에서 측정하는 풍속의 평균치로 할 것

　㉢ 방연풍속의 적정 여부 판정 : 방연풍속이 아래와 같으면 합격

제연구역		방연풍속
계단실 및 그 부속실을 동시에 제연하는 것 또는 계단실만 단독으로 제연하는 것		0.5 m/s 이상
부속실만 단독으로 제연하는 것 또는 비상용 승강기의 승강장만 단독으로 제연하는 것	부속실 또는 승강장이 면하는 옥내가 거실인 경우	0.7 m/s 이상
	부속실 또는 승강장이 면하는 옥내가 복도로서 그 구조가 방화구조(내화시간이 30분 이상인 구조를 포함)인 것	0.5 m/s 이상

② 측정결과 부적합 시 조치방법

　㉠ 송풍기의 풍량조절

　　▪ 송풍기의 교체 또는 인버터의 설치

　　▪ 송풍기의 풀리(Pulley) 교체 등

ⓛ 송풍기 측의 풍량조절(Volume Damper)의 조정

ⓒ 급기구의 개구율 조정

ⓔ 복합댐퍼의 정상작동 여부 확인 및 복합댐퍼의 조정

(2) 특별피난계단의 계단실 및 부속실 제연설비의 성능시험조사표에서 송풍기풍량 측정의 일반사항 중 측정점에 대하여 쓰고 풍속·풍량 계산식을 각각 쓰시오. (8점)

해 설

① 측정점

ⓐ 풍량 측정점은 덕트 내의 풍속, 시공상태, 현장 여건 등을 고려하여 송풍기의 흡입 측 또는 토출 측 덕트에서 정상류가 형성되는 위치를 선정한다. 일반적으로 엘보 등 방향전환 지점 기준 하류쪽은 덕트직경(장방형 덕트의 경우 상당지름)의 7.5배 이상 상류쪽은 2.5배 이상 지점에서 측정하여야 하며, 직관길이가 미달하는 경우 최적위치를 선정하여 측정하고 측정기록지에 기록한다.

ⓑ 동일면적 분할법 사례

원형덕트 또는 송풍기 흡입구 피토관 이송 측정점(동일면적 분할법)	장방형 덕트 피토관 이송 측정점 (동일면적 분할법)
직경(D)	L

- 300 mm 이상인 경우 총 20개 지점 측정
- 측정점 위치

측정점1	측정점2	측정점3	측정점4	측정점5
0.0257D	0.0817D	0.1465D	0.2262D	0.3419D

주) D : 원형 덕트의 직경

- 최소 16점이며 64점 이상을 넘지 않도록 한다.
- 64점 이하 측정 시 a, b의 간격은 150 mm 이하일 것
- L = 1,100일 경우
  1,100/150 = 7.33, 측정점은 8개소
  a = 1,100/8 = 137.5 mm

② 풍속·풍량 계산식

　　㉠ 풍속 계산식

　　　$v = 1.29\sqrt{P_v}$ (v : 풍속 m/s, P_v : 동압 Pa)

　　㉡ 풍량 계산식

　　　$Q = 3,600\,VA$ (Q : 풍량 m³/h, V : 평균풍속 m/s, A : 덕트의 단면적)

(3) 수신기의 기록장치에 저장하여야 하는 데이터는 다음과 같다. (　)에 들어갈 내용을 순서에 관계없이 쓰시오. (4점)

○ (ㄱ)
○ (ㄴ)
○ 수신기와 외부배선(지구음향장치용의 배선, 확인장치용의 배선 및 전화장치용의 배선을 제외함)과의 단선 상태
○ (ㄷ)
○ 수신기의 주경종스위치, 지구경종스위치, 복구스위치 등 기준 수신기 형식 승인 및 제품검사의 기술기준 제11조(수신기의 제어기능)를 조작하기 위한 스위치의 정지 상태
○ (ㄹ)
○ 수신기 형식승인 및 제품검사의 기술기준 제15조의2 제2항에 해당하는 신호(무선식 감지기·무선식 중계기·무선식 발신기와 접속되는 경우에 한함)
○ 수신기 형식승인 및 제품검사의 기술수준 제15조의2 제3항에 의한 확인신호를 수신하지 못한 내역(무선식 감지기·무선식 중계기·무선식 발신기와 접속되는 경우에 한함)

해설

ㄱ. 주전원과 예비전원의 On/Off 상태
ㄴ. 경계구역의 감지기, 중계기 및 발신기 등의 화재 신호와 소화설비, 소화활동설비, 소화용수
ㄷ. 수신기에서 제어하는 설비로의 출력신호와 수신기에 설비의 작동 확인표시가 있는 경우 확인신호
ㄹ. 가스누설신호(단, 가스누설신호표시가 있는 경우에 한함)

(4) 미분무소화설비의 화재안전기준(NFSC 104A)상 '미분무'의 정의를 쓰고, 미분무소화
설비의 사용압력에 따른 저압, 중압 및 고압의 압력(MPa) 범위를 각각 쓰시오. (4점)

① 미분무의 정의 : 물만을 사용하여 소화하는 방식으로 최소설계압력에서 헤드로부터
방출되는 물 입자 중 99 %의 누적체적분포가 400 μm 이하로 분무되고 A, B, C급 화
재에 적응성을 갖는 것
② 저압 미분무 소화설비 : 최고사용압력이 1.2 MPa 이하인 미분무소화설비
③ 중압 미분무 소화설비 : 사용압력이 1.2 MPa을 초과하고, 3.5 MPa 이하인 미분무소
화설비
④ 고압 미분무 소화설비 : 최저사용압력이 3.5 MPa을 초과하는 미분무소화설비

[문제 2] 다음 물음에 답하시오. (30점)

물음 1) 화재예방, 소방시설 설치·유지 및 안전관리에 관한 법령상 소방시설등의 자체점검 시 점
검인력 배치기준에 관한 다음 물음에 답하시오. (15점)

(1) 다음 ( )에 들어갈 내용을 쓰시오. (9점)

대상용도	가감계수
공동주택(아파트 제외), (ㄱ), 항공기 및 자동차 관련 시설, 동물 및 식물 관련 시설, 분뇨 및 쓰레기 처리시설, 군사시설, 묘지 관련 시설, 관광휴게시설, 장례식장, 지하구, 문화재	(ㅅ)
문화 및 집회시설, (ㄴ), 의료시설(정신보건시설 제외),교정 및 군사시설(군사시설 제외), 지하가, 복합건축물(1류에 속하는 시설이 있는 경우 제외), 발전시설, (ㄷ)	1.1
공장, 위험물 저장 및 처리시설, 창고시설	0.9
근린생활시설 , 운동시설 , 업무시설 , 방송통신시설 , (ㄹ)	(ㅇ)
노유자시설, (ㅁ), 위락시설 , 의료시설 (정신보건의료기관), 수련시설, (ㅂ)(1류에 속하는 시설이 있는 경우)	(ㅈ)

㉠ 교육연구시설

㉡ 종교시설

㉢ 판매시설

ⓔ 운수시설

ⓜ 숙박시설

ⓗ 복합건축물

ⓢ 0.8

ⓞ 1.0

ⓩ 1.2

(2) 화재예방, 소방시설 설치·유지 및 안전관리에 관한 법령상 소방시설의 자체점검 시 인력배치기준에 따라, 지하구의 길이가 800 m, 4차로인 터널의 길이가 1,000 m일 때 다음에 답하시오. (6점)

① 지하구의 실제점검면적(m²)을 구하시오.

② 한쪽 측벽에 소방시설이 설치되어 있는 터널의 실제점검면적(m²)을 구하시오.

③ 한쪽 측벽에 소방시설의 설치되어 있지 않는 터널의 실제점검면적(m²)을 구하시오.

해설

① 지하구의 실제점검면적(m²) = 800 m × 1.8 m = 1,152 m²

② 한쪽 측벽에 소방시설이 설치되어 있는 터널의 실제점검면적(m²)

= 1,000 m × 3.5 m = 3,500 m²

③ 한쪽 측벽에 소방시설이 설치되어 있지 않은 터널의 실제점검면적(m²)

= 1,000 m × 7 m = 7,000 m²

물음 2) 소방시설 자체점검사항 등에 관한 고시에 관한 다음 물음에 답하시오. (9점)

(1) 통합감시시설 종합점검 시 주·보조수신기 점검항목을 쓰시오. (5점)

(2) 거실제연설비 종합점검 시 송풍기 점검사항을 쓰시오. (4점)

해설

(1) 통합감시시설 종합점검 시 주·보조수신기 점검항목

① 설치장소의 환경

② 음향장치의 설치장소 및 음색, 음량의 적합 여부

③ 단자의 풀림 및 개폐기능의 정상 여부

PART 05

④ 손상·불선명한 부분 등의 유무

⑤ 단선·단자의 풀림·탈락·손상 등의 유무

⑥ 화재표시 시험을 하였을 때 정상적인 화재표시의 여부

⑦ 예비품 등의 비치 여부

⑧ 주수신기의 원격제어 기능의 정상 여부

(2) 거실제연설비 종합점검 시 송풍기 점검사항

① 송풍기의 회전방향은 정상인지의 여부(상용전원, 비상전원에 의한 기동 시)

② 회전축은 회전이 원활한지 여부

③ 축받침의 윤활유에 오염, 변질 등이 없고, 필요량이 충전되었는지 여부

④ 동력전달장치의 변형, 손실등이 없고 V - 벨트의 기능이 정상인지 여부

물음 3) 자동화재탐지설비 및 시각경보장치의 화재안전기준(NFSC 203)상 감지기에 관한 다음 물음에 답하시오. (6점)

(1) 연기감지기를 설치할 수 없는 경우 건조실·살균실·보일러실·주조실·영사실·스튜디오에 설치할 수 있는 적응열감지기 3가지를 쓰시오. (3점)

(2) 감지기회로의 도통시험을 위함 종단저항의 기준 3가지를 쓰시오. (3점)

해 설

(1) 연기감지기를 설치할 수 없는 경우, 건조실·살균실·보일러실·주조실·영사실·스튜디오에 설치할 수 있는 적응열감지기

① 정온식 특종감지기

② 정온식 1종감지기

③ 열아날로그식 감지기

(2) 감지기회로의 도통시험을 위함 종단저항의 기준

① 점검 및 관리가 쉬운 장소에 설치할 것

② 전용함을 설치하는 경우 그 설치높이는 바닥으로부터 1.5 m 이내로 할 것

③ 감지기회로의 끝부분에 설치하며, 종단감지기에 설치할 경우에는 구별이 쉽도록 해당 감지기의 기판 및 감지기 외부 등에 별도의 표시를 할 것

[문제 3] 다음 물음에 답하시오. (30점)

물음 1) 소방시설 자체점검사항 등에 관한 고시에서 규정하고 있는 조사표에 관한 사항이다. 다음 물음에 답하시오. (16점)

(1) 내진설비 성능시험 조사표의 종합점검표 중 가압송수장치, 지진분리이음, 수평배관 흔들림 방지 버팀대의 점검항목을 각각 쓰시오. (10점)

(2) 미분무소화설비 성능시험 조사표의 성능 및 점검항목 중 "설계도서 등"의 점검항목을 쓰시오. (6점)

해설

(1) 내진설비 성능시험 조사표의 종합점검표 중 가압송수장치, 지진분리이음, 수평배관 흔들림 방지 버팀대의 점검항목

① 가압송수장치

㉠ 앵커볼트
- 가동중량 1,000 kg 이하인 설비에서 바닥면에 고정되는 길이가 긴 변의 양쪽 모서리에 직경 12 mm 이상의 앵커볼트로 고정 및 앵커볼트의 근입 깊이 10 cm 이상 여부
- 가동중량 1,000 kg 이상인 설비에서 바닥면에 고정되는 길이가 긴 변의 양쪽 모서리에 직경 20 mm 이상의 앵커볼트로 고정 및 앵커볼트의 근입깊이 10 cm 이상 여부

㉡ 펌프와 연결되는 입상배관 연결부의 배관에 대한 내진설계방법 적용 여부

㉢ 내진스토퍼
- 내진스토퍼 설치상태의 적합 여부
- 내진스토퍼의 허용하중이 수평지진하중 이상 여부

② 지진분리이음

㉠ 신축이음쇠가 배관의 변형을 최소화하고 주요 부품 사이의 유연성을 증가시킬 필요가 있는 위치에 설치 여부

㉡ 배관구경 65 mm 이상의 배관에서 입상관의 상·하 단부의 0.6 m, 0.3 m 이내에 설치 여부 및 입상관의 길이 0.9 ~ 2.1 m 시 1개 이상의 신축이음쇠 설치 여부

㉢ 배관구경 65 mm 이상의 배관에서 입상관의 길이 0.9 m 미만 시 신축이음쇠 미설치 여부

㉣ 배관구경 65 mm 이상의 배관에서 입상관 또는 수직배관의 중간지지부가 있는 경우 지지부의 윗부분 및 아랫부분으로부터 0.6 m 이내에 신축이음쇠 설치 여부

③ 수평배관 흔들림 방지 버팀대

ⓗ 횡방향 흔들림 방지 버팀대

- 주배관, 교차배관 및 65 m 이상의 가지배관 및 기타배관에 설치 여부
- 버팀대의 간격이 중심선 기준으로 최대 12 m 초과 여부
- 마지막 버팀대와 배관 단부 사이의 거리가 1.8 m 초과 여부
- 수평지진하중 산정 시 버팀대의 모든 가지배관 포함 여부

ⓛ 종방향 흔들림 방지 버팀대

- 주배관 및 교차배관에 설치된 종방향 흔들림 방지 버팀대의 간격이 24 m 초과 여부
- 마지막 버팀대와 배관 단부 사이의 거리가 12 m 초과 여부
- 4방향 버팀대의 경우 횡방향 및 종방향 버팀대의 역할을 동시에 수행 여부

(2) 미분무소화설비 성능시험 조사표의 성능 및 점검항목 중 "설계도서 등"의 점검항목

① 설계도서는 구분 작성 여부(일반설계도서와 특별설계도서)

② 설계도서 작성 시 고려사항의 적정성(점화원 형태, 초기 점화 연료의 유형, 화재 위치, 개구부 초기 상태 및 시간에 따른 변화상태, 공조조화설비 형태, 시공유형 및 내장재 유형)

③ 특별도서의 위험도 설정 적합성

④ 성능시험기관으로부터의 검증 여부

물음 2)   다중이용업소의 안전관리에 관한 특별법령상 다중이용업소의 비상구 공통기준 중 비상구 구조, 문이 열리는 방향, 문의 재질에 대하여 규정된 사항을 각각 쓰시오.   (10점)

해설

(1) 비상구 구조

① 비상구는 구획된 실 또는 천장으로 통하는 구조가 아닌 것으로 할 것. 다만 영업장 바닥에서 천장까지 불연재료(不燃材料)로 구획된 부속실(전실)은 그러하지 아니하다.

② 비상구는 다른 영업장 또는 다른 용도의 시설(주차장은 제외한다)을 경유하는 구조가 아닌 것이어야 하고, 층별 영업장은 다른 영업장 또는 다른 용도의 시설과 불연재료·준불연재료로 된 차단벽이나 칸막이로 분리되도록 할 것. 다만 둘 이상의 영업소가 주방 외에 객실부분을 공동으로 사용하는 등의 구조 또는 「식품위생법 시행규칙」 별표 14 제8호 가목 5) 다)에 따라 각 영업소와 영업소 사이를 분리 또는 구획하는 별도의 차단벽이나 칸막이 등을 설치하지 않을 수 있는 경우는 그러하지 아니하다.

(2) 문 열리는 방향

피난방향으로 열리는 구조로 할 것. 다만 주된 출입구의 문이 「건축법 시행령」 제35조에 따른 피난계단 또는 특별피난계단의 설치기준에 따라 설치하여야 하는 문이 아니거나 같은 법 시행령 제46조에 따라 설치되는 방화구획이 아닌 곳에 위치한 주된 출입구가 다음의 기준을 충족하는 경우에는 자동문[미서기(슬라이딩)문을 말한다]으로 설치할 수 있다.

① 화재감지기와 연동하여 개방되는 구조

② 정전 시 자동으로 개방되는 구조

③ 정전 시 수동으로 개방되는 구조

(3) 문의 재질

주요 구조부(영업장의 벽, 천장 및 바닥을 말한다. 이하 이 표에서 같다)가 내화구조(耐火構造)인 경우 비상구와 주된 출입구의 문은 방화문(防火門)으로 설치할 것. 다만 다음의 어느 하나에 해당하는 경우에는 불연재료로 설치할 수 있다.

① 주요 구조부가 내화구조가 아닌 경우

② 건물의 구조상 비상구등의 문이 지표면과 접하는 경우로서 화재의 연소 확대 우려가 없는 경우

③ 비상구등의 문이 「건축법 시행령」에 따른 피난계단 또는 특별피난계단의 설치기준에 따라 설치하여야 하는 문이 아니거나 같은 법 시행령에 따라 설치되는 방화구획이 아닌 곳에 위치한 경우

물음 3) 옥내소화전설비의 화재안전기준(NFSC 102)상 배선에 사용되는 전선의 종류 및 공사방법에 관한 다음 물음에 답하시오. (4점)

(1) 내화전선의 내화성능을 설명하시오. (2점)

(2) 내열전선의 내열성능을 설명하시오. (2점)

해설

(1) 내화전선의 내화성능

내화전선의 내화성능은 버너의 노즐에서 75 mm의 거리에서 온도가 750 ± 5 ℃인 불꽃으로 3시간 동안 가열한 다음 12시간 경과 후 전선 간에 허용전류용량 3 A의 퓨우즈를 연결하여 내화시험 전압을 가한 경우 퓨우즈가 단선되지 아니하는 것. 또는 소방청장이 정하여 고시한 「소방용전선의 성능인증 및 제품검사의 기술기준」에 적합할 것

(2) 내열전선의 내열성능

내열전선의 내열성능은 온도가 816 ± 10 ℃인 불꽃을 20분간 가한 후 불꽃을 제거하였을 때 10초 이내에 자연소화가 되고, 전선의 연소된 길이가 180 mm 이하이거나 가열온도의 값을 한국산업표준(KS F 2257 - 1)에서 정한 건축구조부분의 내화시험방법으로 15분 동안 380 ℃까지 가열한 후 전선의 연소된 길이가 가열로의 벽으로부터 150 mm 이하일 것. 또는 소방청장이 정하여 고시한 「소방용전선의 성능인증 및 제품검사의 기술기준」에 적합할 것

[문제 1] 다음 물음에 답하시오. (40점)

물음 1) 비상경보설비 및 단독경보형 감지기의 화재안전기준(NFSC 201)에서 발신기의 설치기준이다. ( )에 들어갈 내용을 쓰시오. (5점)

> 1. 조작이 쉬운 장소에 설치하고, 조작스위치는 바닥으로부터 0.8 m 이상 1.5 m 이하의 높이에 설치할 것
> 2. 특정소방대상물의 층마다 설치하되, 해당 특정소방대상물의 각 부분으로부터 하나의 발신기까지의 (ㄱ)가 25 m 이하가 되도록 할 것. 다만 복도 또는 별도로 구획된 실로서 (ㄴ)가 40 m 이상일 경우에는 추가로 설치하여야 한다.
> 3. 발신기의 위치표시등은 (ㄷ)에 설치하되, 그 불빛은 부착 면으로부터 (ㄹ) 이상의 범위 안에서 부착지점으로부터 10 m 이내의 어느 곳에서도 쉽게 식별할 수 있는 (ㅁ)으로 할 것

해설

> 1. 조작이 쉬운 장소에 설치하고, 조작스위치는 바닥으로부터 0.8 m 이상 1.5 m 이하의 높이에 설치할 것
> 2. 특정소방대상물의 층마다 설치하되, 해당 특정소방대상물의 각 부분으로부터 하나의 발신기까지의 (수평거리)가 25 m 이하가 되도록 할 것. 다만 복도 또는 별도로 구획된 실로서 (보행거리)가 40 m 이상일 경우에는 추가로 설치하여야 한다.
> 3. 발신기의 위치표시등은 (함의 상부)에 설치하되, 그 불빛은 부착 면으로부터 (15°) 이상의 범위 안에서 부착지점으로부터 10 m 이내의 어느 곳에서도 쉽게 식별할 수 있는 (적색등)으로 할 것

PART 05

물음 2) 옥내소화전설비의 화재안전기준(NFSC 102)에서 소방용 합성수지배관의 성능인증 및 제품검사의 기술기준에 적합한 소방용 합성수지배관을 설치할 수 있는 경우 3가지를 쓰시오.

(6점)

해설

① 배관을 지하에 매설하는 경우

② 다른 부분과 내화구조로 구획된 덕트 또는 피트의 내부에 설치하는 경우

③ 천장(상층이 있는 경우에는 상층바닥의 하단을 포함한다)과 반자를 불연재료 또는 준불연 재료로 설치하고 그 내부에 습식으로 배관을 설치하는 경우

물음 3) 옥내소화전설비의 방수압력 점검 시 노즐 방수압력이 절대압력으로 2,760 mmHg일 경우 방수량(m^3/s)과 노즐에서의 유속(m/s)을 구하시오. (단, 유량계수는 0.99, 옥내소화전 노즐 구경은 1.3 cm이다)

(10점)

해설

① 유속(m/s)의 계산

  ㉠ 유속의 계산식

$$v = \sqrt{2gh}$$

여기서, v : 유속(m/s)

  h : 수면으로부터 오리피스의 높이(m)

  g : 중력가속도(9.8 m/s²)

  ㉡ 진공도 100 %를 기준으로 하여 측정한 압력으로 유체에 작용하는 실제 압력

절대압력(MPa) = 대기압력(MPa) + 게이지압력(MPa)

  ㉢ 방수게이지압력(mmHg) = 2,760 - 760 mmHg = 2,000 mmHg

  ㉣ 압력을 수두로 변환 = $2,000 \text{mmHg} \times \dfrac{10.332\text{m}}{760\text{mmHg}} = 27.19\text{m}$

  ㉤ 유속(m/s) = $\sqrt{2 \times 9.8 m/s^2 \times 27.19 m} = 23.08$ ∴ 23.08 m/s

② 유량(m^3/s)의 계산

  ㉠ 유량의 계산식

$$Q = C_Q \times A \times v$$

여기서,　Q : 유량(m^3/s)

　　　　v : 유속(m/s)

　　　　A : 배관의 단면적(m^2)

　　　　C_Q : 유량계수(수축계수×속도계수)

ⓛ 유량(m^3/s) = $0.99 \times \dfrac{\pi \times (0.013m)^2}{4} \times 23.08 m/s = 0.003$　　　　∴ 0.003 m^3/s

물음 4) 소방시설 자체점검사항 등에 관한 고시의 소방시설외관점검표에 대하여 다음 물음에 답하시오. (7점)

(1) 소화기의 점검내용 5가지를 쓰시오. (3점)

(2) 스프링클러설비의 점검내용 6가지를 쓰시오. (4점)

해설

(1) 소화기의 점검내용 5가지

　① 잘 보이는 위치에 소화기 설치 여부

　② 보행거리 적정 설치 여부

　③ 소화기 용기 변형·손상·부식 여부

　④ 안전핀 고정 여부

　⑤ 가압시 소화기(폐기 대상, 압력계 미부착 분말소화기) 비치 여부

(2) 스프링클러설비의 점검내용 6가지

　① 수원의 양 적정 여부

　② 제어밸브의 개폐, 작동, 접근 등의 용이성 여부

　③ 제어밸브의 수압 및 공기압 계기가 정상압으로 유지되고 있는지 여부

　④ 배관 및 헤드의 누수 여부

　⑤ 헤드 감열 및 살수 분포의 방해물 설치 여부

　⑥ 동결 또는 부식할 우려가 있는 부분에 보온, 방호조치가 되고 있는지 여부

P A R T　0 5

물음 5) 건축물의 소방점검 중 다음과 같은 사항이 발생하였다. 이에 대한 원인과 조치방법을 각각 3가지씩 쓰시오. (12점)

(1) 아날로그감지기 통신선로의 단선표시등 점등 (6점)

(2) 습식 스프링클러설비의 충압펌프의 잦은 기동과 정지 (단, 충압펌프는 자동정지, 기동용 수압개폐장치는 압력챔버방식이다) (6점)

해 설

(1) 아날로그감지기 통선선로의 단선표시등 점등

원인	조치방법
① 통신선로의 단선	① 통신선로의 보수
② 중계기의 고장	② 중계기의 보수 또는 교체
③ 중계기의 통신선로 결선불량	③ 중계기의 통신선로 보수 또는 결선상태 확인
④ 수신기의 통신카드 고장	④ 수신기의 통신카드 보수 또는 교체

(2) 습식 스프링클러설비의 충압펌프의 잦은 기동과 정지

원인	조치방법
① 시험장치의 부분개방	① 시험장치의 폐쇄
② 압력챔버의 하단 배수밸브 개방	② 배수밸브 폐쇄
③ 옥상수조 측에 연결된 체크밸브(Swing Check Valve)의 고장으로 역류하는 경우	③ 체크밸브(Swing Check Valve)의 보수 또는 교체
④ 알람체크밸브의 배수밸브 개방	④ 알람체크밸브의 배수밸브 폐쇄

[문제 2] 다음 물음에 답하시오. (30점)

물음 1) 소방시설 자체점검사항 등에 관한 고시의 소방시설등(작동, 종합) 점검표에 대하여 다음 물음에 답하시오. (10점)

(1) 제연설비 배출기의 점검항목 5가지를 쓰시오. (5점)

(2) 분말소화설비 가압용 가스용기의 점검항목 5가지를 쓰시오. (5점)

해 설

(1) 제연설비 배출기의 점검항목 5가지

　① 배출기와 배출풍도 사이 캔버스 내열성 확보 여부

　② 배출기 회전이 원활하며 회전방향 정상 여부

③ 변형·훼손 등이 없고 V-벨트 기능 정상 여부

④ 본체의 방청, 보존상태 및 캔버스 부식 여부

⑤ 배풍기 내열성 단열재 단열처리 여부

(2) 분말소화설비 가압용 가스용기의 점검항목 5가지

① 가압용 가스용기 저장용기 접속 여부

② 가압용 가스용기 전자개방밸브 부착 적정 여부

③ 가압용 가스용기 압력조정기 설치 적정 여부

④ 가압용 또는 축압용 가스 종류 및 가스량 적정 여부

⑤ 배관 청소용 가스 별도 용기 저장 여부

물음 2) 건축물의 피난·방화구조 등의 기준에 관한 규칙에 대하여 다음 물음에 답하시오. (10점)

(1) 건축물의 바깥쪽에 설치하는 피난계단의 구조기준 4가지를 쓰시오. (4점)

(2) 하향식 피난구(덮개, 사다리, 경보시스템을 포함한다) 구조기준 6가지를 쓰시오. (6점)

해설

(1) 건축물의 바깥쪽에 설치하는 피난계단의 구조기준 4가지

① 계단은 그 계단으로 통하는 출입구외의 창문등(망이 들어 있는 유리의 붙박이창으로서 그 면적이 각각 1 m² 이하인 것을 제외)으로부터 2 m 이상의 거리를 두고 설치할 것

② 건축물의 내부에서 계단으로 통하는 출입구에는 60분+방화문 또는 60분방화문을 설치할 것

③ 계단의 유효너비는 0.9 m 이상으로 할 것

④ 계단은 내화구조로 하고 지상까지 직접 연결되도록 할 것

(2) 하향식 피난구(덮개, 사다리, 경보시스템을 포함한다) 구조기준 6가지

① 피난구의 덮개(덮개와 사다리, 승강식 피난기 또는 경보시스템이 일체형으로 구성된 경우에는 그 사다리, 승강식 피난기 또는 경보시스템을 포함한다)는 품질시험을 실시한 결과 비차열 1시간 이상의 내화성능을 가져야 하며, 피난구의 유효 개구부 규격은 직경 60 cm 이상일 것

② 상층·하층간 피난구의 수평거리는 15 cm 이상 떨어져 있을 것

③ 아래층에서는 바로 위층의 피난구를 열 수 없는 구조일 것

④ 사다리는 바로 아래층의 바닥면으로부터 50 cm 이하까지 내려오는 길이로 할 것

⑤ 덮개가 개방될 경우에는 건축물관리시스템 등을 통하여 경보음이 울리는 구조일 것

⑥ 피난구가 있는 곳에는 예비전원에 의한 조명설비를 설치할 것

물음 3) 비상조명등의 화재안전기준(NFSC 304) 설치기준에 관한 내용 중 일부이다. ( )에 들어갈 내용을 쓰시오. (5점)

> 비상전원은 비상조명등을 20분 이상 유효하게 작동시킬 수 있는 용량으로 할 것. 다만 다음 각 목의 특정소방대상물의 경우에는 그 부분에서 피난층에 이르는 부분의 비상조명등을 60분 이상 유효하게 작동시킬 수 있는 용량으로 하여야 한다.
> 가. 지하층을 제외한 층수가 11층 이상의 층
> 나. 지하층 또는 무창층으로서 용도가 (ㄱ)·(ㄴ)·(ㄷ)·(ㄹ) 또는 (ㅁ)

해설

ㄱ. 도매시장

ㄴ. 소매시장

ㄷ. 여객자동차터미널

ㄹ. 지하역사

ㅁ. 지하상가

물음 4) 유도등 및 유도표지의 화재안전기준(NFSC 303)에서 공연장 등 어두워야 할 필요가 있는 장소에 3선식 배선으로 상시 충전되는 유도등의 전기회로에 점멸기를 설치하는 경우, 점등되어야 하는 때에 해당하는 것 5가지를 쓰시오. (5점)

해설

① 자동화재탐지설비의 감지기 또는 발신기가 작동되는 때

② 비상경보설비의 발신기가 작동되는 때

③ 상용전원이 정전되거나 전원선이 단선되는 때

④ 방재업무를 통제하는 곳 또는 전기실의 배전반에서 수동으로 점등하는 때

⑤ 자동소화설비가 작동되는 때

[문제 3] 다음 물음에 답하시오. (30점)

물음 1) 할론 1301 소화설비 약제저장용기의 저장량을 측정하려고 한다. 다음 물음에 답하시오. (12점)

(1) 액위측정법을 설명하시오. (3점)

(2) 아래 그림의 레벨메터(Level Meter) 구성부품 중 각 부품(㉠ ~ ㉢)의 명칭을 쓰시오. (3점)

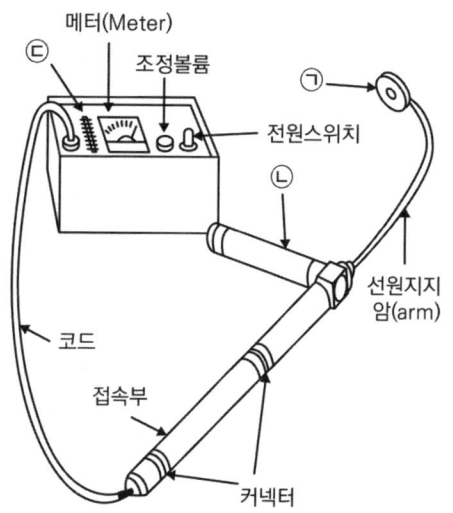

(3) 레벨메터(Level Meter) 사용 시 주의사항 6가지를 쓰시오. (6점)

해설

(1) 액위측정법을 설명

① 액위측정법

방사선 동위원소인 코발트 60의 감마선을 이용하여 투과계수율의 변화를 읽어 약제의 액위를 측정하는 방법

② 액위측정법의 방법

㉠ 지지암을 탐침 및 본체에 연결후, 전원스위치(배터리)를 넣고 전압을 체크한다.

㉡ 온도측정 후 액면계 탐침(Probe)와 방사선원 간에 용기를 끼워 넣듯이 삽입한다.

㉢ 지지암을 상하방향으로 움직여 계기지침이 크게 흔들리는 지점을 정확히 확인한 후 용기 외부에 표시하고 그 위치가 용기의 바닥에서 얼마만큼의 높이인가를 측정한다.

㉣ 전용의 환산기에 가스의 종류 온도, 약제용기용량, 내경, 액면높이를 입력한다.

㉤ 전용 환산기에 약제량(kg)이 표시된다.

(2) 레벨메터(Level Meter) 구성부품 중 각 부품(㉠ ~ ㉢)의 명칭

　　㉠ 방사선원(코발트 60)

　　㉡ 탐침(Probe)

　　㉢ 온도계

(3) 레벨메터(Level Meter) 사용 시 주의사항 6가지

　　① 방사선원(코발트 60)은 부착한 채로 관리하고, 분실에 각별히 유의할 것

　　② 코발트 60의 사용연한은 약 3년임

　　③ 측정장소 주위온도가 높을 경우 액면의 판별이 곤란하므로 주의할 것

　　④ 용기는 중량물(약 150 kg)이므로 주의해 취급하고 특히 전도 등에 유의할 것

　　⑤ 충전비는 0.9 이상 1.6 이하일 것

　　⑥ 점검카드에 충전량, 중량 등을 기록해 둘 것

물음 2) 자동소화장치에 대하여 다음 물음에 답하시오.　　　　　　　　　　　　　(5점)

(1) 소화기구 및 자동소화장치의 화재안전기준(NFSC 101)에서 가스용 주방 자동소화장치를 사용하는 경우 탐지부 설치위치를 쓰시오. (2점)

(2) 소방시설 자체점검사항 등에 관한 고시의 소방시설등(작동, 종합)점검표에서 상업용 주방 자동소화장치의 점검항목을 쓰시오. (3점)

해설

(1) 소화기구 및 자동소화장치의 화재안전기준(NFSC 101)에서 가스용 주방 자동소화장치를 사용하는 경우 탐지부 설치위치

　　① 공기보다 가벼운 가스를 사용하는 경우에는 천장 면으로 부터 30 cm 이하의 위치에 설치

　　② 공기보다 무거운 가스를 사용하는 장소에는 바닥 면으로부터 30 cm 이하의 위치에 설치

(2) 소방시설 자체점검사항 등에 관한 고시의 소방시설등(작동, 종합)점검표에서 상업용 주방 자동소화장치의 점검항목

　　① 소화약제의 지시압력 적정 및 외관의 이상 여부

　　② 후드 및 덕트에 감지부와 분사헤드의 설치상태 적정 여부

　　③ 수동기동장치의 설치상태 적정 여부

물음 3) 준비작동식 스프링클러설비 전기 계통도(R형 수신기)이다. 최소 배선 수 및 회로 명칭을 각각 쓰시오. (4점)

구분	전선의 굵기	최소 배선 수 및 회로 명칭
①	1.5 mm²	(ㄱ)
②	2.5 mm²	(ㄴ)
③	2.5 mm²	(ㄷ)
④	2.5 mm²	(ㄹ)

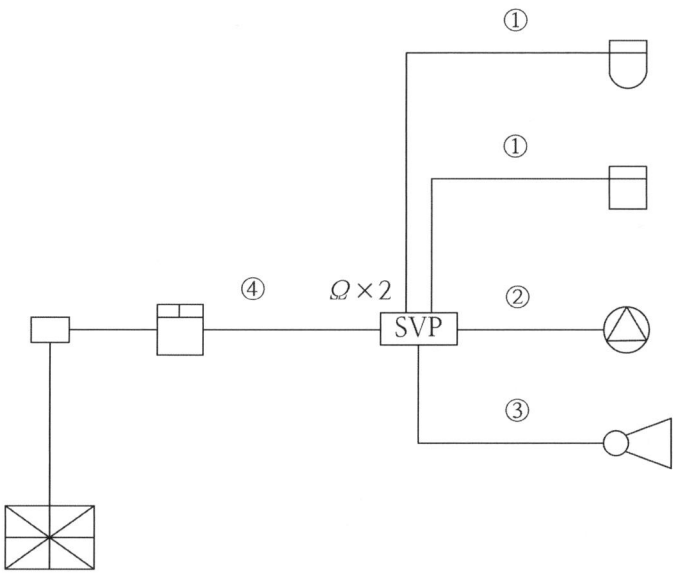

해설

ㄱ. 4가닥 : 감지기 A·B, 공통 A·B

ㄴ. 4가닥 : Sol, T/s, P/s, 공통

ㄷ. 2가닥 : 사이렌, 공통

ㄹ. 7가닥 : 감지기 A·B, T/s, P/s, Sol, 사이렌, 공통

물음 4) 특별피난계단의 부속실(전실)제연설비에 대하여 다음 물음에 답하시오. (9점)

(1) 소방시설 자체점검사항 등에 관한 고시의 소방시설 성능시험조사표에서 부속실 제연설비의 "차압 등" 점검항목 4가지를 쓰시오. (4점)

(2) 전 층이 닫힌 상태에서 차압이 과다한 원인 3가지를 쓰시오. (2점)

(3) 방연풍속이 부족한 원인 3가지를 쓰시오. (3점)

해 설

(1) 소방시설 자체점검사항 등에 관한 고시의 소방시설 성능시험조사표에서 부속실 제연설비의 "차압 등" 점검항목 4가지
　① 제연구역과 옥내 사이 최소차압 적정 여부
　② 제연설비 가동 시 출입문 개방력 적정 여부
　③ 비개방층 최소차압 적정 여부
　④ 부속실과 계단실 차압 적정 여부(계단실과 부속실 동시 제연의 경우)

(2) 전 층이 닫힌 상태에서 차압이 과다한 원인 3가지
　① 과압방지장치(플랩댐퍼)가 고장 난 경우
　② 옥내 측 방화문의 기밀도가 높은 경우
　③ 송풍기의 풍량이 과설계된 경우
　④ 급기송풍기의 토출 측 풍량조절댐퍼의 풍량조절이 불량인 경우
　⑤ 급기풍도에서의 마찰손실이 설계보다 적은 경우

(3) **방연풍속이 부족한 원인**
　① 급기댐퍼의 개구율이 부족한 경우
　② 송풍기의 용량이 부족하게 설계된 경우
　③ 급기풍도의 틈새에 따른 누설량이 증가된 경우
　④ 급기풍도 부속류 등의 마찰손실이 큰 경우
　⑤ 방연풍속을 계측하는 풍속계가 고장 난 경우
　⑥ 화재층 외의 개방된 부속실의 개수가 설계치보다 많은 경우

[문제 1] 다음 물음에 답하시오. (40점)

물음 1) 누전경보기의 화재안전기준(NFSC 205)에서 누전경보기의 설치방법에 대하여 쓰시오.

(7점)

> **해설**
>
> ① 경계전로의 정격전류가 60 A를 초과하는 전로에 있어서는 1급 누전경보기를, 60 A 이하의 전로에 있어서는 1급 또는 2급 누전경보기를 설치할 것. 다만 정격전류가 60 A를 초과하는 경계전로가 분기되어 각 분기회로의 정격전류가 60 A 이하로 되는 경우 당해 분기회로마다 2급 누전경보기를 설치한 때에는 당해 경계전로에 1급 누전경보기를 설치한 것으로 본다.
>
> ② 변류기는 특정소방대상물의 형태, 인입선의 시설방법 등에 따라 옥외 인입선의 제1지점의 부하측 또는 제2종 접지선 측의 점검이 쉬운 위치에 설치할 것. 다만 인입선의 형태 또는 특정소방대상물의 구조상 부득이한 경우에는 인입구에 근접한 옥내에 설치할 수 있다.
>
> ③ 변류기를 옥외의 전로에 설치하는 경우에는 옥외형으로 설치할 것

물음 2) 누전경보기에 대한 종합점검표에서 수신부의 점검항목 4가지와 전원의 점검항목 3가지를 쓰시오.

(7점)

> **해설**
>
> ① 종합점검표에서 수신부 점검항목 4가지
>   ○ 상용전원 공급 및 전원표시등 정상 점등 여부
>   ● 가연성증기, 먼지 등 체류 우려 장소의 경우 차단기구 설치 여부
>   ○ 수신부의 성능 및 누전경보 시험 적정 여부
>   ○ 음향장치 설치장소(상시 사람이 근무) 및 음량·음색 적정 여부

② 전원의 점검항목 3가지
- 분전반으로부터 전용회로 구성 여부
- 개폐기 및 과전류차단기 설치 여부
- 다른 차단기에 의한 전원차단 여부(전원을 분기할 경우)

물음 3) 화재예방, 소방시설 설치·유지 및 안전관리에 관한 법령에 따라 무선통신보조설비를 설치하여야 하는 특정소방대상물(위험물 저장 및 처리시설 중 가스시설은 제외한다) 5가지를 쓰시오. (5점)

해설

① 지하상가로서 연면적 1천 m^2 이상인 것
② 지하층의 바닥면적의 합계가 3천 m^2 이상인 것 또는 지하층의 층수가 3층 이상이고 지하층의 바닥면적의 합계가 1천 m^2 이상인 것은 지하층의 모든 층
③ 터널로서 길이가 500 m 이상인 것
④ 지하구 중 공동구
⑤ 층수가 30층 이상인 것으로서 16층 이상 부분의 모든 층

물음 4) 소방시설 자체점검사항 등에 관한 고시에서 무선통신보조설비 종합점검표의 누설동축케이블등의 점검항목 5가지와 증폭기 및 무선중계기의 점검항목 3가지를 쓰시오. (8점)

해설

① 누설동축케이블등 점검항목 5가지
  ○ 피난 및 통행 지장 여부(노출하여 설치한 경우)
  ● 케이블 구성 적정(누설동축케이블 + 안테나 또는 동축케이블 + 안테나) 여부
  ● 지지금구 변형·손상 여부
  ● 누설동축케이블 및 안테나 설치 적정 및 변형·손상 여부
  ● 누설동축케이블 말단 '무반사 종단저항' 설치 여부
② 증폭기 및 무선중계기 점검항목 3가지
  ● 상용전원 적정 여부
  ○ 전원표시등 및 전압계 설치상태 적정 여부
  ● 증폭기 비상전원 부착 상태 및 용량 적정 여부
  ○ 적합성 평가 결과 임의 변경 여부

물음 5) 소방시설 자체점검사항 등에 관한 고시에서 소방시설외관점검표의 자동화재탐지설비, 자동화재속보설비, 비상경보설비의 점검항목 6가지를 쓰시오. (6점)

해 설

① 수신기 작동에 지장을 주는 장애물 유무

② 스위치 정위치(자동) 여부

③ 변형·손상·탈락·현저한 부식 등의 유무

④ 구획된 실마다 감지기 설치 여부

⑤ 속보세트 내 발신기, 경종, 표시등의 변형·손상·단선·현저한 부식 등의 유무

⑥ 비상전원의 방전 여부

물음 6) 소방시설 자체점검사항 등에 관한 고시에서 이산화탄소소화설비의 종합점검표상 수동식 기동장치의 점검항목 4가지와 안전시설 등의 점검항목 3가지를 쓰시오. (7점)

해 설

① 수동식 기동장치 점검항목 4가지
  ○ 기동장치 부근에 비상스위치 설치 여부
  ● 방호구역별 또는 방호대상별 기동장치 설치 여부
  ○ 기동장치 설치 적정(출입구 부근 등, 높이, 보호장치, 표지, 전원표시등) 여부
  ○ 방출용 스위치 음향경보장치 연동 여부
② 안전시설 등 점검항목 3가지
  ○ 소화약제 방출알림 시각경보장치 설치기준 적합 및 정상 작동 여부
  ○ 방호구역 출입구 부근 잘 보이는 장소에 소화약제 방출 위험경고표지 부착 여부
  ○ 방호구역 출입구 외부 인근에 공기호흡기 설치 여부

[문제 2] 다음 물음에 답하시오. (30점)

물음 1) 화재예방, 소방시설 설치·유지 및 안전관리에 관한 법령상 종합점검의 대상인 특정소방대상물을 나열한 것이다. ( )에 들어갈 내용을 쓰시오. (5점)

> 1) (①)가 설치된 특정소방대상물
> 2) (②)[호스릴(Hose Reel)방식의 (②)만을 설치한 경우는 제외한다]가 설치된 연면적 5,000 m² 이상인 특정소방대상물(위험물 제조소등은 제외한다)
> 3) 「다중이용업소의 안전관리에 관한 특별법 시행령」 제2조 제1호 나목, 같은 조 제2호(비디오물소극장업은 제외한다)·제6호·제7호·제7호의2 및 제7호의5의 다중이용업의 영업장이 설치된 특정소방대상물로서 연면적이 2,000 m² 이상인 것
> 4) (③)가 설치된 터널
> 5) 「공공기관의 소방안전관리에 관한 규정」 제2조에 따른 공공기관 중 연면적(터널·지하구의 경우 그 길이와 평균폭을 곱하여 계산된 값을 말한다)이 1,000 m² 이상인 것으로서 (④) 또는 (⑤) 설치된 것. 다만 「소방기본법」 제2조 제5호에 따른 소방대가 근무하는 공공기관은 제외한다.

해 설

① 스프링클러설비
② 물분무등소화설비
③ 제연설비
④ 옥내소화전설비
⑤ 자동화재탐지설비

물음 2) 아래 조건을 참고하여 다음 물음에 답하시오. (11점)

조 건

> 1) 용도 : 복합건축물(1류 가감계수 : 1.2)
> 2) 연면적 : 450,000 m²(아파트, 의료시설, 판매시설, 업무시설)
>   ① 아파트 400세대(아파트용 주차장 및 부속용도 면적 합계 : 180,000 m²)
>   ② 의료시설, 판매시설, 업무시설 및 부속용도 면접 : 270,000 m²)
> 3) 스프링클러설비, 이산화탄소소화설비, 제연설비 설치됨
> 4) 점검인력 1단위 + 보조인력 2인

(1) 화재예방, 소방시설 설치·유지 및 안전관리에 관한 법령상 위 특정소방대상물에 대해 소방시설관리업자가 종합점검을 실시할 경우 점검면적과 적정한 최소 점검일수를 계산하시오. (8점)

해설

① 점검면적의 계산식

점검면적 = (실제점검면적 × 가감계수) - (실제점검면적 × 가감계수 × 설비계수의 합)

㉠ 용도별 가감계수를 반영한 면적
- 아파트 환산면적 = 400세대 × 33.3 = 13,320 m²
- (13,320 m² + 270,000 m²) × 1.2 = 283,320 m² × 1.2 = 339,984 m²

㉡ 점검면적은 ∴339,984 m²(설비가 모두 있어 감소면적 없음)

② 적정한 최소 점검일수

점검인력 1단위 + 보조인력 2인 : 339,984 m² ÷ 16,000 m²/일 = 21.249 ∴ 22일

(2) 화재예방, 소방시설 설치·유지 및 안전관리에 관한 법령상 소방시설관리업자가 위 특정소방대상물의 종합점검을 실시한 후 부착해야 하는 점검기록표의 기재사항 5가지 중 3가지(대상명은 제외)만 쓰시오. (3점)

해설

① 점검기간
② 점검업체명
③ 점검자
④ 점검의 구분
⑤ 유효기간

물음 3) 화재예방, 소방시설 설치·유지 및 안전관리에 관한 법령상 소방시설등의 자체점검의 횟수 및 시기, 점검결과보고서의 제출기한 등에 관한 내용이다. ( )에 들어갈 내용을 쓰시오.

(7점)

> 1) 본 문항의 특정소방대상물을 연면적 1,500 m²의 종합점검 대상이며, 공공기관, 특급소방안전관리대상물, 종합점검 면제 대상물이 아니다.
> 2) 위 특정소방대상물의 관계인은 종합점검과 작동점검을 각각 연 (①) 이상 실시해야 하고, 관계인이 종합점검 및 작동점검을 실시한 경우 (②) 이내에 소방본부장 또는 소방서장에게 점검결과보고서를 제출해야 하며, 그 점검결과를 (③)간 자체보관해야 한다.
> 3) 소방시설관리업자가 점검을 실시한 경우, 점검이 끝난 날부터 (④) 이내에 점검인력 배치 상황을 포함한 소방시설등에 대한 자체점검실적을 평가기관에 통보하여야 한다.
> 4) 소방본부장 또는 소방서장은 소방시설이 화재안전기준에 따라 설치 또는 유지·관리되어 있지 아니할 때에는 조치명령을 내릴 수 있다. 조치명령을 받은 관계인이 조치명령의 연기를 신청하려면 조치명령의 이행기간 만료 (⑤) 전까지 연기신청서를 소방본부장 또는 소방서장에게 제출하여야 한다.
> 5) 위 특정소방대상물의 사용승인일이 2014년 5월 27일인 경우 특별한 사정이 없는 한 2022년에는 종합점검을 (⑥)까지 실시해야 하고, 작동점검을 (⑦)까지 실시해야 한다.

해설

① 1회	② 7일
③ 2년	④ 10일
⑤ 5일	⑥ 5월 31일
⑦ 11월30일	

물음 4) 화재예방, 소방시설 설치·유지 및 안전관리에 관한 법령상 소방청장이 소방시설관리사의 자격을 취소하거나 2년 이내의 기간을 정하여 자격의 정지를 명할 수 있는 사유 7가지를 쓰시오. (7점)

> **해설**
>
> ① 거짓이나 그 밖의 부정한 방법으로 시험에 합격한 경우
> ② 소방시설관리사증을 다른 자에게 빌려준 경우
> ③ 동시에 둘 이상의 업체에 취업한 경우
> ④ 결격사유에 해당하게 된 경우
> ⑤ 소방안전관리 업무를 하지 않거나 거짓으로 한 경우
> ⑥ 점검을 하지 않거나 거짓으로 한 경우
> ⑦ 성실하게 자체점검업무를 수행하지 아니한 경우

[문제 3] 다음 물음에 답하시오. (30점)

물음 1) 화재예방, 소방시설 설치·유지 및 안전관리에 관한 법령상 소방시설별 점검장비이다. ( )에 들어갈 내용을 쓰시오. (단, 종합점검의 경우임) (5점)

소방시설	장비
스프링클러설비 포소화설비	• (①)
이산화탄소소화설비 분말소화설비 할론소화설비 할로겐화합물 및 불활성기체(다른 원소와 화학반응을 일으키기 어려운 기체) 소화설비	• (②) • (③) • 그 밖에 소화약제의 저장량을 측정할 수 있는 점검기구
자동화재탐지설비 시각경보기	• 열감지기시험기 • 연(煙)감지기시험기 • (④) • (⑤) • 음량계

① 헤드결합렌치
② 검량계
③ 기동관누설시험기
④ 공기주입시험기
⑤ 감지기시험기연결폴대

물음 2) 소방시설 자체검검사항 등에 관한 고시에서 비상조명등 및 휴대용 비상조명등 점검표상의 휴대용 비상조명등의 점검항목 7가지를 쓰시오. (7점)

○ 설치대상 및 설치수량 적정 여부
○ 설치높이 적정 여부
○ 휴대용 비상조명등의 변형 및 손상 여부
○ 어둠속에서 위치를 확인할 수 있는 구조인지 여부
○ 사용 시 자동으로 점등되는지 여부
○ 건전지를 사용하는 경우 유효한 방전 방지조치가 되어 있는지 여부
○ 충전식 배터리의 경우에는 상시 충전되도록 되어 있는지의 여부

물음 3) 옥내소화전설비의 화재안전기준(NFSC 102)에서 가압송수장치의 압력수조에 설치해야 하는 것을 5가지만 쓰시오. (5점)

수위계·급수관·배수관·급기관·맨홀·압력계·안전장치 및 압력저하 방지를 위한 자동식공기압축기

물음 4) 소방시설 자체점검사항 등에 관한 고시에서 비상경보설비 및 단독경보형 감지기 점검표 상의 비상경보설비의 점검항목 8가지를 쓰시오. (8점)

> **해설**
>
> ○ 수신기 설치장소 적정(관리용이) 및 스위치 정상 위치 여부
> ○ 수신기 상용전원 공급 및 전원표시등 정상점등 여부
> ○ 예비전원(축전지) 상태 적정 여부(상시 충전, 상용전원 차단 시 자동절환)
> ○ 지구음향장치 설치기준 적합 여부
> ○ 음향장치(경종 등) 변형·손상 확인 및 정상 작동(음량 포함) 여부
> ○ 발신기 설치장소, 위치(수평거리) 및 높이 적정 여부
> ○ 발신기 변형·손상 확인 및 정상 작동 여부
> ○ 위치표시등 변형·손상 확인 및 정상 점등 여부

물음 5) 가스누설경보기의 화재안전기준(NFSC 206)에서 분리형 경보기의 탐지부 및 단독형 경보기 설치 제외 장소 5가지를 쓰시오. (5점)

> **해설**
>
> ① 출입구 부근 등으로서 외부의 기류가 통하는 곳
> ② 환기구 등 공기가 들어오는 곳으로부터 1.5 m 이내인 곳
> ③ 연소기의 폐가스에 접촉하기 쉬운 곳
> ④ 가구·보·설비 등에 가려져 누설가스의 유통이 원활하지 못한 곳
> ⑤ 수증기, 기름 섞인 연기 등이 직접 접촉될 우려가 있는 곳

[문제 1] 다음 물음에 답하시오. (30점)

물음 1) 소방시설 폐쇄·차단 시 행동요령 등에 관한 고시상 소방시설의 점검·정비를 위하여 소방시설이 폐쇄·차단된 이후 수신기 등으로 화재 신호가 수신되거나 화재 상황을 인지한 경우 특정소방대상물의 관계인의 행동요령 5가지를 쓰시오. (5점)

> **해설**
>
> ① 폐쇄·차단되어 있는 모든 소방시설(수신기, 스프링클러 밸브 등)을 정상상태로 복구한다.
> ② 즉시 소방관서(119)에 신고하고, 재실자를 대피시키는 등 적절한 조치를 취한다.
> ③ 화재 신호가 발신된 장소로 이동하여 화재 여부를 확인한다.
> ④ 화재로 확인된 경우에는 초기소화, 상황전파 등의 조치를 취한다.
> ⑤ 화재가 아닌 것으로 확인된 경우에는 재실자에게 관련 사실을 안내하고, 수신기에서 화재경보 복구 후 비화재보 방지를 위해 적절한 조치를 취한다.

물음 2) 화재안전성능기준(NFPC) 및 화재안전기술(NFTC)에 대하여 다음 물음에 답하시오. (16점)

　⑴ 소화기구 및 자동소화장치의 화재안전기술기준(NFTC 101)상 용어의 정의에서 정한 자동확산소화기의 종류 3가지를 설명하시오. (6점)

> **해설**
>
> ① "일반화재용 자동확산소화기"란 보일러실, 건조실, 세탁소, 대량화기취급소 등에 설치되는 자동확산소화기를 말한다.
> ② "주방화재용 자동확산소화기"란 음식점, 다중이용업소, 호텔, 기숙사, 의료시설, 업무시설, 공장 등의 주방에 설치되는 자동확산소화기를 말한다.
> ③ "전기설비용 자동확산소화기"란 변전실, 송전실, 변압기실, 배전반실, 제어반, 분전반 등에 설치되는 자동확산소화기를 말한다.

(2) 유도등 및 유도표지의 화재안전성능기준(NFPC 303)상 유도등 및 유도표지를 설치하지 않을 수 있는 경우 4가지를 쓰시오. (4점)

해설

① 바닥면적이 1,000 m³ 미만인 층으로서 옥내로부터 직접 지상으로 통하는 출입구 또는 거실 각 부분으로부터 쉽게 도달할 수 있는 출입구 등의 경우에는 피난구유도등을 설치하지 않을 수 있다.

② 구부러지지 아니한 복도 또는 통로로서 그 길이가 30 m 미만인 복도 또는 통로 등의 경우에는 통로유도등을 설치하지 않을 수 있다.

③ 주간에만 사용하는 장소로서 채광이 충분한 객석 등의 경우에는 객석유도등을 설치하지 않을 수 있다.

④ 유도등이 피난구유도등과 통로유도등 설치기준에 따라 적합하게 설치된 출입구·복도·계단 및 통로 등의 경우에는 유도표지를 설치하지 않을 수 있다.

(3) 전기저장시설의 화재안전기술기준(NFTC 607)에 대하여 다음 물음에 답하시오. (6점)
  ① 전기저장장치의 설치장소에 대하여 쓰시오. (2점)

해설

전기저장장치는 관할 소방대의 원활한 소방활동을 위해 지면으로부터 지상 22 m(전기저장장치가 설치된 전용 건축물의 최상부 끝단까지의 높이) 이내, 지하 9 m(전기저장장치가 설치된 바닥면까지의 깊이) 이내로 설치해야 한다.

  ② 배출설비 설치기준 4가지를 쓰시오. (4점)

해설

① 배풍기·배출덕트·후드 등을 이용하여 강제적으로 배출할 것
② 바닥면적 1 m²에 시간당 18 m³ 이상의 용량을 배출할 것
③ 화재감지기의 감지에 따라 작동할 것
④ 옥외와 면하는 벽체에 설치할 것

물음 3) 소방시설 자체점검사항 등에 관한 고시에 대하여 다음 물음에 답하시오. (12점)

(1) 평가기관은 배치신고 시 오기로 인한 수정사항이 발생한 경우 점검인력 배치상황 신
고 사항을 수정해야 한다. 다만 평가기관이 배치기준 적합 여부 확인 결과 부적합인
경우에 관할 소방서의 담당자 승인 후에 평가기관이 수정할 수 있는 사항을 모두 쓰
시오. (8점)

해설

① 소방시설의 설비 유무
② 점검인력, 점검일자
③ 점검 대상물의 추가·삭제
④ 건축물대장에 기재된 내용으로 확인할 수 없는 사항
  ㉠ 점검 대상물의 주소, 동수
  ㉡ 점검 대상물의 주용도, 아파트(세대수를 포함한다) 여부, 연면적 수정
  ㉢ 점검 대상물의 점검 구분

(2) 소방청장, 소방본부장 또는 소방서장이 부실점검을 방지하고 점검품질을 향상시키
기 위하여 표본조사를 실시하여야 하는 특정소방대상물 대상 4가지를 쓰시오. (4점)

해설

① 점검인력 배치상황 확인 결과 점검인력 배치기준 등을 부적정하게 신고한 대상
② 표준자체점검비 대비 현저하게 낮은 가격으로 용역계약을 체결하고 자체점검을 실시
  하여 부실점검이 의심되는 대상
③ 특정소방대상물 관계인이 자체점검한 대상
④ 그 밖에 소방청장, 소방본부장 또는 소방서장이 필요하다고 인정한 대상

물음 4) 소방시설등(작동점검·종합점검) 점검표에 대하여 다음 물음에 답하시오.   (7점)

(1) 소방시설등(작동점검·종합점검) 점검표의 작성 및 유의사항 2가지를 쓰시오. (2점)

> **해설**
>
> ① 소방시설등(작동, 종합)점검결과보고서의 '각 설비별 점검결과'에는 본 서식의 점검번호를 기재한다.
> ② 자체점검결과(보고서 및 점검표)를 2년간 보관하여야 한다.

(2) 연결살수설비 점검표에서 송수구 점검항목 중 종합점검의 경우에만 해당하는 점검항목 3가지와 배관 등 점검항목 중 작동점검에 해당하는 점검항목 2가지를 쓰시오. (5점)

> **해설**
>
> ① 연결살수설비 점검표에서 송수구 점검항목 중 종합점검의 경우에만 해당하는 점검항목 3가지
>   ○ 설치장소 적정 여부
>   ○ 송수구 구경(65 mm) 및 형태(쌍구형) 적정 여부
>   ○ 송수구역별 호스접결구 설치 여부(개방형 헤드의 경우)
>   ○ 설치높이 적정 여부
>   ● 송수구에서 주배관상 연결배관 개폐밸브 설치 여부
>   ○ "연결살수설비 송수구" 표지 및 송수구역 일람표 설치 여부
>   ○ 송수구 마개 설치 여부
>   ○ 송수구의 변형 또는 손상 여부
>   ● 자동배수밸브 및 체크밸브 설치 순서 적정 여부
>   ○ 자동배수밸브 설치상태 적정 여부
>   ● 1개 송수구역 설치 살수헤드 수량 적정 여부(개방형 헤드의 경우)
> ② 연결살수설비 점검표에서 배관 등 점검항목 중 작동점검에 해당하는 점검항목 2가지
>   ○ 급수배관 개폐밸브 설치 적정(개폐표시형, 흡입 측 버터플라이 제외) 여부
>   ● 동결방지조치 상태 적정 여부(습식의 경우)
>   ● 주배관과 타 설비 배관 및 수조 접속 적정 여부(폐쇄형 헤드의 경우)
>   ○ 시험장치 설치 적정 여부(폐쇄형 헤드의 경우)
>   ● 다른 설비의 배관과의 구분 상태 적정 여부

PART 05

[문제 2] 다음 물음에 답하시오. (30점)

물음 1) 소방시설 자체점검사항 등에 관한 고시상 소방시설 성능시험조사표에 대하여 다음 물음에 답하시오. (19점)

⑴ 스프링클러설비 성능시험조사표의 성능 및 점검항목 중 수압시험 점검항목 3가지를 쓰시오. (3점)

해설

① 가압송수장치 및 부속장치(밸브류·배관·배관부속류·압력챔버)의 수압시험(접속상태에서 실시한다. 이하 같다)결과
② 옥외연결송수구 연결배관의 수압시험결과
③ 입상배관 및 가지배관의 수압시험결과

⑵ 다음은 스프링클러설비 성능시험조사표의 성능 및 점검항목 중 수압시험방법을 기술한 것이다. ( )에 들어갈 내용을 쓰시오. (4점)

수압시험은 (ㄱ) MPa의 압력으로 (ㄴ)시간 이상 시험하고자 하는 배관의 가장 낮은 부분에서 가압하되, 배관과 배관·배관부속류·밸브류·각종장치 및 기구의 접속부분에서 누수현상이 없어야 한다. 이 경우 상용수압이 (ㄷ) MPa 이상인 부분에 있어서의 압력은 그 상용수압에 (ㄹ) MPa을 더한 값으로 한다.

해설

수압시험은 (1.4) MPa의 압력으로 (2)시간 이상 시험하고자 하는 배관의 가장 낮은 부분에서 가압하되, 배관과 배관·배관부속류·밸브류·각종 장치 및 기구의 접속부분에서 누수현상이 없어야 한다. 이 경우 상용수압이 (1.05) MPa 이상인 부분에 있어서의 압력은 그 상용수압에 (0.35) MPa을 더한 값으로 한다.

(3) 도로터널 성능시험조사표의 성능 및 점검항목 중 제연설비 점검항목 7가지만 쓰시오. (7점)

① 설계 적정(설계화재강도, 연기발생률 및 배출용량) 여부
② 위험도분석을 통한 설계화재강도 설정 적정 여부(화재강도가 설계화재강도보다 높을 것으로 예상될 경우)
③ 예비용 제트팬 설치 여부(종류환기방식의 경우)
④ 배연용 팬의 내열성 적정 여부((반)횡류환기방식 및 대배기구방식의 경우)
⑤ 개폐용 전동모터의 정전 등 전원차단 시 조작상태 적정 여부(대배기구방식의 경우)
⑥ 화재에 노출 우려가 있는 제연설비, 전원공급선 및 전원공급장치 등의 250℃ 온도에서 60분 이상 운전 가능 여부
⑦ 제연설비 기동방식(자동 및 수동) 적정 여부
⑧ 제연설비 비상전원 용량 적정 여부

(4) 스프링클러설비 성능시험조사표의 성능 및 점검항목 중 감시제어반의 전용실(중앙제어실 내에 감시제어반 설치 시 제외) 점검항목 5가지를 쓰시오. (5점)

① 다른 부분과 방화구획 적정 여부
② 설치위치(층) 적정 여부
③ 비상조명등 및 급·배기설비 설치 적정 여부
④ 무선기기 접속단자 설치 적정 여부
⑤ 바닥면적 적정 확보 여부

물음 2) 소방시설 설치 및 관리에 관한 법령상 소방시설등의 자체점검 결과의 조치 등에 대하여 다음 물음에 답하시오. (6점)

(1) 자체점검 결과의 조치 중 중대위반사항에 해당하는 경우 4가지를 쓰시오. (4점)

> **해설**
>
> ① 소화펌프(가압송수장치를 포함한다. 이하 같다), 동력·감시제어반 또는 소방시설용 전원(비상전원을 포함한다)의 고장으로 소방시설이 작동되지 않는 경우
> ② 화재 수신기의 고장으로 화재경보음이 자동으로 울리지 않거나 화재 수신기와 연동된 소방시설의 작동이 불가능한 경우
> ③ 소화배관 등이 폐쇄·차단되어 소화수(消火水) 또는 소화약제가 자동 방출되지 않는 경우
> ④ 방화문 또는 자동방화셔터가 훼손되거나 철거되어 본래의 기능을 못하는 경우

(2) 다음은 자체점검 결과 공개에 관한 내용이다. ( )에 들어갈 내용을 쓰시오. (2점)

> ○ 소방본부장 또는 소방서장은 법 제24조 제2항에 따라 자체점검 결과를 공개하는 경우 (ㄱ)일 이상 법 제48조에 따른 전산시스템 또는 인터넷 홈페이지 등을 통해 공개해야 한다.
> ○ 소방본부장 또는 소방서장은 이의신청을 받은 날부터 (ㄴ) 일 이내에 심사·결정하여 그 결과를 지체 없이 신청인에게 알려야 한다.

> **해설**
>
> ○ 소방본부장 또는 소방서장은 법 제24조 제2항에 따라 자체점검 결과를 공개하는 경우 (30)일 이상 법 제48조에 따른 전산시스템 또는 인터넷 홈페이지 등을 통해 공개해야 한다.
> ○ 소방본부장 또는 소방서장은 이의신청을 받은 날부터 (10)일 이내에 심사·결정하여 그 결과를 지체 없이 신청인에게 알려야 한다.

물음 3) 차동식 분포형 공기관식 감지기의 화재작동시험(공기주입시험)을 했을 경우 동작시간이 느린 경우(기준치 이상)의 원인 5가지를 쓰시오. (5점)

> **해 설**
>
> ① 공기관의 누설된 경우
> ② 공기관의 폐쇄된 경우
> ③ 공기관의 길이가 긴 경우
> ④ 리크저항 값이 작은 경우
> ⑤ 접점수고 값이 높은 경우

[문제 3] 다음 물음에 답하시오. (30점)

물음 1) 소방시설등(작동점검·종합점검) 점검표상 분말소화설비 점검표의 저장용기 점검 항목 중 종합점검의 경우에만 해당하는 점검항목 6가지를 쓰시오. (6점)

> **해 설**
>
> ● 설치장소 적정 및 관리 여부
> ○ 저장용기 설치장소 표지 설치 여부
> ● 저장용기 설치 간격 적정 여부
> ○ 저장용기 개방밸브 자동·수동 개방 및 안전장치 부착 여부
> ● 저장용기와 집합관 연결배관 상 체크밸브 설치 여부
> ● 저장용기 안전밸브 설치 적정 여부
> ● 저장용기 정압작동장치 설치 적정 여부
> ● 저장용기 청소장치 설치 적정 여부
> ○ 저장용기 지시압력계 설치 및 충전압력 적정 여부(축압식의 경우)

물음 2) 지하구의 화재안전성능기준(NFPC 605)상 방화벽 설치기준 5가지를 쓰시오. (5점)

> **해설**
>
> ① 내화구조로서 홀로 설 수 있는 구조일 것
> ② 방화벽의 출입문은 「건축법 시행령」 제64조에 따른 방화문으로서 60분+방화문 또는 60분방화문으로 설치하고, 항상 닫힌 상태를 유지하거나 자동폐쇄장치에 의하여 화재 신호를 받으면 자동으로 닫히는 구조로 해야 한다.
> ③ 방화벽을 관통하는 케이블·전선 등에는 국토교통부 고시(내화구조의 인정 및 관리기준)에 따라 내화충전 구조로 마감할 것
> ④ 방화벽은 분기구 및 국사·변전소 등의 건축물과 지하구가 연결되는 부위(건축물로부터 20 m 이내)에 설치할 것
> ⑤ 자동폐쇄장치를 사용하는 경우에는 「자동폐쇄장치의 성능인증 및 제품검사의 기술기준」에 적합한 것으로 설치할 것

물음 3) 화재조기진압용 스프링클러설비에서 수리학적으로 가장 먼 가지배관 4개에 각각 4개의 스프링클러헤드가 하향식으로 설치되어 있다. 이 경우 스프링클러헤드가 동시에 개방되었을 때 헤드선단의 최소방사압력 0.28 MPa, K(L/min · MPa$^{1/2}$) = 320일 때 수원의 양(m^3)을 구하시오. (단, 소수점 셋째자리에서 반올림하여 소수점둘째자리까지 구하시오) (5점)

> **해설**
>
> ① 수원량의 계산식
>
> $$Q = 12 \times 60 \times K\sqrt{10P}$$
>
> 여기서, Q : 수원의 양(L)
> K : 상수($\ell/min/MPa^{1/2}$)
> P : 헤드선단의 압력(MPa)
> 12 : 가지배관(3개×4개)의 스프링클러헤드
> 60 : 방수시간(60 min)
>
> ② 유효수량(m^3) = $12 \times 60 \times 320\sqrt{10 \times 0.28}$ = 385,532.94 L   ∴ 385.53 m^3
> ③ 옥상 수원량(m^3) = 385.53 m^3 × 1/3 = 128.51 m^3
> ④ 수원의 양(m^3) = 385.53 m^3 + 128.51 m^3 = 514.04 m^3

물음 4) 화재안전기술기준(NFTC)에 대하여 다음 물음에 답하시오. (9점)

(1) 포소화설비의 화재안전기술기준(NFTC 105)상 다음 용어의 정의를 쓰시오. (5점)

① 펌프 프로포셔너방식 (1점)

② 프레셔 프로포셔너방식 (1점)

③ 라인 프로포셔너방식 (1점)

④ 프레셔사이드 프로포셔너방식 (1점)

⑤ 압축공기포 믹싱챔버방식 (1점)

해설

① 펌프 프로포셔너방식의 정의

펌프의 토출관과 흡입관 사이의 배관 도중에 설치한 흡입기에 펌프에서 토출된 물의 일부를 보내고, 농도 조정밸브에서 조정된 포 소화약제의 필요량을 포 소화약제 저장탱크에서 펌프 흡입 측으로 보내어 이를 혼합하는 방식

② 프레셔 프로포셔너방식

펌프와 발포기의 중간에 설치된 벤추리관의 벤추리작용과 펌프 가압수의 포 소화약제 저장탱크에 대한 압력에 따라 포 소화약제를 흡입·혼합하는 방식

③ 라인 프로포셔너방식

펌프와 발포기의 중간에 설치된 벤추리관의 벤추리작용에 따라 포 소화약제를 흡입·혼합하는 방식

④ 프레셔사이드 프로포셔너방식

펌프의 토출관에 압입기를 설치하여 포 소화약제 압입용 펌프로 포 소화약제를 압입시켜 혼합하는 방식

⑤ 압축공기포 믹싱챔버방식

물, 포 소화약제 및 공기를 믹싱챔버로 강제주입시켜 챔버 내에서 포수용액을 생성한 후 포를 방사하는 방식

(2) 고층건축물의 화재안전기술기준(NFTC 604)상 초고층 및 지하연계 복합건축물 재
난관리에 관한 특별법 시행령에 따른 피난안전구역에 설치하는 소방시설 중 인명구
조기구의 설치기준 4가지를 쓰시오. (4점)

해설

① 방열복, 인공소생기를 각 2개 이상 비치할 것
② 45분 이상 사용할 수 있는 성능의 공기호흡기(보조마스크를 포함)를 2개 이상 비치해
야 한다. 다만 피난안전구역이 50층 이상에 설치되어 있을 경우에는 동일한 성능의 예
비용기를 10개 이상 비치할 것
③ 화재 시 쉽게 반출할 수 있는 곳에 비치할 것
④ 인명구조기구가 설치된 장소의 보기 쉬운 곳에 "인명구조기구"라는 표지판 등을 설치
할 것

물음 5) 특별피난계단의 계단실 및 부속실 제연설비의 화재안전성능기준(NFPC 501A)상 제연설
비의 시험기준 5가지를 쓰시오.　　　　　　　　　　　　　　　　　　　　(5점)

해설

① 제연구역의 모든 출입문 등의 크기와 열리는 방향이 설계 시와 동일한지 여부를 확인
할 것
② 출입문 등이 설계 시와 동일한 경우에는 출입문마다 그 바닥 사이의 틈새가 평균적으
로 균일한지 여부를 확인할 것
③ 제연구역의 출입문 및 복도와 거실(옥내가 복도와 거실로 되어 있는 경우에 한한다) 사
이의 출입문마다 제연설비가 작동하고 있지 아니한 상태에서 그 폐쇄력을 측정할 것
④ 옥내의 층별로 화재감지기(수동기동장치를 포함한다)를 동작시켜 제연설비가 작동하
는지 여부를 확인할 것. 다만 둘 이상의 특정소방대상물이 지하에 설치된 주차장으로
연결되어 있는 경우에는 주차장에서 하나의 특정소방대상물의 제연구역으로 들어가
는 입구에 설치된 제연용 연기감지기의 작동에 따라 특정소방대상물의 해당 수직풍도
에 연결된 모든 제연구역의 댐퍼가 개방되도록 하고 비상전원을 작동시켜 급기 및 배
기용 송풍기의 성능이 정상인지 확인할 것
⑤ "④"의 기준에 따라 제연설비가 작동하는 경우 방연풍속, 차압, 및 출입문의 개방력과
자동 닫힘 등이 적합한지 여부를 확인하는 시험을 실시할 것

[문제 1] **다음 물음에 답하시오.** (40점)

물음 1) 스프링클러설비 펌프 주변의 배관을 소방시설 도시기호를 이용하여 올바르게 그리시오.

(13점)

(1) 펌프 흡입 측 배관(단, 수원의 수위가 펌프보다 낮고, 연성계(진공계)는 제외) (5점)

해 설

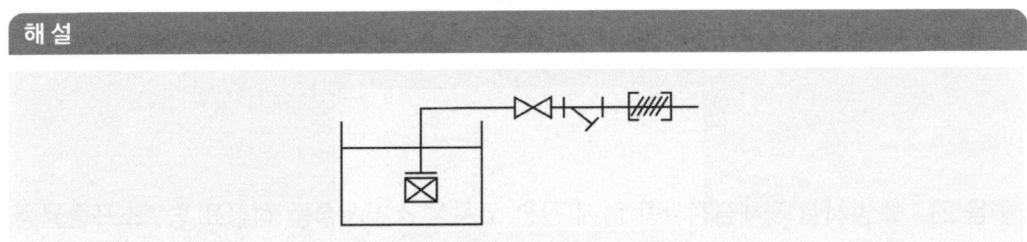

(2) 성능시험배관(유량계 사용) (3점)

해 설

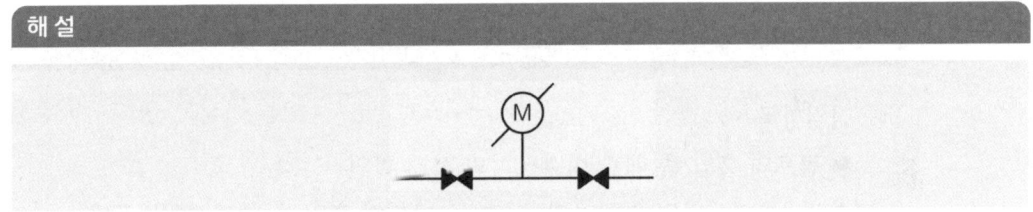

(3) 기동용 수압개폐장치(압력챔버방식 적용, 인입 측 차단밸브는 제외) (5점)

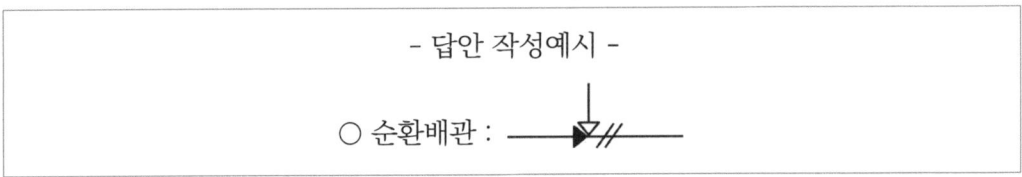

- 답안 작성예시 -

○ 순환배관 :

명칭	도시기호	명칭	도시기호
릴리프밸브(일반)		배수밸브	
압력계			

물음 2) 소방시설 자체점검사항 등에 관한 고시상 소방시설등 점검표 중 "스프링클러설비점검표 3 – F 배관"에서 아래 내용의 점검항목과 그에 대응하는 스프링클러설비의 화재안전기술 기준(NFTC 103)의 내용을 각각 쓰시오. **(12점)**

(1) 펌프 흡입 측 배관 (4점)

(1) 점검항목
- 펌프의 흡입 측 배관 여과장치의 상태 확인

(2) 스프링클러설비의 화재안전기술기준 펌프의 흡입 측 배관설치기준
  ① 공기 고임이 생기지 않는 구조로 하고 여과장치를 설치할 것
  ② 수조가 펌프보다 낮게 설치된 경우에는 각 펌프(충압펌프를 포함)마다 수조로부터 별도로 설치할 것

(2) 성능시험배관 (6점)

(1) 점검항목
- ● 성능시험배관설치(개폐밸브, 유량조절밸브, 유량측정장치) 적정 여부
(2) 스프링클러설비의 화재안전기술기준 펌프의 성능시험배관설치기준
① 성능시험배관은 펌프의 토출 측에 설치된 개폐밸브 이전에서 분기하여 직선으로 설치하고, 유량측정장치를 기준으로 전단 직관부에는 개폐밸브를 후단 직관부에는 유량조절밸브를 설치할 것. 이 경우 개폐밸브와 유량측정장치 사이의 직관부 거리 및 유량측정장치와 유량조절밸브 사이의 직관부 거리는 해당 유량측정장치 제조사의 설치사양에 따르고, 성능시험배관의 호칭지름은 유량측정장치의 호칭지름에 따른다.
② 유량측정장치는 펌프의 정격토출량의 175 % 이상까지 측정할 수 있는 성능이 있을 것

(3) 순환 배관 (2점)

(1) 점검항목
- ● 순환배관설치(설치위치·배관구경, 릴리프밸브 개방압력) 적정 여부

물음 3) 소방시설 자체점검사항 등에 관한 고시상 소방시설등 점검표 중 "스프링클러점검표 3 - C 가압송수장치"의 펌프방식 작동점검 항목 3가지를 쓰시오.(단, 가압송수장치의 "스프링클러펌프" 표지설치 여부 또는 다른 소화설비와 겸용 시 겸용 설비 이름 표시 부착 여부는 제외) (3점)

○ 성능시험배관을 통한 펌프 성능시험 적정 여부
○ 펌프 흡입 측 연성계·진공계 및 토출 측 압력계 등 부속장치의 변형·손상 유무
○ 내연기관방식의 펌프 설치 적정(정상기동(기동장치 및 제어반) 여부, 축전지 상태, 연료량) 여부

물음 4) 소방시설 자체점검사항 등에 관한 고시상 소방시설등 점검표 중 "옥내소화전설비점검표의 2 - C 가압송수장치"의 펌프방식과 "스프링클러설비점검표의 3 - C 가압송수장치"의 펌프방식의 점검항목을 비교하였을 때 공통되는 사항을 제외하고 옥내소화전설비점검표의 2 - C 가압송수장치의 펌프방식에만 있는 점검항목 4가지를 쓰시오.(단, 가업송수장치의 "옥내소화전펌프" 표지설치 여부 또는 다른 소화설비와 겸용 시 겸용설비 이름 표시 부착 여부는 제외) (4점)

> **해 설**
>
> ○ 옥내소화전 방수량 및 방수압력 적정 여부
> ● 감압장치 설치 여부(방수압력 0.7 MPa 초과 조건)
> ○ 기동스위치 설치 적정 여부(On/Off방식)
> ● 주펌프와 동등이상 펌프 추가설치 여부

물음 5) 소방시설 자체점검사항 등에 관한 고시상 소방시설등 점검표 중 "기타사항 점검표의 31 - A 피난·방화시설" 점검항목 2가지를 쓰시오 (2점)

> **해 설**
>
> ○ 방화문 및 방화셔터의 관리 상태(폐쇄·훼손·변경) 및 정상 기능 적정 여부
> ● 비상구 및 피난통로 확보 적정 여부(피난·방화시설 주변 장애물 적치 포함)

물음 6) 소방시설 설치 및 관리에 관한 법령상 다음의 지하 2층, 지상 8층인 특정소방대상물에 설치되어야 하는 소방시설 중 경보설비 4가지와 소방활동설비 2가지를 쓰시오. (6점)

> ○ 건축물의 용도는 근린생활시설(산후조리원 포함)이고, 높이는 32 m
> ○ 건축허가일은 2023년 1월 1일
> ○ 각 층의 바닥면적 1,000 m²
> ○ 스프링클러설비는 설치됨
> ○ 화재 수신기 설치장소에는 주간에만 근무자가 있음
> ○ 소방시설 설치 및 관리에 관한 법률 시행령 [별표 5] 특정소방대상물의 소방시설 설치의 면제기준을 따름
> ○ 기타 조건은 무시함

1. 경보설비 4가지
   ① 자동화재탐지설비
   ② 시각경보기
   ③ 자동화재속보설비
   ④ 비상방송설비
2. 소화활동설비
   ① 연결송수관설비
   ② 제연설비

[문제 2] 다음 물음에 답하시오. (30점)

물음 1) 이산화탄소소화설비에 대하여 다음 물음에 답하시오. (7점)

(1) 이산화탄소소화설비에서 솔레노이드밸브의 작동시험방법 4가지만 쓰시오. (4점)

(2) 소방시설 자체점검사항 등에 관한 고시상 "이산화탄소소화설비 점검표 9 - N 안전 시설 등"의 점검항목 3가지를 쓰시오. (3점)

(1) 이산화탄소소화설비에서 솔레노이드밸브의 작동시험방법 4가지
   ① 방호구역의 감지기 A, B 동작
   ② 방호구역에 설치된 수동조작함에서 수동기동
   ③ 제어반에서 회로감지기 A, B 동작시험
   ④ 제어반에서 수동 기동

(2) 소방시설 자체점검사항 등에 관한 고시상 "이산화탄소소화설비 점검표 9 - N 안전시 설 등"의 점검항목 3가지
   ① ○ 소화약제 방출알림 시각경보장치 설치기준 적합 및 정상 작동 여부
   ② ○ 방호구역 출입구 부근 잘 보이는 장소에 소화약제 방출 위험경고표지 부착 여부
   ③ ○ 방호구역 출입구 외부 인근에 공기호흡기 설치 여부

물음 2) 다음 물음에 답하시오. (8점)

(1) 소방시설 자체점검사항 등에 관한 고시상 "소화용수설비 점검표 23 - A 소화수조 및 저수조" 중 채수구의 점검항목 4가지를 쓰시오. (4점)

> **해 설**
>
> ① ○ 소방차 접근 용이성 적정 여부
> ② ○ 개폐밸브의 조작 용이성 여부
> ③ ● 결합금속구 구경 적정 여부
> ④ ● 채수구 수량 적정 여부

(2) 스프링클러설비의 화재안전기술기준(NFTC 103)에 관한 내용이다. (　)에 들어갈 내용을 쓰시오. (4점)

> 준비작동식 유수검지장치 또는 일제개방밸브 작동의 화재감지회로는 교차회로방식으로 할 것. 다만 다음 어느 하나에 해당되는 경우에는 그렇지 않다.
> 가. 스프링클러설비의 배관 또는 헤드에 누설경보용 물 또는 (　ㄱ　)가 채워지거나 (　ㄴ　)의 경우
> 나. 화재감지기를 불꽃감지기, 정온식 감지선형 감지기, 분포형 감지기, 복합형 감지기, (　ㄷ　), 아날로그방식의 감지기, (　ㄹ　), 축적방식의 감지기 중 하나로 설치한 때

> **해 설**
>
> ㄱ. 압축공기
> ㄴ. 부압식 스프링클러설비
> ㄷ. 광전식 분리형 감지기
> ㄹ. 다신호방식의 감지기

물음 3) 다음 물음에 답하시오. (7점)

(1) 소방시설 설치 및 관리에 관한 법령상 특정소방대상물이 증축되는 경우에도 소방본부장 또는 소방서장이 기존 부분에 대해서 증축 당시의 소방시설의 설치에 관한 대통령령 또는 화재안전기준을 적용하지 않는 경우 4가지를 쓰시오. (4점)

해 설

① 기존 부분과 증축 부분이 내화구조(耐火構造)로 된 바닥과 벽으로 구획된 경우

② 기존 부분과 증축 부분이 「건축법 시행령」에 따른 자동방화셔터 또는 60분+방화문으로 구획되어 있는 경우

③ 자동차 생산공장 등 화재 위험이 낮은 특정소방대상물 내부에 연면적 33 m^2 이하의 직원 휴게실을 증축하는 경우

④ 자동차 생산공장 등 화재 위험이 낮은 특정소방대상물에 캐노피(기둥으로 받치거나 매달아 놓은 덮개를 말하며, 3면 이상에 벽이 없는 구조의 것)를 설치하는 경우

(2) 다중이용업소의 안전관리에 특별법령상 간이스프링클러설비를 설치하여야 할 다중이용업소의 영업장 3가지만 쓰시오. (3점)

해 설

① 지하층에 설치된 영업장

② 숙박을 제공하는 형태의 다중이용업소의 영업장 중 다음에 해당하는 영업장. 다만 지상 1층에 있거나 지상과 직접 맞닿아 있는 층(영업장의 주된 출입구가 건축물 외부의 지면과 직접 연결된 경우를 포함한다)에 설치된 영업장은 제외한다.
  ㉠ 산후조리업의 영업장
  ㉡ 고시원업의 영업장

③ 밀폐구조의 영업장

④ 권총사격장의 영업장

물음 4) 특별피난계단의 계단실 및 부속실 제연설비의 화재안전성능기준(NFPC 501A)에 관한 다음 물음에 답하시오. (8점)

(1) 특별피난계단의 계단실 및 부속실 제연설비에서 배출댐퍼 및 개폐기의 직근 또는 제연구역에 설치된 수동기동장치로 작동 또는 개방하는 4가지를 쓰시오. (4점)

> **해설**
>
> ① 전 층의 제연구역에 설치된 급기댐퍼의 개방
> ② 당해 층의 배출댐퍼 또는 개폐기의 개방
> ③ 급기송풍기 및 유입공기의 배출용 송풍기의 작동
> ④ 개방·고정된 모든 출입문(제연구역과 옥내 사이의 출입문에 한한다)의 개폐장치의 작동

(2) 특별피난계단의 계단실 및 부속실 제연설비의 차압 등에 관한 기준이다. ( )에 들어갈 내용을 쓰시오. (4점)

> 제6조(차압 등) ① 제4조 제1호의 기준에 따라 제연구역과 옥내와의 사이에 유지해야 하는 최소차압은 40파스칼(옥내에 스프링클러가 설치된 경우에는 (ㄱ)파스칼) 이상으로 해야 한다.
> ② 제연설비가 가동되었을 경우 출입문의 개방에 필요한 힘은 (ㄴ)뉴턴 이하로 해야 한다.
> ③ 제4조 제2호의 기준에 따라 출입문이 일시적으로 개방되는 경우 개방되지 않은 제연구역과 옥내와의 차압은 제1항의 기준에도 불구하고 제1항의 기준에 따른 차압의 (ㄷ)퍼센트 이상이어야 한다.
> ④ 계단실과 부속실을 동시에 제연하는 경우 부속실의 기압은 계단실과 같게 하거나 계단실의 기압보다 낮게 할 경우에는 부속실과 계단실의 압력 차이는 (ㄹ)파스칼 이하가 되도록 해야 한다.

> **해설**
>
> ㄱ. 12.5
> ㄴ. 110
> ㄷ. 70
> ㄹ. 5

[문제 3] 다음 물음에 답하시오.

(30점)

물음 1) 소방시설 설치 및 관리에 관한 법령상 소방시설등의 자체점검에 관한 내용이다. (　)에 들어갈 내용을 쓰시오.

(6점)

> ○ '최초점검'이란 해당 특정소방대상물의 소방시설등이 신설된 경우 「건축법」 제22조에 따라 건축물을 사용할 수 있게 된 날부터 (ㄱ)일 이내 점검하는 것을 말하며, 이는 자체점검의 구분 중 (ㄴ)에 해당한다.
>
> ○ 관리업자 또는 소방안전관리자로 선임된 소방시설관리사 및 소방기술사(이하 "관리업자등"이라 한다)는 자체점검을 실시한 경우에는 그 점검이 끝난 날부터 (ㄷ)일 이내에 소방시설등 자체점검 실시결과 보고서(전자문서로 된 보고서를 포함한다)에 소방청장이 정하여 고시하는 소방시설등점검표를 첨부하여 관계인에게 제출해야 한다.
>
> ○ 관리업자등으로부터 자체점검 실시결과 보고서를 제출받거나 스스로 자체점검을 실시한 관계인은 자체점검이 끝난 날부터 (ㄹ)일 이내에 소방시설 등 자체점검 실시결과 보고서(전저문서로 된 보고서를 포함한다)에 대한 각 호의 서류를 첨부하여 소방본부장 또는 소방서장에게 서면이나 소방청장이 지정하는 전산망을 통하여 보고해야 한다.
>
> 1. 점검인력 배치확인서(관리업자가 점검한 경우만 해당한다)
> 2. 별제 제10호 서식의 소방시설등의 자체점검 결과 이행계획서
>
> ○ 소방시설등의 자체점검 결과 이행계획서를 보고받은 소방본부장 또는 소방서장은 다음 각 호의 구분에 따라 이행계획의 완료 기간을 정하여 관계인에게 통보해야 한다.
>
> 1. 소방시설등을 구성하고 있는 기계·기구를 수리하거나 정비하는 경우 : 보고일부터 (ㅁ)일 이내
> 2. 소방시설등의 전부 또는 일부를 철거하고 새로 교체하는 경우 : 보고일부터 (ㅂ)일 이내

해설

ㄱ. 60	ㄴ. 종합점검
ㄷ. 10	ㄹ. 15
ㅁ. 10	ㅂ. 20

물음 2) 소방시설설치 및 관리에 관한 법령에 관한 다음 물음에 답하시오.　(12점)

(1) 다음 아파트에 대한 종합(정밀)점검을 실시한 경우, 소방시설 설치 및 관리에 관한 법령상 점검세대수와 종합(정밀)점검에 필요한 최소한의 일수를 계산 과정과 함께 답하시오. (단, 현행법 기준으로 계산한다) (6점)

> ○ 세대수는 총 2,700세대이다.
> ○ 스프링클러설비와 제연설비가 설치되어 있고, 물분무등소화설비는 없다.
> ○ 점검인력 1단위에 보조(기술)인력 2명을 추가하여 종합(정밀)점검을 실시한다.
> ○ 다른 조건은 고려하지 않는다.

해설

(1) 점검 세대수의 계산식

점검 세대수 = 세대수 × 설비계수의 합

(2) 점검 세대수

① 점검 대상 세대수 : 2,700세대

② 설비계수에 따른 실제 점검 세대수(물분무등소화설비 없음)

실제 점검 세대수 = 2,700세대 × (1 − 0.1) = 2,430세대

[※실제 점검 세대수 = 2,700세대 − (2,700세대 × 0.1) = 2,430세대]

(3) 배치하는 점검인력에 따른 점검한도 세대수 및 점검일수

① 점검인력 1단위 + 보조인력 2인 = 250세대 + (60세대 × 2인) = 370세대/일

② 점검일수 = $\dfrac{2,430\ 세대}{370\ 세대\,/\,일}$ = 6.56　　∴ 7일

---

(2) 다음 공장에 대한 작동점검(단, 소규모점검이 아님)을 실시할 경우, 소방설치 및 관리에 관한 법령상 점검면적과 작동점검에 필요한 최소한의 일수를 계산 과정과 함께 답하시오. (단, 현행법 기준으로 계산한다) (6점)

> ○ 연면적은 50,000 m²이다.
> ○ 스프링클러설비, 물분무등소화설비, 제연설비는 없다.
> ○ 점검인력 1단위에 보조(기술)인력 1명을 추가하되 작동점검을 실시한다.
> ○ 다른 조건은 고려하지 않는다.

(1) 점검면적의 계산식

점검면적 = 연면적 × 가감계수 = 50,000 × 1.0 = 50,000 m^2

(2) 가감계수의 기준

구분	대상용도	가감계수
1류	문화 및 집회시설, 종교시설, 판매시설, 의료시설, <u>노유자시설</u>, 수련시설, 숙박시설, 위락시설, 창고시설, 교정시설, 발전시설, 지하가, 복합건축물	1.1
2류	공동주택, 근린생활시설, 운수시설, 교육연구시설, 운동시설, 업무시설, 방송통신시설, 공장, 항공기 및 자동차 관련 시설, 군사시설, 관광휴게시설, 장례시설, 지하구	1.0
3류	위험물 저장 및 처리시설, 문화재, 동물 및 식물 관련 시설, 자원순환 관련 시설, 묘지 관련 시설	0.9

(3) 점검면적

① 점검면적 50,000 m^2

② 공장의 가감계수 : 1.0

③ 설비계수에 따른 실제 점검면적

(스프링클러설비, 물분무등소화설비, 제연설비가 없으므로 0.1 + 0.1 + 0.1 = 0.3)

실제 점검면적 = 50,000 m^2 × (1 − 0.3) = 35,000 m^2

[※ 실제 점검면적 = 50,000 m^2 − (50,000 m^2 × 0.3) = 35,000 m^2]

(4) 배치하는 점검인력에 따른 점검한도 면적 및 점검일수

① 점검인력 1단위 + 보조인력 1인 : 10,000 m^2 + 2,500 m^2 = 12,500 m^2

② 점검일수 = $\dfrac{35,000m^2}{12,500m^2/일}$ = 2.8 ∴ 3일

물음 3) 소방시설 설치 및 관리에 관한 법령상 특정소방대상물의 수용인원 산정에 관하여 다음 물음에 답하시오. (단, 다른 조건은 고려하지 않는다) (4점)

⑴ 침대가 없는 숙박시설 바닥면적의 합계가 260 m²이고 숙박시설 종사자가 13명인 경우, 이 숙박시설의 수용인원을 계산 과정과 함께 답하시오. (2점)

해설

⑴ 수용인원의 산정방법

　① 숙박시설이 있는 특정소방대상물

　　㉠ 침대가 있는 숙박시설 : 해당 특정소방대상물의 종사자 수에 침대 수(2인용 침대는 2개로 산정)를 합한 수

　　㉡ 침대가 없는 숙박시설 : 해당 특정소방대상물의 종사자 수에 숙박시설 바닥면적의 합계를 3 m²로 나누어 얻은 수를 합한 수

　② 계산

$$종사자수\ 13명 + \frac{260m^2}{3m^2/명} = 99.66 \qquad \therefore 100명$$

⑵ 휴게실 용도로 사용하는 바닥면적의 합계가 150 m²인 특정소방대상물의 수용인원을 계산 과정과 함께 답하시오.(2점)

　① 강의실·교무실·상담실·실습실·휴게실 용도로 쓰이는 특정소방대상물 당해 용도로 사용하는 바닥면적의 합계를 1.9 m²로 나누어 얻은 수

　② 계산

$$\frac{150m^2}{1.9m^2/명} = 78.9 \qquad \therefore 79명$$

물음 4) 소방시설 설치 및 관리에 관한 법령상 소방시설을 설치하지 않을 수 있는 특정소방대상물 및 소방시설의 범위에 관한 내용이다. ( )에 들어갈 내용을 쓰시오. (4점)

구분	특정소방대상물	설치하지 않을 수 있는 소방시설
1. 화재 위험도가 낮은 특정소방대상물	석재, 불연성금속, 불연성건축재료 등의 가공공장·기계조립공장 또는 불연성물품을 저장하는 창고	(ㄱ) 및 연결살수설비

구분	특정소방대상물	설치하지 않을 수 있는 소방시설
2. 화재안전기준을 적용하기 어려운 특정소방대상물	펄프공장의 작업장, 음료수 공장의 세정 또는 충전을 하는 작업장, 그 밖에 이와 비슷한 용도로 사용하는 것	(ㄴ), 상수도소화용수설비 및 연결살수설비
	정수장, 수영장, 목욕장, 농예 · 축산 · 어류양식용 시설, 그 밖에 이와 비슷한 용도로 사용되는 것	(ㄷ), 상수도소화용수설비 및 연결살수설비
3. 화재안전기준을 달리 적용해야 하는 특수한 용도 또는 구조를 가진 특정소방대상물	원작력 발전소, 중 · 저준위방사성폐기물의 저장시설	연결송수관설비 및 연결살수설비
4. 「위험물 안전관리법」 제19조에 따른 자체소방대가 설치된 특정소방대상물	자체소바대가 설치된 제조소등에 부속된 사무실	(ㄹ), 소화용수설비, 연결살수설비 및 연결송수관설비

해설

ㄱ. 옥외소화전설비

ㄴ. 스프링클러설비

ㄷ. 자동화재탐지설비

ㄹ. 옥내소화전설비

물음 5) 소방시설 설치 및 관리에 관한 법령상 대통령령이나 화재안전기준이 변경되어 그 기준이 강화되는 경우 강화된 기준을 적용할 수 있는 소방시설 중 의료시설에 설치하는 것 4가지를 쓰시오. (4점)

해설

① 스프링클러설비

② 간이스프링클러설비

③ 자동화재탐지설비

④ 자동화재속보설비

[문제 1] 다음 물음에 답하시오. (40점)

물음 1) 기동관누설시험기를 사용하여 이산화탄소소화설비의 기동용 조작동관 및 주변장치의 누설 여부를 확인할 경우 다음의 사항을 쓰시오. (단, 점검 순서에 따라서 작성하고, 기동관 누설시험기 사용과 관련된 내용만 작성하시오) (10점)

(1) 사전 준비사항 (2점)

(2) 점검방법 (3점)

(3) 확인사항 (3점)

(4) 복구방법 (2점)

해설

(1) 사전 준비사항
  ① 기동용 가스용기와 체결된 솔레노이드 밸브를 분리
  ② 기동용 가스용기와 연결된 기동용 동관 분리

(2) 점검방법
  ① 기동관 누설시험기의 고압가스용기에 연결된 밸브 개방
  ② 압력조절기 조절 핸들을 조정하여 2차 측 압력을 0.5 MPa로 조절
  ③ 연결호스의 볼 밸브를 개방하여 기동용 가스 동관으로 고압가스 주입

(3) 확인사항
  ① 기동용 동관의 누설, 변형, 폐쇄 등 여부 확인
  ② 해당 방호구역의 선택밸브의 해제 여부 확인
  ③ 해당 방호구역의 니들밸브 동작 여부 확인

(4) 복구방법
  ① 기동용 가스용기와 분리된 솔레노이드 밸브 다시 결합
  ② 방호구역의 선택밸브의 정상 복구 및 니들밸브 체결

물음 2) 방수압력측정계(피토게이지)를 사용하여 옥내소화전설비의 방수압력을 측정할 경우 다음의 사항을 쓰시오. (5점)

(1) 방수압력측정계 측정방법 (2점)

(2) 측정 시 주의사항 (3점)

해설

(1) 방수압력측정계 측정방법
　① 가압송수장치로부터 가장 먼 옥내소화전을 개방하여 측정(옥상으로 호스연결)
　② 방사시험 전 기준층의 최대개수(2개)를 동시에 개방 후 실시

(2) 측정 시 주의사항
　① 방사형 관창이 아닌 직사형 관창을 이용할 것
　② 관창 끝 구경의 1/2이 되는 거리에서 관창과 일직선상의 방향으로 피토게이지를 놓고 측정할 것
　③ 반동력을 고려하여 안전하게 측정할 것

물음 3) 화재의 예방 및 안전관리에 관한 법령상 소방안전관리업무 대행에 관한 다음의 물음에 답하시오. (5점)

(1) 2급 소방안전관리대상물의 관계인이 관리업자에게 대행하게 할 수 있는 소방안전관리업무 2가지를 쓰시오. (2점)

해설

① 피난시설, 방화구획 및 방화시설의 관리
② 소방시설이나 그 밖의 소방 관련 시설의 관리

(2) 소방안전관리업무 대행인력의 배치기준·자격 및 방법 등 준수사항 중 "소방안전관리등급 및 설치된 소방시설에 따른 대행인력의 배치등급"에 관한 내용이다. (　)에 들어갈 내용을 쓰시오. (단, 화재의 예방 및 안전관리에 관한 법률 시행규칙 [별표 1] 내의 비고 사항은 고려하지 않음) (3점)

소방안전관리 대상물의 등급	설치된 소방시설의 종류	대행인력의 기술등록
1급 또는 2급	스프링클러설비, 물분무등소화설비 또는 (ㄱ)	(ㄴ) 점검자 이상 1명 이상
	옥내소화전설비 또는 옥외소화전설비	(ㄷ) 점검자 이상 1명 이상

해설

(1) 2급 소방안전관리대상물의 관계인이 관리업자에게 대행하게 할 수 있는 소방안전관리업무

(2) 소방안전관리업무 대행인력의 배치기준·자격 및 방법 등 준수사항 중 "소방안전관리등급 및 설치된 소방시설에 따른 대행인력의 배치등급

소방안전관리 대상물의 등급	설치된 소방시설의 종류	대행인력의 기술등록
1급 또는 2급	스프링클러설비, 물분무등소화설비 또는 (제연설비)	(중급) 점검자 이상 1명 이상
	옥내소화전설비 또는 옥외소화전설비	(초급) 점검자 이상 1명 이상

물음 4) 소화펌프의 부족(미달) 현상에 대하여 기계적 원인과 전기적 원인을 각 6가지씩 쓰시오.

(6점)

(1) 기계적 원인 (3점)　　　　　　(2) 전기적 원인 (3점)

해설

(1) 기계적 원인

　① 소화펌프의 임펠러 부식 및 파손

　② 소화펌프의 공동현상 발생

　③ 소화펌프의 메카니컬 씰의 불량

(2) 전기적 원인

　① MCC에서 전자 접촉기의 불량

　② 전동기 자체의 고장 및 기능 불량

　③ 부적절한 전원 공급(낮은 전압 등)

다음의 물음에 답하시오. (14점)

⑴ 소방시설 설치 및 관리에 관한 법령상 소방시설등 자체점검의 구분 및 대상, 점검자의 자격, 점검장비, 점검방법 및 횟수 등 자체점검 시 준수해야 할 사항 중 "공동주택(아파트등으로 한정한다) 세대별 점검방법"에 관한 내용이다. ( )에 들어갈 내용을 쓰시오. (3점)

가. 관리자(관리소장, 입주자대표회의 및 소방안전관리자를 포함한다. 이하 같다) 및 입주민(세대 거주자를 말한다)은 (ㄱ) 주기로 모든 세대에 대하여 점검을 해야 한다.

나. 가목에도 불구하고 아날로그감지기 등 특수감지기가 설치되어 있는 경우에는 수신기에서 (ㄴ)할 수 있으며, 점검할 때마다 모든 세대를 점검해야 한다. 다만 자동화재탐지설비의 선로 단선이 확인되는 때에는 단선이 난 세대 또는 그 경계구역에 대하여 현장점검을 해야 한다.

다. 관리자는 수신기에서 원격점검이 불가능한 경우 매년 (ㄷ)만 실시하는 공동주택은 1회 점검 시마다 전체 세대수의 (ㄹ)퍼센트 이상, (ㅁ)을 실시하는 공동주택은 1회 점검 시마다 전체 세대수의 (ㅂ)퍼센트 이상 점검하도록 자체점검 계획을 수립·시행하여야 한다.

해설

가. 2년
나. 원격점검
다. 작동점검, 50, 종합점검, 30

⑵ 소방시설 설치 및 관리에 관한 법령상 특정소방대상물에 관한 내용 중에서 "둘 이상의 특정소방대상물을 하나의 특정소방대상물로 볼 수 있는 경우" 6가지를 쓰시오.

(6점)

(1) 내화구조로 된 연결통로가 다음의 어느 하나에 해당되는 경우
  ① 벽이 없는 구조로서 그 길이가 6 m 이하인 경우
  ② 벽이 있는 구조로서 그 길이가 10 m 이하인 경우. 다만 벽 높이가 바닥에서 천장까지의 높이의 2분의 1 이상인 경우에는 벽이 있는 구조로 보고, 벽 높이가 바닥에서 천장까지의 높이의 2분의 1 미만인 경우에는 벽이 없는 구조로 본다.
(2) 내화구조가 아닌 연결통로로 연결된 경우
(3) 컨베이어로 연결되거나 플랜트설비의 배관 등으로 연결되어 있는 경우
(4) 지하보도, 지하상가, 터널로 연결된 경우
(5) 자동방화셔터 또는 60분+방화문이 설치되지 않은 피트(전기설비 또는 배관설비 등이 설치되는 공간)로 연결된 경우
(6) 지하구로 연결된 경우

(3) 할로겐화합물 및 불활성기체소화설비의 화재안전기술기준(NFTC 107A)상 분사헤드의 설치기준 5가지를 쓰시오. (5점)

(1) 할로겐화합물 및 불활성기체소화설비의 분사헤드는 다음의 기준에 따라야 한다.
  ① 분사헤드의 설치높이는 방호구역의 바닥으로부터 최소 0.2 m 이상 최대 3.7 m 이하로 해야 하며, 천장높이가 3.7 m를 초과할 경우에는 추가로 다른 열의 분사헤드를 설치할 것. 다만 분사헤드의 성능인정 범위 내에서 설치하는 경우에는 그렇지 않다.
  ② 분사헤드의 개수는 방호구역에 2.7.3에 따른 방출시간이 충족되도록 설치할 것
  ③ 분사헤드에는 부식방지조치를 해야 하며 오리피스의 크기, 제조일자, 제조업체가 표시되도록 할 것
(2) 분사헤드의 방출률 및 방출압력은 제조업체에서 정한 값으로 할 것
(3) 분사헤드의 오리피스의 면적은 분사헤드가 연결되는 배관구경 면적의 70 % 이하가 되도록 할 것

물음 1) 조건을 참고하여 다음 물음에 답하시오. (6점)

조 건

○ 특정소방대상물에 옥내소화전설비와 스프링클러설비가 설치되어 있음

○ 주펌프의 정격토출량은 1,450 L/min, 정격토출압력은 1.1 MPa임

○ 충압펌프의 정격토출량은 60 L/min, 정격토출압력은 1.1 MPa임

○ 주펌프의 체절압력은 정격토출압력의 130 %임

○ 유량측정장치 제조사의 설치 사양은 다음과 같음

  - 오리피스 타입(Orifice Type) 유량측정장치의 호칭지름별 유량범위(L/min)

호칭 지름	32A	40A	50A	65A	80A	100A	125A
유량 범위	70 ~ 360	100 ~ 550	220 ~ 1,100	450 ~ 2,200	700 ~ 3,300	900 ~ 4,500	1,200 ~ 6,000

  - 개폐밸브와 유량측정장치 사이의 직관부의 거리는 8D 이상으로 하고, 유량측정장치와 유량조절밸브 사이의 직관부의 거리는 5D 이상이 되도록 설치할 것. 여기서 D는 성능시험배관의 호칭지름임

○ 유량측정장치의 성능기준을 고려할 것

○ 기타 사항은 옥내소화전설비와 스프링클러설비의 화재안전기술기준을 따름

---

(1) 특정소화대상물의 점검 중 성능시험배관의 유량측정장치 불량을 발견하여 교체를 의뢰받았다. 위 조건을 참고하여 교체하려는 유량측정장치의 최소호칭지름을 선정하고 그 이유를 설명하시오. (4점)

○ 유량측정장치의 최소호칭지름 (ㄱ)

○ 선정이유 (ㄴ)

ㄱ. 80 A

① 주펌프의 정격토출량이 1,450 L/min

② 1,450 L/min × 1.75 = 2,537.5 L/min

③ 2,537.5 L/min은 위 표의 유량범위 700 ~ 3,300 L/min에 해당하므로 80 A 선정

ㄴ. 선정이유 : 화재안전기술기준상 성능시험배관의 유량측정장치는 펌프의 정격토출량의 175 % 이상 측정할 수 있는 성능을 요구하므로

(2) 성능시험배관의 최소호칭지름을 선정한 이유를 설명하고, 성능시험배관의 개폐밸브와 유량측정장치 사이의 직관부의 최소거리(mm) 및 유량측정장치와 유량조절밸브 사이의 직관부의 최소거리(mm)를 쓰시오. (2점)

○ 성능시험배관의 최소호칭지름 (ㄱ)

○ 선정이유 (ㄴ)

○ (ㄷ) mm

○ (ㄹ) mm

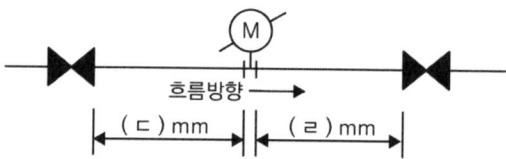

ㄱ. 80 A

ㄴ. 선정이유 : 화재안전기술기준상 성능시험배관의 호칭지름은 유량측정장치 호칭지름에 따라야 하므로

ㄷ. 640 mm

ㄹ. 400 mm

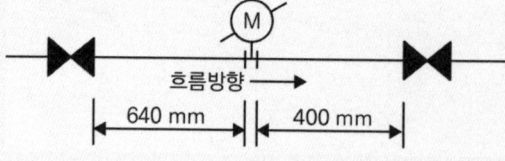

물음 2) 스프링클러설비에 관한 다음 물음에 답하시오. (15점)

(1) 스프링클러설비의 화재안전기술기준(NFTC 103)상 습식 유수검지장치 또는 건식 유수검지장치를 사용하는 스프링클러설비와 부압식 스프링클러설비에 설치해야 하는 시험장치의 설치기준 3가지를 쓰시오. (6점)

해설

① 습식 스프링클러설비 및 부압식 스프링클러설비에 있어서는 유수검지장치 2차 측 배관에 연결하여 설치하고 건식 스프링클러설비인 경우 유수검지장치에서 가장 먼 거리에 위치한 가지배관의 끝으로부터 연결하여 설치할 것. 이 경우 유수검지장치 2차 측 설비의 내용적이 2,840 L를 초과하는 건식 스프링클러설비는 시험장치 개폐밸브를 완전 개방 후 1분 이내에 물이 방사되어야 한다.

② 시험장치 배관의 구경은 25 mm 이상으로 하고, 그 끝에 개폐밸브 및 개방형 헤드 또는 스프링클러헤드와 동등한 방수성능을 가진 오리피스를 설치할 것. 이 경우 개방형 헤드는 반사판 및 프레임을 제거한 오리피스만으로 설치할 수 있다.

③ 시험배관의 끝에는 물받이 통 및 배수관을 설치하여 시험 중 방사된 물이 바닥에 흘러 내리지 않도록 할 것. 다만 목욕실·화장실 또는 그 밖의 곳으로서 배수처리가 쉬운 장소에 시험배관을 설치한 경우에는 그렇지 않다.

(2) 준비작동식 스프링클러설비의 해당 방호구역 내 감지기 2개 회로를 동시에 작동시킨 경우에 설비가 정상 작동하고 있음을 판단할 수 있는 수신기에서의 확인사항 3가지를 쓰시오. (3점)

해설

① 방호구역의 감지기 A, B 동작 및 화재표시등 확인
② 방호구역의 화재표시등 점등 확인
③ 방호구역의 준비작동식 스프링클러 펌프의 압력스위치 동작 확인

(3) 스프링클러설비의 화재안전기술기준(NFTC 103)상 보의 수평거리에 따른 스프링클러헤드의 수직거리에 관한 내용이다. (   )에 들어갈 내용을 쓰시오. (6점)

> 특정소방대상물의 보와 가장 가까운 스프링클러헤드는 아래 표의 기준에 따라 설치해야 한다. 다만 (ㄱ)
>
> 〈보의 수평거리에 따른 스프링클러헤드의 수직거리〉
>
> | 스프링클러헤드의 반사판 중심과
보의 수평거리 | 스프링클러헤드의 반사판 높이와
보의 하단 높이의 수직거리 |
> | :---: | :---: |
> | (ㄴ) | (ㄷ) |
> | (ㄹ) | (ㅁ) |
> | (ㅂ) | (ㅅ) |
> | (ㅇ) | (ㅈ) |

해설

ㄱ. 천장 면에서 보의 하단까지의 길이가 55 cm를 초과하고 보의 하단 측면 끝부분으로부터 스프링클러헤드까지의 거리가 스프링클러헤드 상호 간 거리의 2분의 1 이하가 되는 경우에는 스프링클러헤드와 그 부착 면과의 거리를 55 cm 이하로 할 수 있다.

〈보의 수평거리에 따른 스프링클러헤드의 수직거리〉

스프링클러헤드의 반사판 중심과 보의 수평거리	스프링클러헤드의 반사판 높이와 보의 하단 높이의 수직거리
ㄴ. 0.75 m 미만	ㄷ. 보의 하단보다 낮을 것
ㄹ. 0.75 m 이상 1 m 미만	ㅁ. 0.1 m 미만일 것
ㅂ. 1 m 이상 1.5 m 미만	ㅅ. 0.15 m 미만일 것
ㅇ. 1.5 m 이상	ㅈ. 0.3 m 미만일 것

물음 3) 다음 물음에 답하시오. (9점)

(1) 소방시설 자체점검사항 등에 관한 고시상 소방시설등 점검표 중 "이산화탄소소화설비 점검표 9-C 기동장치 중 자동식 기동장치"의 점검항목이다. ( )에 들어갈 점검항목을 쓰시오. (단, 기동장치 방식별로 구분하여 쓰시오) (4점)

○ 감지기 작동과의 연동 및 수동기동 가능 여부
○ (ㄱ)
○ (ㄴ)
○ (ㄷ)
○ (ㄹ)

해설

○ 감지기 작동과의 연동 및 수동기동 가능 여부
● 저장용기 수량에 따른 전자 개방밸브 수량 적정 여부(전기식 기동장치의 경우)
○ 기동용 가스용기의 용적, 충전압력 적정 여부(가스압력식 기동장치의 경우)
● 기동용 가스용기의 안전장치, 압력게이지 설치 여부(가스압력식 기동장치의 경우)
● 저장용기 개방구조 적정 여부(기계식 기동장치의 경우)

(2) 소방시설 자체점검사항 등에 관한 고시상 소방시설등 점검표 중 "스프링클러설비 점검표 3-G 음향장치 및 기동장치 중 펌프 작동"의 점검항목 2가지를 쓰시오. (단, 설비방식별로 구분하여 쓰시오) (2점)

해설

○ 유수검지장치의 발신이나 기동용 수압개폐장치의 작동에 따른 펌프 기동 확인(습식·건식의 경우)
○ 화재감지기의 감지나 기동용 수압개폐장치의 작동에 따른 펌프 기동 확인(준비작동식 및 일제개방밸브의 경우)

(3) 소방시설 설치 및 관리에 관한 법령상 스프링클러설비를 설치해야 하는 특정소방대상물의 일부 내용이다. ( )에 들어갈 내용을 쓰시오. (3점)

> ○ 문화 및 집회시설(동·식물원은 제외한다), 종교시설(주요구조부가 목조인 것은 제외한다), 운동시설(물놀이형 시설 및 바닥이 불연재료이고 관람석이 없는 운동시설은 제외한다)로서 다음의 어느 하나에 해당하는 경우에는 모든 층
> 가) 수용인원이 100명 이상인 것
> 나) (ㄱ)
> 다) (ㄴ)
> 라) (ㄷ)

해 설

> ○ 문화 및 집회시설(동·식물원은 제외한다), 종교시설(주요구조부가 목조인 것은 제외한다), 운동시설(물놀이형 시설 및 바닥이 불연재료이고 관람석이 없는 운동시설은 제외한다)로서 다음의 어느 하나에 해당하는 경우에는 모든 층
> 가) 수용인원이 100명 이상인 것
> 나) 영화상영관의 용도로 쓰는 층의 바닥면적이 지하층 또는 무창층인 경우에는 500 m^2 이상, 그 밖의 층의 경우에는 1천 m^2 이상인 것
> 다) 무대부가 지하층·무창층 또는 4층 이상의 층에 있는 경우에는 무대부의 면적이 300 m^2 이상인 것
> 라) 무대부가 "③" 외의 층에 있는 경우에는 무대부의 면적이 500 m^2 이상인 것

[문제 3] 다음 물음에 답하시오. (30점)

물음 1) 옥내소화전설비의 방수압력 점검 시 다음 물음에 답하시오. (10점)

(1) 최상층에서 방수압력이 0.21 MPa로 측정되었다. 이 때 노즐을 통한 방수량(L/min)을 계산하시오. (단, 옥내소화전 노즐 구경은 13 mm이며, 소수점 셋째자리에서 반올림하여 소수점 둘째자리까지 구하시오) (6점)

방수량 공식

$$Q = 2.065D^2\sqrt{P} = 2.065 \times 13^2 \times \sqrt{0.21} = 159.925$$

$$\therefore 159.93 \text{ L/min}$$

(2) 노즐선단의 방수압력이 0.7 MPa을 초과 시 감압방식 4가지를 쓰고 각 방식에 대하여 설명하시오. (4점)

1) 감압밸브방식

   호스접결구 인입구 측에 감압밸브 또는 오리피스를 설치하는 방식

2) 고가수조방식

   고가수조를 건물 옥상에 설치하고, 저층부에 대하여 0.7 MPa를 초과하지 않도록 가압펌프 없이 자연낙차를 이용하는 방식

3) 전용배관방식

   시스템을 고층부와 저층부로 분리한 후 입상관 및 펌프를 각각 별도로 구분 설치하는 방식

4) 부스터방식

   기존 배관방식에 고층부의 경우 중간 부스터 펌프 및 중간 수조를 별도로 설치하는 방식

물음 2) 초고층 및 지하연계 복합건축물 재난관리에 관한 특별법령상 피난안전구역에 관한 사항이다. 다음 물음에 답하시오. (7점)

(1) 지하층에 설치된 피난안전구역의 면적 산정기준을 쓰시오. (3점)

   ○ 지하층이 하나의 용도로 사용되는 경우
   ○ 지하층이 둘 이상의 용도로 사용되는 경우

(1) 지하층이 하나의 용도로 사용되는 경우

   피난안전구역 면적 = (수용인원 × 0.1) × 0.28 m²

(2) 지하층이 둘 이상의 용도로 사용되는 경우

   피난안전구역 면적 = (사용형태별 수용인원의 합 × 0.1) × 0.28 m²

(2) 피난안전구역에 설치해야 하는 소방시설의 종류를 소방설비별로 모두 쓰시오. (4점)
- ○ 소화설비
- ○ 경보설비
- ○ 피난설비
- ○ 소화활동설비

해설

(1) 소화설비 중 소화기구(소화기 및 간이소화용구), 옥내소화전설비 및 스프링클러설비

(2) 경보설비 중 자동화재탐지설비

(3) 피난설비 중 방열복, 공기호흡기(보조마스크를 포함), 인공소생기, 피난유도선(피난안전구역으로 통하는 직통계단 및 특별피난계단을 포함), 피난안전구역으로 피난을 유도하기 위한 유도등·유도표지, 비상조명등 및 휴대용비상조명등

(4) 소화활동설비 중 제연설비, 무선통신보조설비

물음 3) 소방시설 자체점검사항 등에 관한 고시상 다음 물음에 답하시오. (8점)

(1) 자동화재탐지설비 및 시각경보장치 점검표에서 "수신기"의 점검항목 중 종합점검의 경우에만 해당하는 점검항목 5가지를 쓰시오. (5점)

해설

- ● 개별 경계구역 표시 가능 회선수 확보 여부
- ● 축적기능 보유 여부(환기·면적·높이 조건 해당할 경우)
- ● 감지기·중계기·발신기 작동 경계구역 표시 여부(종합방재반 연동 포함)
- ● 1개 경계구역 1개 표시등 또는 문자 표시 여부
- ● 하나의 대상물에 수신기가 2 이상 설치된 경우 상호 연동되는지 여부

(2) 가스누설경보기 점검표에서 "수신부" 점검항목 3가지를 쓰시오. (3점)

해설

- ○ 수신부 설치 장소 적정 여부
- ○ 상용전원 공급 및 전원표시등 정상 점등 여부
- ○ 음향장치의 음량·음색·음압 적정 여부

물음 4) 다음 물음에 답하시오. (5점)

(1) 공동주택의 화재안전기술기준(NFTC 608)상 옥내소화전설비 설치기준 3가지를 쓰시오. (3점)

1) 호스릴(Hose Reel) 방식으로 설치할 것
2) 복층형 구조인 경우에는 출입구가 없는 층에 방수구를 설치하지 아니할 수 있다.
3) 감시제어반 전용실은 피난층 또는 지하 1층에 설치할 것. 다만 상시 사람이 근무하는 장소 또는 관계인이 쉽게 접근할 수 있고 관리가 용이한 장소에 감시제어반 전용실을 설치할 경우에는 지상 2층 또는 지하 2층에 설치할 수 있다.

(2) 전기저장시설의 화재안전기술기준(NFTC 607)상 자동화재탐지설비의 화재감지기에 관한 내용이다. ( )에 들어갈 내용을 쓰시오. (단, 옥외형 전기저장장치 설비는 제외한다) (2점)

> ○ 화재감지기는 다음의 어느 하나에 해당하는 감지기를 설치해야 한다.
> - (ㄱ) 또는 (ㄴ)(감지기의 신호처리방식은 「자동화재탐지설비 및 시각경보장치의 화재안전기술기준(NFTC 203)」 1.7.2에 따른다.
> - 중앙소방기술심의위원회의 심의를 통해 전기저장장치 화재에 적응성이 있다고 인정된 감지기

ㄱ. 공기흡입형 감지기
ㄴ. 아날로그식 연기감지기

2026 엔드 업 소방시설관리사 기본서 점검실무행정

발행일　　2025년 10월 30일 개정판 1쇄

지은이　　윤연호

발행인　　황모아

발행처　　(주)모아교육그룹
주 소　　서울특별시 영등포구 영신로 32길 29 세화빌딩 2층
전 화　　02-2068-2393(출판, 주문)
등 록　　제2015-000006호 (2015.1.16.)
이메일　　moagbooks@naver.com
ISBN　　979-11-6804-469-2 (13500)

이 책의 가격은 뒤표지에 있습니다.

시작부터 합격할 때까지 함께하는 **모아북스 교재!**

소방분야

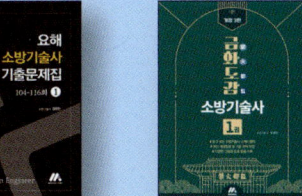

모아 소방기술사　　　　요해 소방기술사 시리즈　　　　　금화도감 소방기술사 시리즈

소방시설관리사 시리즈(버닝 업/그로우 업/엔드 업)

초격차 소방설비기사·산업기사 시리즈　　　　　소방기술사 합격비책

뇌박힘 시리즈　　　　　뇌풀림 수리계산 핸드북　　소방설비 찐 실무

모아북스

모아 전기기사 시리즈   모아 전기산업기사 시리즈   2025 모아
전기기사 봉투모의고사

모아 전기안전기술사 시리즈   모아 전기응용기술사

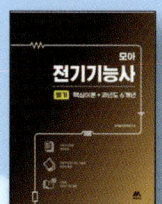

아우름 전기기능장 시리즈   모아 전기기능사 시리즈

모아 발송배전기술사(기본서/심화서)   정보통신기술사(이론서)

모아 위험물기능장·산업기사·기능사 시리즈　　　　　모아 건축설비기사·산업기사 시리즈

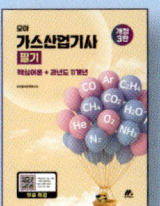
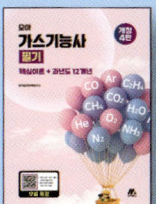

모아 가스기사·산업기사·기능사 시리즈　　　　　모아 산업안전기사 시리즈

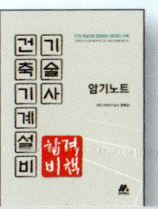

모아 공조냉동기계기사·산업기사·기능사 시리즈　　모아 화공안전기술사　건축기계설비기술사 합격비책

모아 에너지관리기사·산업기사·기능사 시리즈

모아북스

모아북스

"수험생의 불필요한 시간을 아끼는 것"
모아북스가 가장 중요하게 생각하는 가치입니다.

모아북스는 매년 달라지는 법령과 변화하는 출제 경향, 새롭게 제정되는 규정까지 수험생보다 먼저 학습하고, 핵심만을 빠르게 정리합니다. 합격을 위한 가장 빠르고 정확한 수험서를 만들기 위해 한 페이지 한 페이지에 진심을 담아 제작합니다.

▍모아 출판 프로세스

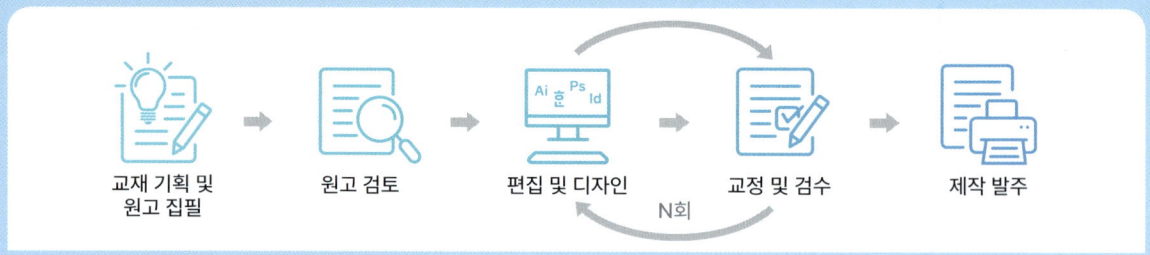

▍모아북스 블로그 소개

수험서를 구매하기 전 책을 훑어보러 서점까지 가기 힘드신가요? 모아북스 블로그에서는 수험생의 소중한 시간을 아껴드리기 위해 책의 구체적인 구성과 강점, 효과적인 학습법까지 직접 보는 것처럼 상세하게 소개해드립니다. 궁금한 교재가 있다면 모아북스 블로그에 '책 제목'을 검색해보세요!

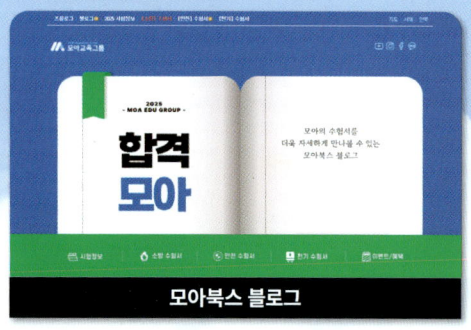

모아북스 블로그

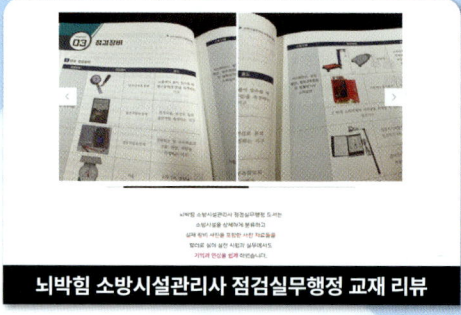

뇌박힘 소방시설관리사 점검실무행정 교재 리뷰

모아북스 블로그

▍고객의 소리

더 나은 교재 제작을 위해 여러분의 소중한 의견을 기다립니다. QR을 통해 남겨주신 피드백 중 우수 글에 선정되신 독자분께는 감사의 마음을 담아 소정의 선물을 드립니다.

고객의 소리